“十四五”普通高等教育本科部委级规划教材

仪器分析

李　颖/主　编
王晓清　王会才/副主编

中国纺织出版社有限公司

内 容 提 要

本书结合目前光学仪器发展现状，对紫外光谱、红外光谱、核磁共振波谱以及质谱等内容进行了系统阐述。全书共分七章，包括绪论、紫外—可见吸收光谱、红外吸收光谱、核磁共振波谱、质谱、波谱综合解析以及实验。

本书可作为高等院校应用化学、材料工程、轻化工程、化学工程与工艺、环境工程等专业的教材，也可作为广大科研人员进行谱图分析的参考书，还可供从事分析测试工作的专业技术人员阅读。

图书在版编目（CIP）数据

仪器分析/李颖主编；王晓清，王会才副主编 .-- 北京：中国纺织出版社有限公司，2021.9

“十四五”普通高等教育本科部委级规划教材

ISBN 978-7-5180-8860-7

Ⅰ.①仪… Ⅱ.①李… ②王… ③王… Ⅲ.①仪器分析—高等学校—教材 Ⅳ.①0657

中国版本图书馆 CIP 数据核字（2021）第 183558 号

责任编辑：孔会云　朱利锋　　责任校对：寇晨晨

责任印制：何　建

中国纺织出版社有限公司出版发行

地址：北京市朝阳区百子湾东里 A407 号楼　邮政编码：100124

销售电话：010—67004422　传真：010—87155801

http：//www. c-textilep. com

中国纺织出版社天猫旗舰店

官方微博 http：//weibo. com/2119887771

三河市宏盛印务有限公司印刷　各地新华书店经销

2021 年 9 月第 1 版第 1 次印刷

开本：787×1092　1/16　印张：21.5

字数：426 千字　定价：58.00 元

前　言

近年来随着科学仪器、分析化学在研究方法和实验技术方面的迅速发展，特别是新的仪器分析方法的出现使其在分析化学中的地位日益凸显，且在国际科学前沿领域发挥着重要作用。为了提高读者掌握仪器原理和谱图解析的能力，编写本书。并将课程思政元素融入其中，实现专业课程与思政课程的有机融合，促进高校双一流本科课程建设。

仪器分析法包括许多近代技术，内容丰富，发展迅速，其种类多、范围广。本书编写的宗旨是满足读者学习仪器分析方法的需要，为进一步深入学习打下必要的基础。使读者掌握仪器分析的简单原理，能够识别简单的谱图，初步掌握运用仪器分析方法解析有机化合物结构的技能。

作者参考大量国内外相关方面材料，著成此书。本书编排力求简明扼要，由浅入深，运用实例，便于自学。主要讲述紫外—可见吸收光谱、红外光谱、核磁共振、质谱的基本原理以及谱图与有机化合物结构的关系。每章附有练习题，书后附有仪器分析中常用的图表、数据可供查找，还附有一些例图可供参考。本书除可作为高等院校本科生教材外，也可供化学化工专业学生及从事化学化工科研工作及分析的工作者参考。

本书前言至第三章、第六章由李颖副教授编写；第四章由王晓清副教授编写；第五章由王会才副教授编写；第七章实验部分由上述老师共同编写。本书编写过程中不仅得到了天津工业大学和中国纺织出版社的大力支持，而且得到“纺织之光”中国纺织工业联合会高等教育教学改革项目、天津工业大学“双一流”本科课程建设项目、天津工业大学仪器分析课程高水平教学团队建设项目的资助，在此表示由衷地感谢。

由于编者的学识和水平有限，不当之处恳请批评指正。

李　颖

2021 年 7 月

编委会

目 录

第一章　绪论

一、光与原子、分子的相互作用

1. 光的二象性

光具有波动性和微粒性，也称光的二象性。从波动角度看，光是一种电磁波；从量子角度看，光是由各个光子组成，具有微粒性。光的波动可以解释光的传播，而光的微粒性可以解释光与原子、分子的相互作用。

满足波动性的关系式为：

$$\nu\lambda = C \tag{1-1}$$

式中：ν 为频率（Hz）；λ 为波长（nm）；C 为光速（$C=3.0\times10^8$m/s）。

$\nu = \dfrac{1}{\tau}$，τ 为周期（指完成一周波所需时间，单位为 s/周）。

$\bar{\nu} = \dfrac{1}{\lambda}$，$\bar{\nu}$ 为波数（指 1cm 中波的数目，单位 cm^{-1}）。

光也可看作高速运动的粒子，即光子或光量子。它具有一定的能量，满足普朗克方程式：

$$E = h\nu \tag{1-2}$$

式中：E 为光子能量；ν 为光的频率；h 为普朗克常数，$h=6.63\times10^{-34}$J · s。

综合光的波动与微粒性可得：

$$E = hC/\lambda = hC\bar{\nu} \tag{1-3}$$

即光的能量与相应的光的波长成反比，与波数及频率成正比。

2. 电磁波谱

按各种电磁辐射的波长或频率的大小顺序进行排列即得到电磁波谱。根据能量的高低，可将电磁波谱分为高能辐射区、中能辐射区和低能辐射区。

（1）高能辐射区　包括 γ 射线和 X 射线区，高能辐射的粒子性比较突出。

（2）中能辐射区　包括紫外区、可见光区和红外区，由于对这部分辐射的研究和应用要使用一些共同的光学试验技术，例如，用透镜聚焦、用棱镜或光栅分光等，故称此光谱区为光学光谱区。

（3）低能辐射区　包括微波区和射频区，通常称为波谱区。

光学分析涉及所有电磁波谱，但用得最多的还是光学光谱区，它是光学分析最重要的光谱区域。

3. 分子吸收光能后的变化

根据量子理论，分子内的运动有分子的平动、转动、原子间的相对振动、电子跃迁、核的自旋跃迁等形式，每一种运动都有一定的能级，原子或分子的能量是量子化的。其具有的能量叫原子或分子的能级。当原子或分子吸收一定波长的光线后，某一种运动可由低能级（基态）向高能级（激发态）跃迁，如图 1-1 所示。

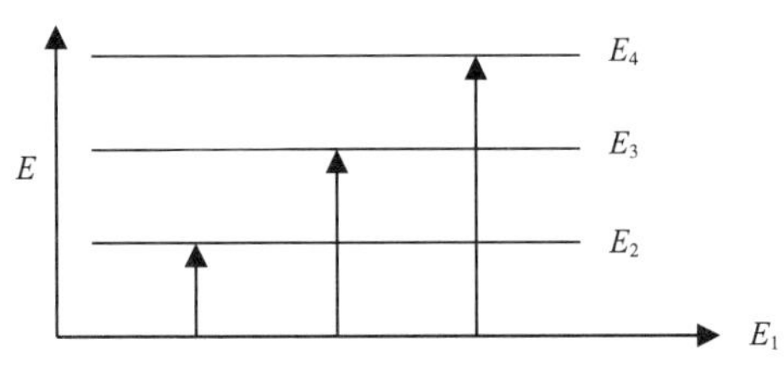

图 1-1　能级跃迁示意图

当连续光源通过棱镜或光栅时，光线可被分解为各个波长的组分。这些不同波长的光，只有当电磁波的能量与原子或分子中两能级之间的能量差相等时，原子或分子才可能吸收该电磁波的能量。若两能级间能量差用 ΔE 表示，则：

$$\Delta E_{2,1}=E_2-E_1=h\nu \qquad (1-4)$$

$$\Delta E_{4,1}=E_4-E_1=h\nu' \qquad (1-5)$$

由于不同类型的原子、分子有不同的能级间隔，吸收光子能量和波长也不同，因而可得到不同的吸收光谱。

分子能量由许多部分组成，分子的总能量如用 E_T 表示，则：

$$E_T=E_0+E_t+E_e+E_v+E_r$$

式中：E_0 为零点能，是分子内在的能量，它不随分子运动而改变；E_t 为分子平均动能，是温度的函数，它的变化不产生光谱；E_e 是电子具有的动能和势能；E_v 是分子中原子离开其平衡位置振动的能量；E_r 是分子围绕它的重心转动的能量。后三种能量都是量子化的，它们与光谱有关。这三种能量的关系如图 1-2 所示。

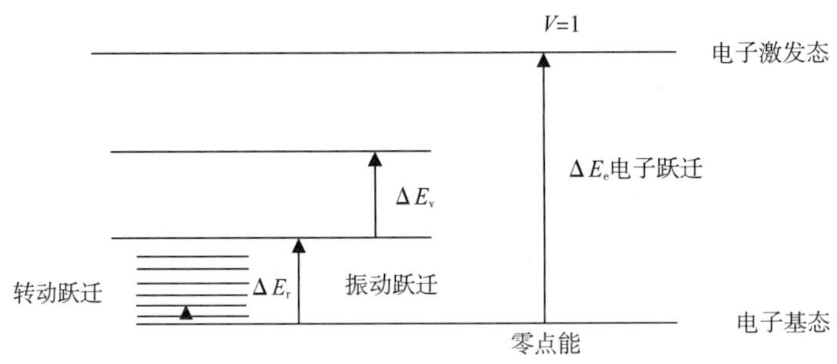

图 1-2　双原子分子能级示意图

由图 1-2 可见，$\Delta E_e > \Delta E_v > \Delta E_r$，一般 ΔE_e 为 1 ~ 29eV（1eV = 23.07kcal/mol），ΔE_v 为 0.05 ~ 1.0 eV，ΔE_r 更小。分子吸收不同能量的光后产生不同的跃迁，分子吸收光能后的变化情况如表 1-1 所示。

表 1-1 分子吸收光能后的变化情况

波长/nm		10	10^3	10^6	10^8	10^{11}
波数/cm^{-1}		10^8	10^4	10	10^{-1}	10^{-4}
能量	eV	124	1.24	1.24×10^{-3}	1.24×10^{-5}	1.24×10^{-8}
	J/mol	1.20×10^7	1.20×10^5	1.20×10^2	1.20	1.20×10^{-3}
电磁波区域		X 射线区	紫外光可见区	红外区	微波区	无线电波区
分子吸收能量后的变化		分子内层电子跃迁	分子价电子跃迁	原子间的振动和转动能及跃迁	分子中的转动动能	自旋核在特定磁场中的跃迁
光谱类型		电子光谱	振动光谱	转动光谱	自旋核跃迁光谱（核磁共振）	

二、电子能级与分子轨道

原子中有电子能级，分子中也有电子能级，分子中的电子能级即分子轨道。分子轨道是原子轨道的线性组合，由组成分子的原子轨道相互作用形成的。当两个原子轨道相互作用形成分子轨道时，一个分子轨道比原来的原子轨道能量低，叫成键轨道；另一个分子轨道比原子轨道能量高，叫反键轨道。根据其成键方式可分为 σ 轨道、π 轨道及 n 轨道。

σ 轨道：指围绕键轴对称排布的分子轨道（形成 σ 键）。

π 轨道：指围绕键轴不对称排布的分子轨道（形成 π 键）。

n 轨道：也叫未成键轨道或非键轨道，即在构成分子轨道时，该原子轨道未参与成键（是分子中未共用电子对）。

σ 轨道相互作用时，只能形成 σ 轨道。π 轨道相互作用时，根据其方向和重叠情况可形成能量较低的 σ 轨道（两个 p 轨道头尾相接，电子云重叠较多，能量低，体系比较稳定），又可能形成能量较高的 π 轨道（两个 p 轨道电子云从侧面交盖，重叠较少，能量较高，体系稳定性较差）。不饱和化合物中各种不同分子轨道的电子能级具有的能量情况如图 1-3 所示。

电子跃迁的类型不同，实现这种跃迁所需的能量不同，故吸收光的波长不同。跃迁需要能量越大则吸收光波长越短，电子跃迁最大吸收峰的波长（λ_{max}）也越小。图 1-3 中 σ、π 为成键轨道，σ^*、π^* 为反键轨道，n 为非键轨道。$\sigma\to\sigma^*$ 跃迁所需能量最大，而 $n\to\pi^*$ 跃迁所需能量较小，其各种不同跃迁所需能量大小为：

$$\sigma\to\sigma^* > \pi\to\pi^* > n\to\sigma^* > n\to\pi^*$$

饱和烃分子中只有 σ 键，电子只能产生 $\sigma\to\sigma^*$ 跃迁。不饱和分子中既有 σ 键电子，又有 π 键电子，故既可发生 $\sigma\to\sigma^*$、$\pi\to\pi^*$ 跃迁，又可发生 $\sigma\to\pi^*$ 跃迁。含有杂原子的不饱和化

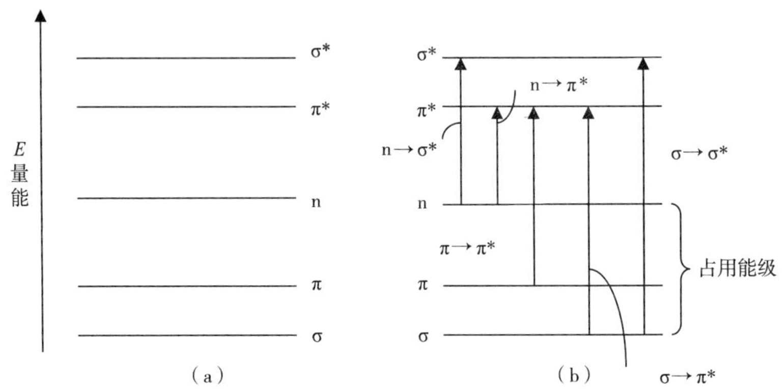

图 1-3　含杂原子不饱和化合物电子能级及跃迁

合物，当 p、π 共轭时可产生各种跃迁；当 p、π 不共轭时，不产生 n→π* 跃迁，可发生 π→π*、n→σ*、σ→σ* 跃迁。

各类型电子跃迁的最大吸收峰波长见表 1-2。

表 1-2　各类型电子跃迁的最大吸收峰波长

跃迁类型	λ_{max}（nm）
σ→σ*	~150
n→σ*	~200
π→π*	~200
n→π*	200~400

三、电磁波的基本性质和分类

一种以巨大速度通过空间，不需要以任何物质作为传播媒介的能量形式，称为电磁波。在整个电磁辐射范围内，按波长或频率的大小顺序排列起来，即为电磁波谱（表 1-1）。

物质是运动的体系。组成物质的各种分子、质子、原子核、核外电子等都在不同能级作不同形式运动，每一种粒子都具有一定的能量，而能量是量子化的，它们吸收外能后，从较低的能级 E_1 跃迁到较高的能级 E_2。因此每一个粒子只吸收能量等于相应能级差 ΔE 的外能，而对不等于 ΔE 的外能则不吸收。

$$\Delta E=h\nu=h\frac{c}{\lambda} \tag{1-6}$$

式中：λ 为波长，其单位有微米（μm）、毫微米（mμ）、纳米（nm）、埃（Å）等，其关系为：1μm = 1000mμ，1mμ = 1nm = 10^{-7}cm = 10Å；ν 为频率，通常表示在每秒钟内经过某一点的波数，其单位是周/秒（Hz）。表示频率的另一种方法是波数，即 1cm 长度内所含光波的个数，单位为 cm^{-1}，即为波长的倒数；E 表示电磁波的能量大小，由于 $E=h\nu$ 中的普朗克常数为 6.63×10^{-27} 尔格·秒，故 E 的单位通常为尔格（erg），但尔格不是法定计量单位，应换算成焦耳（J）（普朗克常数单位为J·s）或电子伏特（eV）。

如果外能是由电磁波提供的，那么这个粒子就只吸收能量为 ΔE 的电磁波。因此物质对电磁波的吸收是选择性的。

电磁波的能量与频率成正比，与波长成反比，波长越短或频率越高能量就越大。因此电子跃迁所吸收的电磁波是吸收光谱中频率最高（波长最短）的，即紫外和可见光。紫外—可见光的能量相当于分子中价电子跃迁所需能量的能级。由于电子状态能远大于振动能及转动能，因此分子从电子能级的基态跃迁到激发态时，伴随有振动、转动能级的跃迁。

实际上，不同频率的光量子的能量，引起分子的跃迁形式是不同的。通常分子所具有的内能可以看成是电子、振动和转动能量的总和：

$$E_{总} = E_{电子} + E_{振动} + E_{转动} \tag{1-7}$$

分子内电子的运动，各原子之间的振动及分子的转动都是量子化的微观运动，即能量的变化是不连续的，它们只能处于不同能量的分立能级（量子化的能级）上。

四、朗伯—比尔定律

根据光波的能量可将光谱分为电子光谱和分子光谱。电子光谱又分为发射光谱和吸收光谱，其中，紫外光和可见光谱属于吸收光谱，而红外光谱属于分子光谱。

朗伯（Lambert）定律阐述为：光被透明介质吸收的比例与入射光的强度无关；在光程上每等厚层介质吸收相同比例值的光。

比尔（Beer）定律阐述为：光被吸收的量正比于光程中产生光吸收的分子数目。

朗伯—比尔定律指出：当一束光透过溶液时，光被吸收的程度（吸光度）与溶液中光程长度及溶液的浓度有关，若吸收池厚度为 L，溶液浓度为 C，一束光入射强度为 I_0。当光束通过吸收池后，其中一部分辐射被吸收，使透射光的强度变为 I，那么，这些关系可用下列公式表示：

$$\lg \frac{I_0}{I} = \lg T = \varepsilon \cdot C \cdot L = A \tag{1-8}$$

式中：I_0 和 I 分别为入射光及通过样品后的透射光强度；T 为百分透光率，$T=I_0/I$；A 为吸光度（absorbance）或称光密度；ε 为吸光系数，也称摩尔吸收系数。

例 每100mL中含有0.705mg溶质的溶液，在1.00cm吸收池中测得的百分透光率为40%。试计算：（1）此溶液的吸光度；（2）如果此溶液的浓度为0.420mg/100mL，其吸光度和百分透光率各是多少？

解：

（1）$A=-\lg T=-\lg 0.40=0.398$

（2）因为 $C_1=0.420\text{mg}/100\text{mL}$，$C_2=0.705\text{mg}/100\text{mL}$，$A_2=0.398$。所以

$$\frac{A_1}{A_2} = \frac{C_1}{C_2}$$

$$A_1 = \frac{C_1 \times A_2}{C_2} = \frac{0.420 \times 0.398}{0.705} = 0.237$$

$$T = 10^{-0.237} \times 100\% = 57.9\%$$

当溶液中同时存在多种无相互作用的吸光物质时，体系的总吸光度等于各物质吸光度之和，即

$$A_{总} = A_a + A_b + A_c + \cdots \tag{1-9}$$

化合物中多组分分析即利用此原理。

当吸收池长度用 L（cm）表示时，则

$$\varepsilon = \frac{A}{L(\text{cm}) \times C(\text{mol/L})} = \frac{1000A}{L \times C}(\text{cm}^2/\text{mol}) \tag{1-10}$$

当浓度采用摩尔浓度时，ε 为摩尔吸收系数，即被测物质浓度为 1mol/L，液层厚度为 1cm 时，该溶液在某波长处的吸光度。它与吸收物质的性质及入射光的波长 λ 有关。E 值的范围变化较大，从量子力学的观点来考虑，若跃迁是完全“允许的”，ε 值大于 10^4；若跃迁概率低时，ε 值小于 10^3；若跃迁是“禁阻的”，ε 值小于几十。

Lambert-Beer 定律所描述的吸光度与被测物质的浓度存在一定条件下的线性关系。在实际工作中，当实验条件超出了一定范围，则会出现偏离线性关系的现象，原因有化学因素（介质不均匀、化学反应、折射率随浓度改变等）和光学因素（非单色光、杂散光、散射光、反射光、非平行光等）两大类。

五、中国科学仪器的发展

2021 年中国共产党成立 100 周年，中国科学仪器发展也经历了近百年历史。1901 年上海科学仪器馆开始经销科学仪器，这是我国正规地接触科学仪器的开始。1932 年中国仪器股份有限公司成立，开始修理一些玻璃分析仪器。中华人民共和国成立初期，1950 年提出设立中国仪器研制机构的建议，建立了中国仪器研制机构——长春仪器馆。1956 年《十二年科学技术发展规划》所确定的 57 项重大科技任务中的一项就是“仪器、计量与国家标准”，提出了建立新型完善的精密仪器和化学试剂。随后，1958 年长春光机所研制的精密光学仪器，即“八大件，一个汤”，在科技界引起强烈反响，为“两弹一星”及国防精密仪器研究打下了坚实的基础。又在原苏联援建的 156 项重大建设项目中列入了北京分析仪器厂，在机械工业部成立了仪表局。

20 世纪 60 年代初，针对工业科学技术部分提出了“加速发展仪器仪表工业，建立仪器仪表工业体系”的科技规划。60~80 年代，为促进我国早期科学仪器研究、开发和生产的发展，相继在上海、南京、沈阳、成都等地建立了各类大型分析仪器厂，如北京地质仪器厂、北京光学仪器厂、长春光学仪器厂以及丹东射线仪器厂等首批专业仪器生产厂家。同时以长春光学精密机械研究所为基础创建了上海、合肥、西安等多个光机所。中国科学院还成立了仪器委员会，为科研特需建立了真空、生物、天文、显微分析等科学仪器厂。经过大量人力、物力、科研经费的投入，我国分光光度计（1962 年）、气相色谱仪（1978 年）、质谱计

(1963 年)、紫外—可见分光光度计（1978 年)、核磁共振波谱仪（1975 年）等科学仪器研制成功，取得了许多研发成果。

随着改革开放及市场经济的发展，进入 90 年代后我国科学仪器的发展经历过一个低潮期，引起科学家们的高度重视。1996~2000 年间相继提出了“振兴仪器仪表工业”“发展生物医学工程产业”“科学仪器属于高技术领域”“科学仪器是信息的源头”等对策建议。5 年间我国科技攻关项目逐渐增加，并将科学仪器研发工程中心列入国家工程技术中心计划项目，国家自然科学基金委员会也设立了科学仪器研究专项基金。经过经济发展的深入及民营企业的创建，科学仪器研究与产业发展逐渐走出低谷，上海相继出现了雷磁、沪江、科伟等分析仪器制造厂。

如今我国进入了信息时代，科学仪器在经济和社会发展中均起到重要作用。2012~2020 年，我国仪器仪表制造行业工业增加值呈现逐年增长的态势，2019 年工业增加值增速达到 10.5%。近年来，为推进科研仪器自主创新，我国开展了系列举措并获得了一定的成效。未来科学仪器发展应用拥有巨大前景潜力，应通过培养大型仪器企业和隐形冠军企业等举措，实现高端科学仪器自主可控。科学仪器既是工业生产的“倍增器”，又是高新技术的“催化剂”，还是军事上的“战斗力”。时至今日，中国科学仪器发展年会成功举办 15 届，中国光谱仪专利申请数量已达到 4000 余项。我国科学仪器在现实生活中应用十分广泛，科学研究的实验仪器设备、教学仪器设备、医疗诊断设备以及环境、工业过程的检测仪器等都是我国综合国力的重要标志之一。先进科学仪器设备的研发是国家知识和技术的创新，也是科学创新研究主题和成就的重要体现，更是一个民族、一个国家创新能力的关键。

参考文献

[1] 苏克曼，潘铁英，张玉兰．波谱解析法［M］．上海：华东理工大学出版社，2002.

[2] 孙延一，吴灵．仪器分析［M］．武汉：华中科技大学出版社，2012.

[3] 白玲，郭会时，刘文杰．仪器分析［M］．北京：化学工业出版社，2019.

[4] 熊维巧．仪器分析［M］．成都：西南交通大学出版社，2019.

[5] 朱鹏飞，陈集编．仪器分析教程［M］．北京：化学工业出版社，2016.

[6] 金钦汉．对于我国科学仪器发展战略的几点思考［C］．吉林省第三届科学技术学术年会，2013.

[7] 林君．现代科学仪器及其发展趋势［J］．吉林大学学报（信息科学版)，2002：1-7.

[8] 杜天旭，谢林柏．仪器仪表的发展历程及趋势［J］．重庆文理学院学报（自然科学版)，2009.

第二章　紫外—可见吸收光谱

学习要求

1.了解发色团、助色团及吸收带的概念。
2.掌握电子跃迁的主要类型及其应用举例。
3.熟悉各类有机化合物的紫外—可见吸收光谱。
4.熟练掌握紫外—可见吸收光谱与分子结构的关系。

第一节　概述

一、紫外—可见光的波段

紫外—可见光谱区域是在波长 10～800nm 的电磁波，分为三个区域：

（1）10～200nm 为远紫外区，又称为真空紫外区，由于在此区域内空气中的氧、氮及二氧化碳都能产生吸收，所以在此区域测定时，仪器的光路系统必须在真空状态下进行，实验应用中很少使用。

（2）200～400nm 为近紫外区，由于玻璃对波长 300nm 的电磁波有吸收，检测中不能使用玻璃，一般用石英制品代替。

（3）400～800nm 为可见光区。有机化合物测定中所谓的紫外光谱是指 200～400nm 的近紫外区的吸收光谱，通常用 UV 表示。人对可见光是可感知的。不同波长的光具有不同的颜色，这称为光谱色。白光照到物体上，物体吸收一定范围波长的光，显示出其余波长范围的光，后者称为补色。

二、电子跃迁的类型

有机化合物外层电子为：σ 键上的 σ 电子；π 键上的 π 电子；未成键的 n 电子。电子跃迁主要有 $\sigma\to\sigma^*$、$\pi\to\pi^*$、$n\to\sigma^*$ 和 $n\to\pi^*$ 四种。前两种属于电子从成键轨道向对应的反成键轨道的跃迁，后两种是杂原子的未成键轨道被激发到反键轨道的跃迁。由图 1-3 可知，不同轨道的跃迁所需的能量不同，即需要不同波长的光激发，因此形成的吸收光谱谱带的位置也不同。下面分别进行讨论。

（一）σ→σ*跃迁

σ→σ*是单键中的σ电子只能从σ键的基态跃迁到σ键激发态，因其能级差很大，跃迁需要较高的能量，相应的激发光波长较短，在150~160nm，对应的紫外吸收处于远紫外区，超出了一般紫外分光光度计的检测范围。饱和碳氢化合物由于只含有σ单键，仅在远紫外区观察到吸收光谱，而近紫外吸收是透明的，常被用于紫外测试的溶剂。

（二）π→π*跃迁

π→π*是不饱和键中的π电子吸收能量跃迁到π*反键轨道。其能级差较σ→σ*为小，反映在紫外吸收上，其吸收波长较σ→σ*长。孤立双键的π→π*跃迁产生的吸收带位于远紫外区末端或200 nm附近，属于强吸收峰。当分子中存在共轭双键体系时，π→π*跃迁能量降低，紫外吸收波长红移，共轭体系越大，紫外吸收波长越长，并且吸收强度也随之增强。例如，乙烯的吸收带位于164nm，丁二烯为217nm，1,3,5-己三烯的吸收带移至258nm。

（三）n→σ*跃迁

n→σ*是氧、氮、硫、卤素等杂原子的未成键n电子向σ反键轨道跃迁。当分子中含有$-NH_2$、—OH、—SR、—X等基团时，就能发生这种跃迁。n电子的n→σ*跃迁所需能量较σ→σ*跃迁的小，所以相应的波长较σ→σ*长，一般出现在200nm附近。n→σ*跃迁所需的能量主要取决于杂原子的种类，受杂原子性质的影响较大，而与分子结构的关系较小。

（四）n→π*跃迁

n→π*是当不饱和键上连有杂原子（如羰基、硝基等）时，杂原子上的n电子能跃迁到π*轨道上，n→π*跃迁所需能量最小，吸收波长最大，一般在近紫外或可见光区有吸收。如果含有杂原子的不饱和键与其他官能团形成共轭体系，使π电子离域，跃迁能量降低，其跃迁产生的吸收带发生红移，吸收强度增加。例如，丙酮的n→π*和π→π*分别是276nm和166nm，而4-甲基-3-戊烯酮相应的两个吸收分别位移到313nm和235nm。

以上4种跃迁中只有n→π*、共轭体系的π→π*和部分的n→σ*产生的吸收带位于紫外区域，能被紫外分光光度计所检测。由此可见，紫外吸收光谱的应用范围有很大的局限性。吸收带的强度与跃迁概率有关，见表2-1。

表2-1　各种跃迁所需能量大小顺序及强度比较

跃迁能量	σ→σ*	> n→σ*	>π→π*	> n→π*
吸收强度	强	弱	强	弱
吸收波长范围/nm	<150	<250	>160	>200
键型	C—C C—H	C—N C—O C—X C—S	C═C C═N C═O C═S	C═N C═O C═S

注　X为F、Cl、Br、I。

三、紫外—可见光谱仪

（一）基本组成

紫外—可见光谱仪的基本组成为光源→单色器→样品室→检测器→显示。

（1）光源。光源在整个紫外光区或可见光区可以发射连续光谱，具有足够的辐射强度、较好的稳定性、较长的使用寿命。可见光光源一般可选择钨灯（波长范围为 320~2500nm）或卤钨灯（为延长灯的寿命，在钨灯中加入适量的卤素或卤化物）。紫外光源可选择氘灯、氢灯（波长范围 185~400nm）、氙灯及汞灯。

（2）单色器。单色器是将光源发射的复合光分解成单色光并可从中选出任一波长单色光的光学系统。包括：入射狭缝（光源的光由此进入单色器）；准光装置（透镜或反射镜使入射光成为平行光束）；色散元件（作用是将复合光分解成单色光，一般采用棱镜或光栅两种形式，棱镜是利用各种波长光折射率不同分光，光栅是利用光的衍射作用分光）；聚焦装置（透镜或凹面反射镜，将分光后所得单色光聚焦至出射狭缝）；出射狭缝。

（3）样品室。样品室放置各种类型的吸收池（比色皿）和相应的池架附件。吸收池是测定时盛放被测溶液的方形器皿，主要有石英池和玻璃池两种。石英吸收池在紫外—可见光区都可以使用，玻璃吸收池只能用于可见光区。

（4）检测器。检测器是一种将光能转换成可测的电信号的电子器件，早期的有光电池、光电管，现在多用光电倍增管，最新检测器为光二极管阵列检测器，由多个二极管组成，能在极短时间内，获得全光谱。

（5）结果显示记录系统。光电检测输出的电信号很弱，需要放大处理才能显示出来。常用的记录系统有检流计、微安表、电位计、数字显示等。随着计算机技术的发展，紫外—可见分光光度计能够通过适配的数据台，直接对数据进行处理送至记录器，显示器随即显示出波长与吸光度之间关系的紫外光谱图。

（二）紫外—可见光分光光度计的类型

（1）单光束分光光度计。一束光通过一个样品池，空白样、待测样品要分开测定。操作简单，价廉，适于在给定波长处测量吸光度或透光度，一般不能作全波段光谱扫描，要求光源和检测器具有很高的稳定性。

（2）双光束分光光度计。斩光器将一个波长的光分成两束，分时交替地照射空白和样品池，克服了光源不稳定引入的误差。自动记录，快速全波段扫描。可消除检测器灵敏度变化等因素的影响，特别适合于结构分析。仪器复杂，价格较高。

（3）双波长分光光度计。随着科技进步，为了满足某些分析的特殊需求，陆续研制出双波长、三波长分光光度计。双波长分光光度计是将从同一光源发出的光分为不同波长的两束单色光（λ_1、λ_2）。斩光器将此两束光快速、交替照射于同一吸收池产生交换信号后达到检测器。检测过程无须参比池，$\Delta\lambda = 1 \sim 2$nm。双波长分光光度计是利用紫外—可见分光光度计测量应用中最为实用的类型。

（三）紫外—可见光分光光度计的校正

（1）波长的校正。用氢（氘）灯、钬玻璃、苯蒸气等谱线校正仪器波长。

（2）吸光度校正。用规定浓度的标准有色溶液（如硫酸铜溶液）校正。

（3）吸收池的校正。参比液和样品液交替放置在配对的吸收池中测定，应使测得 $\Delta A<1\%$。

四、紫外—可见光谱图

紫外—可见光谱通常在非常稀的溶液中测量。精确称取一定量的化合物（当相对分子量在 100~200，通常取 1mg 左右），将其溶解在选取的溶剂中，在一个石英样品池中装入该溶剂，另一个石英样品池中装入纯溶剂，两个池分别放在紫外分光光度计的适当位置进行测量。当一个试样连续地受不同波长的紫外光辐照时，有些波长的光波被吸收，有些吸收很少或不被吸收，这样就可以在仪器的记录仪上得到这个样品的紫外吸收光谱或简称紫外光谱。

紫外光谱通常是以吸收曲线的形式表示，图 2-1 为紫外光谱示意图。横坐标是吸收光的波长，单位为 nm。纵坐标有两种不同的表示方法，一种是吸收度（A）或摩尔吸收系数（ε），其吸收峰向上；另一种用百分透光率表示，吸收峰向下，A、ε 及物质的量间服从朗伯—比尔定律。由于有机化合物的摩尔吸收系数变化范围很大，从十几万到数十万。因此，通常用 $\lg\varepsilon$ 表示。当化合物的最大吸收（ε_{max}）在某波长位置时，则该波长用 λ_{max} 表示。但是必须注意的是，当样品和实验条件相同，使用 ε 和 $\lg\varepsilon$ 表示的两个谱图仍有明显差异，但最大吸收所对应的波长 λ_{max} 总是相同的。

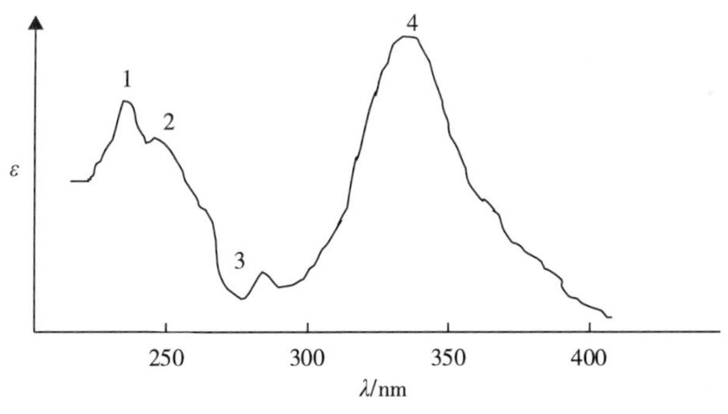

图 2-1　紫外光谱示意图

1，4—吸收峰　2—肩峰　3—吸收谷

从实验中测出吸光度 A 或百分透光率 T（%），再利用朗伯—比尔定律就可以计算某物质在一定波长下的摩尔吸光系数。

由于紫外光谱的测定大多数是在溶液中进行的，而溶剂的不同将会使吸收带的位置及吸收曲线的形态有着较大的影响。一般来讲，极性溶剂会造成 $\pi\rightarrow\pi^*$ 吸收带发生红移，而使 $n\rightarrow\pi^*$ 跃迁发生蓝移；而非极性溶剂对上述跃迁影响不太明显。因此选取溶剂需注意下列几点：

（1）当光的波长减小到一定数值时，溶剂会对它产生强烈的吸收（即溶剂不透明），这即是所谓“端吸收”，样品的吸收带应处于溶剂的透明范围。透明范围的最短波长称透明界限。常用溶剂的透明界限如表 2-2 所示。

（2）样品在溶剂中能达到必要的浓度（此浓度值决定于样品摩尔吸收系数的大小）。

（3）要考虑溶质和溶剂分子之间的作用力。一般溶剂分子的极性强则与溶质分子的作用强，因此应尽量采用低极性溶剂。

（4）为与文献对比，宜采用文献中所使用的溶剂。

（5）其他如溶剂的挥发性、稳定性、精制的再现性等。

表 2-2　常用溶剂的透明界限

溶剂	透明界限/nm	溶剂	透明界限/nm
水	190	丙酮	335
乙腈	190	苯	285
正己烷	200	二硫化碳	335
异辛烷	200	四氯化碳	265
环己烷	205	二氯甲烷	230
95%乙醇	205	乙酸乙酯	205
甲醇	210	庚烷	195
乙醚	215	戊烷	200
1,4-二氧六环	215	异丙醇	205
三甲基磷酸酯	215	吡啶	305
氯仿	245	甲苯	285
四氢呋喃	230	二甲苯	290
2,2,4-三甲基戊烷	210		

五、常用术语和吸收带

（一）常用术语

（1）生色团（chromophore）。有机化合物分子结构中含有 $\pi\rightarrow\pi^*$ 或 $n\rightarrow\pi^*$ 跃迁的基团，能在紫外—可见光范围内产生吸收的不饱和基团，如 C═C、C═O、NO_2 等。

（2）助色团（auxochrome）。助色团指含有非键电子的杂原子饱和基团，当它们与生色团或饱和烃连接时，能使后者吸收波长变长或吸收强度增加（或同时两者兼有），如—OH、—NH_2、—Cl 等。当它们与生色基团或饱和烃连接时，使生色基团吸收峰波长向长波方向移动，吸收强度也增加，这种杂原子基团称为助色基团。助色基团的 n 电子易与生色基团的 π 电子形成 p-π 共轭体系，致使 $\pi\rightarrow\pi^*$ 跃迁能量降低，使生色基团的吸收波长向长波方向移动，吸收强度随之增强。

（3）深色位移（bathochromic shift）。由于基团取代或溶剂效应，最大吸收波长变长。深色位移也称红移（red shift）。

（4）浅色位移（hypsochromic shift）。由于基团取代或溶剂效应，最大吸收波长变短。浅色位移也称蓝移（blue shift）。

（5）增色效应（hyperchromic effect）。由于基团取代化合物结构改变或其他外因条件改变，如果使吸收峰强度增强，则称为增色效应。

（6）减色效应（hypochromic effect）。由于基团取代化合物结构改变或其他外因条件改变，如果使吸收峰强度减弱，则称为减色效应。

（二）吸收带

吸收带指各种不同的电子跃迁在紫外—可见光谱的不同波段产生的吸收峰。吸收带的位置受空间位阻、电子跨环、溶剂极性及体系 pH 的影响。除了下面 R 带、K 带、B 带、E 带 4 种常见类型，还有电荷跃迁、配位场跃迁等产生的吸收带。

（1）R 带（基团型，Radikalartig）。主要是 $n \rightarrow \pi^*$ 引起，即发色团中孤电子对 n 电子向 π^* 跃迁的结果。此吸收带强度较弱，$\varepsilon_{max}<100$，吸收波长一般在 270nm 以上。如丙酮在 279nm，$\varepsilon_{max}=15$；乙醛在 291nm，$\varepsilon_{max}=11$。

（2）K 带（共轭型，源于德文 Konjugierte）。由于 $\pi \rightarrow \pi^*$ 跃迁引起，其特征是吸收峰强，$\varepsilon_{max}>10^4$，具有共轭体系及发色团的芳香族化合物（如苯乙烯、苯乙酮）的光谱中出现 K 带，随着共轭体系的增加，其波长红移并出现增色效应。

（3）B 带（苯型，Benzenoid band）。主要是含有苯环（或杂芳环）的芳香族化合物，由环共轭 π 键的 $\pi \rightarrow \pi^*$ 跃迁引起的吸收带，称为 B 带。B 带因苯环在 230~270nm 形成一个多重吸收峰的精细结构，见图 2-2。可用于识别芳香族化合物。B 带的中心吸收峰波长在 254nm 附近，ε 约为 200，并且苯环上一些取代的基团可引起 B 带消失。

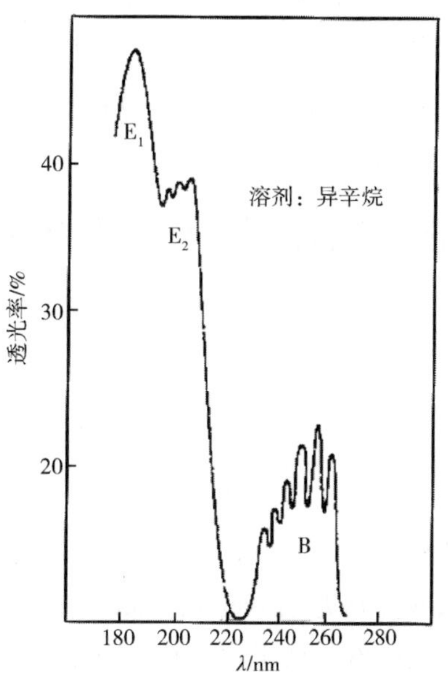

图 2-2　苯的紫外吸收光谱图

（4）E 带（乙烯型，Ethylenic band）。主要为芳香族化合物的特征吸收带，它是由苯环结构中三个双键环状共轭体系相互作用导致激发态能量发生裂分的 $\pi\rightarrow\pi^*$ 跃迁所形成的吸收带，属于强吸收带。苯的 $\pi\rightarrow\pi^*$ 跃迁可以观察到三个吸收带。E_1 带、E_2 带和 B 带，其中 E_1 带落在真空紫外区，一般不易观察到，如图 2-2 所示。

紫外—可见光区的主要吸收带及其特点见表 2-3。

表 2-3　紫外—可见光区的主要吸收带及其特点

吸收带符号	跃迁类型	波长（nm）	吸收强度	其他特征
R	$n\rightarrow\pi^*$	250~500	$\varepsilon<100$	溶剂极性↑，λ_{max}↓ 共轭双键↑，λ_{max}↑，强度↑
K	共轭 $\pi\rightarrow\pi^*$	210~250	$\varepsilon>10^4$	溶剂极性↑，λ_{max}↑
B	芳香族 C═C 骨架 振动及环内 $\pi\rightarrow\pi^*$	230~270 重心~256	~200	蒸汽状态下出现精细结构
E	苯环内 $\pi\rightarrow\pi^*$ 共轭系统	~180（E_1） ~200（E_2）	~10^4 ~10^3	助色基团取代 λ_{max}↑； 生色团取代，与 K 带合并

注　↑表示增加，↓表示减小。

（三）影响吸收带的因素

（1）空间位阻。两个共轭的生色团由于空间位阻而影响它们处于同一个平面；互反异构或几何异构等使吸收带产生位移。

（2）跨环效应。由于适当的空间排列，使原来不共轭的体系中的电子跨环发生相互作用而使吸收带位移。

（3）溶剂效应。同一物质在不同溶剂中产生的吸收峰位置、强度均会有所不同。由于 $n\rightarrow\pi^*$ 跃迁和 $\pi\rightarrow\pi^*$ 跃迁受溶剂影响能量的改变不同，使吸收带位移的情况也不同。

（4）体系 pH。体系 pH 的变化，可改变物质的离解状况等，使吸收峰发生位移。

第二节　有机化合物的紫外光谱

一、饱和有机化合物

（一）饱和碳氢化合物

饱和碳氢化合物唯一可发生的跃迁为 $\sigma\rightarrow\sigma^*$，能级差很大，紫外吸收的波长很短，属远紫外范围，如甲烷、乙烷的最大吸收分别为 125nm、135nm。另外，环状烷烃结构中 C—C 键的强度由于环张力的存在而降低，$\sigma\rightarrow\sigma^*$ 跃迁所需能量也随之减小，致使其吸收波长比相应直链烷烃大，环越小吸收波长越大。例如，环丙烷的 $\lambda_{max}=190$nm，丙烷的 $\lambda_{max}=150$nm。然而，由于饱和碳氢化合物的吸收在远紫外范围，不能使用常规紫外—可见分光光度计进行检测，其吸收波长也不能提供结构信息，因此这类化合物的紫外—可见吸收在有机化合物中的应用价值很小。

（二）含杂原子的饱和化合物

杂原子具有孤电子对，含杂原子的饱和基团一般为助色团。这样的化合物有 n→σ* 跃迁，但大多数情况，它们在近紫外区仍无明显吸收。硫醚、硫醇、胺、溴化物、碘化物在近紫外有弱吸收，但其大多数均不明显。例如：

CH_3NH_2　215. 5nm（ε=600），173. 7mn（ε=2200）

CH_3I　257nm（ε=378），258. 2nm（ε=444）

从上面的讨论可知，一般的饱和有机化合物在近紫外区无吸收，不能将紫外吸收用于鉴定；反之，它们在近紫外区对紫外线是透明的，故常可用作紫外测定的良好溶剂。

二、非共轭不饱和化合物

（一）非共轭烯烃和炔烃

它们都含有 π 电子不饱和体系，当分子吸收一定能量的光子时，可以发生 σ→σ*、π→π*、π→σ* 的跃迁。其中以 π→π* 跃迁能量最低。π→π* 跃迁出现两个吸收带，强吸收带的位置在真空紫外区，弱吸收带在近紫外区。如乙烯吸收在 165nm，乙炔吸收在 173nm，因此，它们虽名为生色团，但若无助色团的作用，在近紫外区仍无吸收。例如，当孤立烯烃被杂原子取代时，其结构中的 n 电子能够产生 p-π 共轭效应，使 π→π* 跃迁能量降低。同样，孤立炔烃被烷基取代后，π→π* 跃迁吸收谱带向长波移动，使炔烃化合物除 180 nm 附近的吸收谱带外，在 220 nm 处还有一个弱吸收谱带。

（二）含不饱和杂原子的化合物

1. 羰基化合物

在羰基化合物中，含有碳氧双键和氧原子上的孤对电子，可能发生 σ→σ*、π→π*、n→σ*、n→π* 4 种跃迁，其中 n→π* 跃迁能量最小，吸收带在近紫外区，但强度很弱。羰基的吸收光谱受取代基的影响显著，一般酮在 270～285nm，而醛略向长波方向移动，在 280～300nm。这是由于酮比醛多一个烃基，形成的烷基超共轭效应使 π 成键轨道能级降低，π* 反键轨道能级相应升高，导致 n→π* 跃迁能量随之增加。例如，甲醛、乙醛和丙酮的 λ_{max} 分别为 304nm、289nm、275nm。另外，环酮吸收谱带的 λ_{max} 与环的大小有关，通常环越大 λ_{max} 越小，可用此特征来鉴别环酮结构中环的大小。

当羰基的碳原子与带 n 电子的杂原子基团如—OH、—OR、—X、—NH_2 等相连，就得到羧基、酯、酰卤、酰胺等。它们的羰基与杂原子上未成键电子对产生共轭效应或诱导效应，使 π 成键轨道能级降低，π* 反键轨道能级相应升高，导致 n→π* 跃迁能量随之增加，R 吸收谱带蓝移至 205nm 附近，可用此特征来鉴别饱和醛酮与羧酸、酯、酰卤、酰胺等化合物。

2. 硝基与亚硝基化合物

硝基及亚硝基化合物含有的 N、O 均含有孤对电子 n 和 π* 轨道。通常硝基化合物在紫外区有两个吸收带：一是 λ_{max} 出现在 200nm 附近，$\pi\to\pi^*$ 跃迁形成的 K 带强吸收带（$\varepsilon\approx50000$）；一是 λ_{max} 出现在 270nm 附近，$n\to\pi^*$ 跃迁形成的 R 带弱吸收带（$\varepsilon\approx125$）。若化合物结构中含有与硝基共轭的双键，随着共轭效应的增强，吸收强度增加，λ_{max} 红移。亚硝基化合物含有 λ_{max} 约为 220nm 的 $\pi\to\pi^*$ 跃迁形成的 K 带强吸收带和 λ_{max} 约为 290nm 的 $n\to\pi^*$ 跃迁形成的 R 带弱吸收带。有时在可见光区内出现 λ_{max} 约为 675nm 的氮原子上 $n\to\pi^*$ 跃迁形成的弱吸收。

3. 脂肪族偶氮化合物和重氮化合物

偶氮化合物结构中的偶氮基团一般呈现三个吸收带，两个分别出现在 165nm 和 195nm 附近，第三个由 $n\to\pi^*$ 跃迁产生的吸收带出现在 360nm 附近，偶氮化合物的颜色多为黄色。并且偶氮基 $n\to\pi^*$ 跃迁的吸收强度会随着取代基的不同而变化，顺反异构体结构的影响最大，顺式异构体的吸收强于反式异构体。重氮化合物在 250nm 附近有强吸收带，在 350~450nm 区有弱吸收带。

三、共轭体系化合物

（一）共轭烯烃体系

共轭体系的形成使吸收移向长波方向。图 2-3 显示了从乙烯变成共轭丁二烯时的电子能级的变化。原烯基的两个能级各自分裂为两个新的能级，电子跃迁所需的能量减少，所以在原有 $\pi\to\pi^*$ 跃迁的长波方向出现新的吸收。一般把共轭体系的吸收带称为 K 带。K 带对近紫外吸收是重要的，因其出现在近紫外范围，且摩尔吸收系数也高，一般 $\varepsilon_{max}>10000$。

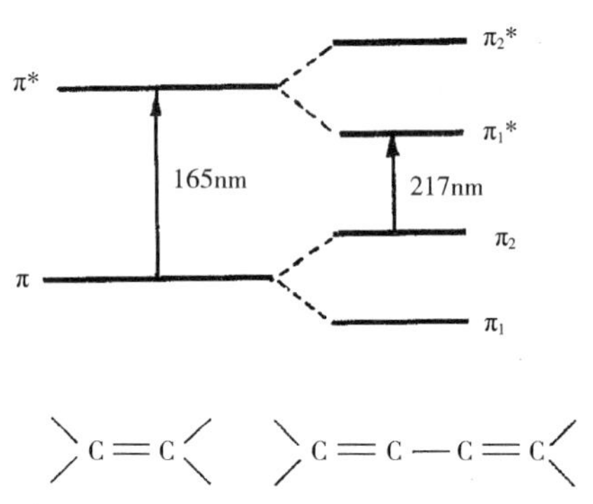

图 2-3　乙烯和丁二烯的电子能级

共轭体系越长，其最大吸收越移往长波方向，甚至到可见光部分。随着吸收移向长波方向，吸收强度也增大，见表 2-4。

表 2-4　H（CH=CH）$_n$H 的最大吸收

n	λ_{max}/nm	溶剂
2	217	己烷
3	268	2,2,4-三甲基戊烷

续表

n	λ_{max}/nm	溶剂
4	304	环己烷
5	334	2,2,4-三甲基戊烷
6	364	2,2,4-三甲基戊烷
7	390	2,2,4-三甲基戊烷
8	410	2,2,4-三甲基戊烷
10	447	2,2,4-三甲基戊烷

（二）α，β-不饱和醛酮

α，β-不饱和醛酮结构中的羰基双键与碳碳双键处于共轭状态，与孤立烯烃和饱和醛酮相比，$\pi\to\pi^*$跃迁和$n\to\pi^*$跃迁产生的K带和R带均红移。其中，$\pi\to\pi^*$跃迁产生的K带为强吸收带，λ_{max}在220nm附近，$\lg\varepsilon>4$。而$n\to\pi^*$跃迁产生的R带为弱吸收带，λ_{max}在300nm附近，$1<\lg\varepsilon<3$。不饱和羰基化合物与共轭烯烃类似，随着共轭体系中羰基数目的增加，共轭效应增强，$\pi\to\pi^*$跃迁能量不断降低，K吸收带强度随之增强，λ_{max}红移。而$n\to\pi^*$跃迁受共轭体系增大的影响较小，且在多共轭体系中弱吸收R带有时不易观察或有时被强吸收K带所掩盖。

（三）α，β-不饱和酸、酯、酰胺

α，β-不饱和羧酸及其衍生物与α，β-不饱和醛酮相比，$n\to\pi^*$跃迁产生的R带蓝移，λ_{max}出现在270nm附近。这是由于α，β-不饱和羧酸及其衍生物结构中的取代基团含有n电子，其所占据的p轨道（或类p轨道）能够与羰基的π轨道形成p-π共轭效应，使n轨道能级降低，π^*轨道能级升高，$n\to\pi^*$跃迁需要的能量增加，R带的λ_{max}蓝移。然而，烷基取代的α，β-不饱和羧酸及其衍生物结构中存在σ-π共轭效应，使$\pi\to\pi^*$跃迁需要的能量减小，K带的λ_{max}红移，且红移程度与取代基位置相关。

四、芳香族化合物

芳香族化合物均含有环状共轭体系，有共轭的$\pi\to\pi^*$跃迁，因此也是紫外吸收光谱研究的重点之一。下面对芳香族化合物主要类型苯及取代苯、稠环芳烃和杂环芳烃的紫外光谱特征进行简单介绍。

（一）苯和取代苯

苯分子在180~184nm、200~204nm（$\varepsilon=8800$）有强吸收带，即E_1、E_2带；在230~270nm有弱吸收带（$\varepsilon=250$），即B带。一般紫外光谱仪观察不到E_1带，E_2带有时也仅以“末端吸收”出现，观察不到其精细结构。B带为苯的特征谱带，以中等强度吸收和明显的精细结构为特征。

在烷基取代苯中，烷基对苯环电子结构产生影响很小。由于共轭效应，一般导致E_2带和B带红移。同时B带的精细结构特征有所降低。如甲苯，E_2带208nm（$\varepsilon=7900$），B带

262nm（$\varepsilon=260$）。

当助色团与苯环直接相连时，取代苯的 E_2 带和 B 带红移，吸收强度也有所增强，但 B 带的精细结构消失，这是由于 p→π 共轭所致。分子中共轭体系的电子分布和结合情况影响紫外吸收带。如苯酚在碱性水溶液中测定时，E_2 带和 B 带红移；而苯胺在酸性水溶液中测定时，E_2 带和 B 带蓝移。这是因为苯酚在碱性条件下变成阴离子，氧原子上增加了一个能与苯环共轭的孤对电子，而苯胺的氮原子上唯一的孤对电子在形成铵盐时与 H^+ 构成了阳离子，不再与苯环共轭，所以出现了一个与苯环几乎相同的紫外光谱。当生色团与苯环相连时，B 带有较大的红移，同时在 200~250nm 出现强的 K 带，$\varepsilon>10^4$。有时会将 B 带、E_2 带（如果同时有助色团存在）淹没，对光谱带的完整解释较为困难。

（二）稠环芳烃

稠环芳烃具有线形和角形两种结构。线形结构的稠环芳烃（如萘、蒽等）对称性强，与苯环吸收谱带相似，也有 E_1 带、E_2 带和 B 带三个吸收带。随着苯环数目的增加，共轭体系延伸，三个吸收谱带的 λ_{max} 红移且吸收强度随之增强，E_1 带的 λ_{max} 出现在 200nm 以上，E_2 带和 B 带的 λ_{max} 可能进入可见光区域。角形结构的稠环芳烃（如菲等）随着苯环数目的增加，三个吸收谱带的 λ_{max} 红移也发生红移，但程度小于线形结构的稠环芳烃。由于其紫外吸收谱带较复杂，且具有精细结构，常用于化合物的指纹鉴定。

（三）芳香族杂环化合物

芳环上的单键或双键上的碳被杂原子（O、S、N）取代时，得到五元杂环、六元杂环以及杂原子稠环的杂化芳香族化合物。呋喃、噻吩、吡咯等五元杂环化合物与环戊二烯相似，K 带的 λ_{max} 出现在 200~230nm，250nm 附近出现的吸收带类似于苯环 B 带。六元杂环化合物与带有 6 个 π 电子的苯相似，各个吸收谱带几乎重叠，如吸收谱带常有精细结构。稠杂环化合物的紫外—可见吸收光谱与对应的稠环芳烃相似，其 K 带和 B 带均发生明显红移，且吸收强度增强。

第三节　不饱和化合物吸收波长的经验计算

λ_{max} 值是紫外—可见吸收光谱中反映不饱和有机化合物分子结构的重要参数。含共轭不饱和键化合物的 $\pi\rightarrow\pi^*$ 跃迁所产生的吸收带出现在近紫外光区，随着共轭体系的延伸，λ_{max} 红移且强度增加，有时甚至出现在可见光区。并且当共轭体系中的氢核被各种基团取代后，λ_{max} 发生的变化具有一定规律性。经过大量实验数据的归纳总结与理论分析，有机化学家们建立了一些经验公式用于估算各种生色基团和共轭体系的 λ_{max} 值，对鉴定和推测化合物的结构具有实用价值。

一、共轭烯吸收波长的计算

具有共轭体系的化合物中的 $\pi\rightarrow\pi^*$ 跃迁带由于能量降低而发生明显的红移。大多数出现在200nm以上的区域。如乙烯的 $\pi\rightarrow\pi^*$ 跃迁在164nm，而1,3-丁二烯在217nm。

1. WoodWard-Fieser 规则

通常含有2～4个双键的共轭烯烃及其衍生物K带的 λ_{max} 可以根据伍德沃德-菲泽（WoodWard-Fieser）规则进行计算。

（1）WoodWard-Fieser规则的计算过程。

①选择最简单的1,3-丁二烯作为母体，其K带 λ_{max} 值217nm作为基值；

②依据表2-5所列各取代基的类别、数目、位置与共轭烯烃相关的经验参数，推算出共轭烯烃及其衍生物的 λ_{max}。

通过比较 λ_{max} 的计算值与实测值可以分析推断共轭骨架结构的准确性。

表2-5 计算取代共轭双烯紫外 λ_{max} 值的 WoodWard-Fieser 规则（乙醇溶液）

母体异环或开链共轭双烯基本值/nm		双键碳原子上每一个取代基的增量/nm	
	217	—R	+5
同环共轭双键	+36	—O—COR	+0
每个延伸共轭双键	+30	—OR	+6
每个环外双键	+5	—Cl，—Br	+5
每个烷基取代或环残基	+5	$—NR_2$	+60

（2）使用WoodWard-Fieser规则进行计算的注意事项。

①异环共轭烯烃与同环共轭烯烃的区别；

②若有多个可提供的共轭母体时，优先选择 λ_{max} 值最大的共轭体系作为母体；

③判断准确环外双键及共轭延伸双键的数目；

④本规则不适用于芳烃化合物。

例1 计算下面化合物的 λ_{max}。

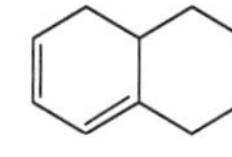

解：

母体基数	217nm
同环二烯	36nm
环外双键	5nm
烷基取代基（3×5）	15nm
计算值	273nm
实测值	271nm

解：

母体基数 217nm

同环二烯 36nm

环外双键 5nm

烷基取代基（4×5） 20nm

共轭系统的延长 30nm

计算值 308nm

实测值 309nm

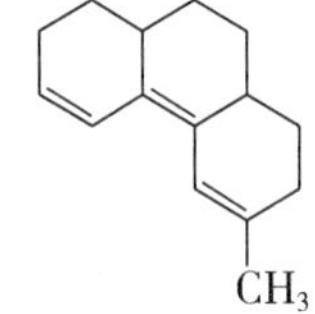

解：

母体基数 217nm

环外双键（2×5） 10nm

烷基取代基（5×5） 25nm

共轭系统的延长 30nm

计算值 282nm

实测值 284nm

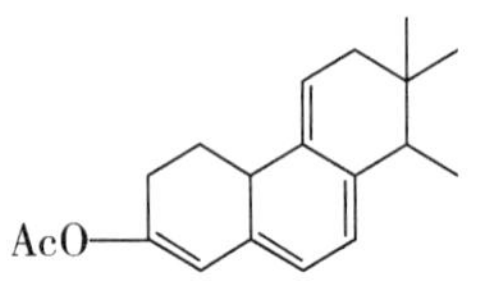

解：

母体基数（同环二烯烃）

253nm

环外双键（3×5） 15nm

烷基取代基（5×5） 25nm

共轭系统的延长（2×30）

60nm

计算值 353nm

实测值 352nm

2. Fieser-Kuhn 规则

用 WoodWard 规则计算四个或者四个以下的共轭烯烃 K 吸收带位置时，计算结果与实测值相当吻合。超过四个双键的共轭多烯可以使用 Fieser-Kuhn 规则。这个规则不仅可以预测 λ_{max}，还可以预测 ε_{max}。

$$\lambda_{max}=114+5M+n(48-1.7n)-16.5Rendo-10Rexo$$

$$\varepsilon_{max} = (1.74\times10^4)\ n$$

式中：M 为烷基数，n 为共轭双键数，Rendo 为具有环内双键的个数，Rexo 为具有环外双键的个数。

例 2　计算 β-Cartene 的 λ_{max} 和 ε_{max}。

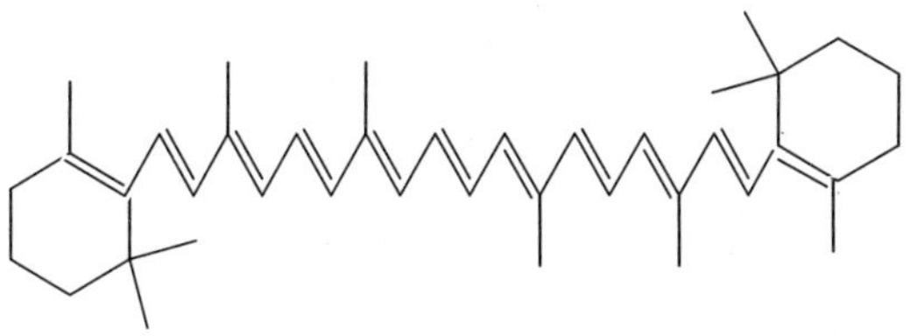

解：据其结构　$M=10$，$n=11$，Rendo＝2，Rexo＝0

$\lambda_{max}=114+(5\times10)+11(48-1.7\times11)-16.5\times2-10\times0=453.3$（计算值）

实测 $\lambda_{max}=452$nm（己烷）

$\varepsilon_{max}=(1.74\times10^4)\times11=1.91\times10^5$（计算值）

实测 $\varepsilon_{max}=1.52\times10^5$（己烷）

依据 Fieser-Kuhn 规则，共轭多烯烃及其衍生物结构中共轭双键数越多，λ_{max} 值越大。若含有八个或八个以上双键的共轭多烯烃，λ_{max} 值出现在可见光区。如 β-胡萝卜素的 K 带 λ_{max} 值为 453nm，453nm 处光为蓝绿色，由此人们看到的 β-胡萝卜素通常是蓝绿色。

二、α，β-不饱和醛、酮、酸、酯吸收波长的计算

一般情况下，α，β-不饱和羰基化合物 K 带的 λ_{max} 值大于 218 nm，ε_{max} 大于 10^4。随着共轭体系上取代基种类、取代位置、溶剂极性的不同，λ_{max} 值发生明显变化，WoodWard 和 Fieser 分析总结出适用于计算 α，β-不饱和羰基化合物的规则，见表 2-6。使用此规则进行计算时应注意：

（1）若有多个可提供的 α，β-不饱和羰基母体时，优先选择 λ_{max} 值最大的作为母体；

（2）共轭体系中异环共轭烯烃与同环共轭烯烃的区别；

（3）环上的羰基不能作为环外双键；

（4）共轭体系有两个羰基时，其中之一不作为双键延伸，仅作为取代基 R 计算。

表 2-6　计算 α，β-不饱和羰基化合物 λ_{max} 的 WoodWard-Fieser 规则（乙醇溶液）

基团		对吸收带波长的贡献/nm
基本值	链状和六元环 α，β-不饱和酮	215
	五元环 α，β-不饱和酮	202
	α，β-不饱和醛	210
	α，β-不饱和酸和酯	195

续表

基团		对吸收带波长的贡献/nm
取代产生的增量	每增加一个共轭双键	30
	同环共轭双键	39
	环外双键	5
	烷基或环烷取代基 α	10
	β	12
	γ 及更高	18
	助色团取代：—OH　α	35
	β	30
	δ	50
	—OAc　α，β，δ	5
	—OR　α	35
	β	30
	γ	17
	δ	31
	—SR　β	85
	—Cl　α	15
	β	12
	—Br　α	25
	β	30
	$—NR_2$　β	95

注　本表数据适合乙醇为溶剂的情况，若用其他溶剂时需要作校正，校正方法是计算值减去相应溶剂的校正值，然后再与实测值比较。

例 3　计算下面化合物的 λ_{max}。

解：

母体基数	215nm
共轭双键延长（2×30）	60nm
环外双键（1×5）	5nm
同环二烯（1×39）	39nm
β-烷基取代（1×12）	12nm
（δ+1）-烷基取代基（1×18）	18nm
（δ+2）-烷基取代基（2×18）	36nm

计算值　385nm

实测值　388nm

解：

母体基数	202nm
共轭双键延长（1×30）	30nm
环外双键（1×5）	5nm
β-烷基取代（1×12）	12nm
γ-烷基取代基（1×18）	18nm
δ-烷基取代基（1×18）	18nm
计算值	285nm
实测值	281nm

三、苯的多取代 RC_6H_4COX 型衍生物吸收波长的计算

也有些经验公式可以用以预测苯衍生物的紫外吸收波长。这里仅介绍苯酰基化合物 K 吸收带最大吸收波长的 Scott 规则（表 2-7）。

表 2-7　计算 RC_6H_4COX 型化合物 λ_{max} 位置的 Scott 规则（乙醇溶液）

基团		对吸收带波长的贡献/nm		
基本值	X=烷基或环	246		
	X=H	250		
	X=OH 或 OR	230		
取代产生的增值		邻位	间位	对位
	烷基或环	+3	+3	+10
	—OH，—OCH_3，—OR	+7	+7	+25
	—O^-	+11	+20	+78
	—Cl	0	0	+10
	—Br	+2	+2	+15
	—NH_2	+13	+13	+58
	—NHAc	+20	+20	+45
	—$NHCH_3$			+73
	—N（CH_3）$_2$	+20	+20	+85

例 4　计算下面化合物的 λ_{max}。

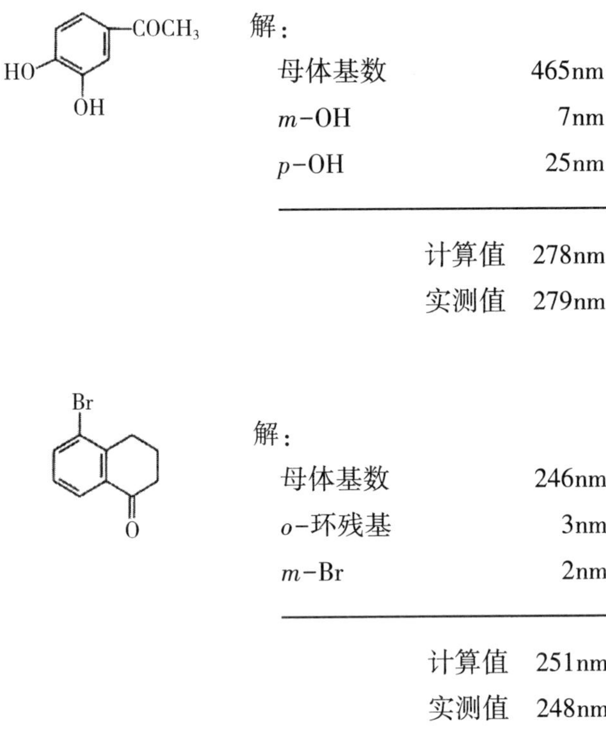

解：

母体基数	465nm
m-OH	7nm
p-OH	25nm
计算值	278nm
实测值	279nm

解：

母体基数	246nm
o-环残基	3nm
m-Br	2nm
计算值	251nm
实测值	248nm

第四节　紫外吸收光谱的解析和应用

一、紫外吸收光谱的解析

（一）紫外吸收光谱提供的结构信息

利用紫外吸收光谱鉴定有机化合物的基团，虽不如利用红外吸收光谱普遍和有效，但在鉴定共轭生色团或某些基团方面有其独到之处。

1. 200~400nm 无吸收峰

表明为饱和化合物或单烯。不含共轭体系，没有醛基、酮基、溴或碘。

2. 200~250nm 有强吸收峰

表明含有一个共轭双键。260nm、300nm、330nm 有强吸收峰，分别有 3、4、5 个双键的共轭体系。

3. 250~300nm 有弱吸收峰（ε =10~100）

表明含有羰基。在此区域若有中强吸收带，表示具有苯的特征。

4. 有许多吸收峰

若化合物有许多吸收峰，甚至延伸到可见光，则可能为一长链共轭化合物或环芳烃。

（二）紫外光谱解析程序

（1）确认 λ_{max}，并算出 $\lg\varepsilon$，初步估计属于何种吸收带；

（2）观察主要吸收带的范围，判断属于何种共轭体系；

（3）与同类已知化合物的紫外光谱进行比较，或将预测结构计算值与实验值进行比较分析。

（4）与标准品或文献进行比较、对照，或查找标准谱图核对。

二、定性分析

目前无机元素的定性分析主要是用发射光谱法，也可采用经典的化学分析方法，因此紫外—可见光谱在无机定性分析中并未得到广泛的应用。

紫外—可见吸收光谱包括谱线形状、吸收峰数目、吸收峰位置和吸收强度等信息，在有机化合物的定性鉴定和结构分析中，由于其特征性不强，并且大多数简单官能团在近紫外光区透明无吸收，使其应用具有一定的局限性。但可辅助红外光谱、核磁共振谱、质谱等方法进行定性鉴定与结构分析。

（一）定性鉴定

利用紫外—可见吸收光谱对未知不饱和化合物结构进行定性鉴定的方法有两种：

（1）经验规则计算值与实测值比较法；

（2）未知物的紫外—可见光谱图与标准谱图进行核对的吸收光谱比较法。

紫外—可见光谱曲线的形状与吸收峰的数目是进行定性鉴定的依据，而最大吸收波长 λ_{max} 及相应的 ε_{max} 是定性鉴定的主要参数。

所谓比较法是在相同的测定条件下，比较未知物与已知标准物的吸收光谱曲线，如果它们的吸收光谱曲线完全等同，则可以认为待测试样与已知化合物有相同的生色团。在进行这种对比法时，也可以借助于前人汇编的以实验结果为基础的各种有机化合物的紫外与可见光谱标准谱图或有关电子光谱数据表。

紫外吸收光谱只能表现化合物生色团、助色团和分子母核，而不能表达整个分子的特征，因此只靠紫外吸收光谱曲线来对未知物进行定性是不可靠的，还要参照一些经验规则以及其他方法（如红外光谱法、核磁共振波谱、质谱，以及化合物某些物理常数等）配合来确定。此外，对于一些不饱和有机化合物也可采用一些经验规则，如伍德沃德（Wood-Ward）规则、斯科特（Scott）规则，通过计算其最大吸收波长与实测值比较后，进行初步定性鉴定。

（二）结构分析

利用紫外—可见光谱法推测未知不饱和化合物的结构类型是最简单的一种方法，紫外吸收光谱在研究化合物结构中的主要作用是推测官能团、结构中的共轭关系和共轭体系中取代基的位置、种类和数目。

1. 官能团的鉴定

（1）将待测样品进行提纯，避免杂质的干扰；

（2）进行检测绘制紫外—可见光谱图；

（3）根据吸收带位置及强度推断该化合物的归属范围；

（4）利用定性鉴定方法做进一步确认。

2. 顺反异构体的确定

由于空间位阻的影响，顺式异构体的取代基在共轭烯键的同一侧，会产生空间立体障碍，影响了共轭体系的共平面性，使共轭效应减弱，导致 λ_{max} 蓝移，ε_{max} 减小，λ_{max} 和 ε_{max} 值均小于反式异构体。例如：

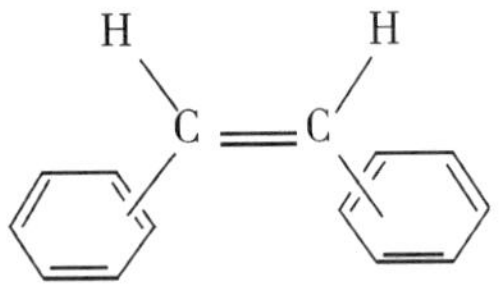

顺-1,2-二苯乙烯：$\lambda_{max}=280nm$；$\varepsilon_{max}=10500$

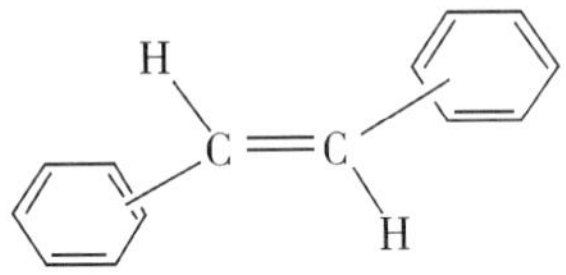

反-1,2-二苯乙烯：$\lambda_{max}=295.5\ nm$；$\varepsilon_{max}=29000$

3. 互变异构体的确定

通常天然产物的分离、分析和合成过程会得到各种结构异构体，它们具有相同的官能团、类似的骨架结构，存在位置异构、顺反异构等结构异构体，紫外—可见吸收光谱也被用于对某些同分异构体的鉴定。常见的异构体有酮—烯醇式、醇醛的环式—链式、酰胺的内酰胺—内酰亚胺式等。例如，乙酰乙酸乙酯具有酮式（a）和烯醇式（b）互变异构体结构。酮式异构体在极性溶剂中易与溶剂形成氢键，在 272nm 附近形成弱吸收 R 带。而烯醇式异构体在非极性溶剂中易形成分子内氢键，在 300nm 附近形成弱吸收 R 带，又由于烯醇式结构中存在 π-π 共轭体系，π→π* 跃迁在 243nm 附近形成强吸收 K 带，因此利用紫外—可见光谱的谱峰强度能轻易区分二者。

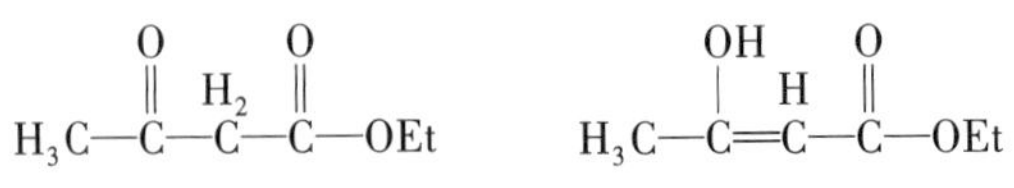

$H_3C-C(=O)-CH_2-C(=O)-OEt$　（a）

$H_3C-C(OH)=CH-C(=O)-OEt$　（b）

（三）化合物纯度的检测

紫外吸收光谱能检查化合物中是否含具有紫外吸收的杂质，若有机化合物在紫外—可见光区透明无吸收，而它所含的杂质有明显的紫外—可见光区吸收，则可利用紫外—可见光谱检验化合物的纯度。若样品和杂质的紫外—可见吸收带位置和强度不同，则可以通过差示法进行检验。例如，无水乙醇生产过程需要进行苯蒸馏，由于乙醇在紫外光区无吸收，而苯在 254nm 处有中强吸收 B 带，可以检验乙醇中的杂质苯含量。

工业生产上也可利用紫外—可见吸收光谱快速、灵敏特性鉴定物质的纯度。例如，工业上利用苯环加氢制备环乙烷，当产品中含有微量苯残留时，可在紫外光谱中观察苯环 B 带，由此鉴定产物的纯度。又如，工业氧化乙醛制乙酸，乙醛 R 带出现在 280nm 附近，而乙酸由于助色基团的作用 R 带蓝移至 205nm 附近，在 270～290nm 范围扫描或测定吸光度，即可鉴定是否有醛存在。

此外，利用紫外—可见光区的摩尔吸光系数也可以检测化合物的纯度。若实际样品的摩尔吸光系数小于标准样品时，则样品纯度达不到标样要求。相差越大，实际样品的纯度越低。例如，菲标准样品在 296nm 处有强吸收（$\lg\varepsilon = 4.10$），若工业制得菲产品的摩尔吸光系数比菲标准样品低 10%，推断样品纯度为 90%，可能含有蒽醌等杂质。

三、定量分析

紫外—可见吸收光谱具有灵敏度高、准确性和重现性好等优势，被广泛应用于有机化合物含量的测定。紫外—可见吸收光谱定量分析的依据是朗伯—比尔定律，常用的定量分析方法有标准对照法、吸光系数法、标准曲线法等。其中，标准曲线法使用最多，主要步骤如下：

（1）配置待测样品配成一定浓度的溶液，做紫外—可见吸收光谱图，确定 λ_{max} 值；

（2）将紫外光波长固定在 λ_{max} 处，测定一系列不同浓度待测样品标准溶液的吸光度值，以标准溶液浓度 C 为横坐标，吸光度值 A 为纵坐标绘制标准曲线；

（3）检测未知浓度待测样品在 λ_{max} 处的吸光度值 $A_{未}$，将其对照标准曲线找到相应浓度，计算待测样品各组分含量。

四、紫外吸收光谱的应用

（一）在精细化工产品分析中的应用

洗涤剂及洗涤制品常常由阴离子和非离子表面活性剂及其他成分复配而成，根据是否出现 261nm 和 277nm 吸收峰可以判断是否存在烷基苯磺酸钠和烷基酚聚氧乙烯醚两种表面活性剂。化妆品的防晒剂以及祛臭剂、杀菌剂等均含有能强烈吸收紫外光的共轭芳环化合物（如肉桂酸酯等）；同时，作为祛臭剂的苯磺酸锌、六氯苯等在紫外区都有特征吸收峰。因此，用紫外光谱进行鉴定、分析非常有效。

（二）在食品分析中的应用

防止食品变质的添加剂如抗氧化剂、防腐剂等大部分具有芳环结构或共轭结构，因此可以用紫外光谱进行鉴定。为提高食品营养价值，添加一些维生素进行强化。各种维生素几乎都具有共轭双键或芳环结构，在紫外区也有其特征吸收峰，因此也可以用紫外光谱进行鉴定和分析。

（三）在纺织化学产品分析中的应用

1. 偶氮染料

偶氮染料一般没有典型的特征吸收峰，取代基对 λ_{max} 值影响很大。图 2-4 是单偶氮染料的紫外—可见吸收光谱。从图中可以看出，随着共轭链的加长，电子流动性增大，吸收光谱向长波方向移动。

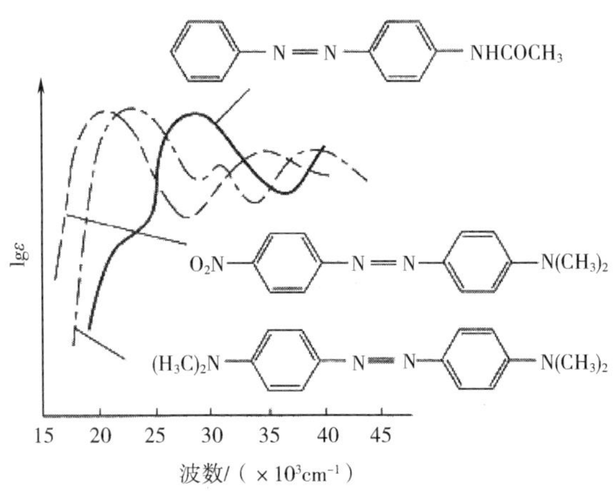

图 2-4　单偶氮燃料的紫外—可见吸收光谱

用单取代的苯胺衍生物合成一系列单偶氮分散染料，其 λ_{max} 值与重氮组分和偶合组分上取代基的性质有关。例如，下列类型偶氮染料结构中，由于取代基 Z、R_1、R_2 和 R_3 的不同，致使染料的 λ_{max} 相差 100nm。

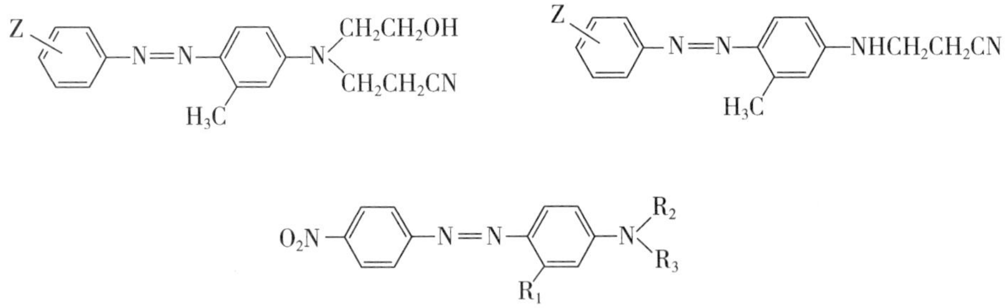

这类染料一般都出现三个吸收带，即 227~245nm（Ⅰ带）、260~282nm（Ⅱ带）和 382~475nm（Ⅲ带）。Ⅰ带和Ⅱ带仅由苯环产生，而Ⅲ带起因于两个苯环和偶氮基整个共轭系统的电子跃迁，即由 $\pi\rightarrow\pi^*$ 跃迁所引起。所以，Ⅰ带和Ⅱ带（$\lg\varepsilon=3.64\sim4.09$）比Ⅲ带（$\lg\varepsilon=4.42\sim4.51$）弱，由这些规律可以对偶氮染料同系物进行鉴定。

2. 酞菁颜料

铜酞菁衍生物在大部分溶剂中都不溶，只溶于浓硫酸中，图 2-5 为铜酞菁蓝、氯化铜酞菁绿和氯化或溴化铜酞菁绿 A 在硫酸中的吸收光谱。

（四）在功能高分子材料分析中的应用

紫外—可见吸收光谱可用于研究高分子材料的聚合过程和机理，鉴定其高分子结构中的某些官能团与添加剂，测定高分子材料的分子量及分子量分布。也可用于研究表面活性剂的性质、药物分子结构与作用机理、测定有机弱酸或弱碱的离解常数以及化学反应速率与历程等。

光致变色现象是指在光的照射下颜色发生可逆变化的现象，可通过紫外吸收光谱进行测试研究。如螺噁嗪类化合物 A 的环己烷溶液是没有颜色的，但在 365nm 连续紫外光照射下，

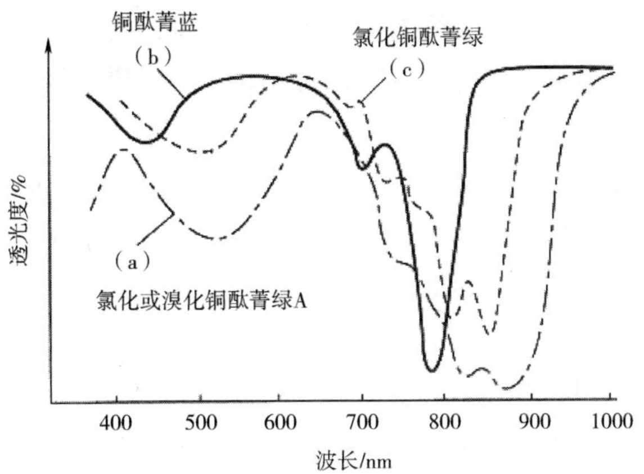

图 2-5　酞菁染料在硫酸中的吸收光谱

溶液变成蓝色，在可见区域产生吸收。随照射时间的延长，吸收峰的强度逐渐变大，直至不再变化为止。将化合物的溶液放在暗处，其在可见区域的吸收会逐渐下降。从图 2-6 的紫外—可见光谱中可以看出螺噁嗪化合物 A 的开环体 B 的吸收在可见光区域由两个部分组成，一部分就是 420nm 左右出现的一个新峰，另一部分就是在 600~650nm 处的峰。

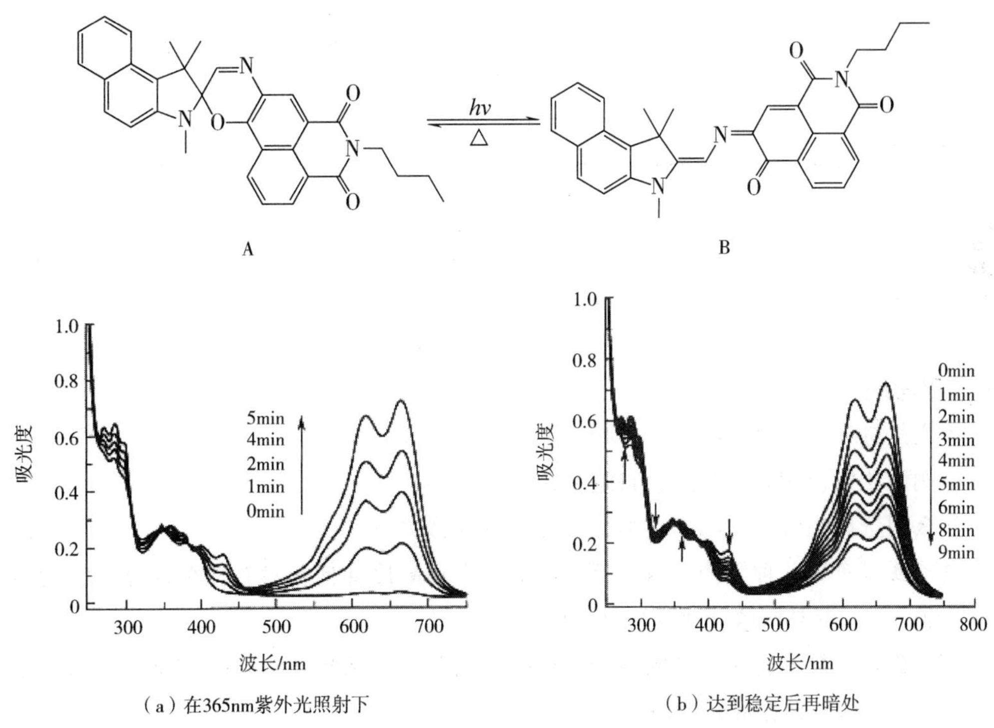

图 2-6　在环己烷溶液中化合物 A 的吸收光谱随时间的变化

光致变色材料作为一类新功能材料，有着十分广阔的应用前景，例如可以作为光信息储存材料、光开关、光转换器等，这些材料在机械、电子、纺织、国防等领域都大有作为。光致变色涂料、光致变色玻璃、光致变色墨水的研制和开发，具有现实性的应用意义。除了以上的应用，光致变色材料还可以作为自显影感光胶片、全息摄影材料、防护和装饰材料、印刷版和印刷电路和伪装材料等。

特别要指出的是，光致变色化合物作为可擦重写光存储材料的研究，是近些年来光致变色领域中研究的热点之一。作为可擦写光存储材料的光致变色光存储介质，应满足在半导体激光波长范围具有吸收、非破坏性读出、良好的热稳定性、优良的抗疲劳性和较快的响应速度等条件。

（五）在无机化合物分析中的应用

在一定条件下，许多金属离子和非金属离子能产生紫外吸收光谱（表 2-8），大多数无机化合物的紫外—可见吸收光谱图比较简单，因此可以利用紫外吸收光谱法对它们进行定量分析。例如，Fe^{3+}和SO_4^{2-}形成的络合物的最大吸收波长为 300nm；硝酸根在 302nm 处有一吸收峰。此外，某些金属离子与卤离子生成的络合物，以及某些有机试剂与无机离子生成的络合物都能在紫外区产生吸收峰，这使得用紫外吸光法定量测定这些无机离子成为可能。

表 2-8　无机材料的紫外吸收 λ_{max} 值

被测物	试剂	介质	λ_{max}/nm
铌（Nb）	浓 HCl	水溶液	281
铋（Bi）	KBr	水溶液	365
锑（Sb）	KI	H_2SO_4	330
钽（Ta）	邻苯三酚	HCl	325

练习题

一、思考题

1. 什么是透光率、吸光度、百分吸光系数和摩尔吸光系数？

2. 举例说明发色团和助色团，并解释长移和短移。

3. 什么叫选择吸收？它与物质的分子结构有什么关系？

4. 电子跃迁有哪几种类型？跃迁所需的能量大小顺序如何？具有什么样结构的化合物产生紫外吸收光谱？紫外吸收光谱有何特征？

5. 以有机化合物的官能团说明各种类型的吸收带，并指出各吸收带在紫外—可见吸收光谱中的大概位置和各吸收带的特征。

6. 紫外吸收光谱中，吸收带的位置受哪些因素影响？

7. 下列化合物具有几种类型的价电子？在紫外光照射下发生哪些类型的电子跃迁？（乙烷，碘乙烷，丙酮，丁二烯，苯乙烯，苯乙酮）

8. 简述用紫外分光光度法定性鉴定未知物方法。

9. 举例说明紫外分光光度法如何检查物质纯度。

10. 能否用紫外吸收光谱区分下列各组化合物？并说明理由。

（1）丙烯，1,4-戊二烯，1,3-丁二烯。

（2）苯，甲苯，苯甲醛，对甲基苯乙烯

二、填空题

1. 在以波长为横坐标，吸光度为纵坐标的不同浓度 $KMnO_4$ 溶液吸收曲线上可以看出__________未变，只是__________改变了。

2. 为了使分光光度法测定准确，吸光度应控制在 0.2～0.8 范围内，可采取的措施有__________和__________。

3. 某有色溶液，在比色皿厚度为 2cm 时，测得吸光度为 0.340。如果浓度增大 1 倍时，其吸光度 $A=$__________，$T=$__________。

4. 各种物质都有特征的吸收曲线和最大吸收波长，这种特性可作为物质__________的依据；同种物质的不同浓度溶液，任一波长处的吸光度随物质的浓度的增加而增大，这是物质__________的依据。

5. 不同浓度的同一物质，其吸光度随浓度增大而__________，但最大吸收波长__________。

6. 乙醛（CH_3CHO）分子在 160nm 处有吸收峰，该峰相对应的电子跃迁类型为________，它在 180nm 处的吸收峰，相应的跃迁类型为__________，它在 290nm 处的吸收峰，相应的跃迁类型为__________。

7. 分子中的助色团与生色团直接相连，使 $\pi \to \pi^*$ 吸收带向__________方向移动，这是因为产生__________共轭效应。

8. 在分光光度法中，入射光波一般以选择__________波长为宜，这是因为____________________。

9. 如果显色剂或其他试剂对测量波长也有一些吸收，应选__________为参比溶液；如试样中其他组分有吸收，但不与显色剂反应，则当显色剂无吸收时，可用__________作参比溶液。

10. 分光光度法测定钛，可用两种方法进行测量，H_2O_2 法［$\varepsilon=7.2\times10^2$L/（mol·cm）］，也可用二胺替比咻甲烷法［$\varepsilon=1.8\times10^4$L/（mol·cm）］。当测定试样中钛含量较低时，用__________法灵敏度较高。

三、判断题

1. 分光光度法中，选择测定波长的原则是：吸收最大，干扰最小。（　）

2. 乙酸乙酯是常用的紫外测定溶剂。（　）

3. $\sigma \to \sigma^*$ 跃迁是所有分子中都有的一种跃迁方式。（　）

4. 苯胺分子中含有杂原子 N，所以存在 $n \to \pi^*$ 跃迁。（　）

5. 溶剂极性增大，R 带发生红移。（　）

6. 溶剂极性增大，K 带发生蓝移。（　）

7. 饱和烃化合物的 $\sigma \rightarrow \sigma^*$ 跃迁出现于远紫外区。（ ）

8. 摩尔吸光系数可以衡量显色反应的灵敏度。（ ）

9. UV 光谱又称振转光谱。（ ）

10. B 带为芳香族化合物的特征吸收带。（ ）

11. 物质的紫外吸收光谱基本上是反映分子中发色团及助色团的特点，而不是整个分子的特性。（ ）

12. 紫外光谱的谱带较宽，原因是其为电子光谱，包含分子的转动与振动能级的跃迁。（ ）

13. 当含有杂原子的饱和基团与发色团或饱和烃相连，使得原有的吸收峰向短波方向位移，这些基团称为助色团。（ ）

14. 由于某些因素的影响，使吸收强度减弱的现象称为长移或红移。（ ）

15. 吸收强度减少的现象称为短移。（ ）

四、单选题

1. 所谓真空紫外区，所指的波长范围是（ ）。

A. 200~400nm　B. 400~800nm　C. 1000nm　D. 100~200nm

2. 下列说法中正确的是（ ）。

A. Beer 定律，浓度 C 与吸光度 A 之间的关系是一条通过原点的直线

B. Beer 定律成立的必要条件是稀溶液，与是否单色光无关

C. $E_{1cm}^{1\%}$ 称比吸光系数，是指用浓度为 1%（质量浓度）的溶液，吸收池厚度为 1cm 时的吸收值

D. 同一物质在不同波长处吸光系数不同，不同物质在同一波长处的吸光系数相同

3. 某化合物 λ_{max}（正己烷）= 329nm，λ_{max}（水）= 305nm，该吸收跃迁类型为（ ）。

A. $n \rightarrow \sigma^*$　B. $n \rightarrow \pi^*$　C. $\sigma \rightarrow \sigma^*$　D. $\pi \rightarrow \pi^*$

4. 电子能级间隔越小，电子跃迁时吸收光子的（ ）。

A. 能量越高　B. 波长越长　C. 波数越大　D. 频率越高

5. 丙酮在乙烷中的紫外吸收 λ_{max} = 279nm，ε = 14.8，此吸收峰由（ ）能级跃迁引起的。

A. $n \rightarrow \pi^*$　B. $\pi \rightarrow \pi^*$　C. $n \rightarrow \sigma^*$　D. $\sigma \rightarrow \sigma^*$

6. 下列化合物中，同时有 $n \rightarrow \pi^*$，$\pi \rightarrow \pi^*$，$\sigma \rightarrow \sigma^*$ 跃迁的化合物是（ ）。

A. 一氯甲烷　B. 丙酮　C. 1,3-丁二烯　D. 甲醇

7. 双光束分光光度计与单光束分光光度计相比，其突出的优点是（ ）。

A. 可以扩大波长的应用范围　B. 可以采用快速响应的检测系统

C. 可以抵消吸收池所带来的误差　D. 可以抵消因光源的变化而产生的误差

8. 下列四种化合物中，在紫外区出现两个吸收带的是（ ）。

A. 乙烯　B. 1,4-戊二烯　C. 1,3-丁二烯　D. 丙烯醛

9. 分光光度计测量有色化合物的浓度相对标准偏差最小时的吸光度为（ ）。

A. 0.368　　B. 0.334　　C. 0.443　　D. 0.434

10. 已知 $KMnO_4$ 的分子量为 158.04. $\varepsilon_{545nm}=2.2\times10^3$，今在 545nm 处用浓度为 0.0020% $KMnO_4$ 溶液，3.0cm 比色皿测得透光率为（　　）。

A. 15%　　B. 83%　　C. 25%　　D. 53%

11. 某物质摩尔吸光系数（ε）很大，则表明（　　）。

A. 该物质对某波长的吸光能力很强　　B. 该物质浓度很大

C. 光通过该物质溶液的光程长　　D. 测定该物质的精密度很高

12. 某有色溶液，当用 1cm 吸收池时，其透光率为 T，若改用 2cm 吸收池，则透光率应为（　　）。

A. $2T$　　B. $2\lg T$　　C. $\sqrt{T}$　　D. T^2

13. 符合 Beer 定律的有色溶液稀释时，其最大峰的波长位置将（　　）。

A. 向长波方向移动　　B. 不移动，但峰高值降低

C. 向短波方向移动　　D. 不移动，但峰高值升高

14. 下列化合物中，（　　）不适宜作紫外光谱测定中的溶剂。

A. 甲醇　　B. 苯　　C. 碘乙烷　　D. 正丁醚

15. 在紫外—可见分光光度分析中，极性溶剂会使被测物的吸收峰（　　）。

A. 消失　　B. 精细结构更明显　　C. 位移　　D. 分裂

16. 某被测物质的溶液 50mL，其中含有该物质 1.0mg，用 1.0cm 吸收池在某一波长下测得百分透光率为 10%，则百分吸光系数为（　　）。

A. 1.0×10^2　　B. 2.0×10^2　　C. 5.0×10^2　　D. 1.0×10^3

17. 吸光性物质的摩尔吸光系数与下列（　　）因素有关。

A. 比色皿厚度　　B. 该物质浓度　　C. 吸收池材料　　D. 入射光波长

18. 有 A、B 两份不同浓度的有色溶液，A 溶液用 1.0cm 吸收池，B 溶液用 3.0cm 吸收池，在同一波长下测得的吸光度值相等，则它们的浓度关系为（　　）。

A. A 是 B 的 1/3　　B. A 等于 B　　C. B 是 A 的 3 倍　　D. B 是 A 的 1/3

五、多选题

1. 偏离 Beer 定律的化学因素有（　　）。

A. 解离　　B. 杂散光　　C. 溶剂化　　D. 散射光

2. 偏离 Beer 定律的光学因素有（　　）。

A. 解离　　B. 杂散光　　C. 溶剂化　　D. 散射光

3. 分子中电子跃迁的类型主要有（　　）。

A. $\sigma\rightarrow\sigma^*$ 跃迁　　B. $\pi\rightarrow\pi^*$ 跃迁　　C. $n\rightarrow\pi^*$ 跃迁　　D. $n\rightarrow\sigma^*$ 跃迁

E. 电荷迁移跃迁

4. 结构中含有助色团的分子有（　　）。

A. CH_3CH_2OH　　B. CH_3COCH_3　　C. $CH_2CHCHCH_2$　　D. $CH_3CH_2NH_2$

E. $CHCl_3$

5. 常见的紫外吸收光谱的吸收带有（　　）。

A. R 带　　B. K 带　　C. B 带　　D. E_1 带

E. E_2 带

6. 影响紫外吸收光谱吸收带的因素有（　　）。

A. 空间位阻　　B. 跨环效应　　C. 顺反异构　　D. 溶剂效应

E. 体系 pH

7. 紫外可见分光光度计中紫外区常用的光源有（　　）。

A. 钨灯　　B. 卤钨灯　　C. 氢灯　　D. 氘灯

E. 空心阴极灯

8. 结构中存在 $\pi \rightarrow \pi^*$ 跃迁的分子是（　　）。

A. CH_3CH_2OH　　B. $CHCl_3$　　C. CH_3COCH_3　　D. C_2H_4

E. $C_6H_5NO_2$

六、推测下列化合物含有哪些跃迁类型和吸收带。

1. $Ph—CH_2=CHCH_2OH$

2. $CH_2=CHCH_2CH_2CH_2OCH_3$

3. $CH_2=CHCH=CH_2CH_2CH_3$

4. $CH_2CH=CHCOCH_3$

七、计算题

1. 某试液显色后用 2.0cm 吸收池测量时，$T=50.0\%$。若用厚度为 1.0cm 或 5.0cm 的吸收池测量，T 及 A 各是多少？

2. 有两种异构体，α 异构体的吸收峰在 228nm［$\varepsilon=1.4\times10^4$L/（mol · cm）］，而 β 异构体吸收峰在 296nm［$\varepsilon=1.1\times10^4$L/（mol · cm）］。试指出这两种异构体分别属于下面两种结构中的哪一种。

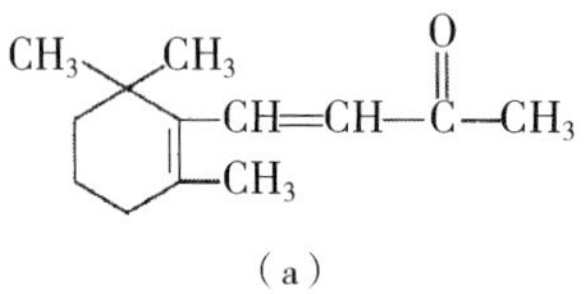

（a） 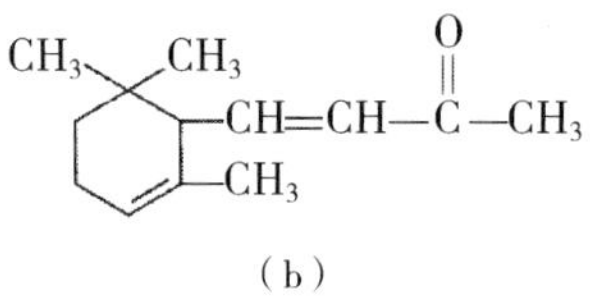　　（b）

3. 试计算下列化合物的 λ_{max}。

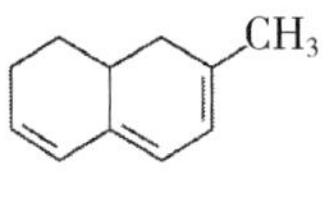

（a） 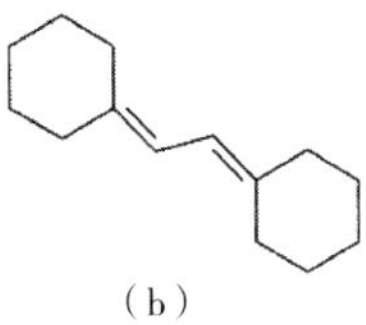　　（b） 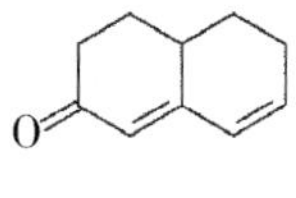　　（c）

参考文献

[1] 苏克曼，潘铁英，张玉兰．波谱解析法［M］．上海：华东理工大学出版社，2002.

[2] 朱开宏．分析化学例题与习题［M］．上海：华东理工大学出版社，2005.

[3] 浙江大学分析化学教研室．分析化学习题集［M］．北京：人民教育出版社，1985.

[4] 孙毓庆．分析化学习题集［M］．北京：科学出版社，2005.

[5] 王明德．分析化学学习指导［M］．北京：高等教育出版社，1988.

[6] 孙延一，吴灵．仪器分析［M］．武汉：华中科技大学出版社，2012.

[7] 钱晓荣，郁桂云．仪器分析实验教程［M］．上海：华东理工大学出版社，2009.

[8] 朱为宏，杨雪艳，李晶，等．有机波谱及性能分析［M］．北京：化学工业出版社，2007.

[9] 李建颖，石军．分析化学学习指导与习题精解［M］．天津：南开大学出版社，2008.

[10] 张华．《现代有机波谱分析》学习指导与综合练习［M］．北京：化学工业出版社，2007.

[11] 白玲，郭会时，刘文杰．仪器分析［M］．北京：化学工业出版社，2019.

[12] 熊维巧．仪器分析［M］．成都：西南交通大学出版社，2019.

[13] 朱鹏飞，陈集．仪器分析教程［M］．北京：化学工业出版社，2016.

第三章　红外吸收光谱

学习要求

1. 了解分子振动与红外光谱产生及红外光谱的基本概念。
2. 掌握红外光谱的制样方法。
3. 熟悉各类有机化合物的红外光谱。
4. 熟练掌握红外光谱解析的基本原理及方法。

红外吸收光谱（infrared spectroscopy，IR）是研究分子在红外光照射下，引起分子振动和转动能级跃迁所产生的吸收光谱，它是一种分子吸收光谱，又称为振—转光谱。红外吸收光谱分析法是测定有机化合物结构的重要的物理方法之一，可以用它来对有机物进行定性和定量分析，还可以用来推断分子中化学键的强弱，测定键长、键角及研究反应机理等。

对一个未知的有机化合物，可以用红外吸收光谱来鉴别分子所含的基团，一张红外光谱图可以回答这个化合物是否含有—OH 基、—NH_2 基或 C ═O 基，从而判断该化合物是醇、醛还是酸；还可以回答该化合物是芳香族化合物还是脂肪族化合物；是饱和化合物还是不饱和化合物；这些基团又是如何连接的，等等。可以用它来推断分子的结构。可以进行组分的纯度分析（定量分析）。

近年来，相关各学科间的相互促进，理论与实践的提高均加速了红外吸收光谱的发展。例如，“好奇号”火星车上，装有先进的原子光谱和红外光谱组成的探测仪（覆盖波长范围 240~850nm），可以实现对火星表面岩石和土壤样品元素组成的快速分析鉴定。

第一节　概述

一、红外吸收光谱的区域

光是电磁波的一种，红外光与 X 光、紫外光、可见光以及无线电波一样，都是一种电磁波，只不过它们的波长不同而已，各种光谱区域划分如图 3-1 所示，从图中可见红外光是一种波长大于可见光的电磁波。

γ-射线 | X-射线 | 紫外 | 可见 | 红外 | 微波

波长λ

图 3-1　各种光谱区域

红外光区为 0.75～1000μm（12800～10cm^{-1}）。通常光谱学家将红外光分为近红外、中红外、远红外三个区域。

1. 近红外区：0.75～2.5μm（12800～4000cm^{-1}）

主要研究 O—H、N—H 和 C—H 键伸缩振动的倍频吸收或组频吸收，红外吸收峰强度较弱。适用于测定含—OH，—NH_2 或—CH 基团的水、醇、酚、胺及不饱和碳氢化合物的组成。

2. 中红外区：2.5～25μm（4000～400cm^{-1}）

主要研究分子振动—转动能级的跃迁，大多数有机化合物和无机离子的基频吸收都在中红外区，特别是 2.5～15μm（4000～670cm^{-1}）范围内，红外吸收最为成熟、简单，收峰强度最高。中红外区是红外吸收光谱研究应用最广泛、有机化合物结构鉴定与解析的重要区域。

3. 远红外区：25～200μm（400～50cm^{-1}）

主要研究分子的纯转动能级的跃迁、骨架弯曲振动及晶体的晶格振动。金属—有机配体之间的红外吸收频率取决于金属原子与有机配体的类型，而二者之间的伸缩振动和弯曲振动吸收均出现在远红外区域，故此区域特别适合研究无机化合物。

二、红外吸收光谱的特点

紫外—可见吸收光谱常用于研究不饱和有机化合物，特别是具有共轭体系的有机化合物，而红外吸收光谱主要研究分子振动过程中偶极矩发生变化的化合物，解析红外吸收光谱可以获得化合物的分子结构信息，具有如下特点：

（1）红外吸收光谱是分子振动—转动能级跃迁，所需能量低。

（2）红外吸收光谱应用范围广，对气体、液体、固体试样都可以检测分析。

（3）红外吸收光谱法不破坏样品，用量少（1～5mg）、分析速度快。

（4）红外吸收光谱特征性强，中红外区能够提供吸收峰的位置、强度、形状及个数，通过结合化学键合力常数、键长、键角，可以推测化合物所含官能团，确定化合物结构。

三、红外吸收光谱产生的条件

分子吸收一定范围的红外光产生红外吸收光谱需满足两个条件。

（一）红外辐射光量子具有的能量与分子发生振动能级跃迁所需能量相等

红外吸收光谱是由分子振动能级跃迁所产生。分子在振动过程中，振动能级差（ΔE）为 0.05～1.0eV，大于转动能极差（0.0001～0.05eV），致使分子的振动能级跃迁常伴随转动能级的跃迁。由量子力学证明，分子振动总能量表示为：

$$E_{振} = \left(V + \frac{1}{2}\right) h\nu \tag{3-1}$$

式中：V 为振动量子数（$V=0$，1,2,3，…）；ν 为振动频率；h 为普朗克常数。

常温常压下，分子处于振动基态（$V=0$），$E_{振}=\frac{1}{2}h\nu$，伸缩振动频率很小。当红外光辐射光量子的能量（$E_{光}=h\nu_a$）恰好等于分子振动能级的能量差（$\Delta E_{振}=\Delta Vh\nu$）时，分子吸收红外辐射能量由振动能级基态跃迁至振动能级激发态，导致振幅增大。因此，分子振动能级跃迁产生红外吸收光谱的第一条件为红外辐射频率等于振动量子数之差与分子振动频率的乘积（$\nu_a=\Delta V\nu$）。

分子振动能级是量子化的，振动能级差的大小与分子结构密切相关（图 3-2），红外吸收峰的位置取决于不同振动能级的跃迁过程，包括基频峰、倍频峰、合频峰、差频峰，其中倍频峰、合频峰和差频峰又统称为泛频峰。

（1）基频峰。分子由振动能级基态（$V=0$）跃迁至第一振动激发态（$V=1$）时产生的红外光谱吸收峰，属于强吸收。

（2）倍频峰。分子由振动能级基态（$V=0$）跃迁至第二振动激发态（$V=2$）、第三振动激发态（$V=3$）等所产生的红外光谱吸收峰，分别称为二倍频峰、三倍频峰等，属于弱吸收。实际上倍频峰的振动频率总略低于基频峰频率的整数倍，强度比基频峰弱很多，且三倍频以上的吸收峰很难检测。

（3）合频峰（差频峰）。红外吸收光谱中还会产生合频峰或差频峰，又叫组频峰。它们是由两个或多个基频峰频率之和或之差形成的红外吸收峰，属于弱吸收。

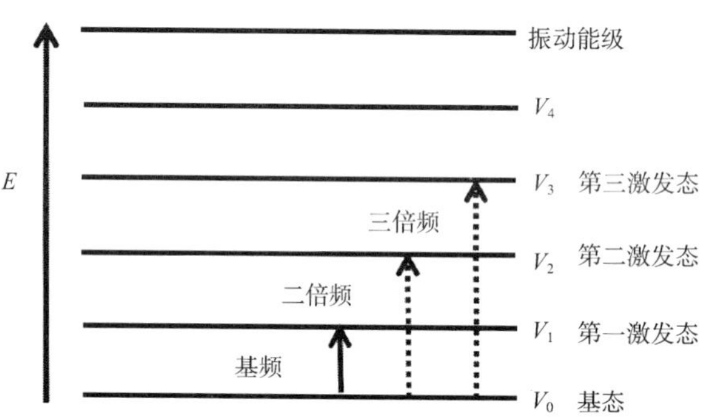

图 3-2　分子的振动能级跃迁示意图

（二）红外辐射与分子之间产生偶合作用

分子振动能级的跃迁是由偶极矩（μ）诱导，故红外辐射与分子之间能否产生偶合作用由偶极矩的变化决定。偶极矩（μ）是描述分子极性大小的物理量，为矢量单位。由于分子结构中各原子的电负性不同，使各种分子的极性不同。当不同极性的分子处于电磁辐射电场时，极性分子受到交替电磁波的作用使其偶极矩增加或减少。只有当辐射频率与极性分子振动频率相匹配时，极性分子才会与红外辐射相互振动偶合，由振动能级基态跃迁至较高振动能级激发态。

红外辐射能量是通过分子偶极矩的变化与交替电磁波之间的相互偶合作用来传递。当一定频率的红外光辐射分子时，若分子结构中某个基团的振动频率与光的频率相同，二者就会产生共振现象，共振能引起分子键长及键角的变化，随之导致分子偶极矩的变化。红外辐射能量会通过偶极矩的变化传递给分子，使该基团吸收此频率红外光后产生振动能级的跃迁，形成红外吸收光谱。因此，分子中并非所有基团的振动都会产生红外吸收，只有发生偶极矩变化（$\Delta\mu \neq 0$）的振动才会产生红外吸收，这种振动称为红外活性的，反之称为非红外活性的。通常认为对称分子没有偶极矩，无红外活性（如 N_2、O_2、Cl_2 等）。而非对称分子具有偶极矩，有红外活性。

四、分子的基本振动类型

（一）双原子分子的振动

双原子分子的振动可近似将分子看作一个简单的谐振子（图 3-3），两个原子（小球）由化学键连接（失重的弹簧），分子化学键的键长相当于弹簧的长度 r，双原子分子的振动只有沿化学键方向伸长或缩短的一种方式。当两个原子不同时，分子的振动会使其电荷中心与两个原子核同步振荡，受到波长连续的红外光辐射后，振动偶合作用使其红外光频率与分子振动频率一致。

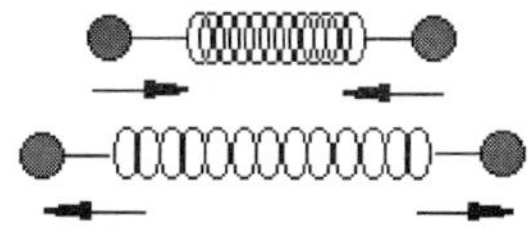

图 3-3　双原子分子模型

双原子分子的振动看作简谐振动，根据经典力学原理（虎克定律），可推导出该简谐振动基本频率的计算公式（3-2）。由公式可知振动的频率 ν 取决于小球的质量和弹簧的强度（即原子的质量及化学键的强度）。

$$\nu = \frac{1}{2\pi}\sqrt{\frac{K}{\mu}} \tag{3-2}$$

用波数表示，式（3-2）可改写成：

$$\bar{\nu} = \frac{1}{2\pi C}\sqrt{\frac{K}{\mu}} \tag{3-3}$$

$$\mu = \frac{m_1 m_2}{m_1 + m_2} \tag{3-4}$$

式中：C 为光速（2.998×10^{10} cm/s）；K 为化学键的力常数（N/cm）；μ 为分子中原子的折合质量（g）；m_1，m_2 为分子中两原子的质量（g）。

由式（3-3）可知，双原子分子的振动频率由分子的结构决定，即取决于化学键的力常数（表 3-1）和原子的折合质量。化学键键能越强（即键的力常数 K 越大），原子折合质量越小，化学键的振动频率大，吸收峰将出现在高波数区。通常分子的振动频率有如下规律：

（1）折合质量相同时，化学键的力常数越大，振动频率越大，波数越高。如：$K_{C≡C}$ > $K_{C=C}$ > $K_{C—C}$，振动频率 $\nu_{C≡C} > \nu_{C=C} > \nu_{C—C}$。

（2）化学键的力常数相近时，原子质量越大，振动频率越小，波数越低。如：$\nu_{C—C} > \nu_{C—N} > \nu_{C—O}$。

（3）氢原子质量小，与其相连单键的折合质量都小，振动频率均出现在中红外区域的高波数区。如 C—H 的伸缩振动在 ~3000cm^{-1}，O—H 的伸缩振动在 3000 ~ 3600cm^{-1}，N—H 的伸缩振动在 ~3300cm^{-1}。

（4）折合质量相同时，同一基团分子的弯曲振动比伸缩振动容易，弯曲振动化学键的力常数均较小，故弯曲振动的红外吸收大多出现在低波数区。

表 3-1 常见化学键的力常数

键	H—F	H—Cl	H—Br	H—I	H—O	H—O	H—S	H—N	H—C
分子	HF	HCl	HBr	HI	H_2O	游离	H_2S	NH_3	CH_3X
K/（N/cm）	9.7	4.8	4.1	3.2	7.8	7.12	4.3	6.5	4.7 ~ 5.0
键	H—C	H—C	C—Cl	C—C	C=C	C≡C	C—O	C=O	C≡N
分子	$H_2C=CH_2$	$H_3C≡CH_3$	CH_3Cl						
K/（N/cm）	5.1	5.9	3.4	4.5 ~ 5.6	9.5 ~ 9.9	15 ~ 17	5.0 ~ 5.8	12 ~ 13	16 ~ 18

（二）多原子分子的振动

多原子分子由于原子数目增多，组成分子的化学键或基团和空间结构不同，具有复杂的分子振动形式，在红外吸收光谱中其基本振动形式分为伸缩振动（ν）和弯曲振动（δ）两大类型。

1. 伸缩振动

伸缩振动是原子沿键轴方向伸长或缩短，键长发生周期性变化而键角不变的振动。当基团中原子数大于等于 3 时，由于振动偶合作用，可以分为对称伸缩振动（ν_s）和不对称伸缩振动（ν_{as}），通常同一基团不对称伸缩的振动频率高于对称伸缩的振动频率。图 3-4 以亚甲基为例，表示多原子分子的伸缩振动。

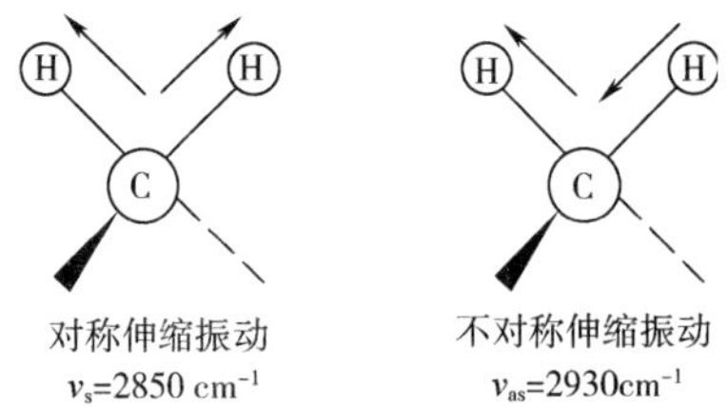

图 3-4 亚甲基的对称与不对称伸缩振动

2. 弯曲振动

弯曲振动又称为变形振动，通常指基团振动过程中键角发生周期性变化而键长不变。弯曲振动分为面内弯曲振动和面外弯曲振动（γ）。面内弯曲振动又分为剪式振动（δ_s）和面内摇摆（ρ）；面外弯曲振动又分为面外摇摆（ω）和扭曲振动（τ）。相同基团弯曲振动的力常数小于伸缩振动，其相应的红外吸收峰出现在其伸缩振动的低频区。另外，弯曲振动对环境变化比较敏感，同一振动可以在较宽的波段范围内出现。图 3-5 以亚甲基为例，表示多原子分子的弯曲振动。

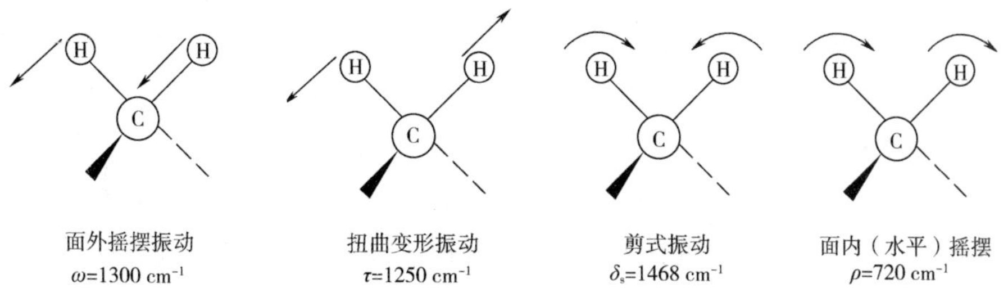

图 3-5 亚甲基的面外弯曲和面内弯曲振动

（三）基团的特征频率

有机化合物基团的种类繁多，它们的特征频率在红外光谱的专著书上都可以找到。这里仅列举几种常见的基团特征频率，见表 3-2。

表 3-2 常见基团的特征频率

基团	吸收频率	振动形式	强度
—OH 游离缔合	3650～3500	伸缩振动 ν	中、尖锐
	3400～3200	伸缩振动 ν	强宽
$—NH_2$、—NH 游离	3500～3300	伸缩振动 ν	中
$—CH_3$	2960±5	反对称伸缩振动 ν_{as}	强
	2870±10	对称伸缩振动 ν_s	强
$—CH_2$	2930±5	反对称伸缩振动	强
	2850±10	对称伸缩振动	强
$—CH_3$	1460±10	反对称变形振动	中
	1380	对称变形振动	中～强
$—CH_2$	1460±10	剪式振动	中
C≡N	2260～2240	伸缩振动	强、针状
芳环	1600，1580	骨架振动	可变
	1500，1450		
—C═O	1928～1580	伸缩振动	强，共轭时强度↓
—S═O	1060～1040	伸缩振动	强
SO_2	1350～1310	伸缩振动	强
	1160～1120		

五、红外吸收光谱的表示方法

用一束红外光照射样品，样品分子就要吸收能量，由于物质对于光具有选择吸收的性能，即物质分子对一系列不同波长的单色光的吸收程度是不一样的，也就是对某些波长的光吸收得多一些，对某些波长的光吸收的少一些。如果用红外光（2.5~25μm）去照射样品，并设法将样品对每一种单色光的吸收情况记录下来，就得到了红外吸收光谱，如图 3-6 是正己烷的红外吸收光谱。该图是以波长 2.5μm（4000cm^{-1}）到 15μm（666.7cm^{-1}）的红外光通过正己烷，则正己烷对各种波长的单色光就会产生大小不同的吸收，吸收峰是向下的。吸收峰越大表示吸收得越多。正己烷在~2900cm^{-1}，~2800cm^{-1} 附近有强吸收，在 1460cm^{-1}，1380cm^{-1} 附近有中等吸收，在 720cm^{-1} 附近有弱吸收，在其他波长处正己烷基本没有吸收。

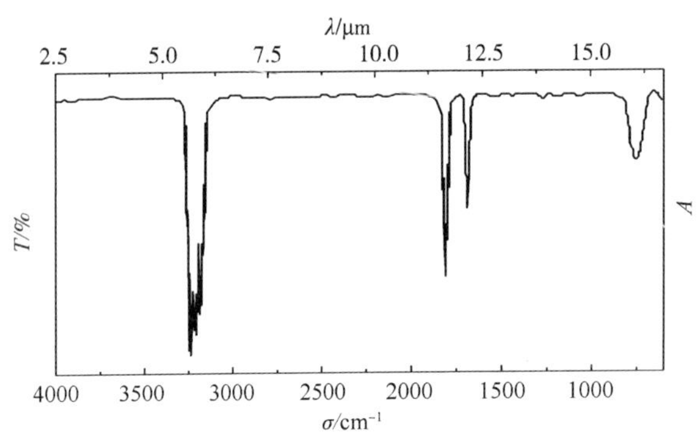

图 3-6　正己烷的红外吸收光谱

红外吸收光谱的纵坐标和横坐标：

（1）透光度（左侧标尺）。

$$T = \frac{I}{I_0} \times 100\% \qquad (3-5)$$

式中：I_0 为入射光的强度；I 为入射光样品吸收一部分后透过光的强度；透光度 T（%）即透过光占入射光的百分数。

（2）吸光度（右侧标尺）。

$$A = \lg \frac{1}{T} = \lg \frac{I_0}{I} \qquad (3-6)$$

式中：A 表示分子吸收光的程度，A 越大样品分子吸收光越多；反之，A 越小吸收得越少。

（3）波长或波数。图 3-6 中横坐标表示波长或波数。有的仪器波长刻度是线性的，有的仪器波数刻度是线性的，目前以波数为单位的红外光光度计使用较普遍。上方表示波长，下方表示波数。

①波数是波长的倒数，即：

$$\bar{\nu} = \frac{1}{\lambda}$$

②波长、波数的换算关系式。

$$\text{波数}\ (\mathrm{cm}^{-1}) = \frac{10^4}{\text{波长}\ (\mu\mathrm{m})}$$

六、有机化合物的红外光谱

1. 羟基化合物

羟基的特征频率与氢键的形成有密切关系，羟基（—OH）是强极性基团，由于氢键的作用，醇羟基通常总是以缔合状态存在的，只有在极稀的溶液（浓度小于 0.01M）时，才以游离羟基存在。

（1）游离羟基的伸缩振动。

①伯羟基 3640cm^{-1}。

②仲羟基 3630cm^{-1}。

③叔羟基 3620cm^{-1}。

④酚羟基 3610cm^{-1}。

（2）缔合状态醇羟基的伸缩振动。

①二分子缔合（二聚体）3600~3500cm^{-1}。

②多分子缔合（多聚体）3400~3200cm^{-1}。

图 3-7 是不同浓度的乙醇—四氯化碳溶液的红外谱图变化，图中 3640cm^{-1} 是游离羟基峰，3515cm^{-1} 是二聚体羟基峰，3350cm^{-1} 是多聚体羟基的峰，仅在浓度小于 0.01mol/L 时乙醇以游离状态存在，而在 0.1mol/L 时，多聚体羟基吸收峰明显增强，二聚体的吸收也很明显，当浓度为 1.0mol/L 时游离羟基的吸收峰变得很弱，基本上是以多聚体形式存在。

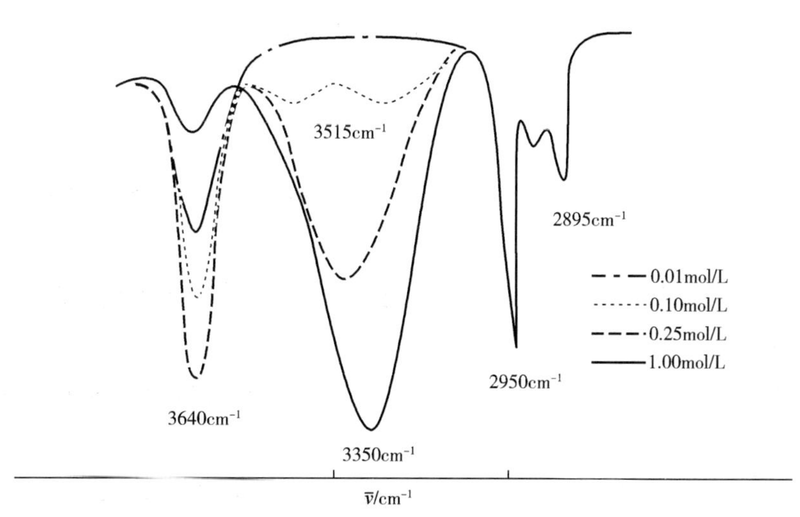

图 3-7 不同浓度的乙醇四氯化碳溶液的谱图变化

由图 3-7 可见，当羟基由于氢键作用发生缔合时，羟基的伸缩振动频率 ν_{-OH} 是往低波数位移的。浓度越稀，游离羟基越多吸收峰越高。随着浓度的增大缔合羟基增多，缔合峰（多聚体的吸收）增强（应当指出，分子之间氢键是随浓度而变的，但分子内氢键是不随浓度而变的）。氢键的缔合还会随温度而变，温度升高，缔合减弱，缔合峰（3350cm^{-1}）的波数就会下降。

（3）C—O 伸缩振动。

①C—O 伸缩振动谱带比 O—H 伸缩振动谱带强而宽。

②伯醇的 C—O 伸缩振动（游离）1050cm^{-1}，宽、强。

③仲醇的 C—O 伸缩振动（游离）1100cm^{-1}，宽、强。

④叔醇的 C—O 伸缩振动（游离）1150cm^{-1}，宽、强。

⑤酚的 C—O 伸缩振动（游离）1200cm^{-1}，宽、强。

O—H 变形振动（面内）1500~1200cm^{-1} 和面外变形振动 650~250cm^{-1} 这两个区域的吸收峰无实用价值。图 3-8 所示为苯酚的红外吸收光谱。

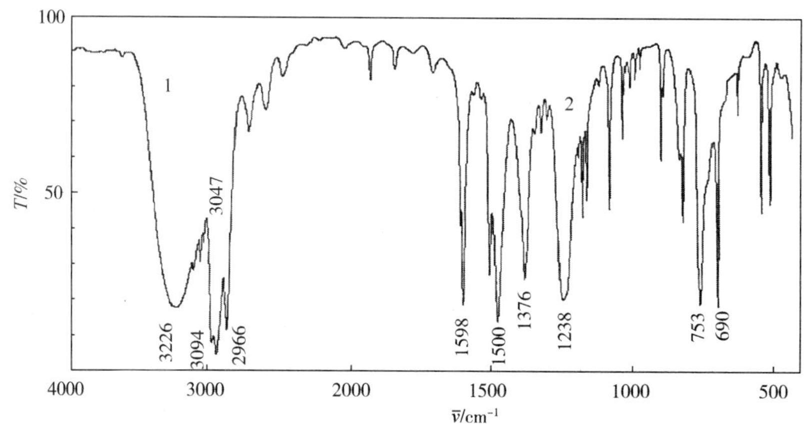

图 3-8　苯酚的红外吸收光谱

1—O—H 伸缩振动　2—C—O 伸缩振动

2. 胺类化合物

胺的主要特征吸收有：N—H 的伸缩振动，N—H 弯曲振动，C—N 伸缩振动。

（1）—NH 伸缩振动。

①游离的伯胺 R—NH$_2$ 和 Ar—NH$_2$ 有两个谱带：反对称伸缩振动 $\nu_{as}\approx$3500cm^{-1}，对称伸缩振动 $\nu_s\approx$3400cm^{-1}。

②游离的仲胺 R—NH—R 有一个谱带，在 3350~3310cm^{-1}；Ar—NH—R 有一个谱带，在 3450cm^{-1}。

通常以此区的双峰或单峰来区别是伯胺或仲胺，是非常明显的特征峰。

③缔合的氨基。—NH$_2$ 与—OH 一样也能形成氢键，产生缔合，缔合时从游离谱带的位置低移小于 100cm^{-1}，与相应的—OH 谱带相比较，一般谱带较弱较尖，随浓度变化比较小。

（2）N—H 弯曲振动（变形振动）。

①—NH_2。1640~1560cm^{-1}（面内弯曲）相当于 CH_2 的剪式振动，在 R—NH_2 及在 Ar—NH_2 中相同；900~650cm^{-1}（面外弯曲）相当于 CH_2 的扭曲振动，是较明显的特征峰。

②—NH。1580~1490cm^{-1}　难以测出。特别是在 Ar—NH 中受芳核 1580cm^{-1} 谱带的干扰。在缔合的情况下 N—H 弯曲振动吸收峰向高波数位移。

（3）C—N 伸缩振动。其位置与 C—C 伸缩振动没太大区别，但由于 C—N 键的极性，所以强度较大。

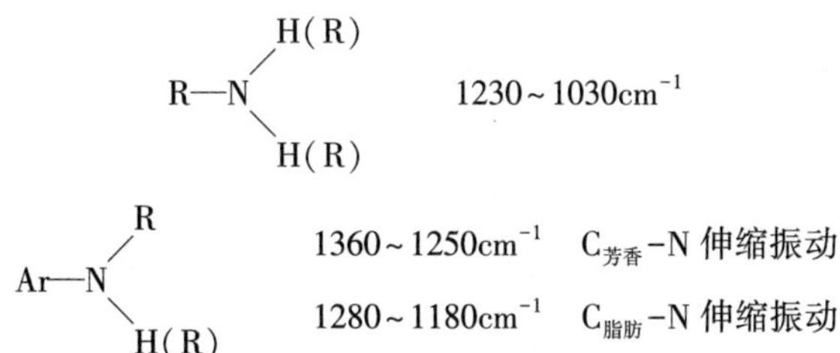

Ar—N(R)(H(R))　1360~1250cm^{-1}　$C_{芳香}$-N 伸缩振动

1280~1180cm^{-1}　$C_{脂肪}$-N 伸缩振动

图 3-9 所示为 1-戊胺的红外吸收光谱，图 3-10 所示为苯胺的红外吸收光谱。

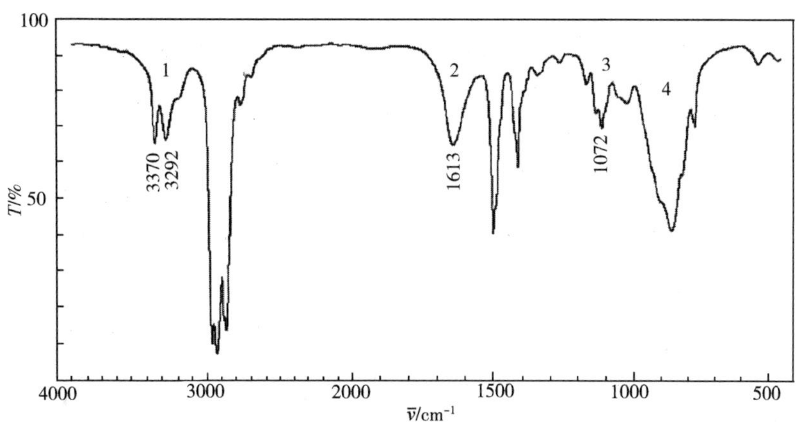

图 3-9　1-戊胺的红外吸收光谱

1—NH_2 的 ν_{as} 和 ν_s　2—NH_2 的弯曲振动　3—C—N 的伸缩振动　4—NH_2 面外弯曲

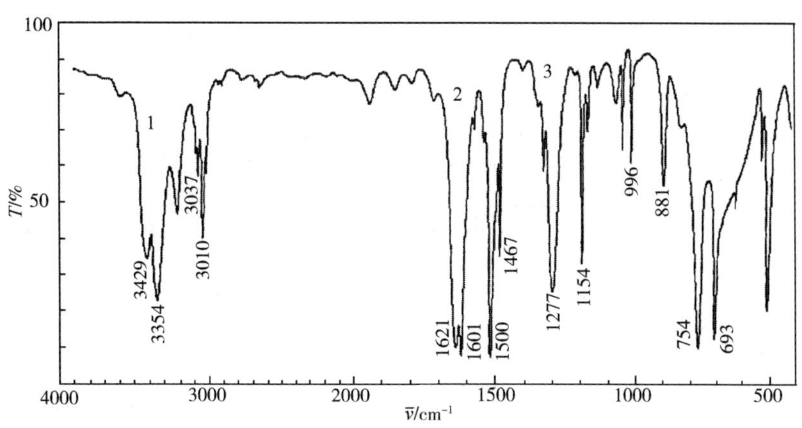

图 3-10　苯胺的红外吸收光谱

1—NH_2 的 ν_{as} 和 ν_s　2—NH_2 的弯曲振动　3—C—N 伸缩振动

3. 饱和烃基化合物（链烷）

饱和烯基结构中 C—H 的伸缩振动频率在 3000cm^{-1} 以下，其中只有环丙烷（3060～3040cm^{-1}）和卤代烷（ν_{as}≈3060cm^{-1}）是例外。烷烃的特征吸收带见表 3-3。

表 3-3 烷烃的特征吸收带

振动类型	基团	吸收峰位置/cm^{-1}	振动类型及强度	
伸缩振动	CH_3	2962±10	CH_3 反对称伸缩振动	（强）
		2872±10	CH_3 对称伸缩振动	（强）
	CH_2	2926±5	CH_2 反对称伸缩振动	（强）
		2853±5	CH_2 对称伸缩振动	（强）
	CH	2890±10	CH 伸缩振动	（弱）无实用意义
弯曲振动	—C—CH_3	1450±20	CH_3 反对称变形振动	（中）
		1375±5	CH_3 对称变形振动	（强）
	异丙基 $R-CH(CH_3)_2$	1368～1372 1381～1389	CH_3 对称变形 振动裂分双峰	强度相等
	偕二甲基 $R-C(CH_3)_2-R$	1366～1368 1381～1391	CH_3 对称变形振动	1365～1368cm^{-1} 峰的强度是 1381～1391cm^{-1} 峰的 5/4 倍
	叔丁基 $R-C(CH_3)_3$	1393～1405 1366～1374 1465±20	CH_3 对称变形振动 1366～1374cm^{-1}； 峰强度是 1393～1341cm^{-1} 峰的两倍； CH_3 反对称变形振动重叠	
	亚甲基 $\left(CH_2\right)_n$	n≥4　722～724 n=3　726～729 n=2　734～743 n=1　770～785	CH_2 的平面摇摆（弱）也称为骨架振动； n≥4 时 722cm^{-1}（液态）处是一个峰； 固态或晶态（如聚乙烯晶态）裂分成双峰	
	CH	～1340	C—H 弯曲振动（弱）	
骨架振动	异丙基 $R-CH(CH_3)_2$	1170±5 1155±5 815±5	1155cm^{-1} 峰较强，但比 1380cm^{-1} 峰弱； 是 1170cm^{-1} 的肩部	

续表

振动类型	基团	吸收峰位置/cm^{-1}	振动类型及强度
骨架振动	叔丁基 $R-C(CH_3)_2-CH_3$	1250±5 1250~1200	1250cm^{-1} 峰位置更恒定
	偕二甲基 $R-C(CH_3)_2-R$	1215 1195	1195cm^{-1} 峰位置更恒定； 1215cm^{-1} 是 1295cm^{-1} 的肩部

（1）饱和 C—H 伸缩振动吸收峰是区别饱和与不饱和化合物的主要依据，只要在~2900 和 2800cm^{-1} 附近有强吸收峰，就可以断定是饱和 C—H 的伸缩振动吸收峰，如果是═CH_2 则在~3100cm^{-1} 附近有吸收峰，若是—C≡CH 则在 3300cm^{-1} 附近有吸收峰。

光栅光谱可以将饱和 C—H 伸缩振动区域—CH_3 和—CH_2—的对称伸缩振动和反对称伸缩振动的四个峰分开，如图 3-11 所示。但是分辨率低的仪器，如棱镜型的红外光谱仪就只能分出两个峰（四个峰部分地重叠）。

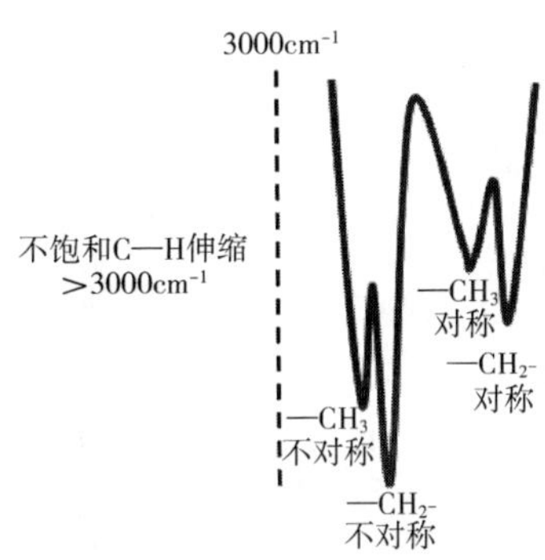

图 3-11　饱和 C—H 伸缩振动频率

（2）烷烃异构化的情况可以从表 3-3 中 1380cm^{-1} 峰的裂分来判断。从裂分峰的相对强度来推知：双峰强度比接近 1∶1 则为异丙基；双峰强度比接近 4∶5 则为偕二甲基；双峰强度比接近 1∶2 则为叔丁基，同时还可以依据 C—C 骨架振动吸收峰进一步证明。

（3）根据饱和 C—H 的弯曲振动频率估算—CH_3、—CH_2—的相对含量。由图 3-12 可见，正庚烷、正十三烷和正二十八烷的—CH_3 弯曲振动（1380cm^{-1}）的相对强度相近，而—CH_2—剪式振动带（1460cm^{-1}）则是正二十八烷最强，因为其—CH_2—含量最多、链最长。

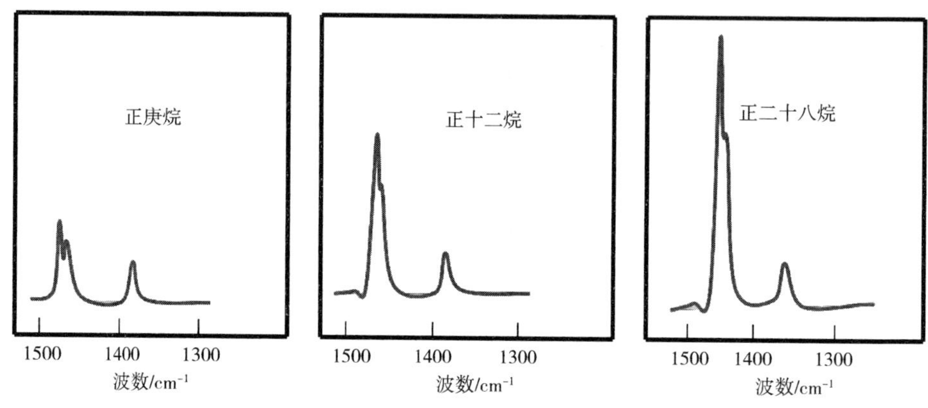

图 3-12 正庚烷、正十三烷和正二十八烷 C—H 弯曲振动吸收峰

（4）长链的存在还可以由 720cm^{-1} 带来证明。当 720cm^{-1} 出现红外吸收峰时，表示分子链中含有大于或等于 4 个连续相连的—CH_2—结构，n 越大 720cm^{-1} 吸收峰强度越高，与图 3-12 所述一致。

（5）—CH_3，—CH_2—与 C ═O 相连接时，会使 ~2800，~2900cm^{-1} 附近—CH_3，—CH_2—的伸缩振动峰强度降低，尤其是—CH_3。同样，弯曲振动峰也会受到影响，—CH_3 的对称变形振动低移至 1360cm^{-1}，且吸收峰强度增加；—CH_2—剪式振动低移至 1420cm^{-1}。图 3-13 所示为 2，2，4-三甲基戊烷的红外吸收光谱。

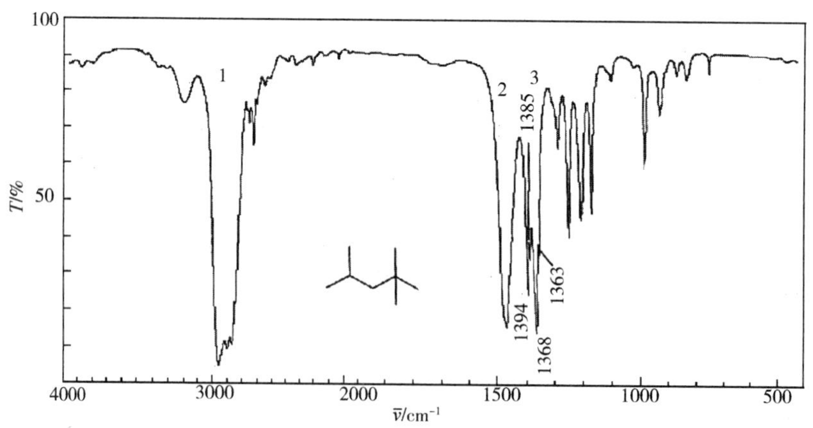

图 3-13 2,2,4-三甲基戊烷红外吸收光谱

1—饱和 C—H 伸振 2— —CH_2—剪式振动和—CH_3 反对称变形振动 3— —CH_3 对称变形振动

4. 不饱和烃化合物（烯烃、炔烃）

（1）烯烃。烯烃的特征吸收主要包括以下三个区域：

①3100~3000cm^{-1}：═C—H 伸缩振动。与饱和烃的 C—H 伸缩振动类似，═C—H 也存在对称和不对称伸缩两种形式，但其对称伸缩振动较弱，所以烯烃只显示一个伸缩振动吸收峰。

②1680~1620cm^{-1}：C=C 伸缩振动。烯烃 C=C 伸缩振动的位置、强度与烯碳的取代情况、分子对称性密切相关。通常乙烯基型的 C=C 伸缩振动较强，吸收峰出现在 1640cm^{-1} 附近，且随着烯碳上取代基的增加移向高波数。然而，随着烯烃分子对称性的增加，C=C 伸缩振动吸收峰强度降低，完全对称的反式烯烃无 C=C 伸缩振动吸收峰。若烯烃存在烯键与 C=C、C=O、C≡N 或芳环等共轭体系时，C=C 伸缩振动吸收峰向低波数移动且吸收峰增强。

③1000~650cm^{-1}：=C—H 面外弯曲振动。不同类型烯烃的=C—H 弯曲振动频率不同，能够依据此区域吸收峰的个数、位置及强度来判断烯烃的取代与顺反异构情况（表 3-4）。

图 3-14 和图 3-15 分别是乙烯和戊烯的红外吸收光谱图。

表 3-4　=C—H 面外弯曲振动

烯烃类型	=C—H 面外弯曲振动吸收峰位置/cm^{-1}
乙烯基烯 $R_1CH=CH_2$	995~985，910~905
亚乙烯基烯 $R_1R_2C=CH_2$	895~885
顺式烯烃 $R_1CH=CHR_2$	730~650
反式烯烃 $R_1CH=CHR_2$	980~965
多取代烯烃 $R_1R_2C=CHR_3$	840~790

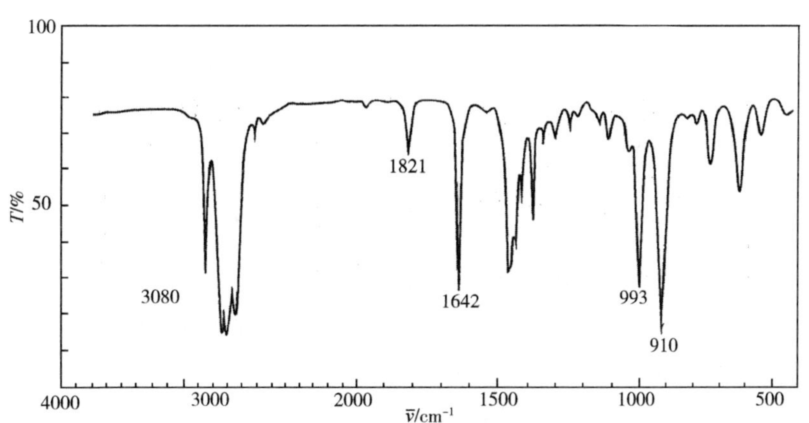

图 3-14　1-己烯红外吸收光谱

1642cm^{-1}　C=C 伸缩振动；993cm^{-1}，910cm^{-1}　=C—H 面外弯曲振动

（2）炔烃。炔烃的特征吸收主要包括以下三个区域：

①3340~3260cm^{-1}：≡C—H 伸缩振动，峰形尖锐，中等强度吸收。

②2260~2100cm^{-1}：C≡C 伸缩振动。端炔基的 C≡C 伸缩振动在 2140~2100cm^{-1} 区域；不对称取代炔烃的 C≡C 伸缩振动在 2260~2190cm^{-1} 区域；分子中心对称炔烃的 C≡C 伸缩振

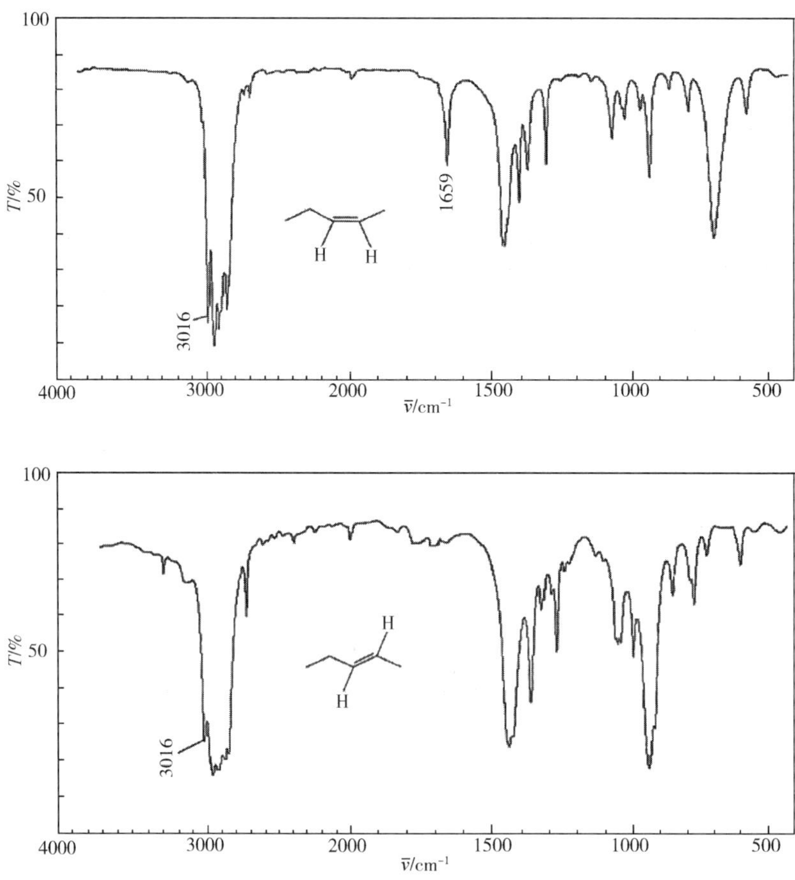

图 3-15　顺式和反式 2-戊烯红外吸收光谱

3016cm^{-1}　=C—H 伸缩振动；1659cm^{-1}C　=C 伸缩振动，顺式吸收峰强，反式吸收峰弱

动很弱甚至观察不到；R—C≡C—CH_2X（X 为羟基或卤素）的 C≡C 伸缩振动在 2260cm^{-1} 附近。若炔烃存在 C≡C 与 C=C、C=O、C≡N 或芳环等共轭体系时，C≡C 伸缩振动吸收峰明显增强。

③700~610cm^{-1}：≡C—H 面外弯曲振动，峰形较宽，强吸收。

此外，X≡Y 和 X=Y=Z 类化合物与 C≡C 伸缩振动存在重叠吸收峰。例如，C≡N 的伸缩振动在 2260~2240cm^{-1}；C=C=C 的伸缩振动在 1950~1930cm^{-1}；N=C=O 的伸缩振动在 2280~2260cm^{-1}；C=C=O 的伸缩振动约在 2150cm^{-1}。

图 3-16 所示为庚炔红外吸收光谱。

5. 腈类化合物（C≡N）

饱和脂肪腈 C≡N 的伸缩振动出现在 2260~2240cm^{-1}，当 C≡N 上的 C 与 O、Cl 等吸电子基团相连时，吸收峰强度减弱甚至消失。当与不饱和键或芳核共轭时，该吸收峰低移到 2240~2215cm^{-1}，一般共轭 C≡N 基伸缩振动比非共轭的低约 30cm^{-1}，而且强度增加。一般不饱和腈位于 2240~2225cm^{-1}，芳香腈位于 2240~2215cm^{-1}。C≡N 伸缩振动吸收峰比 C≡C 峰形更尖锐似针状。图 3-17 所示为苯甲酰乙腈的红外吸收光谱。

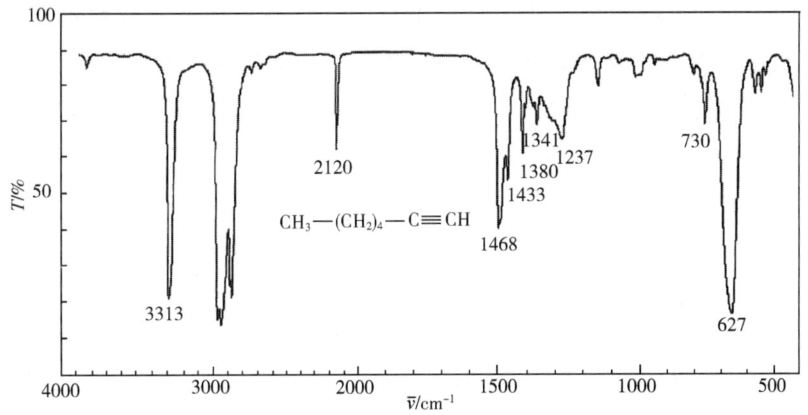

图 3-16 1-庚炔红外吸收光谱

$3313cm^{-1}$ ≡C—H 伸缩振动；$2120cm^{-1}$ C≡C 伸缩振动；$627cm^{-1}$ ≡C—H 面外弯曲振动

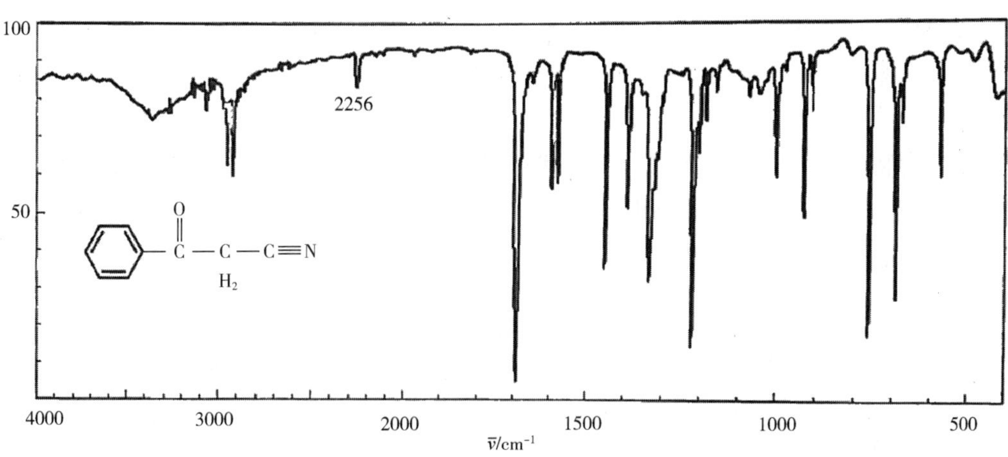

图 3-17 苯甲酰乙腈的红外吸收光谱

$2256cm^{-1}$ C≡N 伸缩振动

6. 芳烃化合物（萘、菲等与苯体系相似）

芳烃化合物的红外吸收光谱包括以下主要区域：Ar—H 伸缩振动在 $3100 \sim 3000cm^{-1}$；苯环 C═C 骨架振动在 $1650 \sim 1450cm^{-1}$，此区域的吸收是判断苯环存在的主要依据；Ar—H 面外弯曲振动在 $900 \sim 650cm^{-1}$，其倍频和合频在 $2000 \sim 1660cm^{-1}$，此区域是判断苯环取代情况的依据；Ar—H 面内弯曲振动在 $1225 \sim 950cm^{-1}$，但受到 C—C，C—O 吸收峰的干扰很少使用。

（1）$3030cm^{-1}$ 处几个小峰是 Ar—H 伸缩振动，当有烷基存在时（用 NaCl 棱镜）此谱带只是烷基峰的一个肩部。

（2）$2000 \sim 1650cm^{-1}$ 处几个小峰是面外变形的倍频和合频，由 2~6 个峰组成的取代类型特征谱带，样品浓度需要比常规高 10 倍以上才能观察到。

（3）1600cm^{-1}（1580cm^{-1}）、1500cm^{-1}（1450cm^{-1}）是芳环 C ═C 的骨架振动，峰形尖锐，1500cm^{-1} 处吸收峰通常强于 1600cm^{-1} 处吸收峰，通常只有当苯基与不饱和基团或具有孤对电子的基团共轭时才出现 1580cm^{-1} 的谱带，共轭效应使三个吸收峰增强但峰位不变，1450cm^{-1} 处吸收峰与—CH_2—谱带重叠。

（4）1225～950cm^{-1} Ar—H 面内弯曲，由于峰较弱，干扰峰多，不易辨认，较少使用。

（5）900～650cm^{-1} Ar—H 面外弯曲，吸收较强，此区域的吸收峰用以表征苯核上的取代位置，由此推测芳烃化合物的取代类型。

①单取代（有 5 个相邻的 H）。特征峰：770～730 和 710～690cm^{-1} 两个峰。

②邻位取代（有 4 个相邻的 H）。特征峰：770～735cm^{-1} 一个峰。

③间位取代（有三个相邻的 H）。特征峰：810～750 和 710～690cm^{-1}两个峰。

④对位取代（有 2 个相邻的 H）。特征峰：833～810cm^{-1}一个峰。

由上可以看出，相邻 H 原子的数目决定了产生谱带的数目和位置，一般频率随相邻 H 原子数目的减少而升高，而与取代基的性质无关。

综上所述，判断苯环的存在首先看 3100～3000cm^{-1} 及 1650～1450cm^{-1} 两个区域是否存在吸收峰，存在吸收峰就可以确定是芳烃化合物，再观察 900～650cm^{-1} 区域确定取代基的取代位置。

稠环化合物与芳烃化合物相似，其取代后吸收峰的峰形也取决于相邻 H 原子数目。例如，1-甲基萘的红外吸收谱图中出现了 1,2-二取代（四个相邻 H）和 1,2,3-三取代（三个相邻 H）的综合谱图，如图 3-18 所示。

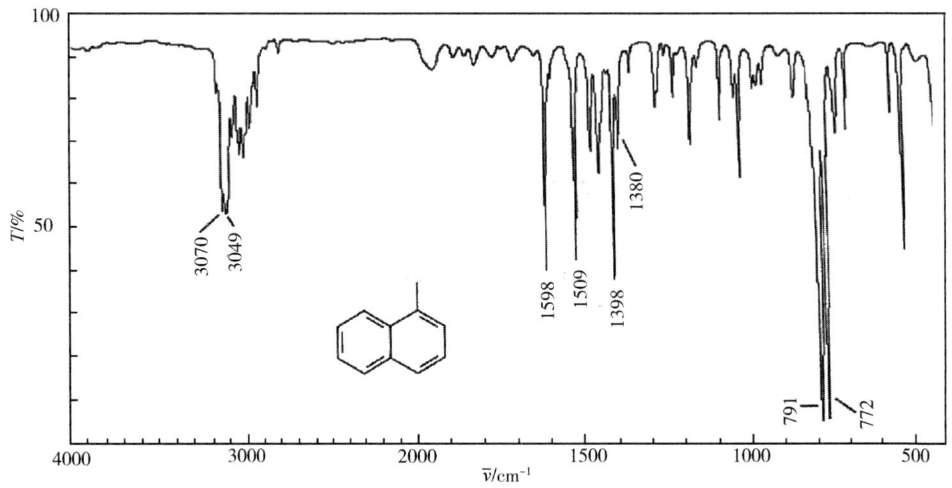

图 3-18　1-甲基萘的红外吸收光谱

2000～1600cm^{-1} 及 900～650cm^{-1} 范围内显示了不同取代位置的芳环的峰形，这些谱图是由棱镜型仪器得到的，光栅型仪器的谱图具有更精细的结构，图 3-19 所示为甲苯的红外吸收光谱。

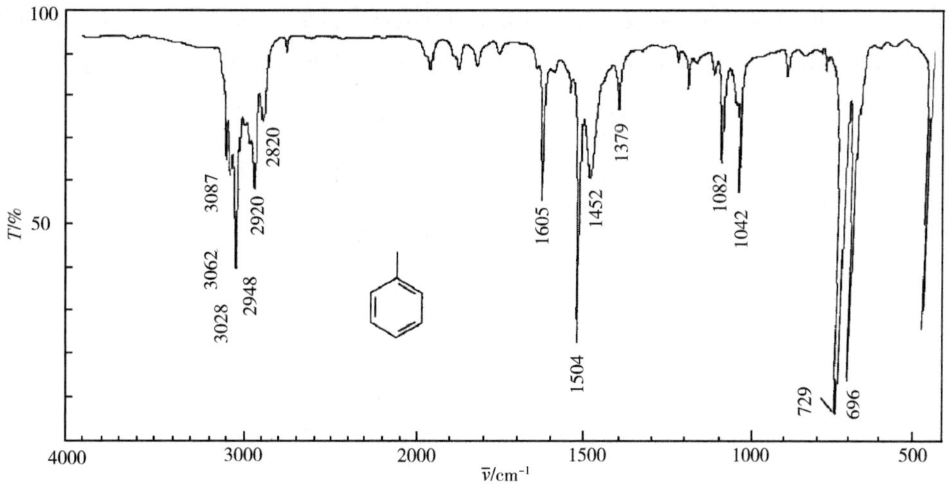

图 3-19　甲苯的红外吸收光谱

7. 羰基化合物（C═O）

羰基伸缩振动的频率范围很宽，在 1928～1580cm^{-1}，但通常吸收范围是 1850～1650cm^{-1}。含有 C═O 基团的化合物类型很多，如醛、酮、酸、酯、酰胺和酐等都具有 C═O，它们红外吸收峰的位置都在此范围内，但还略有差别。如：

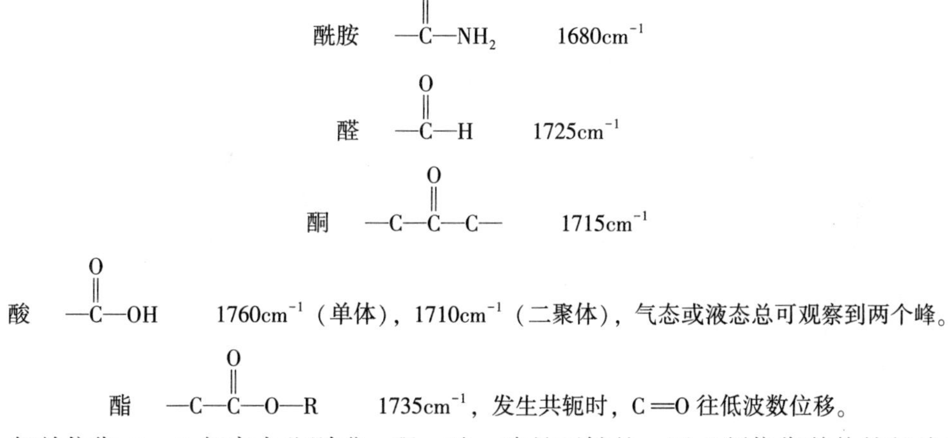

一般单依靠 C═O 频率来鉴别醛、酮、酸、酯是不够的，还必须依靠其他特征峰来作为旁证。

（1）醛类。还可以由醛基中的 C—H 伸缩振动的峰通常在 2820cm^{-1} 和 2720cm^{-1}（弱）的双峰来加以证明。

（2）羧酸。氢键极强且很易缔合，可以由 3300～2500cm^{-1} 整个范围的高低不平且很宽的峰加以证明，这一组弱的谱带最高频处归属于—OH，其他则是合频峰。也可以从～1420cm^{-1}（弱）处 C—O 的伸缩振动和 1300～1200cm^{-1}（弱）—OH 的弯曲振动偶合峰加以证明，有时还可以从 920cm^{-1} 宽、中等强度的—OH 二聚体面外弯曲吸收峰来证明。

（3）酯类。可以用 C—O—C 基团的不对称伸缩和对称伸缩振动来区分，其中 C—O—C

的不对称伸缩振动是酯的特征吸收，位于 1300~1160cm^{-1} 区域，吸收强；C—O—C 的对称伸缩振动位于 1100cm^{-1} 附近，吸收较弱。C—O—C 的谱带与酯的类型有关，例如：

$$\mathrm{H—CO—OR}\ \text{（甲酸酯）}\qquad 1180\mathrm{cm^{-1}}$$

$$\mathrm{CH_3—\overset{\overset{O}{\|}}{C}—OR}\ \text{（乙酸酯）}\qquad 1240\mathrm{cm^{-1}}$$

$$\mathrm{R—\overset{\overset{O}{\|}}{C}—OR}\ \text{（一般酯）}\qquad 1190\mathrm{cm^{-1}}$$

$$\mathrm{R—\overset{\overset{O}{\|}}{C}—OCH_3}\ \text{（甲酯）}\qquad 1165\mathrm{cm^{-1}}$$

图 3-20~图 3-24 所示为酮、醛、酸、酯、酰胺的红外吸收光谱。

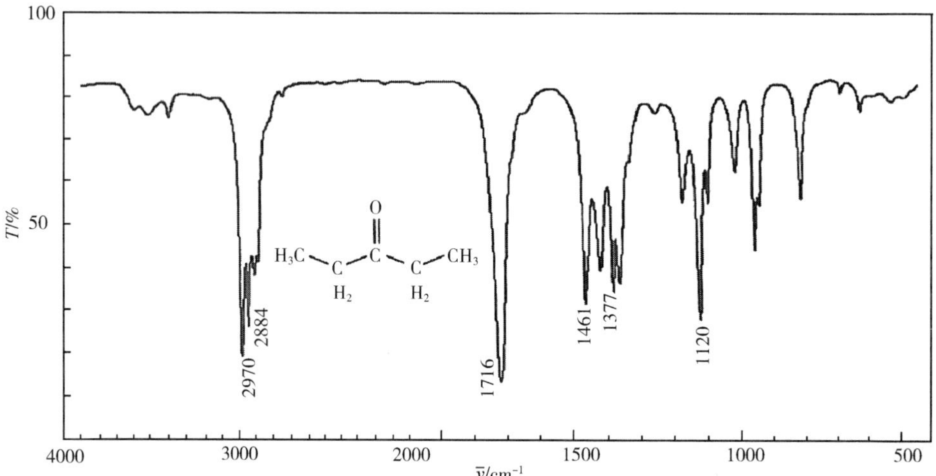

图 3-20　二乙基酮的红外吸收光谱

1716cm^{-1}　酮羰基的伸缩振动；1120cm^{-1}　酮羰基的骨架振动

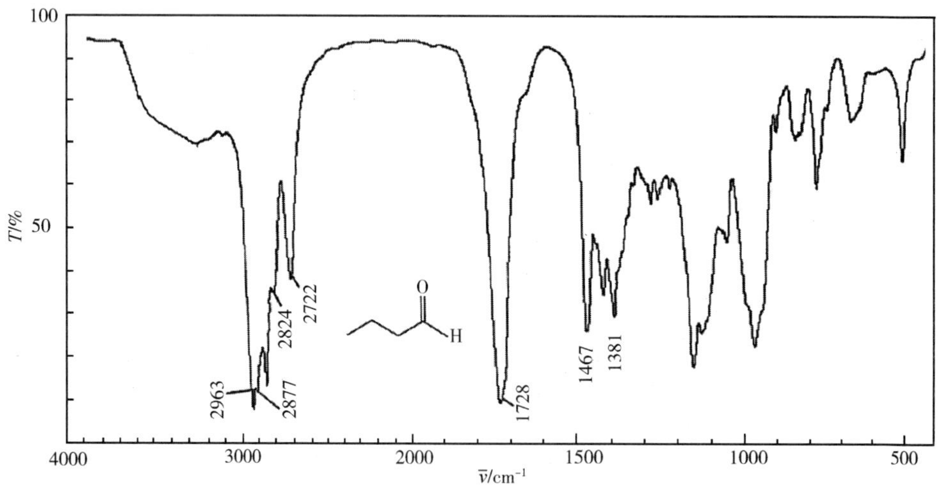

图 3-21　正丁醛的红外吸收光谱

~2722cm^{-1}　醛基 C—H 伸缩振动；1728cm^{-1}　醛羰基的伸缩振动

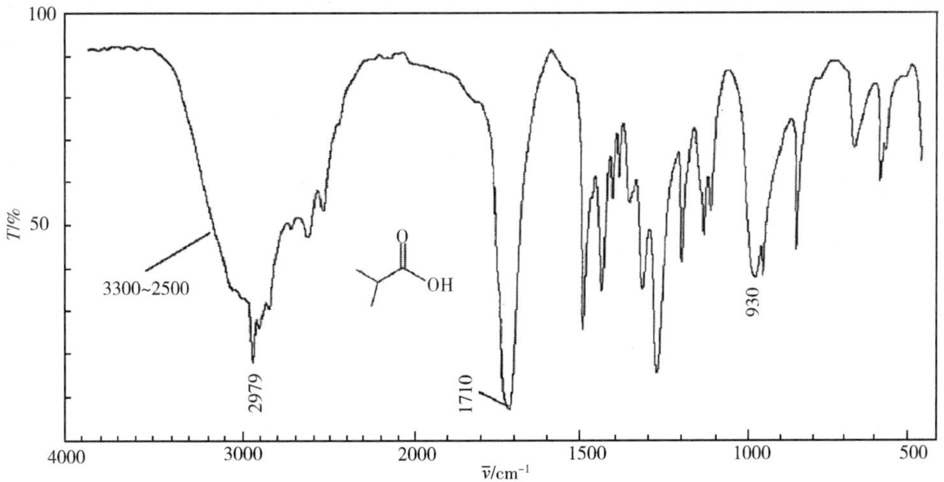

图 3-22　2-甲基丙酸的红外吸收光谱

$3300\sim2500\text{cm}^{-1}$　羧基 O—H 伸缩振动；1710cm^{-1}　羧酸羰基的伸缩振动；930cm^{-1}　二聚体的—OH 面外弯曲

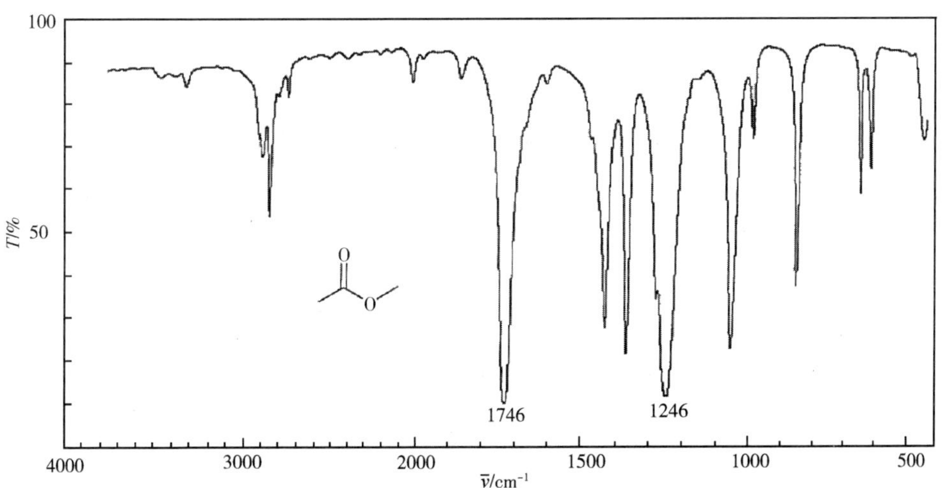

图 3-23　乙酸甲酯的红外吸收光谱

1746cm^{-1}　酯中 C ═O 伸缩振动；1246cm^{-1}　C—O—C 不对称伸缩振动

8. S ═O 基化合物

（1）亚砜（R—S ═O）。$1060\sim1040\text{cm}^{-1}$，共轭时有氢键时向低波数位移 $10\sim20\text{cm}^{-1}$，与卤素或氧相连时向高波数位移。

（2）砜（R—SO_2—R′）$1350\sim1310\text{cm}^{-1}$（$\nu_{as}$）和 $1160\sim1120\text{cm}^{-1}$（$\nu_s$），固态时往低波数位移 $10\sim20\text{cm}^{-1}$，常常裂分成谱带组，不受共轭和环张力的影响。

（3）磺酰胺（R—SO_2—NH_2）$1370\sim1330\text{cm}^{-1}$，固态时低 $10\sim20\text{cm}^{-1}$；$1180\sim1160\text{cm}^{-1}$，固态时位置相同。磺酰胺的两个 S ═O 谱带频率比砜的高。

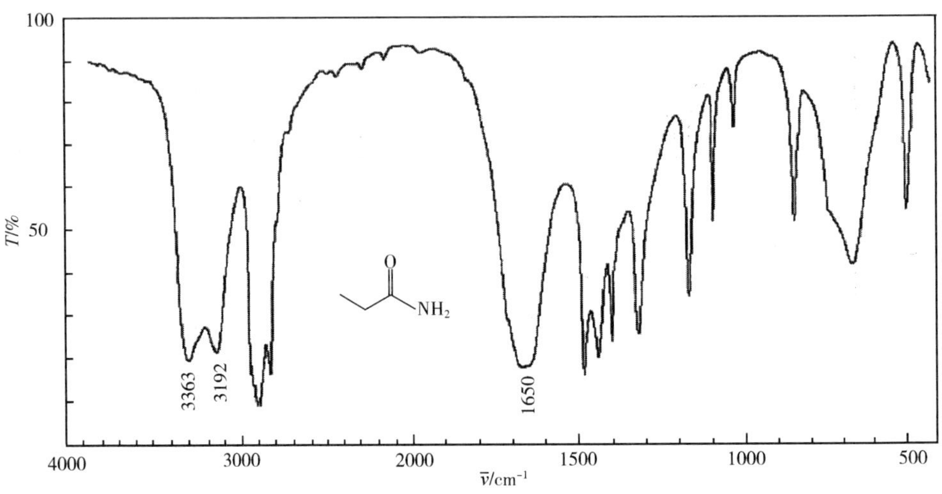

图 3-24 丙酰胺的红外吸收光谱

$3363cm^{-1}$，$3192cm^{-1}$—NH_2 伸缩振动双峰；$1650cm^{-1}$ 酰胺 C═O 伸缩振动

（4）磺酰氯（R—SO_2Cl）。1370～1365cm^{-1}（ν_{as}）和 1190～1170cm^{-1}（ν_s）。

（5）磺酸（R—SO_2—OH）。1345±5（ν_{as}）和 1155±（ν_s），这些是无水酸的数值，磺酸易于生成水合物，在～1200cm^{-1} 和 1050cm^{-1} 有峰。

（6）磺酸酯 R—SO_2—OR′。1370～1335cm^{-1}（ν_{as}）强的双峰，频率高者强度较强，1200～1170cm^{-1}（ν_s）。

（7）硫酸酯 RO—SO_2—OR′。1415～1380cm^{-1}（ν_{as}）和 1200～1185cm^{-1}（ν_s），由于两个氧原子联在 SO_2 上，故比磺酸、磺酸酯波数高。

9. 无机化合物

无机化合物的红外吸收光谱通常比较简单，特征基团的振动一般在 4000～400cm^{-1} 区域内只出现若干宽吸收峰，主要是阴离子的晶格振动与阳离子无关。而且无机化合物的晶体结构、配位形式、配合物顺反异构等在红外吸收光谱中都能得到体现。解析无机化合物红外吸收光谱的重点是阴离子基团的伸缩振动和弯曲振动，且随着阳离子的原子序数增大，阴离子基团吸收峰将向低波数方向略微移动。常见无机阴离子基团的红外特征峰见表 3-5。

表 3-5 常见无机阴离子基团的红外特征峰

基团	振动类型	吸收峰位置（波数）/cm^{-1}	吸收峰特点
NO_3^-	伸缩振动 弯曲振动	1450～1300 850～800	强、宽 尖
SO_4^{2-}	伸缩振动 弯曲振动	1210～1040 680～600	强、宽 弱、尖

续表

基团	振动类型	吸收峰位置（波数）/cm^{-1}	吸收峰特点
CO_3^{2-}	伸缩振动	1530~1060	强、宽
	弯曲振动	890~700	弱、尖
PO_4^{3-}	伸缩振动	1120~940	强、宽
CN^-		2230~2130	强、尖
ClO_4^-		1150~1050	强、宽
ClO_3^-		1050~900	强、双峰或多个峰

第二节 红外吸收光谱吸收频率和谱图质量的影响因素

一、红外吸收光谱吸收峰的数目

红外吸收光谱往往有很多吸收峰，通常每种基本振动形式都有自身的特征吸收频率，有其相应的红外吸收峰，遵循简正振动的理论数。该理论认为，分子基频振动的吸收峰数目等于分子的振动自由度，分子的总自由度等于各原子所在空间位置坐标（3 个坐标 x，y，z）总和，若分子由 n 个原子构成，自由度总和（$3n$）= 平动自由度+转动自由度+振动自由度，即振动自由度 = $3n$-（平动自由度+转动自由度）。分子结构不同，围绕 x、y、z 轴的转动自由度不同，线性分子的振动自由度 = $3n-5$，非线性分子的振动自由度 = $3n-6$。例如，H_2O 分子含有 3 个原子，振动自由度为 3，红外吸收光谱中出现三个吸收峰。

实际上，大多数化合物红外吸收峰的峰数小于理论上的振动自由度，存在的原因可能如下：

（1）分子振动过程偶极矩没有发生变化，不产生红外吸收峰。

（2）分子不同振动形式的频率相同，重叠间并为一个吸收峰。

（3）分子振动跃迁过程中产生倍频峰和合频峰。

（4）分子基团的某种振动吸收强度较弱，仪器检测不到；或某些振动吸收频率超出仪器的检测范围。

二、红外吸收光谱吸收频率的影响因素

有机化合物分子基团红外吸收峰的位置主要由构成其原子的质量及化学键的力常数决定。但同一种官能团红外吸收峰的位置并不固定，会受到分子内部结构和外部环境等因素的影响。

（一）外部因素的影响

通常同一种物质的分子在不同物理状态、不同溶剂极性、不同温度或浓度、不同结晶条

件下进行测试，红外吸收光谱均会发生变化，必须考虑这些外部因素的影响。

1. 物态效应

同一化合物在固态、气态和液态下的红外吸收光谱的频率和吸收峰强度存在较大差异。气态时分子间相互作用力小，红外光谱影响较小，但增大气压会使分子间作用力增强，吸收谱带增宽。液态时分子间出现缔合或分子内氢键，使分子相互作用增大，红外吸收峰的位置、峰数、峰强均可能发生变化。固态时由于晶体力场作用，分子与晶格发生振动偶合，使红外吸收峰相比液态时尖锐，且峰数增加。例如—COOH，气态单体时吸收峰在 $1780cm^{-1}$；气态二聚体时在 $1730cm^{-1}$。纯液体二聚体时吸收峰在 $1712cm^{-1}$（因为相互作用力稍大）。固体时测得的频率值更低（因为相互作用力更大）。

2. 溶剂效应

溶剂分子通过偶极作用、氢键作用、静电作用等方式，使溶质分子化学键的力常数发生改变，从而使分子基团红外吸收峰的位置和强度随之改变。通常溶剂的极性越强，分子极性基团伸缩振动的频率减小，峰位移向低波数，吸收峰增强。故在红外光谱检测中应尽量使用非极性溶剂。

例如，羧基中 C ═O，在非极性溶剂中为 $1762cm^{-1}$；在极性溶剂中为 $1735cm^{-1}$；在醚中为 $1720cm^{-1}$；在醇中溶剂极性大，使 C ═O 伸缩振动频率变得更小。

3. 晶体效应

样品分子的晶型或粒子大小不同，其红外吸收光谱都会存在差异。由于原子在晶格内排列规则，相互作用均一，致使吸收峰裂分。如长链烃中 CH_2 的面内摇摆振动，液体时~$720cm^{-1}$ 处一个峰，晶态时裂分为双峰，晶态聚乙烯的红外吸收光谱中就可以看到 $720cm^{-1}$ 处的双峰。

（二）内部因素的影响

1. 诱导效应（I 效应）

分子内某一基团相邻不同电负性的取代基时，通过静电诱导效应引起分子中电子云分布的变化，使化学键极性改变，从而引起键力常数的改变，进而使化学键或官能团的特征吸收频率发生变化，这种现象称为诱导效应。诱导效应又分为供电子诱导效应（+I）和吸电子诱导效应（-I）。通常供电子基团（+I）使相邻基团吸收频率（波数）降低，吸电子基团（-I）使相邻基团吸收频率（波数）升高。

例如，烷基是供电子基团，卤素是吸电子基团，当酮羰基的一侧烷基被卤素取代后，静电诱导作用将使羰基氧原子周围的电子云移向双键，形成 $C^{+}-O^{-}$，使 C 原子上的正电荷增加，羰基极性减小，双键强度增加，力常数 K 增大，伸缩振动频率升高。取代基吸电子性能越强，频率升高越多；相同地，吸电子取代基越多，频率升高越多。例如：

	$CH_3—CO—CH_3$	$CH_2Cl—CO—CH_3$	$Cl—CO—CH_3$	Cl—CO—Cl	F—CO—F
$\bar{\nu}_{C=O}$	$1715cm^{-1}$	$1724cm^{-1}$	$1806cm^{-1}$	$1828cm^{-1}$	$1928cm^{-1}$

2. 共轭效应（C 效应）

分子结构中形成 π-π 共轭或 p-π 共轭体系时，电子云密度平均化，双键略伸长，力常数减小，使双键的伸缩振动频率降低，但吸收峰增强。并随着共轭链越延长，共轭化学键的频率越低，吸收峰强度越强。

例如，C ═O 与芳环上的 C ═C 共轭时形成了大 π 键—C ═C—C ═O，双键的键长比原来孤立双键的键长增加，力常数 K 减小，$\bar{\nu}_{C=O}$ 低移至 $1680cm^{-1}$ 附近。例如：

	CH_3—CO—CH_3	CH_3—CH ═CH—CO—CH_3	Ph—CO—Ph
$\bar{\nu}_{C=O}$	$1715cm^{-1}$	$1677cm^{-1}$	$1665cm^{-1}$

3. 中介效应（M 效应）

O、N、S 等原子含有未成键的孤对电子，能与相邻不饱和 π 键形成共轭体系，称为中介效应，此效应能使不饱和基团的伸缩振动频率低移。电负性弱的原子，孤对电子易失去，中介效应强，反之中介效应弱。例如，酰胺基团中的 C ═O 因存在 p-π 共轭效应，C ═O 双键性减弱，$\bar{\nu}_{C=O}$ 低移至 $1680cm^{-1}$。

4. 氢键效应

分子结构中若能形成氢键（X—H—Y），氢键中的 X、Y 原子通常为 O、N 或 F，氢键作用使电子云密度平均化，使基团的伸缩振动频率往低波数位移，变形振动的频率向高波数位移，而且谱带的形状变宽。氢键越强，峰的强度越强，也越宽，伸缩频率向低波数位移也越多。此处氢键包括分子内氢键和分子间氢键。

例如：

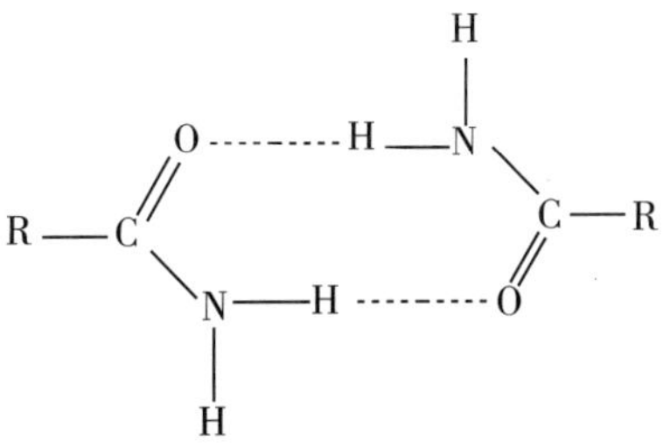

```
                    H
                    |
        O---------H—N
       //             \
R —— C                  C —— R
       \              //
        N——H ---------O
        |
        H
```

二聚体由于缔合会使伸缩振动的频率 $\bar{\nu}_{C=O}$ 下降，游离伯酰胺 $\bar{\nu}_{C=O}=1690cm^{-1}$，缔合伯酰胺 $\bar{\nu}_{C=O}=1650cm^{-1}$；变形振动频率 δ_{-NH} 增大，游离伯酰胺 $\delta_{-NH}=1620\sim1590cm^{-1}$，缔合伯酰胺 $\delta_{-NH}=1650\sim1620cm^{-1}$。

5. 空间效应

空间效应是指由于分子结构中各基团空间位置的阻碍作用，使分子的几何形状发生变化，从而使电子效应或杂化状态发生改变，导致吸收峰位移。空间效应包括环张力效应和空间位阻效应等。

环张力效应是形成环状分子时，键角的变化产生键的弯曲，随着环的缩小，键角减小，键的弯曲程度随之增大，环张力也随之增加。如环丙烷的伸缩振动在 $3060\sim3030cm^{-1}$，而环己烷的伸缩振动基本与饱和的—CH_2—的频率一致。

空间位阻效应是指分子中存在的较大基团对相邻基团的位阻作用。通常共轭体系的共平面性质被偏离或破坏时，共轭受到限制，使原化学键的吸收频率增高，吸收强度降低。

例如，α，β-不饱和酮类化合物，由于共轭双键邻位取代基的位阻作用，使 C═C 与 C ═O 之间的共轭效应减弱，取代基越多，频率越移向高波数。

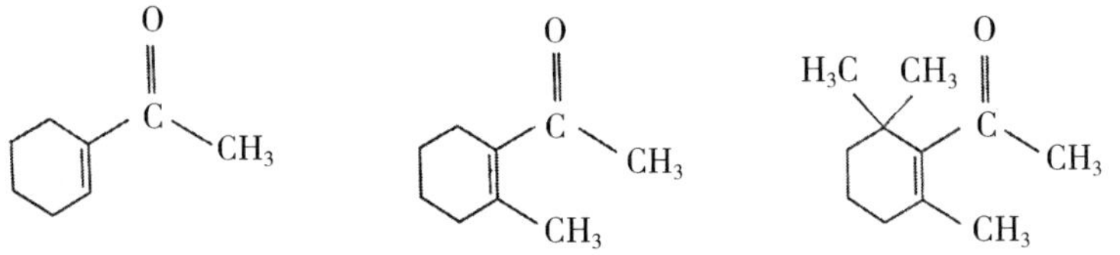

$\bar{\nu}_{C=O}/cm^{-1}$　　1663　　1686　　1693

又如，由于空间位阻使分子间羟基不容易缔合，因而—OH 基频率升高，因为形成氢键时 $\bar{\nu}_{OH}$ 向低波数位移。

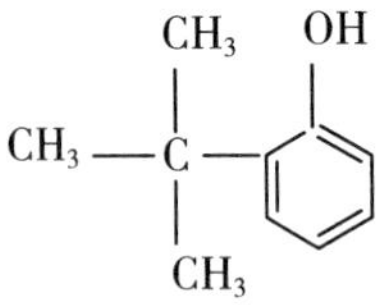

$\bar{\nu}_{OH}=3380\ cm^{-1}$

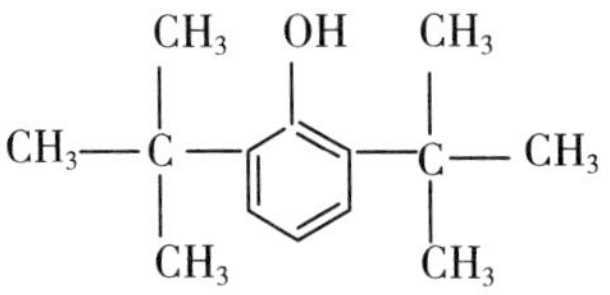

$\bar{\nu}_{OH}=3510\ cm^{-1}$

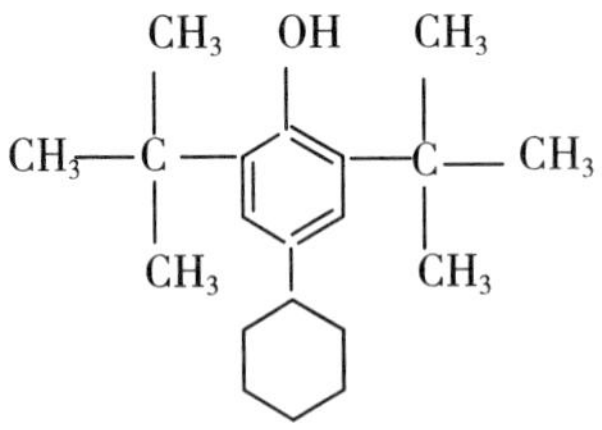

$\bar{\nu}_{OH}=3530\ cm^{-1}$

6. 振动偶合效应

当两个振动频率相同或相近的化学键或基团，在分子中相互接近或直接相连时，两者之间会产生较强的振动偶合作用，使原有的吸收峰裂分为两个，分别低于和高于原来吸收频率。很多化合物中都可以发生这种现象。

（1）一个 C 上含有两个或三个甲基时，饱和 C—H 的弯曲振动在 1385 ~ 1350cm^{-1} 出现两个吸收峰。

（2）酸酐含有的两个羰基相互偶合，使 C ═O 的伸缩振动产生两个吸收峰。

（3）伯氨和酰氨基团中 N—H 伸缩振动也是偶合效应的双峰。

（4）二元酸的两个羧基相隔 1 ~ 2 个碳原子时，C ═O 的伸缩振动会产生两个吸收峰，但相隔 3 个碳原子则无偶合效应。

当某一振动的倍频或合频位于另一基频振动强峰附近时，由于相互间强烈的振动偶合作用使原有较弱的泛频吸收增强（或裂分为双峰），这种特殊的振动偶合效应称为费米共振。例如，醛基中C—H的伸缩振动基频与C—H弯曲振动的倍频相近，费米共振会在2850~2700cm^{-1}出现两个中等强度的吸收峰，此现象也是推断醛的特征吸收峰。

三、影响谱图质量的因素

1. 仪器参数的影响

光通量、增益、扫描次数等直接影响信噪比S/N，同时根据不同的附件及检测要求都需要进行调整来得到高质量谱图。

2. 环境的影响

光谱中的吸收带并非都是由光谱本身产生的，潮湿的空气、样品的污染、残留的溶剂、由玛瑙研钵或玻璃器皿所带入的二氧化硅、溴化钾压片时吸附的水等杂质均会产生红外吸收干扰峰，故在光谱解析时应特别加以注意。

3. 样品厚度的影响

红外光谱检测时样品的厚度或质量同样重要，通常要求厚度为10~50μm，对于极性物质（如聚酯）要求厚度小一些，对非极性物质（如聚烯烃）要求厚一些。有时为了观察到红外弱吸收谱带，对某些含量少的基团、端基、侧链以及少量共聚组分等需要用较厚的样品测定光谱。

第三节　红外吸收光谱的解析

一、红外吸收光谱的特征区与指纹区

（一）特征区

红外吸收光谱中吸收峰的位置和强度由基团的振动形式与所处化学环境决定。4000~1333cm^{-1}区域主要是化学键和基团伸缩振动产生的吸收谱带，比较稀疏、容易辨认，称为特征区，常用于鉴定官能团，也称为官能团区。

有机化合物官能团具有一个或多个特征吸收，一般将特征区分为以下三个区域：

（1）4000~2500cm^{-1}。X—H伸缩振动区，X为C、N、O、S等。

①3650~3200cm^{-1}。O—H伸缩振动区，此区域是判断醇、酚、有机酸的重要依据。通常醇、酚在气态或低浓度（0.01M）非极性溶剂中以游离羟基的伸缩振动为主，出现中等强度的尖峰。当浓度增加时，羟基化合物会形成氢键相连的缔合体，使O—H伸缩振动吸收峰移向低波数，且吸收峰增强变宽。

②3500~3100cm^{-1}。N—H伸缩振动区，中等强度吸收，有时会受到O—H伸缩振动的干扰。伯胺结构中NH_2的伸缩振动为双峰，吸收峰弱于羟基；仲胺为单峰，吸收峰强于羟基；

叔胺在此区域无吸收。

③3300~2700cm^{-1}。C—H 伸缩振动区，不饱和 C—H 伸缩振动吸收大于 3000cm^{-1}，饱和 C—H 伸缩振动吸收小于 3000cm^{-1}，此区域是判断是否含有不饱和 C—H 键的重要依据。饱和 C—H 伸缩振动受取代基影响较小，一般可见四个吸收峰，且强而尖锐。烯烃和芳烃中不饱和 C—H 伸缩振动吸收位于 3100 ~ 3000cm^{-1}，炔烃中不饱和 C—H 伸缩振动吸收位于 3300cm^{-1}。

（2）2500~1900cm^{-1}。叁键和累积双键伸缩振动区。该区域主要包括 C≡C、C≡N 等叁键的伸缩振动和 C═C═C、C═C═O 等累积双键的不对称伸缩振动。非对称 R—C≡CH 结构中的 C≡C 伸缩振动位于 2140~2100cm^{-1}；对称 R—C≡C—R 结构中的 C≡C 伸缩振动位于 2260~2190cm^{-1}；C≡N 伸缩振动位于 2260~2240cm^{-1}，与不饱和键或芳环共轭时，该吸收峰低移至 2230~2220cm^{-1}。

（3）1900~1500cm^{-1}。双键伸缩振动区。

①1900~1650cm^{-1}。C═O 伸缩振动区，此区域是判断羰基化合物的特征区，酸酐的羰基吸收因振动偶合效应呈现双吸收峰。

②1680~1620cm^{-1}。烯烃 C═C 伸缩振动区，中等强度吸收。

③1600~1500cm^{-1}。苯环骨架结构振动特征区。

（二）指纹区

化学键和基团因弯曲振动产生的吸收峰与特征区密切相关，分子结构稍有变化，该区域吸收就有细微差异，吸收峰密集、不易辨认，犹如人的指纹，称为指纹区。

（1）1500~1000cm^{-1}。此区域主要为 X—Y 单键的伸缩振动吸收（Y 为 C、O、N、卤素）和 C—H 面内弯曲振动。其中 1300~1000cm^{-1} 的 C—O 伸缩振动吸收最强。

（2）1000~600cm^{-1}。此区域是化合物顺反构型、苯环取代类型及 $(CH_2)_n$ 存在的重要依据。比如，邻、间、对二甲苯虽同是二甲苯，但它们在指纹区的峰是有很大差别的，所以可以说“没有任何两个分子在指纹区的峰是完全一样的，正如没有任何两个人的指纹是完全相同的一样”。

二、红外吸收光谱的解析步骤

（1）首先了解样品的来源及制备方法，了解其原料及可能产生的中间产物或副产物，了解熔沸点等物理化学性质，以及其他分析手段所得的数据，如分子量、元素分析数据等。分析的样品必须是纯样品，否则将给解析工作带来困难。

（2）若已知分子式，可以先算出其不饱和度，不饱和度的经验公式：

$$u=1+n_4+\frac{1}{2}(n_3-n_1)$$

式中：n_4 为四价原子数目，如 C；n_3 为三价原子数目，如 N；n_1 为一价原子数目，如 H。

双键（C═C，C═O，C═N），$u=1$；环，$u=1$；叁键（C≡C，C≡N），$u=2$；苯环（一个环和三个双键），$u=4$

例 1 求 CH_3COOH（$C_2H_4O_2$）的不饱和度。

解：

$$u=1+2+\frac{1}{2}(0-4)=1$$

知道了不饱和度，有助于分子结构的推断。

稠环化合物的不饱和度计算公式：

$$u=4r-s$$

式中：r 为环数；s 为共边数。

（3）谱图的解析往往只根据一张红外光谱图是不够的，常常要作不同浓度的几张谱图，以便从大浓度的谱图读小峰，从小浓度的谱图读强峰。

（4）首先观察特征区谱带，根据特征频率的位置、强度、形状可初步推断含有什么基团和化学键，然后在指纹区进一步进行推断，如芳香取代基位置、酯类化合物在 1275～1185cm^{-1} 处 C—O—C 伸缩振动强吸收等。

（5）相邻基团的性质、位置、结构均会对某一基团振动的特征频率产生影响，使吸收峰发生位移，峰形与强度也发生变化，如氢键、共轭体系、诱导作用等。

（6）对照化合物标准谱图推断分子结构。若所作红外吸收光谱上峰的个数、形状、位置及强度均与标准谱图相一致，才能推断结构的正确性。此外，推断较复杂样品时必须与核磁、质谱、色谱等多种分析方法相结合，才能得到正确结论。

三、例题分析

例 2 2,4-二甲基戊烷的红外吸收光谱如图 3-25 所示，求其不饱和度，并分析各吸收峰的归属。

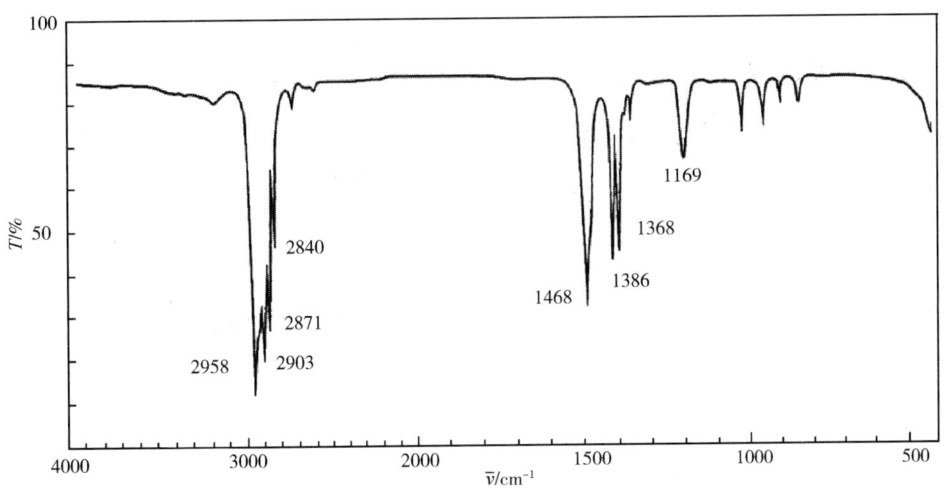

图 3-25 2，4-二甲基戊烷的红外吸收光谱

解：2,4-二甲基戊烷的化学式为（CH_3）$_2CHCH_2CH$（CH_3）$_2$，不饱和度 $u=1+6+\frac{1}{2}(0-14)=0$

峰的归属：

（1）2958～2840cm^{-1} 谱带包含—CH_3 和—CH_2—的反对称伸缩振动，—CH_2—的反对称伸缩振动，—CH_3 和—CH_2—的对称伸缩振动并相重叠。

（2）～1468cm^{-1} 是—CH_3反对称变形振动和—CH_2—剪式振动（特征吸收）。

（3）1386cm^{-1}，1368cm^{-1} 双峰是—CH_3 对称变形振动，该双峰是异丙基的特征吸收。

（4）1169cm^{-1} 是戊烷 C—C 骨架振动。

如果这是一个未知化合物，由红外光谱图可以判断是饱和烃（只有～2900cm^{-1}，～2800cm^{-1} 附近的峰），$u=0$ 也说明是饱和烃。并且 1380cm^{-1}处裂分成强度近似的双峰，1169cm^{-1} 处为异丙基的骨架振动。

例 3 苯胺的红外吸收光谱如图 3-26 所示，求其不饱和度。并分析图上谱带的归属。

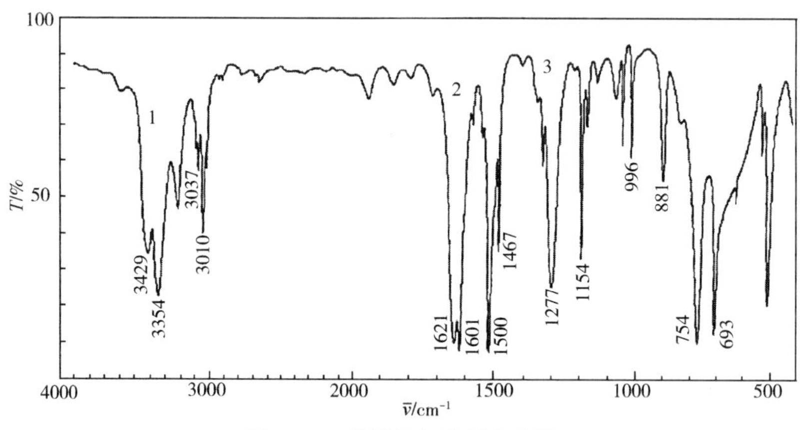

图 3-26　苯胺的红外吸收光谱

解：苯胺的化学式为 $C_6H_5NH_2$，不饱和度 $u=1+n_4+\frac{1}{2}(n_3-n_1)=1+6+\frac{1}{2}(1-7)=7-3=4$

谱带的归属：

（1）3429cm^{-1}，3354cm^{-1} 双峰是—NH_2 的反对称和对称伸缩振动。

（2）3037cm^{-1}，3010cm^{-1} 是苯环上═CH 的伸缩振动，由此可以推断有—NH_2 和可能有苯环。

（3）1621cm^{-1} 是—NH_2 的弯曲振动

（4）1601cm^{-1}，1500cm^{-1} 附近是苯环骨架 C═C 的伸缩振动，是芳环的主要特征峰。

（5）1277cm^{-1} 是 Ar—N 伸缩振动，但当胺基形成盐酸盐时此峰消失。

（6）754cm^{-1}，695cm^{-1} 是苯环单取代特征峰，五个相邻 H 原子的面外变形振动。

例 4 苯基异丙基酮的红外吸收光谱如图 3-27 所示，求其不饱和度，并分析图上各谱带的归属。

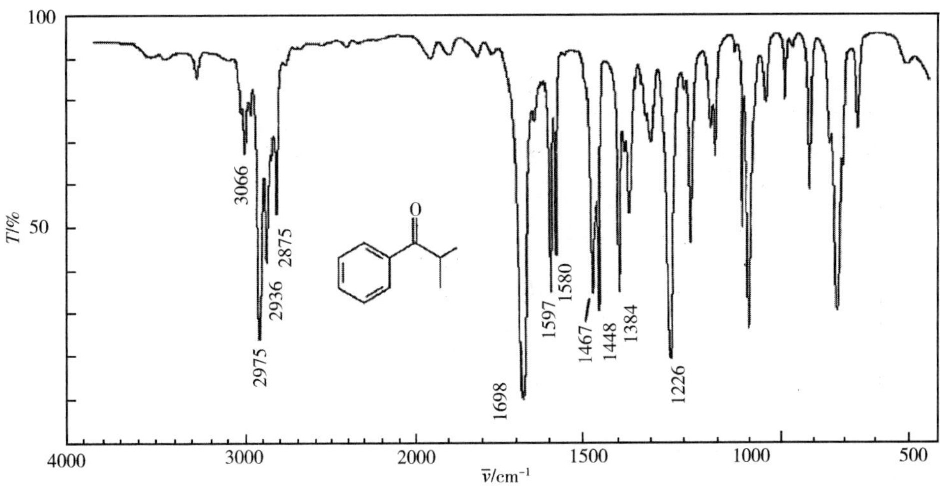

图 3-27　苯基异丙基酮的红外吸收光谱

解：苯基异丙基酮的化学式为 $C_6H_5COCH(CH_3)_2$，$u=1+8+\frac{1}{2}(0-8)=5$

因此，苯环 $u=4$，$u_{C=O}=1$。

谱带的归属：

（1）$3066cm^{-1}$，$1580cm^{-1}$，$1597cm^{-1}$ 是苯环的特征峰。

（2）$1698cm^{-1}$ 是共轭酮 C═O 的频率，因为 C═O 基与苯环共轭后 $\bar{\nu}_{C=O}$ 向低波数移动。

（3）$1467cm^{-1}$，$1448cm^{-1}$，$1384cm^{-1}$ 是饱和 C—H 的弯曲振动吸收峰。

（4）$1226cm^{-1}$ 是芳酮骨架振动特征峰。

（5）$750cm^{-1}$，$690cm^{-1}$ 是芳环单取代的特征峰。

例 5　乙酸酐的红外吸收光谱如图 3-28 所示，求其不饱和度，并分析图中各谱带的归属。

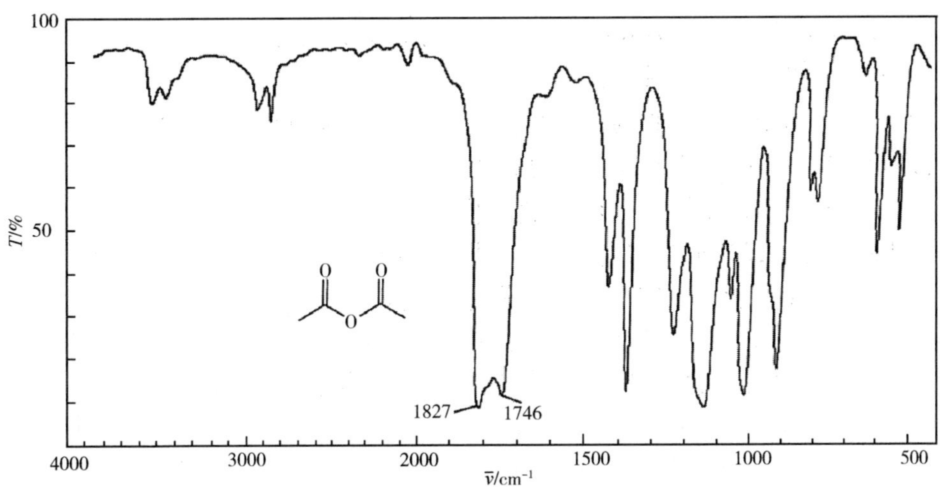

图 3-28　乙酸酐的红外吸收光谱

解：乙酸酐的化学式为 $CH_3COOOCCH_3$，$u=1+4+\frac{1}{2}(0-6)=2$，$u_{C=O}=2$，两个羰基。

谱带的归属：

（1）3000~2840cm^{-1} 是饱和 C—H 伸缩振动吸收峰。

（2）1827cm^{-1}，1746cm^{-1} 是两个羰基的对称与不对称伸缩振动吸收峰，也是酸酐的特征峰。通常线性酸酐两峰强度相近，高波数峰略强于低波数峰，而环状酸酐相反，为高波数峰略弱于低波数峰，且环越小两峰的强度差别越大，这也是判断酸酐结构的重要依据。

（3）1500cm^{-1}~1350cm^{-1} 是饱和 C—H 的弯曲振动吸收峰。

第四节　红外吸收光谱的应用

一、定性分析

（一）已知化合物的鉴定

红外吸收光谱可以用于鉴定有机合成产物及副产物的结构，且由此推断反应过程。通常将样品的红外吸收光谱图与标准谱图（或文献）进行对比，如果峰形、峰的个数、峰的位置相一致，说明所合成的产物就是目标化合物。使用文献上的谱图相对照应注意产物的物态、晶型结构、溶剂、测定条件等均应与标准谱图条件相同。若产物中含有副产物等杂质，样品的红外吸收光谱上会出现杂质峰，可根据官能团的特征吸收峰来判断副产物的结构。常被使用的标准谱图分图谱集、穿孔卡片和电子资料。其中比较著名、实用的是 1947 年出版的萨特勒红外谱图集，该谱图集收集了棱镜、光栅和傅里叶三代共十几万的红外光谱图，可以在网站上查找到此谱图集。

（二）未知化合物的鉴定

利用红外吸收光谱对未知结构进行定性分析是一个重要途径，一般包括两种方式：利用标准谱图集进行查对；解析未知化合物的红外吸收光谱图。

例 1　某化合物分子式为 C_8H_7N，熔点 29℃，红外吸收光谱如图 3-29 所示，计算其不饱和度，并解析其结构。

解：$u=1+8+\frac{1}{2}(1-7)=9-3=6$

峰的归属：

（1）3039cm^{-1} 是苯环上═CH 伸缩振动，1609cm^{-1} 和 1509cm^{-1} 是苯环 C═C 骨架振动，817cm^{-1} 为苯环对位取代特征峰，由此推断该化合物含有苯环，具有苯环对位取代结构。

（2）2229cm^{-1} 是 C≡N 伸缩振动吸收峰，C≡N 的特征吸收范围是 2260~2240cm^{-1}，但当 C≡N 处于共轭体系中，吸收峰低移约 30cm^{-1}，故推测 C≡N 直接与苯环相连产生共轭效应。

（3）2926cm^{-1}出现饱和 C—H 伸缩振动吸收峰，1450cm^{-1} 和 1383cm^{-1} 是饱和 C—H 弯曲

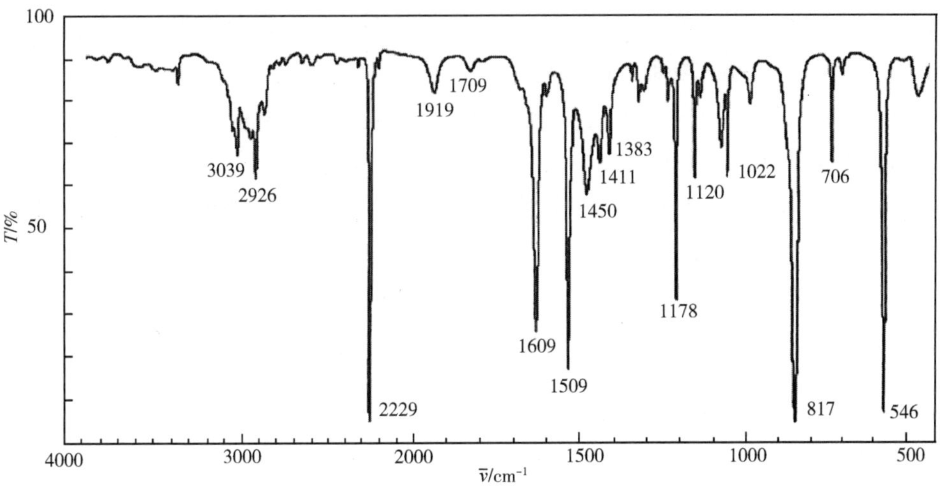

图 3-29　C_8H_7N 的红外吸收光谱

振动吸收峰，说明该化合物含有—CH_2—或—CH_3。

根据化合物分子式 C_8H_7N 推断其结构式为 CH_3—C_6H_4—CN，苯环的不饱和度为 4，C≡N 的不饱和度为 2，不饱和度为 6 也相符，并与标准谱图对照，证明该化合物为对甲基苯腈。

例 2　一未知化合物无色似水的液体，有臭味，元素分析是由 C、H、N、S 元素组成，根据红外吸收光谱（图 3-30）推断其结构。

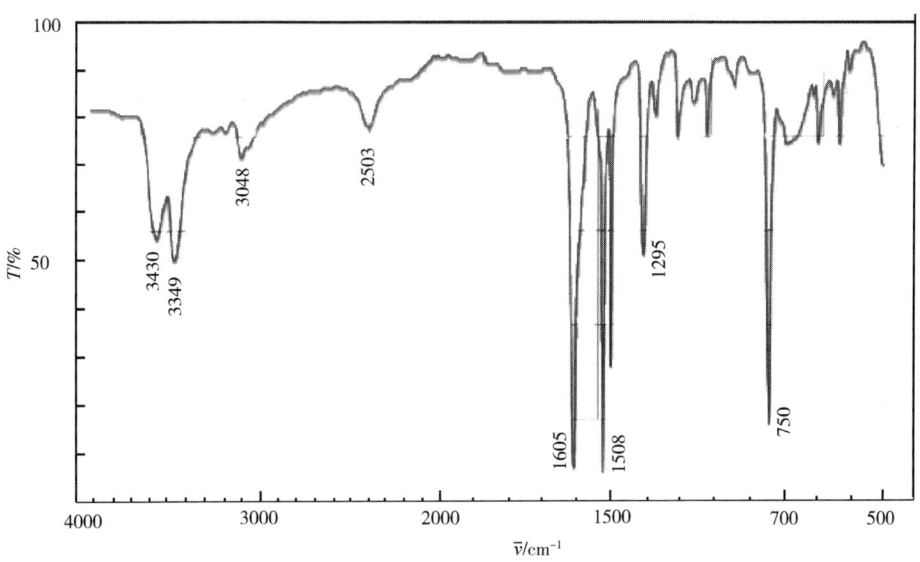

图 3-30　C_6H_7NS 的红外吸收光谱

解：$u=1+6+\frac{1}{2}(1-7)=7-3=4$

峰的归属：

（1）$3600 \sim 3400cm^{-1}$ 可能是—NH 或—OH 的伸缩振动，元素分析无氧原子，双峰又为伯胺 N—H 伸缩振动特征峰，推断含有 NH_2。

（2）$3048cm^{-1}$ 是苯环上═CH 的伸缩振动，$1605cm^{-1}$ 和 $1508cm^{-1}$ 是苯环骨架振动特征峰，且 $750cm^{-1}$ 是苯环邻位双取代特征峰，故该化合物含有苯环。

（3）$2503cm^{-1}$ 是 S—H 伸缩振动吸收峰，且元素分析含有 S，推断含有 S—H 基团。

（4）$1295cm^{-1}$ 是 Ar—N 的伸缩振动。

根据化合物分子式 C_6H_7NS 推断其结构式为 NH_2 SH，苯环的不饱和度为 4，与 u 相符，并与标准谱图对照，证明该化合物为 2-氨基苯硫醇。

例 3 试样是一个分子式为 C_8H_6 的碳氢化合物。根据红外吸收光谱（图 3-31）确定其结构。

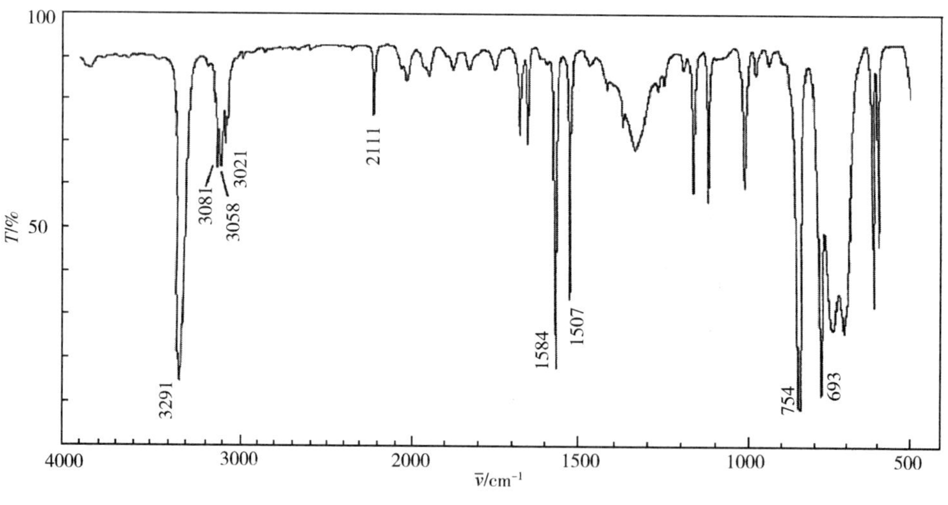

图 3-31 C_8H_6 的红外吸收光谱

解：不饱和度 $u=1+8+\frac{1}{2}(0-6)=6$

峰的归属：

（1）$3291cm^{-1}$ 是≡CH 的伸缩振动吸收峰，$2111cm^{-1}$ 是 C≡C 的伸缩振动吸收峰，故化合物含有炔基，$u=2$。此外，已知此化合物不含 O、N，故不会含有—OH 基及—NH 基。再说，—OH 基由于氢键效应发生缔合，它们的缔合峰较宽，可以与—OH 及—NH 相区别。

（2）$3081 \sim 3021cm^{-1}$ 是苯环上═CH 的伸缩振动，$1584cm^{-1}$ 和 $1507cm^{-1}$ 是苯环骨架振动特征峰，且 $750cm^{-1}$ 和 $693cm^{-1}$ 是苯环单取代特征峰，故该化合物含有苯环，$u=4$。

根据化合物分子式 C_8H_6 推断其结构式为，苯环的不饱和度为 4，炔基不饱和度为 2，与 $u=6$ 相符，并与标准谱图对照，证明该化合物为苯基乙炔。

二、异构体的鉴定

（一）互变异构体的鉴定

某有机化合物分子存在互变异构现象时，红外吸收光谱上会出现各种异构体相应吸收带，通过各种吸收峰的位置、形状、强度来鉴定各种基团种类，推断各异构体的相对含量。例如，乙酰乙酸乙酯有酮式和烯醇式两种互变结构，烯醇式结构中 C═O 的伸缩振动吸收弱于酮式结构，故说明烯醇式含量较少。

酮式： $H_3C\overset{O}{\overset{\|}{C}}CH_2\overset{O}{\overset{\|}{C}}C_2H_5$ $\nu_{C=O}$：$1738cm^{-1}$，$1717cm^{-1}$

烯醇式： $H_3CC(OH)=CH\overset{O}{\overset{\|}{C}}OC_2H_5$ $\nu_{C=O}$：$1650cm^{-1}$；ν_{O-H} ~ $3000cm^{-1}$

（二）顺反异构体的鉴定

红外吸收光谱是鉴定高聚物顺反异构体的常用方法，以聚丁二烯为例，它有三种异构体结构，═CH 面外弯曲振动频率不同。

顺式 1,4-聚丁二烯 （H、H 同侧，$-CH_2$、CH_2- 同侧，C═C） $738cm^{-1}$

反式 1,4-聚丁二烯 （H 与 CH_2-、$-CH_2$ 与 H 分居两侧，C═C） $967cm^{-1}$

1,2 结构聚丁二烯 $-CH_2-CH-$（侧链 $CH=CH_2$） $990cm^{-1}$ 和 $910cm^{-1}$ 两个峰

这三种异构体的红外光谱图特别是指纹区的谱带有很大差别，如图 3-32 所示。

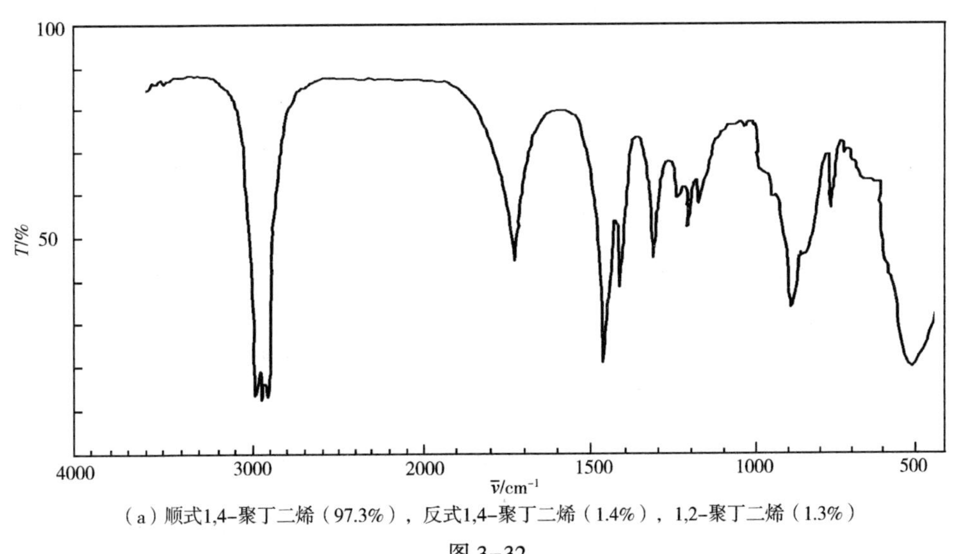

（a）顺式1,4-聚丁二烯（97.3%），反式1,4-聚丁二烯（1.4%），1,2-聚丁二烯（1.3%）

图 3-32

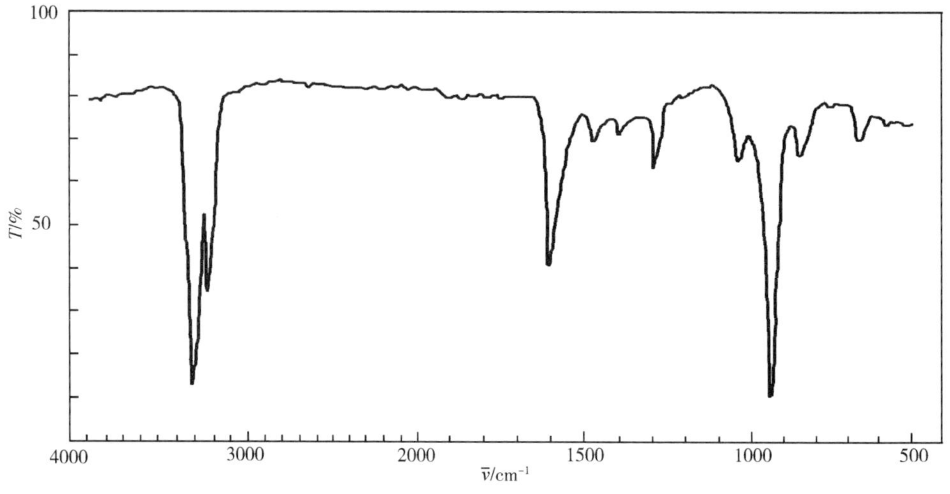

（b）反式1,4-聚丁二烯（97%），1,2-聚丁二烯（2.6%）

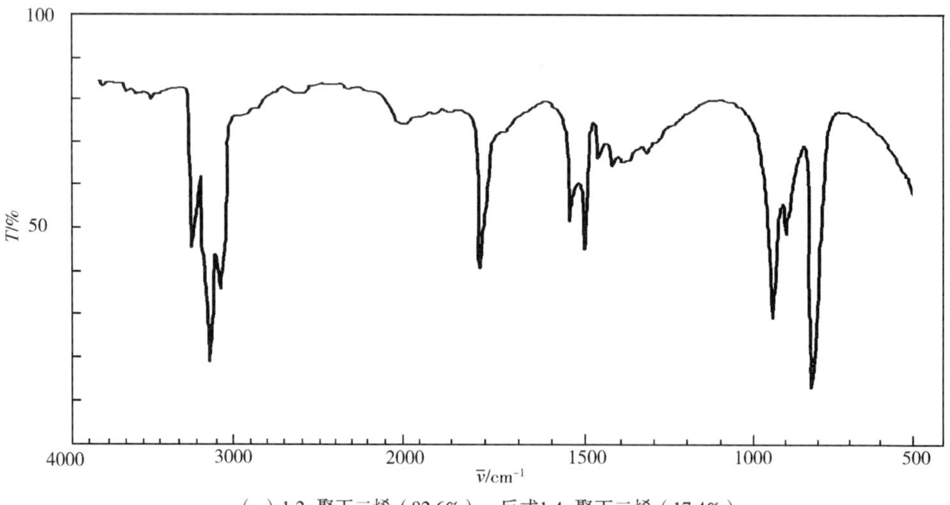

（c）1,2-聚丁二烯（82.6%），反式1,4-聚丁二烯（17.4%）

图 3-32　聚丁二烯的红外吸收光谱

三、红外吸收光谱的定量分析

红外吸收光谱定量分析的理论依据是朗伯—比耳定律，主要是利用各类官能团的特征吸收谱带强度来测量各组分含量，气体、液体和固体样品都可以用其进行定量分析。

（一）选择特征吸收谱带的方法

（1）选择待测目标物的特征吸收谱带。例如，分析羰基化合物时需选择羰基相关的振动吸收谱带。

（2）选择的特征谱带的吸收强度与待测目标物的浓度呈线性关系。

（3）选择的特征吸收谱带受周围其他谱带的干扰较小。

（二）特征吸收谱带吸光度的测定

（1）一点法。读取红外吸收光谱中特征峰位的纵坐标 T（%），由公式 $\lg 1/T = A$ 计算吸光度值。

（2）基线法。选择红外特征吸收谱带两翼透过率最大点处的切线为基线，分析特征峰位处的垂线与基线的交点，与最高吸收峰顶点的距离为峰高，其吸光度 $A = \lg\ (I_0/I)$。

（三）定量分析方法

（1）标准曲线法。该方法适用于待测样品组分简单，特征吸收谱带未受干扰，样品浓度与吸光度呈线性关系。

（2）内标法。该方法首先选择一个合适的纯物质作为内标物，再将各待测组分与内标物配制成一系列不同比例的标样，通过测量计算各标样的吸光度 A，绘制吸光度与浓度的工作曲线，求得未知组分的含量。此方法适用于无固定厚度的样品，如压片法、糊状法等样品。

（3）吸光度对比法。该方法要求各组分的特征吸收谱带遵循朗伯-比耳定律，且不相互重叠。此方法适用于厚度难以控制或不能准确测定厚度的样品，如厚度不均匀的高分子膜等样品。

四、红外吸收光谱在纺织工业中的应用

红外吸收光谱因其具有简便、快速、微量、准确等特性，被广泛应用于纺织纤维、染料、染整助剂、化纤油剂的生产及科学研究领域。

（一）纺织纤维的红外吸收光谱及应用

纺织纤维（天然纤维或化学纤维）是一种高分子化合物，可通过压片法、薄膜法、衰减全反射法对其进行红外吸收光谱测量。大多数纤维的红外吸收光谱比较复杂，通过解析几种重要纤维的红外吸收光谱，对纺织工程领域纤维的识别与鉴定起到很大帮助。常见纤维的特征官能团及其吸收谱带见表 3-6。

表 3-6 常见纤维的主要红外吸收特征谱带

纤维名称	*	主要红外吸收特征谱带/cm^{-1}							
棉	K	3450~3250	2900	1630	1370	1100~970	550		
亚麻	K	3450~3250	2900	1730	1630	1430	1370	1100~970	550
苎麻	K	3400~3350	2900	1630	1430	1370	1100~970	550	
羊毛	K	3400~3250	2900	1720~1600	1500	1220			
生丝	K	3300~3200	2950	1710~1500	1220	1050			
熟丝	K	3300~2950	1710~1630	1530~1500	1400	1220	610	550	
聚苯乙烯	F	3050~2950	1600	1490	1450	1020	750	690	540
黏胶纤维	K	3450~3250	2900	1650	1430~1370	1060~970	890		

续表

纤维名称	*	主要红外吸收特征谱带/cm⁻¹									
醋酯	F	3500	2950	1750	1430	1370	1230	1040	900	600	
锦纶 6	F	3300	3050	2950	2850	1630	1530	1450	1250	680	570
维纶	F	3400	2950	1430~1400		1090~1050		1020	850	790	
氯纶	F	2950	2900	1420	1350	1250	1090	950	690	650~600	
涤纶	F	1730	1410	1340	1250	1120	1100	1020	870	720	
腈纶	F	2950	2250	1730	1450	1360	1220	1060	1060	540	
丙纶	F	2970~2940		2850	1450	1370	1160	990	970	840	
氨纶	F	3300	2950	2850	1730	1630	1590	1530	1410	1370	1300
		1220	1100	760	650	510					

注　* 栏内的 K 表示溴化钾压片法，F 表示薄膜法。

1. 涤纶

如图 3-33 所示为涤纶的红外吸收光谱。在 1730cm^{-1} 附近有 C ═O 伸缩振动的强吸收；在 880~700cm^{-1} 出现的 727cm^{-1} 特征强吸收，可认为是 O ═C—O 的面外弯曲振动。

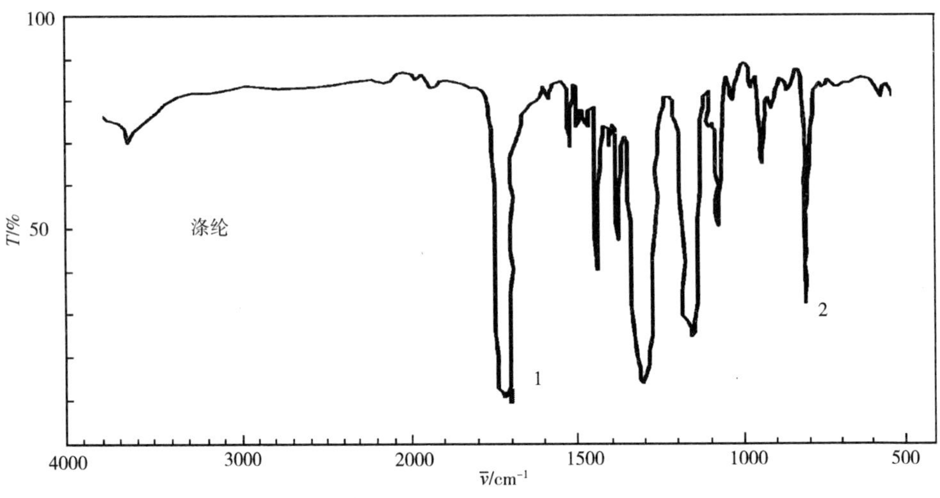

图 3-33　涤纶的红外吸收光谱

2. 锦纶与羊毛

图 3-34 和图 3-35 所示分别是锦纶和羊毛的红外吸收光谱。锦纶与羊毛的红外吸收光谱图相似，在 3340cm^{-1} 处出现 N—H 基团的伸缩振动特征吸收峰，锦纶此吸收明显强于羊毛。1650cm^{-1} 处均出现酰胺基团中 C ═O 的伸缩振动吸收。在 700cm^{-1} 附近出现 N—H 的弯曲振动。锦纶与羊毛红外吸收光谱的区别是锦纶在 1170cm^{-1} 处有特征吸收谱带。

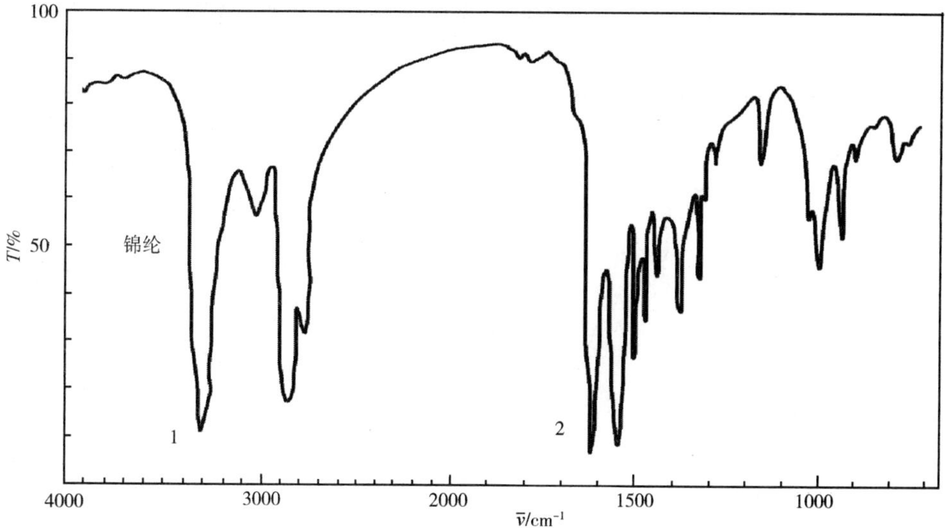

图 3-34　锦纶 66 的红外吸收光谱

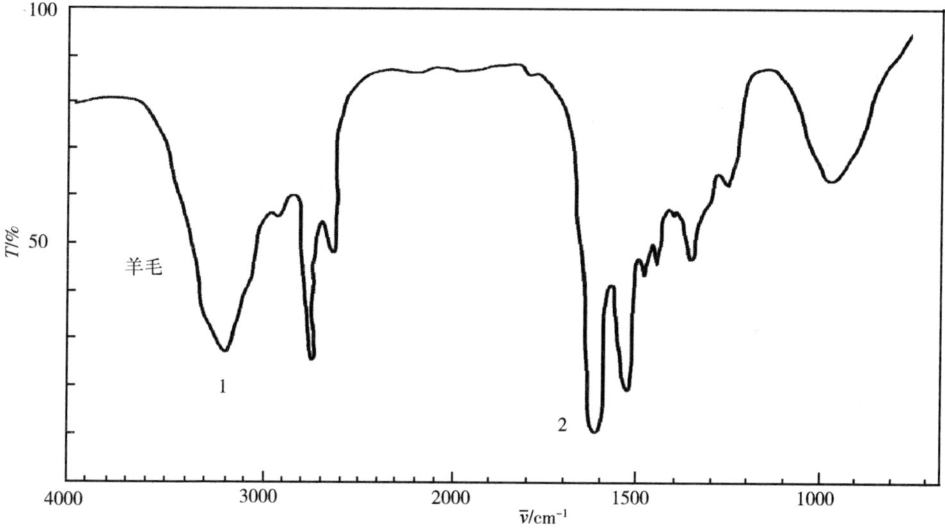

图 3-35　羊毛的红外吸收光谱

3. 亚麻和苎麻

图 3-36 和图 3-37 所示分别是亚麻和苎麻的红外吸收光谱。亚麻和苎麻在 1420cm^{-1}，1370cm^{-1}，1317cm^{-1} 处均有明显吸收，尤其是 1420cm^{-1} 处的尖锐吸收称为结晶谱带，这种吸收在再生纤维素的黏胶纤维中并不明显；890cm^{-1} 处的非结晶性谱带虽弱，但可作为区别天然纤维和再生纤维的重要依据。

4. 混纺纤维的定性与定量

利用混纺纤维中各种组分纤维特征官能团的红外吸收峰对其进行识别鉴定。例如，涤纶与羊毛混纺纤维（图 3-38），根据 880~770cm^{-1} 间的吸收谱带及 1700cm^{-1} 处的吸收，可证明涤纶的存在。图中箭头指处证明羊毛的存在，是羊毛的特征吸收。在确定纤维为涤纶/羊毛纤

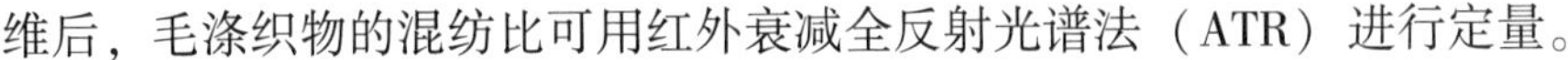

维后，毛涤织物的混纺比可用红外衰减全反射光谱法（ATR）进行定量。

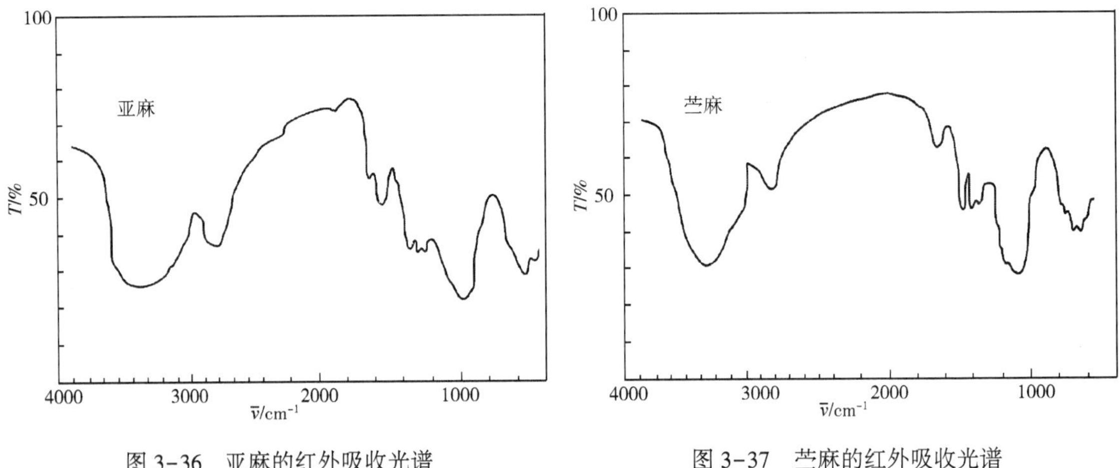

图 3-36　亚麻的红外吸收光谱

图 3-37　苎麻的红外吸收光谱

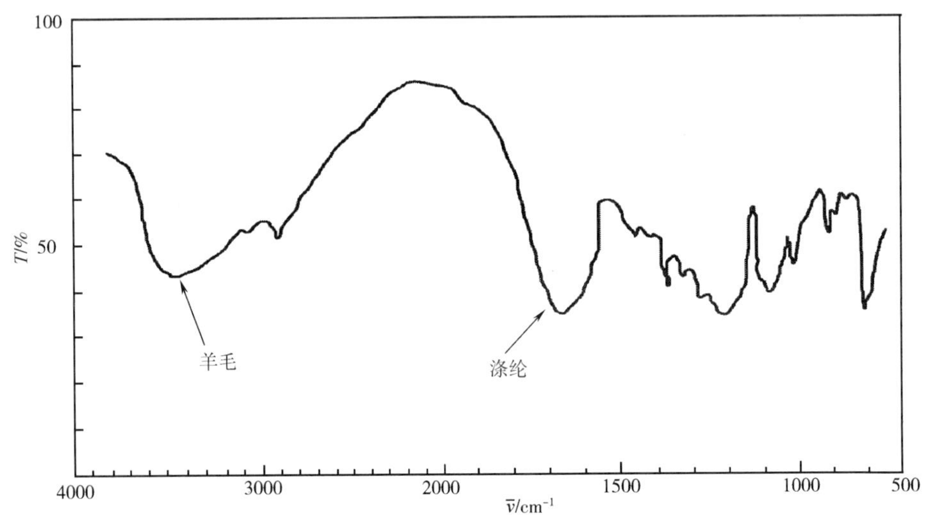

图 3-38　涤纶/羊毛（1∶1）混纺纤维的红外吸收光谱

使用 ATR 技术测定织物混纺比例，可避免化学法的溶液选择、试样溶解与称重，红外常规透射法的纤维切片等烦琐步骤。该方法操作简便、重现性好。只要在红外吸收区出现纤维各组分的特征吸收峰，均可以用此方法对混纺纤维进行定性与定量分析。具体步骤如下，与红外光谱定量分析相似。

（1）绘制标准曲线。准确剪取已处理的纯羊毛和纯涤纶织物，使其面积比分别为 9∶1，8∶2，7∶3，6∶4，5∶5，4∶6，3∶7，2∶8，1∶9，测试得到系列红外光谱图。以基线法求得二者之间不同面积的吸收值 A_{1720}、A_{1520}，制作以羊毛面积百分含量为横坐标，$A_{1520}/(A_{1520}+A_{1720})$ 为纵坐标的标准吸收曲线。纯涤纶织物选择聚酯的羰基伸缩振动 1720cm^{-1}，羊毛选择 NH 变形振动 1520cm^{-1} 为分析吸收谱带（图 3-39）。

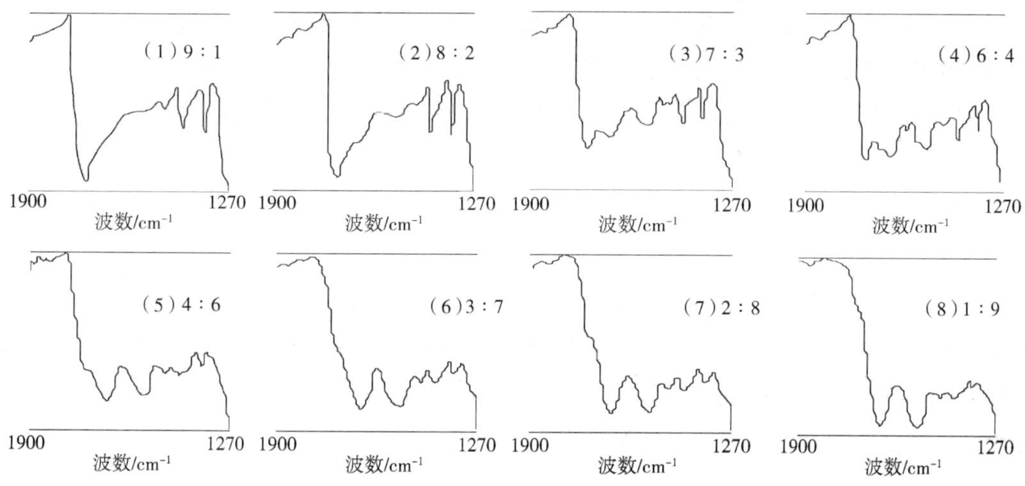

图 3-39　不同面积比的毛涤织物在 1900~1270cm^{-1} 范围内的 ATR 光谱

（2）未知样品的定量分析。根据标准曲线得到羊毛面积百分含量与透过率比值的线性直线方程：

$$y=0.826x+0.167$$

式中：$y=A_{1520}/(A_{1520}+A_{1720})$；$x$ 为羊毛百分含量（面积）。

测量未知样品的 ATR 光谱图，将其 $A_{1520}/(A_{1520}+A_{1720})$ 值代入上述方程式，推算出混纺纤维比例。

（二）纺织助剂的红外吸收光谱及应用

纺织助剂主要分为两大类：一类是纤维制造及纺织加工用助剂，如纺丝油剂、卷绕油剂、纺织油剂等。使用目的是使纤维制造及纺织加工能顺利进行，提高制造及加工效率。另一类是为了缩短加工周期，提高产品质量，改善服用性能而使用的染整加工助剂，如净洗剂、渗透剂、匀染剂、柔软剂等。

纺织助剂多为不经过精制提纯的复配物，通常含有水、未反应的原料、其他添加剂、调节剂等杂质。表面活性剂是纺织助剂的主要成分之一，熟悉和掌握各类表面活性剂的红外吸收光谱特征，对纺织助剂的剖析及研究有很大帮助。纺织助剂由于成分复杂，红外谱图的解析过程比较困难，故红外谱图测试前要进行必要的分离提纯，干燥除水后测试才能获得更有效的红外谱图信息。

红外吸收光谱在纺织助剂的制造及研究中的应用有以下几方面：

1. 质量监控

在用酯交换法合成复合乳化剂时，按下列反应式进行：

$$\begin{array}{l} C_nH_{2n+1}COO—CH_2 \\ \qquad\qquad\qquad\quad | \\ C_nH_{2n+1}COO—CH \\ \qquad\qquad\qquad\quad | \\ C_nH_{2n+1}COO—CH_2 \end{array} +2HO(CH_2CH_2O)_mH \xrightarrow[\triangle]{Cat} 2C_nH_{2n+1}COO(CH_2CH_2O)_mH + \begin{array}{l} C_nH_{2n+1}COO—CH_2 \\ \qquad\qquad\qquad\quad | \\ \qquad\qquad\qquad\quad CH—OH \\ \qquad\qquad\qquad\quad | \\ \qquad\qquad\qquad\quad CH_2—OH \end{array}$$

用 NaOH 或 KOH 作催化剂时，若反应中含水量较高，碱的浓度较大，则皂化副反应就易于发生，生成的皂类就多。皂类和未反应完全的酯类及生成物就生成胶冻状结构物，并增加反应的耗碱量，不利于主反应的发生，破坏产物的乳化性能。正常情况下产物的红外谱图与皂化严重时产物的红外谱图大同小异，差别较大的是 1560cm^{-1} 处振动吸收峰强度不同，正常情况下吸收峰较弱，而副反应严重时吸收峰较强（图 3-40、图 3-41），正好是 $-\mathrm{C}(=\mathrm{O})-\mathrm{O}$ 的反对称伸缩振动吸收。因此，可据红外谱图进行质量监测和反应条件的控制。另外，聚氧乙烯类化合物在制造或放置时可被氧化生成醛基，在 1725～1680cm^{-1} 有弱的羰基峰出现，这可能是端基氧化或醚键断裂氧化生成，真正的酯基加成物，羰基吸收非常强，故可用红外光谱进行聚氧乙烯类化合物存放后的质量监测。

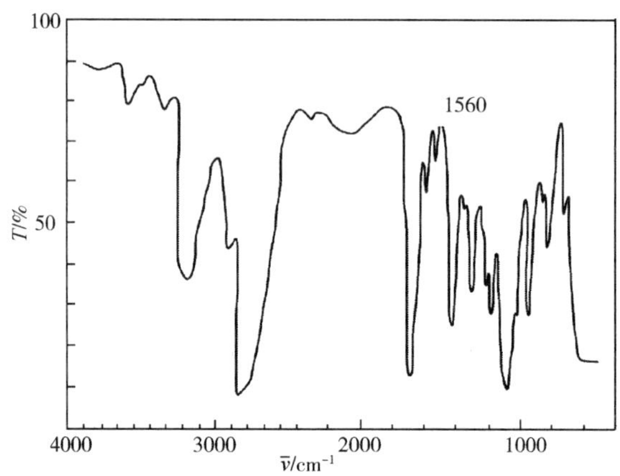

图 3-40　正常情况下产物的红外吸收光谱

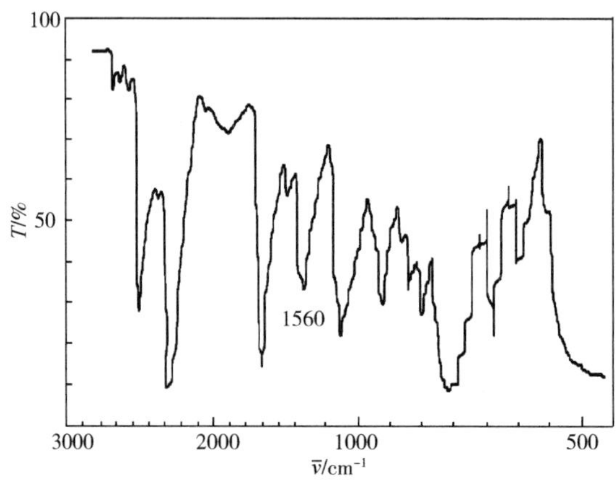

图 3-41　皂化严重时产物的红外吸收光谱

2. 助剂类型的确定

纺织助剂多数是复配物，其红外吸收光谱是所含各组分特征吸收峰的叠加，通常需要结合其他化学或物理分析方法来确定复杂物质的组成和结构。例如，对某一纺织品进行元素分析或一些简单的物理数据测试后再进行相应红外吸收光谱分析，根据表3-7所提供的各类纺织品的红外特性吸收频率，推断该纺织品所含组分及各组分具有的各特征官能团，再结合使用助剂的基本知识，初步确定它的分类，可为整个分析步骤提供参考。

表3-7 助剂分析中常用的特征吸收谱带

<table>
<tr><th colspan="3">功能基</th><th>波长/μm</th><th>波数/cm^{-1}</th><th colspan="2">谱带形状和强度</th></tr>
<tr><td colspan="7">含C、H、O的</td></tr>
<tr><td colspan="3">OH伸缩</td><td>2.9~3.0</td><td>3450~3330</td><td colspan="2">b，m~s</td></tr>
<tr><td rowspan="4">C═O伸缩</td><td colspan="2">脂肪酸酯</td><td>5.7~5.9</td><td>1750~1700</td><td colspan="2">sh，s</td></tr>
<tr><td colspan="2">脂肪酸</td><td>5.8~5.9</td><td>1730~1700</td><td colspan="2">sh，s</td></tr>
<tr><td rowspan="2">羧酸盐</td><td>不对称</td><td>6.3~6.5</td><td>1610~1540</td><td>b，s</td><td rowspan="2">皂</td></tr>
<tr><td>对称</td><td>7.0~7.3</td><td>1470~1370</td><td>b，m</td></tr>
<tr><td rowspan="2">C—C伸缩</td><td colspan="2" rowspan="2">芳香族</td><td>6.25</td><td>1600</td><td colspan="2">sh，m</td></tr>
<tr><td>6.67</td><td>1600</td><td colspan="2">sh，m</td></tr>
<tr><td rowspan="2">C—H变形</td><td colspan="2">—CH_3</td><td>7.25~7.3</td><td>1380~1370</td><td colspan="2">sh，m</td></tr>
<tr><td colspan="2">—CH_2CH_2O</td><td>7.4</td><td>1350</td><td colspan="2">sh，m</td></tr>
<tr><td rowspan="7">C—O伸缩</td><td colspan="2">芳香族</td><td>8.0~8.1</td><td>1250~1230</td><td colspan="2">sh，s</td></tr>
<tr><td colspan="2">羧酸</td><td>8.0~8.2</td><td>1250~1220</td><td colspan="2">b，m~s</td></tr>
<tr><td colspan="2">酯</td><td>8.5~8.6</td><td>1180~1160</td><td colspan="2">b，m</td></tr>
<tr><td colspan="2">烷基</td><td>8.7~9.2</td><td>1150~1090</td><td colspan="2">b，s</td></tr>
<tr><td rowspan="3">C—OH</td><td>3°OH</td><td>8.7</td><td>1150</td><td colspan="2">b，s</td></tr>
<tr><td>2°OH</td><td>9.0</td><td>1110</td><td colspan="2">b，m</td></tr>
<tr><td>1°OH</td><td>9.5~9.6</td><td>1050~1040</td><td colspan="2">b，m</td></tr>
<tr><td>C—O伸缩</td><td colspan="2">>$CHCH_2O$—</td><td>10.5~10.9</td><td>950~910</td><td colspan="2">b，m</td></tr>
<tr><td rowspan="5">C—H变形</td><td colspan="2" rowspan="2">三取代苯</td><td>~11.3</td><td>~885</td><td colspan="2">sh，m</td></tr>
<tr><td>~12.0</td><td>~835</td><td colspan="2">sh，m</td></tr>
<tr><td colspan="2">对二取代苯</td><td>12.1</td><td>830</td><td colspan="2">b，s</td></tr>
<tr><td colspan="2">邻二取代苯</td><td>13.3~13.4</td><td>750</td><td colspan="2">b，s</td></tr>
<tr><td colspan="2">—$(CH_2)_x$—</td><td>13.9</td><td>~720</td><td colspan="2">sh，m~w，$x \geq 4$</td></tr>
<tr><td colspan="7">含硫的</td></tr>
<tr><td rowspan="4">S—O伸缩</td><td colspan="2">$ROSO_3$—不对称</td><td>7.9~8.2</td><td>1270~1220</td><td colspan="2">b，vs多重峰</td></tr>
<tr><td colspan="2">RSO_3—不对称</td><td>8.4~8.5</td><td>1190~1180</td><td colspan="2">b，vs多重峰</td></tr>
<tr><td colspan="2">$ROSO_3$ 对称</td><td>9.1~9.4</td><td>1100~1060</td><td colspan="2">b，m~s</td></tr>
<tr><td colspan="2">RSO_3—对称</td><td>9.4~9.7</td><td>1060~1030</td><td colspan="2">b，m~s</td></tr>
</table>

续表

功能基		波长/μm	波数/cm^{-1}	谱带形状和强度
C—O—S伸缩	1°硫酸盐	~10	~1000	b，m多重峰
		11.9~12.2	840~820	b，m
	2°硫酸盐	10.6~10.8	940~925	b，m
	$—OC_2H_4OSO_3^-$	12.6~12.8	790~780	b，m
C—H伸缩	对烷基苯磺酸盐	9.9	1010	sh，m~s
	烷基芳基磺酸盐	14.6~15.0	690~670	b，m~s
含氮的				
N—H伸缩	2°酰胺	3.0~3.2	3330~3120	sh，m
	1°或2°胺	3.0~3.2	3330~3120	sh，m~w
	1°或2°铵盐	3.4~3.7	2840~2700	b，s
	3°铵盐	3.6~4.1	2780~2440	b，m多重峰
C═O	酰胺	6.0~6.1	1670~1640	sh，vs
C—N	2°酰胺	6.4~6.5	1560~1540	sh，vs
N—H变形	2°酰胺	6.4~6.5	1560~1540	sh，m
	1°酰胺	6.1~6.3	1640~1590	sh，m
	1°铵盐	6.2~6.4	1610~1560	sh，s
	2°铵盐	6.2~6.4	1610~1560	sh，m~w
C—N伸缩	$—N(CH_3)_3$	10.4	~960	sh，m
		11.0	~910	sh，m
含磷的				
P═O伸缩	$O═P(OR)_3$	7.8~8.0	1280~1250	b，s
	$O═P(OR_2)O—$	8.0~8.2	1250~1220	b，s
	$O═(OR)O_2^{2-}$	8.0~8.2	1250~1220	b，m~s
P—O—C伸缩（脂肪族）	$O═P(OR)_3$	9.7~9.9	1030~1010	b，vs
	$O═P(OR_2O—)$	9.4~9.7	1060~1030	b，vs
	$O=P(OR)O_2^{2-}$	9.1~9.2	1100~1090	b，vs
含硅的				
Si—H		4.6~4.7	2160~2110	sh，s
$(CH_3)_3—Si—O—$		7.8~8	1280~1250	sh，s
		11.9	840	sh，s
$—Si(CH_3)_2—O—$		7.8~8	1280~1250	b，s
		12.3~12.5	813~800	sh，s
Si—O—Si		9.2~9.8	1090~1020	b，vs

注 sh表示尖峰，b表示宽峰；vs表示很强，s表示强，m表示中等强度，w表示弱；1°表示伯碳，2°表示仲碳，3°表示叔碳。

3. 助剂鉴定

助剂鉴定一般分为鉴别和剖析两类情况。鉴别是确定某些商品助剂是否相同，或其主要成分是否相同。剖析是确定助剂中的各个组分，或确定助剂中是否含有某种成分。这两种情况都可以用已知物对照法和查阅标准谱图法。

（1）已知物对照法。已知物对照法即在相同条件下做试样和对照试样的红外谱图，依次比较它们的峰位、峰强、峰形、峰数，如果两者大体一致可定为组分相同，使用此方法的先决条件是要找到已知物或标准物。纺织助剂多为复配物，其原料本身波动较大，且各厂家的配方比例各不相同，即使是同一类产品，也难得到完全一致的谱图。尽管如此，当它们的主要成分相同时，其谱图的大致轮廓也还是相似。

（2）查询谱图法。查询谱图法是指在没有适当的样品作对照时只好去查阅谱图，与之对照核准。助剂分析中常用的标准谱图集有：

①休膜著的《表面活性剂的红外和化学分析方法》第二卷（Hummel D. O. *Identification and Analysis of Surface Active Agent by Infrared and Chemical Method*. Munchen，1964），其中有466个表面活性剂谱图。

②《萨特勒红外谱图集》（*The Sadtle Standard Spectra*），分有表面活性剂、纺织化学品、单体和聚合物、溶剂、油脂、蜡等分册。

气相（液相）色谱—红外联用仪器的出现使剖析助剂中的各个组分或确定助剂中是否含有某种成分变得十分方便。色谱仪部分将助剂分离成单组分后送进傅里叶变换红外光谱仪进行扫描。计算机内存有上万张的助剂红外谱图，红外扫描结果可自动与已储存的标准谱图进行对照，仪器可报告每个组分最有可能的几个结果让人们去判断。

4. 聚氧乙烯化合物及聚醚中加成数的测定

聚氧乙烯化合物是纺织助剂的主要原料之一，其由高级脂肪酸、醇、胺、酰胺以及烷基酚类化合物与环氧乙烷加成而得的非离子表面活性剂。

$$R—OH + nH_2C\underset{\diagdown O \diagup}{——}CH_2 \longrightarrow R—O\!\left[CH_2CH_2O\right]_nH$$

其中分子内环氧乙烷加成数 n，对它本身的性能起决定的作用，故 n 的测定具有重要意义。

红外光谱法测定环氧乙烷加成数 n，方法简单、实验迅速。先用标准的各不同加成数的环氧乙烷加成物做红外吸收光谱，分别在 1250cm^{-1} 和 720cm^{-1} 处测其吸光度 A，并求得各个不同的 A_{1250}/A_{720} 之比值，再从标准曲线上找出相对应的环氧乙烷（EO）加成的摩尔数。表 3-8 列出椰醇环氧乙烷加成物的加成数与 A_{1250}/A_{720} 的对应关系，由此表不难看出，EO 加成数在 0~12，加成数与吸光度比值 A_{1250}/A_{720} 之间存在线性关系。

表 3-8　EO 加成数测定数据表

EO 加成数 n	2	4	6	8	12	20
A_{1250}/A_{720}	0. 67	1. 47	2. 14	3. 00	4. 56	10. 1

实验证明，椰醇的环氧乙烷加成物 A_{1250}/A_{720} 与 EO 加成数之间在 $n=20$ 以内呈线性关系。油酸的环氧乙烷加成物，其 A_{1250}/A_{720} 与加成数之间在 $n<20$ 以内呈线性关系，硬脂酸的加成物在 $n<12$ 以内呈线性关系。

聚醚是具活泼氢的起始剂与环氧乙烷、环氧丙烷共聚而成的非离子表面活性剂，如：

$$R—OH+n\,(\underset{\diagdown\,O\,\diagup}{CH_2—CH_2})\;+m(CH_3—\overset{H}{C}\underset{\diagdown\,O\,\diagup}{——}CH_2)\longrightarrow R\text{-}[O—CH_2CH_2O]_n\text{-}[CH_2—\underset{H_3}{CH}—O]_mH$$

分子中环氧乙烷数 n 与环氧丙烷（PO）数 m 之比值对决定聚醚的性能起重要作用。它的红外吸收光谱（图 3-42）与聚氧乙烯化合物很相似，但由于引入基团氧丙烯基，分子中甲基数增多，甲基谱带增强（2960cm^{-1}，1370cm^{-1}）。当氧丙烯基含量很高时（≥50%），则 1370cm^{-1} 与 1350cm^{-1} 两峰吸收强度之比大于 1，当氧乙烯含量比例很高时，1370cm^{-1}，1010cm^{-1} 两个谱带衰减为肩峰。从 1318cm^{-1}，1420cm^{-1} 的两个小峰引出基线，用 1379cm^{-1}（CH_3）及 1350cm^{-1}（CH_2）两峰的吸光度能够求得 EO、PO 含量的比值。聚醚的红外吸收光谱如图 3-42 所示。

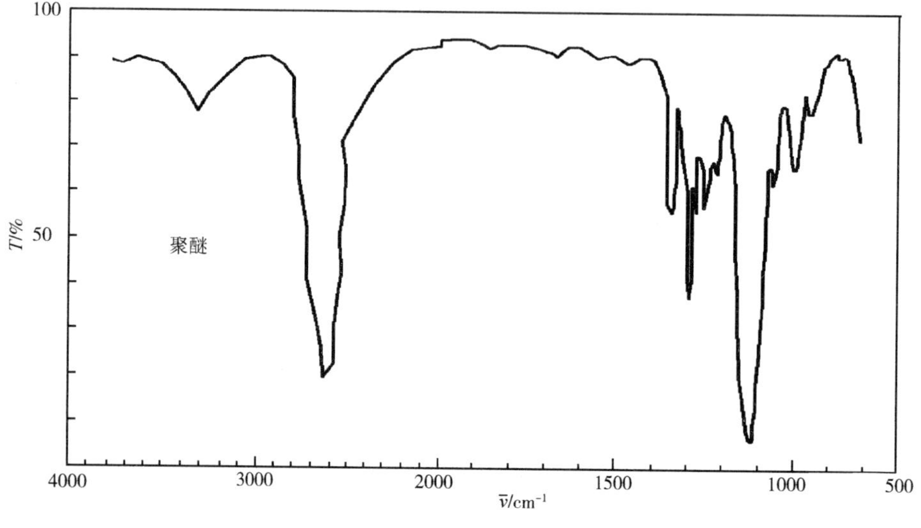

图 3-42　聚醚的红外吸收光谱

五、红外吸收光谱在聚合物结构研究中的应用

红外吸收光谱是研究高分子聚合物的常用手段，目前较普遍的应用有下述几方面。

（一）高分子聚合物的分析与鉴别

红外吸收光谱特征性强，测试操作简单，常用于鉴别不同类型高分子聚合物。例如，由于尼龙 6、尼龙 7 和尼龙 8 都是聚酰胺类聚合物，具有相同的官能团，从图 3-43 可以看出，其官能团区的谱带是一样的，NH 吸收峰在 3300cm^{-1}，酰胺Ⅰ和Ⅱ带分别在 1635cm^{-1} 和 1540cm^{-1}。这三种聚合物区别是（CH_2）$_n$ 基团的长度不同（即 n 的数目不相同），因此他们在 1400~800cm^{-1} 指纹区的谱图不一样，可用来区别这三种聚合物。

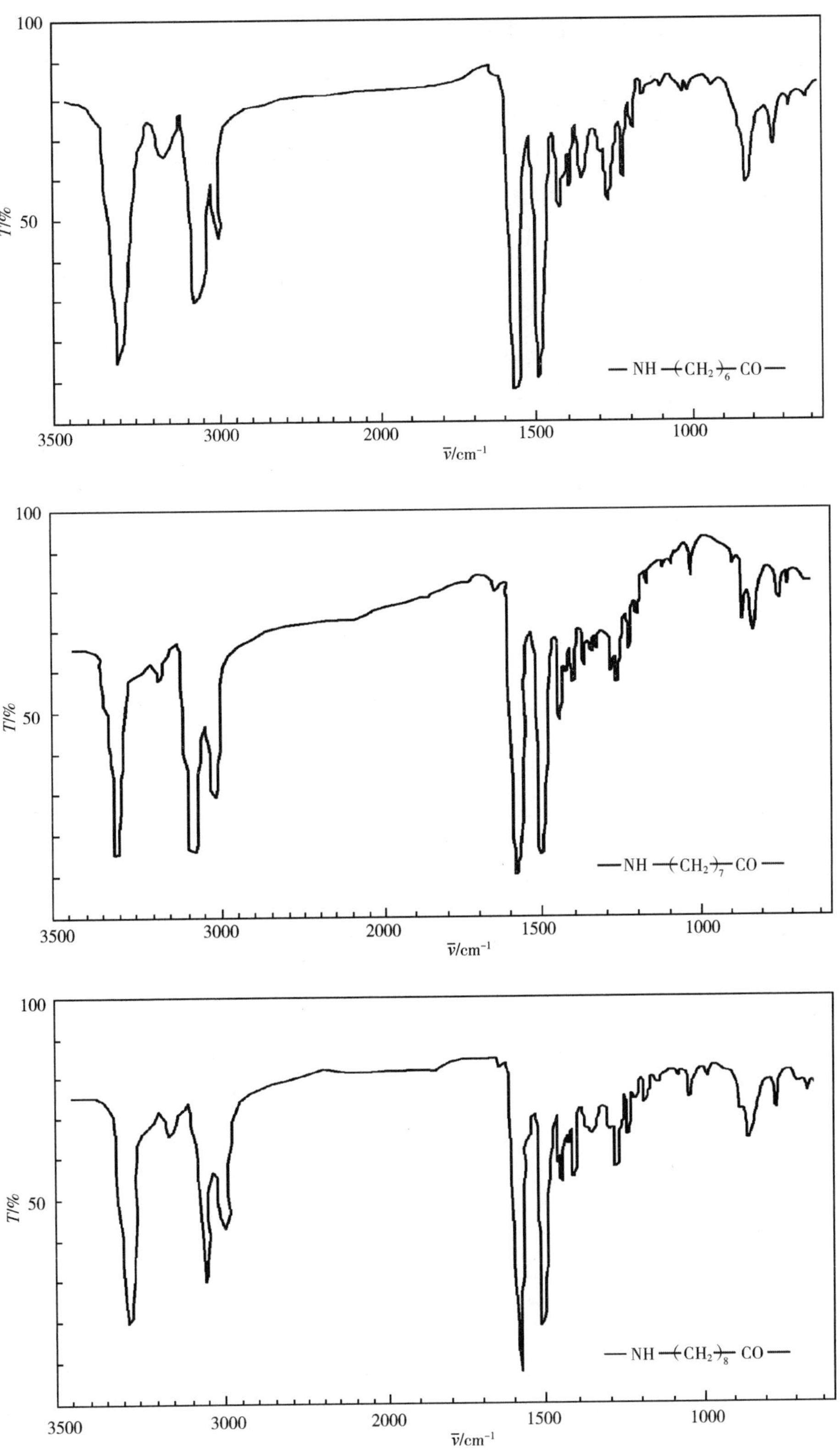

图 3-43　尼龙类聚合物的红外吸收光谱

（二）高分子聚合物的反应过程研究

用红外光谱法特别是傅里叶变换红外光谱，可直接对高聚物反应进行原位测定来研究高分子反应动力学，包括聚合反应动力学、固化、降解和老化过程的反应机理等。

要研究反应过程必须解决下述三个问题：首先是样品池，既能保证一定条件反应，又能进行红外检测；其次是选择一个特征峰，该峰受其他峰干扰小，而且又能表征反应进行的程度；最后要能定量地测定反应物（或生成物）的浓度随反应时间（或温度、压力）的变化。根据比尔定律，只要测定所选择特征峰的吸光度（峰高或峰面积法均可），就能换算成相应的浓度，例如，双酚A型环氧-616树脂（EP-616）能与固化剂二胺基二苯基砜（DDS）发生交联反应，形成网状高聚物，这种材料的性能与其网络结构的均匀性有很大关系，因此可用红外光谱法研究这一反应过程，了解交联网络结构的形成过程。图3-44是未反应的EP-616的局部红外谱图，其中913cm^{-1}的吸收峰是环氧基的特征峰，随着反应进行，该峰逐渐减小，这表征了环氧反应进行的程度。在反应过程中，还观察到1050～1150cm^{-1}范围内的醚键吸收峰不变；3410cm^{-1}的仲胺峰逐渐减小，而3500cm^{-1}的羟基吸收峰逐渐增大。说明在固化过程中主要不是醚化反应，而是由氨基形成交联点。在固化过程中一级胺的反应可由1628cm^{-1}的伯胺特征峰的变化来表征，而二级胺的形成与反应，因为可以不考虑醚化反应，可由下式导出：

$$2P=P_{\mathrm{I}}+P_{\mathrm{II}}$$

式中：P 为环氧反应速率；P_{I} 和 P_{II} 分别表示一级胺和二级胺的反应速率。

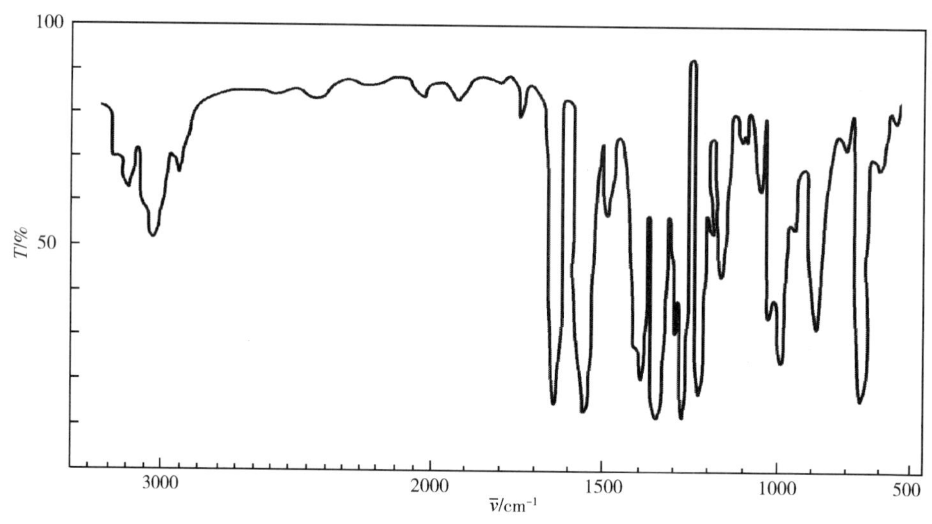

图3-44　EP-616的局部红外光谱图

在图3-45中显示在130℃固化时，环氧基、一级胺、二级胺含量随时间变化的曲线。从图中可看出，从固化开始到一级胺反应90%时，二级胺的含量一直在增加，说明二级胺反应速率低于一级胺。

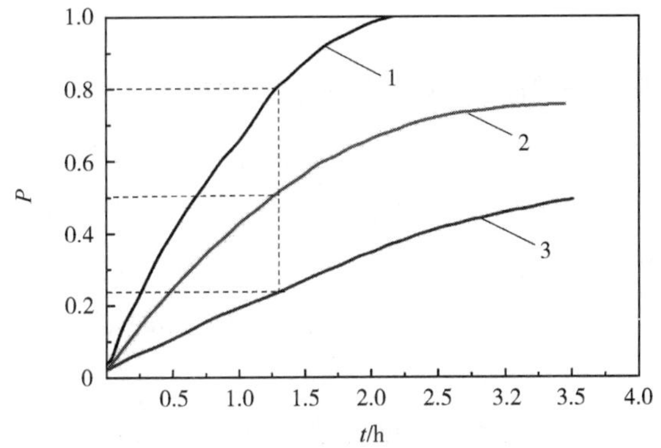

图 3-45　130℃固化时环氧基、一级胺和二级胺含量随时间的变化

1— 一级胺　2—环氧基　3—二级胺

（三）高分子聚合物取向的研究

在红外光谱仪的测量光路中加入一个偏振器形成偏振红外光，是研究高分子链取向的很好的一个手段（图 3-46）。

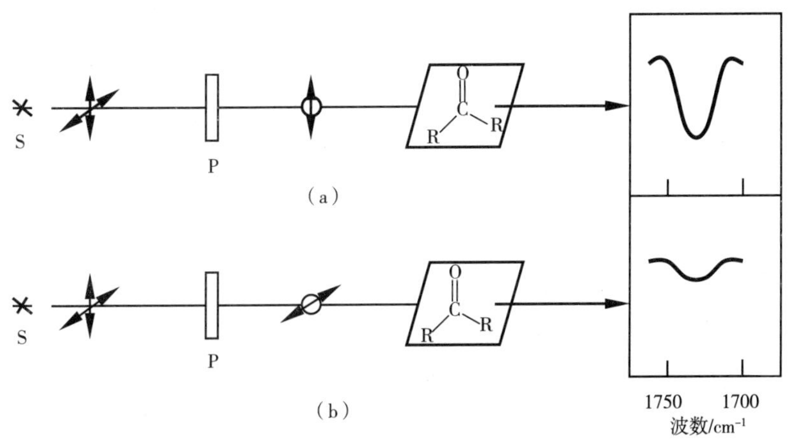

图 3-46　羰基伸缩振动红外二向色性示意图

当红外光透过偏振器后就成为其电矢量上只有一个方向的红外偏振光。当偏振光通过取向的高聚物膜时，若电矢量与羰基（C═O）伸缩振动的偶极矩（即跃迁距）方向平行时，则羰基（C═O）谱带具有最大的吸收强度；反之，方向相互垂直时，这个振动几乎不产生吸收，这种现象称为红外二色性。

测试方法：单向拉伸的膜，沿拉伸方向部分取向，将样品放入测试光路，转动偏振器，使偏振光的电矢量方向先后与样品的拉伸方向平行或垂直，然后分别测出某谱带的这两个偏振光方向的吸收度，并用 $A_{//}$ 和 $A_{\perp}$ 表示，二者比值称为该谱带的二向色性比，即：$R=\frac{A_{//}}{A_{\perp}}$。从原则上讲 R 可以从 0 到∞，但由于样品不可能完全取向，因此 R 是在 0.1~10。

六、红外吸收光谱在表面活性剂结构分析中的应用

红外吸收光谱是鉴别化合物及确定物质分子结构常用的手段之一，主要用于有机物和无机物的定性定量分析。在表面活性剂分析领域中，红外光谱主要用于定性分析，根据化合物的特征吸收谱带可以推测其结构中的官能团，进而确定有关化合物的类型。对于组分单一表面活性剂的红外光谱分析，可对照标准谱图（Dieter Hummel 谱图，Sadtler 谱图），对其整体结构进行定性。近年来，傅里叶变换红外技术的发展，红外光谱可与气相色谱、高效液相联机使用，更有利于样品的分离与定性。常见各类表面活性剂的红外光谱特征如下：

1. 肥皂

肥皂在 1568cm^{-1} 处有特征吸收峰。若近羧基的碳链上引入吸电性基团，则该特征峰移向高波数；若羧酸盐水解为羧酸时，该特征峰消失，同时在 1710cm^{-1} 处出现羰基的特征吸收峰。

2. 磺酸盐和硫酸盐

若某表面活性剂在 1220~1170cm^{-1} 区域出现强而宽的吸收谱带，则可推断其含有磺酸盐或硫酸（酯）盐。一般情况，磺酸盐最大吸收波长的波数低于 1200cm^{-1}，硫酸（酯）盐最大吸收波长的波数在 1220cm^{-1} 附近。若磺酸基的第一个碳原子上连有吸电子基团，则向高波数峰位移动。支链和直链烷基苯磺酸除 1180cm^{-1} 处强而宽的吸收外，在 1600、1500cm^{-1} 和 1045cm^{-1} 处出现 SO_3 的伸缩振动特征峰。支链型（ABS）在 1400cm^{-1}、1380cm^{-1} 和 1367cm^{-1} 有吸收，直链型（LAS）在 1410cm^{-1} 和 1430cm^{-1} 有吸收。

α-烯基磺酸盐除 1190cm^{-1} 的强吸收和 1070cm^{-1} 的谱带外，在 965cm^{-1} 由于反式双键的 ═C—H 面外变角振动引起的吸收而成为特征吸收带。链烷磺酸盐和烯基磺酸盐类似有 965cm^{-1} 的吸收，并以 1050cm^{-1} 代替 1070cm^{-1}。琥珀酸磺酸盐含有 1740cm^{-1} 处羰基的伸缩振动、1250~1210cm^{-1} 处 C—O—C 伸缩振动与 SO_3 伸缩振动的重叠吸收、1050cm^{-1} 处 SO_3 伸缩振动的特征吸收。

烷基硫酸酯（AS）的红外吸收特征区在 1245cm^{-1}、1220cm^{-1} 的强吸收与 1085cm^{-1}、835cm^{-1} 的强吸收。若在 1120cm^{-1} 附近出现宽而强吸收带，则表明是 AES，并且随着表面活性剂结构中环氧乙烷（EO）加成数增加，1120cm^{-1} 吸收带增强。图 3-47 是磺基琥珀酸二-2-乙基己基酯钠盐红外吸收光谱，图中 1250~1220cm^{-1} 区域出现 SO_3 非对称伸缩振动和 C—O—C 非对称伸缩振动的重叠吸收峰，1053~1042cm^{-1} 区域出现 SO_3 的对称伸缩振动峰。酯基结构的红外吸收则体现为 1725cm^{-1} 处 C ═O 的伸缩振动峰和 1163cm^{-1} 处 C—O—C 的伸缩振动峰。

图 3-48 是脂肪醇聚氧乙烯醚硫酸钠的红外吸收光谱。有机硫酸酯的红外特征吸收峰是位于 1270~1220cm^{-1} 区域的 S—O 伸缩振动。EO 链的红外特征吸收峰是 1351cm^{-1} 处—CH_2—弯曲振动峰与 953~926cm^{-1} 处 C—O 伸缩振动峰。

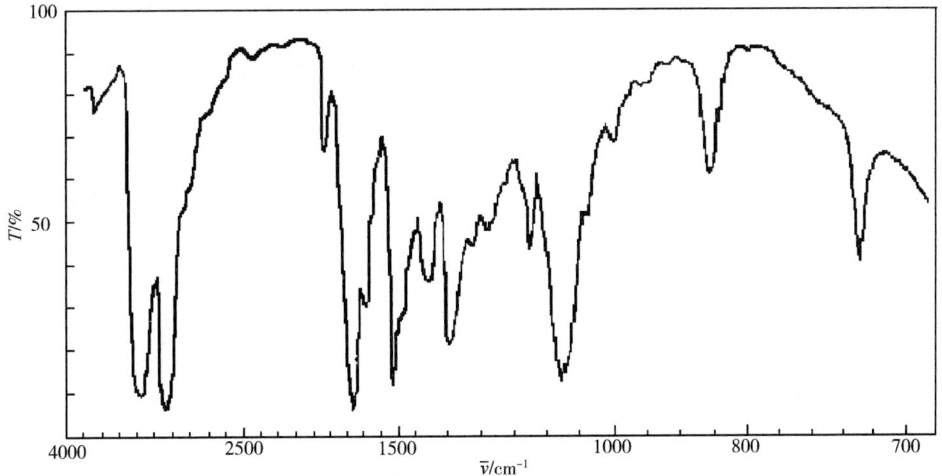

图 3-47　磺基琥珀酸二-2-乙基己基酯钠盐的红外光谱（薄膜法）

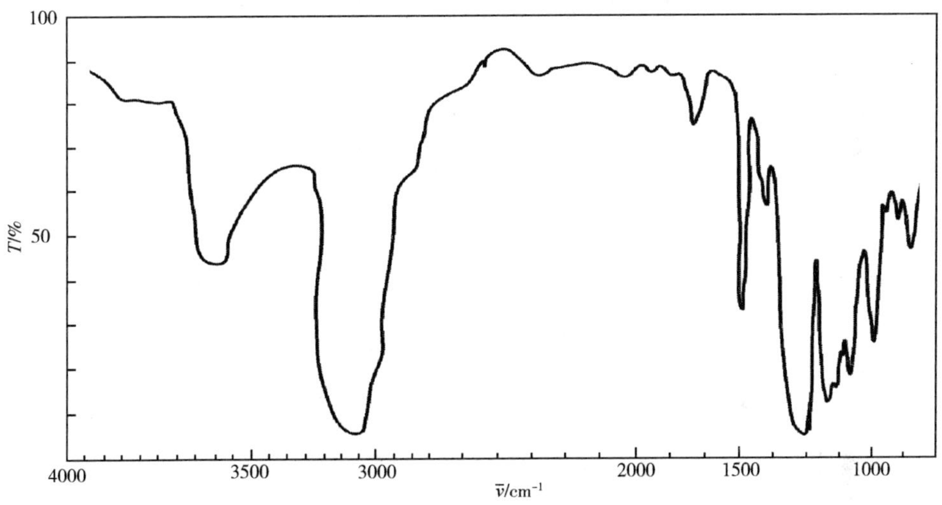

图 3-48　脂肪醇聚氧乙烯醚硫酸钠的红外吸收光谱（薄膜法）

通常硫酸盐与磺酸盐结构中的 SO_3 非对称伸缩振动峰出现在 1200cm^{-1} 附近，硫酸盐一般在 1250～1220cm^{-1} 区域，而磺酸盐多出现在 1200cm^{-1} 以下区域，故通过该区域的红外特征吸收峰可以鉴别硫酸盐和磺酸盐两类表面活性剂。若磺酸基碳原子上连接吸电子基团（如琥珀酸磺酸盐），SO_3 的非对称伸缩振动峰会移向高波数，则很难利用该红外特征吸收区域进行鉴别。

3. 磷酸（酯）盐

烷基磷酸（酯）盐的红外吸收特征区为 1290～1235cm^{-1} 的 P ═O 伸缩振动和 1050～970cm^{-1} 的 P—O—C 伸缩振动，两处吸收谱带宽而强。通常 P—O—C 的伸缩振动会裂分为两个强吸收峰，可通过比较该吸收带的位置和强度来鉴别磷酸盐和硫酸盐。图 3-49 是烷基聚氧乙烯醚磷酸酯的红外吸收光谱，对于含有乙氧基的磷酸酯类表面活性剂，其结构中醚键的伸缩振动为强吸收谱带，P ═O 和 P—O—C 基团的伸缩振动很容易被检测，其特征吸收峰在红外光谱上比较容易鉴别。

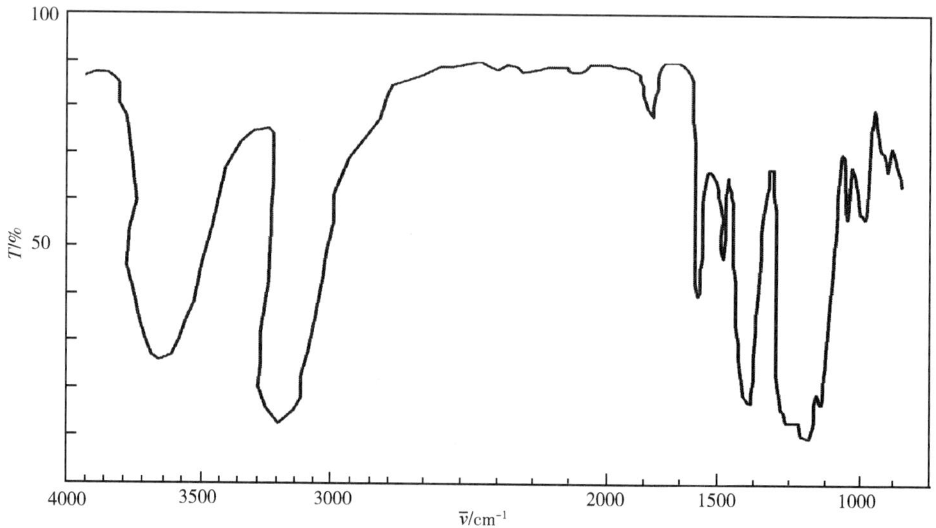

图 3-49　烷基聚氧乙烯醚磷酸酯的红外吸收光谱（薄膜法）

4. 伯胺、仲胺、叔胺

伯胺在 3340～3180cm^{-1} 有 N—H 伸缩振动的中等吸收谱带，在 1640～1588cm^{-1} 有 N—H 弯曲振动的弱吸收谱带。仲胺在上述范围内的吸收都很弱或者不出现，其他吸收与烷烃类似。通常很难检测到叔胺在中红外光区的吸收。二烷醇胺的红外吸收光谱和伯醇类似，若将其转变成盐酸盐，则会在 2700～2315cm^{-1} 区域出现缔合的 N^+H 基强吸收谱带，通常将胺基转变成盐酸盐，该吸收谱带增强。

5. 季铵盐

双烷基二甲基型季铵盐的红外吸收特征区为 2900cm^{-1} 附近饱和 C—H 的伸缩振动和 1470cm^{-1}、720cm^{-1} 处饱和 C—H 的弯曲振动。样品若含有结晶水或杂质时，会在 3400cm^{-1}、1600cm^{-1} 两处出现吸收谱带，如图 3-50 所示。

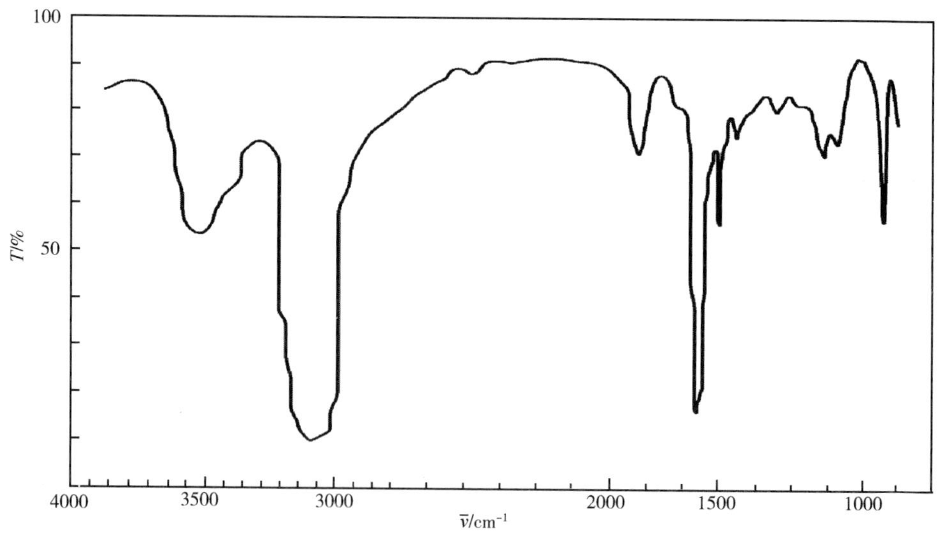

图 3-50　双硬脂酸基二甲基氯化铵的红外吸收光谱

烷基三甲基型季铵盐的红外吸收特征区是 $1470cm^{-1}$ 处裂分为两个吸收峰，且 $970cm^{-1}$、$910cm^{-1}$ 处出现吸收强度相同谱带（图 3-51）。若烷基链长为 C_{18} 时，$720cm^{-1}$ 处饱和 C—H 的弯曲振动裂分为两个吸收峰；若烷基链长为 C_{12} 时，$910cm^{-1}$ 处有强吸收峰，且 $720cm^{-1}$ 处吸收峰裂分。

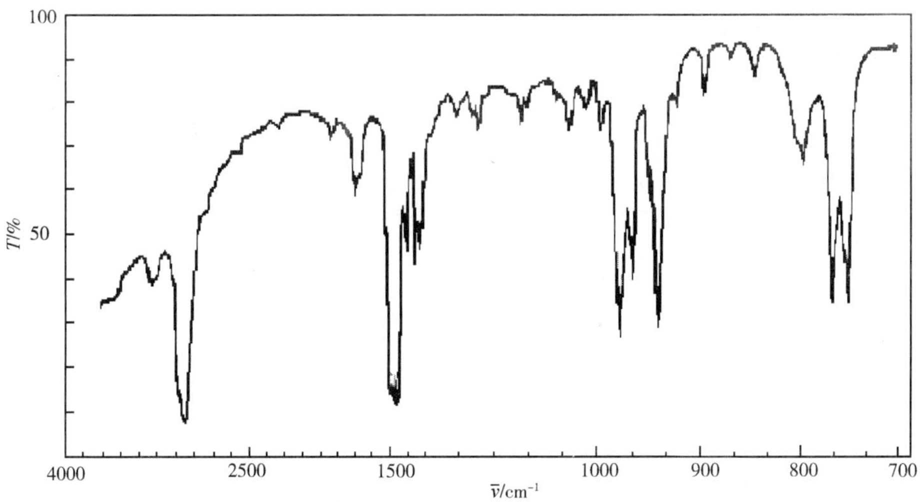

图 3-51 硬脂酸三甲基氯化铵的红外吸收光谱（KBr 压片法）

季铵盐结构中若含有咪唑环基团，1620～$1600cm^{-1}$ 和 $1500cm^{-1}$ 处会出现吸收谱带（图 3-52）；若在 $780cm^{-1}$、$690cm^{-1}$ 处出现吸收谱带，则为吡啶盐（图 3-53）。此外，三烷基苄基铵盐的红外吸收特征区为 $1585cm^{-1}$ 处的弱吸收和 $720cm^{-1}$、$705cm^{-1}$ 处的尖锐强吸收。

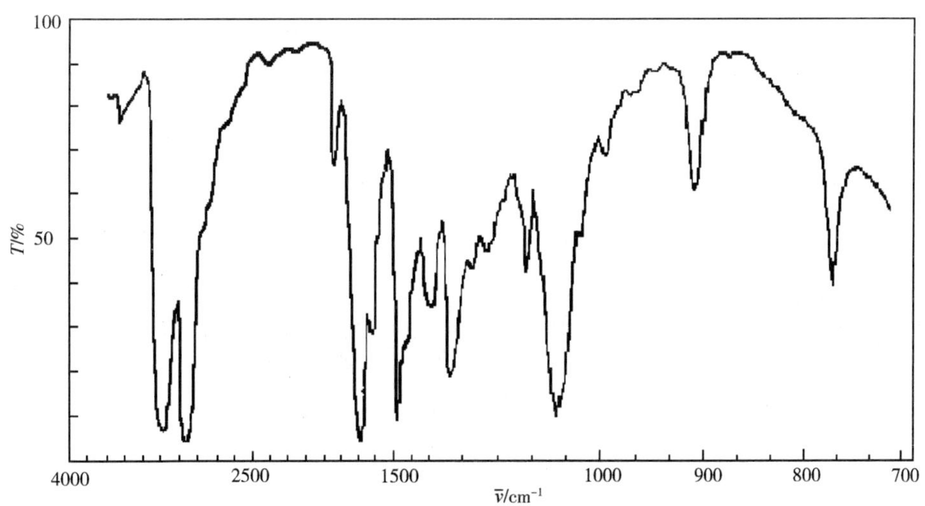

图 3-52 2-烷基-1-（2-羟乙基）-甲基咪唑啉氯化物的红外吸收光谱（熔融法）

6. 聚氧乙烯型

聚氧乙烯型非离子表面活性剂的红外吸收特征区为 1120～$1110cm^{-1}$ 区域强而宽的吸收谱带，且随着 EO 数的增加吸收增强。醇的环氧乙烷加成物除上述吸收外，再没有其他特征吸

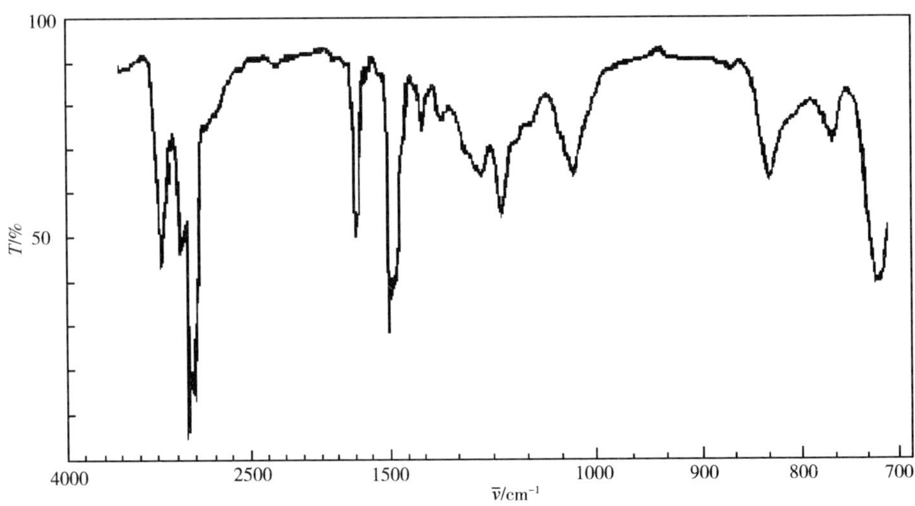

图 3-53　十六烷基吡啶溴化物的红外吸收光谱（熔融法）

收。而烷基酚的环氧乙烷加成物还会在 1600～1580cm^{-1}、1500cm^{-1} 处出现苯环骨架振动特征峰和 900～700cm^{-1} 区域取代苯特征峰，故苯环的红外特征吸收可以区分此两种聚氧乙烯型非离子表面活性剂。

聚氧乙烯聚氧丙烯嵌段聚合物的红外吸收特征区与脂肪醇聚氧乙烯醚的相似，区别在于聚氧乙烯聚氧丙烯嵌段聚合物在 1380cm^{-1} 处的吸收谱带强于 1350cm^{-1} 处的吸收谱带，脂肪醇聚氧乙烯醚则相反。

图 3-54 是壬基酚聚氧乙烯醚的红外吸收光谱，由于壬基酚聚氧乙烯醚一般采用丙烯为原料，其谱图在 1380cm^{-1} 附近出现—CH_3 弯曲振动强吸收，1600cm^{-1}、1500cm^{-1} 处出现苯环骨架特征峰，1110cm^{-1} 处出现醚键 C—O—C 的伸缩振动强吸收，故可以与高级醇衍生物等其他非离子表面活性剂进行区别。

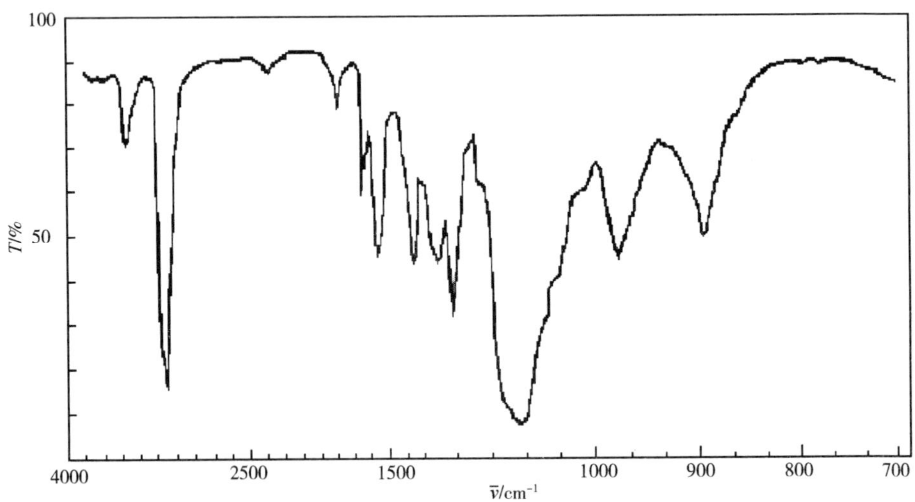

图 3-54　壬基酚聚氧乙烯醚的红外吸收光谱

图 3-55 是油酸聚氧乙烯酯的红外吸收谱图，其最特征区是 1740cm^{-1} 附近酯基中 C ═O 的伸缩振动强吸收，1110cm^{-1}、1177cm^{-1} 附近 PEO 基中醚键 C—O—C 的伸缩振动强吸收，以及 3030cm^{-1} 附近不饱和 C—H 的伸缩振动小肩峰。

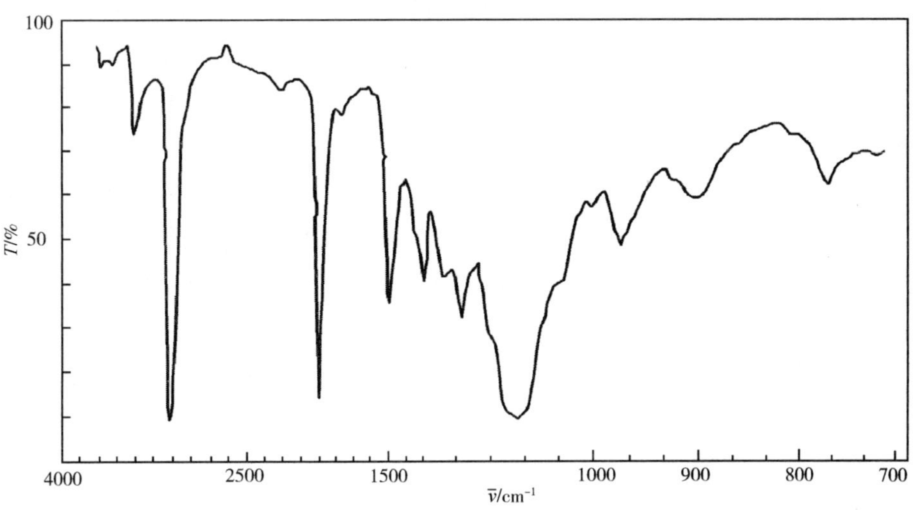

图 3-55 油酸聚氧乙烯酯的红外吸收谱图

7. 脂肪酰烷醇胺

脂肪酰烷醇胺是由脂肪酸与烷醇胺进行缩合反应制得的一类非离子型表面活性剂，其红外吸收特征区为 1640cm^{-1} 附近酰胺基团中 C ═O 的伸缩振动强吸收和 O—H 伸缩振动强吸收。其中，单乙醇酰胺在 1540cm^{-1} 处出现单取代酰胺的特征强吸收。

两性表面活性剂能随 pH 的变化而形成酸型或盐型结构，可以根据红外吸收光谱了解其分子结构及反应过程。图 3-56 是椰子脂肪酰二乙醇胺的红外吸收光谱，1610cm^{-1} 处出现酰胺基团中 C ═O 的伸缩振动强吸收，3330cm^{-1}、1050cm^{-1} 分别出现 N—H 的伸缩振动和弯曲振动吸收。

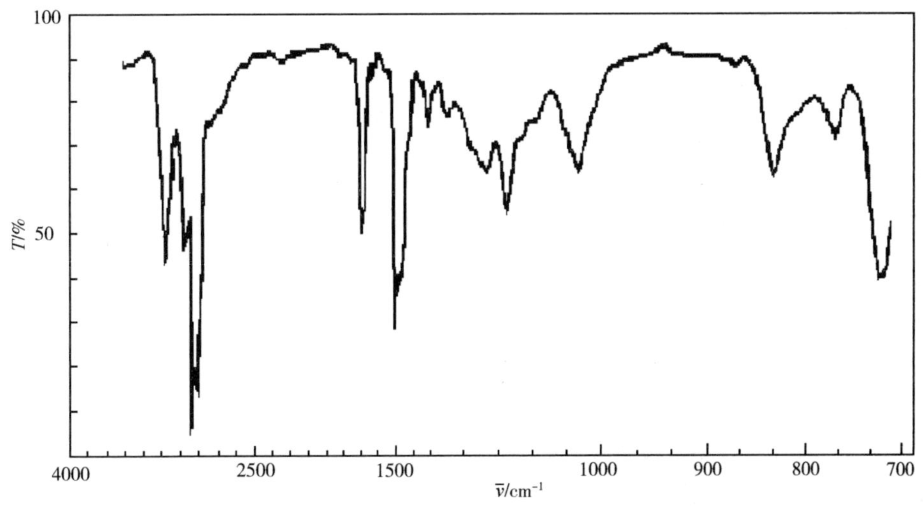

图 3-56 椰子脂肪酰二乙醇胺的红外吸收光谱

8. 氨基酸

氨基酸的红外吸收特征区是 1725cm^{-1} 处羧基中 C ═O 的伸缩振动强吸收，1200cm^{-1} 处 C—O 的伸缩振动强吸收，1588cm^{-1} 处 N—H 的弯曲振动弱吸收。其在碱性条件下能转变为盐型结构，使 1725cm^{-1}、1200cm^{-1} 两处强吸收消失，同时在 1610~1550cm^{-1}、1400cm^{-1} 处出现羧酸盐基团的伸缩振动吸收谱带。对于两性离子结构的氨基酸，1400cm^{-1} 处出现的吸收峰会发生蓝移，并与 1380cm^{-1} 处饱和 C—H 的弯曲振动吸收重叠，该现象是证明氨基酸含有两性离子的特征吸收。

9. 甜菜碱

甜菜碱是分子中具有酸性基团的季铵盐类表面活性剂。其酸性结构的红外吸收特征区是 1740cm^{-1} 处羧基中 C ═O 的伸缩振动强吸收，1200cm^{-1} 处 C—O 的伸缩振动强吸收。当其转变为盐型结构时上述吸收消失，同时在 1640~1600cm^{-1} 区域出现羧酸盐基团的伸缩振动吸收谱带，960cm^{-1} 处出现 $(CH_3)_3N$—的特征吸收峰。

图 3-57 是硬脂基—*N*—羧甲基—*N*—羟乙基咪唑甜菜碱的红外吸收光谱。其谱图在 1680~1600cm^{-1} 出现羧酸离子中 C ═O 的伸缩振动和咪唑啉环中 C ═N 伸缩振动强吸收，3333cm^{-1}，1075cm^{-1} 处出现羟乙基中 O—H 和 C—O 的伸缩振动强吸收。另外，该类型两性表面活性剂的合成过程，会生成酰胺化合物或酯化合物等副产物，会在 1740cm^{-1} 附近出现酯基中 C ═O 的伸缩振动和 1550cm^{-1} 附近出现 N—H 的弯曲振动吸收峰。

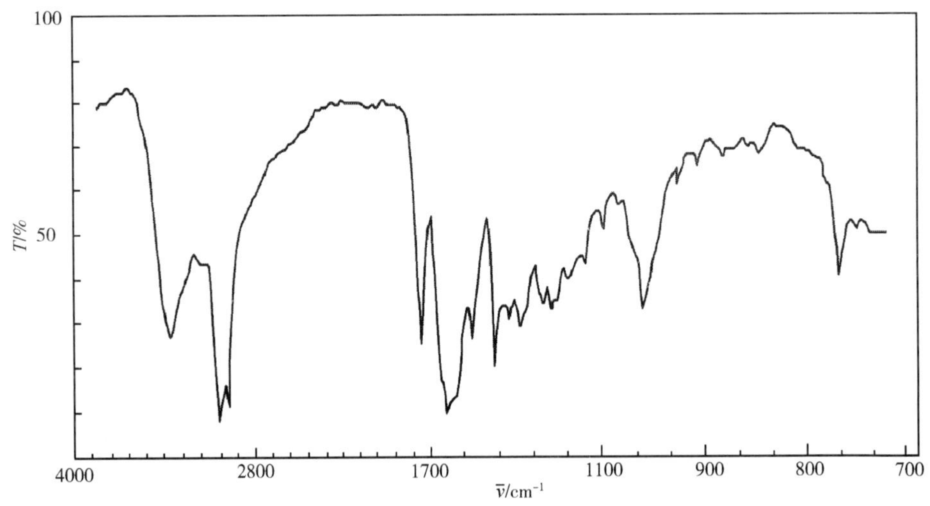

图 3-57 硬脂基—*N*—羧甲基—*N*—羟乙基咪唑甜菜碱的红外吸收光谱（薄膜法）

第五节 红外光谱仪

一、色散型红外光谱仪

双光束光学自动平衡红外光谱仪的主要部件有如下五大部分：

（1）红外光源，发出各种波长的红外光；

（2）单色器，将复合光分解成单色光；

（3）检测器，将红外辐射转换成电信号；

（4）电子放大器，将探测器输出的电信号放大；

（5）信号记录装置，将经电子放大器放大的电信号记录到图纸上，向用户提供红外光谱图。

另外，目前绝大多数红外光谱仪都配有计算机，一方面使某些操作程序化和自动化；另一方面可使光谱数据的处理自动化。对于色散型仪器来说，计算机虽不是必需的，但可大大提高仪器的功能和效率，从而方便用户。

根据单色器所用色散元件的不同，色散型仪器分为棱镜型仪器和光栅型仪器。前者用棱镜（NaCl、KBr 等透红外光的材料制成）作为色散元件，分辨率较低；后者用光栅作为色散元件，分辨率较高。

色散型仪器的扫描过程是色散元件连续改变方向的过程。在某一时刻到达检测器的红外光是波长范围极小的“复色光”，称为“单色光”，其波长的光都被色散系统阻挡而不能到达检测器。因此，在某一时刻检测器“感受”到的光能量极弱（信号很弱），这就是色散型仪器灵敏度低的内在原因。

色散型仪器的另一个不可克服的缺点是扫描速度很慢。色散型仪器的扫描过程是色散元件慢慢转动和记录装置慢慢传动的过程。这一过程不能太快，否则峰位和峰高都将发生偏差。

色散型仪器的第三个缺点是可动部位太多（例如色散元件、狭缝、斩光器、减光器、记录传动装置），光经过的反射镜也较多，这些都是增加噪声强度的因素，故色散型仪器的 S/N（称为信噪比）较低。

色散型仪器的第四个缺点是在整个红外吸收光谱区域（如 $4000\sim400\text{cm}^{-1}$）内分辨率不一致，长波长区域分辨率较高，短波长区域分辨率较低。

二、傅里叶变换红外光谱仪

（一）仪器构造和原理

傅里叶变换红外（Fourier transform infrared，FT-IR）光谱仪的构造和工作原理与色散型仪器相比区别很大。FT-IR 光谱仪由如下部件组成：

红外光源；干涉仪；检测器；电子放大器；记录装置；计算机。

FT-IR 光谱仪的光学系统的核心部件是一台迈克逊干涉仪（图 3-58）。

由红外光源 B 发出的红外光，经准直镜 C 反射后变成一束平行光入射到光束分裂器 BS 上。其中一部分光透过 BS 垂直入射到定镜 M_1 上，并被 M_1 垂直地反射到 BS 的另一面上。这束光的一部分透过 BS（成为无用部分），另一部分光被分束器 BS 反射后，垂直地入射到动镜 M_2 上，并被 M_2 垂直地反射回来入射到 BS 上。其中的一部分光被 BS 反射（成为无用光），另一部分则透过 BS 进入后继光路（成为光束Ⅱ）。当光束Ⅰ和光束Ⅱ合二为一时，即发生干涉。干涉光经凹面镜 H 聚焦后透过样品 S（其中各种波长的光不同程度地被 S 吸收），照射到检测器 D 上，并被 D 转变成电信号。

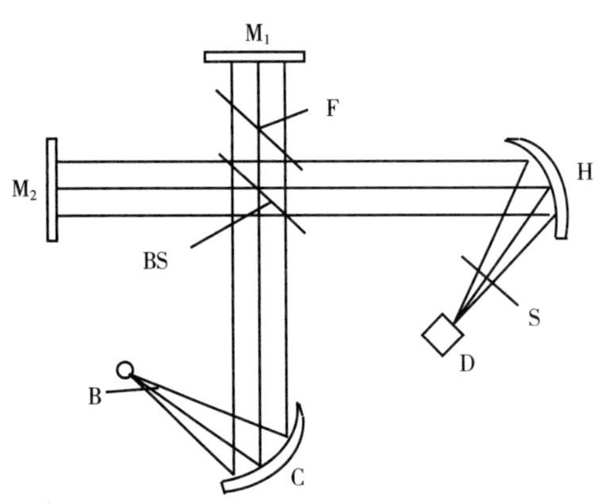

图 3-58　干涉型红外光谱仪光路示意图（F 为补偿器）

干涉光强度与光束Ⅰ和Ⅱ经过的路程的差别，即光程差有关。当光程差为零或等于波长的整数倍时，两束光发生相长干涉，干涉光最强；当光程差等于波长的半整数（即 1/2，3/2，5/2，…）倍时，发生相消干涉，干涉光最弱。对于单色光而言，干涉强度 $I'(x)$ 可用下式表示：

$$I'(x) = 2RTI(\bar{\nu})[1 + \cos(2\pi\bar{\nu}x)] \tag{3-7}$$

式中：x 为光束Ⅰ和光束Ⅱ的光程差；$I(\bar{\nu})$ 为波数为 $\bar{\nu}$ 时的红外光强度，实验条件一定时，仅随 $\bar{\nu}$ 变化；R 为分束器的反射比，实验条件和波长一定时，R 是常数；T 为分束器的透射比，实验条件和波长一定时，是常数。

式（3-7）包括两项。对于单色光来说，其中第一项 $2RTI(\bar{\nu})$ 是常数，成为直流部分；第二项 $2RTI(\bar{\nu})\cos(2\pi\bar{\nu}x)$ 随 x 而变，称为交流部分。对光谱测量而言，仅仅交流部分有意义，并用下式表示：

$$I(x) = 2RTI(\bar{\nu})\cos(2\pi\bar{\nu}x) \tag{3-8}$$

对于单色光而言，$I(x)$ 仅仅是 x 的函数，称为干涉图。不难看出，在理想状态下，单色光的干涉图是一条余弦曲线，不同波长的光的干涉图，不仅周期不同，而且由于入射光强度 $I(\bar{\nu})$ 不同，因而干涉曲线的振幅也不同（图 3-59）。

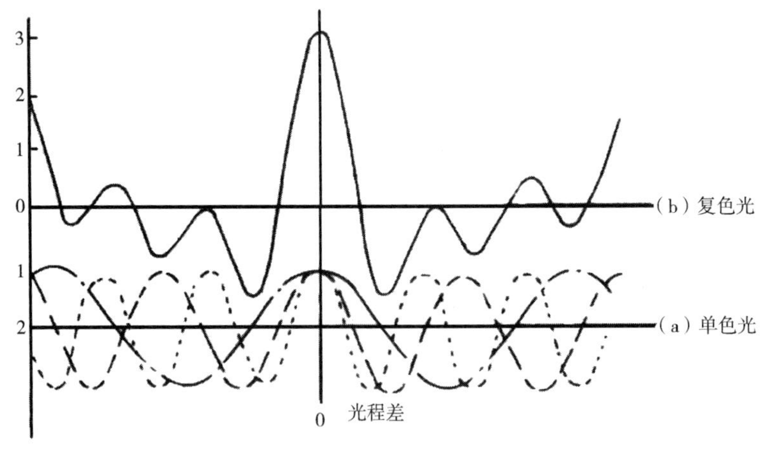

图 3-59　干涉图

令

$$B(\bar{\nu}) = 2RTI(\bar{\nu}) \tag{3-9}$$

则

$$I(x) = B(\bar{\nu})\cos(2R\pi\bar{\nu}x) \tag{3-10}$$

对于不同频率的光来说，$B(\bar{\nu})$ 不同，而且仅与光的频率有关，与光程差无关。红外光源发出的光是连续波长的复色光。复色光的干涉光强度 $I_{总}(x)$ 可用下式表示：

$$I_{总}(x) = \int_0^{\square} B(\bar{\nu})\cos(2R\pi\bar{\nu}x)\mathrm{d}\bar{\nu} \tag{3-11}$$

由于多种波长的单色光在零光程差处都发生相长干涉，故零光程差处的 $I_{总}(0)$ 极大；随着 $|x|$ 的增大，各种波长的干涉光在很大程度上互相抵消，$I_{总}(x)$ 很小。因此，复色光的干涉图是一条中心极大、左右对称且迅速衰减的曲线。

由式（3-11）可知，在复色光的干涉图的每一点上，都包含有各种单色光的光谱信息。将式（3-11）进行傅里叶变化，可得到下式：

$$B(\bar{\nu}) = \int_{-\square}^{+\square} I_{总}(x)\cos(2\pi\bar{\nu}x)\mathrm{d}x \tag{3-12}$$

根据仪器测得的 $I_{总}(x)$，可由式（3-12）算出各种波长的红外光的强度 $B(\bar{\nu})$，从而得到单光束光谱。横坐标代表波数（或频率，或波长），纵坐标代表光强度。测得样品的单光束光谱 $B_S(\bar{\nu})$，再测得残余单光束光谱 $B_R(\bar{\nu})$，将二者进行比较，即得到透射光谱：

$$T(\bar{\nu}) = \frac{B_S(\bar{\nu})}{B_R(\bar{\nu})} \times 100\% \tag{3-13}$$

式中：$T(\bar{\nu})$ 为样品对波数为 $\bar{\nu}$ 的光的透过率。

由上述分析可清楚看出，干涉型仪器和色散型仪器的工作原理完全不同，但两种仪器测得的光谱是可比的。

（二）FT-IR 光谱仪的优点

1. 扫描速度快

色散型仪器的扫描过程是单色器和机械转动装置慢慢转动的过程。为了保证测量的准确性，扫描速度不能太快（常规大约 6min）。此缺点使色散型仪器不能用于快速变化过程的监测。

FT-IR 谱仪扫描速度快得多。动镜移动一个周期即完成一次扫描。目前的 FT-IR 光谱仪，其动镜移动速度可达 $80s^{-1}$。在保证分辨率为 $8cm^{-1}$ 的前提下，时间分辨率可达到 0.02s。由于扫描速度快，故 FT-IR 光谱仪可用于快速变化过程的监测。例如，红外和色谱联合测定、快速反应过程的动力学研究时，只能用 FT-IR 光谱仪，不能用色散型仪器。

2. 灵敏度高

在色散型仪器中，各种波长的红外光按波长的大小依次到达检测器，在某一时刻检测器“感受”到的是某一波长的单色光的强度，其他波长的光都被单色器阻挡而不能到达检测器，故信号很小。与此相反，干涉型仪器没有色散系统，从光源发出的各种波长的红外光一起到达检测器，故信号很强。另外，由于干涉型仪器扫描快，在短时间内可进行多次扫描，因此利用计算机的累加功能，可大幅提高 S/N。

3. 波数精度高

色散型仪器在扫描过程中只能测量光强度，不能测量波长；波长是通过单色器转动和机械部件转动记录下来的，其波数（或波长）精度不可能太高。

FT-IR 光谱仪的光学系统结构简单，除干涉仪的动镜运动外，其他部件均不运动。动镜位移是以单色性极好的 He-Ne 激光的波长为标尺进行测量的，故采样极为精确。FT-IR 光谱仪测量的干涉图，既包括各种单色光的强度信息，也包括相应波数（或波长）的信息，经傅里叶变换，可准确地把这两种信息计算出来。FT-IR 光谱仪测量的波数精确度可达 0.01cm^{-1}。

4. 分辨率高

色散型仪器的分辨率与色散系统夹缝宽度有关，狭缝越窄，分辨率越高。但是，随着狭缝减小，通过的光的强度亦减小，S/N 将随之降低。为了不使 S/N 太小，狭缝不能太窄，因此色散型仪器的分辨率很难达到 0.1cm^{-1}。

FT-IR 光谱仪的分辨率取决于动镜最大位移，最大位移越大，分辨率越高。目前研究型 FT-IR 光谱仪，其动镜最大位移可长达 2m，分辨率高达 0.0026cm^{-1}。

5. 全波段内分辨率一致

以光栅仪器为例，光栅对光的分辨率与光波的波长有关，波长越长，分辨率越高。另外，红外光源对不同波长的光的发光强度不同，长波长区发光强度较强，短波长区光强度较弱。扫描过程中，为了使短波长区的光通量不致太小，狭缝宽度适当加大（狭缝宽度由仪器自动调节）。由于上述原因，色散型仪器在全波段内的分辨率不一致，高频区分辨率较低，低频区较高。

FT-IR 光谱仪没有这样的限制，在整个光谱范围内分辨率一致。

三、红外吸收光谱的制样技术

红外吸收光谱图是利用红外光谱方法进行定性定量的依据，因此记录一张好的光谱图是很重要的。红外吸收光谱图的好坏与制样过程有很大关系。这就需要依据不同的样品选择适当的制样方法。通常要求光谱图中最强吸收带的透光度在 0~10%，弱吸收也能清楚看出，并能与噪声相区别，这样的光谱图与标准光谱图相比较时是特别有用的。下面对红外吸收光谱常用的制样方法进行简要介绍。

（一）流延薄膜法

由于聚合物溶液制备薄膜（10~30μm）是一种最常用的制样技术，与溴化钾压片法相比，该方法能研究 3300cm^{-1}（3μm）区域的羟基或氨基吸收，在制备聚合物薄膜时，总是使用最有效的溶剂，但成为均匀的薄膜后要溶剂挥发掉，通常需置于真空下干燥。

（二）热压薄膜法

热压薄膜法是制备热塑性树脂和不易溶解的树脂样品的最方便和最快速的方法，对于聚乙烯、α-烯烃聚合物如聚丙烯最为合适，而含氟聚合物和聚硅氧烷因具有较高的吸收系数，用该方法不易获得较薄的膜，橡胶状样品由于去掉压力后立即收缩，热压法也难于制备适用的膜。热压在10t压力机上进行，热压装置能升温至250℃。在热压法制样过程中，某些化合物会因受热而氧化，或者在加压时产生定向，从而使光谱发生某些变化，这是值得注意的。

（三）溴化钾压片法

此法对一般固体样品都是很适用的，但是大多数树脂难以在溴化钾中均匀分散，因此，所得到的光谱与薄膜法相比较质量较差。溴化钾压片法只适用于薄膜法所不能使用的，如不溶性或脆性树脂，或本来就是粉末状样品。对于某些不溶树脂或橡胶可先加入适当的溶剂进行溶胀，然后进行研磨。或者将橡胶样品在液态氮气或干冰冷却下进行脆化研磨，也可得到质量较好的光谱。

通常的制样过程是：将1~2mg试样和100~200mg溴化钾（事先在700~800°C的马弗炉内灼烧3~4h，冷却后用玛瑙研钵研成细粉，再在150°C烘箱内烘3~4h，盛在磨口瓶内置于干燥器中备用）粉末置于玛瑙研钵内，一起研磨至颗粒直径为2μm左右。研好的混合物均匀地放入压模内，用油压机加压至50~100MPa，即得到透明或半透明的锭片。将此锭片固定在锭片架上，即可置于红外光谱仪样品光路中进行测试。

凡是可研成细末且在研磨过程中不发生化学变化、也不显著吸潮的化合物均可采用此方法制样。溴化钾容易吸潮，很难完全干燥，因此对试样中的羟基、氨基等基团的分析会产生干扰。

除了上述三种方法外，还有切片法、溶液法、石蜡糊法等。

第六节　激光拉曼光谱简介

一、光的散射

当一束平行光照射到样品上时，如果样品是透明的，那么大部分光依原来的方向透射过去，小部分光则向不同方向散射；如果样品是不透明的，那么一部分光被样品吸收，另一部分光发生散射。光的散射是光子与样品分子互相碰撞的结果。如果碰撞是弹性的，光子与样品分子之间不发生能量的传递，散射光频率ν_R与入射光频率ν_0相同，这种散射称为瑞利（Rayleigh）散射。如果碰撞是非弹性的，那么光子将一部分能量传递给样品分子，使样品分子由振动能级的基态跃迁到振动能级的激发态，光子的能量则减少，散射光的频率ν_R小于入射光的频率ν_0。以上两种情况下得到的散射光的频率与入射光的频率之差$\Delta\nu$是相同的，都等于分子振动跃迁能，这样的散射称为拉曼（Raman）散射。在拉曼散射中，频率低于入射光的散射线称为斯托克斯线（Stokes）；频率高于入射光的散射线称为反斯托克斯线（图3-60和图3-61）。

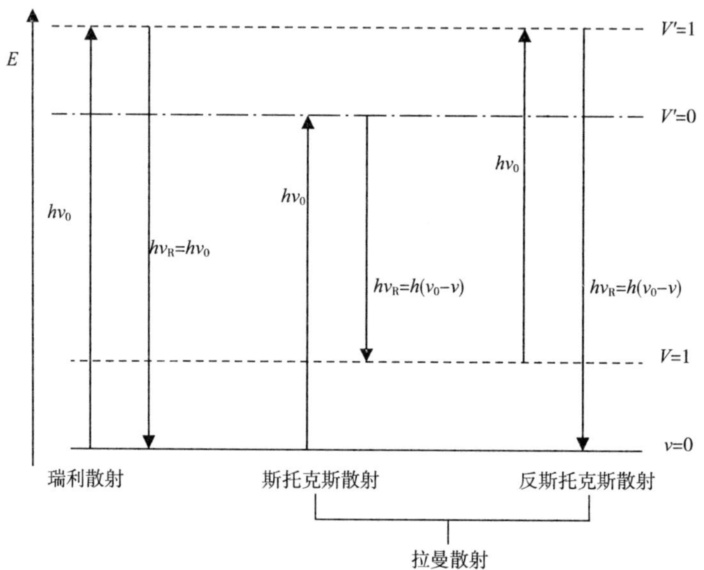

图 3-60　拉曼散射中的振动能级跃迁

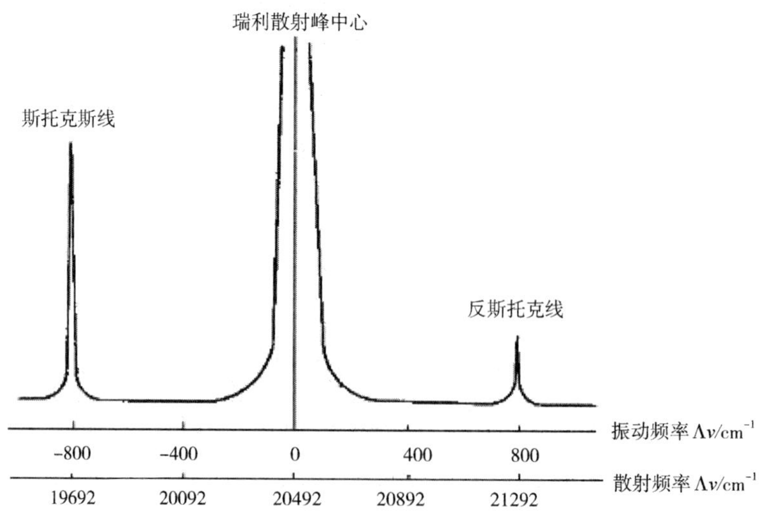

图 3-61　拉曼散射线与入射光线的波数关系

（入射光为 $\lambda=488.0$nm 的 Ar 离子激光）

在图 3-60 中，虚线不一定是分子的能级，它只表示始态分子的能量与光子能量之和。因此用不同频率的光作激发光源，都可以观察到拉曼散射线，而且其频率差 $\Delta\nu$ 相同，它等于分子振动跃迁能。虚线越接近分子的真正能级，拉曼谱线越强。一般来说，拉曼谱线的强度很小，大概只有入射光强度的 $1/10^7$。为了排除激发光的干扰，拉曼谱线在垂直于入射光的方向上测量。

在常温下，样品分子绝大多数处于振动基态，故斯托克斯线比反斯托克斯线强得多

(图 3-61)，所以在拉曼光谱中只记录斯托克斯线。在拉曼光谱中，谱线的位置不用拉曼散射线的频率表示，而用它与激发光频率之差 $\Delta\nu$ 表示。$\Delta\nu$ 称为拉曼位移。由于它取决于样品分子振动能级的变化，故拉曼光谱亦属于分子振动光谱，可以和红外光谱比较。

二、拉曼光谱选律

红外光谱和拉曼光谱虽然都与分子振动能级跃迁有关，但光谱选律不同。分子振动过程中，偶极矩的变化是产生红外光谱的必要条件；极化率的改变则是产生拉曼光谱的必要条件。所谓极化率，就是在外电场作用下，分子中电子云发生极化的难易程度。易极化的，极化率高；难极化的，极化率低。

同核双原子分子的伸缩振动过程中，偶极矩始终为零，没有变化，故不能产生红外光谱。但是，分子的极化率却发生变化：当化学键伸长时，电子离原子核比较远，受原子核的吸引力比较小，故易于极化；当化学键缩短时，电子离核较近，受原子核吸引力较大，故难以极化。因此同核双原子分子的伸缩振动是拉曼活性的。

异核双原子分子的伸缩振动既是红外活性的，也是拉曼活性的。

对于多原子分子，可用某一简正振动过程中分子的极化率是否变化，来判断该简正振动是否是拉曼活性的。极化率是张量。

例如，在 O ═C ═O 的对称伸缩振动中，两个 C ═O 键同时伸长或缩短，伸长时极化率增大，缩短时极化率减小，故对称伸缩振动是拉曼活性的振动，可产生拉曼光谱。其反对称伸缩振动虽然是红外活性的，但却是非拉曼活性的。这是因为当一个 C ═O 键伸长、极化率增大时，另一个 C ═O 键缩短、极化率减小。前者的增大和后者的减小互相抵消，分子总极化率不变。在弯曲振动中，只有键角的变化，而键长基本保持不变，分子的总极化率也基本保持不变，所以拉曼光谱中也观察不到 CO_2 的弯曲振动谱带。

R—C≡C—R 的 ν（C≡C）、(R)(R′)C=C(R′)(R) 的 ν（C≡C）、R—N=N—R 的 ν（N ═N）

以及 (R)(R′)C=C—C(R)=C(R′)(R) 的 ν（C ═C，s）等中心对称的伸缩振动，都是拉曼活性的振动。

在由 n 个原子组成的多原子分子的 $3n-6$（线性分子为 $3n-5$）个简正振动中，有的是红外活性而非拉曼活性的，有的是拉曼活性而非红外活性的，有的既是红外活性也是拉曼活性的，因此红外光谱和拉曼光谱可以互相补充。也有极少数的简正振动既不是红外活性的，也不是拉曼活性的，例如，乙烯分子四个 C—H 键中心对称的扭曲振动，在红外和拉曼光谱中都观察不到相应的谱带。

三、拉曼光谱的特性

（一）拉曼位移

拉曼位移相当于红外光谱中的吸收频率，因此影响拉曼位移的因素与影响红外吸收频率的因素相同。

（二）拉曼谱带强度

因为红外和拉曼光谱的选律不同，故同一种样品的同一种振动的红外和拉曼光谱带的强度往往有较大差别。常见有机基团的拉曼和红外光谱谱带强度特征列入表 3-9。

表 3-9　常见有机基团拉曼和红外光谱谱带强度

振动	强度		振动	强度	
	拉曼	红外		拉曼	红外
ν（OH）	w	vs	ν（—NO_2，as）	m	s
ν（NH）	m	m	ν（—NO_2，s）	vs	m
ν（═C—H）	w	s	ν（>SO_2，as）	w～m	s
ν（=C—H）	s	m	ν（>SO_2）	s	s
ν（—CH_2） ν（—CH_2—）	s	s	ν（>SO）	m	s
ν（—S—H）	s	w	ν（CH_2）	m	m
ν（—C—N）	m～s	s～w	ν（CH_3，as）	m	m
ν（C═C）	vs	w～m	ν（CH_3，s）	w～m	s～m
ν（C═C）	vs～m	m	ν（C—O—C，as）	w	s
ν（C═O）	s～w	vs	ν（C—O—C，s）	s～m	w

注　vs 表示很强，s 表示强，m 表示中等强度，w 表示弱。

四、拉曼光谱仪和制样技术

（一）拉曼光谱仪

拉曼光谱仪有两类，一类是色散型激光拉曼仪；另一类是傅里叶变换拉曼光谱仪。

色散型激光拉曼光谱仪使用可见激光作为激发光源。对于芳香族化合物、共轭体系及芳香族杂环有机分子来说，由于它们的最低空轨道能量较低，可见光可将这样的分子激发到高于第一电子激发态的状态。被激发的分子以非辐射的方式释放一部分能量，回到第一电子激发态，然后发出荧光，回到电子基态。荧光的强度比拉曼散射强好几个数量级，严重地干扰拉曼光谱的测定。另外，可见光子能量高，某些不太稳定的有机化合物受可见激光照射时，可能被破坏。

傅里叶变换拉曼光谱仪用近红外激光作激发光源。由于近红外光子能量较低，不足以将样品分子激发到第一电子激发态，因此可以避免荧光的产生，也不会使样品光解。

（二）制样技术

拉曼光谱中激发光和散射光均为可见光或近红外光，两者对玻璃和石英均有良好的透过性，因此可用玻璃或石英制作样品容器。

气体拉曼光谱较少测定。液体、粉末以及各种形状的固体样品均不需特殊处理即可用于拉曼光谱的测定。为了增加样品密度，粉末样品也可压成锭片使用。

微小样品可用傅里叶变换拉曼光谱显微技术测定。目前傅里叶变换拉曼显微测试技术的空间分辨率可达到 18μm。

光导纤维对近红外光有良好的传导性，因此，傅里叶变换拉曼光谱光导纤维取样技术有广泛的应用前景。这种取样技术很方便，只要将光导纤维探针接触被测样品即可。

练习题

1. 如果把一个化学键看作一个弹簧谐振子，那么化学键的振动频率与化学键的哪些结构因素有关？是什么关系？

2. 多原子分子有 $3n-6$（线型分子为 $3n-5$）个简正振动。请问，什么样的振动是红外活性的？什么样的振动是拉曼活性的？举例说明。

3. 某化合物的红外光谱中，其三键伸缩振动区和双键伸缩振动区均无吸收带，因此可以做出如下结论：

（1）该化合物分子中既无 C≡C 键，也无 C═C 键；

（2）该化合物分子中无—N═C═O 基团和 >C═O 基团；

（3）该化合物分子中不存在—NH_2 基团。

以上三种说法中哪些正确？哪些不正确？为什么？

4. 下列说法中，哪个正确，哪个不正确？为什么？

（1）当我们将两幅红外光谱进行对比时，发现它们不相同，因此说这两幅光谱对应的化合物不相同；

（2）如果两幅红外光谱完全相同，那么它们所对应的化合物一定相同；

（3）某化合物的红外光谱中在 2000～1500cm^{-1} 区域内只有一个 $\nu_{C=O}$ 吸收带，所以该化合物分子中只有一个 >C═O 基团；

（4）有两个样品，它们的紫外光谱相同，所以它们的红外光谱也一定相同（测定条件相同）；

（5）有两个样品，它们的红外光谱相同，因此它们的紫外光谱一定相同（测定条件相同）。

5. 色谱—红外光谱联机测试中，所用红外光谱仪应该是色散型仪器还是干涉型仪器？为什么？

6. 已知 O—H 的键的力常数是 5.0N/cm，试计算该键的伸缩振动频率（$\nu_{O—H}=1.5\times10^{-24}$g）。

7. 已知原子量 H 为 1，Li 为 7，Cl 为 35，N 为 14，试计算 HCl，LiH，N_2 分子的折合质量。

8. 分别计算乙炔和苯分子自由度总数及振动自由度数目。

9. 双原子分子有几种振动形式？为什么？

10. 分子中每个振动自由度是否都产生一个 IR 吸收峰？为什么？

11. C—H 键与 C—Cl 键的伸缩振动吸收峰何者相对强一些？为什么？

12. $\nu_{C=O}$ 与 $\nu_{C=C}$ 哪个峰强些？为什么？

13. 在醇类化合物中，为什么 ν_{OH} 随溶液浓度的增高向低波数方向移动。

14. 为什么傅里叶变换激光拉曼光谱法可以避免或降低荧光的干扰？

15. 将下列波长变为波数：

（1）2.78μm　（2）10.72μm　（3）15.80μm　（4）24.50μm

16. 化合物 R—OH 的 CCl_4 稀溶液的红外光中，ν_{OH} 吸收带位于 3650cm^{-1}；如果用 R—OD 代替 R—OH，则 ν_{OH} 吸收带大约位于何处？

17. 顺式-1，2-环戊二醇的 CCl_4 稀溶液在 3630cm^{-1} 和 3455cm^{-1} 出现两个尖锐吸收带，试对这两个谱带进行归属。

18. 下列化合物的 $\nu_{C=O}$ 吸收波数为什么有高低之分？

$O_2N-C_6H_4-CHO$　A　1708cm^{-1}

C_6H_5-CHO　B　1690cm^{-1}

$(CH_3)_2N-C_6H_4-CHO$　C　1660cm^{-1}

19. 有一羟基苯甲醛，其 CCl_4 溶液的红外光谱中，ν_{OH} 和 $\nu_{C=O}$ 吸收频率均不随浓度变化。试判断羟基相对于醛基的位置，并说明理由。

20. 下列每一组中，哪一个化合物与该组的光谱相对应？说明理由。

（1）图 3-62。

（A）$CH_3—CH_2—CH_2—CH_2—CH_2—CH_3$

（B）$CH_3—CH_2—CH_2—CH_2—C\equiv CH$

（C）$CH_3—CH(CH_3)—C(CH_3)=CH_2$

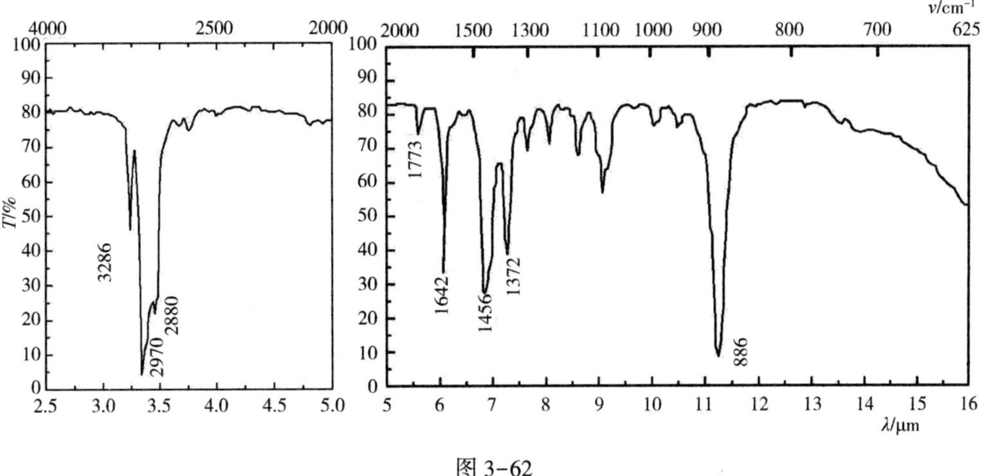

图 3-62

（2）图 3-63。

（A）$CH_3—CH_2—CH_2—CH_2—C_6H_5$

（B）$C_2H_5—C_6H_4—C_2H_5$

（C）$C_6H_4(C_2H_5)_2$（邻位）

（D）$C_2H_5—C_6H_4—C_2H_5$（间位）

（E）$(CH_3)_2C_6H_3C_2H_5$（1,3-二甲基-5-乙基）

（F）$(CH_3)_4C_6H_2$（1,2,4,5-四甲基）

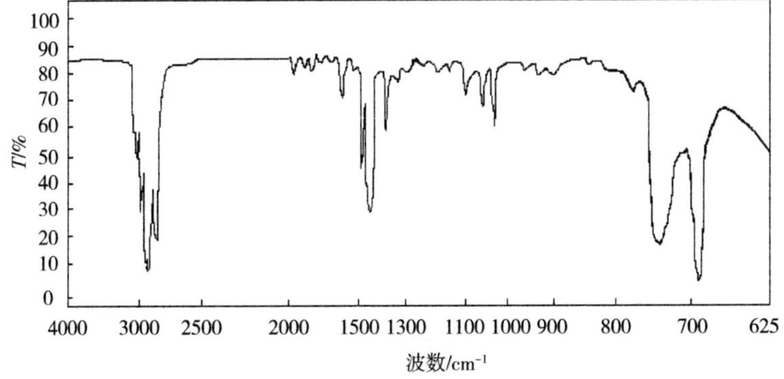

图 3-63

(3) 图 3-64。

(A) —NO_2

(B) —NO_2

(C) —N═C═O

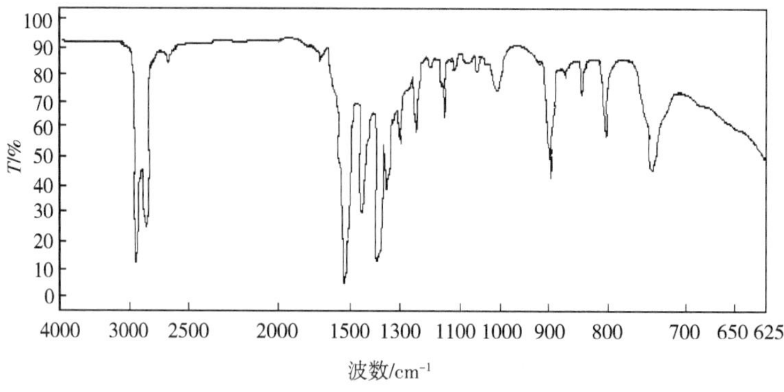

图 3-64

(4) 图 3-65。

(A) $CH_3—CH_2—CH_2—CH_2—CH_2—CH_2—OH$

(B) $CH_3—CH_2—CH_2—CH_2—CH_2—CH_2—NH_2$

(C) $CH_3—CH_2—CH_2—O—CH_2—CH_2—CH_3$

(D) OH, $CH_2—CH_3$, CH_3

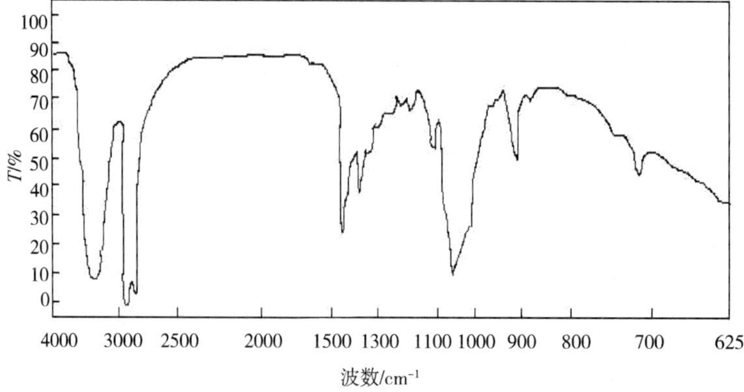

图 3-65

21. 下列每一组中的每一幅红外光谱图分别与哪一个化合物相对应？

（1）图 3-66～图 3-69。

（A）$H_3C-C(CH_3)_2-CH_2-CH(CH_3)-CH_2-C(CH_3)_2-CH_3$

（B）$CH_3-CH_2-CH(CH_3)-CH_2-CH_3$（中心碳上标出 H）

（C）$CH_3-CH_2-CH_2-CH_2-CH_2-CH_3$

（D）$CH_3-CH(CH_3)-CH_2-CH_2-CH_2-CH_2-CH_2-CH_3$

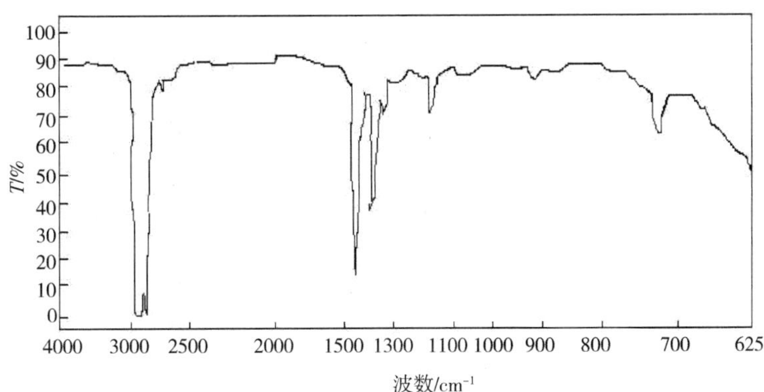

图 3-66

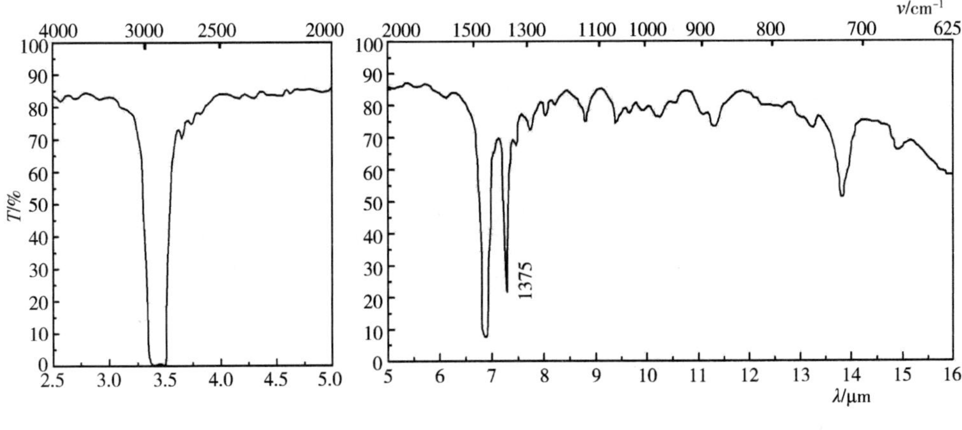

图 3-67

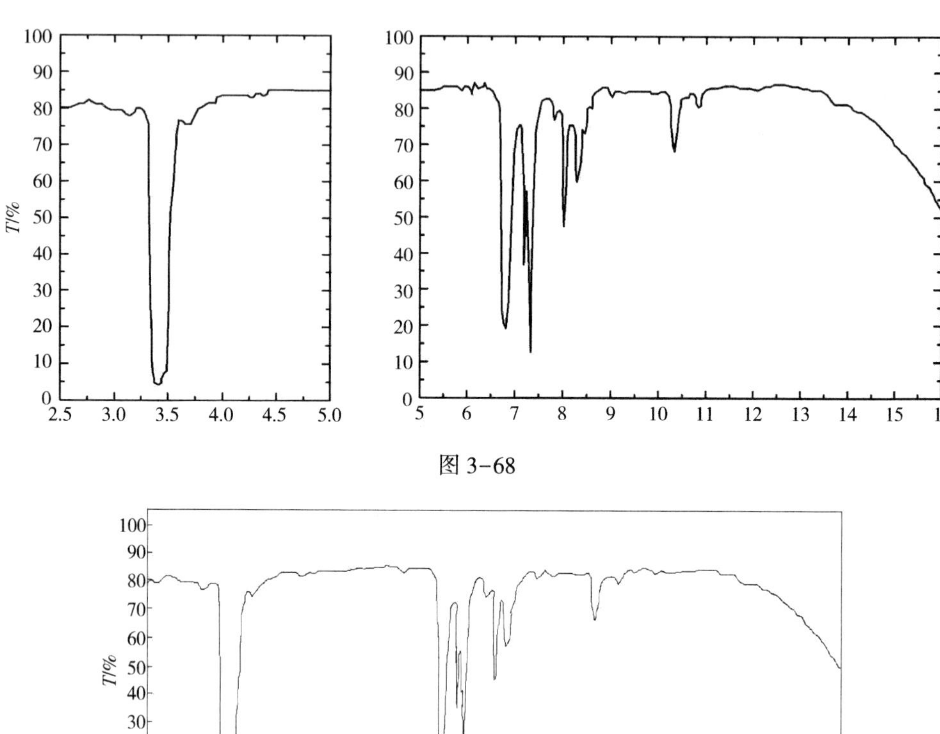

图 3-68

图 3-69

（2）图 3-70～图 3-73。

（A）OH—⟨苯环⟩—S—C≡N

（B）CH≡C—CH_2—CH_2—CH_2—CH_2—C≡CH

（C）⟨环己基⟩—N═C═O

（D）⟨环己基⟩—C≡N

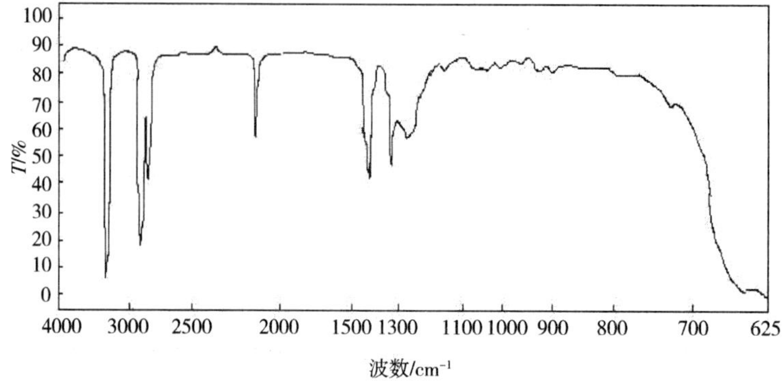

图 3-70

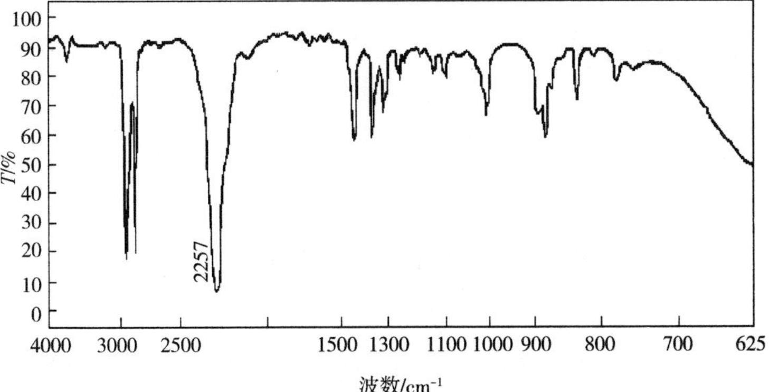

图 3-71

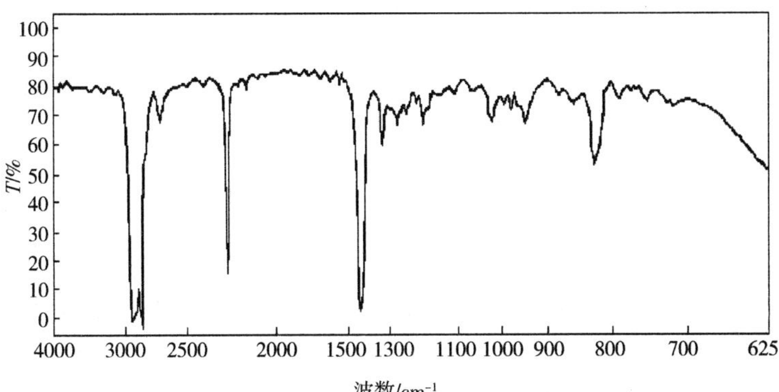

图 3-72

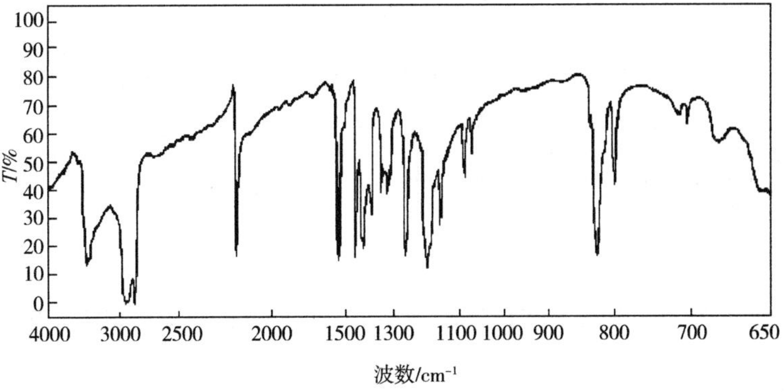

图 3-73

（3）图 3-74～图 3-78。

（A）

(B) $CH_3—CH_2—CH_2—C(=O)—O—C(=O)—CH_2—CH_2—CH_3$

(C) $CH_3—CH_2—CH_2—CH_2—CH_2—CH_2—CO—OH$

(D) $CH_3—CH_2—CH_2—CH_2—CH_2—C(=O)—O—C_2H_5$

(E) $CH_3—C(=O)—O—CH_2—CH_2—CH_2—CH_2—CH_2—CH_3$

(F) $CH_3—CH_2—CH_2—C(=O)—Cl$

(G) $CH_3—CH_2—CH_2—C(=O)—NH_2$

(H) $CH_3—CH_2—CH_2—C(=O)—CH_3$

(I) $CH_3—CH_2—CH_2—CH_2—C(=O)—H$

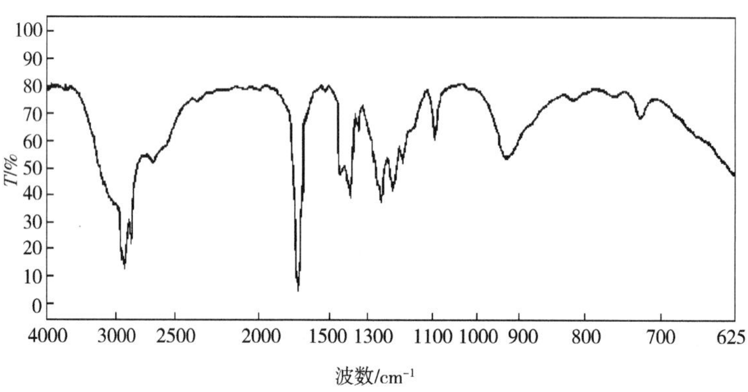

图 3-74

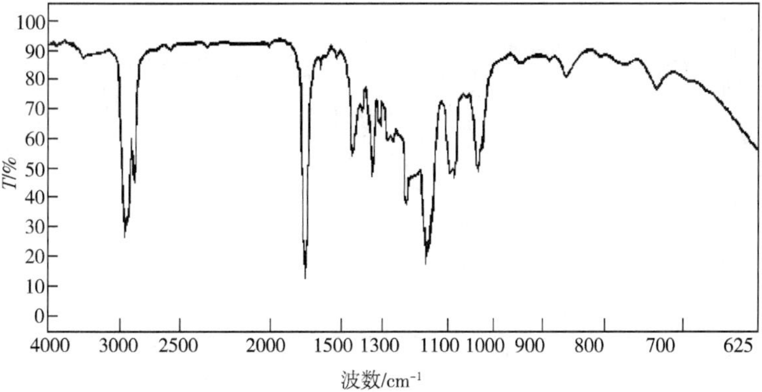

图 3-75

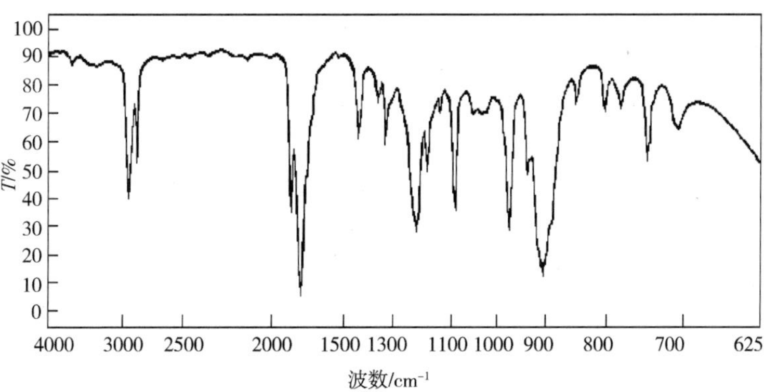

图 3-76

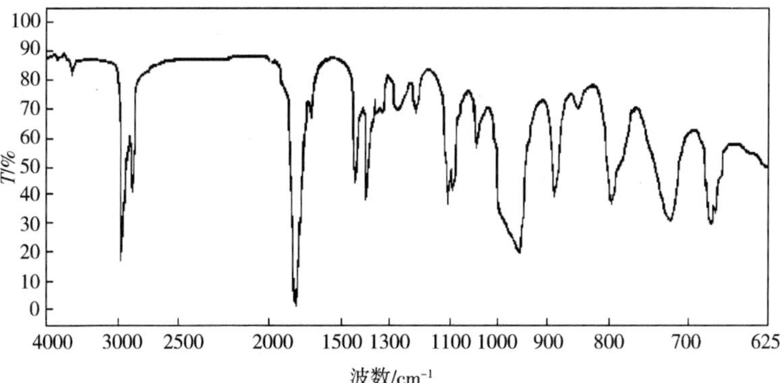

图 3-77

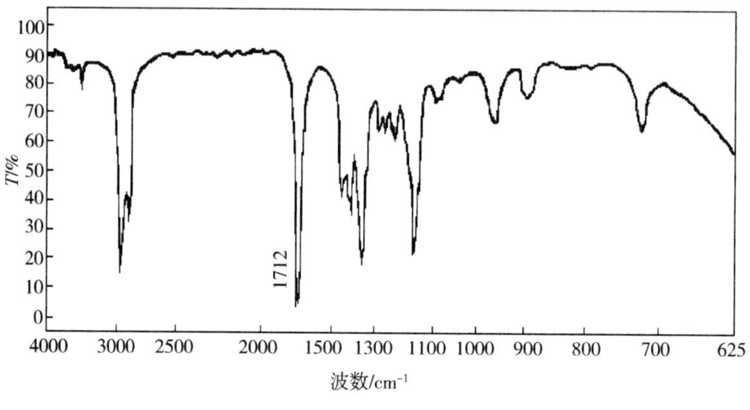

图 3-78

(4) 图 3-79。

(A) $CH_3-CH=CH-CH_2-CH_2-CH_2-CH_2-CH_3$（反式，两个 H 分处双键两侧）

(B) $CH_3-CH=CH-CH_2-CH_2-CH_2-CH_2-CH_3$（顺式，两个 H 位于双键同侧）

(C) A 和 B 的混合物

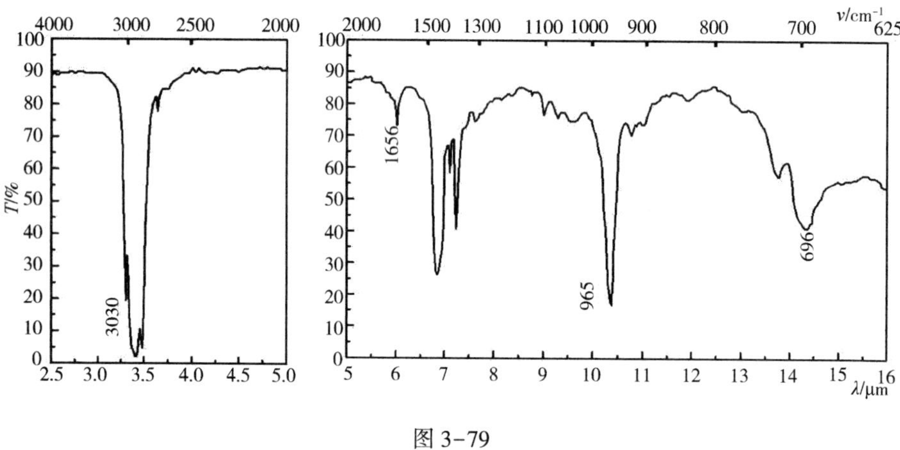

图 3-79

(5) 图 3-80。

(A) $CH_3-CH_2-CH_2-CH_2-CH_2-CH_2-CH_2-CH_2-CH_2-NH_2$

(B) $CH_3-CH_2-CH_2-CH_2-NH-CH_2-CH_2-CH_2-CH_3$

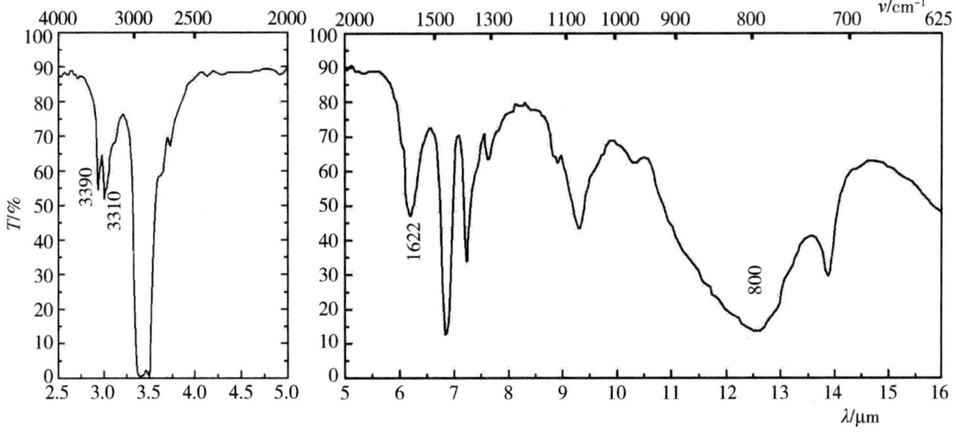

图 3-80

22. 根据所给条件，推断化合物的分子结构。

（1）分子式为 C_6H_{12}，红外光谱如图 3-81 所示。

（2）分子式为 $C_9H_{10}O_2$，红外光谱如图 3-82 所示。

（3）分子式为 $C_{13}H_{12}$，红外光谱如图 3-83 所示。

（4）分子式为 C_7H_9N，红外光谱如图 3-84 所示。

（5）分子式为 C_4H_8O，红外光谱如图 3-85 所示。

（6）分子式为 C_8H_7NO，红外光谱如图 3-86 所示。

（7）分子式为 C_3H_3Br，红外光谱如图 3-87 所示。

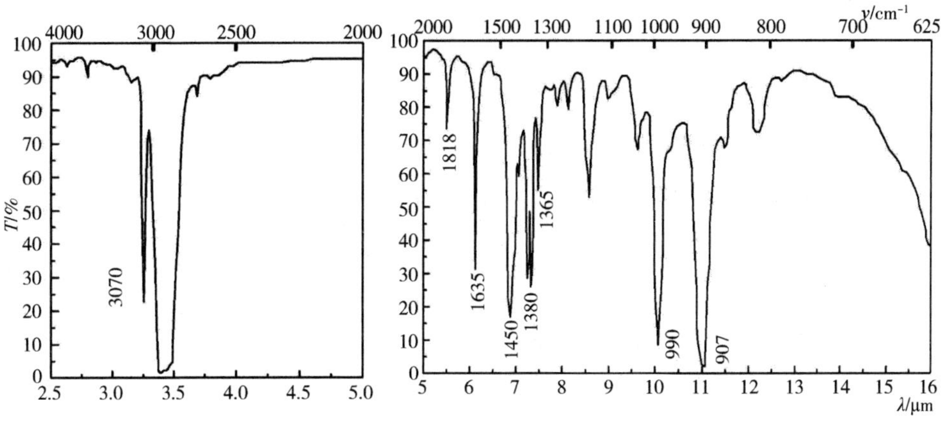

图 3-81

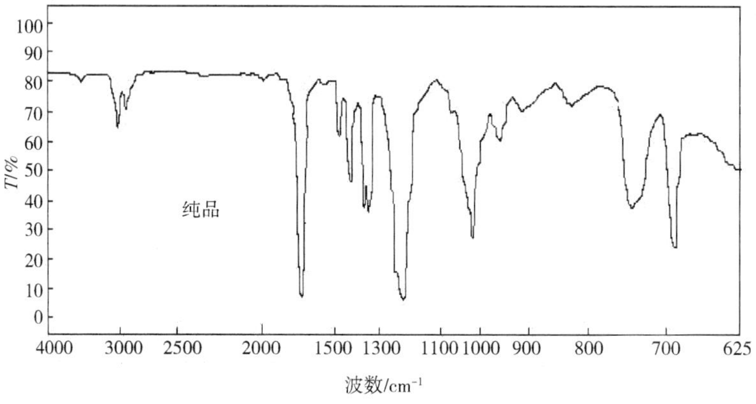

图 3-82

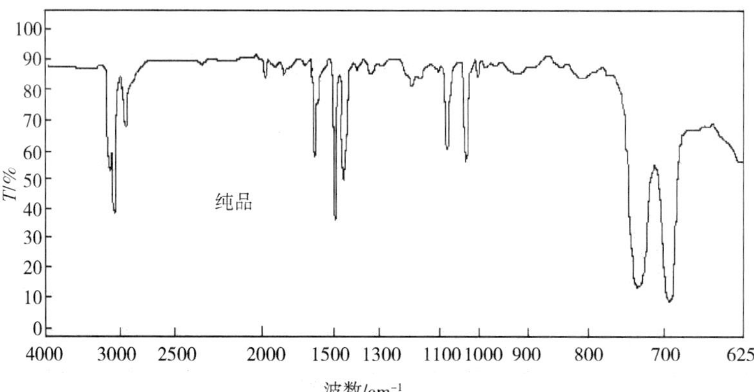

图 3-83

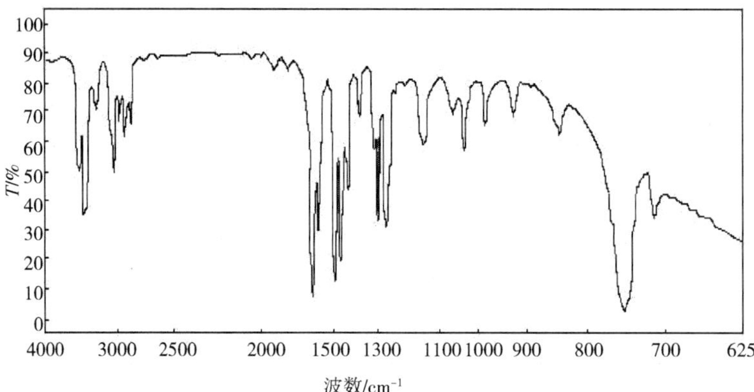

图 3-84

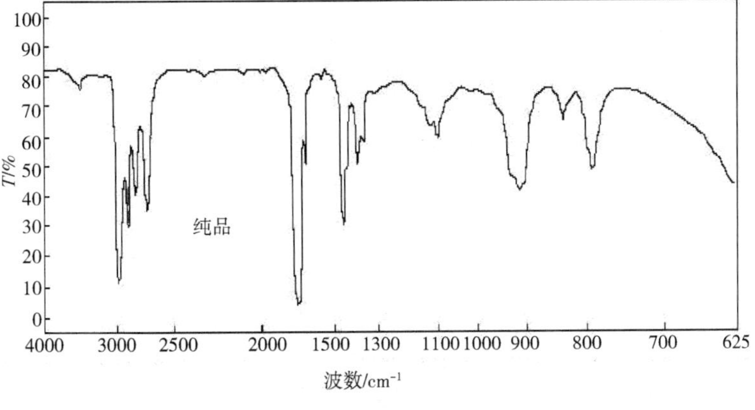

图 3-85

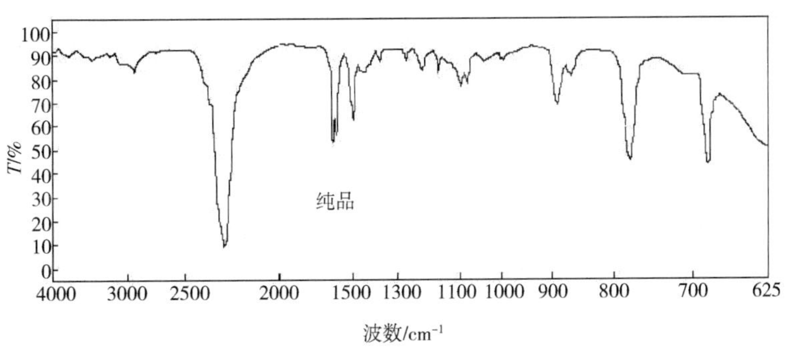

图 3-86

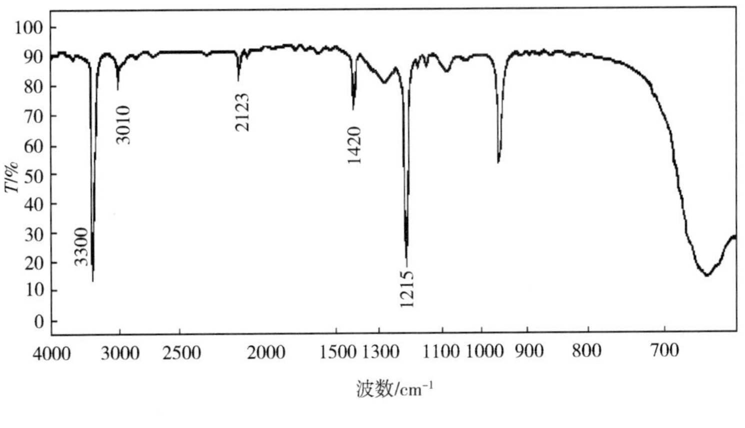

图 3-87

23. 某化合物的结构不是（Ⅰ）就是（Ⅱ），试根据其红外吸收光谱图 3-88 进行判断。

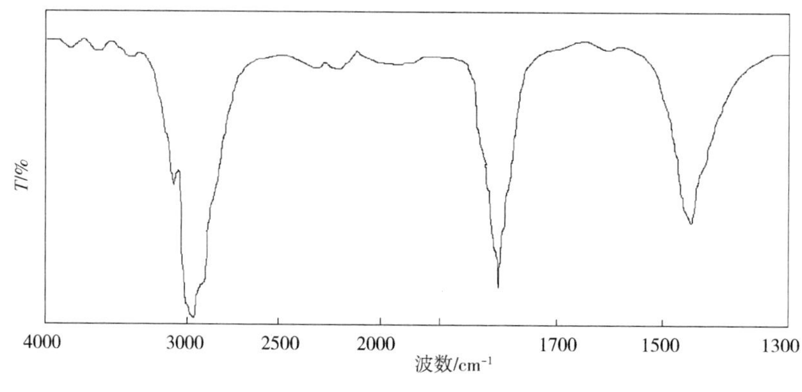

图 3-88

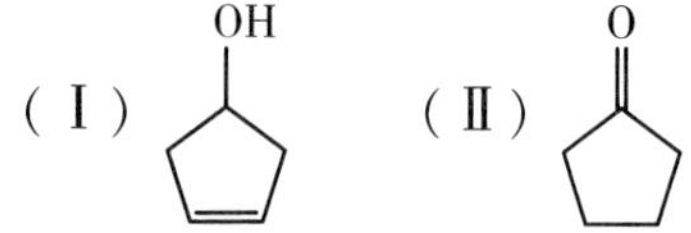

24. 下述三种化合物 IR 光谱有何不同？

（1）$CH_3(CH_2)_6COOH$

（2）$(CH_3)_3CCH(OH)CH_2CH_3$

（3）$(CH_3)_3CCH(CH_2CH_3)N(CH_3)_2$

25. 某化合物含有 C、H、O，其红外谱图见图 3-89。

试问：（1）该化合物是脂肪族还是芳香族？

（2）是否为醇类？

（3）是否为醛、酮、酸类？

（4）是否为双键或叁键？

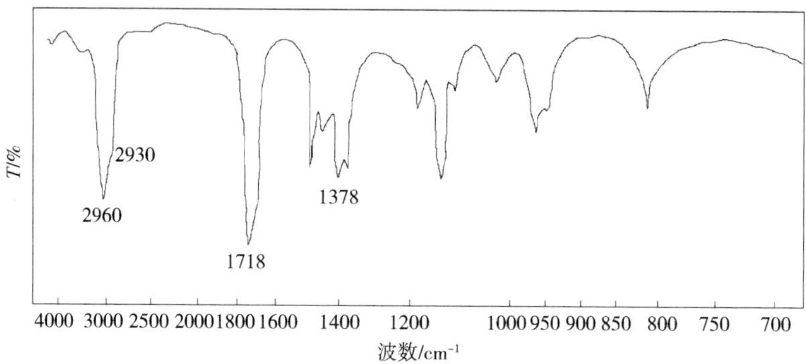

图 3-89

参考文献

[1] 李润卿，范国梁，渠荣遴．有机结构波谱分析［M］．天津：天津大学出版社，2002.

[2] 崔永芳．实用有机物波谱分析［M］．北京：纺织工业出版社，1994.

[3] 毛培坤．表面活性剂产品工业分析［M］．北京：化学工业出版社，1985.

[4] 白玲，郭会时，刘文杰．仪器分析［M］．北京：化学工业出版社，2019.

[5] 熊维巧．仪器分析［M］．成都：西南交通大学出版社，2019.

[6] 朱鹏飞，陈集．仪器分析教程［M］．北京：化学工业出版社，2016.

第四章　核磁共振波谱

学习要求

1.理解核磁共振的基本原理，并了解核磁共振谱仪各部件功能。
2.理解并掌握氢谱的化学位移的影响因素，熟悉各类氢谱化学位移的范围。
3.理解氢谱自旋偶合与裂分的规律，熟悉一些特殊峰型的情况。
4.能够运用掌握的知识解析氢谱。
5.了解碳谱的化学位移以及自旋偶合等知识概况。

核磁共振（nuclear magnetic resonance，简称 NMR）波谱学是近几十年发展起来的一门新学科，是磁性原子核在外磁场中产生能级跃迁的一种物理现象。早在 1936 年，就从理论上做出过核磁共振的预言，直到 1945 年，F. Block 和 E. M. Purcell 各自领导的研究小组才分别观测到水、石蜡中质子的核磁共振信号，为此他们荣获了 1952 年诺贝尔物理奖。今天，核磁共振谱仪已成为化学、物理、生物、医药等研究领域中必不可少的实验工具，是研究分子结构、构型构象、分子动态等的重要方法。本章主要介绍核磁共振的原理、仪器和应用，主要介绍 ^{1}H 谱，简略介绍 ^{13}C 谱。

第一节　概述

一、原子核的自旋与磁矩

（一）原子核的自旋

1. 自旋运动

原子核是由质子和中子组成的带正电荷的粒子，具有一定质量和体积，实验证明，大多数原子核都围绕着自身某个轴作旋转运动，这种自身旋转运动称为原子核的自旋运动。原子核的自旋运动与自旋量子数 I 相关。

2. 自旋角动量

有机械的旋转就有角动量产生。原子核自旋产生的角动量是一个矢量，其方向服从右手螺旋定则，与自旋轴重合，根据量子力学，可以计算出自旋角动量的绝对值：

$$\rho = \frac{h}{2\pi}\sqrt{I(I+1)} \tag{4-1}$$

式中：ρ 为原子核的总角动量，I 为自旋量子数，取 0，1/2，1，3/2 等，h 为普朗克常数。

核自旋角动量在直角坐标 z 轴上的分量：

$$\rho_z = mh/2\pi \tag{4-2}$$

式中：m 为磁量子数，可取值为：$m=I$，$I-1$，$I-2$，…，$-I$ 可以取（$2I+1$）个数值。

从式（4-1）可知，$I=0$ 的原子核无自旋现象，只有 $I>0$ 的核才能有自旋角动量，自旋角动量与自旋量子数 I 有关，I 的数值取决于原子核的质量数 a 和原子序数 Z，它们的关系见表 4-1。

表 4-1　各种核的自旋量子数

质量数 a	原子序数 Z	自旋量子数 I	例子
偶数	偶数	0	^{12}C，^{16}O，^{32}S
偶数	奇数	n=1，2，3，…	$I=1$，$^2H_1$、$^{14}N_7$；$I=3$，$^{10}B_5$
奇数	奇数或偶数	1/2，3/2，5/2，…	$I=1/2$，$^1H_1$、$^{13}C_6$、$^{19}F_9$； $I=3/2$，$^{11}B_5$、$^{35}Cl_{17}$； $I=5/2$，$^{17}O_8$

（二）原子核的磁距

原子核是带正电荷的粒子，当它围绕自旋轴运动时，电荷也围绕自旋轴旋转，产生循环电流，从而产生磁场，这种磁性质一般用磁距 μ 表示。磁距的方向沿自旋轴，大小与角动量 P 成正比。

$$\text{核磁矩：}\mu = rP, \quad r = \mu/P \tag{4-3}$$

式中：r 为磁旋比，为原子核的特征常数，同一种核的 r 为一常数，不同的核有不同的 r 值，可以作为描述原子核特性的参数。如 $r_{^1H}$ = 26.752［×10^7rad/（T·s）］；$r_{^{13}C}$ = 6.728［×10^7rad/（T·s）］；1T=10^4 高斯。r 值可正可负，由核的自身性质所决定。

二、核磁共振基本原理

（一）拉摩进动

图 4-1 所示为磁场中进行旋进运动的氢核，由图可知，当具有磁距的原子核置于外磁场中，它在外磁场的作用下，核自旋产生的磁场与外磁场发生相互作用，因而原子核运动状态除了自旋之外，还要附加一个以外磁场方向为轴线的回旋，核一边自旋，一边围绕着磁场方向发生回旋，这种类似于陀

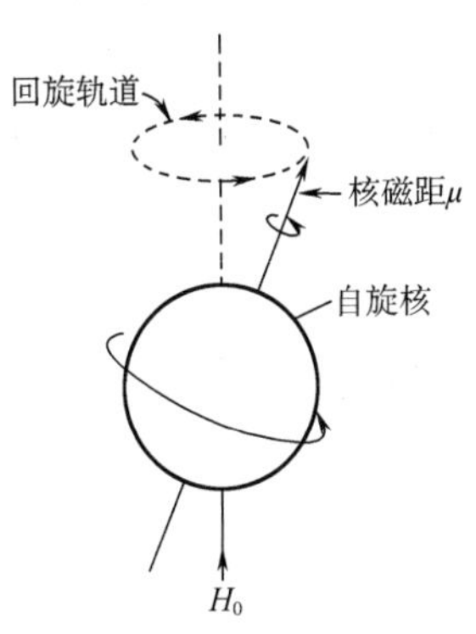

图 4-1　在磁场中进行旋进运动的氢核

螺旋转的回旋运动称为进动或拉摩进动。进动时有一定的频率，称为拉摩频率。

自旋核的角速度 ω_0、拉摩频率 v_0 与外磁场强度 H_0 的关系为：

$$\omega_0 = 2\pi v_0 = rH_0 \quad (r\text{ 为磁旋比}) \tag{4-4}$$

所以拉摩频率为：

$$v_0 = rH_0/2\pi \tag{4-5}$$

（二）能级裂分

1. 能级裂分

由于核自旋不同的空间取向，产生能级裂分。原子核在磁场中的每一种取向，都代表了原子核某一特定能级，可用一个磁量子数 m 表示，m 的取值为 I，$I-1$，$I-2$，…，$-I$，共 $2I+1$ 个。

也就是说，无外加磁场存在时，原子核只有一个简单的能级，但在外加磁场作用下，原来简单的能级就要分裂为 $2I+1$ 个能级。例如，^{1}H 核的自旋量子数 $I=1/2$，在外磁场中，^{1}H 核的自旋取向为 2×（1/2）+1=2，两种自旋取向分别代表两个能级，如图 4-2 所示。

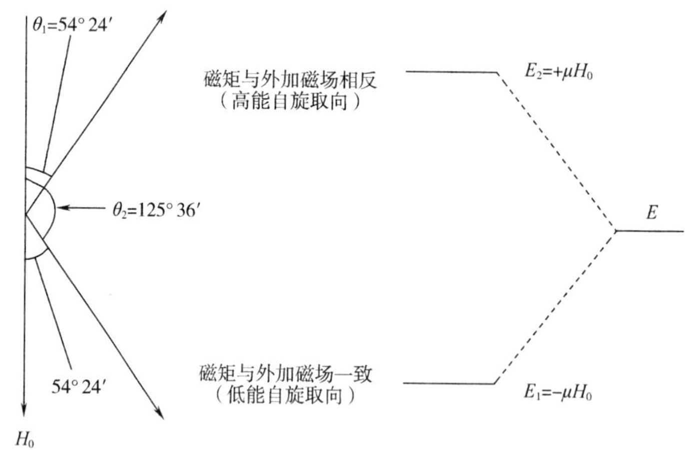

图 4-2　氢核在磁场中的能级裂分

$m = +1/2$　与外磁场 H_0 方向一致，能级较低，氢核处于低能态；

$m = -1/2$　与外磁场 H_0 方向相反，能级较高，氢核处于高能态。

根据电磁理论，核在磁场中的能量：

$$E_1 = -\mu_z H_0 = -rm_1h/2\pi H_0 = -rh/4\pi H_0 \tag{4-6}$$

$$E_2 = +\mu_z H_0 = +rm_1h/2\pi H_0 = +rh/4\pi H_0 \tag{4-7}$$

两个能级的能量差为：

$$\Delta E = E_2 - E_1 = 2\mu_z H_0 = rh/2\pi H_0 = h\upsilon \tag{4-8}$$

所以：

$$\nu = rH_0/2\pi \tag{4-9}$$

这说明氢核由低能级向高能级跃迁需吸收 ΔE 的能量，其数值与外加磁场强度、核的磁旋比成正比。当用一定频率的电磁辐射照射氢核时，如果射频的频率 ν 恰好等于氢核的拉摩频率 ν_0 时，外界提供的能量就等于氢核跃迁需要的能量，这时处于低能级的核吸收射频的能量以后，便可跃迁到高能级，核的自旋取向从与外磁场方向一致变为与外磁场方向相反，这种现象就叫核磁共振。发生核磁共振时，照射样品的电磁波（射频）的能量（$h\nu$）等于样品分子的某种能级差 ΔE，分子可以吸收能量，由低能态跃迁到高能态。这一过程发生的先决条件是低能级的 ^{1}H 核数大于高能级的 ^{1}H 核数，否则，会造成跃迁到高能级和跌落到低能级的概率相等，不会发生吸收或发射电磁波的现象，即不会产生核磁共振现象。

2. 弛豫过程

前面讨论的是单个自旋核在磁场中的行为，而实际测定中，观察到的是大量自旋核组成的体系。一组 ^{1}H 核在磁场作用下能级一分为二，如果这些核平均分布在高低能态，也就是说，由低能态吸收能量跃迁到高能态和高能态释放出能量回到低能态的速度相等时，就不会有净吸收，也测不出核磁共振信号。但事实上，在常温下，达到热力学平衡时，高低能态的核数有所差别。

根据 Boltzmann 分布，低能态的核（n_+）与高能态的核（n_-）的关系：

$$n_+/n_- = \exp(\Delta E/kT) \tag{4-10}$$

当 $\Delta E \ll kT$ 时，式（4-10）可写成：

$$n_+/n_- \approx 1+\Delta E/kT \tag{4-11}$$

式中：n_+是处于低能态的核数；n_-是处于高能态的核数；ΔE 为两能级的能量差；k 为 Boltzmann 常数（1.38×10^{-23}J/K），T 为绝对温度。

若在 300K、200MHz 的仪器中测定，则低能态的 ^{1}H 核数仅比高能态的 ^{1}H 核数高百万分之十左右。这个微弱的多数，便可使低能级的核发生核磁共振，但随着低能级的核数目的减少，吸收信号减弱，最后消失，就不能连续测到核磁共振信号了。因此只有使高能级的核放出能量回到低能级，才能维持这一低能态的核数占微弱多数的状态，即高能态的核以非辐射的形式放出能量回到低能态，这个过程称为弛豫（relaxation）过程。

弛豫过程有两种：自旋—晶格弛豫和自旋—自旋弛豫。

（1）自旋—晶格弛豫（spin-1atice relaxation）。自旋—晶格弛豫也称为纵向弛豫，反映了体系和环境的能量交换。“晶格”泛指“环境”。高能态的自旋核将能量转移至周围的分子（固体的晶格、液体中同类分子或溶剂分子）而回到低能态，结果是高能态的核数下降，低能态的核数增加，全体核的总能量下降。体系通过自旋—晶格弛豫过程达到热力学平衡所需的特征时间（半衰期）用 T_1 表示，即自旋—晶格弛豫时间。T_1 与核的种类、样品的状态、温度等有关。T_1 越小，表明弛豫过程的效率越高；T_1 越大则效率越低，越容易达到饱和。液体样品的 T_1 较短（10^{-4}～10^2s），固体样品不能有效地产生纵向弛豫，T_1 较长，可达几个小时甚至更长。

（2）自旋—自旋弛豫（spin-spin relasation）。自旋—自旋弛豫也称为横向弛豫，反映核磁矩之间的相互作用。高能态的自旋核把能量转移给同类低能态的自旋核，结果是高低能态的自旋核数目不变，全体核的总能量不变。自旋—自旋弛豫时间（半衰期）用 T_2 表示。固体或高分子样品的核间距较固定，T_2 较小，约 10^{-3}s。液体样品 T_2 约为 1s。

自旋—自旋弛豫虽然与体系保持共振条件无关，但却影响谱线的宽度。核磁共振谱线宽度与核在激发态的寿命成反比。对于固体样品来说，T_1 很长，T_2 却很短，T_2 起着控制和支配作用，所以谱线很宽。而在非黏稠液体样品中，T_1 和 T_2 一般为 1s 左右。所以要得到高分辨的 NMR 谱图，通常把固体样品配成溶液进行测定。

三、核磁共振波谱仪简介

核磁共振（NMR）波谱仪是检测磁性核核磁共振现象的仪器。NMR 波谱仪按磁体可以分为永久磁体、电磁体和超导磁体三类，其中永久磁体和电磁体的 NMR 波谱仪最高频率可达 100MHz，而超导磁体则可达到 200MHz，400MHz，600MHz 等。NMR 波谱仪按射频频率（^{1}H 核的共振频率）可分为 60MHz，80MHz，90MHz，100MHz，200MHz，300MHz，600MHz 等；按扫描方式又可分为连续波核磁共振（CW-NMR）波谱仪和脉冲傅里叶变换核磁共振（PFT-NMR）波谱仪。

（一）连续波核磁共振波谱仪

所谓连续波是指射频场的频率或磁场的强度是连续变化的，即扫描连续进行，一直到全部欲观测的核都依次一一被成功地激发为止。固定频率，连续改变磁场强度，由低场至高场扫描，这种扫描方式称扫场（field-sweep），固定磁场，连续改变射频频率的扫描方式称扫频（frequency-sweep）。

CW-NMR 波谱仪目前有 60MHz，90MHz 等通用型波谱仪，通常是用电磁体或永久磁体产生均匀而稳定的磁场，给化学工作者的例行测试带来极大的方便，其示意图如图 4-3 所示。

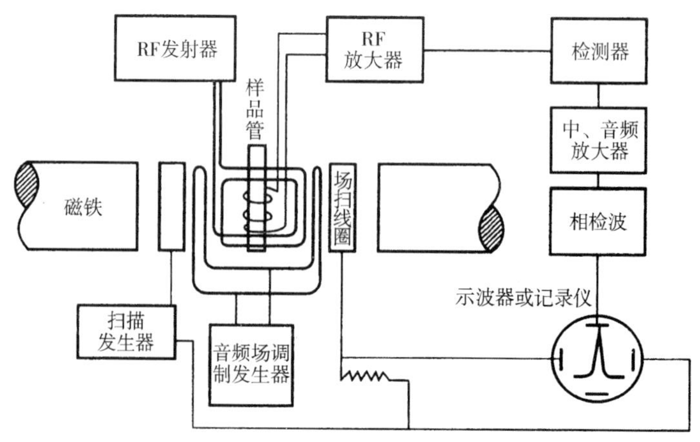

图 4-3　连续波核磁共振波谱仪示意图

1. 磁体

产生均匀而稳定的磁场（H_0）。磁体两极的狭缝间设置有探头，探头内放置样品管（内装溶解好的待测样品），样品管以每秒 40～60 周的速度旋转，使待测样品感受到的磁场强度平均化。

2. 探头

探头置于磁体间隙内，是仪器的心脏部分，除样品管外，还有发射线圈、接收线圈、扫描发生器、放大器和变温元件。

3. 谱议部分

（1）射频源。在与外磁场垂直的方向上，绕样品管外施加有射频振荡线圈，固定发射与 H_0 相匹配的射频（如 60MHz，90MHz）。射频功率可供选择，既使待测核有效地产生核磁共振，又不会出现饱和现象，通常≤0. 05mGs（毫高斯）。

（2）扫描发生器。可以在小范围内调节外加磁场强度进行扫描。

（3）接收器和记录仪。围绕样品管的线圈，除射频振荡线圈外，还有接收线圈，并与扫描线圈三者互相垂直，互不干扰。通过射频接收线圈接受共振信号，经放大记录下来，横坐标是磁场强度，纵坐标是共振峰强度，记录下来的图就是 NMR 谱图。

（4）样品支架。样品支架装在一个探头上，连同样品管用压缩空气使之旋转，以提高作用于样品上磁场的均匀性。

CW-NMR 波谱仪价廉、稳定、易操作，但灵敏度低，需要样品量大（10~50mg）。只能测天然丰度高的核（如 ^{1}H，^{19}F，^{31}P），对于 ^{13}C 这类天然丰度极低的核，无法测试。

（二）脉冲傅里叶变换核磁共振波谱仪

1. PFT-NMR 波谱仪工作基本原理

与 CW-NMR 波谱仪不同，PFT-NMR 波谱仪增设了脉冲程序控制器和数据采集及处理系统。PFT-NMR 波谱仪是在具有一定带宽的频率范围内使所有待测核同时激发（共振）、同时接收，均由计算机在很短的时间内完成，大幅提高了效率。

脉冲程序控制器使用一个周期性的脉冲序列来间断射频发射器的输出。短的频带，是理想的射频源。调节所选择的射频脉冲序列，脉冲宽度可在 1~50μs 内变化。脉冲发射时，待测核同时被激发；脉冲终止时，及时准确地启动接收系统，等被激发的核通过弛豫过程返回到平衡位置时再进行下一个脉冲的发射。

接收器接收到的自由感应衰减信号（FID）是时间的函数，是若干频率的 FID 信号的叠加，人们不能识别，必须通过计算机完成傅里叶变换运算，使 FID 的时间函数转变为频率的函数，再经过数模变换后，即可通过示波器或记录仪显示核磁共振谱。

脉冲傅里叶变换 NMR 波谱仪示意图如图 4-4 所示。

2. PFT-NMR 波谱仪的优点

（1）大幅度提高了仪器的灵敏度，一般 PFT-NMR 波谱仪的灵敏度比 CW-NMR 波谱仪的灵敏度提高两个数量级以上。因此可以对丰度小、磁旋比也比较小的核进行核磁共振的测定。

（2）测定速度快，脉冲作用时间为微秒数量级。若脉冲需重复使用，时间间隔只需几秒，可以较快地自动测量高分辨谱及与谱线相对应的各核的弛豫时间，可以研究核的动态过程、瞬变过程、反应动力学等。

（3）使用方便，用途广泛。可以做 CW-NMR 不能做的许多实验，如固体高分辨谱、自

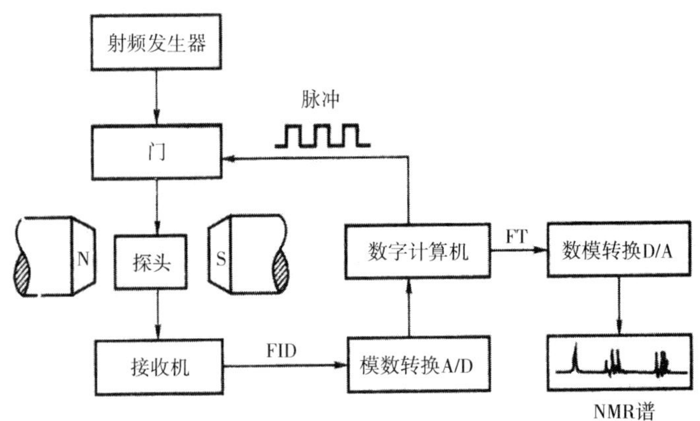

图 4-4　PFT-NMR 波谱仪示意图

旋锁定弛豫时间的测定及各种二维谱等。

（三）核磁共振技术的新进展

（1）分辨率、灵敏度逐渐提高。目前 1000MHz 的谱仪已经成功进行了商品化，随着谱仪场强的增加，仪器的分辨率、灵敏度也在稳步提高。超低温探头的出现，可以有效降低线圈的热涨落噪声，在不提高磁场强度的前提下提高谱仪灵敏度。

（2）与其他分析手段联用。常见的联用技术为高效液相色谱（HPLC），二者联用可以非常有效地进行复杂混合物的组分鉴定。

（3）梯度场的应用。在竖直方向附加梯度场，即 Z 方向附加一个线性变化的小的磁场。可以大大抑制谱图的背景噪声，明显的提高信噪比。

（4）多种脉冲序列的应用。现在的核磁共振谱仪已经自带了多种脉冲序列，每年还会新增许多的脉冲系列来实现特定的实验效果。比如可以得到二维谱、三维谱、四维谱等。

（5）固体核磁共振波谱仪。固体核磁共振波谱仪已经商品化，其分辨率和灵敏度远不如液相核磁共振谱仪，但具有无法比拟的优势，如某些样品不溶于氘代试剂，无法用液相核磁共振谱仪检测；某些样品可以溶于浓酸，但一旦溶解，其固体结构将发生变化等，这些样品可以用固体核磁共振谱仪检测。目前，固体核磁技术广泛应用于无机材料、有机材料、生物体系及固相反应的机理研究等。

四、核磁共振波谱的测定

通常核磁共振的测定要在液态下进行。非黏稠的液体样品，可以直接进行测定。难以溶解的物质，如高分子化合物等，可以用固体核磁共振仪测定。多数情况下，固体样品和黏稠性液体样品都是配成溶液进行测定。

理想的溶剂必须具备如下条件：不含^1H，沸点低，与样品不发生缔合，溶解度好且价格便宜。常用的溶剂为 CCl_4、$CDCl_3$、D_2O 等，有时由于溶解度的需要，要采用较贵重的氘代溶剂，如重氢丙酮、重氢苯等。在实际使用中，有时由于氘代溶剂不纯，其中的残留氢会在谱图上出峰。氘代溶剂中残留氢的吸收峰的位置见表 4-2。

表 4-2　氘代溶剂中残留氢的吸收峰位移

溶剂	同位素原子纯度/%	残余质子的位置					
		基团	δ	基团	δ	基团	δ
乙酸	99.5	甲基	2.05	羟基	11.53		
丙酮	99.5	甲基	2.05				
乙腈	98	甲基	1.95				
苯	99.5	次甲基	7.20				
氯仿	99.8	次甲基	7.25				
环己烷	99.0	亚甲基	1.40				
重水	99.8	羟基	4.75				
乙醚	98	甲基	1.16	亚甲基	3.36		
二甲基甲酰胺	98	甲基	2.16	甲基	2.94	甲酰基	8.05
二氧六环	98	亚甲基	3.55				
乙醇（无水）	98	甲基	1.17	亚甲基	3.59	羟基	2.60
甲醇	99	甲基	3.35	羟基	4.84		
吡啶	99	α 位	8.70	β 位	7.20	γ 位	7.58
四氢呋喃	98	α-亚甲基	3.60	β-亚甲基	0.75		
二氯甲烷	99	亚甲基	5.35				
二甲亚砜	99.5	甲基	2.50				

第二节　化学位移及其影响因素

一、电子屏蔽效应和化学位移

在外磁场 H_0 中，不同的氢核所感受到的 H_0 是不同的，这是因为氢核外围的电子在与外磁场垂直的平面上绕核旋转的同时，产生一个与外磁场相对抗的感应磁场。感应磁场对外加磁场的屏蔽作用称为电子屏蔽效应，如图 4-5 所示。感应磁场的大小与外磁场的强度有关，用 $\sigma \cdot H_0$ 表示，σ 称屏蔽常数。

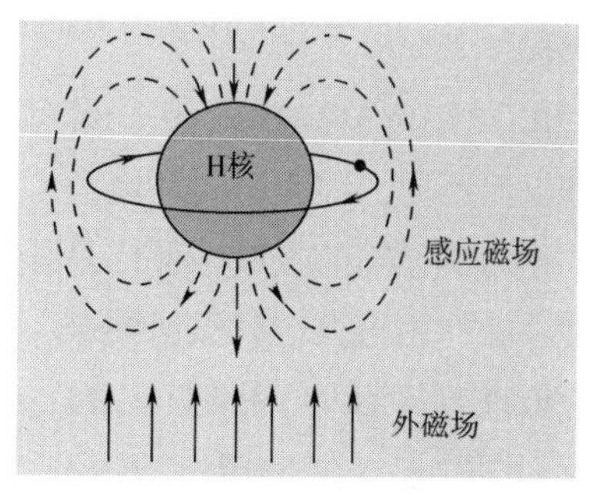

图 4-5　电子对质子的屏蔽作用

σ 的大小与核外电子云的密度有关。核外电子云密度越大，σ 就越大，$\sigma \cdot H_0$ 也就越大，在 H_0 中产生的与 H_0 相对抗的感应磁场越强，核实际感受到的 H_0（称有效磁场，用 H_{eff} 表示）就越弱，可表示如下：

$$H_{eff}=H_0-H_0 \cdot \sigma=H_0 \cdot (1-\sigma) \tag{4-12}$$

核磁共振发生的条件式（4-5）可改写为：

$$\nu_0=\frac{\gamma}{2\pi}H_{eff}=\frac{\gamma}{2\pi}H_0(1-\sigma) \tag{4-13}$$

氢核外围电子云密度的大小，与其相邻原子或原子团的亲电能力有关，与化学键的类型有关。如 CH_3—Si，氢核外围电子云密度大，$\sigma \cdot H_0$ 也大，共振吸收信号的产生需要的外磁场强度也高；CH_3—O，氢核外围电子云密度小，$\sigma \cdot H_0$ 也小，共振吸收信号的产生需要的外磁场强度也低。这种由于氢核在化合物中所处化学环境不同，受到核外电子的屏蔽作用也不同，因而在不同的外磁场强度或照射射频下发生核磁共振的现象，称为化学位移。

二、化学位移的表示方法

同一分子中不同类型的氢核，由于化学环境不同，共振吸收频率也不同。其频率间的差值是一个很小的数值，仅为 ν_0 的百万分之十左右。对其绝对值的测量，难以达到所要求的精度，且因仪器不同（导致 $\sigma \cdot H_0$ 不同），其差值也不同。例如，60MHz 谱仪测得乙基苯中 CH_2 和 CH_3 的共振吸收频率之差为 85.2Hz，100MHz 的仪器上测得差值为 142Hz。

为了克服测试上的困难和避免因仪器不同所造成的误差，在实际工作中，使用一个与仪器无关的相对值表示。即以某一标准物质的共振吸收峰为标准（$H_{标}$或 $\nu_{标}$），测出样品中各共振吸收峰（$H_{样}$或 $\nu_{样}$）与标样的差值 ΔH 或 $\Delta\nu$，采用无因次的 δ 值表示，常采用相对表示法表示。

$$\delta=\frac{\Delta H}{H_{标}}\times10^6=\frac{H_{标}-H_{样}}{H_{标}}\times10^6 \tag{4-14}$$

或

$$\delta=\frac{\Delta\nu}{\nu_{标}}\times10^6=\frac{\nu_{样}-\nu_{标}}{\nu_{标}}\times10^6 \tag{4-15}$$

以上两式中，δ 为化学位移值，它是一个无量纲数，由于数值较小，常用 10^6 倍来表示化学位移。

化学位移的相对表示法，既可使测量精度大为提高，又可使化学位移值不会因不同磁场的谱仪而不同，因而相同环境类型的质子就有相同的化学位移了。

作为标准物的氢核，最好是外层没有屏蔽的裸露氢核，但实际上是做不到的，因而选择一种屏蔽作用很强，只显示一个尖锐单峰的物质作为测定时的内标物。

最理想的标准样品是 $(CH_3)_4Si$（tetramethyl silicon），简称 TMS。因为 TMS 有 12 个化学环境相同的氢，在 NMR 中显示一尖锐的单峰，且用量极少。TMS 化学性质稳定，不与待测样品反应，沸点低，易于从测试样品中分离出，与大多数有机溶剂混溶。TMS 氢核外围的电子屏蔽作用较大，共振频率处于高场，对一般化合物的吸收不产生干扰。

1970 年，国际纯粹与应用化学协会（IUPAC）建议化学位移采用 δ 值，规定 TMS 的 δ 为 0（无论 ^{1}H NMR 还是 ^{13}C NMR）。TMS 左侧 δ 为正值，右侧 δ 为负值。

早期文献报道化学位移有采用 τ 位的，τ 与 δ 之间的换算式如下：

$$\delta = 10 - \tau \tag{4-16}$$

TMS 作内标，通常直接加到待测样品溶液中。若用 D_2O 作溶剂，由于 TMS 与 D_2O 不相混溶，可改用 DSS（2，2-二甲基-2-硅代戊磺酸钠盐）作为标准物，它的甲基的共振吸收峰位置也规定为原点。DSS 用量不能过大，以避免 0.5~2.5 范围内的 CH_2 的共振吸收峰产生干扰。NMR 测试也可采用外标，即用毛细管将标准样品与测试样品隔开。

三、影响化学位移的因素

在表达核磁共振谱时，常用到以下术语：高场、低场，屏蔽效应、去屏蔽效应，顺磁性位移、抗磁性位移。这些概念的关系如图 4-6 所示。

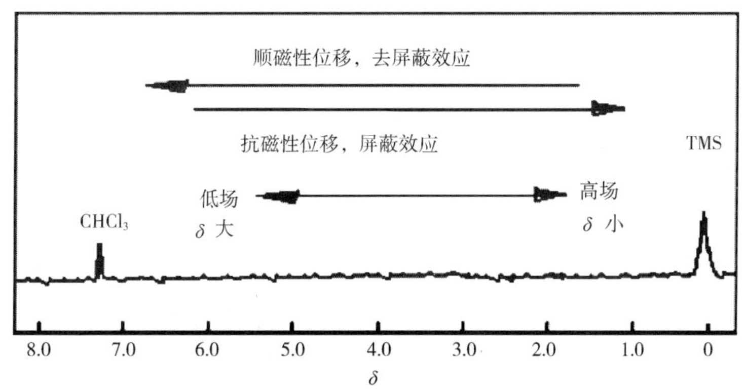

图 4-6 核磁共振波谱常用术语之间的关系

当 ^{1}H 核外电子云密度增加时，即核外电子云对氢核产生更大的屏蔽效应，共振峰将移向高场，也叫抗磁性位移，化学位移值较低。

当 ^{1}H 核外电子云密度减少时，即核外电子云对氢核产生的屏蔽效应也小（去屏蔽效应），共振峰将移向低场，也叫顺磁性位移，化学位移值较高。

影响氢核化学位移的因素很多，主要从以下几方面考虑。

（一）诱导效应

化学位移受电子屏蔽效应的影响，而电子屏蔽效应的强弱则取决于氢核外围的电子云密度，后者又受与氢核相连的原子或原子团的电负性强弱的影响。相连基团电负性的影响，即诱导效应，是通过化学键传递的，相隔化学键增加，诱导效应减弱。

与氢核相连原子的电负性越强，吸电子作用越强，价电子（电子云）偏离氢核，屏蔽作用减弱，信号峰在低场出现，化学位移值大。例如：

化合物	CH_3F	CH_3Cl	CH_3Br	CH_3I	CH_4	TMS
δ	4.26	3.05	2.68	2.16	0.23	0
电负性	4.0	3.0	2.8	2.5	2.1	1.8

若氢核与给电性原子或基团相连，氢核周围的电子云密度就增加，屏蔽效应越强，该核就在较高的磁场出现，化学位移值越小。例如：

化合物	CH_3F	CH_3OH	CH_3NH_2	CH_3CH_3
δ	4.26	3.38	2.2	0.96

值得注意的是，诱导效应是通过成键电子传递的，随着与电负性取代基距离的增大，诱导效应的影响逐渐减弱，通常相隔 3 个化学键以上的影响可以忽略不计。例如：

化合物	CH_3Br	CH_3CH_2Br	$CH_3(CH_2)_2CH_2Br$	$CH_3(CH_2)_3CH_2Br$
δ	2.68	1.65	1.04	0.9

电负性原子或基团增多时，相邻氢核屏蔽效应减弱，化学位移值增大。例如：

化合物	CH_3Cl	CH_3Cl_2	CH_3Cl_3
δ	3.05	5.33	7.24

（二）共轭效应

在具有多重键或共轭多重键的分子体系中，由于 π 电子的转移，导致某基团电子云密度和屏蔽效应发生改变，这种效应称为共轭效应。共轭效应主要有两种类型，即 π-π 共轭和 p-π 共轭。这两种效应电子转移方向是相反的，所以对化学位移的影响是不同的。π-π 共轭是从邻位拉电子，产生去屏蔽作用，δ 值增加；p-π 共轭是推电子给邻位，起屏蔽作用，δ 值减小。例如：

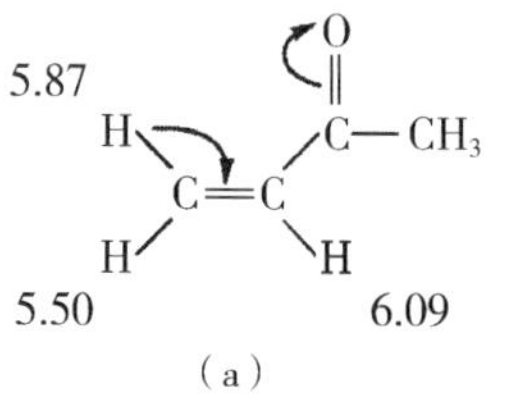

(a) 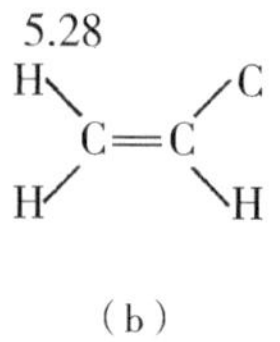 (b) 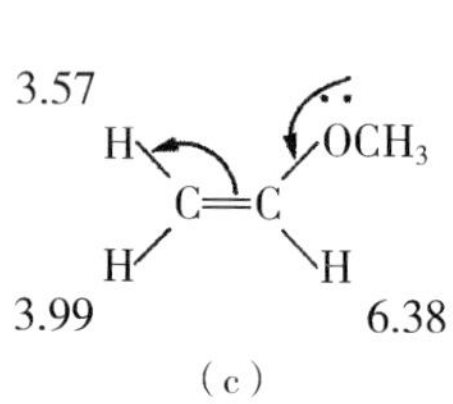 (c)

在乙烯单取代衍生物（a）中，由于羰基与碳碳双键的 π-π 共轭作用和羰基的诱导效应共存，使 α 氢和 β 氢均表现为去屏蔽，与（b）中的烯氢相比，烯氢信号移向低场。在（c）中，由于氧原子和碳碳双键的 p-π 共轭作用以及氧原子的诱导效应的综合作用，使 α 氢表现为去屏蔽，故其共振信号向低场移动，而 β 氢表现为屏蔽，其信号移向高场。

（三）磁各向异性

分子中氢核与某一功能基团的空间关系会影响其化学位移值，这种影响称磁各向异性。这是由于成键电子的电子云分布不均匀性，在外磁场作用下所产生的感应磁场，使得某些位置上的核受到屏蔽，而另一些位置上的核为去屏蔽。

例如，含 π 键的化合物，不饱和碳上氢原子的化学位移值与饱和碳上氢原子的化学位移值差别很大，而且呈现出特定的规律性。例如：

化合物	CH_3CH_3	$H_2C{=}CH_2$	$HC{\equiv}CH$	
δ_H值	0.96	5.84	2.86	7.20

其中烯键碳原子上氢的化学位移值高于叁键上氢的化学位移值，更高于烷烃碳上氢的化学位移值，苯上氢原子的化学位移值更高，这是因为 π 键电子流动引起的磁各向异性效应，可能屏蔽也可能去屏蔽的结果。

1. 芳环

苯环的 π 电子在分子平面上下形成 π 电子云，在外加磁场的作用下产生环形电子流，其感应磁场的方向和外磁场方向相反，因此在芳环的上方和下放出现屏蔽区，而在芳环平面上出现去屏蔽区，所以其共振信号出现在低场，化学位移值较大（7. 20），如图 4-7 所示。

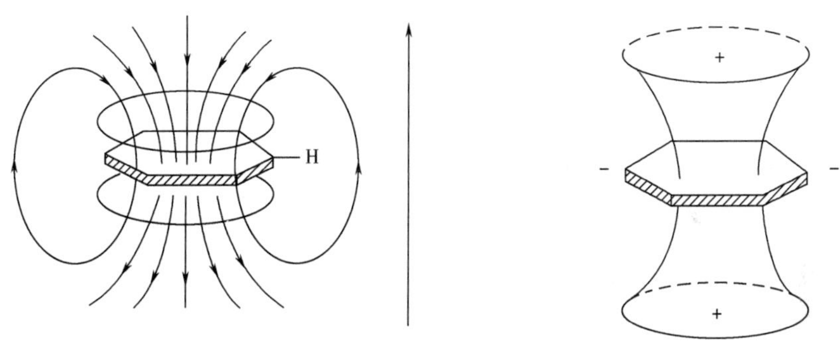

图 4-7 苯环屏蔽作用示意图

2. 双键

在磁场中双键的 π 电子云分布于成键平面的上、下方，形成的环流也产生感应磁场，双键平面内为去屏蔽区。乙烯平面上的氢位于去屏蔽区，在低场共振，化学位移值较大（5. 84）。醛基的氢核处于羰基的去屏蔽区，因而也在低场共振，化学位移值很大（9 ~ 10），如图 4-8 所示。

3. 叁键

炔氢与烯氢相比，δ 值应处于较低场，但事实相反。这是因为炔键的 π 电子云呈筒状分布，绕碳—碳叁键而形成环流。产生的感应磁场沿键轴方向为屏蔽区，炔氢正好位于屏蔽区，因而在高场发生共振，化学位移值比烯、苯相应地小很多（2. 88），如图 4-9 所示。

4. 单键

除 π 键化合物存在电子屏蔽的各向异性效应外，单键化合物也存在各向异性效应，只是

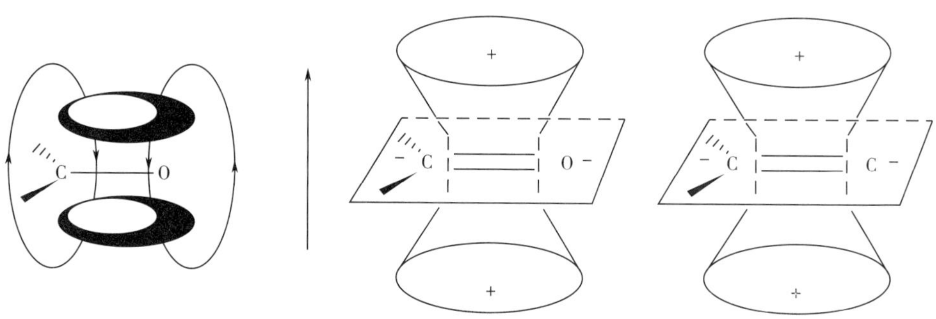

图 4-8 碳碳双键的磁各向异性

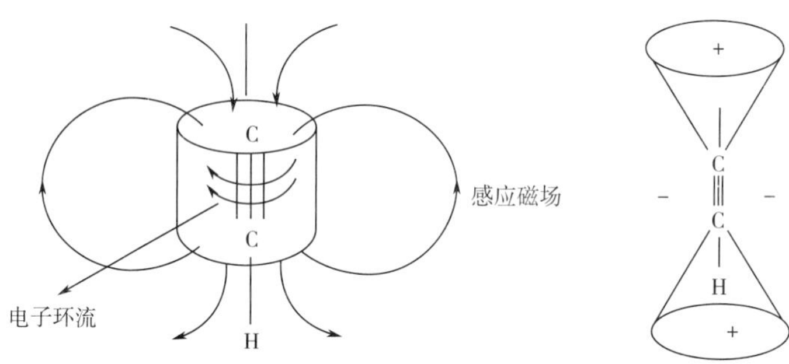

图 4-9 碳碳叁键的磁各向异性

C—C 单键的 σ 电子产生的各向异性较小。图 4-10 中 C—C 键轴为去屏蔽圆锥区的轴。随着 CH_3 中氢被碳取代，去屏蔽效应增大，信号移向低场。所以甲基、亚甲基和次甲基中质子的 δ 值依次增大：δ_{CH_3}（0.9）< δ_{CH_2}（1.3）< δ_{CH}（1.5）。

在低温下测定环己烷时，直立氢与平伏氢显示不同的共振信号，如图 4-11 所示，C_1 上的平伏氢 H_e 和直立氢 H_a 虽然受 C_1—C_2 和 C_1—C_6 两个键的作用相同，但受 C_2—C_3 和 C_5—C_6 两个键的影响是不同的。图中给出了 C_5—C_6 对 H_a 和 H_e 的影响，H_a 处在 C_5—C_6 键的屏蔽区，而 H_e 却处在 C_5—C_6 的去屏蔽区，因此 $H_e\delta$ 值（1.6）比 H_a（1.21）大。

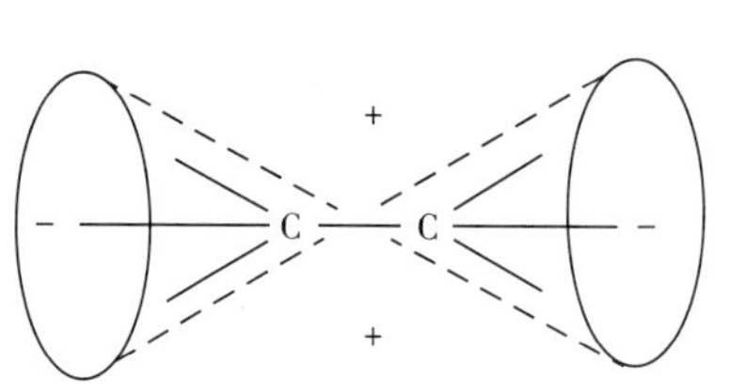

图 4-10 碳—碳单键的屏蔽效应

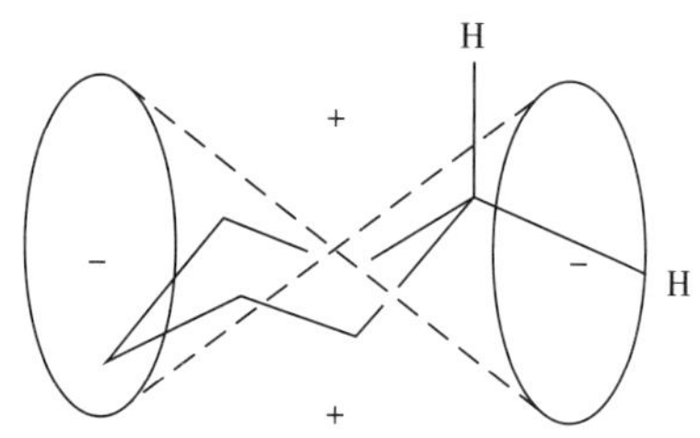

图 4-11 环己烷碳—碳单键的屏蔽效应

（四）范德瓦耳斯效应

当两个氢核在空间结构上靠得很近时，带负电荷的核外电子云就会相互排斥，排斥的结果使核外电子云密度减小，对核的屏蔽作用显著下降，使得^{1}H 核的 δ 值增大（低场位移），这种效应称为范德瓦耳斯（Van der waals）效应。如图 4-12 中的化合物 A 和 B，A 中 H_a 的 δ 值大于 B 中 H_a 的 δ 值，是因 A 中 H_a 和 H_b 靠得近，核外电子云互相排斥，受到去屏蔽效应。B 中 H_b 的 δ 值远大于 A 中 H_b 的 δ 值，是因为 OH 基团比 H 大，因此 H_b 受到的去屏蔽作用更强，δ 值比 A 中 H_b 更大。这说明靠近的某一基团越大，该范德瓦耳斯效应越明显。

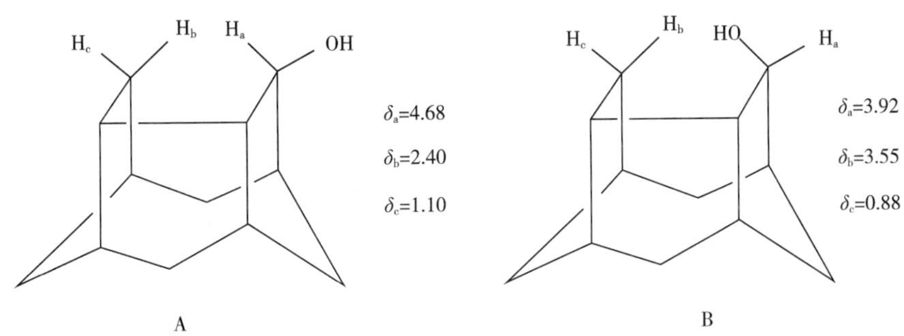

图 4-12　A、B 化合物的范德瓦耳斯效应

（五）氢键效应

氢键的生成对氢的化学位移是很敏感的。当分子形成氢键后，由于静电场的作用，使氢外围电子云密度降低而产生去屏蔽效应，使^{1}H 核的核磁共振出现在低磁场，δ 值增大。例如：

饱和醇：　$\delta_{OH}=0.5\sim5.5$　　酚：　$\delta_{OH}=4.0\sim7.7$

羧酸：　$\delta_{OH}=10.5\sim12$

—OH、—NH_2 很容易形成分子间氢键，随着溶液中样品浓度的不同，其化学位移值也不固定。一般，脂肪胺波动为 $\Delta\delta_{NH}=0.3\sim3.2$，芳香胺波动在 $\Delta\delta_{NH}=2.6\sim5.0$。当温度升高或稀释溶液时，分子间氢键或分子间缔合现象会减弱，可以使^{1}H 核化学位移信号移向高场，化学位移值减小。分子内氢键同样使^{1}H 的化学位移值增大。如硝基二苯胺分散染料（图 4-13），由于 2-硝基苯胺形成分子内氢键，其化学位移比 4-硝基苯胺明显增大。

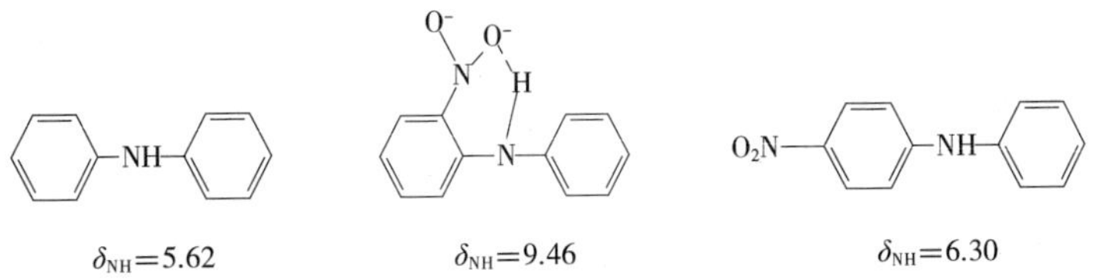

$\delta_{NH}=5.62$　　$\delta_{NH}=9.46$　　$\delta_{NH}=6.30$

图 4-13　氢键对硝基苯胺中 NHδ 值的影响

（六）溶剂效应

在溶液中，同一个^{1}H 核受到不同溶剂的影响，而引起化学位移的变化，或由于溶剂的作

用信号消失的现象称溶剂效应。

一般化合物在 CCl_4 或 $CDCl_3$ 中测 NMR 谱重复性较好，在其他溶剂中测试，δ 值会稍有所改变，有时改变较大，这是溶剂与溶质间相互作用的结果。苯的溶剂效应不可忽视。这是因为苯分子平面上、下方的 π 电子云容易接近样品分子中的 δ^+ 端而远离 δ^- 端，形成瞬时配合物，致使某些氢的共振吸收发生变化。

苯对二甲基甲酰胺中两个甲基 δ 值的影响见图 4-14。图 4-14 表明氮上的两个甲基是不等性的。甲基 a 位于低场，甲基 b 位于高场，随着苯溶剂浓度的增加，甲基 a 向高场位移。

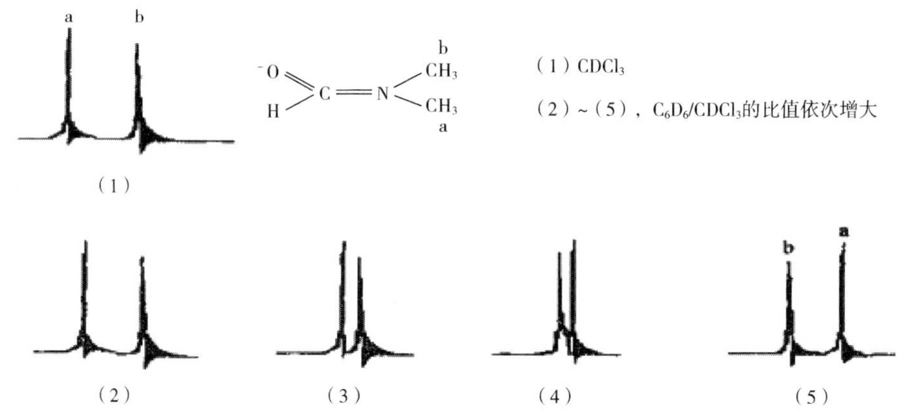

图 4-14　苯对二甲基甲酰胺中两个甲基 δ 值的影响

四、各类质子的化学位移计算

我们已经了解了影响化学位移的各种因素及理论上的定性解释。质子的化学位移主要取决于所在官能团的性质，但邻近基团的影响也很重要，此外还受到溶剂效应等其他因素的影响，所以在各类官能团中，质子的化学位移可在一定的范围内变化。

下面是人们从实验中总结出一些不同环境质子化学位移的经验计算方法，从而利用氢谱推知未知化合物结构。

（一）烷氢

1. CH_3、CH_2 和 CH 化学位移经验公式

CH_3、CH_2 和 CH 的化学位移与邻近的 α 取代基和 β 取代基有密切关系，可按公式（4-17）和表 4-3 经验数据计算之。

$$\delta_{CHi} = \delta_{Si} + \Delta\alpha + \Delta\beta \quad (4-17)$$

式中：i=1，2，3；δ_{CHi} 为 CH_3、CH_2 和 CH 的化学位移；δ_{Si} 为 CH_3、CH_2 和 CH 的标准位移值；$\Delta\alpha$ 和 $\Delta\beta$ 分别为 α 取代基和 β 取代基的位移增值。

表 4-3　α 和 β 取代基对 CH_3、CH_2 和 CH 的化学位移的影响

C—C—H（β　α）	CH_3 标准位移　$\delta_{S3}=0.87$；CH_2 标准位移　$\delta_{S2}=1.20$；CH 标准位移　$\delta_{s1}=1.55$；						
取代基	质子类型	Δα 位移	Δβ 位移	取代基	质子类型	Δα 位移	Δβ 位移
—C═C—	CH_3 CH_2 CH	0.78 0.75 —	— 0.10 —	—OH	CH_3 CH_2 CH	2.50 2.30 2.20	0.33 0.13 —
—C═C—C(═X)—R （X ═C 或 O）	CH_3	1.08	—	—OR（饱和）	CH_3 CH_2 CH	2.43 2.35 2.00	0.33 0.15 —
芳基	CH_3 CH_2 CH	1.40 1.45 1.33	0.35 0.53 —	—OC(═O)R—OC(═O)OR， —OAr	CH_3 CH_2 CH	2.88 2.98 3.43（酯）	0.38 0.43 —
—Cl	CH_3 CH_2 CH	2.43 2.30 2.55	0.63 0.53 0.03	—OC(═O)R，R ═烷基，芳基，OH，OR′，CO，H 或 N	CH_3 CH_2 CH	1.23 1.05 1.05	0.18 0.31 —
—Br	CH_3 CH_2 CH	1.80 2.18 2.68	0.83 0.60 0.25	—N(R)R′	CH_3 CH_2 CH	1.30 1.33 1.33	0.13 0.13 —
—I	CH_3 CH_2 CH	1.28 1.95 2.75	1.23 0.58 0.00	$—NO_2$	CH_2 CH	3.0 3.0	— —
				—SR	CH_2 CH	1.0 1.0	— —

例 1　计算下面化合物中 CH_3 和 CH_2 的化学位移。

CH_3—C(CH_3)(OH)—CH_2—C(═O)—CH_3

（A 为左端 CH_3，B 为 CH_2，C 为右端 CH_3）

解：$\delta_A = 0.87 + 0.33 = 1.20$（实测值：1.20）

$\delta_B = 1.20 + 1.05 + 0.13 = 2.38$（实测值：2.48）

$\delta_C = 0.87 + 1.23 = 2.10$（实测值：2.09）

2. Schoolery 计算 CH_2 和 CH 化学位移公式

$$\delta = 0.23 + \Sigma\sigma \tag{4-18}$$

式中：δ 为 CH_2 和 CH 的化学位移，σ 为与亚甲基或次甲基相连取代基的屏蔽常数，见表 4-4。

表 4-4　Schoolery 屏蔽常数 σ

取代基	σ	取代基	σ	取代基	σ
$—CH_3$	0.47	—Br	2.33	$—CONR_2$	1.59
—C ═C	1.32	—I	1.82	$—NR_2$	1.57
—C≡C	1.44	—OH	2.56	—NHCOR	2.27
—C≡C—Ar	1.65	—OR	2.36	—CN	1.70
—C≡C—C≡C—R	1.65	$—OC_6H_5$	3.23	$—N_3$	1.97
$—C_6H_5$	1.85	—OCOR	3.13	—SR	1.64
$—CF_2$	1.21	—COR	1.70	$—OSO_2R$	3.13
$—CF_3$	1.14	—COAr	1.84	—S—C≡N	2.30
—Cl	2.53	—COOR	1.55	—N ═C ═S	2.86

例 2　计算（1）$BrCH_2Cl$，（2）$(CH_3O)_2CHCOOCH_3$ 中 CH_2 和 CH 的化学位移。

解：（1）δ_{CH_2} = 0.23 +2.33+2.53 = 5.09（实测值：5.16）

（2）δ_{CH} = 0.23 +2.36 +2.36 +1.55 = 6.50（实测值：6.61）

（二）烯氢

取代基对烯氢值的影响见表 4-5，表中的数值是相对于乙烯 δ（5.25）的位移参数。计算烯氢化学位移的经验公式如下：

$$\delta_{=CH} = 5.25 + Z_{同} + Z_{顺} + Z_{反} \tag{4-19}$$

式中：$\delta_{=CH}$ 是烯氢化学位移，Z 是同碳、顺位或反位取代基参数。

例 3　计算 $CH_3phCH_2CH_2CH_3$ 烯氢的化学位移

解：δ_{Ha} = 5.25 + 0.45 + 0.36 = 6.06（实测值：6.08）

δ_{Hb} = 5.25 + 1.38 + (−0.22) = 6.41（实测值：6.28）

表 4-5　取代基对烯氢化学位移的影响

取代基	$Z_{同}$	$Z_{顺}$	$Z_{反}$	取代基	$Z_{同}$	$Z_{顺}$	$Z_{反}$
—H	0	0	0	$—CO_2R$	0.80	1.18	0.55
—R（烷基）	0.45	−0.22	−0.28	$—CO_2R$（共轭）[③]	0.78	1.01	0.46
—R′（环残基）	0.69	−0.25	−0.28	$—CONR_2$	1.37	0.98	0.46
$—CH_2—Ar$	1.05	−0.29	−0.32	—COCl	1.11	1.46	1.01
$—CH_2X$	0.70	0.11	−0.04	—C≡N	0.27	0.75	0.55

续表

取代基	$Z_{同}$	$Z_{顺}$	$Z_{反}$	取代基	$Z_{同}$	$Z_{顺}$	$Z_{反}$
$—CH_2—NR_2$（H_2）	0.58	-0.10	-0.08	—F	1.54	-0.40	-1.02
$—CH_2—OR$（H） $—CH_2I$	0.65	-0.01	-0.02	—Cl	1.08	0.18	0.13
				—Br	1.07	0.45	0.55
$—CH_2SR$（H）	0.71	-0.13	-0.22	—I	1.14	0.81	0.88
$—CH_2—C≡N$ $—CH_2—COR$（H）	0.69	-0.08	-0.06	$—NR_2$	0.80	-1.26	-1.21
				$—NR_2$（R：不饱和）	1.17	-0.53	-0.99
$—CHF_2$	0.66	0.32	0.21	—N(—)—COR	2.08	-0.57	-0.72
$—CF_3$	0.66	0.61	0.32	$—N=N—C_6H_5$	2.39	1.11	0.67
—C=C	1.00	-0.09	-0.23	—OR	1.22	-1.07	-1.21
—C=C（共轭）	1.24	0.02	-0.05	OR（R：不饱和）	1.21	-0.60	-1.00
—C≡C	0.47	0.38	0.12	—OCOR	2.11	-0.35	-0.64
—Ar	1.38	0.36	-0.07	$—OP(O)(OC_2H_5)_2$	1.33	-0.34	-0.66
—Ar′（邻位有取代基）	1.65	0.19	0.09	$—P(O)(OC_2H_5)_2$	0.66	0.88	0.67
—Ar″（环内）	1.60	—	-0.05	—SR	1.11	-0.29	-0.13
—CHO	1.02	0.95	1.17	—S（O）R	1.27	0.67	0.41
—COR	1.10	1.12	0.87	$—SO_2R$	1.55	1.16	0.93
—COR（共轭）	1.06	0.91	0.74	—S—COR	1.41	0.06	0.02
$—CO_2H$	0.97	1.41	0.71	—S—C≡N	0.80	1.17	1.11
$—CO_2H$（共轭）	0.80	0.98	0.32	$—SF_5$	1.68	0.61	0.49

（三）炔氢

炔氢因为叁键的屏蔽作用，它们的化学位移在1.6~3.4内，见表4-6。

表4-6　某些炔氢的化学位移

化合物	化学位移	化合物	化学位移
H—C≡C—H	1.80	$CH_3—C≡C—C≡C—C≡C—H$	1.87
R—C≡C—H	1.73~1.88	$R_2C(OH)—C≡C—H$	2.20~2.27
Ar—C≡C—H	2.71~3.37	RO—C≡C—H	~1.3
C=C—C≡C—H	2.60~3.10	$C_6H_5—SO_3—CH_2—C≡C—H$	2.55

续表

化合物	化学位移	化合物	化学位移
$-C(=O)-C\equiv C-H$	2.13~3.28	$CH_3-NH-C(=O)-CH_2-C\equiv C-H$	2.55
$C\equiv C-C\equiv C-H$	1.75~2.42		

（四）环丙体系氢

由于环丙体系质子处于屏蔽区，故其化学位移均出现在较高场。某些环丙体系化合物的化学位移如下：

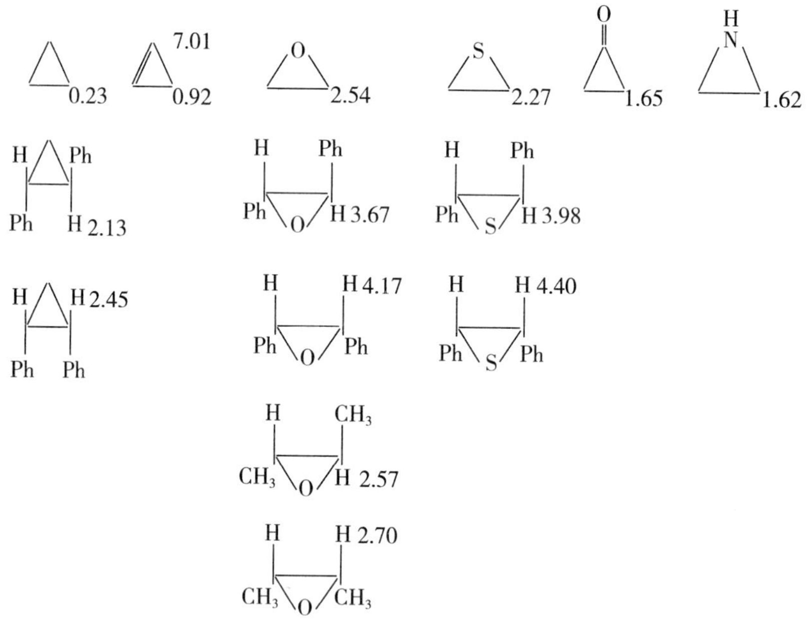

（五）芳氢

取代基对苯环芳氢 δ 值的影响见表 4-7，苯环芳氢的化学位移可按下式计算：

$$\delta_{芳} = 7.27 - \Sigma S_i \tag{4-20}$$

式中：$\delta_{芳}$是芳氢的化学位移，S_i 是取代基位移参数。

表 4-7　取代基对苯环芳氢化学位移的影响

取代基	$S_{邻}$	$S_{间}$	$S_{对}$	取代基	$S_{邻}$	$S_{间}$	$S_{对}$
$-NO_2$	-0.95	-0.17	-0.33	$-CH_2OH$	0.1	0.1	0.1
—CHO	-0.58	-0.21	-0.27	$-CH_2NH_2$	0.0	0.0	0.0
—COCl	-0.83	-0.16	-0.3	—CH ═CHR	-0.13	-0.03	-0.13
—COOH	-0.8	-0.14	-0.2	—F	0.30	0.02	0.22
$-COOCH_3$	-0.74	-0.07	-0.20	—Cl	-0.02	0.06	0.04

续表

取代基	$S_{邻}$	$S_{间}$	$S_{对}$	取代基	$S_{邻}$	$S_{间}$	$S_{对}$
$—COCH_3$	-0.64	-0.09	-0.30	—Br	-0.22	0.13	0.03
—CN	-0.27	-0.11	-0.3	-I	-0.40	0.26	0.03
—Ph	-0.18	0.00	0.08	$—OCH_3$	0.43	0.09	0.37
$—CCl_3$	-0.8	-0.2	-0.2	$—OCOCH_3$	0.21	0.02	
$—CHCl_2$	-0.1	-0.06	-0.1	—OH	0.50	0.14	0.4
$—CH_2Cl$	0.0	-0.01	0.0	$—SO_2—p—C_6H_4Me$	0.26	0.05	
$—CH_3$	0.17	0.09	0.18	$—NH_2$	0.75	0.24	0.63
$—CH_2CH_3$	0.15	0.06	0.18	$—SCH_3$	0.03	0.0	
$—CH(CH_3)_2$	0.14	0.09	0.18	$—N(CH)_2$	0.60	0.10	0.62
$—C(CH_3)_3$	-0.01	0.10	0.24	—NHCOCH	-0.31	-0.06	

例 4　计算 H_b CH_3O— —CH═CHCH$_3$ H_a 中芳氢的化学位移。

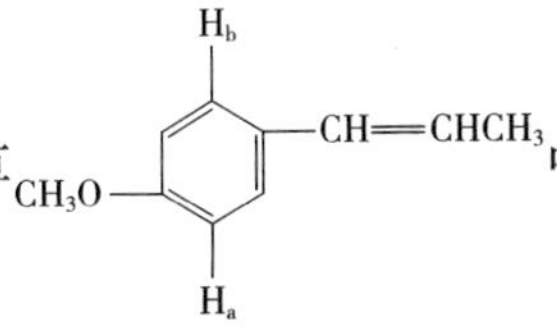

$\delta_{H_a}=7.27-(0.43-0.03)=6.87$（实测值：6.8）

$\delta_{H_b}=7.27-(0.09-0.13)=7.31$（实测值：7.3）

（六）杂芳氢

杂芳环化合物的氢谱较复杂，受溶剂的影响也较大，取代基对杂芳环化学位移值的影响类似于对苯环的影响，推电子取代基导致杂芳环氢的 δ 值降低（高场位移），吸电子取代基导致杂芳环氢的 δ 值增加（低场位移），一些典型的杂芳环质子化学位移如下：

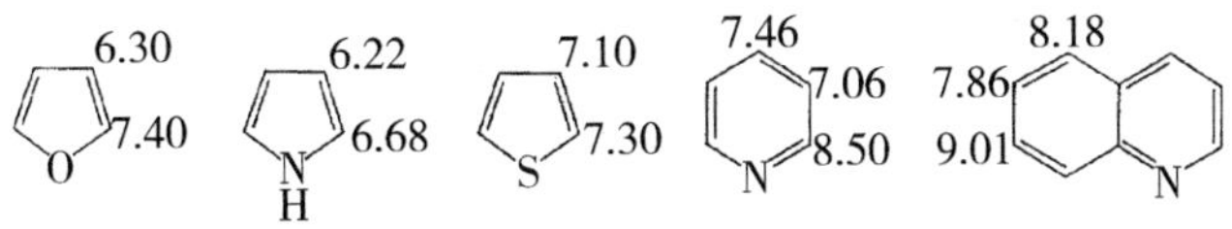

6.30 7.40 O　6.22 6.68 N H　7.10 7.30 S　7.46 7.06 8.50 N　8.18 7.86 9.01 N

五、常见结构的化学位移

化学位移与分子结构的关系密切，而且重现性较好，因此，在化合物的结构测定中，它是一项最重要的数据。化学位移的应用有两个方面，即根据化学位移规律可以从功能团推测其化学位移；反之，也可以根据质子的化学位移确定对应的各种功能团，进而推导出分子结构。大量实验数据表明，有机化合物中各种氢核的化学位移主要取决于功能团的性质及邻近基团的影响，而且各类质子的化学位移值总是在一定的范围内。各类质子的化学位移值范围如下以及表 4-8 中。

表 4-8　各类质子化学位移的范围

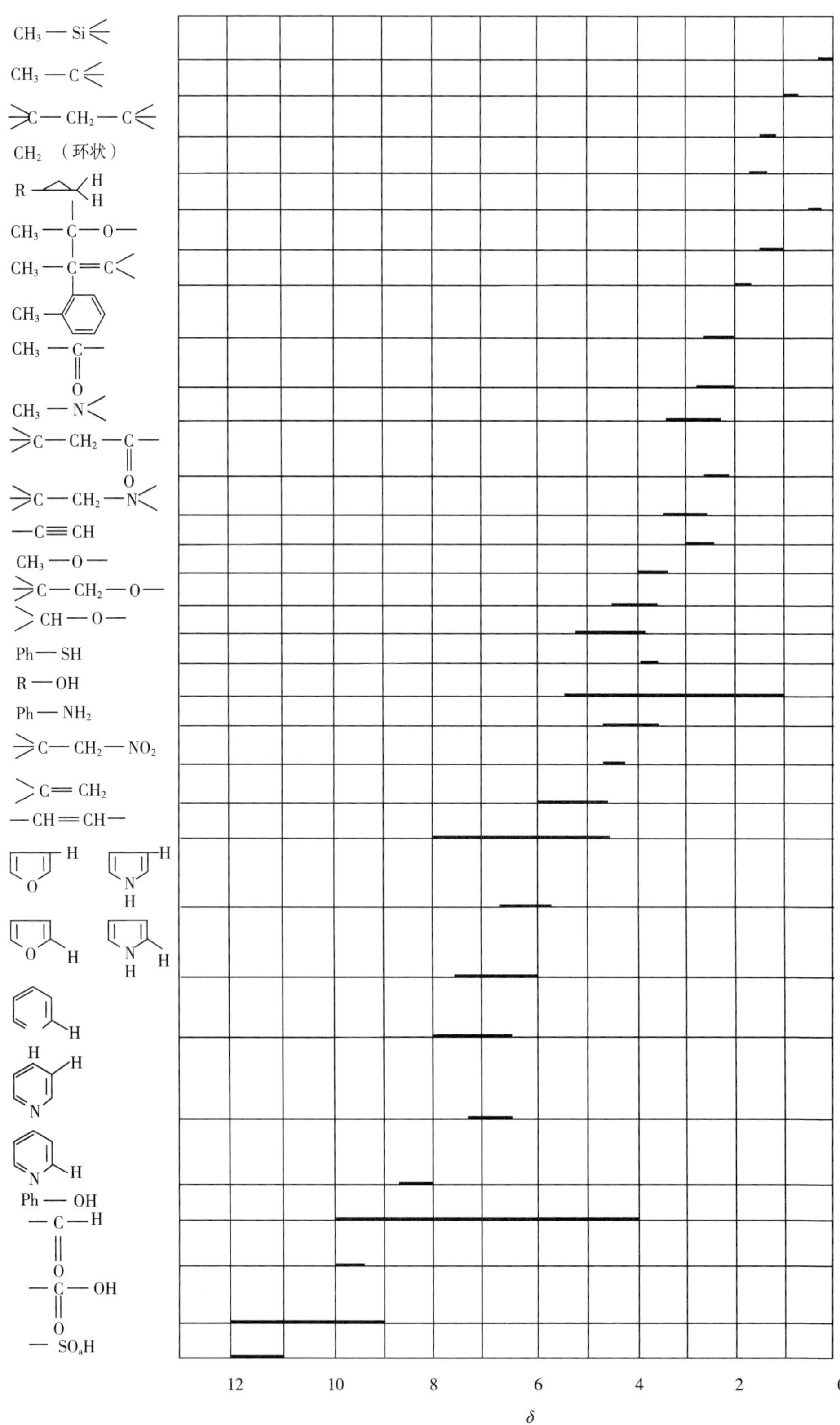

（一）饱和烃

—CH_3：　$\delta_{CH_3}=0.79\sim1.10$

—CH_2：　$\delta CH_2=0.98\sim1.54$

—CH：　$\delta_{CH}=\delta_{CH_3}+(0.5\sim0.6)$

—O—CH_3　$\delta_H=3.2\sim4.0$

—N—CH_3　$\delta_H=2.2\sim3.2$

C═C—CH_3　$\delta_H=1.5\sim2.1$

C—CO—CH_3　$\delta_H=1.9\sim2.6$

C_6H_5—CH_3　$\delta_H=2\sim3$

（二）烯烃

端烯质子：$\delta_H=4.8\sim5.0$

内烯质子：$\delta_H=5.1\sim5.7$

（三）芳香烃

芳环的各向异性效应使芳环氢受到去屏蔽影响，其化学位移在较低场。苯的化学位移为7.2。当苯环上的H被取代后，取代基的诱导作用又会使得苯环的邻位、间位、对位的电子云密度发生变化，使其化学位移向高场或低场移动。

苯环H的化学位移$\delta_H=6.5\sim8.0$；当取代基为供电子基团—OR，—NR_2时，苯环H的化学位移$\delta_H=6.5\sim7.0$；当取代基为吸电子基团—$COCH_3$，—CN，—NO_2时，苯环H的化学位移$\delta_H=7.2\sim8.0$。

（四）其他基团中H的化学位移

—COOH：　$\delta_H=10\sim13$

—OH：　（醇）$\delta_H=0.5\sim6.0$

（酚）$\delta_H=4\sim12$

—NH_2：　（脂肪）$\delta_H=0.4\sim3.5$

（芳香）$\delta_H=2.9\sim4.8$

（酰胺）$\delta_H=5.0\sim10.2$

—CHO：　$\delta_H=9\sim10$

第三节　自旋偶合与裂分

一、自旋—自旋偶合机理

^1H核在外加磁场中有两种取向，每一种^1H核都是一个自旋体系，受到邻近^1H_a核的影

响，当邻近$^{1}H_a$ 核自旋取向与外加磁场平行或反平行时，可以通过成键价电子的传递作用，微弱地加强或减弱原有磁场对此^{1}H 核的作用，使在低分辨率下出现的单峰裂分为相近的两个峰。如果邻近有多个$^{1}H_a$ 核，^{1}H 核的峰，还可以裂分为三重、四重或多重峰，把这种相邻^{1}H 核之间的自旋相互作用称自旋—自旋偶合（spin-spin coupling），简称自旋偶合。

氢核与氢核之间能够发生自旋偶合是有一定条件的，如果两个自旋体系相距较远，则无相互作用。一般认为，两个^{1}H 核之间超过三个单键就没有相互作用了。

$$\mathrm{Br{-}\underset{H_a}{\overset{Cl}{C}}{-}\overset{O}{\overset{\|}{C}}{-}\underset{H_b}{\overset{Cl}{C}}{-}Cl}$$

A

$$\mathrm{Br{-}\underset{H_a}{\overset{Cl}{C}}{-}\underset{H_b}{\overset{Cl}{C}}{-}Cl}$$

B

在上述化合物 A 中，H_a、H_b 均为单峰，因无自旋偶合；在化合物 B 中，H_a、H_b 均为二重峰，因发生自旋偶合。图 4-15 是 1,1,2-三氯乙烷的^{1}H NMR 谱，$\delta=3.95$，5.77 处出现两组峰，分别对应于 CH_2Cl 和 $CHCl_2$ 中的 H。CH_2 中的 H 为双峰，CH 中的 H 为三重峰，峰间距为 6Hz。

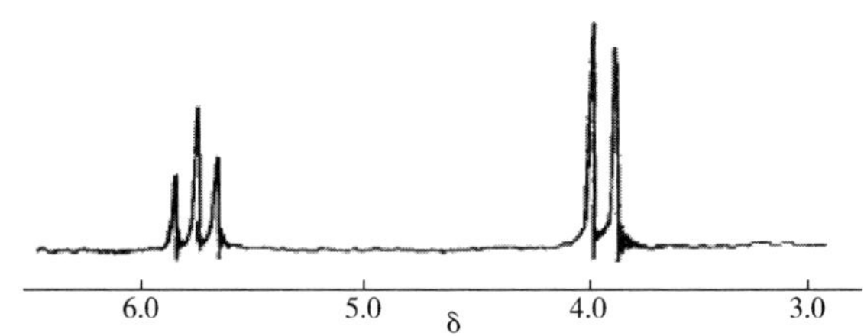

图 4-15　1,1,2-三氯乙烷的^{1}H NMR 谱

双峰和三重峰的出现是由于相邻的氢核在外磁场 H_0 中产生不同的局部磁场且相互影响造成的。$CHCl_2$ 中的 H 在 H_0（↑）中有两种取向，与 H_0 同向（↑）和与 H_0 反向（↓），粗略认为两者概率相等。同向取向使 CH_2Cl 的氢感受到外磁场强度稍稍增强，其共振吸收稍向低场（高频）端位移，反向取向使 CH_2Cl 的氢感受到的外磁场强度稍稍降低，其共振吸收稍向高场（低频）端位移，故 CH 使 CH_2 裂分为双峰。

同样分析，CH_2Cl 中的 2H 在 H_0 中有三种取向，2H 与 H_0 同向（↑↑）；1H 与 H_0 同向，另 1H 与 H_0 反向（↑↓ ↑↓）；2H 都与 H_0 反向（↓↓），出现的概率近似为 1∶2∶1。故 CH_2 在 H_0 中产生的局部磁场使 CH 裂分为三重峰。

这种自旋—自旋偶合机理，认为是空间磁性传递的，即偶极—偶极相互作用。

对自旋—自旋偶合的另一种解释，认为是接触机理。即自旋核之间的相互偶合是通过核间成键电子对传递的。

根据 Pauling 原理（同一轨道上成键电子对的自旋方向相反）和 Hund 规则（同一原子成键电子应自旋平行），对应的电子自旋取向与核的自旋取向同向时，势能稍有升高；电子的自旋取向与核的自旋取向反向时，势能稍有降低。以 H_a—C—C—H_b 为例分析，无偶合时，

H_b 两种跃迁方式的能量相等，所吸收的能量为 ΔE（$\Delta E = h\nu_b$），在 H_a 的偶合作用下，H_b 有两种跃迁方式，对应的能量分别为 ΔE_1，ΔE_2，如图 4-16 所示。

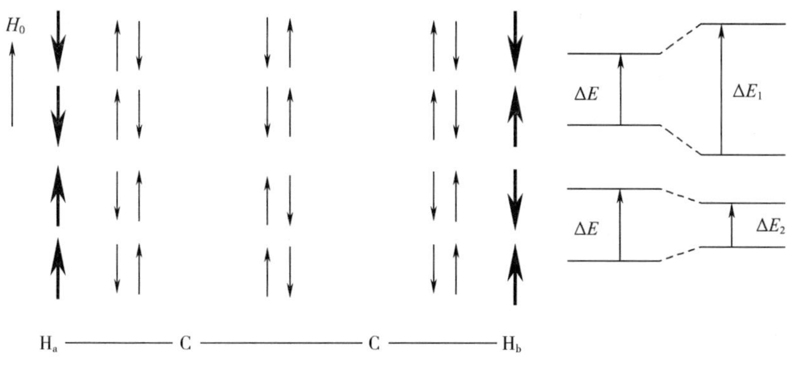

图 4-16 H_a—C—C—H_b 体系中 H_a 对 H_b 偶合的能级分析

图 4-16 中粗键头表示核的自旋取向，细键头表示成键电子的自旋取向。

$$\Delta E_1 = h\ (\nu_b - J/2) = h\nu_1$$

$$\Delta E_2 = h\ (\nu_b + J/2) = h\nu_2$$

$$\nu_2 - \nu_1 = J_{ab}$$

在 H_b 的偶合作用下，H_a 也被裂分为双峰，分别出现在（$\nu_a - J/2$）和（$\nu_a + J/2$）处，峰间距等于 J_{ab}，J 为偶合常数，表示两核之间相互干扰的强度大小。

所以自旋—自旋偶合是相互的，相互干扰的两个核，其偶合常数必然相等。偶合的结果产生谱线增多，即自旋裂分。

二、(n+1) 规律

由前面分析可知，某组环境完全相等的 n 个核（$I=1/2$），在 H_0 中共有（n+1）种取向，与其发生偶合的核裂分为（n+1）重峰。这就是（n+1）规律，概括如下：

某组环境相同的氢若与 n 个环境相同的氢发生偶合，则被裂分为（n+1）重峰。

某组环境相同的氢，若分别与 n 个和 m 个环境不同的氢发生偶合，且 J 值不等，则被裂分为（n+1）（m+1）重峰。如高纯乙醇，CH_2 被 CH_3 裂分为四重蜂，裂分峰又被 OH 中的氢裂分为双峰，共八重峰［（3+1）×（1+1）=8］。实际上由于仪器分辨有限或巧合重叠，造成实测峰的数目小于理论值。

只与 n 个环境相同的氢偶合时，裂分峰的强度之比近似为二项式（$a+b$）^{n} 展开式的各项系数之比。

n 数	二项式展开式系数	峰数
0	1	单峰

1					1		1					二重峰
2				1		2		1				三重峰
3			1		3		3		1			四重峰
4		1		4		6		4		1		五重峰
5	1		5		10		10		5		1	六重峰

……

这种处理是一种非常近似的处理，只有当相互偶合核的化学位移差值 $\Delta\nu \gg J$ 时，才能成立。

在实测谱图中，相互偶合核的二组峰的强度会出现内侧峰偏高，外侧峰偏低的情况，这种规律称为向心规则。利用向心规则，可以找出 NMR 谱中相互偶合的峰。

三、峰面积与氢核数目

同一类氢核的个数与它相应的共振吸收峰的面积成正比，因此比较共振吸收峰的峰面积就可知各种氢核的相对比例。

峰面积的求法，最原始的方法是剪下吸收峰的纸，称重，比较，现已不再使用。现在的 NMR 仪器能对峰面积进行自动积分，得到精确的数值用阶梯积分曲线高度在 NMR 谱图上表示出来。通常积分曲线的画法是从左到右，该高度比等于相应的氢核的数目之比，如图 4-17 所示。

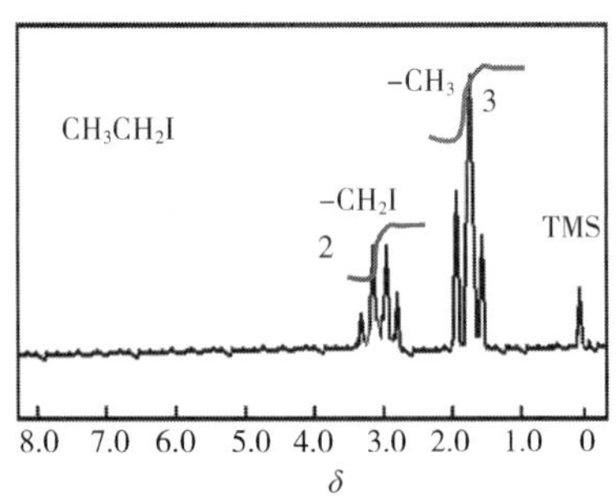

图 4-17 峰面积和 H 核数目的关系

四、核的等价性

1. 核的等价性的种类

核的等价性包括化学等价和磁等价。

（1）化学等价。化学等价是立体化学中的一个重要概念。分子中有一组氢核，它们的化学环境完全相等，化学位移也严格相等，则这组核称为化学等价的核。有快速旋转化学等价和对称化学等价。

①快速旋转化学等价。若两个或两个以上质子在单键快速旋转过程中位置可对应互换，

则为化学等价。如氯乙烷、乙醇中 CH_3 的三个质子为化学等价。

②对称性化学等价。分子构型中存在对称性（点、线、面），通过某种对称操作后，分子中可以互换位置的质子则为化学等价。如反式 1,2-二氯环丙烷中 H_a 与 H_b，H_c 与 H_d 分别为等价质子。

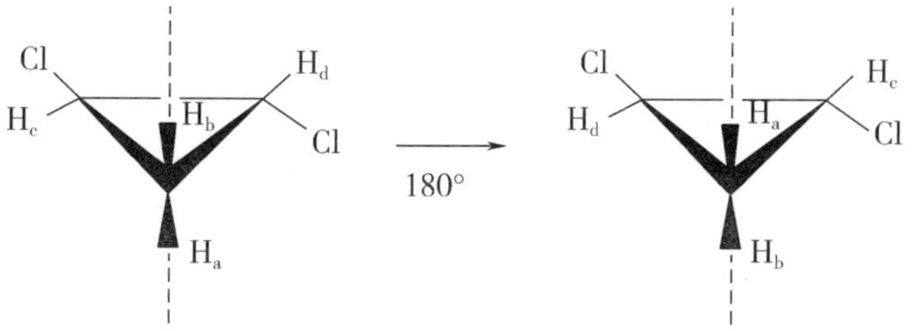

（2）磁等价。分子中有一组化学位移相同的核，它们对组外任何一个核的偶合相等，只表现出一种偶合常数，则这组核称为磁等价核。如苯乙酮中 CH_3 的三个氢核既是化学等价，又是磁等价的。苯基中两个邻位质子（H_a，H'_a）或两个间位质子（H_b，H'_b）分别是化学等价的，但不是磁等价的。虽然 H_a 与 H'_a化学环境相同，但对组外任意核 H_b，H_a 与其是邻位偶合，而 H'_a与其是对位偶合，存在两种偶合常数，故不是磁等价的。

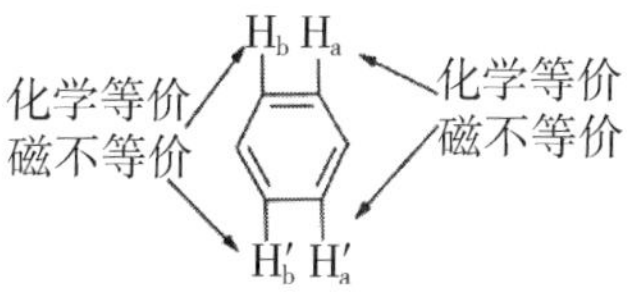

2. 核的等价性的影响因素

核的等价性与分子内部基团的运动有关。分子内部基团运动较快，使本来化学等价但磁不等价的核表现出磁等价，其间的偶合表现不出来。分子内部基团运动较慢，即使化学等价的核，其磁不等价性在谱图中也会反映出来。

既化学等价又磁等价的核称磁全同核，磁全同核之间的偶合不必考虑。

不等价质子之间存在偶合，表现出裂分。

五、偶合常数与分子结构的关系

偶合常数与分子的结构密切相关。可利用偶合常数，推导化合物的结构，确定烯烃、芳烃的取代情况，尤其是阐明立体化学中的结构问题。

因为偶合一般认为是由成键电子传递的，故偶合常数与发生偶合核之间相隔化学键数目有关。通常偶合分为偕偶（同碳偶合，相隔 2 个化学键，记作 $^2J_{偕}$）、邻偶（相隔 3 个化学键，记作 $^3J_{邻}$）和远程偶合（相隔 4 个化学键以上），一般说来，通过双数键的偶合常数往往是负值，通过单数键的偶合常数往往是正值。质子和异核间还存在直接偶合，如 $^1J_{^{31}P-^1H}$ 。

（一）偕偶（同碳偶合）

偕偶是指 1 个碳上 2 个质子的偶合。有时因为同碳质子环境完全一样，这种偶合在图谱上表现不出来，但偶合依然存在。开链烯的偕偶偶合常数大于开链烷。在—CH_2—的同碳上有电负性强取代基时，$^2J_{偕}$增加，但在 α 碳上有电负性较强取代基时，则 $^2J_{偕}$减小。邻位有 π 键时，$^2J_{偕}$也减小。一些环状化合物的偕偶偶合常数列于表 4-9 中。

表 4-9　一些环状化合物的偕偶偶合常数

化合物	$^2J_{偕}$/Hz	化合物	$^2J_{偕}$/Hz
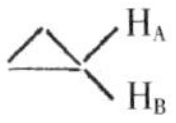 H_A, H_B	J_{AB}=-9.1～-3.1	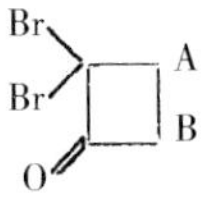 Br, Br, A, B, O	J_{AA}=-10.92 J_{BB}=-15.31
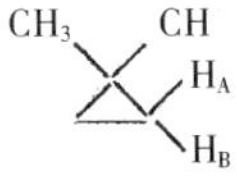 CH_3, CH, H_A, H_B	J_{AB}=-4.5	 B, A, O	J_{AA}=-5.8 J_{BB}=-11
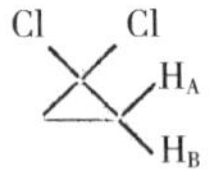 Cl, Cl, H_A, H_B	J_{AB}=-6.0	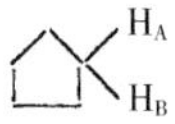 H_A, H_B	J_{AB}=-18～-8
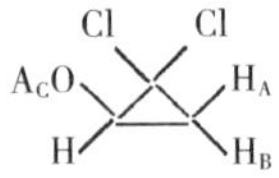 Cl, Cl, AcO, H, H_A, H_B	J_{AB}=-9.1	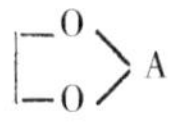 O, O, A	J_{AA}=0±2
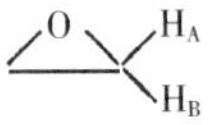 O, H_A, H_B	J_{AB}=+5.5	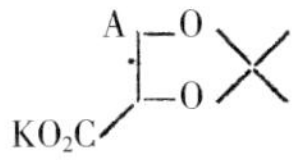 A, O, O, KO_2C	J_{AA}=-8.3
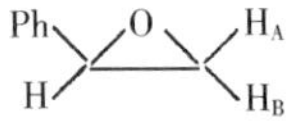 Ph, H, O, H_A, H_B	J_{AB}=+5.66	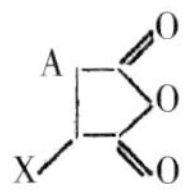 A, X, O, O, O	J_{AA}=-19.8～-18.2
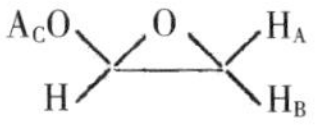 AcO, H, O, H_A, H_B	J_{AB}=+4.5	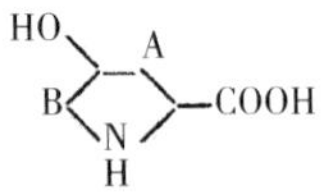 HO, A, B, N, H, COOH	J_{AA}=-14.23～-14.6 J_{BB}=-12.69～-12.50
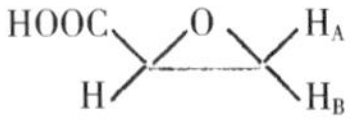 HOOC, H, O, H_A, H_B	J_{AB}=+6.3	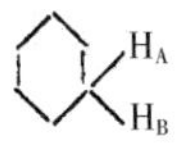 H_A, H_B	J_{AB}=-14～-11
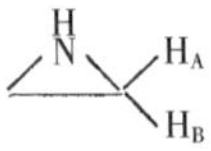 H, N, H_A, H_B	J_{AB}=+1.5	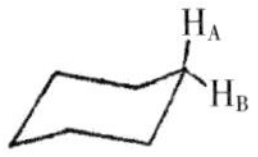 H_A, H_B	J_{AB}=-12.6
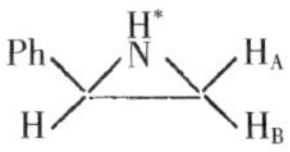 Ph, H, H^*, N, H_A, H_B	J_{AB}=+0.97	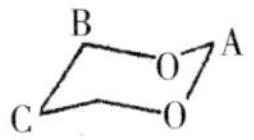 B, A, C, O, O	J_{AA}=-6.2～-6.0 J_{BB}=-11.5～-10.9 J_{CC}=-13.2～-12.6
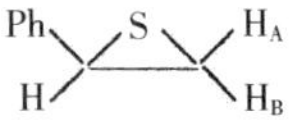 Ph, H, S, H_A, H_B	J_{AB}=-1.38		
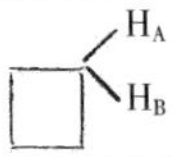 H_A, H_B	J_{AB}=-17～-11		

（二）邻偶

通过 3 个键的质子间的偶合为邻碳质子间的偶合，邻碳质子间的偶合是普遍存在的，一般情况下，可以自由旋转的 $^3J_{邻}$≈7Hz，固定构象的 $^3J_{邻}$= 0 ～ 18Hz。常见偶合系统中邻碳质子间的偶合常数列于表 4-10。

表 4-10 常见偶合系统中邻碳质子间的偶合常数

偶合类型	偶合常数范围/Hz				
$HC^{\#}—CH_2$	$^2J=5\sim8$		$^3J=6\sim8$		$^4J=0\sim2$
HC—CHO	—		$^3J=1\sim3$		—
HC—C=CH	—		—		$^4J=0\sim3$
HC—C≡CH	—		—		$^4J=2\sim3$
$—HC=CH_2$	$^2J=0\sim2$	$^3J_{cis}=8\sim12$	$^3J_{trans}=12\sim18$		
$RO—HC=CH_2$	$^2J=1.9$	$^3J_{cis}=6.7$	$^3J_{trans}=14.2$		
$ROCO—HC=CH_2$	$^2J=1.4$	$^3J_{cis}=6.3$	$^3J_{trans}=13.9$		
$RO_2C—HC=CH_2$	$^2J=1.7$	$^3J_{cis}=10.2$	$^3J_{trans}=17.2$		
$RO_C—HC=CH_2$	$^2J=1.8$	$^3J_{cis}=11.0$	$^3J_{trans}=18.0$		
$Ph—HC=CH_2$	$^2J=1.3$	$^3J_{cis}=11.0$	$^3J_{trans}=18.0$		
$R—HC=CH_2$	$^2J=1.6$	$^3J_{cis}=10.3$	$^3J_{trans}=17.3$		
$Li—HC=CH_2$	$^2J=1.3$	$^3J_{cis}=19.3$	$^3J_{trans}=23.9$		
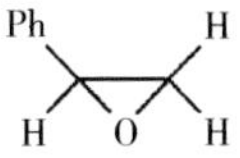 Ph H / H O H	$^2J=5.7$	$^3J_{cis}=4.1$	$^3J_{trans}=2.5$		
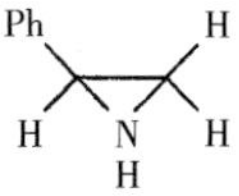 Ph H / H N H / H	$^2J=0.97$	$^3J_{cis}=6.03$	$^3J_{trans}=3.2$		
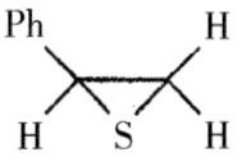 Ph H / H S H	$^2J=1.38$	$^3J_{cis}=6.5$	$^3J_{trans}=5.6$		
 O	—	$^3J_{23}=1.8$	$^3J_{34}=3.5$	$^4J_{25}=1.6$	$^4J_{24}=1.0$
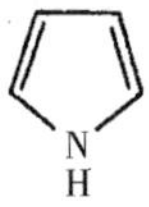 N / H	—	$^3J_{23}=2.6$	$^3J_{34}=3.4$	$^4J_{25}=2.2$	$^4J_{24}=1.5$
 S	—	$^2J_{23}=4.7$	$^3J_{34}=3.4$	$^4J_{25}=3.0$	$^4J_{24}=1.5$
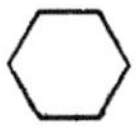	$^2J=10\sim14$	$^3J_{ac}=2\sim6$	$^3J_{ee}=2\sim5$	$^3J_{aa}=8\sim12$	
	—	$^3J_O=6\sim9$			$^4J_m=1\sim3$
 N	—	$^3J_{23}=5\sim6$	$^3J_{34}=7\sim9$		$^4J_m=1\sim2$

例 5 确定胰腺杜鹃素中乙酸苯脂基位于平伏键还是直立键。这个化合物的 NMR 谱图上显示：化学位移 H_A：2.83；H_B：3.14；H_X：5.4。偶合常数 J_{AB} = 16Hz；J_{AX} = 4Hz；J_{BX} = 11Hz。

解：从上列数据可以看出，J_{BX} = 11Hz，说明 H_B 和 H_X 均位于直立键上；J_{AX} = 4Hz，说明 H_A 位于平伏键上；J_{AB} = 16Hz，说明 H_A 和 H_B 是同碳偶合。因为 H_X 位于直立键，所以乙酸苯脂基必然位于平伏键。

单取代烯有三种偶合常数，$J_{同}$，J_{cis}，J_{trans}，分别表示同碳质子、顺式质子和反式质子间的偶合。$J_{同}$ = 0～3Hz，J_{cis} = 8～12Hz，J_{trans} = 12～18Hz。双键上取代基电负性增加，^3J 减小。双键与共轭体系相连，^3J 增大。例如：

$H_a(H_b)C{=}C(CH_3)H_c$

J_{ac} = 16.8Hz

J_{bc} = 10Hz

J_{ab} = 1.6Hz

$H_a(H_b)C{=}C(F)H_c$

J_{ac} = 12.7Hz

J_{bc} = 4.7Hz

J_{ab} = 3.2Hz

$H_a(H_b)C{=}C(COOR)H_c$

J_{ac} = 17.2Hz

J_{bc} = 10.2Hz

J_{ab} = 1.6Hz

$H_a(H_b)C{=}C(COR)H_c$

J_{ac} = 18.0Hz

J_{bc} = 11.0Hz

J_{ab} = 1.8Hz

在苯环体系中，^3J_o = 6～9Hz（邻位偶合）；^4J_m = 1～3Hz（间位偶合）；^5J_p = 0～1Hz（对位偶合）。取代苯由于 J_o，J_m，J_p 的存在而产生复杂的多重峰。

（三）远程偶合

超过 3 个化学键的偶合作用称为远程偶合。通常远程偶合很弱，偶合常数在 0～3Hz。饱和链烃中的远程偶合不予考虑，芳环及杂芳环 J_m，J_p 属远程偶合。

烯丙基体系：跨越 3 个单键和 1 个双键的偶合体系。下面结构式（1）中 H_a 使 CH_3 裂分为双峰，J 约为 1Hz。

高丙烯体系：跨越 4 个单键和 1 个双键的偶合体系。下面结构式（2）中 J_{ac}，J_{ab} 在 0～3Hz。

$H_3C\text{—}C{=}C{=}C\text{—}H_a$

（1）

$(H_a\text{—}C)(H_b\text{—}C)C{=}C{=}C(C\text{—}H_c)$

（2）

（四）质子与其他核的偶合

1. ^{13}C 对 ^1H 的偶合

^{13}C（I = 1/2）天然丰度为 1.1%，对 ^1H 的偶合一般观测不到，可不必考虑。但在 ^{13}C

NMR 谱中，^{1}H 对 ^{13}C 的偶合是普遍存在的，必须考虑。

2. ^{19}F 对 ^{1}H 的偶合

^{19}F（I = 1/2）对 ^{1}H 的偶合符合（n + 1）规律。$^{2}J_{(H-C-F)}$ = 45～90Hz，$^{3}J_{(CH-CF)}$ = 0～45Hz，$^{4}J_{(CH-C-CF)}$ = 0～9Hz。对于氟苯衍生物，J_o = 6～10Hz，J_m = 4～8Hz，J_p = 0～3Hz。如果化合物含氟，在解析 ^{1}H NMR 谱时，应考虑 ^{19}F 对 ^{1}H 的偶合。某些 ^{19}F—^{1}H 的偶合常数见表 4-11。

表 4-11　^{19}F—^{1}H 的偶合常数

化合物	J/Hz
$\underset{c}{CH}—\underset{b}{CH}—\underset{a}{CH}—F$	J_{aF} = 45～80 J_{bF} = 0～30 J_{cF} = 0～4
CH_3F	J = 81
$\underset{b}{CH_3}\underset{a}{CH_2}F$	J_{aF} = 46.7 J_{bF} = 25.2
H_b、H_a、H_c、F 取代的 C=C	J_{aF} = 85　衍生物　J_{aF} = 70～90 J_{bF} = 52　J_{bF} = 10～50 J_{cF} = 20　J_{cF} = −3～+20
HC—CF	J = 21
环己烷（F_a、F_e、H_e、H_a）	$J_{(F-H)}$ J_{aa} = 34　J_{ea} ≤ 8 J_{ac} = 12　J_{ee} ≤ 8
氟苯（F；o、m、p）	J_{oF} = 9.0　衍生物　J_{oF} = 6～10 J_{mF} = 5.7　J_{mF} = 4～8 J_{pF} = 0.2　J_{pF} = 0～3
CH_3 取代苯正离子（+ F）	$J_{邻}$ = 2.5 $J_{间}$ = 0.0 $J_{对}$ = 1.5

3. ^{31}P 对 ^{1}H 的偶合

^{31}P（I = 1/2）对 ^{1}H 的偶合也符合（n + 1）规律。一些化合物 ^{31}P 对 ^{1}H 的偶合常数为：CH_3P：^{2}J = 2.7Hz，$(CH_3CH_2)_3P$：^{2}J = 13.7Hz，^{3}J = 0.5Hz，某些 ^{31}P—^{1}H 的偶合常数见表 4-12。

表 4-12　^{31}P—^{1}H 的偶合常数

化合物	偶合常数/Hz
>P—H	^{1}J = 180～200
$(\underset{b}{CH_3}\underset{a}{CH_2})_3P$	$^{2}J_{ap}$ = 13.7，$^{2}J_{bp}$ = 0.5
$(\underset{b}{CH_3}\underset{a}{CH_2})_4\overset{+}{P}$	$^{2}J_{ap}$ = 18.0，$^{2}J_{bp}$ = 13.0
$(\underset{b}{CH_3}\underset{a}{CH_2})_3P=O$	$^{2}J_{ap}$ = 16.3，$^{2}J_{bp}$ = 11.9
$(\underset{a}{CH_3}\underset{b}{CH_2}O)_3P=O$	$^{4}J_{ap}$ = 0.8，$^{3}J_{bp}$ = 8.4
$(\underset{a}{CH_3O})_2P(=O)C_6H_5$（$m$、$p$）	$^{4}J_{ap}$ = 13.3，$^{4}J_{mp}$ = 4.1 $^{5}J_{pp}$ = 1.2

化合物	偶合常数
$(CH_3CH_2O)_2P(=O)H_a$	$^{1}J_{ap}$ = 6.30
$[(CH_3)_2N]_3P$ $[(CH_3)_2N]_3PO$	^{3}J = 8.8 ^{3}J = 9.3
H_b、H_a、H_c、P 取代的 C=C	$^{2}J_{ap}$ = 10～40 $^{3}J_{bp}$ = 30～60 $^{2}J_{cp}$ = 10～30
H_b、H_a、H_c、OP 取代的 C=C	$^{2}J_{ap}$ ≈ 7，J_{bp} ≈ 3 J_{cp} ≈ 1

六、特殊峰形、苯环氢

（1）当[1]H 核与 $I\geq1$ 的原子（有自旋去偶作用，如 N、O、X 等）相连时，在 NMR 谱图上出一个宽度小且不裂分的峰，常见的有—NH_2、—OH、—OCH_3 等。

（2）当有着大体相同的化学位移的[1]H 核同时存在于一个分子中时，NMR 谱图中将出现一个像干草堆似的巨峰，而这些峰很难具体分析，或是没有精细结构。

（3）苯环氢在 NMR 中有时呈多重峰，有时也会呈单峰。

理论上，苯环上有单取代基团 X 时，苯环上的 5 个 H 应分为邻位、间位、对位三种。实际情况如下：

①苯环相连的单取代基是饱和烃基时（指与苯环直接相连的碳为饱和碳原子），这 5 个[1]H 的化学位移值常常没有区别，呈单峰，如图 4-18 所示。

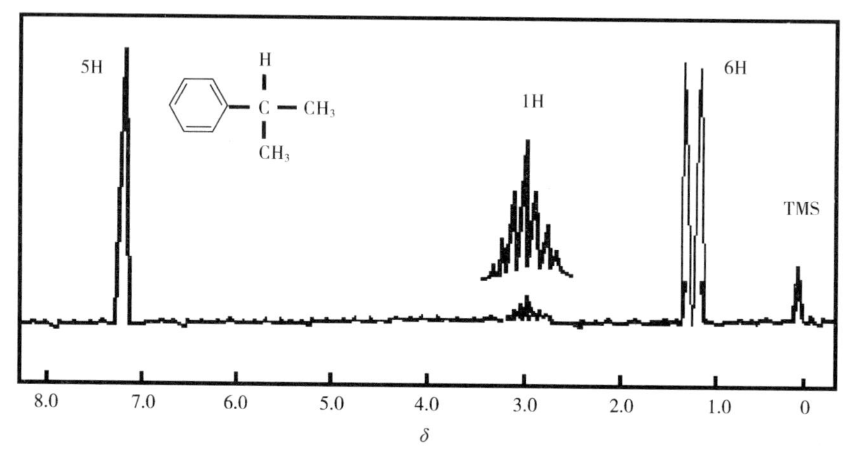

图 4-18　异丙基苯的[1]H NMR 谱图

②与苯环相连的单取代基是不饱和基团（C═O、C═C 等）时，则其邻位、对位、间位的化学位移值不一样。这是由于取代基与苯环发生共轭效应造成的。因而苯环上 5 个[1]H 之间发生自旋偶合现象，从而裂分为多重峰。

（4）氢核交换。

①不可交换的氢核。指与 C 、Si、P 等电负性较小的原子相连的氢核。

②可交换的氢核。指与 N 、O、S 等电负性较大的原子相连的氢核，又称酸性氢核、活泼氢核。如—OH、—NH、—SH 等。

活泼氢核交换速度的顺序：—OH >—NH >—SH，活泼氢核可以与同类分子或与溶剂分子（如 D_2O）的氢核进行交换，如：

$$ROH_a + R'OH_b \rightleftharpoons ROH_b + R'OH_a$$

由于氢核交换，对其化学位移及峰形均有很大影响。样品管内滴加 1~2 滴 D_2O，重测[1]H NMR 谱，比较前后谱图峰形及积分比的改变，若某一峰消失，可认为其为活泼氢的吸收峰。

第四节　^{1}H NMR 波谱

一、简化谱图的方法

(一) 谱图复杂化的原因

有机化合物中各种^{1}H 核的化学位移差别较小，$\Delta\delta$ 通常不超过 10，即使存在强去屏蔽效应时也不超过 20，自旋—自旋裂分又使共振峰大幅度加宽，因此不同^{1}H 核的共振峰拥挤在一起的现象是颇为普遍的。当 $\Delta\nu/J$ 值较小时，共振峰的裂分远比由 $n+1$ 规则预见的情况复杂得多，化学位移和偶合常数往往不能直接从图中读出，给解析造成困难。因此，设法使谱图简化，则是十分必要的。

(二) 简化^{1}H NMR 波谱的方法

1. 使用高频或高场的波谱仪

$\Delta\nu/J$ 与谱图的复杂程度有关。J 值为自旋核之间的相互偶合值，是分子所固有的，不随测试仪器磁场强度 H_0 的不同而改变。$\Delta\nu$（偶合核的共振频率差值）与磁场强度 H_0 成正比，随着仪器磁场强度增大，$\Delta\nu$ 值增大，$\Delta\nu/J$ 值增大，可将二级谱图降为一级图，使其简化。例如乙酰水杨酸，用 60MHz 仪器测得的谱图很复杂，很难解析，改用 250MHz 仪器则得到一级谱。如图 4-19 所示。

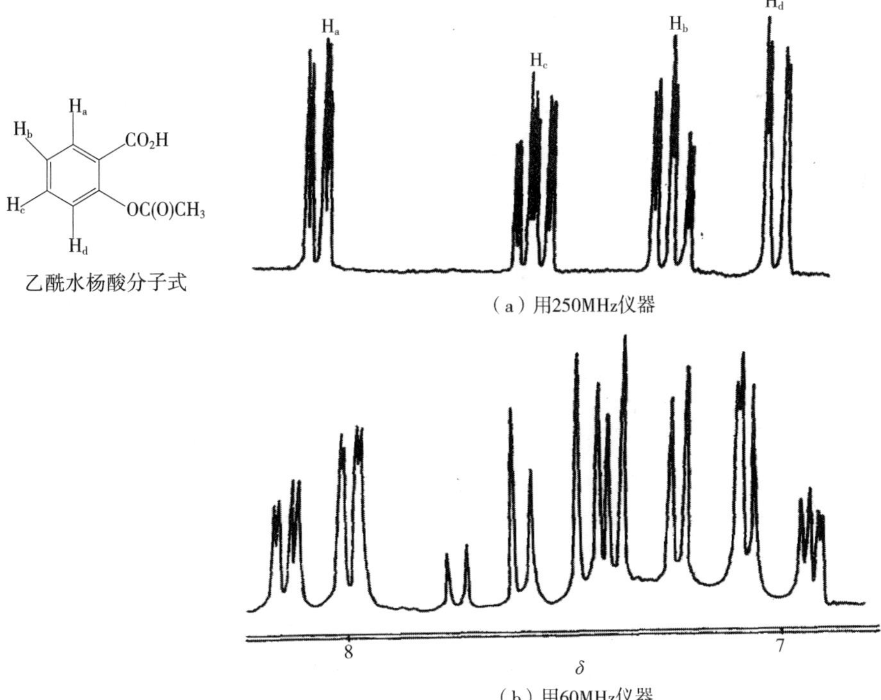

图 4-19　乙酰水杨酸的^{1}H NMR（苯环部分）波谱图

2. 重氢交换法

（1）重水交换。重水（D_2O）交换对判断分子中是否存在活泼氢及活泼氢的数目很有帮助。可向样品管内滴加 1~2 滴 D_2O，振摇片刻后，重测^{1}H NMR 谱，比较前后谱图峰形及积分比的改变，确定活泼氢是否存在及活泼氢的数目。若某一峰消失，可认为其为活泼氢的吸收峰。若无明显的峰形改变，但某组峰积分比降低，可认为活泼氢的共振吸收隐藏在该组峰中。

图 4-20 是苄醇的^{1}H NMR 波谱图，其中图（b）是加 D_2O 后测的。图（a）中 OH 共振峰位于 δ= 3.7 处，图（b）中 OH 峰位移到 δ= 4.8 处。交换后的 D_2O 以 HOD 形式存在，在 δ=4.8 处出现吸收峰（$CDCl_3$ 溶剂中），在氘代丙酮或氘代二甲亚砜溶剂中，于 δ=3~4 范围出峰。由分子的元素组成及活泼氢的 δ 值范围判断活泼氢的类型。

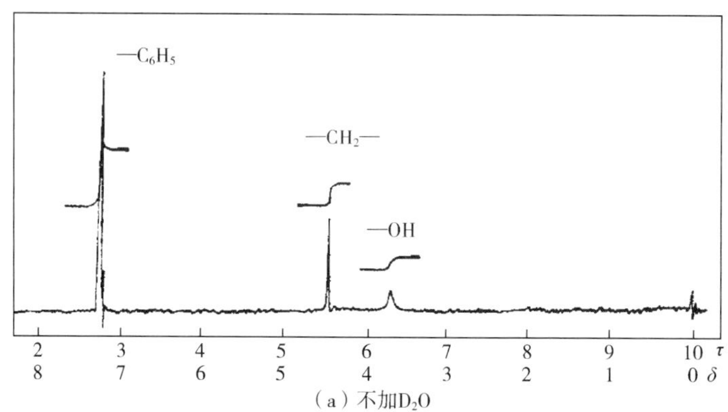

（a）不加D_2O

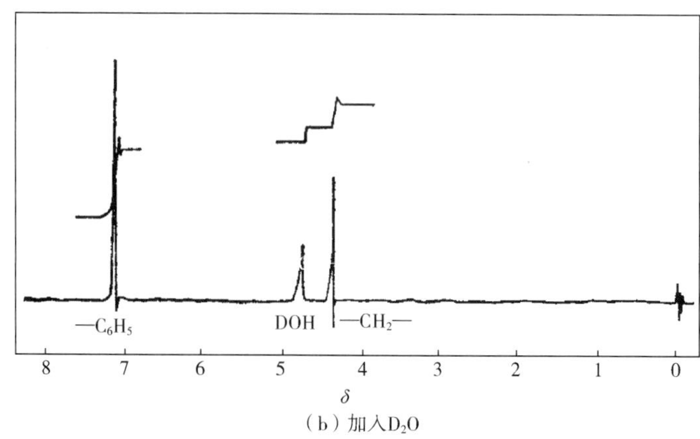

（b）加入D_2O

图 4-20　苄醇的^{1}H NMR 波谱图

（2）重氢氧化钠（NaOD）交换。NaOD 可以与羰基 α 位氢交换，由于 $J_{DH} \ll J_{HH}$，NaOD 交换后，可使与其相邻基团的偶合表现不出来，从而使谱图简化。NaOD 交换对确定化合物的结构很有帮助。

3. 溶剂效应

在 NMR 实验中通常用 $CDCl_3$、CCl_4 作溶剂，这些分子的磁性是各向同性的，苯、乙腈等分子具有强的磁各异向性。在样品加入少量此类物质，会对样品分子的不同部位产生不同的屏蔽作用，使得在 $CDCl_3$、CCl_4 溶剂中相互重叠的峰分开，便于解析。这种效应称为溶剂效应。

4. 位移试剂

位移试剂与样品分子形成络合物，使 δ 值相近的复杂偶合峰有可能分开，从而使谱图简化。常用的位移试剂有镧系元素 Eu 或镨 Pr 与 β-二酮的络合物。

Eu(DPM)$_3$　　　　Pr(DPM)$_3$

位移试剂的作用与金属离子和所作用核之间的距离的三次方成反比，即随空间距离的增加而迅速衰减。使样品分子中不同的基团质子受到的作用不同。位移试剂对样品分子中带孤对电子基团的化学位移影响最大，对不同带孤对电子的基团的影响顺序为：

$$—NH_2 > —OH > —C{=}O > —O— > —COOR > —C{\equiv}N$$

位移试剂的浓度增大，位移值增大。但当位移试剂增大到某一浓度时，位移值不再增加。

位移试剂对苄醇 ^1H—NMR 谱的影响见图 4－21。在 1mmol 样品中加入 0. 39mmolEu (DPM)$_3$，使原来近于单峰的苯环上的五个氢分为三组，由低场至高场，积分比为 2∶2∶1，类似于一级谱的偶合裂分。

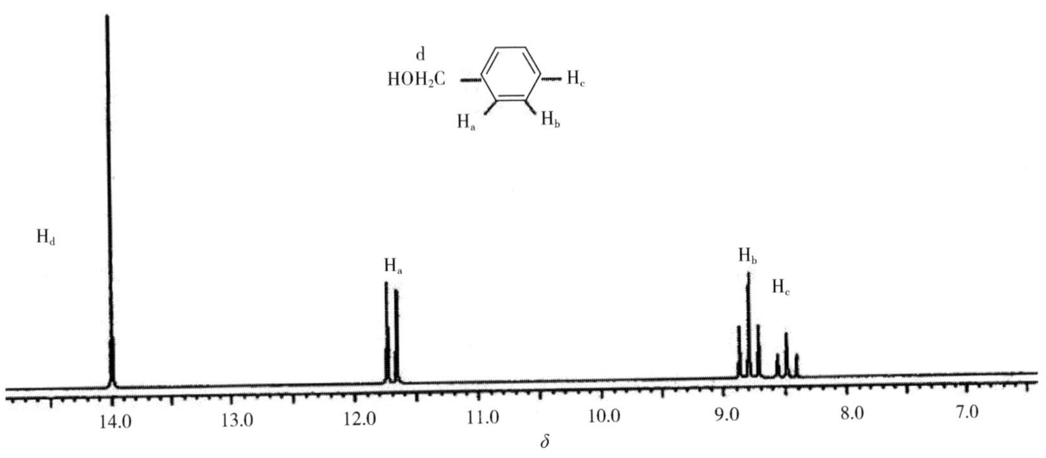

图 4－21　位移试剂对苄醇 ^1H NMR 谱的影响

5. 双照射去偶

除了激发核共振的射频场外，还可以加另一个射频场，这样的照射称为双照射，也称双共振。

（1）自旋去偶。相互偶合的核 H_a，H_b，若以强功率 ν_2 照射 H_a 核，使其达到饱和，H_a 在各自旋态间快速往返，这样 H_a 产生的局部磁场平均为零，从而去掉了对 H_b 的偶合作用，使 H_b 以单峰出现。这种实验技术称为自旋去偶。双照射自旋去偶可使图谱简化，找出相互偶合的峰和隐藏在复杂多重峰中的信号。

（2）核 Overhauser 效应。分子内有空间接近的两个质子，若用双照射法照射其中一个核使其饱和，另一个核的信号就会增强，这种现象称核的 Overhauser 效应。它不仅可以找出相互偶合核之间的关系，还可以找出虽不互相偶合，但空间距离接近的核之间的关系。

二、^{1}H NMR 谱解析一般程序

（一）识别干扰峰及活泼氢峰

解析一张未知物的 ^{1}H NMR 谱，要识别溶剂的干扰峰，识别强峰的旋转边带（只有当主峰很强或磁场非常不均匀时才出现），识别杂质峰（判断是否杂质峰往往要根据积分强度、样品来源、处理途径等具体分析，^{1}H NMR 谱中积分比不足一个氢的峰可作杂质峰处理），识别活泼氢的吸收峰（烯醇式、羧酸、醛类、酰胺类的活泼氢干扰小，可直接识别。醇类、胺类等吸收峰干扰大，不易识别，需用 D_2O 交换以确认）。

（二）推导可能的基团

1. 计算不饱和度

解析 ^{1}H NMR 谱之前，若已知化合物的分子式，应先计算不饱和度，判断是否含有苯环或双键（C═O，C═C 或 N═O）等。若无分子式，应先由 MS 测得精确分子量或由低分辨 MS 测得分子离子峰，再与元素分析配合求得分子式。

2. 根据各组峰的积分曲线高度最简比判断对应的氢核数

计算各组峰的积分高度之简比（峰面积比），即为质子数目的最简比，最低积分高度的峰至少含有 1 个氢（杂质峰除外）。若积分简比数字之和与分子式中氢数目相等，则积分简比代表各组峰的质子数目之比。若分子式中氢原子数目是积分简比数字之和的 n 倍，则积分简比要同时扩大 n 倍才等于各组峰的质子数目之比。

例如，1，2-二苯基乙烷的分子式为 $C_{14}H_{14}$，^{1}H NMR 谱出现两组峰，积分简比为 5∶2，14/（5+2）= 2，则质子数目之比为 10∶4，表明分子中存在对称结构。

3. 根据裂分峰和（n+1）规律判断相邻碳上的氢数

根据吸收峰的裂分情况，利用（n+1）规律和向心规则，判断相邻碳上氢的数目以及相互偶合的峰。如图 4-22 中高场的三组峰，积分比为 1∶1∶1，质子数目比为 2∶2∶2。根据（n+1）规律及向心规则、δ=3.6 的 CH_2（t）不可能与 δ=3.1 的 CH_2（t）偶合，两者只可能都与 δ=2.2 的 CH_2（五重峰）相互偶合，因而具有 X—$CH_2CH_2CH_2$—Y 的结构。

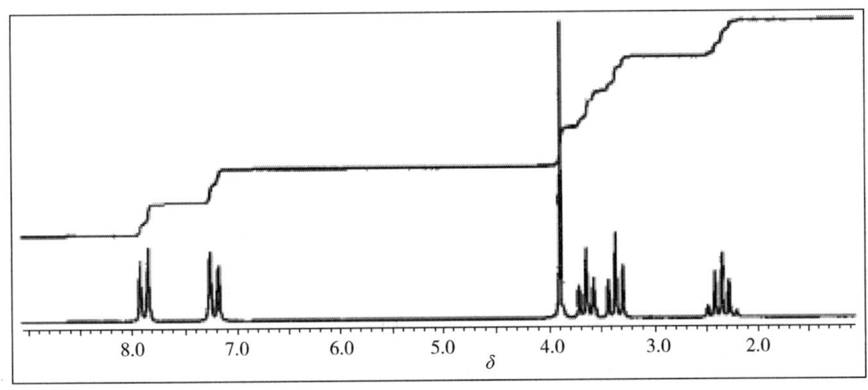

图 4-22　$C_{11}H_{13}ClO_2$ 的^{1}H NMR 波谱图

4. 根据吸收峰的位置（化学位移）判断对应的基团

近似读出各组峰的化学位移值。用 PFT-NMR 波谱仪测试的谱，其计算机已打印出每条谱峰的 δ 值。根据化学位移 δ 值及其影响因素可识别某些特征基团的吸收峰。如和电负性原子相连的甲基 H 的化学位移较高（CH_3O，δ=3.3~3.9），醛类、羧酸类化合物位于较高场，饱和烃类化合物位于最低场等。

根据化学位移 δ 值、裂分峰和质子数目可判断 CH_3CH_2X，X—CH_2CH_2—Y，$(CH_3)_2CH$—，X—$CH_2CH_2CH_2$—Y，$(CH_3)_3C$—，$C_6H_5CH_2$—或 C_6H_5O—，CH_2 ═CH—，—CH ═CH—等基团的存在。

（三）确定化合物的结构

综合以上分析，根据化合物的分子式、不饱和度、可能的基团及、裂分偶合情况，导出可能的结构式。注意：

（1）不饱和质子基团（如 NO_2，C ═O，C ═N，C≡C，—X，—SO—，—SO_2—等）的存在由分子式、不饱和度减去所推导出的可能基团的 C，H，O 原子数目及不饱和度数目之后推导出；

（2）结构对称的化合物，^{1}H NMR 谱会简化。

（四）验证所推导的结构式是否合理

组成结构式的元素的种类和原子数目是否与分子式的组成一致，基团的 δ 值及峰的裂分、偶合情况是否与谱图吻合。若这两点均满足，可认为结构合理。有的谱图可能推导出一种以上的结构，难以确证时，需与其他谱（MS，^{13}C NMR，IR，UV）配合或查阅标准谱图。

三、^{1}H NMR 谱解析实例

例 1　化合物 C_4H_8O、其^{1}H NMR 波谱图如图 4-23 所示，推测其结构。

解：首先计算化合物的不饱和度：$\Omega=4+1-8/2=1$，然后对^{1}H NMR 波谱图进行解析。

从图中可见三组氢，其积分高度比为 2∶3∶3，吸收峰对应的关系：

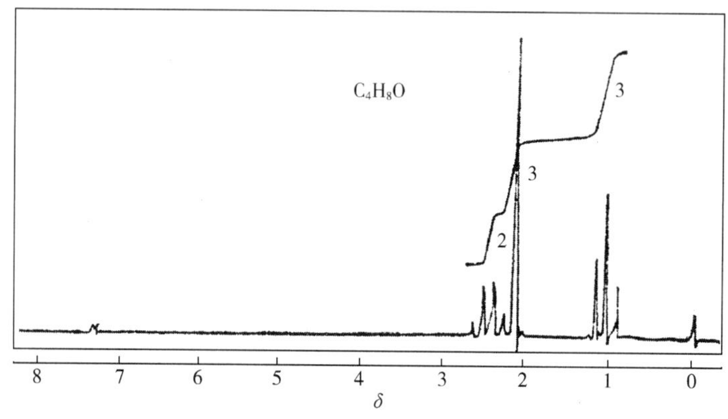

图 4-23　C_4H_8O 的[1]H NMR 波谱图

δ	氢核数	可能的结构	峰裂分数	邻近偶合氢数
2.47	2	CH_2	四重峰	3 个氢核（CH_3）
2.13	3	CH_3	单峰	无氢核
1.05	3	CH_3	三重峰	2 个氢核（CH_2）

从分子式以及不饱和度初步判断其可能的结构是：

$$CH_3—\overset{\overset{\large O}{\|}}{C}—CH_2—CH_3$$

将谱图和化合物的结构进行核对，确认化合物。

例 2　某化合物的分子式为 $C_{11}H_{20}O_4$，其[1]H NMR 波谱图中，在 δ 值为 0.79、1.23、1.86 和 4.14 处分别有三重峰、三重峰、四重峰和四重峰，它们的积分曲线高度之比为 3∶3∶2∶2；其红外光谱显示，该化合物分子中含有酯基。试推测该化合物分子结构。

解：

（1）首先计算其不饱和度 $\Omega = 11 + 1 - 20/2 = 2$。表明有 2 个不饱和共价键，红外光谱显示该化合物分子中含有酯基，因此说明分子中含有两个—COO—。

（2）该化合物在[1]H NMR 波谱中出现四组共振峰，说明分子中至少有四组化学不等同核。

（3）四组峰的积分曲线高度之比为 3∶3∶2∶2，其和为 10；分子中有 20 个 H 原子，表明这四组峰各代表 6 个、6 个、4 个和 4 个 H 原子，说明分子中有 2 个 CH_3、另 2 个 CH_3、2 个 CH_2 和另 2 个 CH_2。

（4）从 $C_{11}H_{20}O_4$ 中扣除 4 个 CH_3CH_2—和 2 个—CO_2—，尚余一个 C 原子，说明含有季碳。

（5）由此可知其分子结构可能如下：

A

$$CH_3CH_2—O—\underset{\underset{\large O}{\|}}{C}—\overset{\overset{\large CH_2CH_3}{|}}{\underset{\underset{\large CH_2—CH_3}{|}}{C}}—\underset{\underset{\large O}{\|}}{C}—OCH_2CH_3$$

B
$$CH_3CH_2-\underset{\underset{O}{\|}}{C}-O-\underset{\underset{CH_2CH_3}{|}}{\overset{\overset{CH_2CH_3}{|}}{C}}-O-\underset{\underset{O}{\|}}{C}-CH_2-CH_3$$

（6）计算—CH_2—的 δ 值。

结构 A 的—$COOCH_2CH_3$中的 δ_{CH_2} 为：

$$\delta_{CH_2} = 1.25 + \sigma(R—CO_2—) + \sigma(—CH_3) = 1.25 + 2.7 + 0.0 = 3.95$$

结构 B 的 CH_3CH_2COO—中的 δ_{CH_2} 为：

$$\delta_{CH_2} = 1.25 + \sigma(R—CO_2—) + \sigma(—CH_3) = 1.25 + 0.7 + 0.0 = 1.95$$

很显然，结构 A 中的一种—CH_2—的 δ 计算值（3.95）与实测值（4.14）接近，而结构 B 的计算值（1.95）与实测值相差甚远，故可判定该化合物的分子结构为 A。

四、^{1}H NMR 谱图检索

（1）美国 Sadtler 研究室编集和出版了 *Sadtler Nuclear Magnetic Resonance Spectra*，图中注有化合物名称、分子式、分子量、熔（沸）点、样品来源、测试条件及质子化学位移值。在此介绍化学位移索引（Chemical shift Index）。按化学位移（δ 值）由小到大的顺序排列，0~14 范围（递增值 0.01）索引共分 6 栏，以 NMR 谱图号、标记符号（A，B，C，…）、化学位移、质子基团、环境基团（与该质子相连的基团）及溶剂 6 栏依次列入索引表中，根据测试的某未知峰的精确 δ 值和质子数目，从表中方便地查到该质子基团及与其相连的基团、对应的标准谱图号，以供参考。

（2）API 的光谱集，由美国石油协会出版，1964 年出版 2 卷，共收集 573 个光谱，附有化合物索引和号码索引。特点是碳氢化合物的资料多，并有样品纯度记载。

（3）*Varian NMR Spentra Catalog* 即 *High Resolution NMR Spentra Catalog*。由 N. S. Bhacca 等著，1963 年出版 2 卷，共收集 700 张纯化合物的谱图。附有化合物名称索引、功能团索引和化学位移索引。

（4）*The Aldrich Library of NMR Spentra* ，C. J. Pouchert 和 J. R. Campbel 编。Aldrich Chemical Company 出版（1974 年）。1983 年由原 11 卷缩为 2 卷出版，共收入近 9000 张谱图，第二卷后有化合物名称索引，分子式索引和 Aldrich 谱图号索引。

（5）*Handbook of Proton—NMR Spectra and Data* Asahi Research Center Co，Ltd 组织编写，Academic Press Japan，Inc. 出版（1987 年）。收入 8000 个有机化合物图谱。注有分子式、分子量、熔（沸）点。分 10 卷出版，每卷后附有 4 种索引；化学名称索引、分子式索引、基础结构索引和化学位移索引，另外还有 1~10 卷的总索引。

第五节　^{13}C NMR 波谱

^{13}C 核的共振现象早在 1957 年就开始研究，但由于 ^{13}C 的天然丰度很低（1.1%），且 ^{13}C 的磁旋比约为氢质子的 1/4，^{13}C 的相对灵敏度仅为氢质子的 1/5600，所以含碳化合物的 ^{13}C 核磁信号很弱，而天然丰度高的 ^{12}C 没有核磁信号，所以早期碳谱研究并不多。直至 1970 年后，脉冲傅里叶变换技术问世，^{13}C NMR 技术才得以研究和应用，而且通过双照射技术的质子去偶作用，大大提高了其灵敏度，使之逐步成为常规 NMR 方法。近年来，^{13}C NMR 技术及应用发展迅速，在有机化学的各个领域、分子结构及构型、构象的研究、合成高分子、天然高分子及动态过程的研究等方面都有十分广泛的应用，成为化学、化工、生物和医学等领域不可缺少的分析工具。

一、^{13}C NMR 的优越性

（1）^{13}C NMR 波谱提供有机物分子的骨架信息。有机化合物分子骨架主要由碳原子构成，因而 ^{13}C NMR 波谱更能较全面地提供有关分子骨架的信息。一些不直接与 H 相连的基团，如羰基、烯基、炔基、腈基等，在 ^{1}H NMR 谱中不能直接观测，只能靠分子式及其相邻基团化学位移值的影响来判断。^{13}C NMR 都能直接给出各自的特征吸收峰，^{13}C 谱的用途更广泛。

（2）^{13}C NMR 化学位移范围宽，可达 200，比氢质子化学位移宽得多，这意味着 ^{13}C NMR 中的峰不容易重叠，分辨率高，可以得到独立的物质结构信息。

（3）氢谱广泛存在着自旋—自旋偶合，对大多数质子来说，导致共振吸收带加宽的复杂化，碳谱中，由于 ^{13}C 丰度很低，^{13}C—^{13}C 偶合的概率很小。^{13}C 和相邻的 ^{12}C 不会发生偶合，有效地降低了图谱的复杂性。

（4）虽然 ^{13}C 和氢质子有偶合存在，却易于控制，可以通过去偶的方法，消除 H 对 ^{13}C 的偶合，简化 ^{13}C 谱图。^{13}C 核磁共振 δ 值的变化范围大，超过 200。每个 C 原子结构上的微小变化都可引起 δ 值的明显变化，因此在常规 ^{13}C 谱（宽带场质子去偶谱）中，每一组化学等同核都可望显示一条独立的谱线。

二、^{13}C NMR 的化学位移及影响因素

（一）^{13}C 化学位移及其参照标准

^{13}C 的化学位移是 ^{13}C NMR 谱的重要参数，绝大多数有机化合物的 ^{13}C 的化学位移都落在去屏蔽的羰基和屏蔽的甲基之间，这个区间稍大于 200。现在规定碳谱也采用 TMS 为标准。从 TMS 甲基碳共振信号起，化学位移向低场定为正值，向高场定为负值，与质子的 δ 值类似。

要得到一张较好的 ^{13}C NMR 谱图，通常需要经过几十乃至几十万次扫描，这就要求磁场

绝对稳定。为了稳定磁场，PFT-NMR 谱仪均采用锁场方法。采用氘锁的方法是较方便的，使用氘代溶剂或含一定量氘化合物的普通试剂，通过仪器操作，把磁场锁在强而窄的氘代信号上。当发生微小的场—频变化，信号产生微小的漂移时，通过氘锁通道的电子线路来补偿这种微小的漂移，使场频仍保持固定值，以保证信号频率的稳定性。

绝大多数氘代溶剂都含有碳，会出现溶剂的^{13}C 共振吸收峰，由于 D 与^{13}C 之间偶合，溶剂的^{13}C 共振吸收峰往往被裂分为多重峰，$CDCl_3$ 在 $\delta=76.9$ 处出现三重峰。在分析^{13}C NMR 谱时，要先识别出溶剂的吸收峰，常用溶剂的^{13}C 的 δ 值偶合常数$^1J_{CD}$ 见表 4-13。

表 4-13　常用溶剂的 δ_C 及$^1J_{CD}$

溶剂	δ_C（氘代溶剂）	$^1J_{CD}$/Hz	峰形
氯仿	76.9	27	三重峰
甲醇	49.0	21.5	七重峰
DMSO	39.7	21	七重峰
苯	128.0	24	三重峰
乙腈	1.3	21	七重峰
	18.2	< 1	*
乙酸	20.0	—	七重峰
	178.4	< 1	*
丙酮	29.8	20	七重峰
	206.5	< 1	*
DMF	30.1，35.2	21，21	七重峰，七重峰
	167.7	30	三重峰
CCl_4	96.0	—	单峰
CS_2	192.8	—	单峰

* 远程偶合的多重峰不能分辨。

（二）影响^{13}C 化学位移的因素

1. 碳原子的杂化

决定^{13}C 核化学位移的主要因素是 C 原子的杂化状态。C 原子的杂化状态使得不同碳核的化学位移范围分布如表 4-14 所示。

表 4-14　C 原子的杂化对^{13}C 的 δ 值影响

C 原子的杂化状态	不同类型碳核	化学位移范围
sp^3	$—CH_3$　$—CH_2$　—CH　—C	0 ~ 50

续表

C 原子的杂化状态	不同类型碳核	化学位移范围
sp	—C≡CH	50 ~ 80
sp^2	$—CH=CH_2$	100 ~ 150
	C=O	150 ~ 220

2. 诱导效应

与电负性基团相连，使碳核外围电子云密度降低，使^{13}C核的屏蔽效应减小，故化学位移值移向低场，随着电负性的增大和取代基数目的增多，化学位移也随之增大，如表 4-15 所示。

表 4-15　诱导效应对^{13}C的δ值影响

化合物	CH_4	CH_3Cl	CH_2Cl_2	$CHCl_3$	CCl_4
δ	-2.30	24.9	50.0	77.0	96.0
	CH_3I	CH_3Br	CH_3Cl	CH_3F	
	-20.7	10.0	24.9	80.0	

3. 碳原子上有孤对电子时，使^{13}C的共振产生低场位移

如：O=C=O　→　:C≡O:

δ = 132.0　　　δ = 181.3

化学位移向低场移动 50 左右

4. 共轭效应

由于共轭引起电子分布不均匀，导致碳核信号向低场或高场位移。

一方面，具有孤对电子的基团，如$—NH_2$和—OH 等与不饱和的 π 体系连接时，它们可以离域自己的孤对电子，进入 π 体系（p-π 共轭），从而增加邻、对位碳上的电荷密度，导致邻、对位碳信号向高场移动。

例如，苯酚同苯比较，邻位碳信号向高场移动 12.7，对位碳信号移动 9.8。

另一方面，吸电子基团，如$—NO_2$、—CN、—C=O 等可使苯环上 π 电子离域，从而降低邻、对位碳上的电荷密度，导致邻、对位碳信号向低场移动。

例如，苯腈同苯比较，邻位碳信号向低场移动 3.6，对位碳信号移动 3.9。

5. 立体效应

^{13}C化学位移对分子构型，构象上很灵敏的，只要碳在空间比较接近，即使相隔好几个化学键，它们也有强烈的相互作用，这就是立体效应。

^{13}C与^{1}H情况正相反，通常^{1}H是处于化合物的边缘和外围，当两个氢原子靠近时，由于电子云的相互排斥，使得质子周围电子云密度下降，这种电荷密度沿 C—H 键向碳原子移动，

使 C—H 键发生极化作用，导致碳的屏蔽增加，碳核向高场位移，即化学位移值减小。

6. 溶剂效应

不同溶剂对^{13}C 的化学位移会产生影响。^{13}C 核化学位移对溶剂效应的敏感程度比^{1}H 核的大。同浓度 $CHCl_3$ 在不同溶剂中的化学位移如表 4-16 所示。

表 4-16　$CHCl_3$ 的溶剂效应

溶剂	δ_H	δ_C
CCl_4	0.12	0.20
C_6H_6	0.747	0.47
$(CH_3)_2CO$	0.812	1.76
C_6H_5N	1.280	2.63

7. 氢键效应

氢键作用对相关^{13}C 核的化学位移影响很大，主要产生去屏蔽效应。氢键有分子内和分子间之分，但作用机理一致，他们的作用有较大差别，一般来说，分子内氢键作用较强。例如下列两组化合物中，分子内氢键使羰基的 δ_C 增加 5~9。

191.5　195.7　196.9　204.1

三、^{13}C NMR 中的自旋—自旋偶合

（一）^{13}C—^{13}C 偶合

^{13}C 的天然丰度很低，只有 1.1%，两个^{13}C 核相邻的概率很低，因而^{13}C—^{13}C 偶合可忽略不计。

（二）^{13}C—^{1}H 偶合

^{1}H 的天然丰度为 99.98%，故^{13}C-^{1}H 偶合不能不考虑，且由^{1}H 核引起的^{13}C 共振峰的裂分符合 n+1 规则。例如，甲基碳应有四重峰。通常 $^{1}J_{C-H}$ = 125Hz（烷）~ 250Hz（炔），这与碳的杂化轨道中 s 成分多寡有关。相隔两个化学键的^{13}C-^{1}H 偶合常数小得多，$^{2}J_{C-C-H} \approx$ -5Hz，$^{3}J_{C-C-C-H} \approx$ 7Hz。在常规碳谱中，^{13}C—^{1}H 偶合常数信息因为异核去偶而丢失了，若无特殊需要，一般不作测定。

（三）^{13}C—X 偶合

X 是指除^{1}H 以外的其他磁性原子核，如^{19}F、^{31}P 等，它们的天然丰度均为 100%，而且在质子去偶的双共振实验中不能消除它们对^{13}C 的偶合，因此这些核和^{13}C 的偶合不能不考虑。它们的偶合也符合 n+1 规则。如Ⅴ价的 P 的 $^{1}J_{C-P}$ 可达 100~150Hz，Ⅲ价 P 的 $^{1}J_{C-P}$ 有几十个

Hz，^{13}C 与 ^{19}F 的偶合常数 $^{1}J_{C-F}$ 可达-150～-350Hz，$^{2}J_{C-F}$ 有几十个 Hz。

四、^{13}C NMR 中的去偶技术

（一）质子宽带去偶

质子宽带去偶，又叫质子噪声去偶。质子宽带去偶谱是为 ^{13}C NMR 的常规谱，是在用射频 H_1 照射各种碳核，使其 ^{13}C 核磁共振吸收的同时，用一足以覆盖样品中全部质子激发频率的射频 H_2 照射样品，使所有的 ^{1}H 核处于跃迁饱和状态，从而可以消除 ^{1}H 核对 ^{13}C 的偶合作用，使得 ^{13}C 核呈现一系列单峰，同时产生 NOE 效应，不同化学环境的 ^{13}C 核，其 NOE 增益不同，因此共振峰的强度和 ^{13}C 核的数目不成比例。这样的谱称为质子宽带去偶谱。

质子宽带去偶使 ^{13}C NMR 大为简化，提供了化合物碳数和碳架信息，而且由于偶合的多重峰的合并，使之灵敏度增大。但是宽带去偶 ^{13}C NMR 却失去了 $^{13}C—^{1}H$ 偶合信息（^{13}C 与 ^{31}P，^{19}F 偶合信息还保留），无法识别伯、仲、叔、季不同类型的碳，为了使 $^{13}C—^{1}H$ 偶合信息重现，又不使谱图过于复杂，故提出一种偏共振去偶技术。

（二）质子偏共振去偶

偏共振去偶是使用偏离质子共振区之外 500～1000Hz 的高功率射频照射样品，或者使用质子共振区的低频率照射样品，使 ^{1}H 与 ^{13}C 在一定程度上去偶，从而保留了 $^{13}C—^{1}H$ 偶合信息。

在偏共振去偶的 ^{13}C 谱中，共振峰的裂分可以根据 $n+1$ 规则进行分析，n 代表和碳相连的氢的数目：$—CH_3$ 基显示四重峰；$—CH_2—$ 基显示三重峰，—CH 基显示双峰，不和 H 原子相连的 C 原子显示单峰。

2-甲基-1,4-丁二醇的质子宽带去偶谱如图 4-24 所示，图中出现五个单峰，对应于五种化学环境下不同的碳，分子中无对称因素存在。而偏共振谱中的双峰为 CH，三重峰为 CH_2，四重峰为 CH_3 基，分别对应于伯、仲、叔碳。

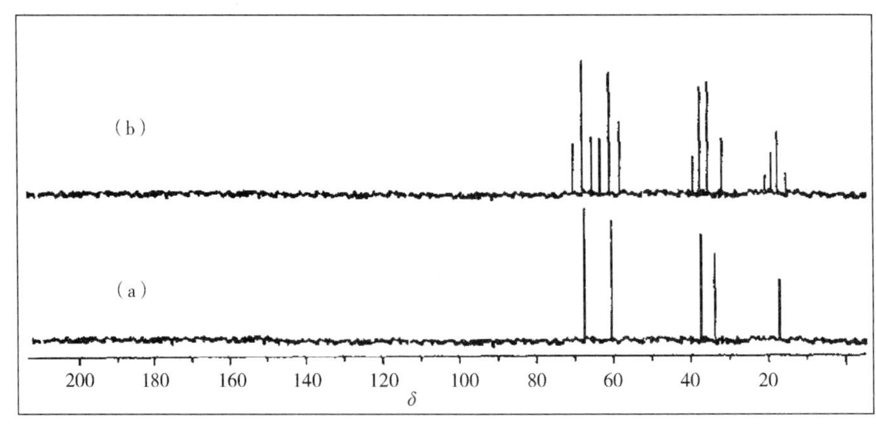

图 4-24　2-甲基-1,4-丁二醇的质子宽带去偶谱（a）及偏共振去偶谱（b）

（三）质子选择性去偶

质子选择性去偶是偏共振去偶的特例。当测一个化合物的^{13}C NMR 谱，而又准确知道这个化合物的^{1}H NMR 各峰的δ值及归属时，就可测选择性去偶谱，以确定碳谱谱线的归属。

当调节去偶频率恰好等于某质子的共振吸收频率，且H_2场功率又控制到足够小时，则与该质子直接相连的碳会发生全部去偶而变成尖锐的单峰，并因 NOE 效应而使谱线强度增大。对于分子中其他的碳核，仅受到不同程度的偏移照射，产生不同程度的偏共振去偶。这样测得的^{13}C NMR 谱称为质子选择性去偶。

（四）门控去偶与反转门控去偶

门控去偶又称交替脉冲去偶或预脉冲去偶。射频场H_1脉冲发射前，预先施加去偶场H_2脉冲，此时自旋体系被去偶，同时产生 NOE，接着关闭H_2脉冲，开启H_1脉冲，进行 FID 接收。所收到的信号既有偶合又有 NOE 增强的信号。

反转门控去偶又称抑制 NOE 的门控去偶。对发射场和去偶场的脉冲发射时间关系稍加变动，即可得到消除 NOE 的宽带去偶谱。它是一种在谱图中显示碳原子数目正常比例的方法，常用于定量实验。

五、各类碳核的化学位移范围

^{13}C NMR 的化学位移与^{1}H NMR 的化学位移有一定的对应性。若^{1}H的δ值位于高场，则与其相连的碳的δ值亦位于高场。如环丙烷：$\delta_H=0.22$，δ_C约 3.5。但并非每种核的共振吸收都存在这种对应的关系。下面分别介绍不同类型碳核的化学位移。

（一）烷烃和环烷烃的^{13}C化学位移

烷烃和环烷烃的^{13}C化学位移在-2 ~ 50，如表 4-17 所示。

表 4-17　烷烃和环烷烃的^{13}C化学位移值

化合物	δ_{C_1}	δ_{C_2}	δ_{C_3}	δ_{C_4}
CH_4	-2.3			
CH_3CH_3	5.7	5.7		
$CH_3CH_2CH_3$	15.4	15.9	15.4	
$CH_3(CH_2)_2CH_3$	13.0	24.8	24.8	13.0
$CH_3CH(CH_3)_2$	24.1	25.0	24.1	
▷	-2.6			
□	23.3			
⬠	26.5			
⬡	27.1			

（二）烯烃的^{13}C化学位移

烯烃的13C化学位移在100~165，如表4-18所示。

表4-18　烯烃的^{13}C化学位移值

化合物	δ_{C_1}	δ_{C_2}
$CH_2=CH_2$	123.3	123.3
$CH_2=CHCH_3$	115.9	136.2
$CH_2=CHCH_2CH_3$	113.3	140.2
反 $CH_3CH=CHCH_3$	17.6	126.0
顺 $CH_3CH=CHCH_3$	12.1	124.6
$CH_2=CH-CH=CH_2$	117.5	137.2
$CH_2=C=CH_2$	74.8	213.5

（三）炔碳的^{13}C化学位移

炔烃的^{13}C化学位移如表4-19所示，在100~165，与芳环碳的化学位移范围重叠。

表4-19　炔碳的^{13}C化学位移

化合物	δ_{C_1}	δ_{C_2}	δ_{C_3}	δ_{C_4}	δ_{C_5}	δ_{C_6}
$HC\equiv CCH_2CH_3$	67.0	84.7				
$CH_3C\equiv CCH_3$		73.6				
$HC\equiv C(CH_2)_3CH_3$	67.4	82.8	17.4	29.9	21.2	12.9
$CH_3C\equiv C(CH_2)_2CH_3$	1.7	73.7	76.9	19.6	21.6	12.1

（四）苯环碳的^{13}C化学位移

苯环碳的化学位移为128.5，取代苯环碳的化学位移110~170。

（五）羰基^{13}C的化学位移（在CH_3COX中）

羰基^{13}C的化学位移一般在150~220，且干扰很少，如表4-20所示。

表4-20　羰基的^{13}C化学位移

取代基	$\delta_{C=O}$	取代基	$\delta_{C=O}$
H	199.6	OH	177.3
CH_3	205.1	OCH_3	170.7
C_6H_5	196.0	$N(CH_3)_2$	169.6
$CH=CH_2$	197.2	Cl	168.6
Br	165.7	I	158.9

各类碳及氢核的化学位移范围如图 4-25 所示。

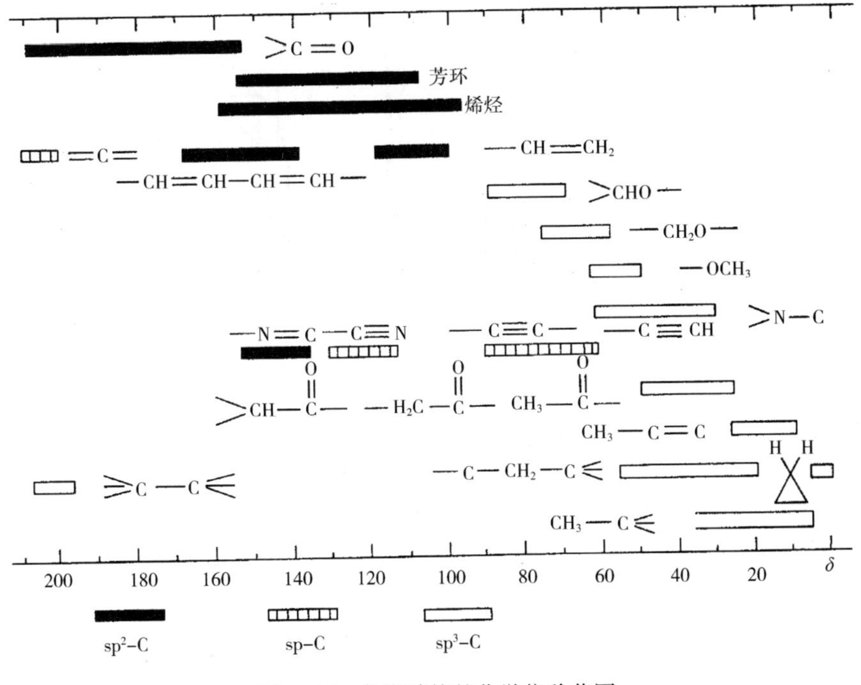

图 4-25　各类碳核的化学位移范围

练习题

1. 发生核磁共振的条件是什么？
2. 如何判断活泼氢的位置？
3. 卤代烃中随着卤素的电负性的增加其化学位移有何变化？
4. 随着温度升高，对酚类化合物 OH 共振信号有何影响？
5. 苯环中氢的化学位移为何在低场？
6. 试指出下列化合物氢谱的精细结构及相对强度：

（1）$ClCH_2CH_3$

（2）$CH_3OCH_2CH_3$

（3）$CH_3OOCCH_2CH_2CH_2COOCH_3$

（4）$CH_3OCHFCl$

7. 判断下列分子中[1]H 核化学位移大小顺序：

（1）$CH_3CH_2CH_2CO_2H$

（2）$CH_3CH_2\ CH\ (CH_3)_2$

（3）$CH_3CH_2CO_2CH_2CH_3$

8. 一未知液体分子式 $C_8H_{14}O_4$，沸点为 218℃，其 IR 表示有羰基强烈吸收，^1H NMR 谱图如图 4-26 所示，判断其结构。

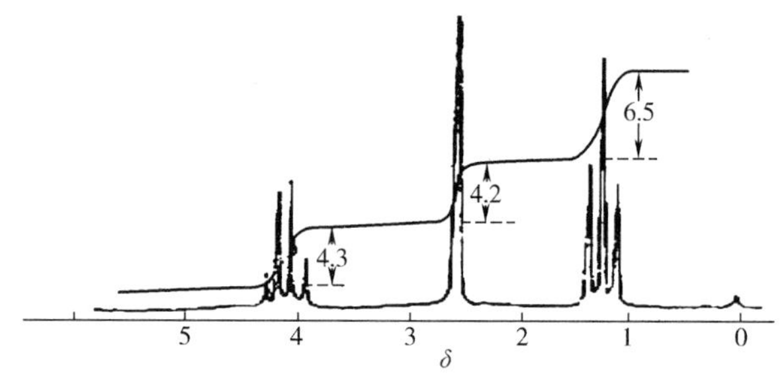

图 4-26　未知液体的 ^1H NMR 谱

9. 解析图 4-27～图 4-29 所示谱图。

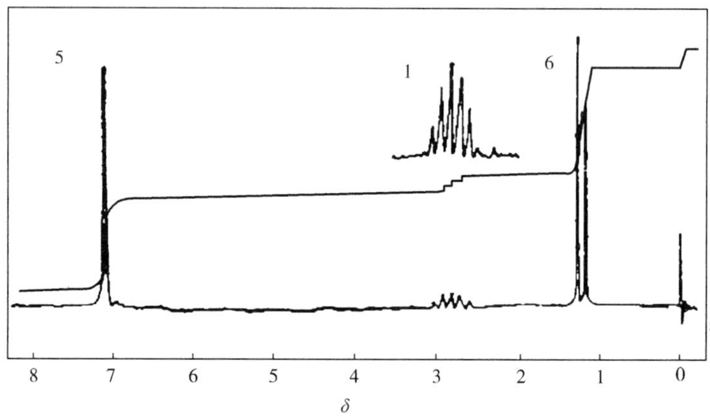

图 4-27　C_9H_{12} 的 ^1H NMR 谱

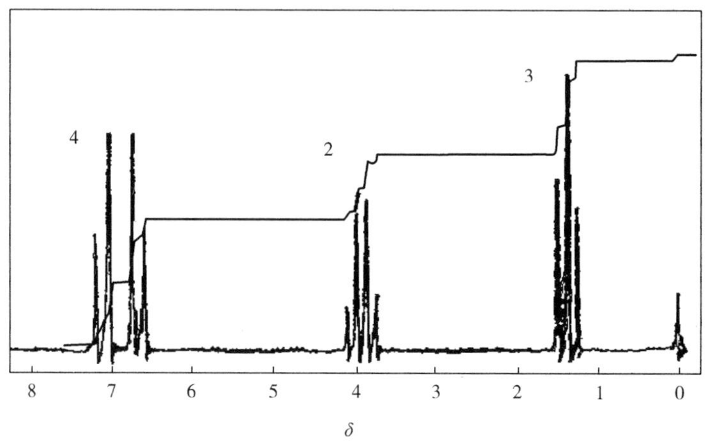

图 4-28　C_8H_9OCl 的 ^1H NMR 谱

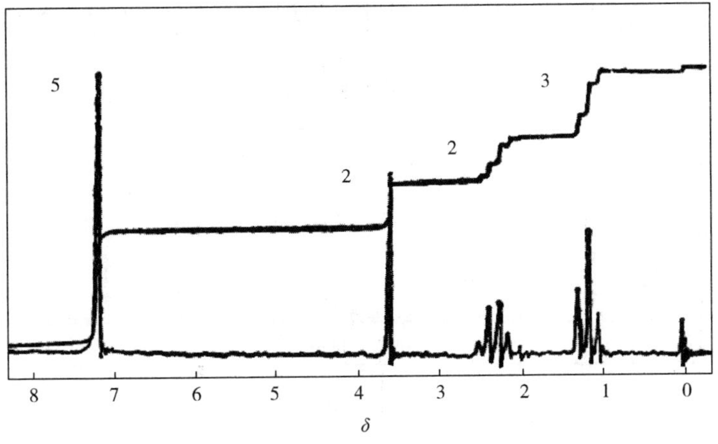

图 4-29 $C_9H_{12}S$ 的 ^1H NMR 谱

10. 分子式 $C_{10}H_{12}O_2$，三种异构体的^1H NMR 谱如图 4-30 所示，推导其结构。

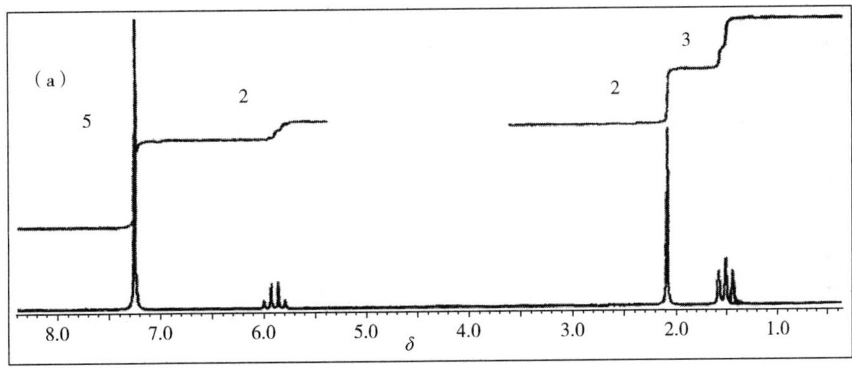

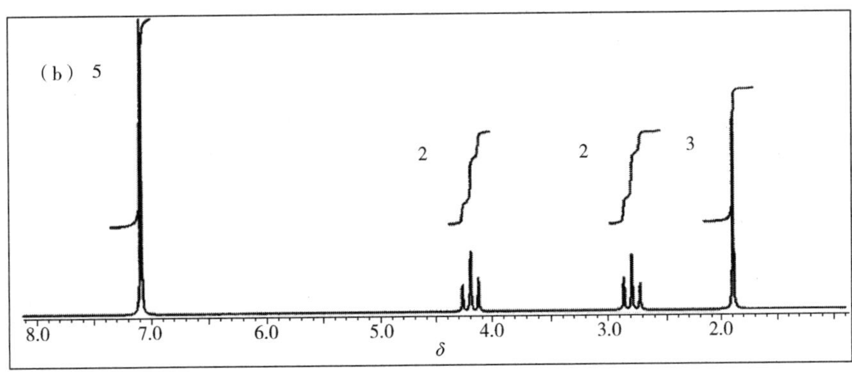

图 4-30

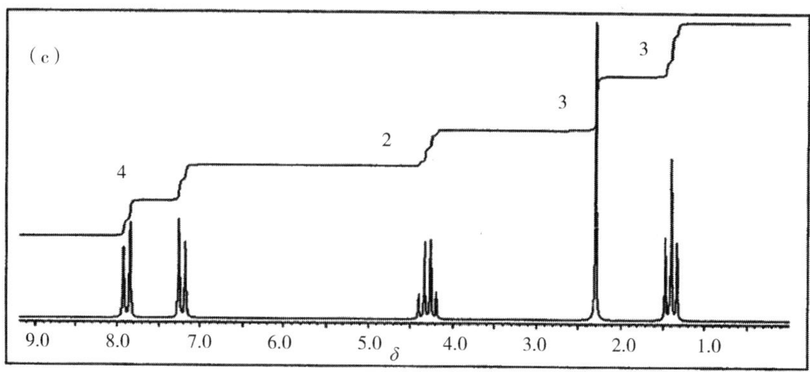

图 4-30　$C_{10}H_{12}O_2$ 三种异构体的 ^1H NMR 谱

11. 分子式 C_3H_5NO，^1H NMR 谱如图 4-31 所示，推导其可能结构。

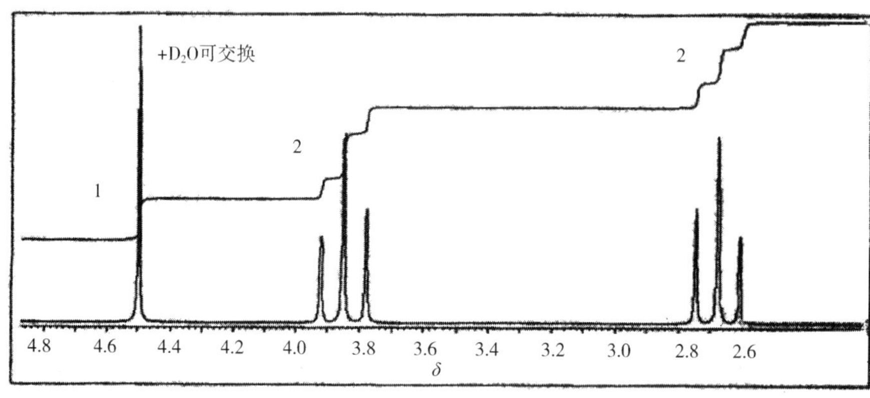

图 4-31　C_3H_5NO 的 ^1H NMR 谱

12. 分子式 $C_8H_{14}O_4$，^1H NMR 及 ^{13}C NMR 谱如图 4-32 所示，推导其可能结构。

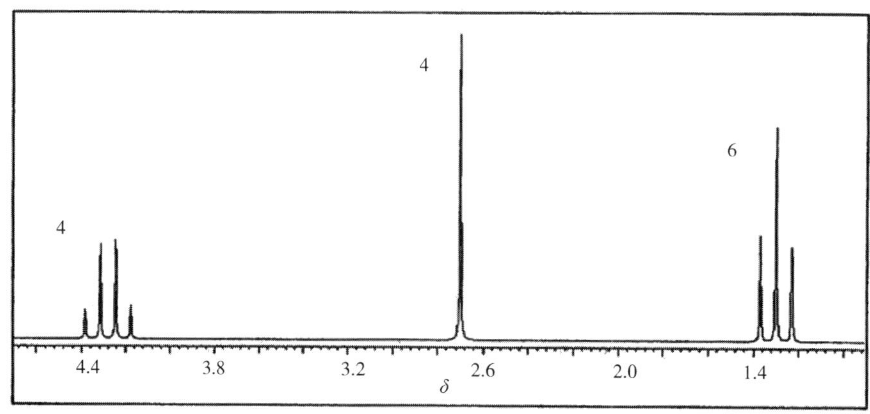

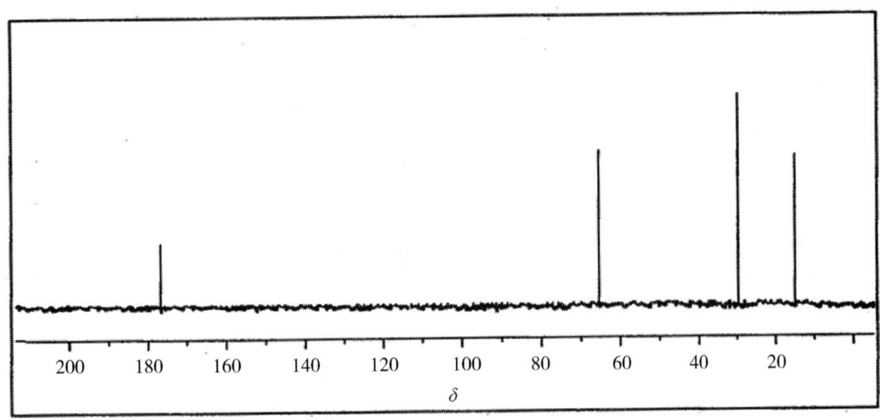

图 4-32　$C_8H_{14}O_4$ 的^1H NMR 及^{13}C NMR 谱

参考文献

[1] 陈耀祖．有机分析［M］．北京：高等教育出版社，1983.

[2] 宁永成．有机化合物结构鉴定与有机波谱学［M］．2 版．北京：科学出版社，2001.

[3] 沈淑娟，方绮云．波谱分析的基本原理及应用［M］．北京：高等教育出版社，1988.

[4] 赵瑶兴，孙祥玉．光谱解析与有机结构鉴定［M］．合肥：中国科学技术大学出版社，1992.

[5] 朱明华．仪器分析［M］．2 版．北京：高等教育出版社，1993.

[6] 梁晓天．核磁共振高分辨氢谱的解析和应用［M］．北京：科学出版社，1976.

[7] 张友杰．李念平．有机波谱学教程［M］．武汉：华中师范大学出版社，1990.

[8] 孟令芝，龚淑玲，何永炳．有机波谱分析［M］．2 版．武汉：武汉大学出版社，2003.

[9] 李润卿，范国梁．有机结构波谱分析［M］．3 版．天津：天津大学出版社，2005.

[10] 常建华，董绮功．波谱原理及解析［M］．2 版．北京：科学出版社，2005.

[11] 李丽华．波谱原理及应用［M］．北京：中国石化出版社，2016.

[12] 邓芹英，刘岚，邓慧敏．波谱分析教程［M］．2 版．北京：科学出版社，2007.

[13] 周向葛，邓鹏翅，徐开来．波谱解析［M］．北京：化学工业出版社，2015.

[14] Dudley H. Williams，Ian Fleming：有机化学中的光谱方法［M］．6 版．张艳，施卫峰，王剑波，等，译，北京：北京大学出版社，2015.

[15] 潘铁英，张玉兰，苏克曼．波谱解析法［M］．2 版．上海：华东理工大学出版社，2009.

[16] 刘宏民．实用有机光谱解析［M］．郑州：郑州大学出版社，2015.

[17] 何祥久．波谱解析［M］．北京：科学出版社，2017.

第五章　质谱

学习要求

1.了解质谱的基本原理与特点。
2.熟悉各种离子源的基本原理、特点与适应性。
3.掌握质谱中离子峰的类型、离子断裂机制。
4.掌握分子离子峰判定的依据及分子离子与化合物结构的关系。
5.掌握应用质谱进行有机化合物结构解析的方法。

第一节　概述

一、质谱仪及其工作原理

质谱（mass spectra，简称 MS）为化合物分子经电子流轰击或其他手段打掉一个电子（或多个电子，概率很小）形成正电荷离子，有些在电子流轰击下进一步裂解为较小的碎片离子，在电场和磁场的作用下，按质量大小排列而成的谱图。

应用质谱确定有机化合物结构始于 20 世纪 60 年代。质谱可以精确地测定有机化合物的分子量，并可结合元素分析确定分子式，质谱的碎片数据在确定结构时也可提供有力的线索。因此，质谱可用来研究有机反应的反应机理、聚合物的裂解机理、有机物及中间体结构的分析、未知成分有机物的分析与鉴定等。近几年来，质谱与其他分离手段的联用，如 GS/MS，LC/MS 等，大大提高质谱的分析效能，使其成为结构分析中有力的工具。

质谱仪的种类很多，常用的质谱仪按照分离带电粒子的方法可以分为三种类型：单聚焦质谱仪、双聚焦质谱仪、四极矩质谱仪。单聚焦质谱仪对离子束用静电场进行分离，而双聚焦质谱仪对离子束先用静电场分离，再用磁场二次分离，所以双聚焦质谱仪的分辨率很高。四极矩质谱仪结构简单，可测分子量范围小，但分辨率高，由于它可以快速扫描，常用在与凝胶色谱仪（GC）的联机上。图 5-1 为单聚焦质谱仪的构造图。

单聚焦质谱仪的结构包括进样系统、电离室、加速室、分离管、接收器、记录装置。其工作原理为：首先将样品送入加热槽中，抽真空达 10^{-5}Pa，加热使样品气化，让样品蒸气进

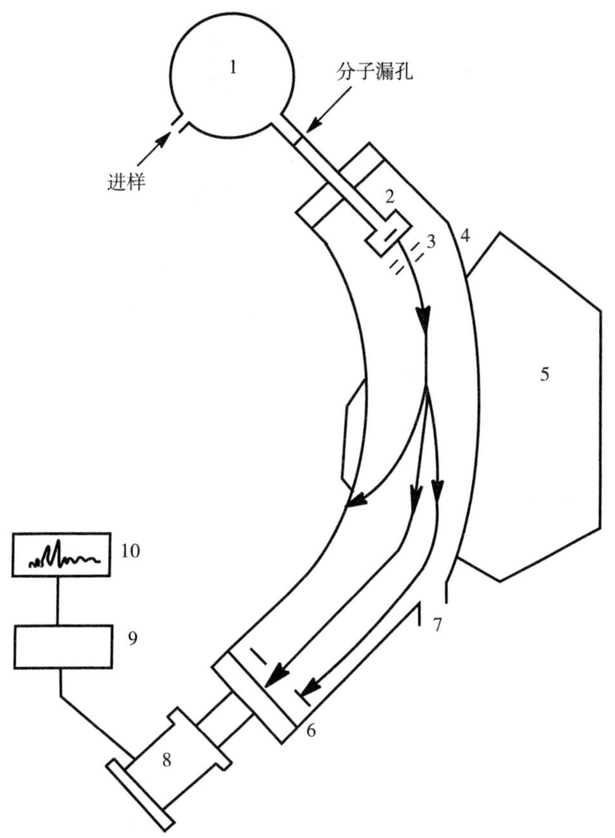

图 5-1　单聚焦质谱仪的构造简图

1—加热槽　2—电离室　3—加速极　4—分离管　5—磁场　6—收集器　7—抽真空
8—前级放大器　9—放大器　10—记录器

入电离室。也可以用探针将样品送入电离室。分别称为加热进样法和直接进样法。样品分子在电离室中被高能电子流轰击，首先被打掉一个电子形成分子离子，部分分子离子在电子流的轰击下，进一步裂解为较小的离子或中性碎片。样品分子也可能一次被打掉两个或者多个电子而生成多电荷离子，但概率很低。其中正电荷离子进入下一部分，即加速室。加速室为一个高压静电场。正电荷离子在电场的作用下得到加速，然后进入分离管。

在加速室中，正离子获得的动能等于加速电压与离子电荷的乘积：

$$\frac{1}{2}mv^2 = eE \tag{5-1}$$

式中：m 为正电荷离子质量；E 为加速电压；e 为正电荷离子电荷；v 为正电荷离子得到的速度。

分离管为具有一定半径的圆形管道。在分离管的四周有均匀的磁场。在磁场的作用下，离子的运动由直线变为匀速圆周运动，此时，离子在圆周上任一点的向心力和离心力应相等，才能经收集器狭缝到达收集器，即：

$$\frac{mv^2}{R} = Hev \tag{5-2}$$

式中：R 为圆周半径；H 为磁场强度。

由式（5-1）、式（5-2）中可得：

$$\frac{m}{e} = \frac{H^2R^2}{2E} \tag{5-3}$$

式中：m/e 为正离子的质量与电荷的比值，简称质荷比。

仪器一定，R 便固定。所以改变 E 或 H 可以只允许一种质荷比的离子通过收集狭缝进入监测系统，而其他质荷比的离子则碰撞在管壁内壁上，并被真空泵抽出仪器。这样，只要连续改变 E 或 H，便可使各离子依次按质荷比大小顺序先后到达收集器，最后被记录下来。

二、质谱的表示方法

（一）质谱图

质谱图是记录正离子质荷比及峰强度的谱图，多为条图。图 5-2 为甲苯质谱图。

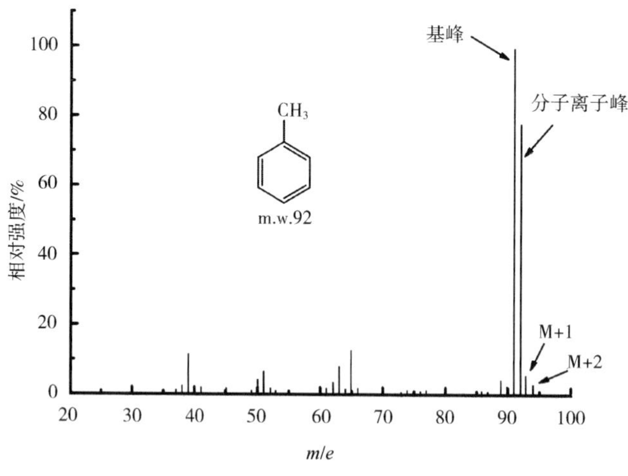

图 5-2　甲苯的质谱图

图 5-2 中横坐标表示离子的质荷比。在绝大多数情况下分子离子及碎片离子只带一个正电荷。因此认为离子的质荷比便是该分子离子或碎片离子的质量数。纵坐标表示离子的强度，强度高则是峰高，实际上强度越高，离子越稳定，该类离子的数量越多，则离子流强度越大。离子的强度有两种不同的表示方法：

（1）绝对强度。是指离子峰的高度占 m/e 大于 40 的各离子峰高度总和的百分数。

（2）相对强度。是以最强峰做基峰，其强度定为 100。其余各峰的高度占基峰高度的百分数即为相对强度。一般质谱图的强度多用相对强度表示。

（二）质谱表

质谱表是用表格的形式记录整理的质荷比和峰强度的一种方法。但比较少用，多用于文献中。质谱表不如质谱图直观，甲苯的质谱表见表 5-1。

表 5-1　甲苯的质谱表

m/e	38	39	45	50	51	62	63	65	91	92	93	94
相对强度	4.4	5.3	3.9	6.3	9.1	4.1	8.6	11	100	68	4.9	0.2

三、质谱仪的分辨率

质谱仪的分辨率是判断仪器性能优劣的重要指标。它是指质谱仪对两个相邻的质谱峰的分辨能力，常用 R 来表示。设两个相邻峰的质量分别为 m_1 和 m_2，两峰的质量差为 Δm，则

$$R=\frac{m_1(\text{或 } m_2)}{\Delta m} \tag{5-4}$$

一般认为 $R<10^4$ 为低分辨质谱仪，$R>10^4$ 为高分辨质谱仪。

四、质谱的测定

（一）进样

对于易挥发的样品，可采用加热进样法进样。对于难挥发但可采用加热及抽真空的方法使其气化的样品，或者对于难挥发但可通过化学处理制成易挥发的衍生物的样品，也可以采用加热进样法进样。加热进样法需样品量约为 1mg。如测量葡萄糖的质谱时，可将其变为三甲基硅醚的衍生物，便可采用加热法进行测定。对于不易挥发，且热稳定性差的样品，为了得到较完整的质谱信息，往往采用直接进样法，以便于与相应的离子化方法配合。

（二）离子化

每种离子化技术都有其适用范围和特点，因此在选择一种技术之前要考虑被分析物的类型和相对分子量是否适用于该技术（图 5-3）。

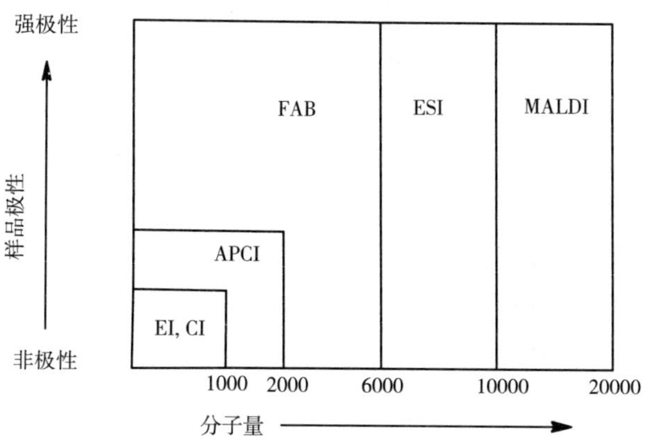

图 5-3　一般离子化技术的适用范围

常用的离子化方法包括电子轰击电离（EI）、化学电离（CI）、快原子轰击电离（FAB）、基质辅助激光解吸电离（MALDI）、场致电离（FI）、场解吸电离（FD）、大气压电离（API）等。大多数方法是先蒸发后电离，但也有例外，如电喷雾。

1. 电子轰击

电子轰击（electron impact，EI）是首先将样品在真空中加热到气相，然后用电子流轰击样品分子，使样品电离。我们可能会认为带负电荷电子轰击样品会使样品分子形成负电离子，但情况并非如此，因为电子移动速度太快而不能被分子捕获，而是轰击了样品分子后使样品分子失去了一个电子产生阳离子自由基（含有一个正电荷和一个未配对电子的离子）。丢失的电子是分子中最不稳定的化学键中电子，例如，一个占据最高分子轨道的电子，一般来说，在电子碰撞失去电子难易次序如下：孤对电子>π 电子>δ 电子。而分子失去电子而被离子化需要大约 7eV 能量（675kJ/mol），为了做到这一点，电子需要具有十倍的能量。电子剩余的动量传递给分子使分子离子裂解。在某些情况下，分子碎裂过多而使分子离子缺失。

EI 源（一般是 70eV）结构简单，温度控制简便，电离效率高，灵敏度高，所产生的离子种类十分丰富，包含了分子结构的大量信息，且电离稳定性，谱图重现性好，因此，常被用作标准质谱图的离子化方法。理论上，只要在电离室能够气化的样品，均可采用 EI 源。一般情况下，70eV 的电子轰击能量对大多数化合物的裂解过程是适用的，但对于极易容易裂解的分子，能量稍高的电子束就会导致分子离子峰很弱，甚至没有分子离子峰，给谱图解析带来不便。EI 源的电子流强度可精密调控，对这类分子，在实际研究中，可根据样品选择合适的电子束能量。由于 EI 源需要在气相中轰击分子，因此，EI 源不适用于热不稳定或难挥发的化合物。

2. 化学电离

化学电离（chemical ionization，CI）是通过离子与分子的反应而使样品离子化的。由于采用 CI 源离子化而得到的分子离子上的过剩能量要小于 EI 源。所以 CI 源离子化产生的分子离子较稳定，碎片离子则较少。采用 EI 和 CI 离子化方法的前提是样品必须处于气态，因此主要用于气相色谱-质谱联用仪，适用于易气化的有机物样品分析，热不稳定和难挥发的样品不能采用 CI 源离子化。而 CI 源所得到的分子离子较 EI 源稳定，但碎片离子要少，因此得到的结构信息较 EI 源要少。

化学电离过程是将反应气体（常用甲烷、氨气等）引入离子化室，反应气体浓度远高于样品浓度（为样品浓度的 $10^3 \sim 10^5$ 倍），反应气体在电子轰击源（200～500eV）的轰击下首先部分电离，产生初级离子，再与反应气体进行能量交换形成稳定的二级离子，这些二级离子再与样品分子发生反应，从而产生分子离子，由于这些分子离子包含与反应气体有关的结构部分，因此该分子离子称为准分子离子。如果准分子离子的能量足够大，它还可发生进一步裂解，形成各种碎片离子，因此，CI 源既可以提供分子量的信息，又可以提供部分结构信息。

甲烷是最常用的反应气体，它在电子轰击源的轰击下，发生以下反应：

$$CH_4 \longrightarrow CH_4^{\cdot +}$$

$$CH_4^{\cdot +} \longrightarrow CH_3^+ + H^{\cdot}$$

$$CH_4^{\cdot +} \longrightarrow CH_5^+ + CH_3^{\cdot}$$

$$CH_3^+ \longrightarrow C_2H_5^+ + H_2$$

这些离子再与气态样品分子反应生成准分子离子 $(M+1)^+$、$(M-H)^+$：

$$CH_5^+ + M \longrightarrow (M+H)^+ + CH_4$$

$$CH_5^+ + M \longrightarrow (M-H)^+ + CH_4 + C_2H_4$$

$$C_2H_5^+ + M \longrightarrow (M+H)^+ + C_2H_4$$

$$C_2H_5^+ + M \longrightarrow (M-H)^+ + C_2H_6$$

还可以与气态样品分子发生复合反应生成 $(M+17)^+$和 $(M+29)^+$：

$$CH_5^+ + M \longrightarrow (M+CH_5)^+ \qquad (M+17)$$

$$C_2H_5^+ + M \longrightarrow (M+C_2H_5)^+ \qquad (M+29)$$

化学电离源所得的谱图相对简单，一般最强峰为准分子离子峰，可获得分子量和部分结构信息。化学电离源需要样品在气态下才能与二级离子反应，因此不适用于难挥发或热不稳定的样品。

3. 快原子轰击

快原子轰击（fast atom bombardment，FAB）是将惰性气体原子（例如氙）经强电场加速后，轰击被分析溶液中的基质（最通常的是丙三醇、硫代甘油、硝基苄醇或三乙醇胺），一般氙原子的能量范围是 6～9keV（580～870kJ/mol）。轰击后，使能量从氙原子转移到基质，导致分子间键的断裂、样品解吸附（通常作为离子）到气相中。不同于 EI，FAB 可以用来产生带负电荷的离子。快速原子轰击广泛用于强极性分子的电离，一般产生 $[M+1]^+$离子峰（对应 $[M+H]^+$离子）及小碎片离子。

4. 基质辅助激光解析电离

基质辅助激光解析电离（matrix assisted laser desorption ionization，MALDI）在原理上与 FAB 相似，但在 MALDI 中，能量则来自于激光光束。将被分析物质的溶液和某种基质的溶液箱混合，蒸发去掉溶剂，于是被分析物质与基质成为共结晶体或者半结晶体。用一定波长的脉冲式激光进行照射，基质分子能有效地吸收激光的能量，使基质分子和试样获得能量投射到气相并得电离。因此，MALDI 法可以使一些难于电离的试样电离，因此特别适用于一些生物大分子的场合（分子量在 10 万这个级别），但一般仅作为飞行时间分析器的离子源使用。

5. 场致电离

场致电离（field ionization，FI）是通过高能电场使样品分子离子化，在高能电场的作用下，将样品分子中的电子吸到阳极上去，这样形成的分子离子的过剩能量较少，因此这种离子化法得到的分子离子较稳定，碎片离子较少。

6. 场解吸电离

场解吸电离（field desorption，FD）适宜于既不挥发且热稳定性差的样品，将样品在阳极表面沉积成膜，然后将之放入场离子化源中，电子将从样品分子中移向阳极，同时又由于同性相斥，分子离子便从阳极解吸下来而进入加速室。这种离子化法所得到的分子离子很稳定。

7. 大气压电离

大气压电离（atmospheric pressure ionization，API）主要是应用于高效液相色谱（HPLC）和质谱联机时的电离方法，试样的离子化在处于大气压下的离子化室中进行。它包括电喷雾电离（electrospray ionization，ESI）和大气压化学电离（atmospheric pressure chemical ionization，APCI）。

（1）电喷雾（ESI）。电喷雾是试样溶液从具有雾化气套管的毛细管端流出，并在雾化气（一般为氮气）的作用下分散成微滴。微滴在增大的过程中表面电荷密度逐渐增大，当增大到某个临界值时，离子就可以从表面蒸发出来。由于在电喷雾中使用的混合溶剂也常作为反相液相色谱的溶剂，因此电喷雾常与液相色谱结合形成液质联用（LC-MS）。

（2）大气压化学电离（APCI）。大气压化学电离的出现是一个相对新的发展方向，同化学电离的过程相同，但却是在大气压下发生的电离，因此与化学电离有非常相似的机制，反应气（水）变成质子在样品中作为酸，导致质子的增加形成的是 $[M+H]^+$正离子。在负离子模式下，气体试剂在样品中作为碱，非质子化形成 $[M-H]^-$离子。一旦离子形成，它们在电势差的作用下被送往质谱分析仪器入口。APCI 同样用于气相色谱-质谱分析体系。

因此，在进行质谱鉴定时，选择适宜的进样方法及离子化方法，将有助于得到最佳的分析结果。

（三）质量分析器

质量分析器的作用是将离子源产生的离子按 m/e 顺序分开并列成谱。用于有机质谱仪的质量分析器有磁式单聚焦和双聚焦分析器、四级杆分析器、飞行时间分析器、回旋共振分析器等。

1. 磁式质量分析器

磁式质量分析器是利用洛伦茨现象进行质量分离的。当带电粒子通过均匀磁场时，在磁场作用下发生偏转作圆周运动。圆周运动的半径与磁场强度、所带电荷量、质量、加速电场强度有关。使用均匀磁场作为质量分析器的质谱仪，称为单聚焦磁质谱仪。单聚焦分析器的主体是处在磁场中的扁形真空腔体。离子进入分析器后，由于磁场的作用，其运动轨道发生偏转改作圆周运动。单聚焦分析器结构简单、操作方便但其分辨率很低，不能满足有机物分析要求。单聚焦质谱仪分辨率低的主要原因在于它不能克服离子初始能量分散对分辨率造成的影响。为了消除离子能量分散对分辨率的影响，双聚焦分析器应运而生。双聚焦质量分析器是在扇形磁场前加一扇形电场，质量相同而能量不同的离子经过静电场后会彼此分开。只要是质量相同的离子，经过电场和磁场后可以汇聚在一起。另外质量的离子会聚在另一点。改变离子加速电压可以实现质量扫描。这种由电场和磁场共同实现质量分离的分析器，同时具有方向聚焦和能量聚焦作用，称双聚焦质量分析器。双聚焦分析器的优点是分辨率高，缺点是扫描速度慢，操作、调整比较困难，而且仪器造价也比较昂贵。

2. 四极杆分析器

因四极杆分析器由 4 根平行的棒状电极组成而得名。电极材料是镀金陶瓷或钼合金。离子束在与棒状电极平行的轴上聚焦，相对 2 根电极间加有电压($V_{dc}+V_{rf}$)，另外 2 根电极间加有$-(V_{dc}+V_{rf})$负电压，其中 V_{dc}为直流电压，V_{rf}为射频电压。4 个棒状电极形成一个四极电场。对于给定的直流和射频电压，特定质荷比的离子在轴向稳定运动，其他质荷比的离子则与电极碰撞湮灭。将 V_{dc} 和 V_{rf} 以固定的斜率变化，可以实现质谱扫描功能。四极杆分析器对选择离子分析具有较高的灵敏度。

3. 飞行时间质量分析器

飞行时间质量分析器的核心部分是一个离子漂移管，进行质量分析的原理是用一个脉冲将离子源中的离子瞬间引出，经加速电压加速，使它们具有相同的动能而进入漂移管，质荷比最小的离子具有最快的速度因而首先到达检测器，而质荷比最大的离子则最后到达检测器。飞行时间质谱是一种质量范围宽、扫描速度快、既不需电场也不需磁场的分析器，但是存在分辨率低的缺点。

4. 傅里叶变换离子回旋共振分析器

傅里叶变换离子回旋共振分析器采用的是线性调频脉冲来激发离子，即在很短的时间内进行快速频率扫描，使很宽范围的质荷比的离子几乎同时受到激发。因而扫描速度和灵敏度比普通回旋共振分析器高得多。在一定强度的磁场中，离子做圆周运动，离子运行轨道受共振变换电场限制。当变换电场频率和回旋频率相同时，离子稳定加速，运动轨道半径越来越大，动能也越来越大。当电场消失时，沿轨道飞行的离子在电极上产生交变电流。对信号频率进行分析可得出离子质量。将时间与相应的频谱利用计算机经过傅里叶变换形成质谱。其优点为分辨率很高，质荷比可以精确到千分之一道尔顿。

第二节　分子离子峰及化合物分子式的确定

一、分子离子峰及其形成

分子受到电子流轰击后，失去一个电子形成的离子即为分子离子，它在质谱图中产生的峰称为分子离子峰。分子离子峰的质荷比就是该分子的分子量。分子离子峰可表示为 M^{+}，也可以简略的表示为 M。

有机化合物中各原子的价电子有形成 σ 键的 σ 电子，形成 π 键的 π 电子，以及未共用电子对的 n 电子。这些电子在受电子流轰击后失去的难易不同。一般分子中含杂原子如 O、N、S 等，其孤对电子即 n 电子最易被激发掉，其次是不饱和键的 π 电子，再次是碳—碳相连的 σ 电子，最后是碳—氢相连的 σ 电子。因而失去电子的难易次序为：

$$\text{杂原子} > \text{C=C} > \text{—C—C—} > \text{—C—H}$$

易 ⟶ 难

了解这一次序有助于准确地标出化合物分子形成分子离子后正电荷的位置。但一般情况下也可将分子用方括号括起来，将电荷写在右上角，而不标明其电荷位置。

二、分子离子峰强度与分子结构的关系

分子离子峰的强度大小标志分子离子的稳定性。一般来说，相对强度超过 30%的峰为强峰，小于 10%的峰为弱峰。分子离子峰的强度与分子结构的关系如下：

（1）碳链越长，分子离子峰越弱。

（2）存在支链有利于分子离子裂解，分子离子峰越弱。

（3）饱和醇类及胺类化合物的分子离子峰弱。

（4）有共振结构的分子离子稳定，分子离子峰强。

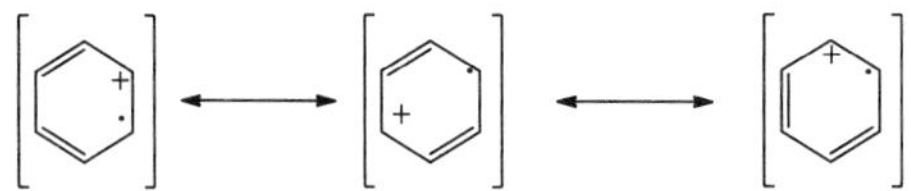

（5）环状化合物分子一般分子离子峰较强。

综上所述，分子离子在质谱中表现的稳定性大体上有如下次序：

芳香环>共轭烯>烯>环状化合物>羰基化合物>醚>酯>胺>高度分支的烃类。

三、分子离子峰的识别

从理论上来说，分子离子应该是质谱中质荷比最高的一个离子。但实际上，质荷比最高的并不一定是分子离子。这是因为：

（1）化合物易发生热分解，因而得不到分子离子。

（2）分子离子极不稳定，都进一步裂解成碎片离子。

（3）存在高分子量的杂质。

（4）有同位素存在时，最大的峰不是分子离子峰。

（5）分子离子有时捕获一个 H 出现 M+1 峰，捕获两个 H 出现 M+2 峰，等等。为此必须对分子离子峰加以准确的判断，才能正确地确定化合物的分子量。

识别分子离子峰可参考如下方法：

（一）质荷比的奇偶规律（或称为氮数规则）

只由 C、H、O 组成的化合物，其分子离子峰的 m/e 一定是偶数。在含氮的有机化合物中，氮原子的个数为奇数时，其分子离子峰的 m/e 一定为奇数；氮原子的个数为偶数时，其分子离子峰的 m/e 一定为偶数。

（二）M 与 M±1 峰的区别

分子离子在电离室中相互碰撞，有时可捕获一个 H 生成 M+1 离子，有时可失去一个 H 形成 M−1 离子。一般情况下，醚、酯、胺、酰胺、氨基酸酯、腈、胺醇等化合物易生成 M+1 峰，醛和醇等化合物易生成 M−1 峰。M+1 和 M−1 峰不遵守以上氮数规律。

（三）分子离子峰与碎片离子峰之间有一定的质量差

分子离子在形成碎片时，丢失掉 1~2 个 H 原子十分普遍，但要连续失去 3 个以上氢原子

而不发生其他化学键的断裂则是不可能的，因此，（M−1H）、（M−2H）是较为常见的，而在分子离子峰的左侧 3~14 个质量单位处不应该有碎片离子峰出现。如果有其他峰在 3~14 个质量单位处，则该峰不是分子离子峰。

（四）利用同位素峰来判断

某些元素在自然界中存在着一定含量比例的同位素。我们把同位素在自然界中的相对含量称为丰度。常见的同位素丰度见表 5-2。

表 5-2　常见元素的相对同位素丰度

元素	丰度					
碳	^{12}C	100	^{13}C	1.03		
氢	^{1}H	100	^{2}H	0.016		
氮	^{14}N	100	^{15}N	0.38		
氧	^{16}O	100	^{17}O	0.04	^{18}O	0.20
氟	^{19}F	100				
硅	^{28}Si	100	^{29}Si	5.10	^{30}Si	3.35
磷	^{31}P	100				
硫	^{32}S	100	^{33}S	0.78	^{34}S	4.40
氯	^{35}Cl	100			^{37}Cl	32.5
溴	^{79}Br	100			^{81}Br	98.0
碘	^{127}I	100				

从表 5-2 可见 ^{35}Cl 与 ^{37}Cl 的丰度比为 3∶1，^{79}Br 与 ^{81}Br 的丰度比为 1∶1。所以在含有 Cl 及 Br 的有机化合物的质谱图上可以看到特征的二连峰。如果质量数为 M 的分子离子含有一个 Cl，就会出现强度为 3∶1 的 M 和 M+2 峰；若含有一个 Br，就会出现强度比为 1∶1 的 M 和 M+2 峰。此时，若在谱图上能出现分子离子峰的话，则质荷比最大的为同位素的分子离子峰，M 处的峰才是分子离子峰。

（五）通过实验方法的改进来判别分子离子峰

（1）制备适当的衍生物，将衍生物质谱与原化合物质谱进行比较，从相应的质量变化，确定原化合物的分子离子峰。

（2）考虑离子化的方法。对 EI 源，可逐步降低电子流能量，使裂解逐渐减小，碎片逐渐减少，相对强度增加的便是分子离子峰。若换成 CI 源、FI 源，尤其是 FD 源，可使分子离子峰出现或明显加强。如图 5-4 所示。

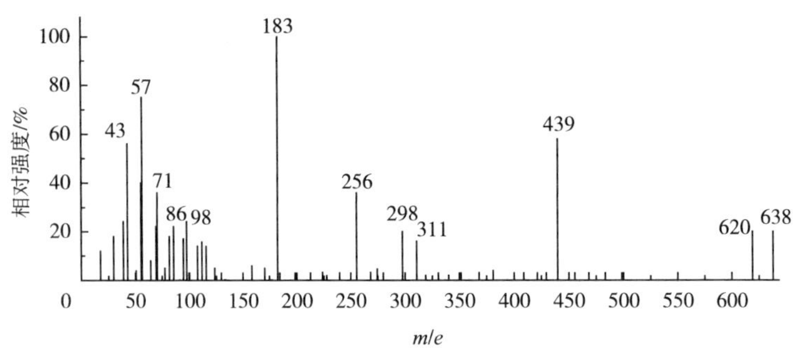

（a）电子撞击（EI源）离子化法

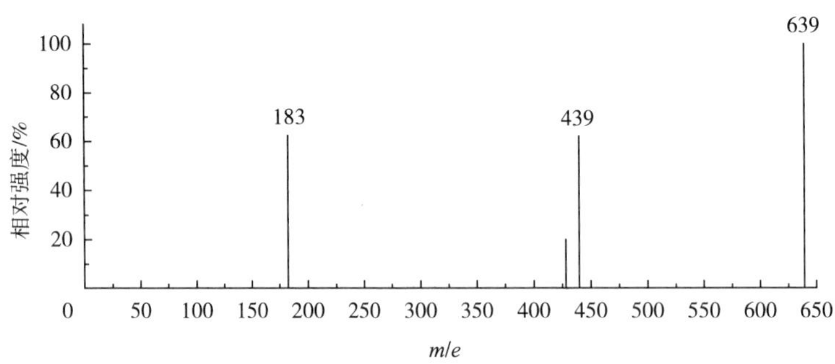

（b）场吸收（FD源）离子化法

图 5-4　甘油三月桂酸酯的质谱图

四、分子式的确定

（一）通过高分辨质谱仪进行推断

高分辨质谱仪可以精确确定有机物的分子量，由于元素的原子量都是相对^{12}C而定的，因此都不是整数。如^{1}H为1.0078，^{14}N为14.0031，^{16}O为15.9949。由此可以通过分子量精确计算值与仪器分析值对照，来推断分子式。如现有三个化合物：C_5H_6，C_4H_2O，$C_5H_2N_2$，在低分辨质谱仪中都在m/e为66出峰，在高分辨质谱仪上就可以加以区分：C_5H_6在66.0466处出峰，C_4H_2O与$C_5H_2N_2$分别在66.0105和66.0218处出峰。

（二）通过同位素离子峰进行推断

准确地测定（M+1）/M，（M+2）/M的百分比，查附录贝农表来确定分子式。

例　某一化合物，其M，M+1，M+2峰的相对强度如下，试推断其分子式。

m/e	强度比
150（M）	100
151（M+1）	10.2
152（M+2）	0.88

根据（M+2）/M＝0.88%，对照表5－2可知分子中不含有S及卤素。因为$^{34}S/^{32}S=4.40\%$，$^{37}Cl/^{35}Cl=32.5$，$^{81}Br/^{79}Br=98.0\%$。

在贝农表中，分子量为150的式子共有29个。其中（M+1）/M的百分比在9~11的式子有7个，即

分子式	M+1	M+2
$C_7H_{10}N_2$	9.25	0.38
$C_8H_8NO_2$	9.23	0.78
$C_8H_{10}N_2O$	9.61	0.61
$C_8H_{12}N_3$	9.98	0.45
$C_9H_{10}O_2$	9.96	0.84
$C_9H_{12}NO$	10.34	0.86
$C_9H_{14}N_2$	10.71	0.25

根据氮数规则，表中$C_8H_8NO_2$、$C_8H_{12}N_3$、$C_9H_{12}NO$三个化合物可立即排除。剩下的四个式子中只有$C_9H_{10}O_2$的M+1和M+2的相对强度比与实测值接近。所以该化合物的分子式是$C_9H_{10}O_2$。

第三节 碎片离子峰和亚稳离子峰

一、碎片离子峰

碎片离子峰是由于分子离子进一步裂解产生的。碎片离子还可以进一步裂解为质荷比更小的碎片离子。所以在质谱图中分子离子峰只有一个，而碎片离子峰却有许多。

碎片离子峰的存在与否反映分子中是否含有易于裂解成该种碎片离子的基团，碎片离子峰相对强度的高低又标志该碎片离子的稳定性大小。了解和掌握碎片离子峰有助于准确推断分子结构，一方面可将碎片离子粗略地拼凑出分子的骨架结构，再用其他手段加以验证；另一方面可将已初步确定的分子结构，用碎片离子峰加以验证。因而掌握分子的裂解方式及其规律对正确判断分子结构很有必要。

（一）裂解方式及其表示方法

1. 裂解方式

分子中一个键的开裂共有三种方式：

（1）均裂。一个σ键的两个电子开裂，每个碎片保留一个电子。

$$X—Y \longrightarrow X\cdot + Y\cdot$$

（2）异裂。一个σ键的两个电子开裂，两个电子都归属于一个碎片。

$$X—Y \longrightarrow X^+ + Y:$$

（3）半异裂。离子化的 σ 键的开裂。

$$X— \cdot Y \longrightarrow X^{+} + Y\cdot$$

2. 裂解方式的表示方法

（1）要把正电荷的位置尽可能写清楚。正电荷一般都在杂原子上或在不饱和化合物的 π 键体系上，这样易于判断以后的开裂方向。

（2）正电荷位置不清楚时，可以用 $[\quad]^{+\cdot}$、$[\quad]^{+}$ 或 $\urcorner^{+\cdot}$、$\urcorner^{+}$ 来表示。如：

$$[RCH_3]^{+\cdot} \xrightarrow{\cdot CH_3} [R]^{+\cdot}$$

离子化的双键可表示为 $R\dot{C}H—\overset{+}{C}HR$ 或者 $[RCH{=}CHR]^{+\cdot}$。离子化的芳环可表示为：

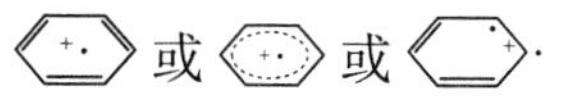

或 或 .

（3）和分别表示两个电子的转移和一个电子的转移。如：

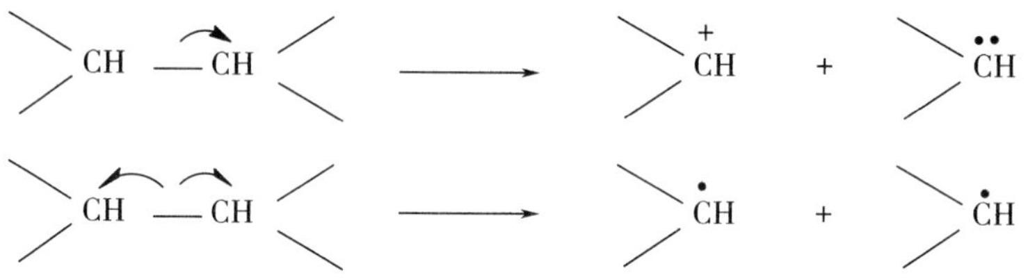

$$>CH—CH< \longrightarrow >\overset{+}{C}H + >\ddot{C}H$$

$$>CH—CH< \longrightarrow >\dot{C}H + >\dot{C}H$$

（4）α 开裂是指 α 键的开裂，即带有电荷的官能团与相连的 α 碳原子之间的开裂。如：

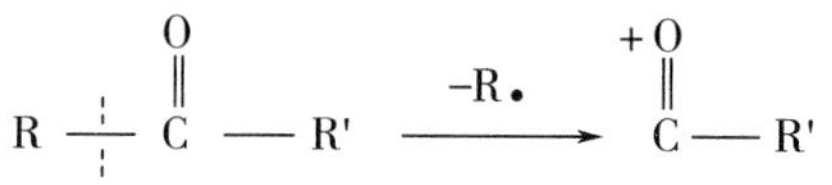

$$R \vdots C(=O)—R' \xrightarrow{-R\cdot} C(=\overset{+}{O})—R'$$

β 开裂和 γ 开裂各表示 β 键（$C_\alpha—C_\beta$）和 γ 键（$C_\beta—C_\gamma$）的开裂。如：

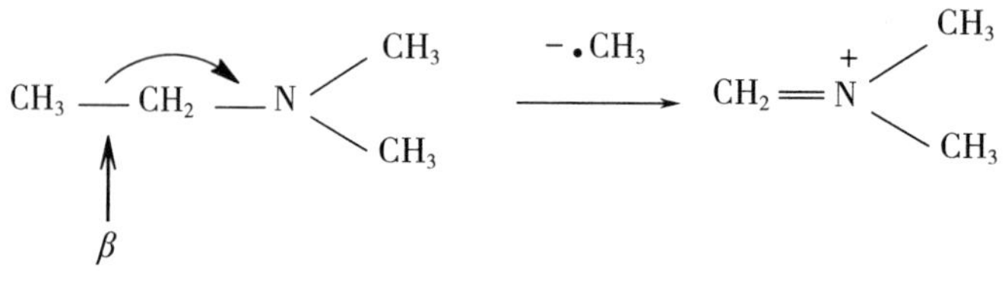

$$CH_3—CH_2—N(CH_3)_2 \xrightarrow{-\cdot CH_3} CH_2{=}\overset{+}{N}(CH_3)_2$$

β

（5）离子中的电子数目和离子质量的关系。由 C、H 或 C、H、O 组成的离子，如果含有奇数个电子，其质量数为偶数。相反，如果含有偶数个电子，其质量数为奇数。如：

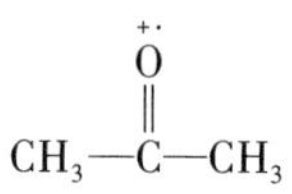

$$CH_3—C(=\overset{+\cdot}{O})—CH_3 \quad m/e=58$$

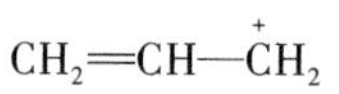

$$CH_2{=}CH—\overset{+}{C}H_2 \quad m/e=41$$

由 C、H、N 或者 C、H、O、N 组成的离子，如果含有偶数个 N 原子，则离子的电子数目和质量的关系与上述规律相同。但如含有奇数个 N 原子时，则离子的电子数目和离子质量的关系将与上述规律相反。即离子含有奇数个电子时，其质量也为奇数；离子含有偶数个电子时，其质量也为偶数。如：

$CH_3—CH_2—\overset{+\cdot}{N}H(CH_3)_2$　　　　$C_3H_7C\equiv\overset{+}{N}H$

$m/e=73$　　　　$m/e=70$

（二）开裂类型及其规律

阳离子的开裂类型大体可以分为四种。

1. 单纯开裂（简单开裂）

它是指仅发生一个键的开裂，同时脱去一个自由基。

饱和直链烃的单纯开裂，首先半异裂生成一个自由基和一个正离子，随后脱去 28 个质量单位（$CH_2=CH_2$），有时伴随失去一个 H_2 而成为链烯烃离子。

支链烷烃的单纯开裂易发生在分支处。生成离子的稳定性为：$R_3C^+>R_2\overset{+}{N}H>R\overset{+}{C}H_2>\overset{+}{C}H_3$。在分支处发生单纯开裂时，首先失去较大的质量的基团。

带侧链的饱和环烷烃发生单纯开裂时，易通过 α 键的半异裂失去侧链，正电荷留在环上。

烯烃类化合物发生简单开裂时易发生 β 开裂。生成具有烯丙基正碳离子的共振稳定结构。但也有少量发生 α 开裂，离子丰度很小。如：

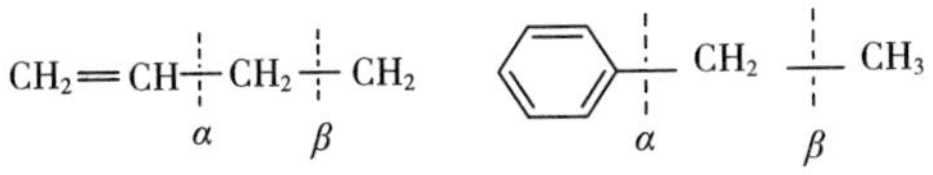

$CH_2=CH\overset{\alpha}{\vdots}CH_2\overset{\beta}{\vdots}CH_2$　　　　$C_6H_5\overset{\alpha}{\vdots}CH_2\overset{\beta}{\vdots}CH_3$

醇、胺、醚等有机物发生单纯开裂时主要发生 β 开裂，α 开裂的离子强度很小。

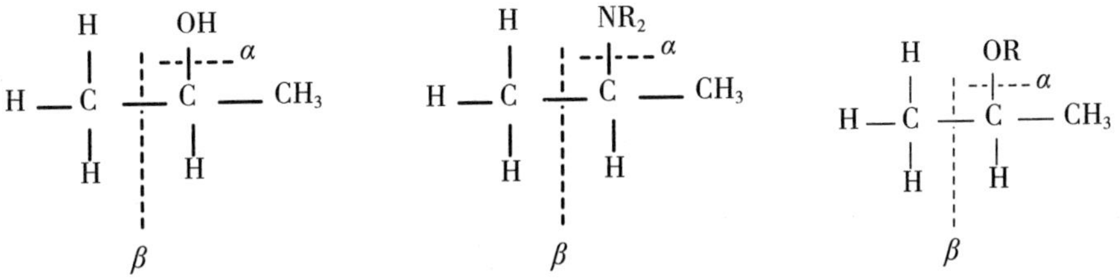

$H_3C\overset{\beta}{\vdots}CH(OH)\overset{\alpha}{\vdots}CH_3$　　$H_3C\overset{\beta}{\vdots}CH(NR_2)\overset{\alpha}{\vdots}CH_3$　　$H_3C\overset{\beta}{\vdots}CH(OR)\overset{\alpha}{\vdots}CH_3$

醛、酮、酯易发生 α 开裂：

$R\overset{\alpha}{\vdots}C(=O)\overset{\alpha}{\vdots}H(R)$　　　　$R\overset{\alpha}{\vdots}C(=O)\overset{\alpha}{\vdots}OR'$

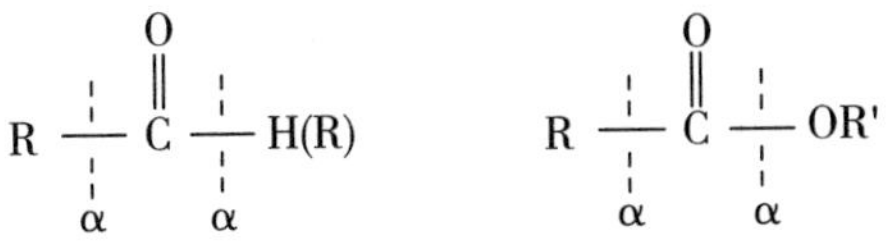

卤代烃的单纯开裂可发生在 α 位，β 位以及远处烃基上。这是因为 α 位开裂后，羰基游离基中心具有强烈的电子成对倾向，导致进一步开裂，在这个开裂过程中形成了稳定的电中性小分子 CO，出现了烷基 R^+ 对应的碎片离子峰。这个断裂过程的本质是由电荷中心引发的断裂，在$—C\equiv O^+$强吸电子作用下，与之相连的化学键上的一个电子转移到$—C\equiv O^+$上，形成了 CO，因而产生了 R^+ 离子，这就是质谱中另一个开裂原则，即中性小分子优先开裂原则。

简单开裂的应用是相当广泛的。

$$R-\overset{\overset{+\cdot}{O}}{\overset{\|}{C}}-H(R) \longrightarrow R-C\equiv O^{+} \xrightarrow{-CO} R^{+}$$

$$R-\overset{\overset{+\cdot}{O}}{\overset{\|}{C}}-OR' \longrightarrow R-C\equiv O^{+} \xrightarrow{-CO} R^{+}$$

2. 重排开裂

同时发生一个键以上的开裂，通常脱去一个中性分子，同时发生重排。一般一个 H 原子从一个原子转移到另一个原子上。

最常见的麦氏（Malafferty）重排。当化合物中含有 >C=O 、>C=N 、>C=S 以及烯类、苯类化合物时可以发生麦氏重排反应。发生麦氏重排的条件为：具有双键；与双键相连的链上要有三个以上的碳原子，并且在 γ 碳原子上有 H 原子（H_γ），发生重排时，通过六元环过渡态，H_γ 转移到杂原子上，同时 β 键发生裂解，产生一个中性分子和一个自由基阳离子。

$$R_4(H)C-C(R_3)-CH(R_2)-C(R_1)=X^{+\cdot} \longrightarrow R_4C=CR_3 + R_2CH=C(R_1)-HX$$

3. 复杂开裂

在含有脂环或芳环的离子中，发生一个以上的键开裂，并同时脱去中性分子和自由基。环醇、环卤烃、环烃胺、环酮、醚及胺类等化合物可以发生复杂开裂。

4. 双重重排开裂

同时发生几个键的断裂，并有两个 H 原子从脱去的碎片上移到新生成的碎片离子上。在质谱图上有时会出现比单纯开裂产生的离子多两个质量单位的离子峰，这就是因为发生了上述重排反应，脱去基团上有两个 H 原子转移到这个离子上的缘故。容易发生这类重排的化合物有：乙醇以上的酯和碳酸酯或相邻的两个碳原子上有适当的取代基的化合物。如二醇可以发生双重重排开裂，在 $m/e=33$ 处出现强峰。

$$HO^{+\cdot}-CH_2-CH(H)-O-H \longrightarrow \underset{m/e=33}{H_2\overset{+}{O}-CH_3} + \cdot CH=O$$

以上简单介绍了阳离子开裂的各种方式，有些有机化合物具有两个或两个以上的官能团，因为常常可以发生不同类型的开裂，选择哪一种开裂方式主要看产生阳离子的稳定性及所需能量的高低。所得阳离子越稳定，所需能量越低的开裂方式越容易发生。通常在解析质谱时常根据碎片的 m/e 判断开裂如何发生。

二、亚稳离子峰

在质谱图上有时会出现一些不同寻常的离子峰，这类峰的特点是丰度低，宽度大（有时能跨几个质量数），而且质荷比往往不是整数。把这类离子峰称为亚稳离子峰。

前面介绍的分子离子和碎片离子都是在电离室中形成的，而亚稳离子是碎片离子脱离电离室后在飞行过程中发生开裂而生成的低质量离子。离子流从在电离室中形成到被检测器被检测，所用的时间大约 10×10^{-6}s。

从稳定性的观点出发，一般把离子流中的离子分为三类：

第一类：稳定离子，寿命≥100×10^{-6}s，分子离子、碎片离子属这类。

第二类：不稳定离子。寿命 < 1×10^{-6}s，即形成不到 1×10^{-6}s 即发生分解。

第三类：亚稳离子（图 5-5）。寿命在（1~10）×10^{-6}s，这种离子在没有到达检测器之前的飞行途中就可能发生再分裂。所以亚稳离子不是在电离室中形成的，而是在加速之后，在飞行途中裂解的。中途裂解的原因尚不明了。可能是自身不稳定，内能较高或相互发生碰撞等原因。

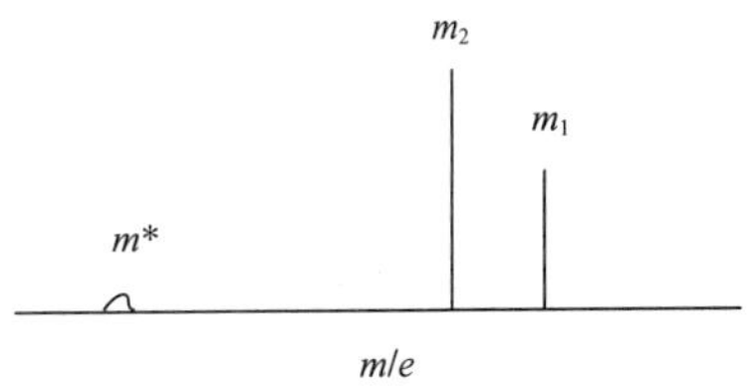

图 5-5 亚稳离子 m^* 示意图

飞行途中发生裂解的母离子称为亚稳离子，由母离子发生裂解形成的为子离子，此过程称为亚稳跃迁。所以质谱图中记录的其实是子离子的质谱图，能量与它的母离子不同，尽管如此，我们还是称质谱图中记录到的为亚稳离子。

（一）亚稳离子峰的形成及表达方式

质量为 m_1 的离子，若在电离室中持续开裂，则生成质量为 m_2 的碎片，即 $m_1 \rightarrow m_2^{\cdot}$ +中性碎片（Δm）。这样的裂解发生在离子源中和发生在飞行途中两个 m_2 的能量是不同的。发生在离子源中，产生的 m_2 的经过加速电压加速后，具有一定的动能。而在飞行途中产生的 m_2 比在离子源中产生的 m_2 的能量小，速度也小，因为有一部分动能被 Δm 带走了。所以质谱图中检测到的亚稳离子的 m/e 不是 m_2，而是比 m_2 小的数值为 m^*，由动能和轨道半径推导得到：

$$m^* = \frac{(m_2)^2}{m_1}$$

$$\begin{array}{ccc} C_4H_9^{+} \longrightarrow & C_3H_5^{+} & +CH_4 \\ m/e & 57 & 41 \end{array}$$

则其亚稳离子峰应出现在 $m/e=41^2/57=29.5$ 处。

（二）亚稳离子峰的应用

亚稳离子峰的识别，可以帮助我们判断 $m_1 \rightarrow m_2$ 的开裂过程。有时也可以根据图中 m^* 找到 m_1 和 m_2。但由于并非所有的开裂过程都出现亚稳离子，因而没有亚稳离子出现，并不意味着开裂过程 $m_1 \rightarrow m_2$ 不存在。

例如：$C_6H_5-\overset{O}{\overset{\|}{C}}-CH_3$ 在乙酰苯的质谱图中存在 $m/e = 120$（100）$(C_6H_5COCH_2)^+$ 的峰；$m/e = 105$ $(C_6H_5CO)^+$ 的峰；$m/e = 77$ $(C_6H_5)^+$ 的峰和 $m/e = 77$ 的离子 $(C_6H_5)^+$ 的形成有两种可能：

过程一：

$$\left[C_6H_5-\overset{O}{\overset{\|}{C}}-CH_3\right]^{+\cdot} \longrightarrow C_6H_5-\overset{O}{\overset{\|}{C}}^{+} + \cdot CH_3$$

$$m/e{=}120 \qquad\qquad m/e{=}105$$

$$\downarrow$$

$$C_6H_5^+ + CO$$

$$m/e{=}77$$

过程二：

$$\left[C_6H_5-\overset{O}{\overset{\|}{C}}-CH_3\right]^{+\cdot} \longrightarrow C_6H_5^+ + \cdot\overset{O}{\overset{\|}{C}}-CH_3$$

$$m/e{=}120 \qquad\qquad m/e{=}77$$

在质谱图上有亚稳离子 m^*，其 $m/e = 56.47$。根据 $m^* = \frac{(m_2)^2}{m_1} = \frac{77^2}{105}$，而不等于 $\frac{77^2}{102}$，因此表明开裂按照过程一进行。

第四节　质谱解析

一、解析程序

当我们得到一张未知化合物的质谱图时，可按照以下程序进行解析。

(1) 对分子离子进行解析。

①确认分子离子峰，并注意其相对丰度；

②看 M^+ 是偶数还是奇数，含氮时则由氮数规可推知氮原子个数；

③注意 M+1 和 M+2 与 M 的比例，看有无 Cl、Br 等同位素原子；

④根据离子的质荷比，推断可能的分子式；

⑤根据分子式计算不饱和度。

（2）对碎片离子进行解析。

①找出主要碎片离子峰，记录其质荷比及相对丰度；

②从离子的质荷比看其分子脱离掉何种碎片，以此推断可能结构及开裂类型（见附录二）；

③根据 m/e 值看存在哪些重要离子（见附录三）；

④找出存在亚稳离子，利用 m^* 来确定 m_1 及 m_2，推断其开裂过程；

⑤由 m/e 值不同的碎片离子，判断开裂类型（注意 m/e 的奇偶）。

（3）列出部分结构单位。

（4）提出可能的结构式，并根据其他条件排除不可能的结构，认定可能的结构。

二、质谱例图与解析例题

（一）例图

1. 壬烷及其异构体

由图 5-6~图 5-8 可见，在图 5-5 中，有一系列质量差为 14（CH_2）的峰。这是正构烷烃简单开裂而得的一系列以 C_nH_{2n+1} 为主的峰。这些峰的特征是将其峰的顶点连接起来可以得到一条平滑的曲线。此外，由于甲基 CH_3 · 游离基不稳定，所以饱和直链烷烃丢失一个 $CH_3^{\cdot}$ 产生的 M-15 的碎片峰很弱，一般看不到，如果在质谱图中观察到明显的 M-15 的碎片峰是，往往是由甲基侧链开裂产生的。

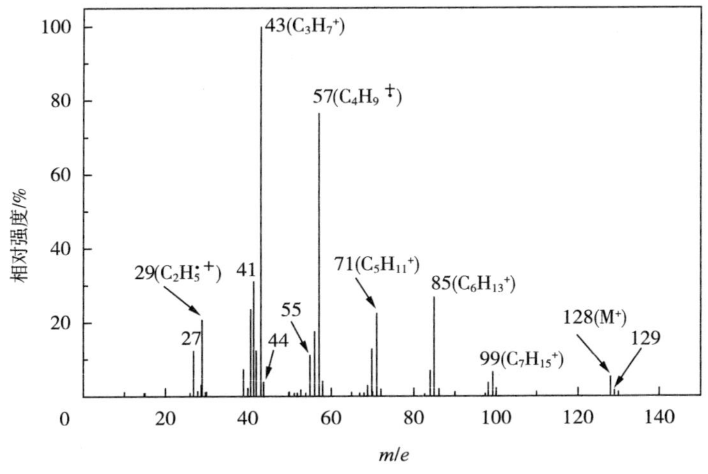

图 5-6　正壬烷的质谱图

$C_3H_7^+$（m/e=43）为基峰，随着 m/e 的增大，峰的相对强度减小。在图 5-7 中，$C_5H_{11}^+$（m/e=71）和 $C_7H_{13}^+$（m/e=99）的强度较图 5-6 中的大，这是由于该化合物的分子离子进

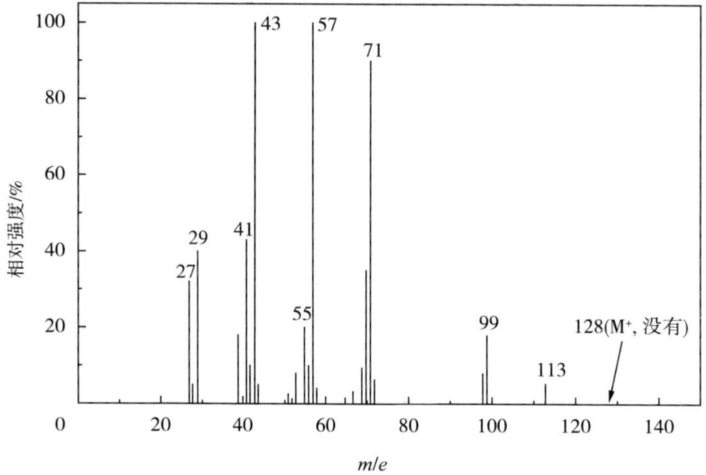

图 5-7　3,3-二甲基庚烷的质谱图

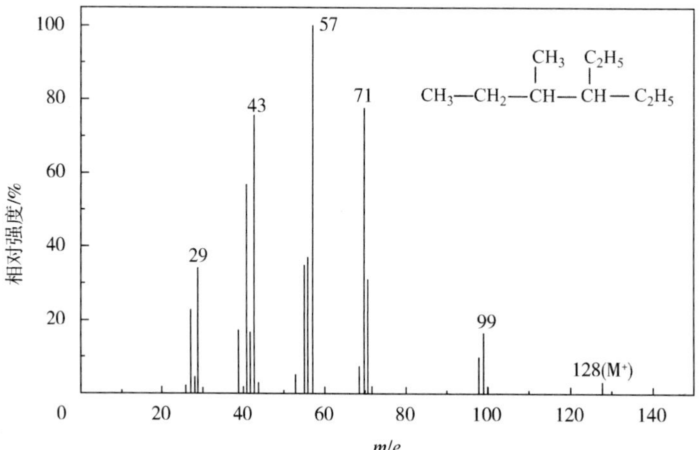

图 5-8　3-甲基 4-乙基己烷的质谱图

113　99　85　71　57

CH_3 ┆ CH_2 ┆ CH_2 ┆ CH_2 ┆ CH_2 ┆ CH_2 — CH_2 — CH_2 — CH_3

15　29　43　57　71

一步裂解生成稳定的叔碳离子造成的。

99　CH_3　71　C_2H_5　29

CH_3 — CH_2 ┆ CH ┆ CH ┆ C_2H_5

29　　57　　99

2. 环己烷与正己烷

由图 5-9 和 5-10 可见，环己烷比正己烷差两个质量单位，由于环断裂为碎片离子时至少要打开两个键，比直链化合物打开一个键要困难，因而环状化合物的分子离子比链状化合物相对稳定，从图中可见环己烷的分子离子峰强度要大于正己烷。

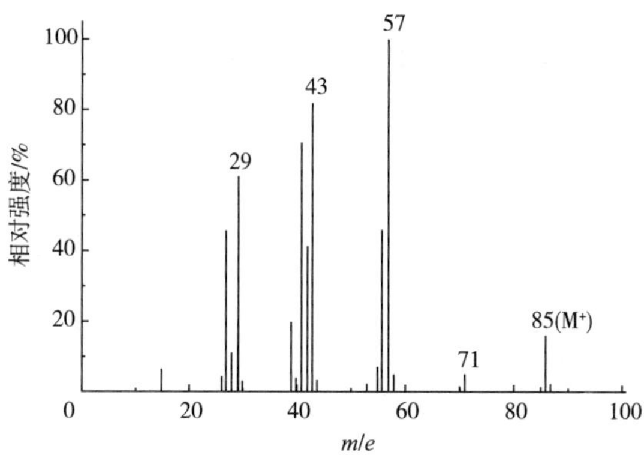

图 5-9　正己烷的质谱图

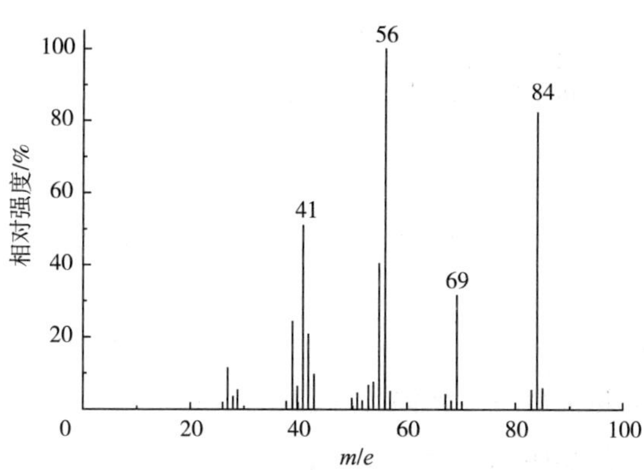

图 5-10　环己烷的质谱图

3. 正葵烷和正十六烷

由图 5-11 和图 5-12，结合图 5-6、图 5-9 可知，随着直链烷烃链增长，分子离子更不稳定，易于裂解，表现为质谱图上分子离子峰相对强度降低。

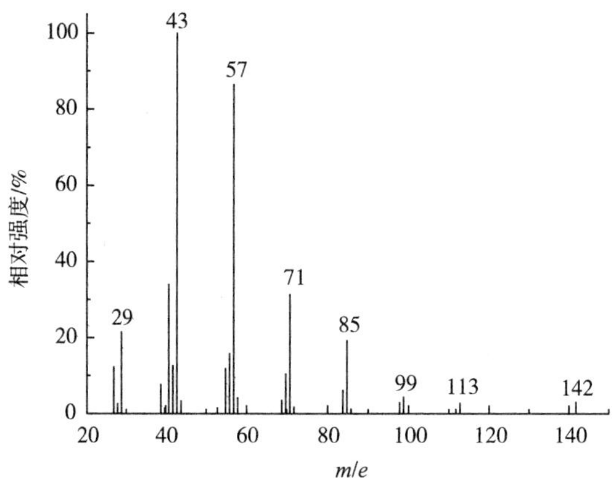

图 5-11　正葵烷的质谱图

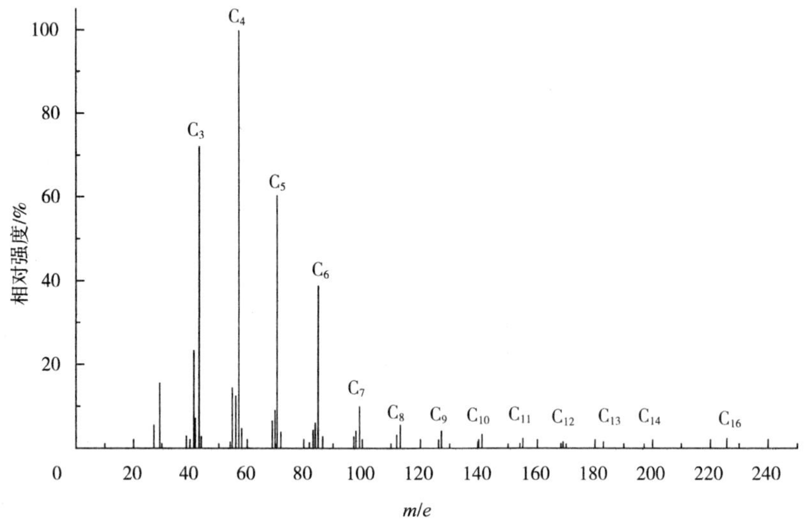

图 5-12　正十六烷的质谱图

4. 支链烷烃

支链烷烃的碎片与上述支链烷烃相似，均会产生以 $C_nH_{2n+1}^+$ 为主的碎片。二者的区别是在支链烷烃中由于支链处的断裂更容易发生，导致分子离子峰强度降低。支化程度越大，分子离子峰就越弱。当支链烷烃中含有季碳或叔碳时，其分子离子峰很小，甚至观察不到。此外，支链烷烃易在支链处发生开裂，且遵循最大烃基失去原则，电荷大多保留在支链碳原子上，形成碎片离子。这是由于超共轭效应导致的支链处碳正离子上的电荷更容易分散，使碳正离子稳定性更好导致的。因此，支链烷烃质谱图上各个峰的顶点连接起来不能形成一条平滑的曲线，而是形成了多个起伏，这是支链烷烃与支链烷烃最显著的区别。如图 5-13 所示，谱图中可观察到典型的烷基特征（m/e=29，43，57，⋯），但曲线的顶点连接起来不是平滑的曲线，在 $m/e=113$ 出现起伏。

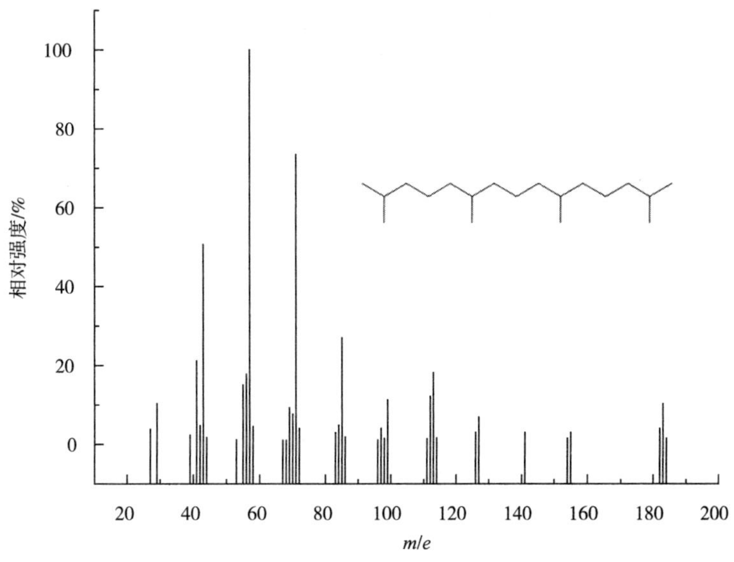

图 5-13　2,6,10,14-四甲基十五烷的质谱图

5. 芳环化合物

由图 5-14～图 5-16 可知，含芳环的化合物的分子离子峰均较强。当环上无取代基时，如萘，其分子离子峰很强，且碎片很少。当带有取代基时，由于分子离子在支链处易发生 β 开裂，因而分子离子峰强度减弱。正丁基苯和异丁基苯的 β 开裂如下：

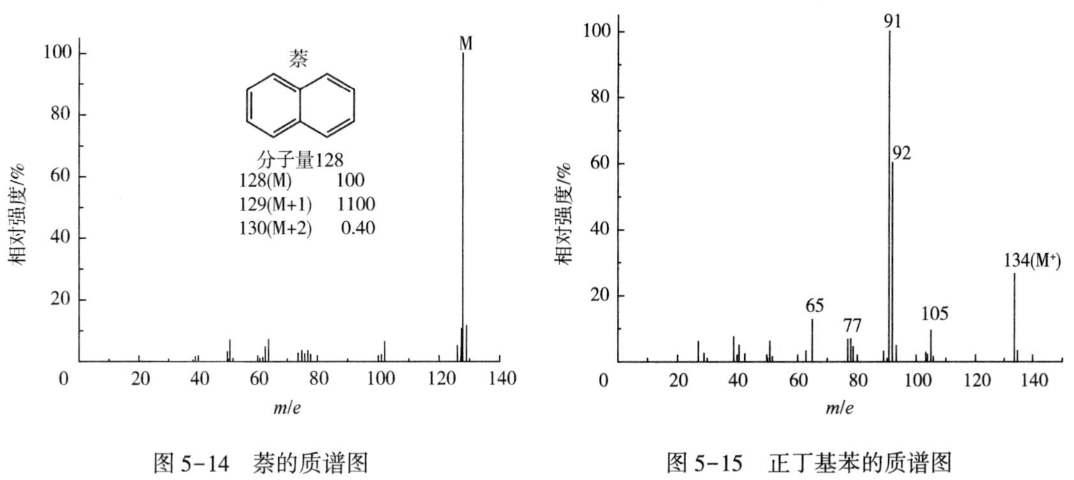

图 5-14　萘的质谱图

图 5-15　正丁基苯的质谱图

烷基苯在谱图上往往出现 $m/e=51$，77，65，39，91 等特征峰，此外，烷基苯还有氢原子的麦氏重排，产生 $m/e=92$ 的碎片峰，图 5-16 所示为异丁基苯的质谱图，其开裂过程如下：

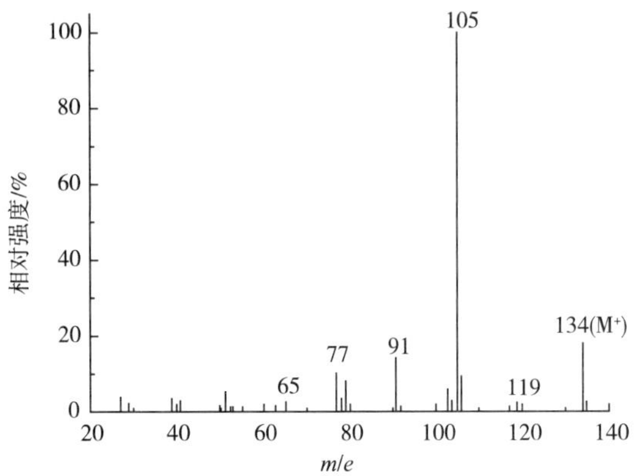

图 5-16　异丁基苯的质谱图

$C_6H_5-CH_2 \vdots CH_2-CH_2-CH_3$（91 | 43）

$CH_3 \vdots CH(C_6H_5) \vdots CH_2-CH_3$（119 / 15；29 / 105）

$C_6H_5-CH_2-CH_2-CH_2-CH_3]^{+\bullet}$ (m/e=134) $\xrightarrow{-\dot{C}H_2CH_2CH_3}$ $C_6H_5-\overset{+}{C}H_2$ (m/e=91) → 草鎓离子 (m/e=91) $\xrightarrow{-HC\equiv CH}$ 环戊二烯正离子 (m/e=65) $\xrightarrow{-HC\equiv CH}$ 环丙烯正离子 (m/e=39)

$C_6H_5-CH_2-CH_2-CH(H)-CH_3]^{+\bullet}$ $\xrightarrow{-CH_2=CH-CH_3}$ $C_6H_6=CH_2]^{+\bullet}$ (m/e=92)

$C_6H_5-CH_2-CH_2-CH_2-CH_3]^{+\bullet}$ (m/e=134) $\xrightarrow{-\dot{C}_4H_9}$ $C_6H_5^+$ (m/e=77) $\xrightarrow{-HC\equiv CH}$ $C_4H_3^+$ (m/e=51)

6. 烯烃化合物

烯烃容易发生 β 开裂，这是因为开裂后形成的烯丙基正碳离子比较稳定，导致这种开裂容易发生，所形成的分子离子丰度一般大于饱和烷烃的。单烯烃在开裂过程中，正电荷主要保留在双键一侧，在谱图上产生一系列 $C_nH_{2n-1}^+$（$m/e=27$，41，55，69，…）的特征碎片。此外，烯烃容易发生麦氏重排开裂，如图 5-17 和图 5-18 所示。

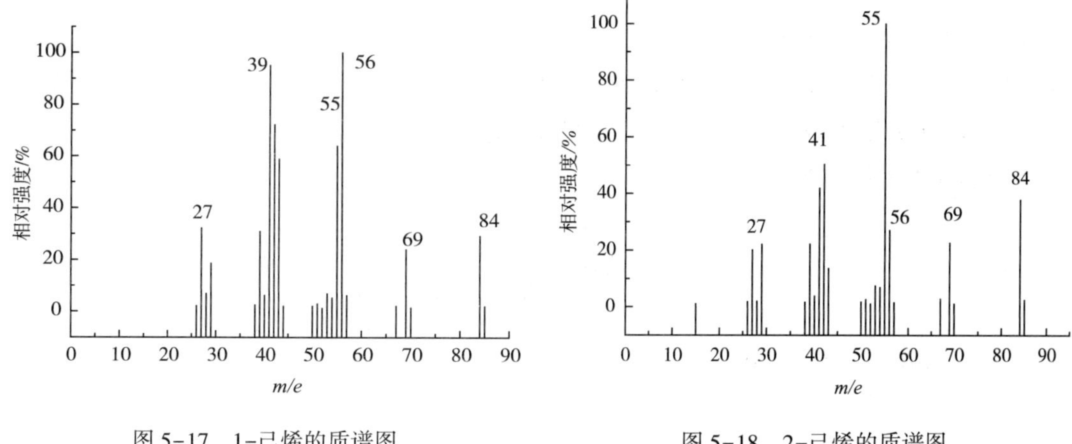

图 5-17　1-己烯的质谱图　　　　图 5-18　2-己烯的质谱图

1-己烯的开裂过程如下：

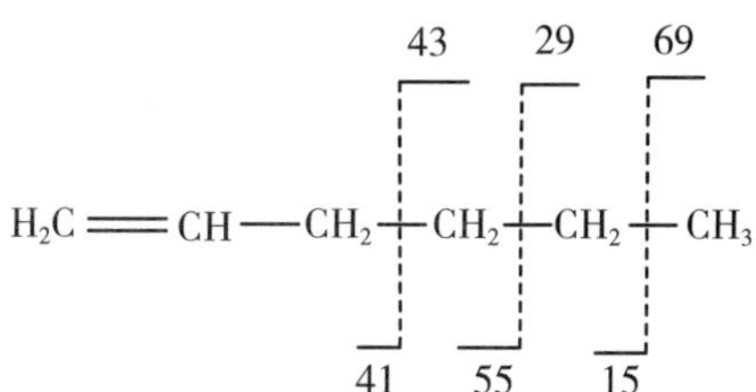

$$CH_2=CH-CH_2-CH_2-CH(H)-CH_3\ ]^{\bullet +} \longrightarrow [CH_2=CH-CH_3]^{\bullet +} + CH_2=CH-CH_3$$

7. 醇类化合物

醇类化合物的分子离子易发生 β 开裂，且易失去一个分子水或者甲基而发生重排，因此这类化合物的分子离子峰的相对强度较小，有时甚至没有。

醇类的 β 开裂遵循最大烃基失去原则，开裂过程如下：

$$\left[R_1R_2R_3C-OH\right]^{\bullet +} \longrightarrow R_1R_2C=\overset{+}{O}H$$

醇类的 β 开裂产生的峰较强，在谱图中往往是基峰，该开裂产生的 $m/e=31$ 的峰可作为伯醇的标志。醇类还容易发生脱水开裂，形成 M−18 的峰，还可以脱水后接着脱去一个甲基，形成 M−33 的峰。由于醇类的分子离子峰较弱，甚至观察不到，因此要特别注意不要把 M−18 的峰误认为是分子离子峰。此外，醇分子脱水后形成烯烃，其谱图与烯烃的谱图相似，而醇类的分子离子峰又很弱，因此，在谱图解析时，要注意区分醇类和烯烃，醇类的 β 开裂产生的峰如 $m/e=31$ 往往可用于区分醇类和烯烃。

链状伯醇中可能发生麦氏重排，同时脱水和脱去烯烃，仲醇和叔醇一般不发生此类裂解。图 5−19~图 5−21 分别为正丁醇、2−甲基丁醇和 2−戊醇的质谱图。

正丁醇的开裂过程如下：

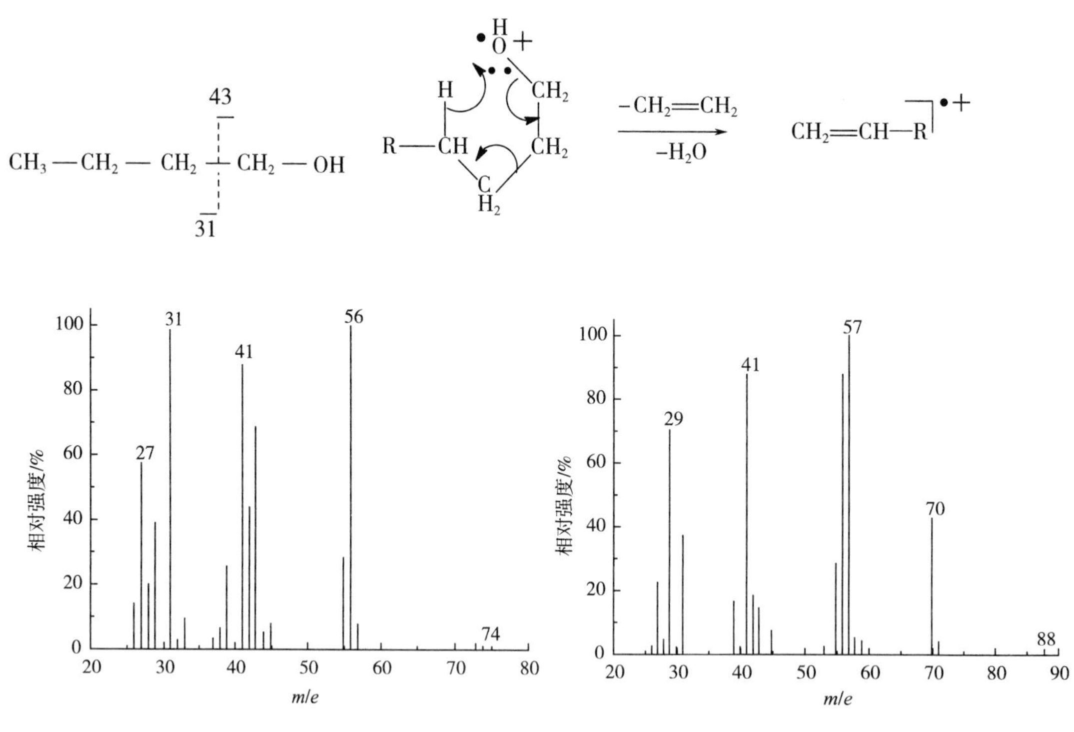

图 5−19　正丁醇的质谱图　　　　图 5−20　2−甲基丁醇的质谱图

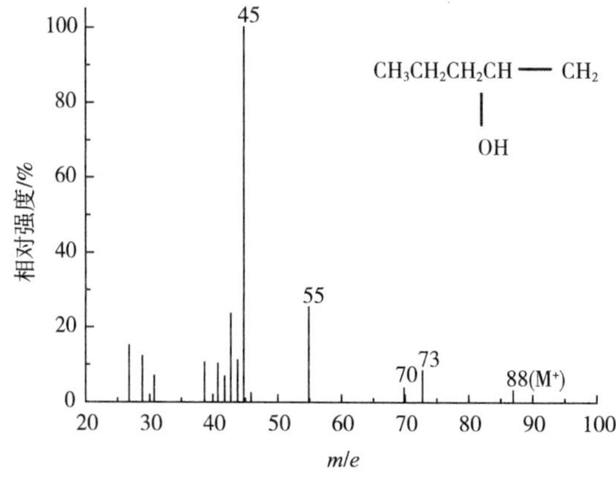

图 5−21　2−戊醇的质谱图

正丁醇发生β开裂时，生成m/e为31和43的离子。从分子离子（m/e为74）上脱去一个水分子，生成m/e为56的碎片离子，再脱去一个甲基，生成m/e为41的碎片离子。这样就可以找到图5-19中m/e为31、41、43、45、74这几个峰的归属。

同理，2-甲基丁醇发生裂解时，可生成m/e为31、57（β开裂）、55（$M^+-H_2O—CH_3$），70（M^+-H_2O）、88（M^+）等离子。2-戊醇发生裂解时，可生成m/e为15、43、45、73（β开裂）、70（M^+-H_2O）、55（$M^+-H_2O—CH_3$）及88（M^+）等离子。

图5-22和图5-23分别为环己醇和对甲基环己醇的质谱图。

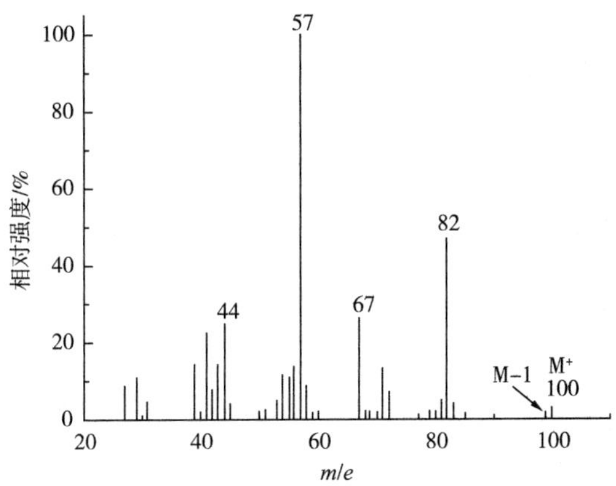

图5-22 环己醇的质谱图

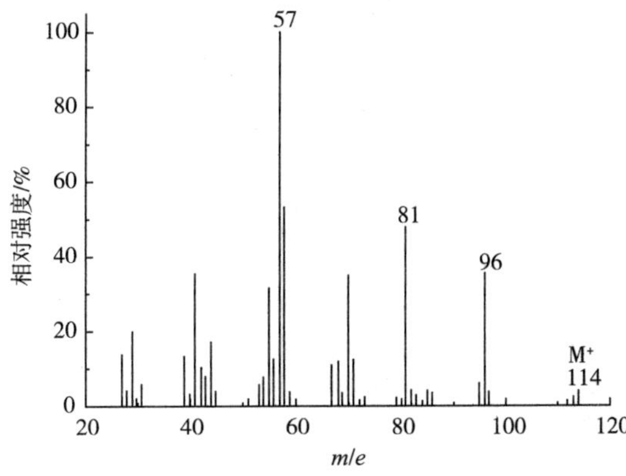

图5-23 对甲基环己醇的质谱图

对照图5-19~图5-21可知，脂肪醇的分子离子峰较强，当环上带有侧链时，则分子离子峰减弱。

8. 醚类化合物

醚类化合物与醇类化合物相似，一般分子离子峰都较弱，如图5-24和图5-25所示。这类化合物易发生β开裂。乙基-异丁基醚β开裂表示如下：

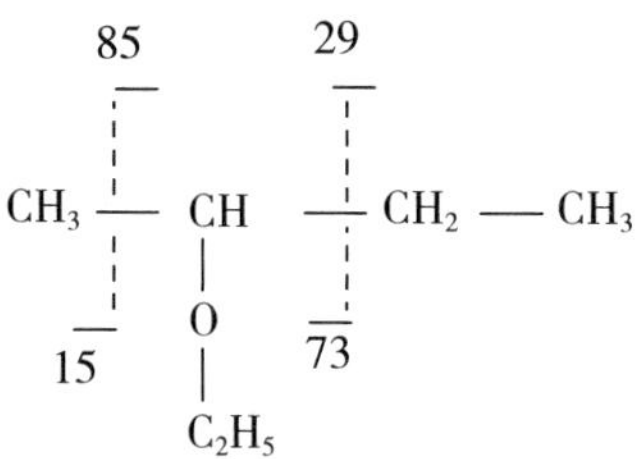

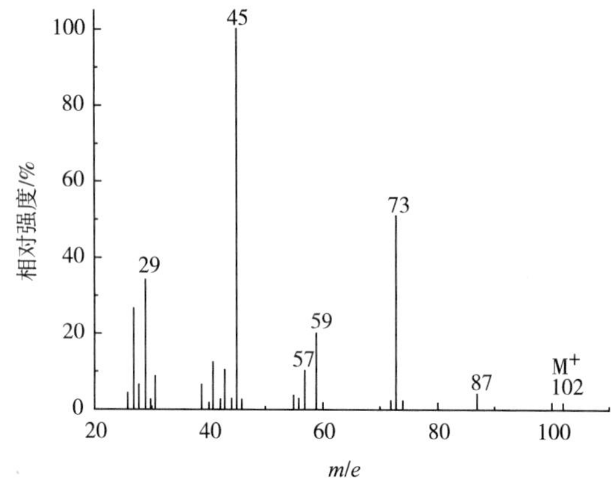

图 5-24　乙基-异丁基醚的质谱图

图 5-25　甲基正丁基醚

β裂解产生的碎片离子发生重排反应：

$$\underset{m/e\ 73}{\mathrm{H{-}CH_2{-}CH_2{-}\overset{+}{O}{=}CHCH_3}} \xrightarrow{-\mathrm{CH_2{=}CH_2}} \underset{45}{\mathrm{H\overset{+}{O}{=}CHCH_3}}$$

$$\underset{m/e\ 87}{\mathrm{H{-}CH_2{-}CH_2{-}\overset{+}{O}{=}CHC_2H_5}} \xrightarrow{-\mathrm{CH_2{=}CH_2}} \underset{59}{\mathrm{H\overset{+}{O}{=}CHC_2H_5}}$$

甲基正丁基醚的β裂解如下：

$$\mathrm{CH_3OCH_2} \ \vdots\ \mathrm{CH_2CH_2CH_3}$$

（左侧碎片 45，右侧碎片 43）

而 $m/e=56$ 是由分子离子发生重排产生的，即：

$$\underset{88}{CH_3-\overset{+\bullet}{O}-CH_2-\underset{\underset{H}{|}}{CH}-C_2H_5} \xrightarrow{-HOCH_3} \underset{56}{CH_2=CH_2-CH_2-CH_3}$$

m/e　　88　　56

9. 醛与酮

醛与酮类化合物易发生 α 开裂及麦氏重排开裂。α 开裂时正电荷可以在氧原子上，也可以留在烷烃上，并遵循最大烃基丢失原则。麦氏重排产物如果仍满足重排规则，可以在发生重排开裂，形成更小的碎片离子。图 5-26~图 5-28 所示分别为 4-辛酮、甲基异丁基甲酮和戊醛的质谱图。

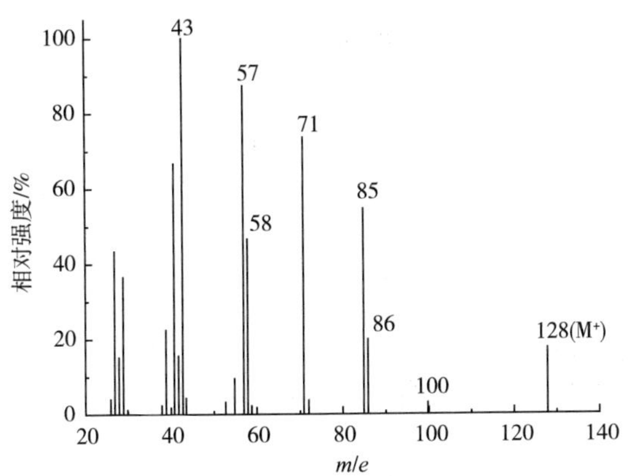

图 5-26　4-辛酮的质谱图

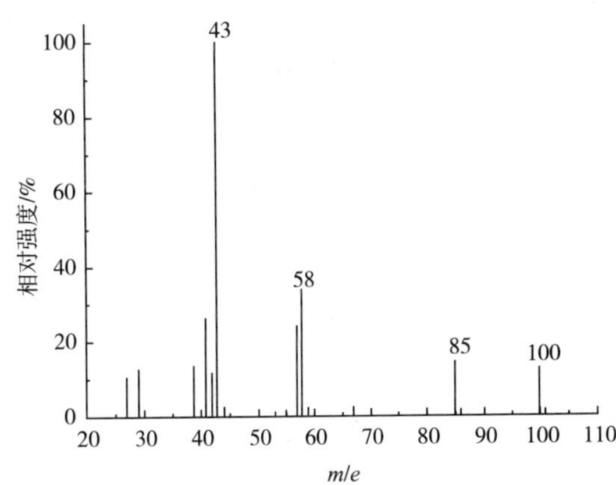

图 5-27　甲基异丁基甲酮的质谱图

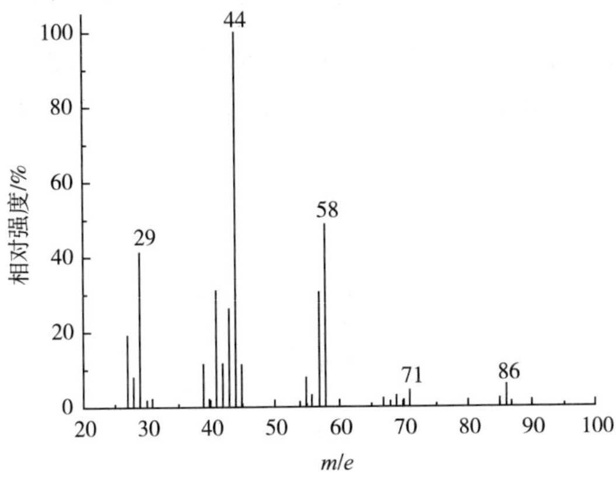

图 5-28　戊醛的质谱图

4-辛酮发生 α 开裂时：

$$\underset{}{CH_3 - CH_2 - CH_2} \overset{43}{\underset{85}{\vdots}} \overset{O}{\overset{\|}{C}} \overset{71}{\underset{57}{\vdots}} CH_2 - CH_2 - CH_2 - CH_3$$

生成 m/e 为 43、57、71、85 的碎片离子。该化合物发生麦氏重排时，

m/e=128 $\xrightarrow{-CH_2CH=CH_2}$ m/e=86

m/e=128 $\xrightarrow{-CH_2=CH_2}$ m/e=100

m/e=86 $\xrightarrow{-CH_2=CH_2}$ m/e=58

m/e=100 $\xrightarrow{-CH_2CH=CH_3}$ m/e=58

生成 m/e 为 58、86、100 的碎片离子。

同理，甲基异丁基甲酮 $CH_3\overset{O}{\overset{\|}{C}}CH_2CH(CH_3)_2$ 发生 α 开裂，可生成 m/e 为 15、43、57、85 的碎片离子，发生麦氏重排可生成 m/e 为 58 的碎片离子，戊醛发生 α 开裂时生成 m/e 为 29、57 的碎片离子，发生麦氏重排开裂时，生成 m/e 为 44 的碎片离子。m/e 为 58、71 的碎片离子是这样产生的：

m/e=86 ⟶ ⟶ m/e=71

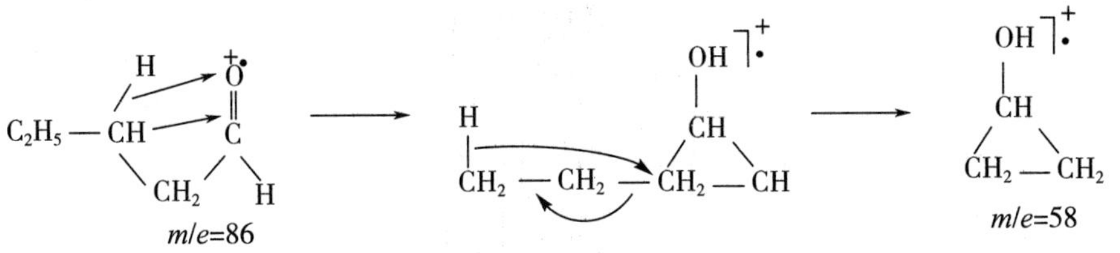

$C_2H_5-CH(H)(CH_2)-C(=\overset{+\cdot}{O})H$ ⟶ $H-CH_2-CH_2-CH_2-CH=C(OH)^{+\cdot}$ ⟶ $[CH_2-CH_2-CH(OH)]^{+\cdot}$

$m/e=86$ $m/e=58$

10. 酸和酯

这类化合物易发生单纯开裂，即在 α 位发生开裂。另外也可以发生麦氏重排等开裂。图 5-29 和图 5-30 分别为正丁酸甲酯和正戊酸的质谱图。

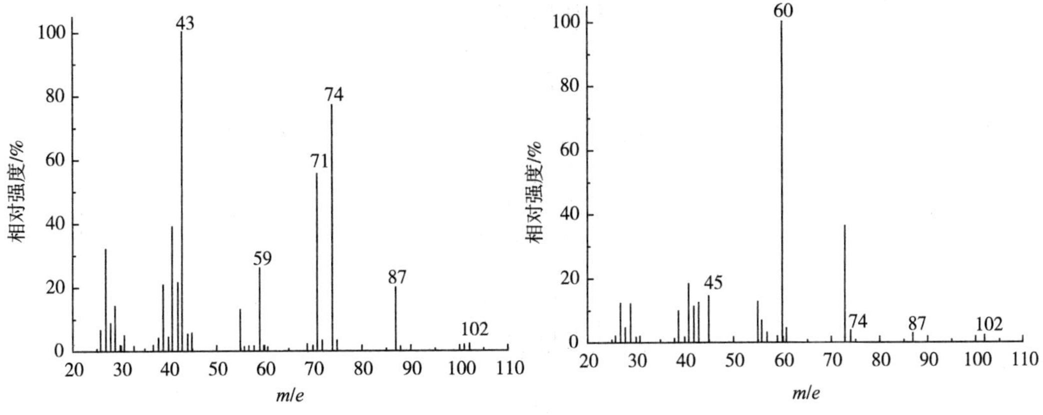

图 5-29 正丁酸甲酯的质谱图

图 5-30 正戊酸的质谱图

正丁酸甲酯发生简单开裂时，

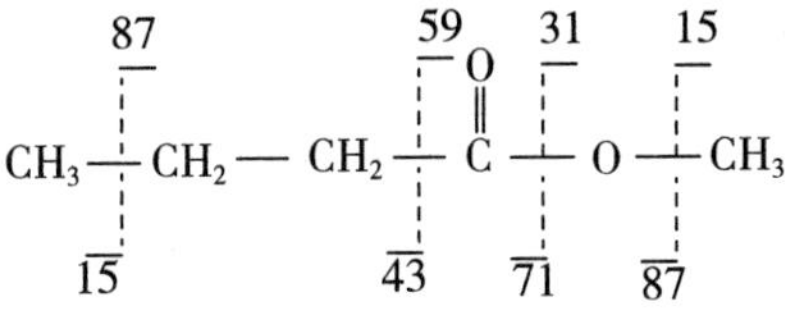

$$CH_3 \,\vdots\, CH_2-CH_2 \,\vdots\, \overset{O}{\overset{\|}{C}} \,\vdots\, O \,\vdots\, CH_3$$

（开裂处上方：87、59、31、15；下方：15、43、71、87）

生成 m/e 为 15、31、43、59、71、87 的碎片离子峰。其发生麦氏重排时，

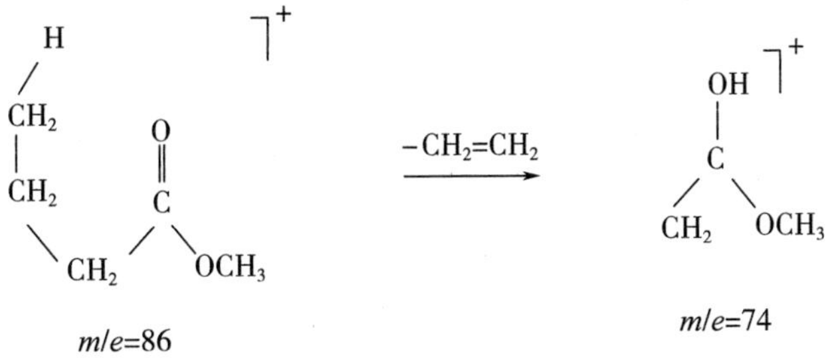

$$\left[H-CH_2-CH_2-CH_2-\overset{O}{\overset{\|}{C}}-OCH_3\right]^{+} \xrightarrow{-CH_2=CH_2} \left[CH_2=C(OH)-OCH_3\right]^{+}$$

$m/e=86$ $m/e=74$

生成 m/e 为 74 的碎片离子。

正戊酸发生简单开裂时，

$$CH_3 \overset{15}{\underset{87}{\vdots}} CH_2 - CH_2 - CH_2 \overset{57}{\underset{45}{\vdots}} \overset{\overset{O}{\|}}{C} - OH$$

$$\underset{m/e=102}{\text{(CH}_3\text{)(H)CH}-CH_2-CH_2-\overset{\overset{O}{\|}}{C}-OH} \xrightarrow{-CH_2CH=CH_2} \underset{m/e=60}{CH_2=C(OH)-\overset{+\bullet}{O}H}$$

$$\underset{m/e=102}{CH_3-CH_2-CH_2-CH_2-\overset{\overset{+\bullet}{O}}{\|}{C}-OH} \xrightarrow{-CH_2=CH_2} \underset{m/e=74}{CH_2=C(OH)-H_3C\overset{+\bullet}{O}}$$

11. 含卤素化合物

卤代烷的 α 、β 位及远处烃基均有可能开裂，图 5-31 为溴乙烷的质谱图。

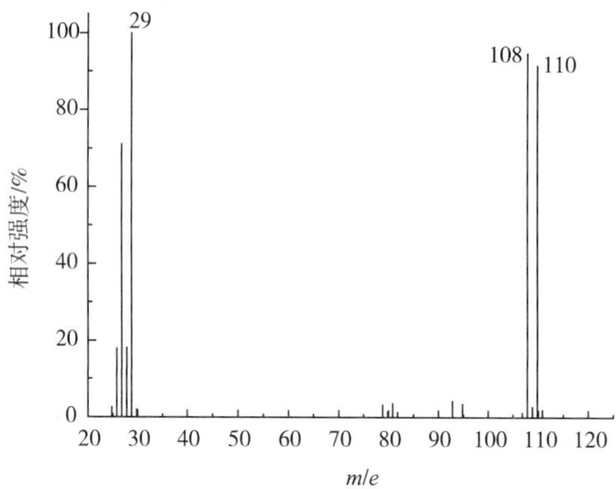

图 5-31　溴乙烷的质谱图

溴乙烷的开裂如下：

$$CH_3 \overset{15}{\underset{93}{\vdots}} CH_2 \overset{29}{\underset{79}{\vdots}} Br$$

由图 5-31 可知，溴乙烷发生 α 、β 开裂而得的含卤素的碎片离子的相对强度很小。m/e 为 108、110 分别是 $C_2H_5^{79}Br$]$^+$ 和 $C_2H_5^{81}Br$]$^+$，其强度比为 1∶1。

（二）质谱解析例

例 某化合物经测定分子中只含有 C、H、O 三种元素，红外在 3100~3700 cm^{-1} 间无吸收。其质谱图如图 5-32 所示（图中未表示出亚稳离子峰在 33.8 和 56.5 处）。试推测其结构。

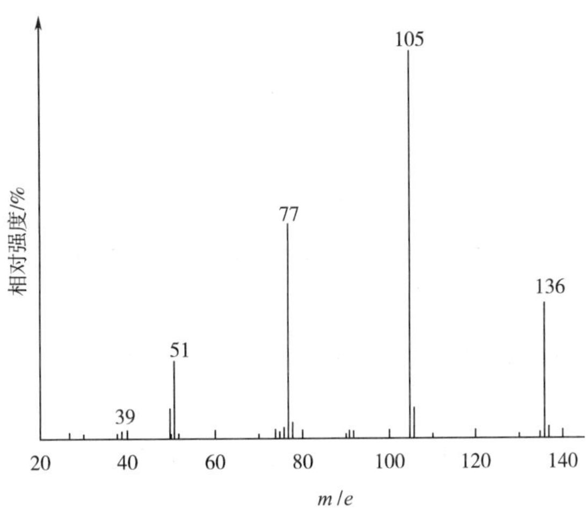

图 5-32 某未知物的质谱图

解：首先判断分子离子峰。由于只含有 C、H、O 三种元素，由 N 数规则可知 $m/e=136$ 对应的峰即为该化合物的分子离子峰。所以该化合物的分子量为 136。查贝农表找出可能的四个分子式：(1) $C_9H_{12}O$，(2) $C_8H_8O_2$，(3) $C_7H_4O_3$，(4) $C_5H_{12}O_4$。分别计算它们的不饱和度：(1) $\Omega=4$，(2) $\Omega=5$，(3) $\Omega=6$，(4) $\Omega=0$。

检查碎片离子：$m/e=105$ 为基峰，查附录，其可能为苯甲酰 $C_6H_5-\overset{\overset{O}{\|}}{C}-$ （$\Omega=5$）。$m/e=$ 39，50，51，77 为芳环的特征峰，进一步说明有苯环存在。

亚稳离子峰：$m^*=33.8$，其中 $51^2/77=33.8$，$m^*=56.5$，其中 $77^2/105=56.5$。亚稳离子的存在表明有如下的开裂过程。

$$\underset{m/e=105}{C_6H_5CO\ ]^+} \xrightarrow{-CO} \underset{m/e=77}{C_6H_5\ ]^+} \xrightarrow{-C_2H_2} \underset{m/e=51}{C_4H_3\ ]^+}$$

从以上分析可知，分子中确实含有 $C_6H_5-\overset{\overset{O}{\|}}{C}-$ （$\Omega=5$），其中苯环上有 5 个 H，所以该化合物至少应有 5 个 H 原子，不饱和度 Ω 应不小于 5。

上述四个分子式中：(1)、(4) 的不饱和度不够，(3) 的 H 原子数不够，因而只剩下可能的分子式 (2) 为 $C_8H_8O_2$。苯甲酰基为 C_7H_5O，因而剩余 CH_3O，其可能的结构有两种：

CH_3O—和—CH_2OH。这表明该化合物有以下两种可能的结构：

C_6H_5—C(=O)—OCH_3　　　　C_6H_5—C(=O)—CH_2OH

（a）　　　　（b）

又因红外在 3100~3700 cm^{-1} 无吸收，故无羟基存在。所以可以确定为苯甲酸甲酯（a）。

练习题

1. 某质谱仪分辨率为 10000，它能使 $m/e=200$，$m/e=500$，$m/e=800$，$m/e=1000$ 的离子各与多少质量单位的离子分开？

2. 在低分辨质谱中 m/e 为 28 的离子可能是 CO、N_2、CH_2N、C_2H_4 中的某一个。高分辨质谱仪测定为 28.0312，试问，上述四种离子中的哪一个最符合该数据？

3. 图 5-33 是 2-甲基丁醇（$M=88$）的质谱图，试根据谱图确定—OH 的位置（提示：注意 $m/e=73$，59 的峰）。

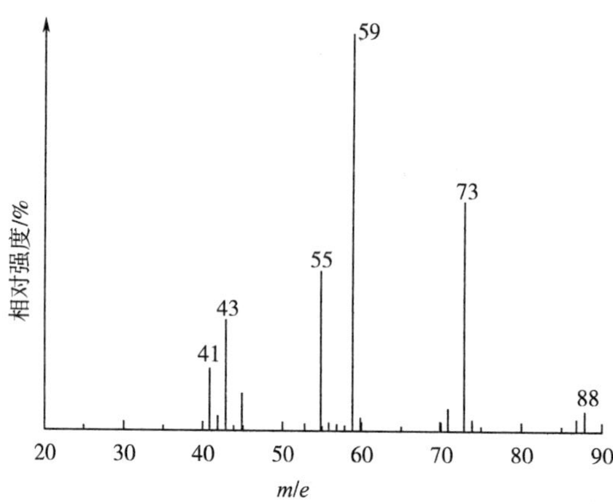

图 5-33　2-甲基丁醇的质谱图

4. 某化合物的分子离子峰已确认在 $m/e=151$ 处，试问其是否具有如下分子结构，为什么？

OH
N=N　N
N　N
N=N

5. 图 5-34 所示的两个质谱图 A 和 B，哪一个是 3-甲基 2-戊酮，哪一个是 4-甲基 2-戊酮？

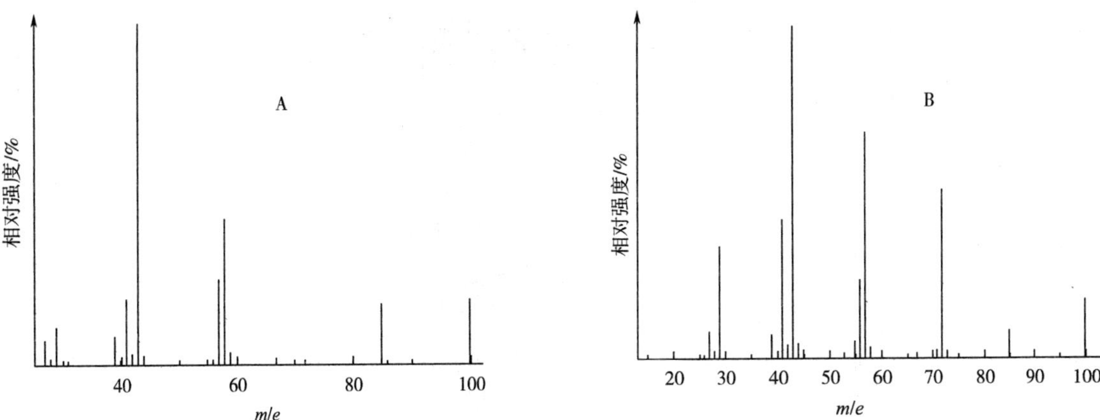

图 5-34　3-甲基 2-戊酮和 4-甲基 2-戊酮的质谱图

6. 胺类化合物 A、B、C，其分子式都是 $C_4H_{11}N$，M＝73，指出图 5-35 质谱图分别对应于何种结构。

A：$CH_3CH_2CH_2CH_2—NH_2$

B：$CH_3—\overset{\displaystyle CH_3}{\underset{\displaystyle CH_3}{\overset{|}{\underset{|}{C}}}}—NH_2$

C：$CH_3CH_2\overset{\displaystyle CH_3}{\overset{|}{C}}H—NH_2$

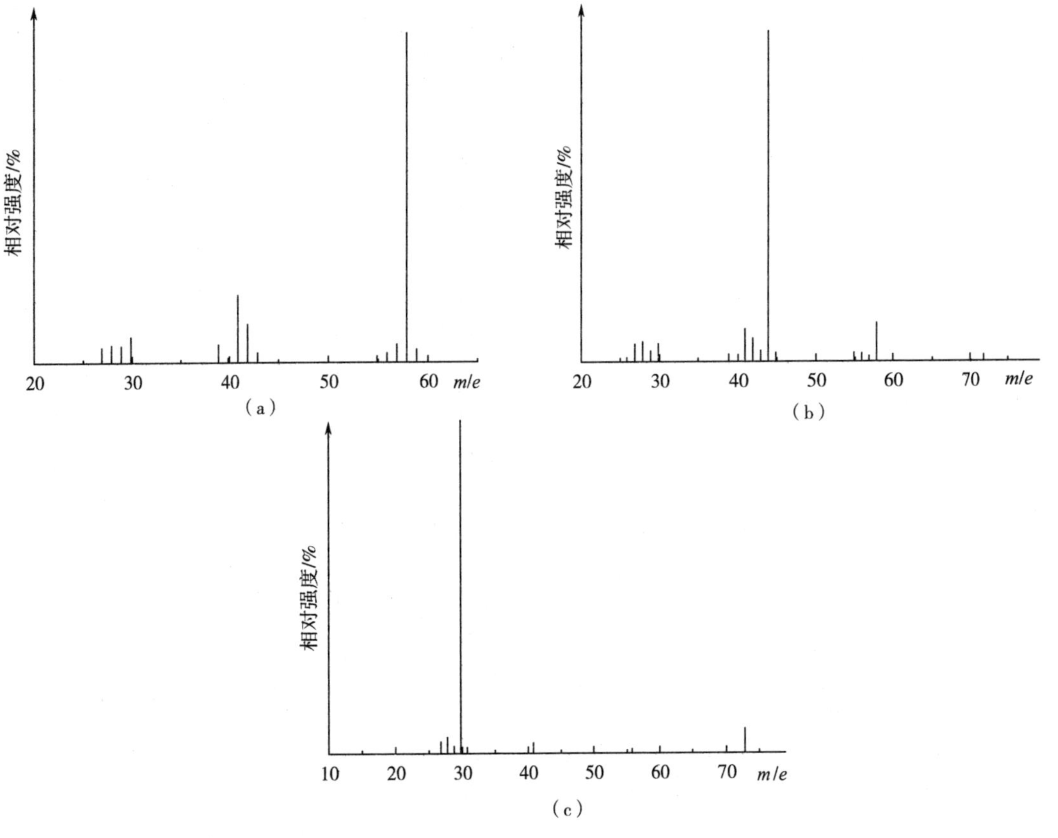

（a）

（b）

（c）

图 5-35　$C_4H_{11}N$ 的三种结构的质谱图

7. 试判断下列化合物质谱图上，有几种碎片离子峰？何种丰度最高？

$$\begin{array}{c} CH_3 \\ | \\ CH_3—C—C_3H_7 \\ | \\ CH_3 \end{array}$$

8. 某种化合物初步推测可能为甲基环戊烷或者乙基环丁烷。在质谱图上 M=15 处显示一强峰，试判断该化合物结构，为什么？

9. 解析图 5-36 烷烃质谱图，并提出该化合物的结构式。

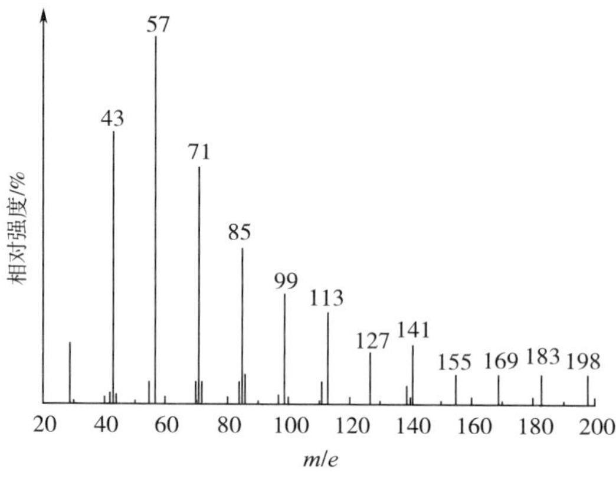

图 5-36　未知烷烃的质谱图

10. 某卤代烷类的质谱图，如图 5-37 所示，试解析该化合物的结构。

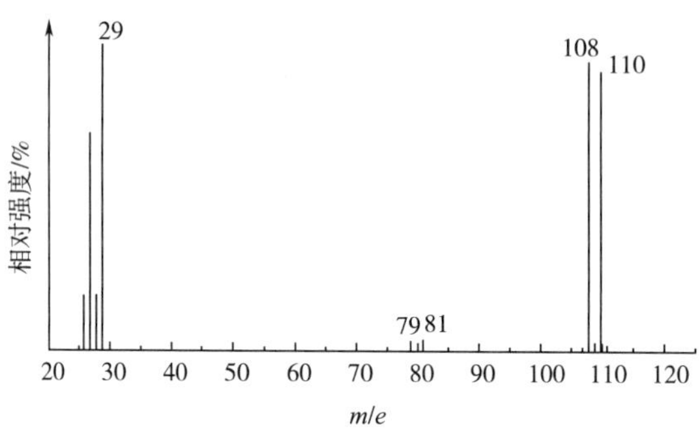

图 5-37　某卤代烷的质谱图

11. 某酯类化合物，其分子量为 116，初步推断其可能结构为 A 或 B 或 C，质谱图上 $m/e=57$（100%），$m/e=29$（57%），$m/e=43$（27%），试问该化合物结构，为什么？

A：$(CH_3)_2CHCOOC_2H_5$　　B：$CH_3CH_2COOCH_2CH_2CH_3$

C：$CH_3CH_2CH_2CH_2COOCH_3$

12. 某酯的结构初步推测为 A 或 B，在质谱图上于 $m/e=74$（70%）处有一强峰，试确定其结构。

A：$CH_3CH_2CH_2COOCH_3$　　　　B：$(CH_3)_2CHCOOCH_3$

13. 在氯丁烷质谱中出现 $m/e=56$ 的峰，试说明该峰产生的机理。

14. 在一个烃类的质谱图上看到 $m/e=57$ 与 $m/e=43$ 两个峰，在 $m/e=32.5$ 处又看到一个宽矮峰，试说明两峰间有何关系。

参考文献

［1］崔永芳．实用有机物波谱分析［M］．北京：中国纺织出版社，1994.

［2］和寿英，字敏，杨榆超．有机化合物波谱分析［M］．云南：云南科技出版社，1998.

［3］朱为宏，杨雪艳，李晶，等．有机波谱及性能分析［M］．北京：化学工业出版社，2007.

［4］张华．现代有机波谱分析学习指导与综合练习［M］．北京：化学工业出版社，2007.

第六章　波谱综合解析

学习要求

1.了解综合解析的一般步骤。

2.掌握综合解析的一般方法。

第一节　概述

综合解析就是将与某化合物结构相关的各种测试结果汇总起来，进行综合分析，从而确定化合物结构的方法。

波谱各自能够提供大量结构信息和特点，致使波谱是当前鉴定有机物和测定其结构的常用方法。一般说来，除紫外光谱之外，其余三谱都能独立用于简单有机物的结构分析。但对于稍微复杂一些的实际问题，单凭一种谱学方法往往不能解决问题，而要综合运用这四种谱来互相补充、互相印证，才能得出正确结论。但是波谱综合解析的含意并非追求四谱俱全，而是以准确、简便和快速解决问题为目标，根据实际需要选择其中二谱、三谱或四谱的结合。

一、综合解析一般步骤

波谱综合解析并无固定的步骤，下面介绍波谱综合解析的一般思路，仅供参考，在具体运用时应根据实际情况舍取。

（一）确定检品是否为纯物质

只有纯物质才能运用波谱分析的手段正确无误地确认其结构。但实际工作中遇到的样品往往不是纯物质，为确认其结构有必要在运用波谱分析之前对其进行判断以至分离或提纯。判断其是混合物还是单纯物质最常用的方法有薄层色谱法、测定物理常数等简便方法。当已知样品为混合物或纯度很低的单纯物质时，常常用柱层析的方法将混合物分离提纯。少量样品可用制备色谱分离。有时也可采用蒸馏、重结晶、溶剂抽提、低温浓缩、凝胶过滤等方法纯化，甚至可以根据情况灵活采用多种纯化法配合使用。

（二）确定分子量

对于普通有机物确定分子量最好的方法是 MS 法。如无条件时也可以采用冰点下降法或其他方法测定分子量。高分子化合物常用凝胶色谱法（GPC）确定其平均分子量及分子量分布。

（三）确定分子式

常用确定分子式的方法是元素分析法。根据元素分析结果可以准确了解分子中所含元素的种类及其百分含量。再根据已知的分子量即可方便地计算出各种元素的比例及分子式。除元素分析法外，有时也可根据高分辨质谱仪提供的分子量（精确到小数点后数位），然后根据贝农表中所提供的可能的分子式将不符合已知条件的式子排除，就得到了所需的分子式。另外还有运用 NMR 求出各种不同的 C、H 的数目，从而确定分子式的方法。

（四）计算不饱和度

根据分子式和不饱和度的计算公式可计算出分子的不饱和程度，这对进一步确定分子结构有重要参考价值。

（五）推断结构式

根据红外光谱（IR）可以判断被测化合物存在的官能团及不可能存在的官能团；根据 ^{1}H NMR 图谱可以确定化合物分子中含有几种不同化学环境的氢及其数量比；据 ^{13}C NMR 可确定分子含有几种不同化学环境的碳；根据质谱（MS）除确认其分子量外，还可以通过碎片离子峰、同位素峰、亚稳离子峰等确认分子的开裂过程，验证分子结构。

（六）对可能结构进行“指认”或对照标准谱图，确定最终结果

对于比较复杂的化合物，第四步常常会列出不止一个可能结构。因此，对每一种可能结构进行“指认”，然后选择出最可能的结构是必不可少的一步。即使在推测过程中只列出一个可能结构，进行核对以避免错误也是必要的。

所谓“指认”就是从分子结构出发，根据原理去推测各谱，并与实测的谱图进行对照。例如，利用 ^{1}H 化学位移表或经验公式来推测每一个可能结构中碎裂方式及碎片离子的质荷比。通过“指认”，排除明显不合理的结构。如果对各谱的“指认”均很满意，说明该结构是合理、正确的。

当推测出的可能结构有标准谱图可对照时，也可以用对照标准谱图的办法确定最终结果。当测定条件固定时，红外与核磁共振谱有相当好的重复性。若未知物谱与某一标准谱完全吻合，可以认为两者有相同的结构。同分异构体的质谱有时非常相似，因此单独使用质谱标准谱图时要注意。若有两种或两种以上的标准谱图用于对照，则结果相当可靠。

如果有几种可能结构与谱图均大致相符时，可以对几种可能结构中的某些碳原子或某些氢原子的 δ 值利用经验公式进行计算，由计算值与实验值的比较，得出最为合理的结论。

二、综合解析前的初步分析

在进行结构分析之前，首先要了解样品的来源，这样可以很快地将分析范围缩小。另外应尽量多了解一些试样的理化性质，这对结构分析很有帮助。综合解析的方法具有十分重要的应用。但掌握综合解析方法需通过对具体未知物的分析过程不断总结、积累，才能运用自如。

第二节　综合解析实例

例 1　从图 6-1 中给出的 MS 和 ^1H NMR 谱推测未知物结构，其 IR 谱在 $1730cm^{-1}$ 处有强吸收。

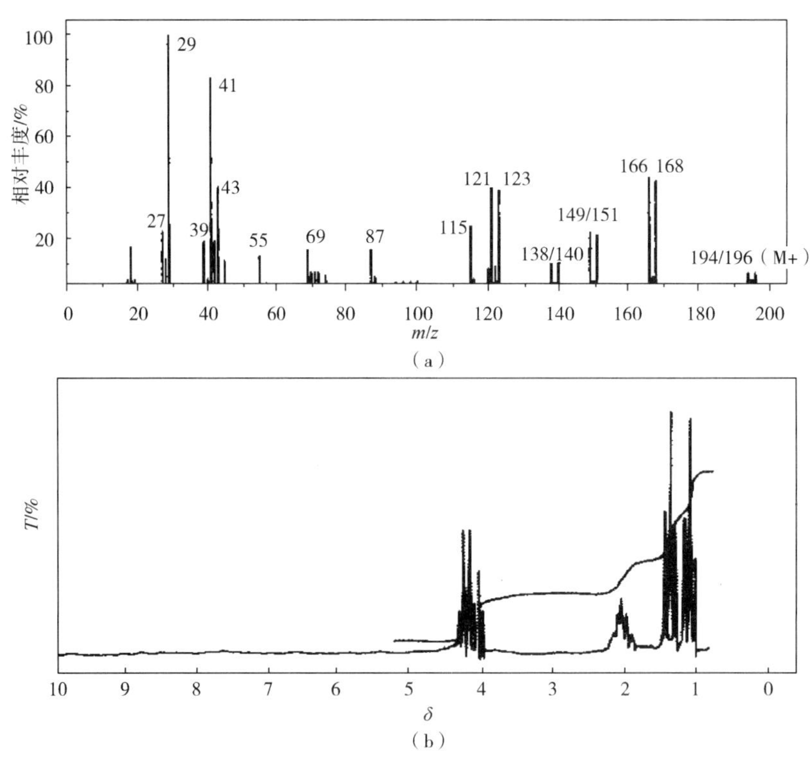

图 6-1　质谱图（a）以及核磁谱图（b）

解：从质谱图确定分子量为 194。由于 $m/e=194$，$m/e=196$ 的相对丰度几乎相等，说明分子中含一个 Br 原子，从红外图 $1730cm^{-1}$ 的吸收峰可知分子中含羰基，即含一个氧原子，^1H NMR 谱中，从低场到高场积分曲线高度比为 3∶2∶3∶3，H 原子数目为 11 或其整数倍，C 原子数目可用下式计算：

$$C\text{原子数目}=(\text{分子量}-\text{H 原子数目}\times1-\text{杂原子量总数})\div12$$

$$=(194-11-16-79)\div12=7\text{ 余 }4$$

不能整除，需用试探法调整。分析上述计算结果，余数 4 加 12 等于 16，因此可能另含一个氧原子。重新检查各谱，发现 H NMR 中，处于低场 4 附近的一簇峰裂分形复杂，估计含有两种或更多 H 原子，而 Br 原子存在不能造成两种 H 的化学位移在低场，羰基也不能使邻近的 H 化学位移移到 4 处，因此存在另一个氧原子的判断是合理的。质谱图中 $m/e=45$，$m/e=87$ 等碎片离子也说明有非羰基的氧存在。重新计算 C 原子数目。

$$C原子数目=(194-11\times2-79)\div12=6$$

故分子式为 $C_6H_{11}BrO_2$，不饱和度为 1。

由以上分析可知分子中含 Br、C ═O、-O-；从氢谱的高场到低场分别有 CH_3（三重峰）、CH_3（三重峰）、CH_2（多重峰），仔细研究 δ_4 处的裂分峰情况，可以发现它由一个偏低场的四重峰和一个偏高场的三重峰重叠而成，一共有三个 H，其中四重峰所占的积分曲线略高，它为—CH_2—（四重峰），另一个则为 CH（三重峰）。综上所述，分子中应有两个较大的结构单元 CH_3CH_2—和 CH_3CH_2CH—以及 Br、C ═O、—O—三个官能团。前者的 CH_2 化学位移为 4. 2 必须与 O 相连；后者的 CH_2 左右均连接碳氢基团，它的化学位移只能归属到-2，这样，可列出以下两种可能的结构：

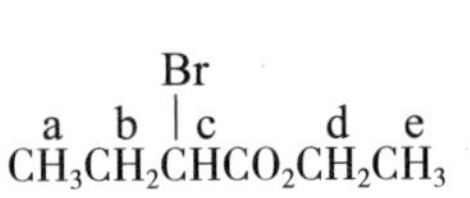

I：$\overset{a}{CH_3}\overset{b}{CH_2}\overset{c}{CH}(Br)CO_2\overset{d}{CH_2}\overset{e}{CH_3}$

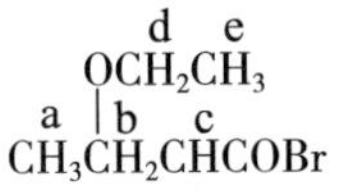

II：$\overset{a}{CH_3}\overset{b}{CH_2}\overset{c}{CH}(O\overset{d}{CH_2}\overset{e}{CH_3})COBr$

先来看两种结构中 CH_2（d）的化学位移，理论计算表明结构 I 中 $\delta_d=4.1$，结构Ⅱ中羰基 α-断裂很容易失去 Br 生成 $m/e=115$ 的离子，而实际上在高质量端有许多丰度可观的含 Br 碎片离子。因此，可以排除结构Ⅱ，而重点确认结构Ⅰ。根据理论计算，结构Ⅰ中各种 H 的化学位移和自旋裂分情况如下：

$\delta_a=0.9$（三重峰）

$\delta_b=1.3+0.6+0.2=2.1$（多重峰）

$\delta_c=0.23+0.47+2.33+1.55=4.58$（三重峰）

$\delta_d=4.1$（四重峰）

$\delta_e=0.9+0.4=1.3$（三重峰）

除 δ_c 计算结果偏大之外，其余基本与谱图相符。

然后来看质谱主要碎裂方式和产物离子的质荷比。结构Ⅰ的主要碎裂方式和碎片离子如下，它较好的解释了质谱中的重要离子。由此可以认为结构Ⅰ，即 α-溴代丁酸乙酯是该未知物的结构。

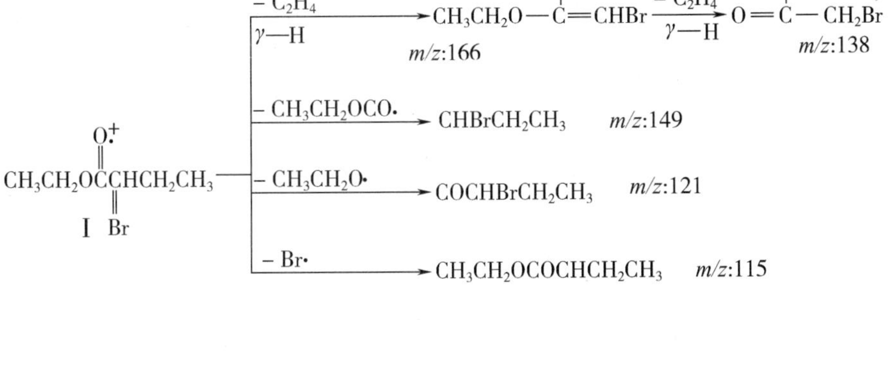

Ⅰ：$CH_3CH_2OC(=O^{+\cdot})CH(Br)CH_2CH_3$

- $\xrightarrow[\gamma-H]{-C_2H_4}$ $CH_3CH_2O-C(OH)=CHBr$　m/z:166　$\xrightarrow[\gamma-H]{-C_2H_4}$ $O=C(OH)-CH_2Br$　m/z:138
- $\xrightarrow{-CH_3CH_2OCO\cdot}$ $CHBrCH_2CH_3$　m/z:149
- $\xrightarrow{-CH_3CH_2O\cdot}$ $COCHBrCH_2CH_3$　m/z:121
- $\xrightarrow{-Br\cdot}$ $CH_3CH_2OCOCHCH_2CH_3$　m/z:115

例 2 图 6-2 是未知知化合物的质谱图、红外光谱图、核磁共振氢谱图，紫外光谱：乙醇溶剂中 $\lambda_{max}=220nm$（$\log\varepsilon=4.08$），$\lambda_{max}=287nm$（$\log\varepsilon=4.36$）。根据这些光谱图，推测其结构。

解：质谱上高质量端 *m/e* 为 146 的峰，从它与相邻低质量离子峰的关系可知它可能为分子离子峰。*m/e* 为 147 的（M+1）峰，相对于分子离子峰其强度为 10.81%，*m/e* 为 148 的（M+2）峰，强度为 0.73%。根据分子量与同位素峰的相对强度从 Beynon 表中可查出分子式 $C_{10}H_{10}O$ 的（M+1）为 10.65%，（M+2）为 0.75%，与已知的谱图数据最为接近。从 $C_{10}H_{10}O$ 可以算出不饱和度为 6，因此该未知物可能是芳香族化合物。

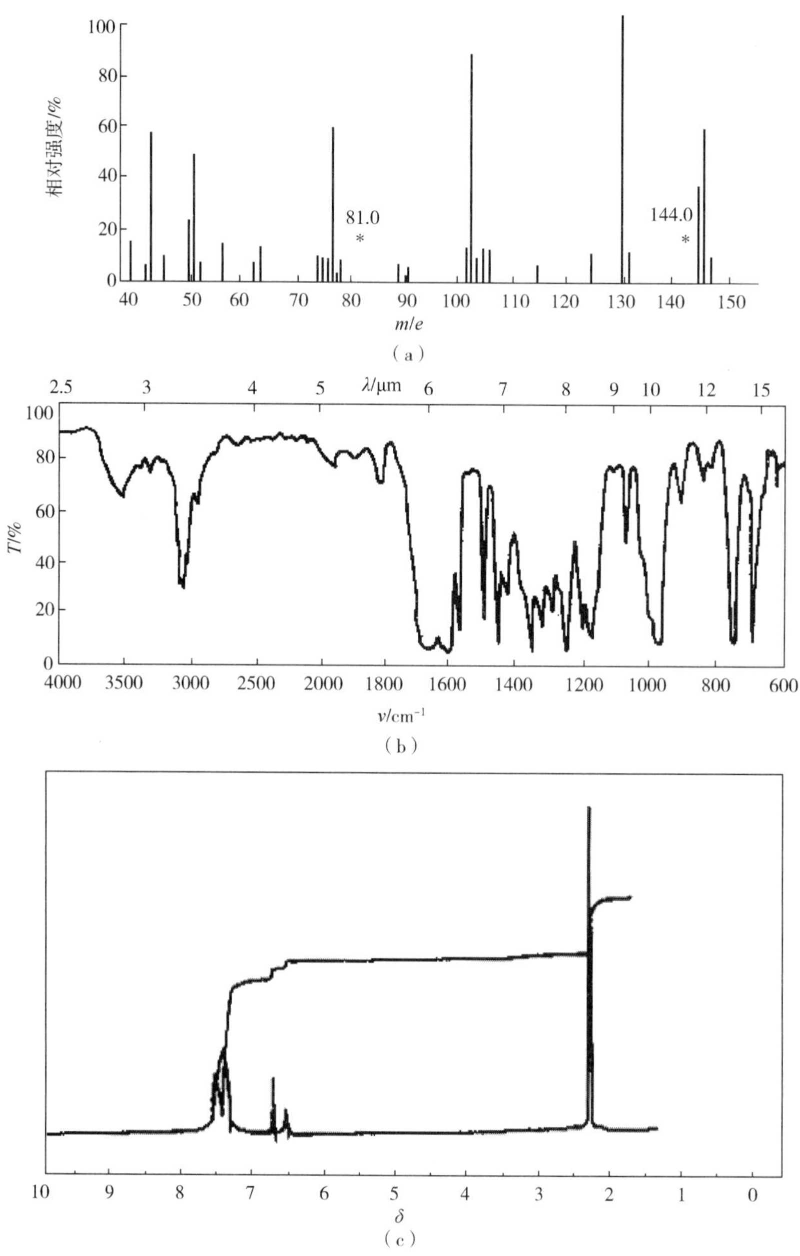

图 6-2 某未知化合物的质谱图（a）、红外光谱图（b）、核磁共振氢谱图（c）

红外光谱：3090cm^{-1}处的中等强度的吸收带是$\nu_{=CH}$1600cm^{-1}、1575cm^{-1}以及1495 cm^{-1}处的较强吸收带是苯环的骨架振动$\nu_{C=C}$740cm^{-1}和690cm^{-1}的较强带是苯环的外面$\delta_{=CH}$，结合2000~1660cm^{-1}的$\delta_{=CH}$倍频峰，表明该化合物是单取代苯。1670cm^{-1}的强吸收带表明未知物结构中含有羰基，波数较低，可能是共轭羰基。3100~3000cm^{-1}除苯环的$\nu_{=CH}$以外，还有不饱和碳氢伸缩振动吸收带。1620cm^{-1}吸收带可能是$\nu_{C=C}$，因与其他双键共轭，使吸收带向低波数移动。970cm^{-1}强吸收带为面外$\delta_{=CH}$，表明双键上有反式二取代。

核磁共振氢谱：共有三组峰，自高场至低场为单峰、双峰和多重峰，谱线强度比3∶1∶6。高场δ_H=2.25归属于甲基质子，低场δ_H=7.5~7.2归属于苯环上的五个质子和一个烯键质子。δ_H=6.67，6.50的双峰由谱线强度可知为一个质子的贡献，两峰间隔0.17，而低场多重峰中δ_H=7.47，7.30的两峰相隔也是0.17，因此这四个峰形成AB型谱形。测量所用NMR波谱仪是100MHz的，所以裂距为17Hz，由此可推断双键上一定是反式二取代。

综合以上的分析，该未知物所含的结构单元有：

C_6H_5—，(H)C=C(H)，—C(=O)—，CH_3—

甲基不可能与一元取代苯连结，因为那样会使结构闭合。如果CH_3与烯相连，那么甲基的δ_H应在1.9~1.6，与氢谱不符，予以否定。CH_3与羰基相连，甲基的δ_H应在2.6~2.1，与氢谱（δ_H=2.25）相符。

紫外光谱：λ_{max}=220nm（$\log\varepsilon$=4.08）为$\pi\rightarrow\pi^*$跃迁的K吸收带，表明分子结构中存在共轭双键；λ_{max}=287nm（$\log\varepsilon$=4.36）为苯环的吸收带，表明苯环与双键有共轭关系。因此未知物的结构为：

C_6H_5—CH=CH—C(=O)—CH_3

质谱验证：亚稳离子m^*是81.0，因$81.0=\dfrac{103^2}{131}$，证明了m/e=131的离子裂解为m/e=103的离子。质谱图上都有上述的碎片离子峰，因此结构式是正确的。

C_6H_5—CH=CH—C(=$O^{+\cdot}$)—CH_3 —(−·CH=CH—C_6H_5)→ CH_3—C≡O^+　m/z 43

C_6H_5—CH=CH—C(=$O^{+\cdot}$)—CH_3 —(−CH_3)→ C_6H_5—CH=CH—C≡O^+　m/z 131

—(−CO)→ C_6H_5—CH=$\overset{+}{C}$H　m/z 103 —(−C_2H_2)→ $C_6H_5^+$　m/z 77

例 3 某化合物的 IR、UV、MS 以及[1]H NMR、^{13}C NMR 谱图如图 6-3 所示，试解析该化合物结构。

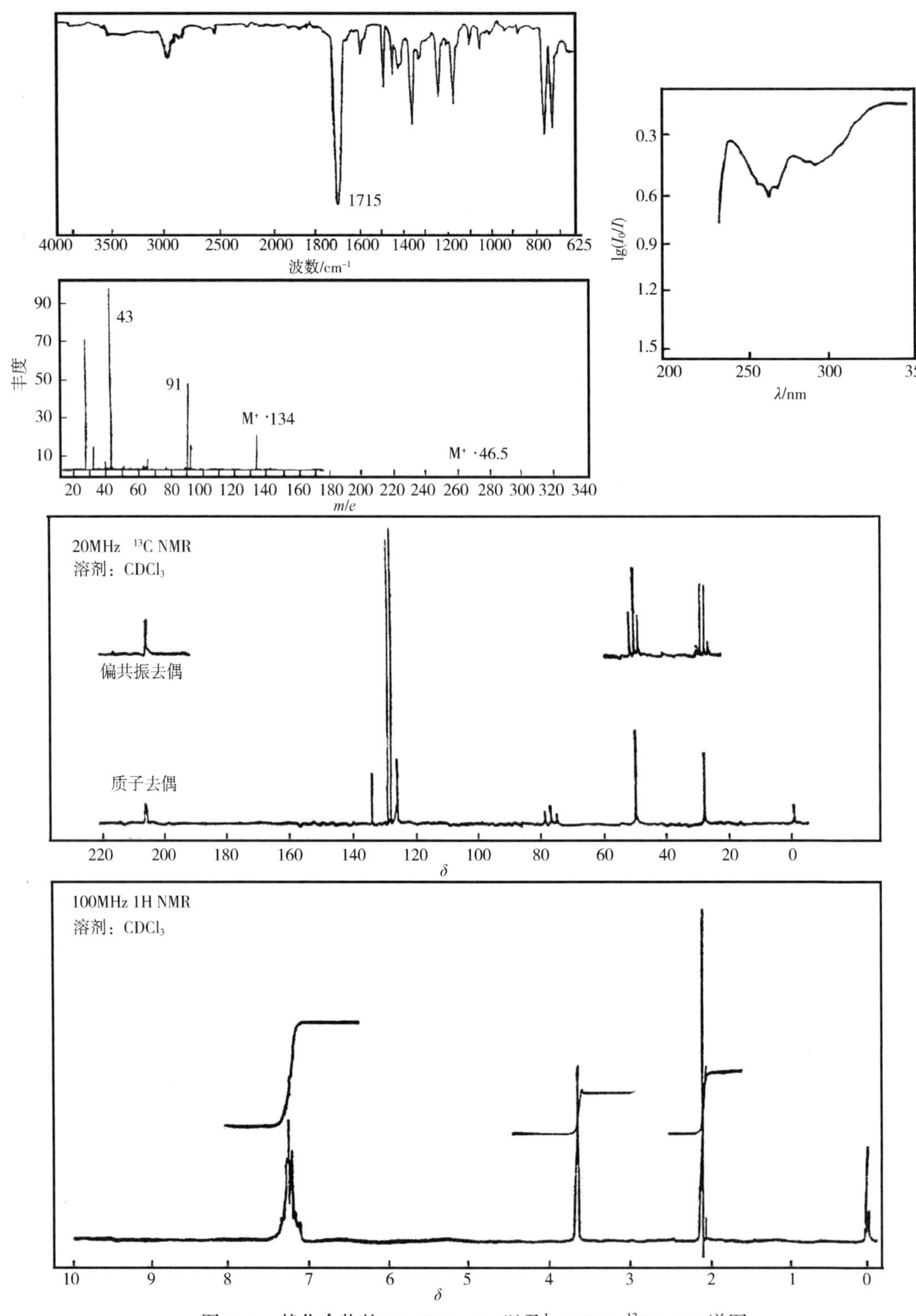

图 6-3 某化合物的 IR、UV、MS 以及[1]H NMR、^{13}C NMR 谱图

解：根据 MS 图 $M^+ = 134$，所以该化合物分子量为 134。根据 IR 在 1715 cm^{-1} 处有吸收，表示含有 $>C=O$ 。^1H NMR 可见有苯环氢，UV 亦表示有苯环结构。^{13}C NMR 中物质共振峰可见有七组碳，由此可见，碳原子数≥7。查贝农表中 M = 134 的各种分子式，其中碳原子数≥7的，又含有 $>C=O$ 、并符合 NMR 的合理的可能结构为 $C_9H_{10}O$。

从^1H NMR 中可见有三组氢，除苯环氢外还有两组单峰，从而可见这两组氢应在 $>C=O$ 两侧，才不会分裂，据此判断，该化合物可能的结构为：

$$C_6H_5-CH_2-C(=O)-CH_3$$

用 MS 核对：

$$\underbrace{C_6H_5-CH_2}_{91} \,|\, \underbrace{C(=O)-CH_3}_{43}$$

与质谱的碎片峰完全相符，证明所推断的上述结构正确无误。

例 4　某化合物的波谱分析结果如图 6-4 所示，试解析该化合物结构。

解：该化合物质谱图表明 $M^+ = 134$，质谱计算机检索给出的分子式为 $C_9H_{10}O$。IR 在 1690cm^{-1} 处有吸收表明该化合物含有羰基（ $>C=O$ ），在 1600 cm^{-1}、1580 cm^{-1} 处有吸收表示含有苯环，在 700 cm^{-1} 附近的两个吸收峰是单取代苯的特征吸收。UV 及^1H NMR 谱图也表明含有芳环。

MS 中主要碎片峰为 $m/e = 77$，其碎片结构为 C_6H_5—；最强的碎片离子峰 $m/e = 105$，其可能的碎片结构为 $C_6H_5-C(=O)-$、$C_6H_5-CH_2-CH_2-$、$C_6H_5-CH(-CH_3)-$。已知分子量为 134，134−105 = 29，$m/e = 29$ 的可能碎片为 C_2H_5、CHO。根据以上信息推断，可能的结构为醛或酮，如 $C_6H_5-C(=O)-C_2H_5$、$C_6H_5-CH_2-CH_2-CHO$、$C_6H_5-CH(CHO)-CH_3$。从 1H NMR 可见化合物有三组氢，即：苯环氢（7.5 和 8.0 处为 $>C=O$ 相连的苯环氢）；

乙基氢（$—CH_2CH_3$）

所以该化合物唯一可能的结构为：

$$C_6H_5-C(=O)-CH_2-CH_3$$

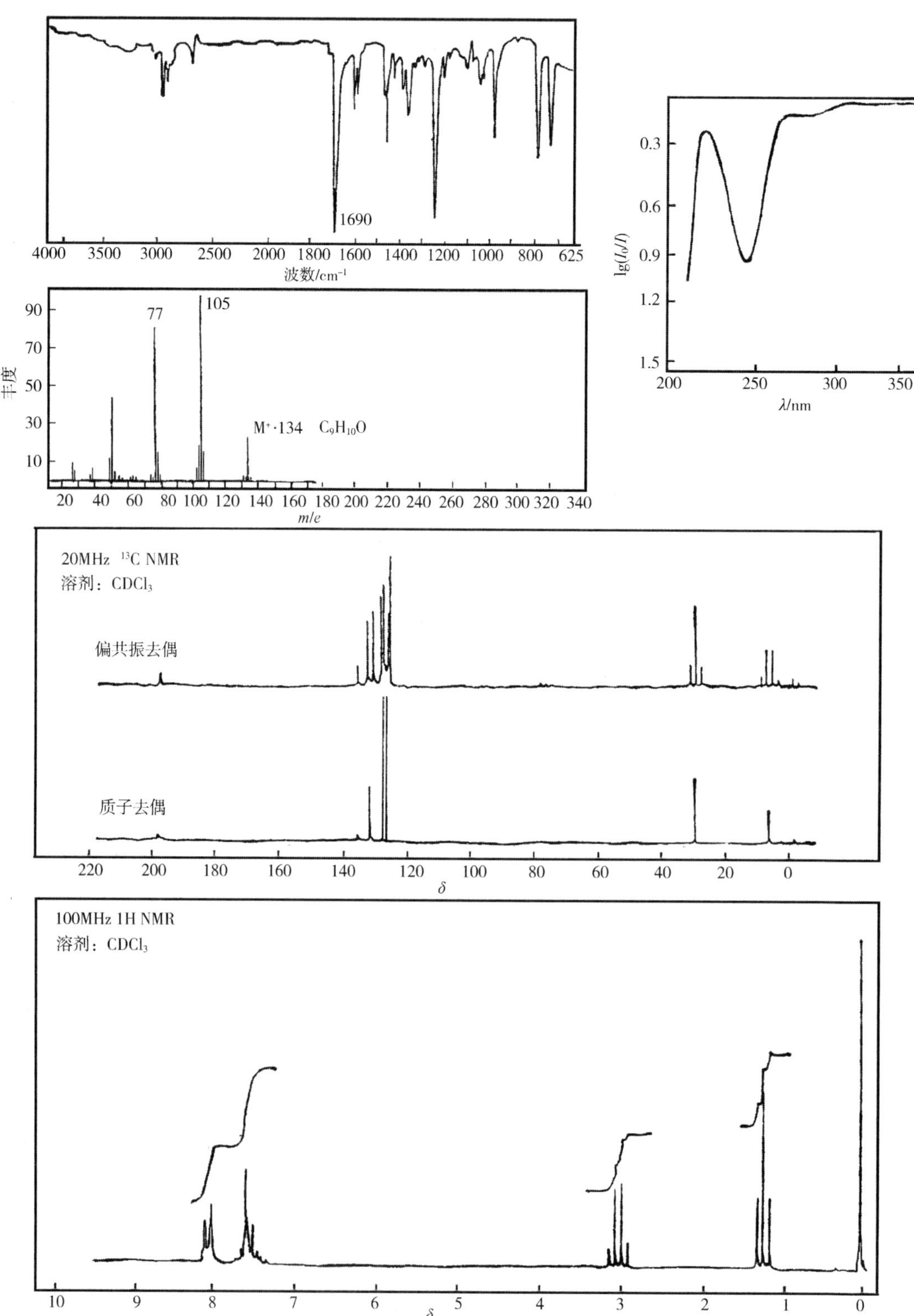

图 6-4　某化合物的 IR、UV、MS 以及 ^1H NMR、^{13}C NMR 谱图

用 MS 核对，综合判断该化合物为

$$C_6H_5-\overset{O}{\overset{\|}{C}}-\overset{H_2}{C}-CH_3$$

（碎片：77、105、29）

例 5　某无色液体化合物，沸点 144℃，其 IR、^{1}H NMR、MS 如图 6-5 所示，试推测其结构。

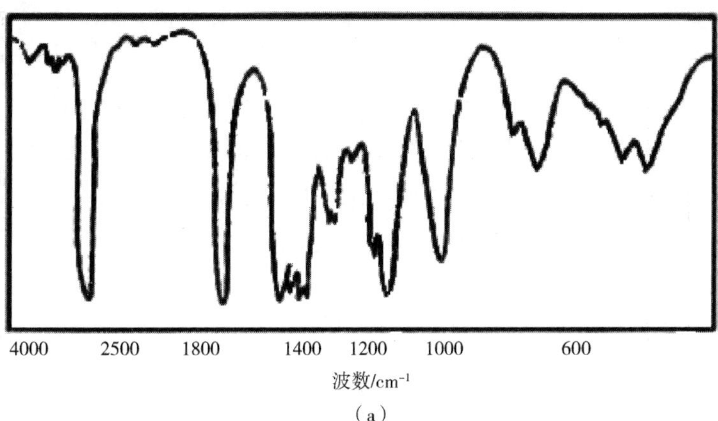

（a）

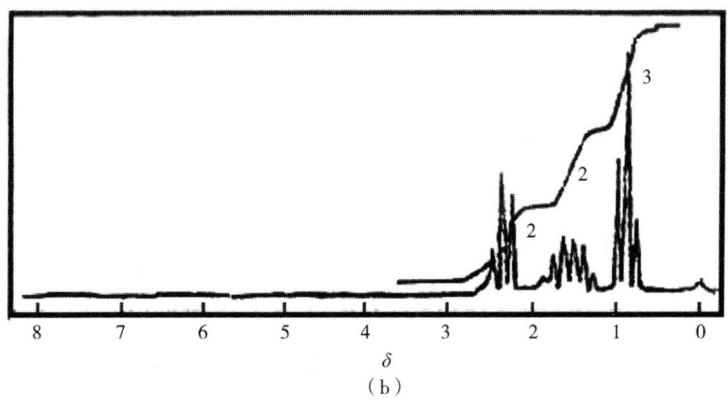

（b）

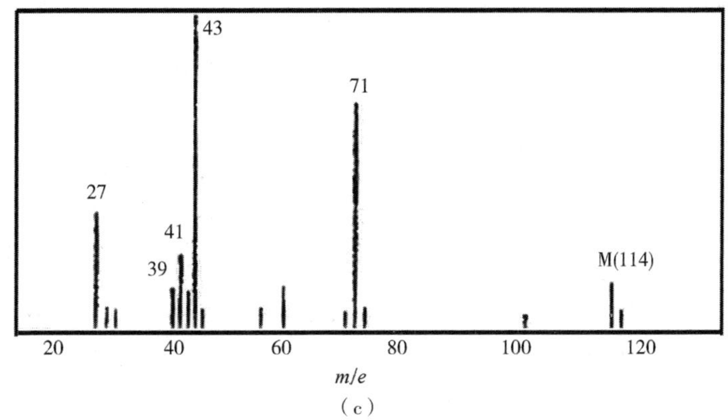

（c）

图 6-5　未知物的 IR（a）、^{1}H NMR（b）及 MS（c）

紫外光谱数据：$\lambda_{max}=275nm$，$\varepsilon_{max}=12$。

由计算机给出的质荷比及相对强度数据如下：27（40），28（7.5），29（8.5），31（1），39（18），41（26），42（10），43（100），70（1），71（76），72（3），86（1），99（2），114（13），115（1），116（0.06）。

解：根据某化合物有固定的物理常数（bp：144℃），判断为纯物质。又据其质谱图 $M=114$ 可知，该化合物分子量为114。另外从 IR、UV、^{1}H NMR 可见无芳香环结构。

据 MS 计算机数据表：$(M+1)/M=1/13=7.7\%$。$(M+2)/M=0.06/13=0.46\%$。查贝农表，符合 $M=114$ 且 $(M+1)/M$ 在 6.7%~8.4%的式子有7个，除去3个奇数氮原子的只剩4个。即：

$C_6H_{10}O_2$，$M+1$ 为 6.72，$M+2$ 为 0.59　　$C_6H_{14}N_2$：$M+1$ 为 7.47，$M+2$ 为 0.24

$C_7H_{14}O$：$M+1$ 为 7.83，$M+2$ 为 0.47　　$C_7H_2N_2$：$M+1$ 为 8.36，$M+2$ 为 0.31

其中 $(M+2)/M$ 与已知数据相近的只有 $C_7H_{14}O$。计算 $C_7H_{14}O$ 的不饱和度：

$$\Omega=7+1-14/2=1。$$

UV 光谱在275nm有弱峰说明无共轭体系，只有 $n\rightarrow\pi^*$ 跃迁，存在 n 电子发色团。IR 光谱可见 2950cm^{-1}（γ_{C-H}，γ_{CH_2}，γ_{CH_3}），1709cm^{-1}（$\gamma_{C=O}$，$\gamma_{>C=O}$）。表明分子中唯一的氧原子以羰基形式存在，因而化合物应为醛或酮。不饱和度为1，表明分子中除 $>C=O$ 外无不饱和键或环。IR 在 2720~2700cm^{-1} 范围未见醛基 γ_{C-H}，所以该化合物只能是酮。

^{1}H NMR 可知化合物有三组氢，其比例为 2∶2∶3，其中 $\delta=2.37$ 处的三重峰与电负性较强基团相连，本身具有两个氢，可能为 $-C(=O)-CH_2-CH_2-$ 中与羰基邻近的碳原子上的两个氢。$\delta=1.57$ 左右呈现多重峰，本身也具有两个氢，可能为中间的 CH_2 的氢。$\delta=0.86$ 处的三重峰说明邻近碳原子上有两个氢，本身的氢核数目为3，是端基的甲基氢。

上述分析可见化合物存在的碎片，其组成为 C_4H_7O。从分子式中去除碎片后剩余部分组成应为：C_3H_7，C_3H_7 两种可能的结构，即正丙基和异丙基。其中 NMR 只有三组氢，只可能是对称结构，排除了 $CH_3-CH(-)-CH_3$ 的可能。该化合物结构为：$CH_3-CH_2-CH_2-C(=O)-CH_2-CH_2-CH_3$ 用 MS 碎片峰进行核对：酮易发生 α 开裂，即：

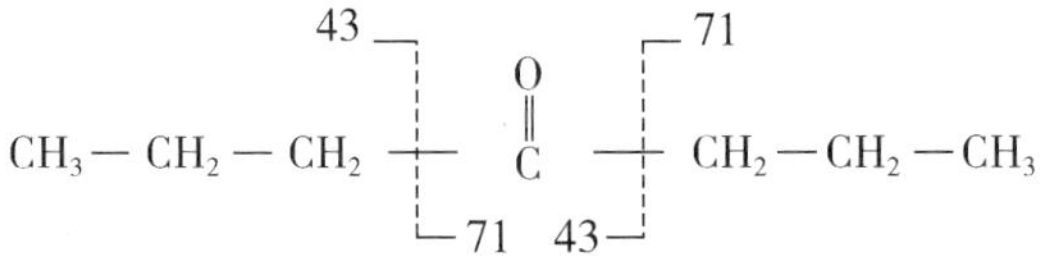

$$\underset{43}{CH_3-CH_2-CH_2}\ \vdots\ \underset{}{\overset{O}{\overset{\|}{C}}}\ \vdots\ \underset{43}{CH_2-CH_2-CH_3}$$

（左侧断裂：43 / 71；右侧断裂：71 / 43）

主要碎片峰的 m/e 值为43、71，与质谱图中所示一致，由此可进一步确认所提出的结构是合理的，该化合物为庚酮-4。

例 6　一未知物沸点 219℃，元素分析表明：C% = 78.6%，H% = 8.3% 。MS、IR、^{1}H NMR、UV 如图 6-6 所示，根据给出的谱图求其结构。

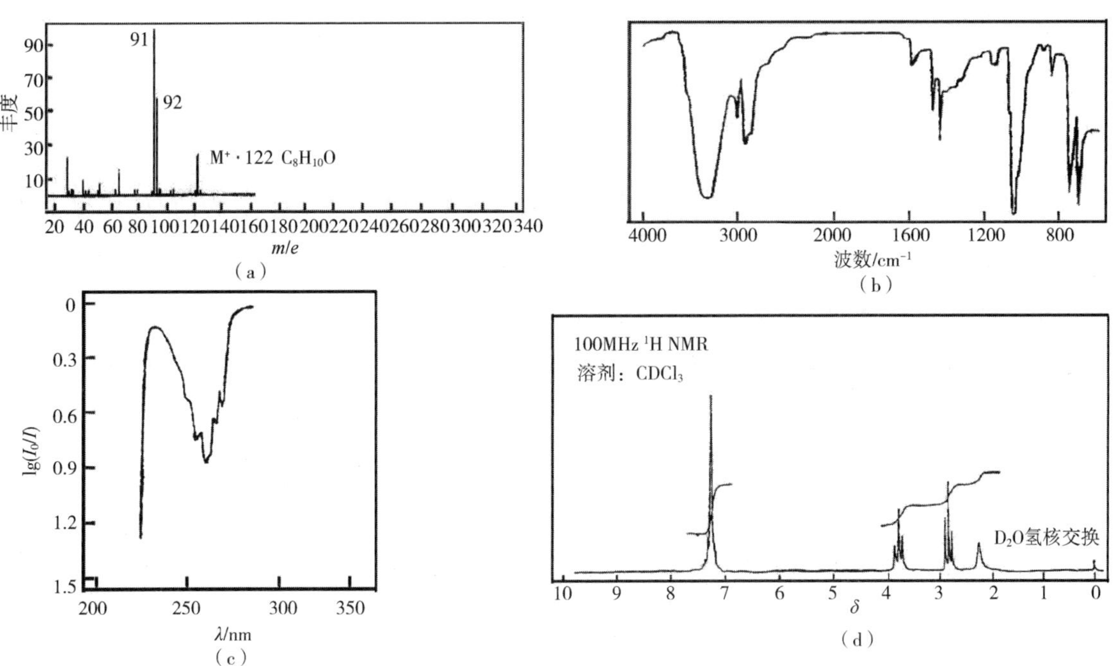

图 6-6　未知物的 MS（a）（亚稳离子 46.5，69）、IR（b）、UV（c）和 NMR（d）

解：从质谱图可知未知物分子量为 122，元素分析结果计算分子式如下：

C：122×78.6%×1/12 = 8

H：122×8.3%×1/1 = 10

O：122×[(100−78.6−8.3)/100]×1/16 = 1

经计算可知未知物的分子式为 $C_8H_{10}O$。其不饱和度 $\Omega = 8+1-10/2 = 4$。

UV 光谱 $\lambda_{max} = 285$nm 处有苯环状吸收峰，苯环不饱和度为 4，推测存在苯环结构。

IR 光谱，3350cm^{-1} 处有强吸收峰，含氧原子，表示有羟基（—OH）的存在。另外在 1710cm^{-1} 处无吸收，表示无 >C═O 存在。从^{1}H NMR 看有四种氢：

$\delta = 7.2$，约 5 个氢（单峰）；$\delta = 3.7$，约 2 个氢（三重峰）；

$\delta = 2.7$，约 2 个氢（三重峰）；$\delta = 2.4$，约 1 个氢（宽峰）。

化学位移为 7.2 的峰来自苯环氢。红外光谱中 1500～1600cm^{-1} 有吸收证实苯环存在。苯环上有 5 个氢可判断苯环是单取代。$\delta = 3.7$ 及 $\delta = 2.7$ 处吸收峰裂分及数目可初步推断存在—CH_2— CH_2—结构。据苯环氢吸收峰呈单峰，可见苯环直接与饱和碳原子相连，即存在 C_6H_5—CH_2—CH_2—结构，减掉该结构有一羟基（—OH），$\delta = 2.4$ 处的宽峰恰为羟基氢的峰。所以推断该化合物为：

$$C_6H_5-CH_2-CH_2-OH$$

用MS核对：

$$C_6H_5-CH_2 \overset{91}{\vdots} CH_2-OH \ (31)$$

其质谱图中 $m/e=91$ 的强峰正是 $C_6H_5-\overset{+}{C}H_2$，$m/e=65$ 的峰为芳香环开裂的产物。再用亚稳离子峰核对：

$91^2/122=68$，$92^2/122=69.4$，$65^2/91=46.4$

这与质谱图中给出的亚稳离子峰 69 和 46.5 符合，其中 $m/e=92$ 的峰为 91 质量结构的正离子捕获一个氢原子所致。由亚稳离子峰可以证实上述开裂方式的存在。由此证实该化合物为苯乙醇。

第三节　进口锦纶帘子线高速纺油剂（FDY）的解析

一、初步分析

1. 处理

进口 FDY 油剂试样为无色透明的液体，流动性好，温度低于 10℃ 时呈现稀浆状混浊（因为部分单体冷凝所致），温度升高时恢复澄清透明。存放稳定性好，不分层，略带醇味。

2. 溶解性

能溶于各种极性有机溶剂，微溶于水，1%水溶液能较好的分散成带乳光的溶液（乳液），浓度越再大，存放久了有部分析出，浊点低于室温。

3. 挥发分的测定

取洁净称量瓶，称重，再称取 5g 试样，放于 105℃ 烘箱烘 2h，取出干燥冷却，称重。结果见表 6-1。

$$有效物含量 = \frac{w_2 - w_0}{w_1 - w_0} \times 100\%$$

式中：w_0 为称量瓶重；w_1 为称量瓶+试样（烘前）；w_2 为称量瓶+试样（烘后）。

表 6-1　FDY 的挥发份测定（有效成分）

序号	w_0	w_1	w_2	有效物含量	颜色变化
1	44.8625	49.6962	49.3862	93.5%	无

续表

序号	w_0	w_1	w_2	有效物含量	颜色变化
2	47.2568	52.7238	52.3732	93.6%	无
3	39.7849	44.5132	44.2122	93.6%	无
4	39.4616	44.8388	44.4954	93.6%	无
平均				93.6%	

从表 6-1 的结果可知，FDY 的有效物含量 93.6%，挥发分 6.4%。

4. 离子型鉴定

亚甲基蓝-氯仿试验和硫氰酸钴试验表明 FDY 为非离子型，而且含聚氯乙烯型非离子表面活性剂，不含阴离子和阳离子表面活性剂。

5. 元素定性分析

（1）燃烧试验表明油剂组分含氧。

（2）灼烧试验表明 FDY 不含金属元素。

（3）钠熔试验表明 FDY 不含 S、X，未检出 N、P、Si。

6. 磷酸裂解试验

表明 FDY 中 EO、PO 都有。

7. FDY 全组分红外光谱（IR）分析

图 6-7 所示为全组分的红外光谱。

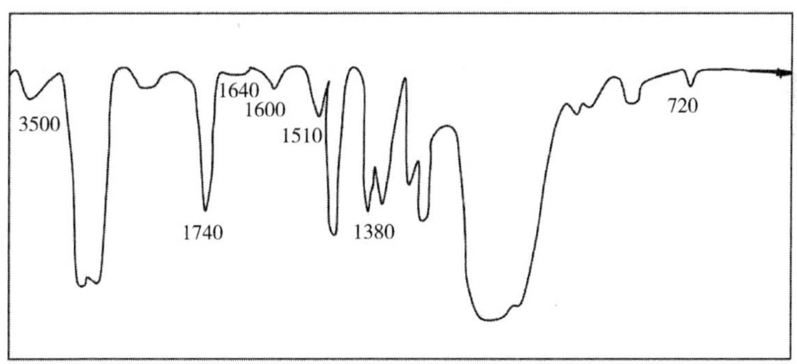

图 6-7　全组分的红外光谱图

从图 6-7 可以看出，3500cm^{-1} 有—OH 吸收；1600~1650cm^{-1} 宽而小的峰为水峰；2850~1960cm^{-1} 有很强的 C—H 对称和反对称伸缩振动吸收峰；720cm^{-1} 处吸收表明有长链烷基存在；1740cm^{-1} 有酯的 C ═O 的吸收，且不与其他基团共轭；在 1347、1298、1250 和 1110cm^{-1} 出现了脂肪酸聚氧乙烯酯的典型的系列峰，以及以 1110cm^{-1} 为对称的 950、850 特征峰；在 1370cm^{-1} 出现了很强的 CH_3—的变形振动，说明 PO 基的存在。从以上各主要峰的分析结果看，FDY 主体成分可能是由脂肪酸的聚氧乙烯酯和 EO、PO 共聚醚三个组成。此外，在

$1510cm^{-1}$ 出现了比较明显的吸收，$1600cm^{-1}$ 也出现了吸收，说明 FDY 中含有带芳环的物质，但在其他区域还难以得到确认的取代情况，因此可以认为 FDY 中的芳香类物质一定不多。

8. 全组分的紫外光谱（UV）分析

图 6-8 所示为全组分的紫外光谱。

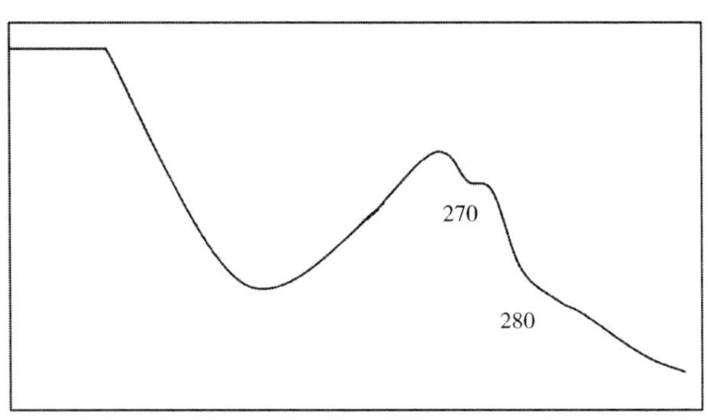

图 6-8　全组分的紫外光谱图

从图 6-8 可见，FDY 在 222nm、278nm 和 285nm 有紫外吸收，但仅从紫外还无法下定结论，还需结合其他方法作进一步的分析。

9. 薄层色谱法对试样进行初步检验

各种展开剂均未能将试样完全分开成明晰的一些斑点，或虽能分开一系列斑点但拖尾严重，很难分辨。由此可知，该油剂中可能存在几种非离子表面活性剂的同系物。在几种具有较好分离能力的展开剂中出现拖尾现象，说明存在 EO 数大于 16 的同系物。

由以上的初步分析结果可知：

（1）FDY 的有效物含量为 93.6%，含挥发份（水）6.4%。

（2）FDY 为一非离子表面活性剂的复配体系，可能是脂肪酸聚氧乙烯酯和 EO、PO 共聚醚，加成数存在一定分布。

（3）FDY 含芳香环物质，量少，可能为某种添加剂。

二、FDY 的分离

（一）加样与洗脱

以被洗脱物的重量为纵坐标，对应的序号为横坐标，做出色谱分离重量分布图，如图 6-9 所示。

洗脱物的重量分布情况为：6#～27# 3.5%；28#～47# 4.8%；48#～67# 4.1%；68#～97# 45.8%；98#～108# 12.3%；109#～120# 20.3%；121#～140# 9.1%。

（二）红外光谱分析

取质量分布图中峰顶三点 69#、110#、124#进行 IR 光谱分析，如图 6-10～图 6-12 所示。

从图 6-10 可见，69#的 IR 与全组分的 IR 非常相似，除无芳环的特征吸收外，$1375cm^{-1}$

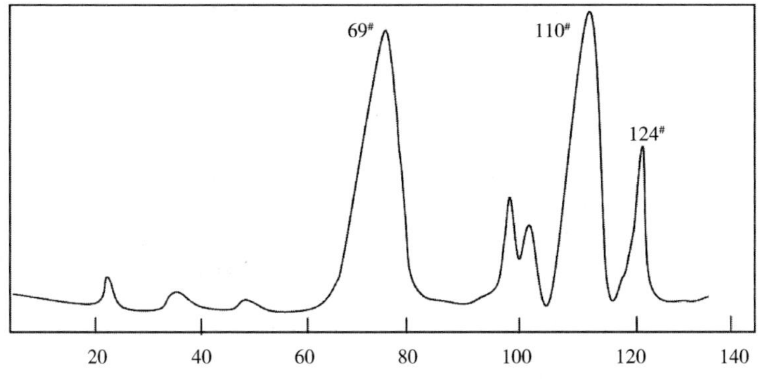

图 6-9 柱分离 FDY 的重量分布图

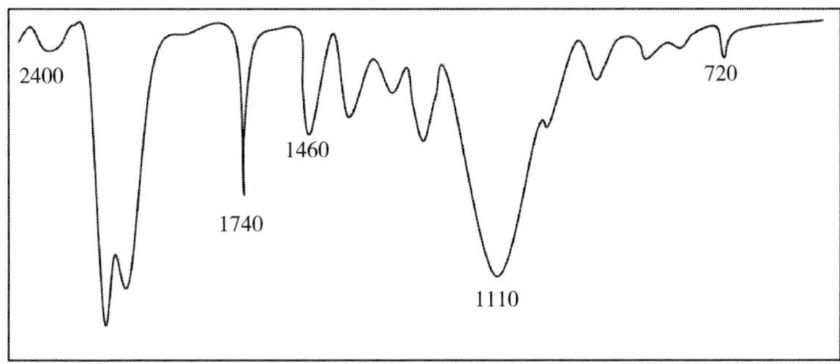

图 6-10 69#的 IR 谱图

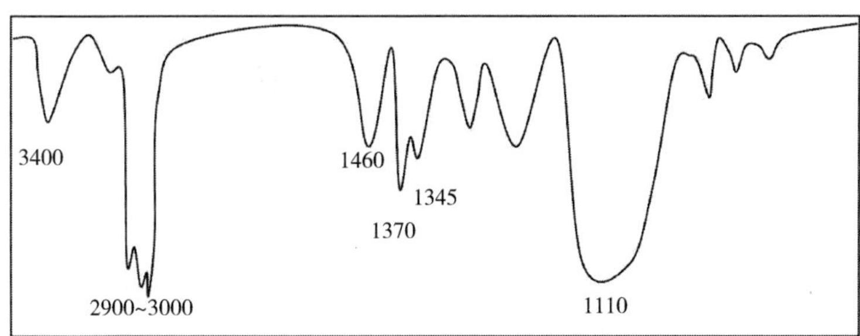

图 6-11 110#的红外谱图

处 CH_3 的 C—H 变形振动的吸收缩为一肩峰。这是典型的饱和脂肪酸的聚氧乙烯酯，有 C=O 吸收（$1740cm^{-1}$），有很强的 C—O 伸缩振动的醚键吸收（$1150cm^{-1}$、$1300\sim1090cm^{-1}$），以及以它为对称的聚氧乙烯脂肪酸酯的典型 EO 吸收峰（$1350cm^{-1}$、$1300cm^{-1}$、$1250cm^{-1}$ 和 $950cm^{-1}$、$850cm^{-1}$）。此外，由水的吸收峰 $1650cm^{-1}$ 很小，而 O—H 吸收峰 $3400\sim3600cm^{-1}$ 较大，还存在 $1050\sim1040cm^{-1}$ 的肩峰，因此可以判断为聚氧乙烯脂肪酸的单酯。由 $720cm^{-1}$ 出现的显著的吸收峰可知脂肪酸部分具有长的碳链。

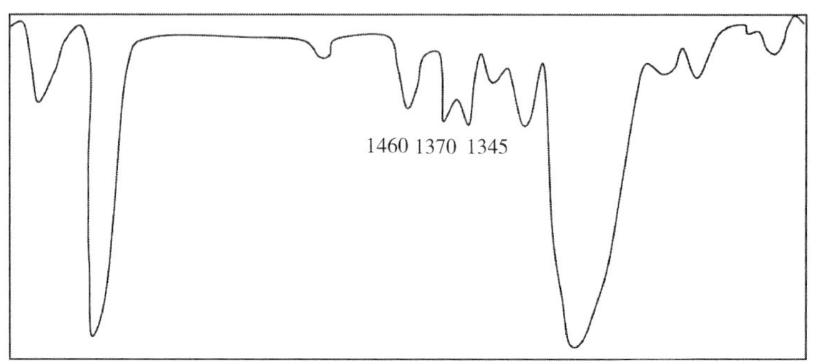

图 6-12　124#的 IR 谱图

从图 6-11、图 6-12 可见，除都存在典型的吸收外，都有较强的—CH_3 的 C—H 变形振动吸收峰（1370cm^{-1}），因此，110#、124#都是 EO-PO 共聚醚。两者比较，110#在 1370cm^{-1} 较 1345cm^{-1} 强得多，而 124#在 1370cm^{-1} 比 1345cm^{-1} 弱些，从 2970～2950cm^{-1} 的—CH_3 不对称伸缩振动吸收峰看，110#比较突出，后者收缩成一肩峰，也说明 110#烧杯中 PO 含量高于 124#，124#中 EO 的比例很大。

（三）聚氧乙烯脂肪酸单酯的结构分析（69#）

69#的^{1}H NMR 如图 6-13 所示。

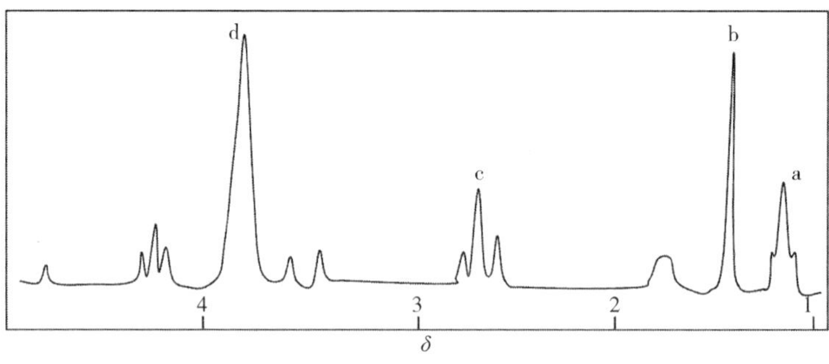

图 6-13　69#的^{1}H NMR

图 6-13 中各峰的归属见表 6-2，具有较长烷基链的饱和脂肪酸聚氧乙烯单酯具有结构式：

$$CH_3(CH_2)_xCH_2CO(OCH_2CH_2)_nOH$$

在 NMR 谱中某一信号下的积分面积正比于样品分子中该种 H 原子的数目，可以计算出分子中各种类型 H 核的相对丰度。据此，依表 6-2 对 69#样的分子结构进行测定。以—CH_2COO 峰为基准，即确定 δ=2.2～2.3 处的相对峰度 3.757 相当于 2 个 H 原子，则：

$$x = \frac{39.303}{3.757} = 10.5$$

$$n = \frac{38.665 - 3.757 \div 2}{3.757 \times 2} = 4.9$$

检验—CH_3 的 H 原子数 = 6. 299 ÷ (3. 757 ÷ 2) = 3. 4，近似等于 3，因此有一个—CH_3，无支化。根据以上计算结果，69#的结构式为：

$$\underset{a}{\underline{CH_3}}\underset{b}{\underline{(CH_2)_{10.5}}}\underset{c}{\underline{CH_2CO}}\underset{d}{\underline{(OCH_2CH_2)_{4.9}OH}}$$

由此可知，69#组分的疏水基部分是平均碳数为 13. 5 的脂肪酸同系物，而亲水基部分的 EO 加成数大约为 7. 5。

表 6-2　69#¹H NMR 各峰归属

各峰标号	化学位移	相对强度	归属
a	0. 78～0. 85	6. 299	—CH_3
b	1. 1～1. 56	39. 303	—$(CH_2)_x$
c	2. 2～2. 3	3. 757	—CH_2COO
d	3. 3～4. 2	38. 665	—$(CH_2CH_2O)_nH$

（四）GC 法测疏水基脂肪酸

将 FDY 皂化，其中的酯键断裂成脂肪酸皂和聚乙二醇；然后将皂化样通过强碱性阴离子交换柱，再用 95%乙醇洗脱，脂肪酸皂留在柱内，再用 2mol/L 的 HCl 的 95%的乙醇溶液洗脱，蒸去乙醇，将得到的脂肪酸进行硫酸-甲酯化得脂肪酸甲脂，进行气相色谱测定。测定结果如图 6-14 所示。

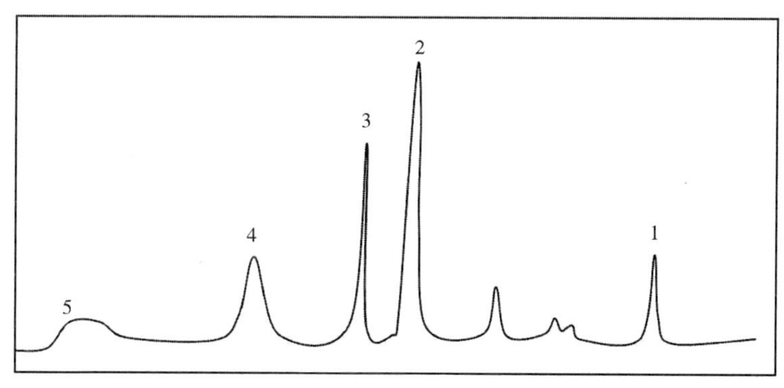

图 6-14　69#亲油基脂肪酸甲酯化的 GC 谱图

通过在全等同的 GC 条件下用标准物对照保留时间定性的办法，得知峰 1，2，3，4，5 分别为 C_{10}，C_{12}，C_{14}，C_{16}，C_{18} 的脂肪酸甲酯。所以，FDY 中脂肪酸聚氧乙烯酯的疏水部分—脂肪酸是具有偶数碳的天然产物，包括十、十二、十四、十六、十八脂肪酸。积分各峰下的面积，利用面积的归一化法，测得脂肪酸的碳分布见表 6-3。

表 6-3　FDY 亲油基碳数分布

碳分布					平均碳数	平均分子量
C_{10}	C_{12}	C_{14}	C_{16}	C_{18}	13.8	224.9
1.56	44.49	27.79	15.80	10.35		

由 GC 测得的平均碳数 13.8 与 NMR 的平均碳数 13.5 很接近，具有较好的一致性。由以上可知，69#组分脂肪酸聚氧乙烯酯的疏水基是以十二酸为主（44.49%），同时含十四酸（27.79%），十六酸（15.80%），十八酸（10.35%）的天然脂肪酸，亲水基部分的加成数大约为 5。

（五）聚醚的结构分析

1. 色质联用（GC-MS）对聚醚结构的分析

110#、124#相近，选 124#进行分析。GC 有三个峰，MS 有三个峰，解析结果为丁醇为起始剂的 EO-PO 共聚醚。

2. NMR 对聚醚平均结构的测定

同上，110#、124#样品的性质类似，其 NMR 示意图如图 6-15 所示。

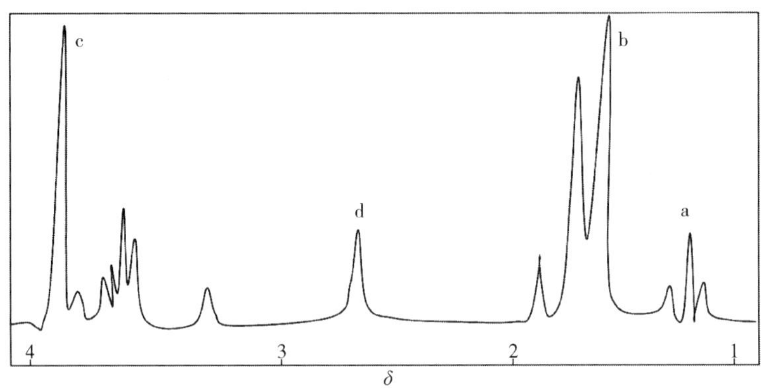

图 6-15　110#、124#的 ^{1}H NMR 示意图

图中各峰的归属见表 6-4。

表 6-4　110#与 124#NMR 峰的归属

峰号	化学位移	归属	相对强度	
			110#	124#
a	0.75~0.9	CH_3—	2.78	0.80
b	1.0~1.3	—CH_3 和—OCH_2CH_2	29.89	7.48
c	3.0~4.0	—$OCHCH_2$ 和—OCH_2CH_2	81.38	29.62
d	2.5~2.9	OH		

三、FDY 解析的结论

（1）FDY 中有效物含量为 93.6%，含水 6.4%。

（2）FDY 是一种非离子表面活性剂体系，其主要成分为脂肪酸聚氧乙烯酯和 EO、PO 的聚醚，两者所占比重接近。

（3）脂肪酸聚氧乙烯酯的亲油基为 C_{10} ~ C_{18}（C_8 ~ C_{18}）的正构偶碳脂肪酸，GC 测得各碳酸的分布与天然椰子油脂肪酸比较接近，其亲水部分 EO 数为 5。

（4）聚醚是以丁醚为起始剂的 EO、PO 无规共聚醚，其共聚的比例有几种，其中主要的两种 EO/PO 比例为 64 : 36 和 75 : 25。

练习题

1. 某化合物只含有 C、H、O，元素分析结果为 C：66.7%，H：11.1%，其谱图如图 6-16 所示，试推断其结构。

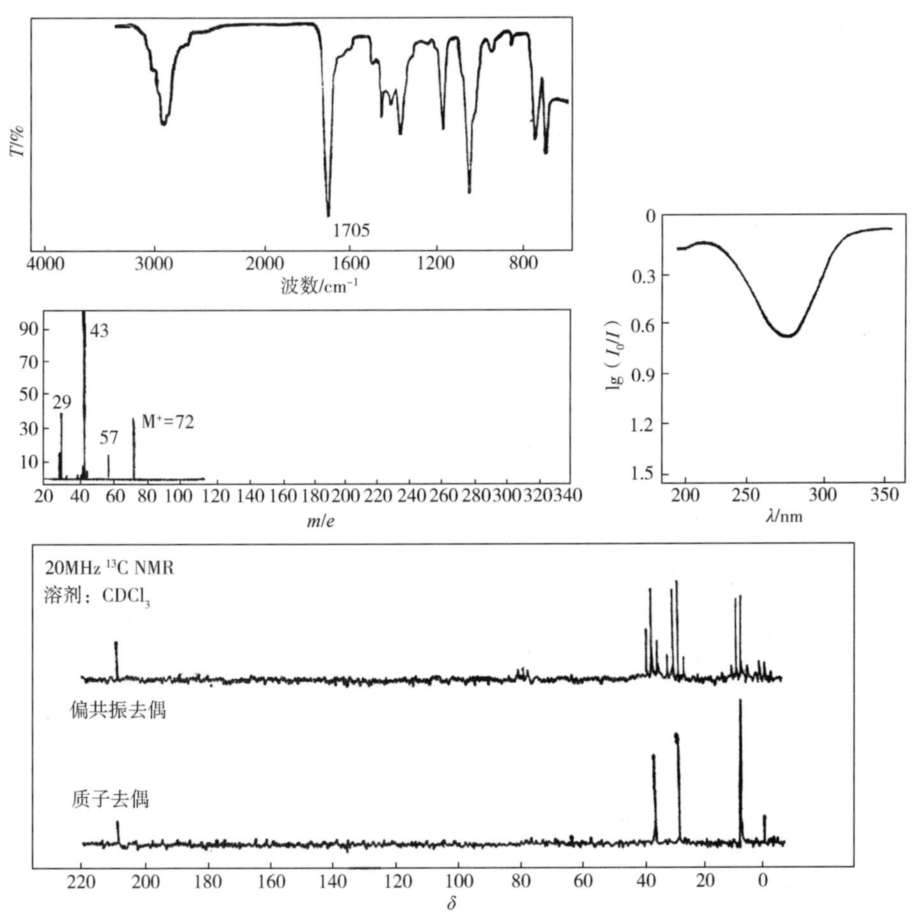

图 6-16

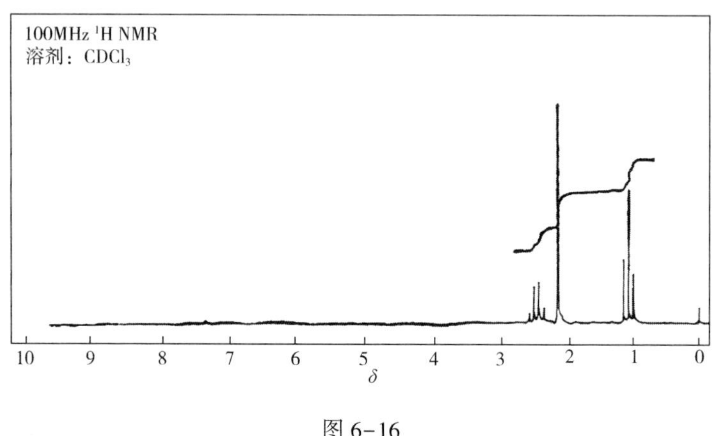

图 6-16

2. 某化合物沸点 207℃，元素分析结果 C：71.7%，H：7.9，S：20.8%，该化合物波谱分析结果如图 6-17 所示，求其结构。

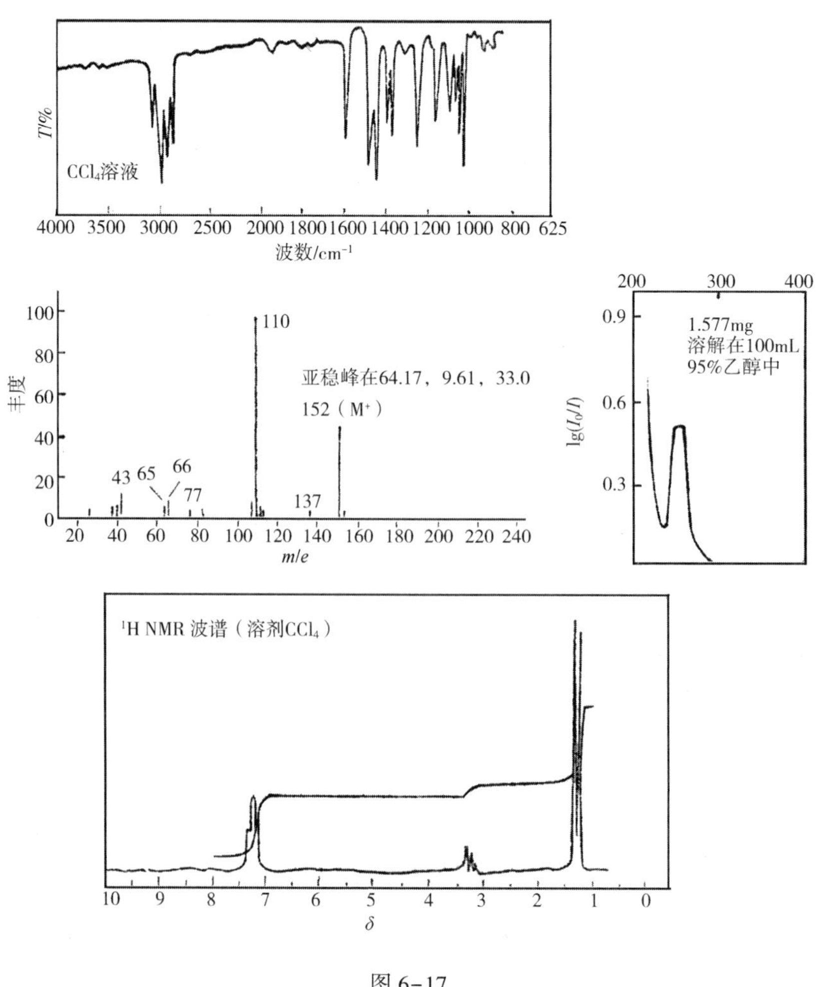

图 6-17

3. 某化合物 $M^{+}=102$，$M+1$ 与 M 丰度比为 5.64，$M+2$ 与 M 丰度比为 0.53。其波谱分析结果如图 6-18 所示，试确定该化合物的结构。

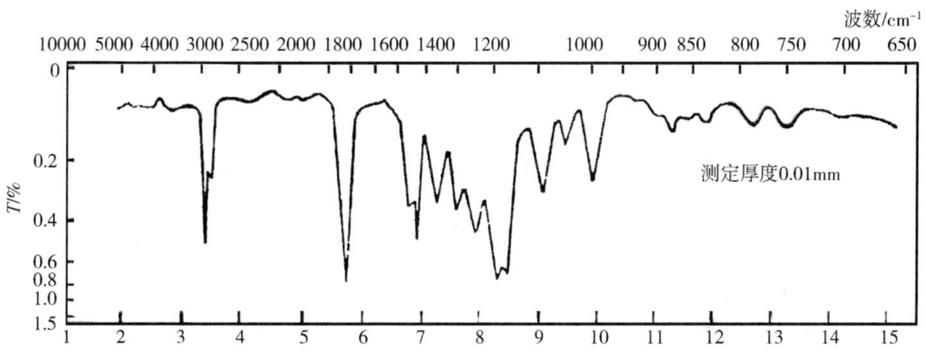

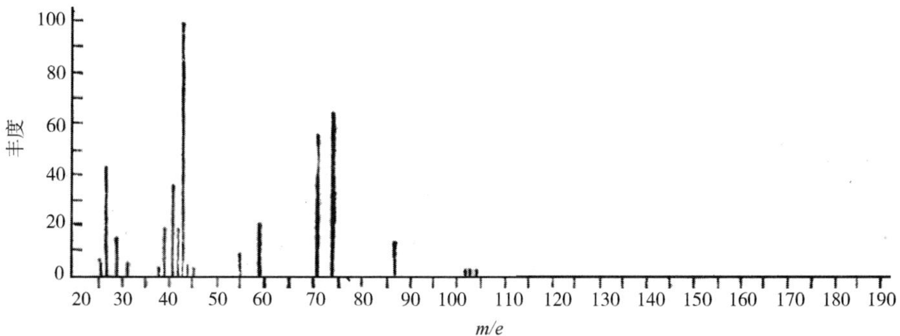

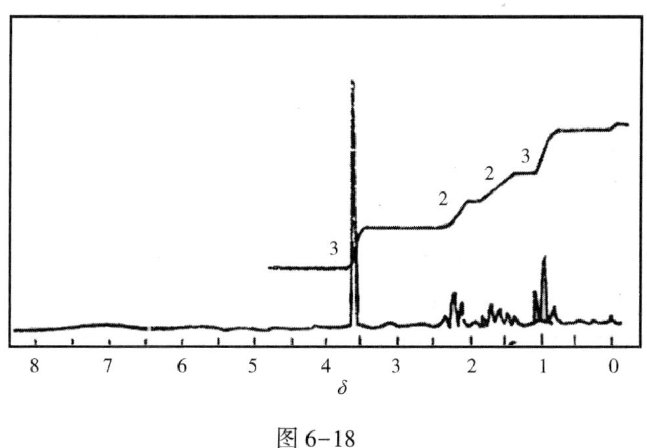

图 6-18

4. 某未知物沸点为 155℃，元素分析结果为 C：77.8%，H：7.5%，波谱分析结果如图 6-19 所示，推断其结构。

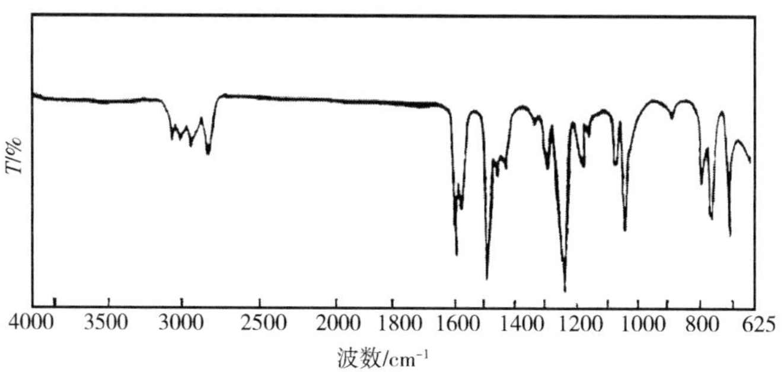

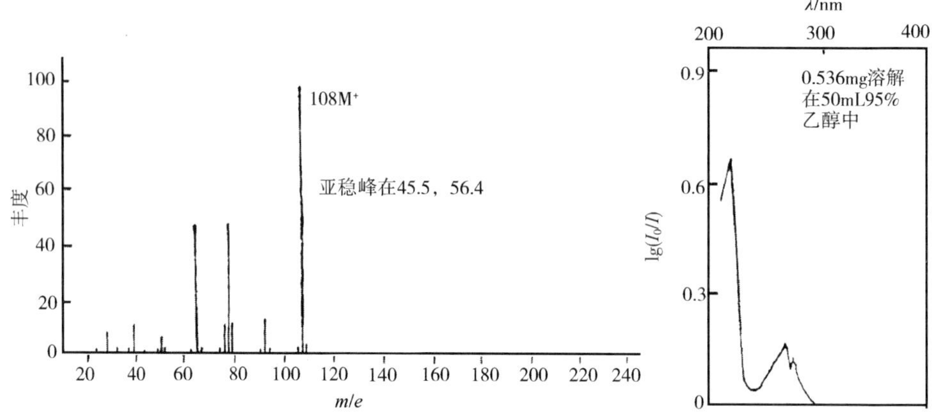

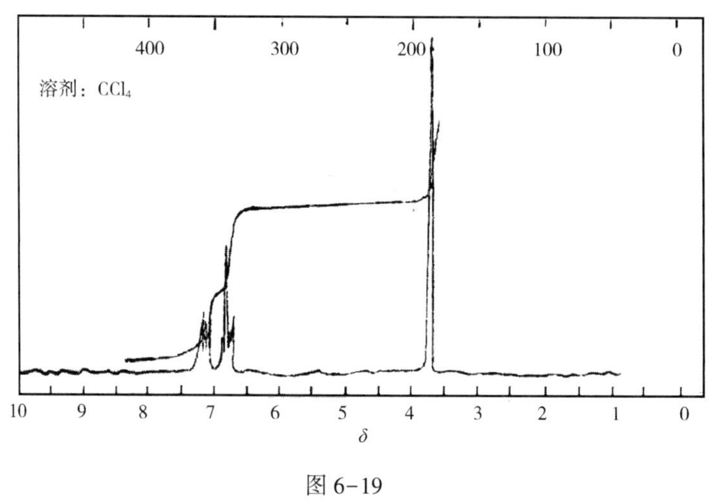

图 6-19

5. 某未知物为片状结晶，熔点 76℃，元素分析结果为 C：70.7%，H：6.0%，波谱分析结果如图 6-20 所示，推断其结构。

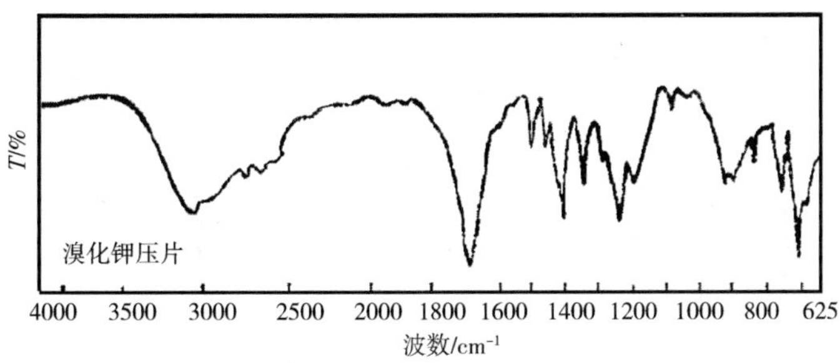

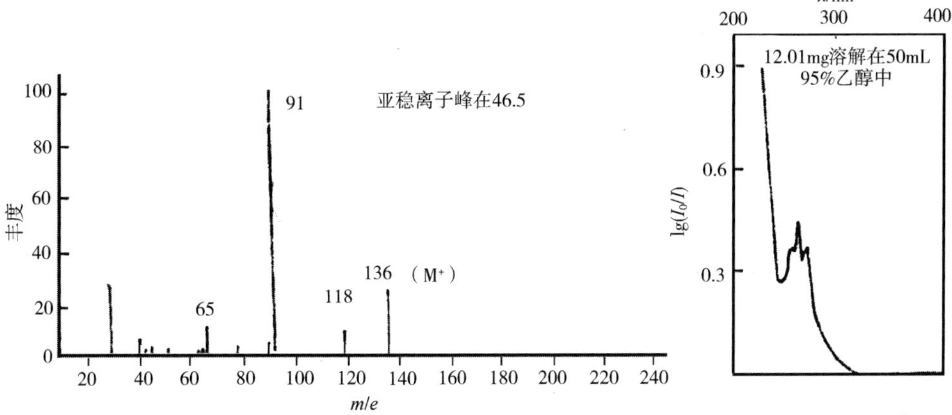

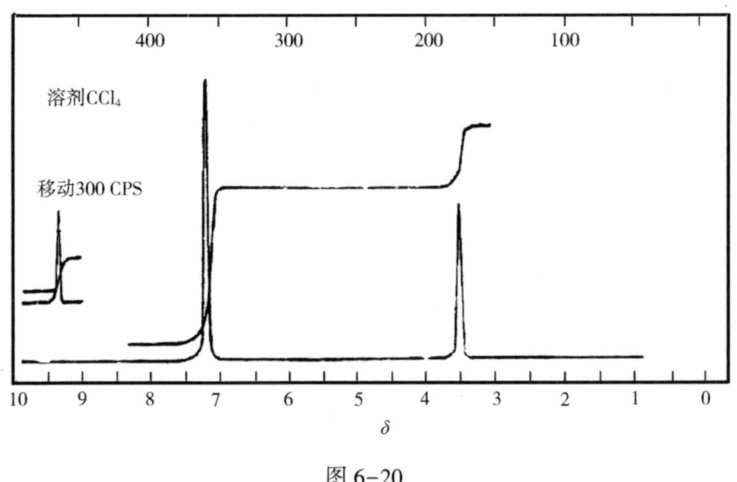

图 6-20

6. 某化合物沸点为 124℃，元素分析结果为 C：73.5%，H：12.4%，其 UV、IR、^{1}H NMR 及 MS 图如图 6-21 所示，试推断其结构。

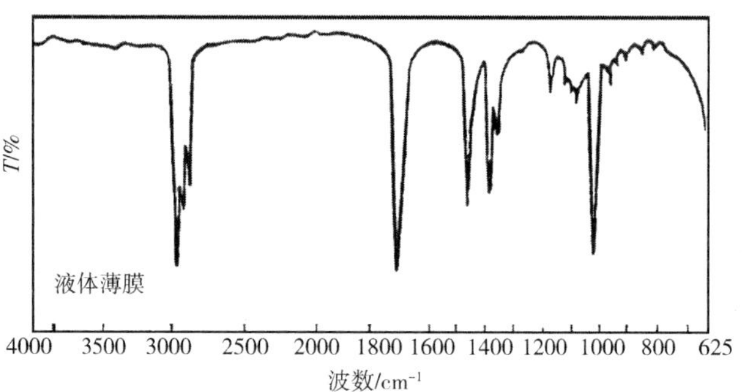

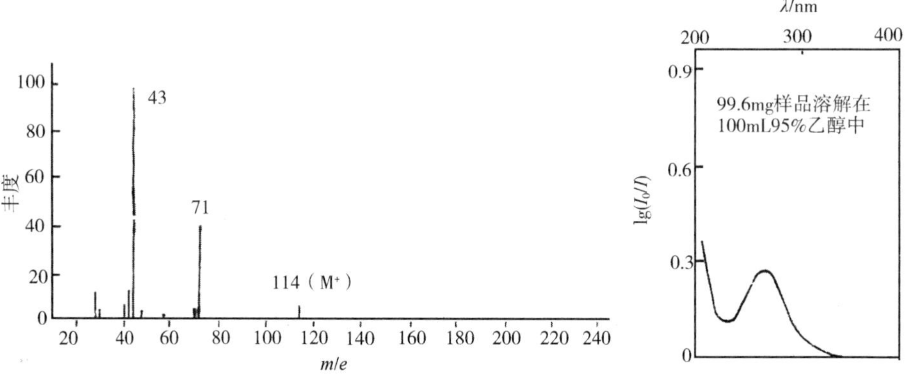

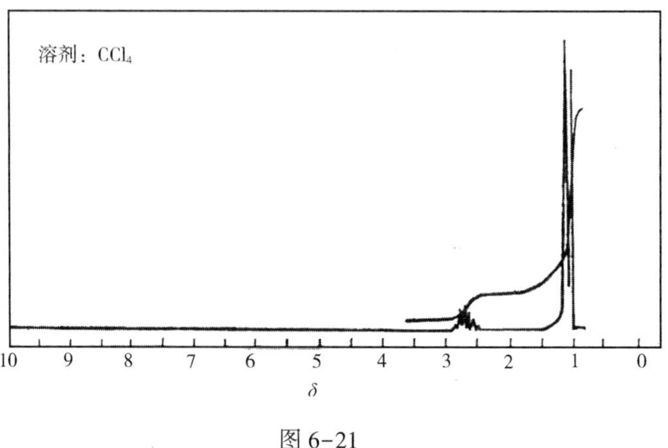

图 6-21

7. 某化合物紫外光谱在 200nm 以上没有吸收，元素分析数据为 C：39. 8%，H：7. 3%，并含卤素。根据 IR，^{1}H NMR、MS 解析化合物的结构（谱图如图 6-22 所示）。

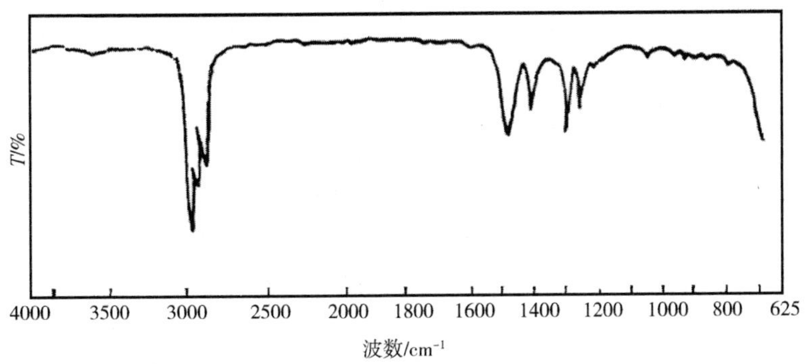

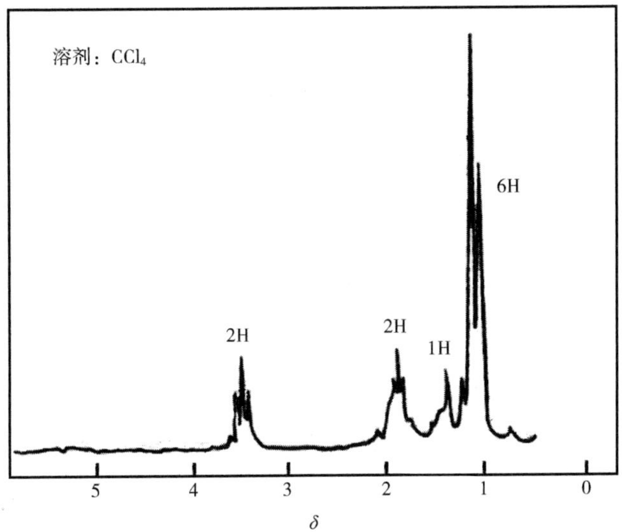

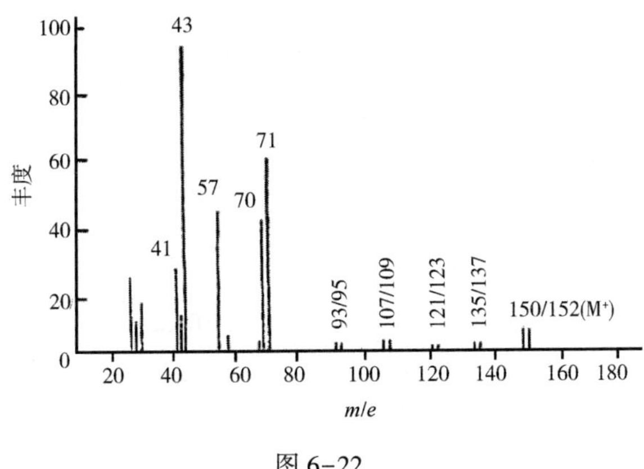

图 6-22

8. 某化合物含有卤素，其 UV 光谱表明在 95%的乙醇溶剂中，最大吸收波长为 258nm（$\lg\varepsilon=2.6$），其 MS、IR 及 ^{1}H NMR 测试结果如图 6-23 所示，求其结构。

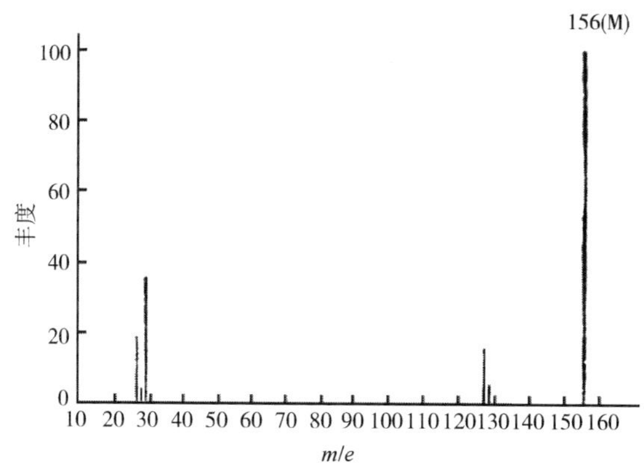

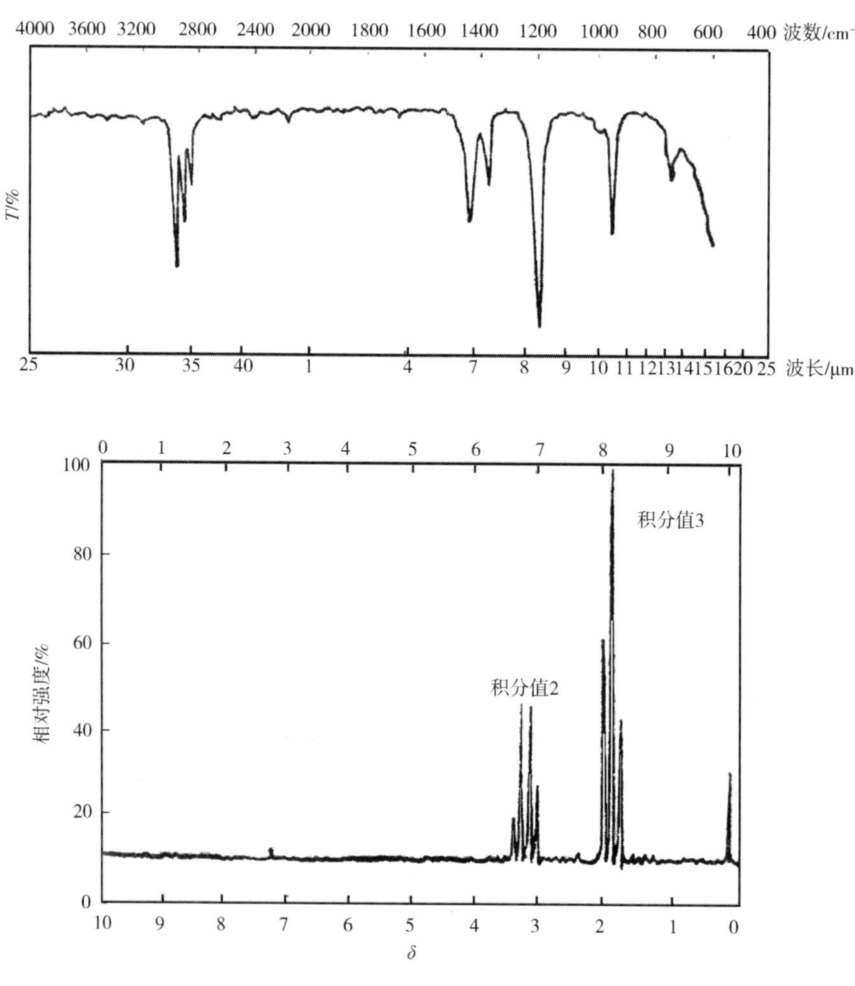

图 6-23

9. 某未知化合物的紫外光谱在 205nm 处可见 n→π* 跃迁的吸收峰，其质谱、红外及核磁共振结果如图 6-24 所示，试解析该化合物的结构。

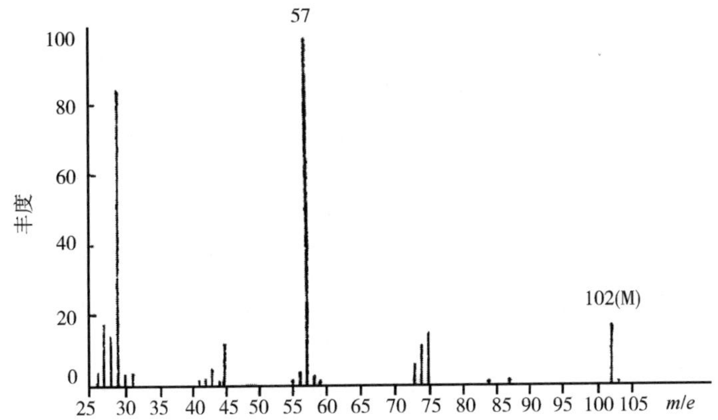
57
100
80
60
丰度
40
20
0
102(M)
25 30 35 40 45 50 55 60 65 70 75 80 85 90 95 100 105 m/e

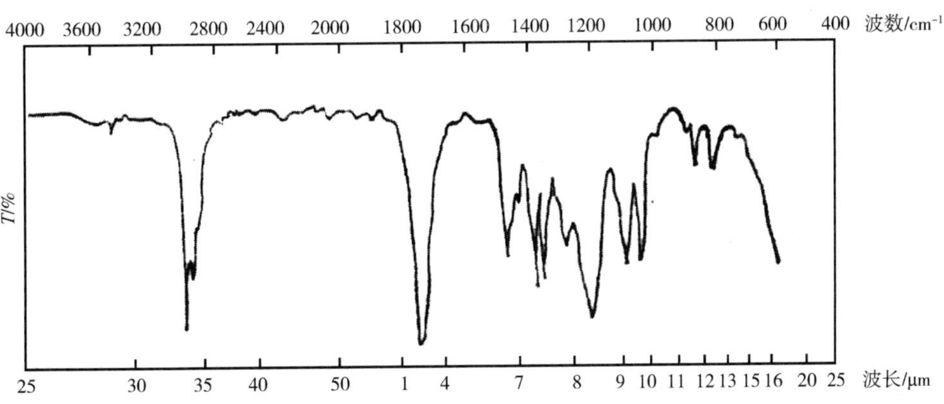
4000 3600 3200 2800 2400 2000 1800 1600 1400 1200 1000 800 600 400 波数/cm⁻¹
T/%
25 30 35 40 50 1 4 7 8 9 10 11 12 13 15 16 20 25 波长/μm

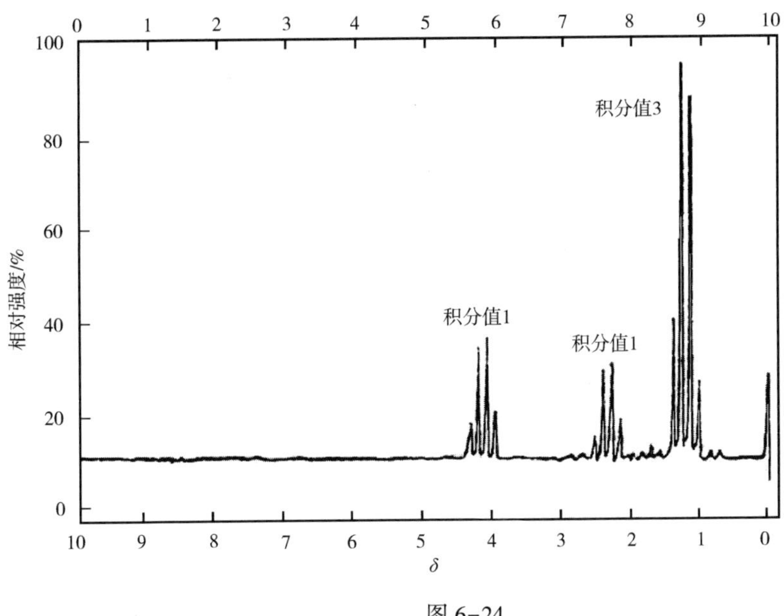
0 1 2 3 4 5 6 7 8 9 10
100
80
60
相对强度/%
40
20
0
积分值3
积分值1
积分值1
10 9 8 7 6 5 4 3 2 1 0
δ

图 6-24

参考文献

[1] J. Bjorklund, et al. Influence of the injection technique and the column system on gas chromatographic determination of polybrominated diphenyl ethers [J]. J. Chrom. A, 2004, 1041, 201-210.

[2] 钟山，冯子刚，裂解毛细管柱气相色谱—傅里叶变换红外光谱的剖析应用 [J]. 色谱，1995，13 (4)，46-47.

[3] 丁亚平，车自有，吴庆生，等. 气相色谱—红外光谱联用分离鉴定烷基磷酸酯类同分异构体 [J]. 分析化学，2003，31 (8)，1022.

[4] 蔡锡兰，吴国萍，张大明，等. 傅里叶变换红外光谱和气相色谱—质谱法快速检测鼠药 [J]. 分析化学，2003，21 (7)，836-839.

[5] 赖碧清，郑晓航，韩银涛. 高效液相色谱一四极杆质谱联用测定饲料中三聚氰胺含量 [J]. 饲料工业，2008，29 (4)，47-48.

[6] William Goodman. 气相色谱/质谱联用分析多溴联苯醚阻燃剂，Perki nElmer，Inc (www.perkinelmer.com).

[7] 张佩璇，李剑峰，韦亚兵，等. 氟代四氢小檗碱的波谱特征与结构解析 [J]. 波谱学杂志，2006，26 (1)，111-119.

[8] 张秀菊，李占杰，蔡晓军，聚丙烯中新型阻燃剂的综合解析 [J]. 质谱学报，2002，23 (4)，230-233.

[9] 袁耀佐，张玫，杭太俊，等. 蒜氨酸精制品的纯化与结构确证 [J]. 中国新药杂志，2008，17 (24)，2125-2129.

第七章　实验

实验一　有机化合物的紫外—可见吸收光谱及溶剂效应

一、实验目的

(1) 了解紫外—可见分光光度法的原理及应用范围。

(2) 了解紫外—可见分光光度计的基本构造及设计原理。

(3) 了解苯及衍生物的紫外吸收光谱及鉴定方法。

(4) 观察溶剂对吸收光谱的影响。

二、实验原理

紫外—可见吸收光谱是由于分子中价电子的跃迁而产生的。这种吸收光谱决定于分子中价电子的分布和结合情况。分子内部的运动分为价电子运动、分子内原子在平衡位置附近的振动和分子绕其重心的转动。因此分子具有电子能级、振动能级和转动能级。通常电子能级间隔为1~20eV，这一能量恰好落在紫外与可见光区。每一个电子能级之间的跃迁，都伴随分子的振动能级和转动能级的变化，因此，电子跃迁的吸收线就变成了内含分子振动和转动精细结构的较宽的谱带。

芳香族化合物的紫外光谱的特点是具有由 $\pi \rightarrow \pi^*$ 跃迁产生的3个特征吸收带。例如，苯在184nm附近有一个强吸收带，$\varepsilon = 68000$；在204nm处有一较弱的吸收带，$\varepsilon = 8800$；在254nm附近有一个弱吸收带，$\varepsilon = 250$。当苯处在气态时，这个吸收带具有很好的精细结构。当苯环上带有取代基时，则强烈地影响苯的3个特征吸收带。

三、实验仪器与试剂

1. 仪器

UV-1600型紫外—可见分光光度计；比色管（带塞）：5mL 10支，10mL 3支；移液管：1mL 6支，0.1mL 2支。

2. 试剂

苯、乙醇、环己烷、正己烷、氯仿、丁酮，HCl（0.1mol/L），NaOH（0.1mol/L），苯的

环己烷溶液（1∶250），甲苯的环己烷溶液（1∶250），苯的环己烷溶液 0.3g/L，苯甲酸的环己烷溶液（0.8g/L），苯酚的水溶液（0.4g/L）。

四、实验步骤

1. 取代基对苯吸收光谱的影响

在 5 个 5mL 带塞比色管中，分别加入 0.5mL 苯、甲苯、苯酚、苯甲酸的环己烷溶液，用环己烷溶液稀释至刻度，摇匀。用带盖的石英吸收池，环己烷作参比溶液，在紫外区进行波长扫描，得出 4 种溶液的吸收光谱。

2. 溶剂对紫外吸收光谱的影响

溶剂极性对 $n\rightarrow\pi^*$ 跃迁的影响：在 3mL 带塞比色管中，分别加入 0.02mL 丁酮，然后分别用水、乙醇、氯仿稀释至刻度，摇匀。用 1cm 石英吸收池，将各自的溶剂作参比溶液，在紫外区作波长扫描，得到 3 种溶液的紫外吸收光谱。

3. 溶液的酸碱性对苯酚吸收光谱的影响

在 2 个 5mL 带塞比色管中，各加入苯酚的水溶液 0.5mL，分别用 HC1 和 NaOH 溶液稀释至刻度，摇匀。用石英吸收池，以水作参比溶液，绘制两种溶液的紫外吸收光谱。

五、数据处理

（1）比较苯、甲苯、苯酚和苯甲酸的吸收光谱，计算各取代基使苯的最大吸收波长红移了多少纳米。解释原因。

（2）比较溶剂和溶液酸碱性对吸收光谱的影响。

六、结果与讨论

依据实验过程中出现的现象和数据进行讨论。

七、思考题

（1）本实验中需要注意的事项有哪些？

（2）为什么溶剂极性增大，$n\rightarrow\pi^*$ 跃迁产生的吸收带发生紫移，而 $\pi\rightarrow\pi^*$ 跃迁产生的吸收带则发生红移？

实验二　紫外—可见分光光度法测定苯酚

一、实验目的

（1）了解紫外—可见分光光度计的结构、性能及使用方法。

（2）熟悉定性、定量测定的方法。

二、实验原理

紫外—可见分光光度法是研究分子吸收 190~1100nm 波长范围内的吸收光谱。紫外吸收光谱主要产生于分子价电子在电子能级间的跃迁，是研究物质电子光谱的分析方法。通过测定分子对紫外光的吸收，可以对大量的无机物和有机物进行定性和定量测定。

苯酚是一种剧毒物质，可以致癌，已经被列入有机染物的黑名单。但在一些药品、食品添加剂、消毒液等产品中均含有一定量的苯酚。如果其含量超标，就会产生很大的毒害作用。苯酚在紫外光区的最大吸收波长 $\lambda_{max}=270nm$。对苯酚溶液进行扫描时，在 270nm 处有较强的吸收峰。

定性分析时，可在相同的条件下，对标准样品和未知样品进行波长扫描，通过比较未知样品和标准样品的光谱图对未知样品进行鉴定。在没有标准样品韵情况下，可根据标准谱图或有关的电子光谱数据表进行比较。

定量分析是在 270 nm 处测定不同浓度苯酚的标准样品的吸光值，并自动绘制标准曲线。再在相同的条件下测定未知样品的吸光度值，根据标准曲线可得出未知样中苯酚的含量。

三、实验仪器与试剂

1. 仪器

UV-1600 型紫外—可见分光光度计；容量瓶（1000mL、250mL），比色管（50mL），吸量管（5mL、10mL）。

2. 试剂

苯酚储备液（1000μg/mL）：准确称取苯酚 1. 000g 溶解于 200mL 蒸馏水中，溶解后定量转移到 1000mL 的容量瓶中；苯酚标准溶液（10μg/mL）。

四、实验步骤

1. 设置仪器参数。

2. 波长扫描。

（1）确定波长扫描参数。测量方式、扫描速度、波长范围、光度范围、换灯点等；

（2）放入参比液和样品；

（3）波长扫描。

3. 定性分析。

4. 定量分析。

（1）标准系列的配制。在 5 支 50mL 的比色管中，用吸量管分别加入 0. 5mL、2mL、5mL、10 mL、20mL 的 10μg/mL 苯酚标准溶液，用蒸馏水定容至刻度，摇匀；

（2）确定定量分析参数。波长，样池数、浓度等。

5. 测量完毕，返回主页面，关机。

五、数据处理

（1）定性分析。比较未知样品和标准样品的光谱图对未知样品进行鉴定。

（2）定量分析。根据标准曲线可得出未知样品中苯酚的含量。

六、结果与讨论

定性分析和定量分析的理论依据和方法。

七、思考题

（1）紫外—可见分光光度计的主要组成部件有哪些？

（2）试说明紫外—可见分光光度法的特点及适用范围。

实验三　红外光谱的测定

一、实验目的

（1）学习有机化合物红外光谱测定的制样方法。

（2）学习 FTIR-650 红外光谱仪的操作技术。

二、实验原理

由于分子吸收了红外线的能量，导致分子内振动能级的跃迁，从而产生相应的吸收信号——红外光谱（infrared spectroscopy，简记 IR）。通过红外光谱可以判定各种有机化合物的官能团；如果结合对照标准红外光谱还可用以鉴定有机化合物的结构。

三、红外光谱法对试样的要求

红外光谱的试样可以是液体、固体或气体，一般应要求：

（1）试样应该是单一组分的纯物质，纯度应>98%或符合商业规格，才便于与纯物质的标准光谱进行对照。

（2）试样中不应含有游离水。水本身有红外吸收，会严重干扰样品谱，而且会侵蚀吸收池的盐窗。

（3）试样的浓度和测试厚度应选择适当，以使光谱图中的大多数吸收峰的透射比处于10%~80%。

四、制样的方法

1. 气体样品

气态样品可在玻璃气槽内进行测定，它的两端粘有红外透光的 NaCl 或 KBr 窗片。先将气槽抽真空，再将试样注入（图 7-1）。

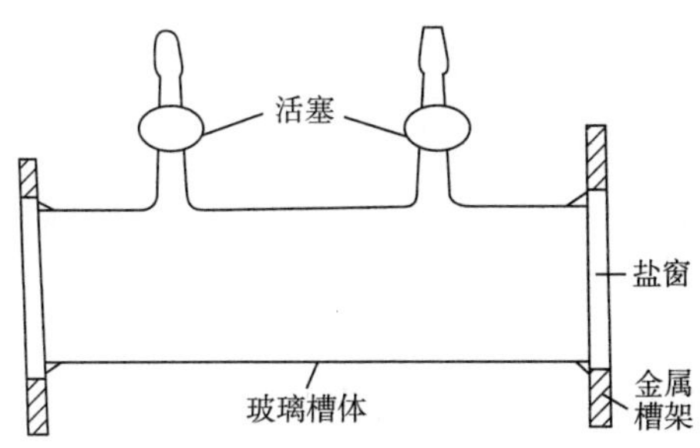

图 7-1 气体槽结构示意图

2. 液体和溶液试样

（1）液体池法。沸点较低，挥发性较大的试样，可注入封闭液体池中，液层厚度一般为 0. 01～1mm（图 7-2）。

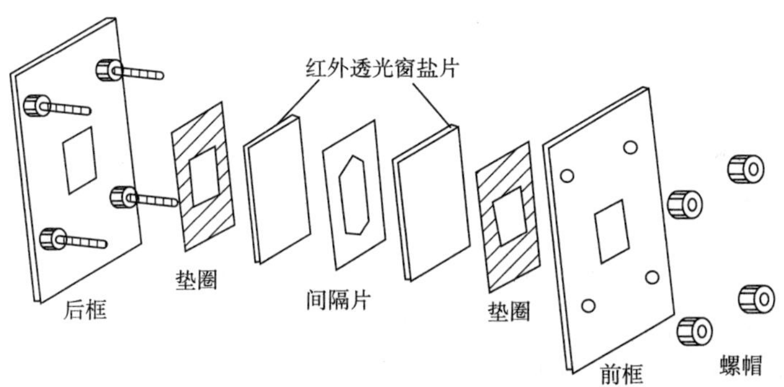

图 7-2 可拆式液体槽结构示意图

（2）液膜法。沸点较高的试样，直接滴在两片盐片之间，形成液膜。

3. 固体试样

（1）压片法。将 1～2mg 试样与 200mg 纯 KBr 研细均匀，置于模具中，用（5～10）× 10^7Pa 压力在油压机上压成透明薄片，即可用于测定。试样和 KBr 都应经干燥处理，研磨到粒度小于 2 微米，以免散射光影响。

（2）石蜡糊法。将干燥处理后的试样研细，与液体石蜡或全氟代烃混合，调成糊状，夹在盐片中测定。

（3）薄膜法。主要用于高分子化合物的测定。可将它们直接加热熔融后涂制或压制成膜。也可将试样溶解在低沸点的易挥发溶剂中，涂在盐片上，待溶剂挥发后成膜测定。

五、实验用样品

苯乙酮，苏丹Ⅱ

六、实验注意事项

（1）待测样品及盐片均需充分干燥处理。

（2）为了防潮，宜在红外干燥灯下操作。

（3）测试完毕，应及时用丙酮擦洗样。干燥后，置入干燥器中备用。

实验四　核磁共振波谱的测定

一、实验目的

（1）了解核磁共振的基本原理及核磁共振波谱仪的基本操作。

（2）了解核磁共振波谱样品的制备、测定方法和步骤。

（3）掌握一些典型化合物质子化学位移的测定方法及常用的实验手段进一步巩固谱图解析知识。

二、实验原理

核磁共振谱仪可分为三大组成部分：磁体、探头和谱仪。

与其他波谱不同，NMR 信号的产生和接收都需在磁场中进行。核磁共振谱仪要求磁体能产生强大、均匀和稳定的磁场。目前采用三类磁体：永久磁体、电磁体和超导磁体。永久磁体稳定、运转费用低，但产生的磁场强度低（一般是 1.4T），而且不能在宽范围内调节。电磁铁的磁场强度上限约为 2.50T，改变励磁电流可获得强度范围大的磁场，但需要很稳定的电源及恒温冷却系统，采用超导磁体，可获得非常强的磁场，其灵敏度和分辨率都大为提高，不过，为了形成超导磁体，需将 Nb-Ti 合金等材料做成的超导线圈浸在价格昂贵的液氦中。

探头是 NMR 谱仪的心脏，安装在磁体极靴间的空隙中，调节其位置使样品处于最佳匀场区内，压缩空气使样品进入探头和旋转。探头内安有变温装置，还有与谱仪主机相连的发射线圈和接收线圈，用于发射射频和接收核磁共振信号。在两磁极端处安装了扫描线圈和匀场线圈，用于在一定范围内改变磁场强度和补偿磁场的不均匀性。

NMR 谱仪的工作方式用两种，连续波（CW）工作方式和脉冲傅里叶（PFT）工作方式，CW 工作方式是指用连续变化频率的射频或连续变化强度的磁场激发自旋系统。它的缺点是扫描时间较长，工作效率低。PFT 谱仪采用射频脉冲激发，每次发射的脉冲频宽覆盖了所有欲观测核的范围，可使全部核同时发生共振，优点是可采用高次数信号累加，大大提高灵敏度和分辨率；快速效率高，并适用于研究动态过程。

磁矩不为零的原子核存在核自旋，在强的外磁场中，核自旋的能级将发生分裂，当外界发射一个电磁辐射时，位于低能级的原子核将吸收相当于能级差的电磁辐射而跃迁到高能级，产生核磁共振现象。而断开射频辐射后，高能级的核通过非辐射的途径回到低能级（弛豫），同时产生感应电动势，即自由感应衰减（FID），其特征为随时间而递减的点高度信号，再经过傅里叶变换后，得到强度随频率的变化曲线，即为核磁共振谱图。

根据 NMR 谱图中化学位移值、耦合常数值，谱峰的裂分数、谱峰面积等实验数据，运用一级近似（n+1）规律，进行简单图谱解析，可找出各谱峰所对应的官能团及它们相互的连接，结合给定的已知条件可推出样品的分子结构式。

傅里叶变换的核磁共振谱仪的组成如图 7-3 所示。

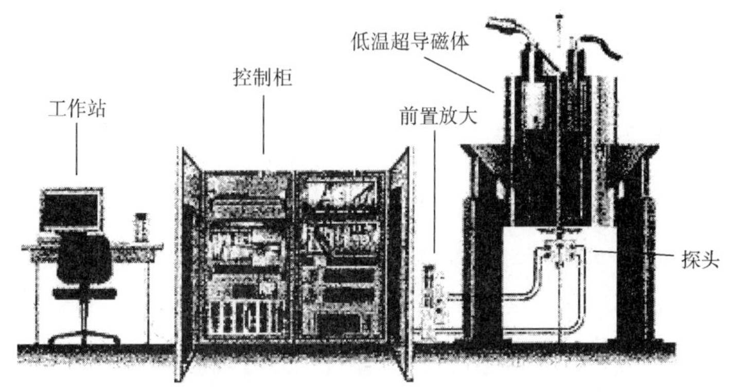

图 7-3 傅里叶变换的核磁共振谱仪结构示意图

三、操作步骤

1. 样品配制（本实验样品均有实验室事先准备）

（1）0.1%乙基苯溶液，$CDCl_3$ 溶剂，TMS 内标。

（2）1%乙醇溶液，$CDCl_3$ 溶剂，TMS 内标。

（3）1%乙醇溶液 + 0.05mL D_2O，$CDCl_3$ 溶剂，TMS 内标。

2. 开机、绘制谱图

操作步骤因仪器不同而不同，由指导老师现场示范指导。

3. 谱图解析

（1）解析乙基苯的 NMR 谱，指出各吸收峰的归属，标明各质子的化学位移和自旋—自旋耦合常数。

（2）解析乙醇的 NMR 谱，比较滴加 D_2O 后谱图的变化，解释变化原因。

（3）将以上结果写在实验报告上。

四、思考题

（1）化学位移是否随外加磁场而变化？为什么？

（2）在测得的氢谱中活泼氢的位置怎样确定？

附录

附录一　紫外—可见吸收光谱的参考光谱

1. 烯烃和炔烃的紫外—可见吸收光谱

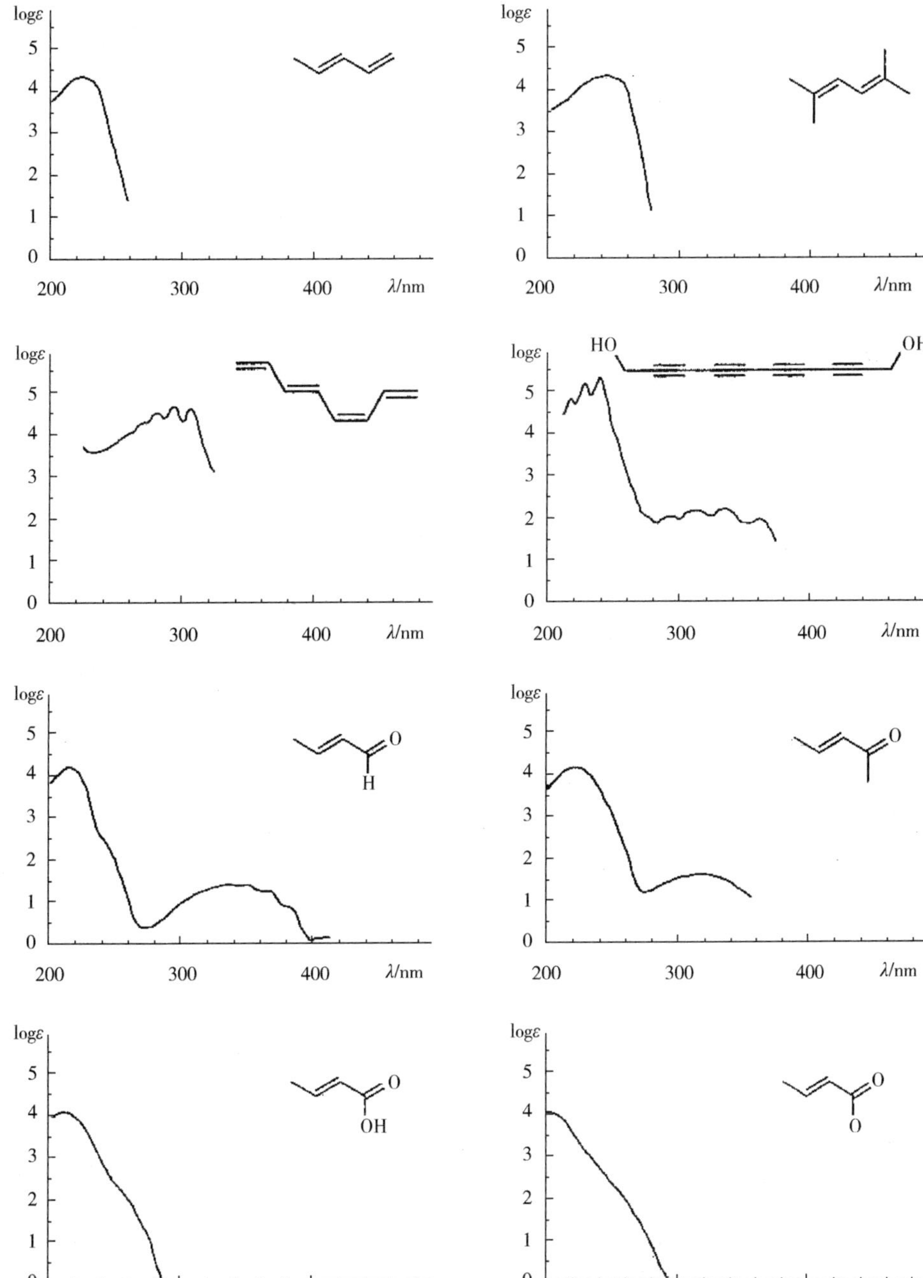

2. 芳香族化合物的紫外—可见吸收光谱

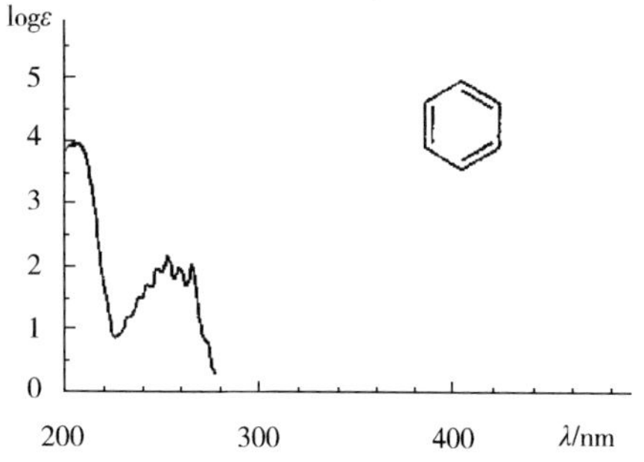

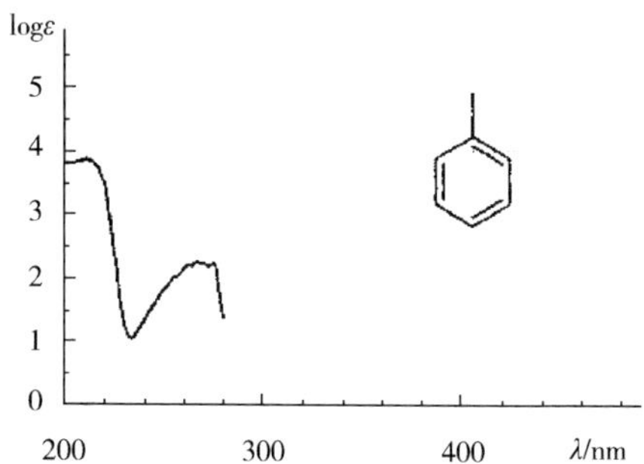

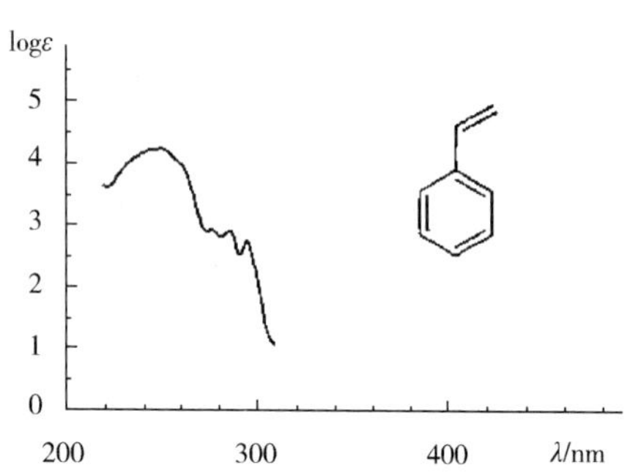

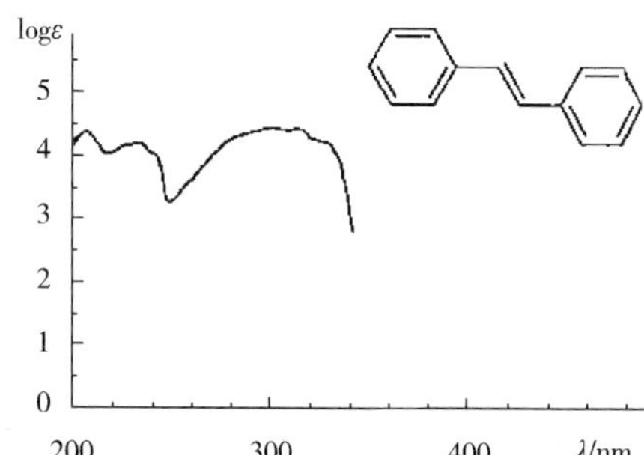

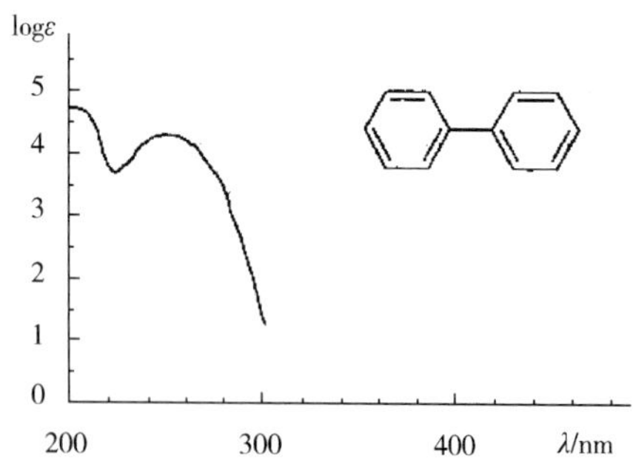

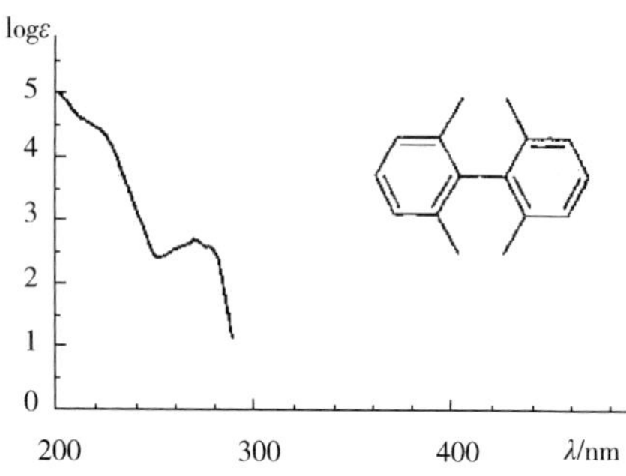

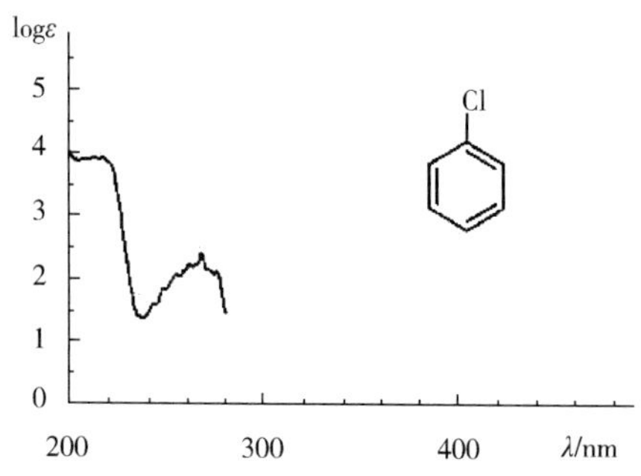

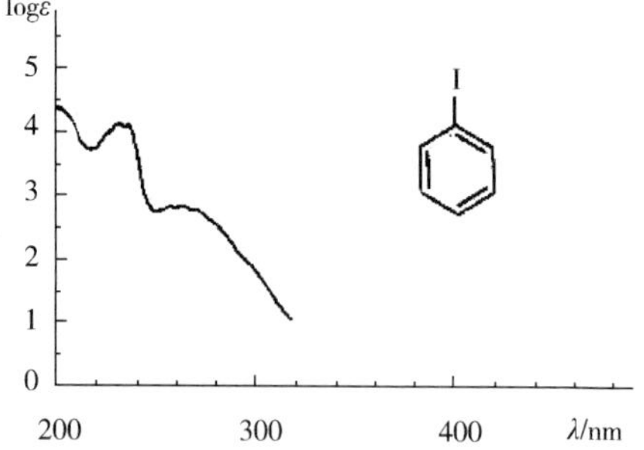

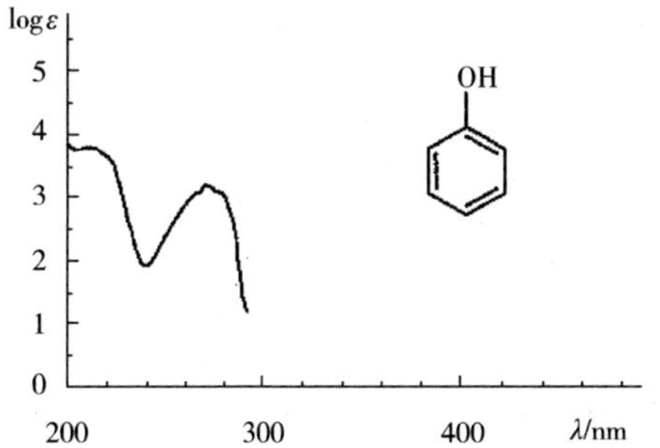
logε
5
4
3
2
1
0
OH
200
300
400
λ/nm

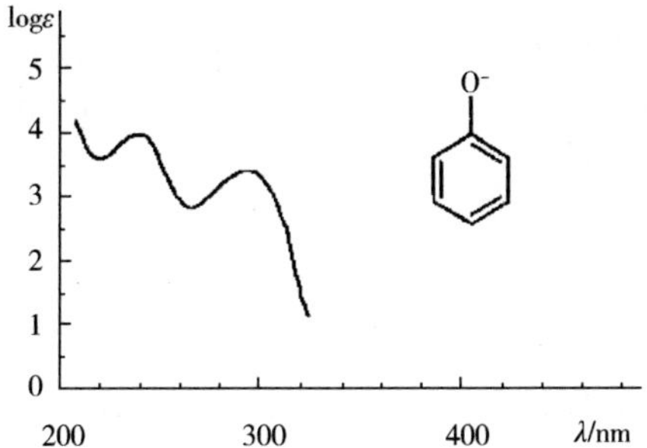
logε
5
4
3
2
1
0
O⁻
200
300
400
λ/nm

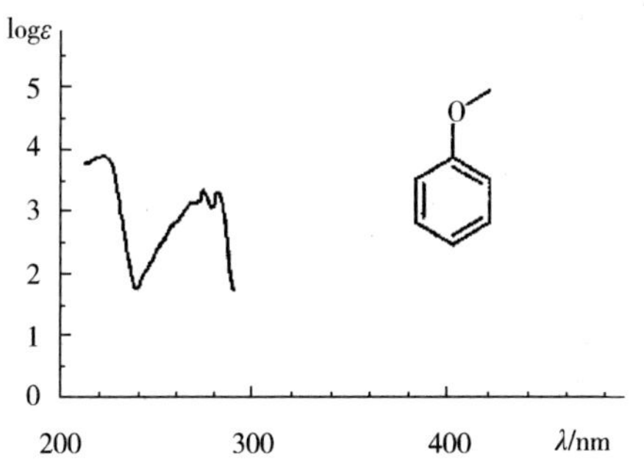
logε
5
4
3
2
1
0
O
200
300
400
λ/nm

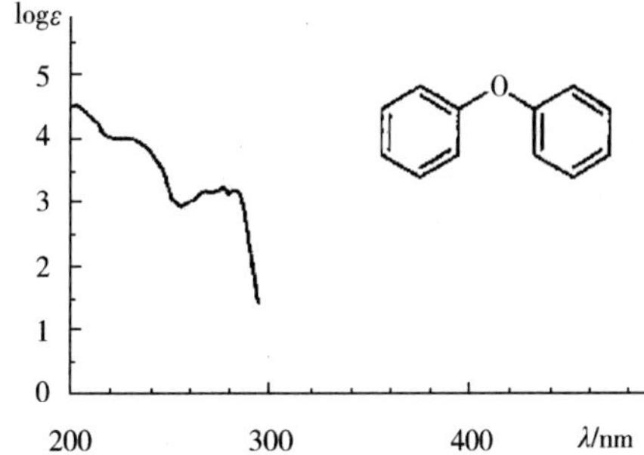
logε
5
4
3
2
1
0
O
200
300
400
λ/nm

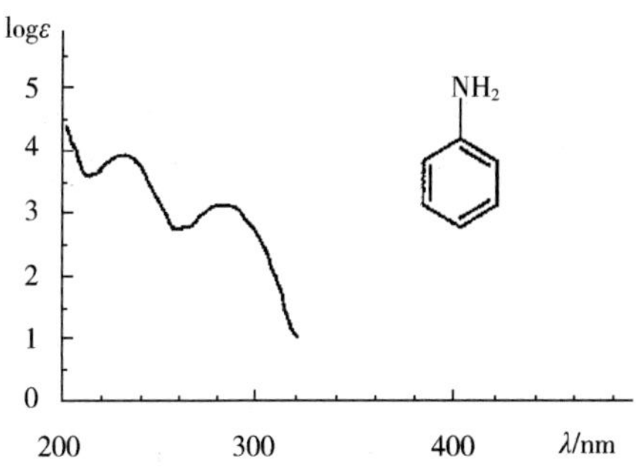
logε
5
4
3
2
1
0
NH₂
200
300
400
λ/nm

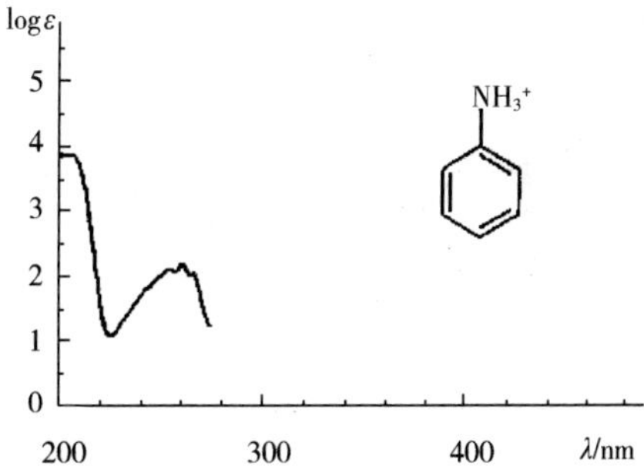
logε
5
4
3
2
1
0
NH₃⁺
200
300
400
λ/nm

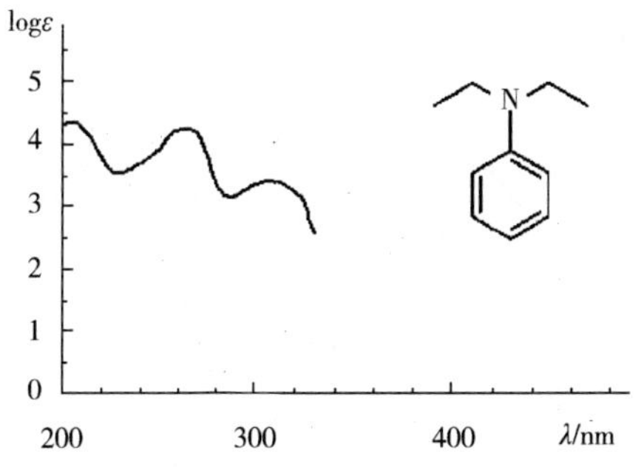
logε
5
4
3
2
1
0
N
200
300
400
λ/nm

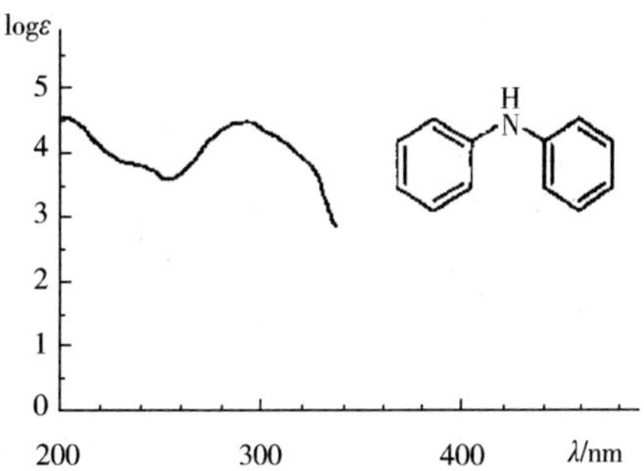
logε
5
4
3
2
1
0
H
N
200
300
400
λ/nm

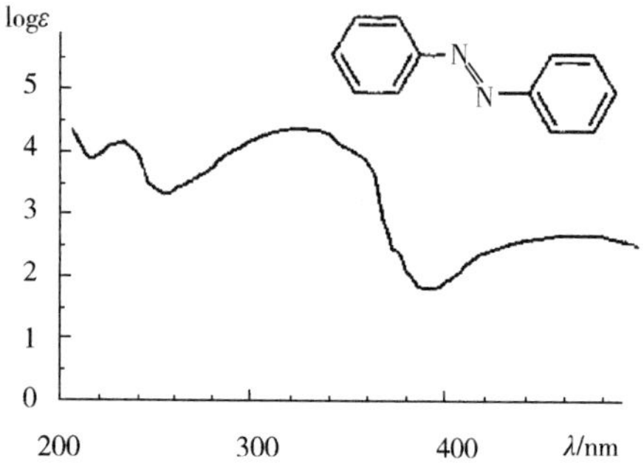
logε
5
4
3
2
1
0
200
300
400
λ/nm
N
N

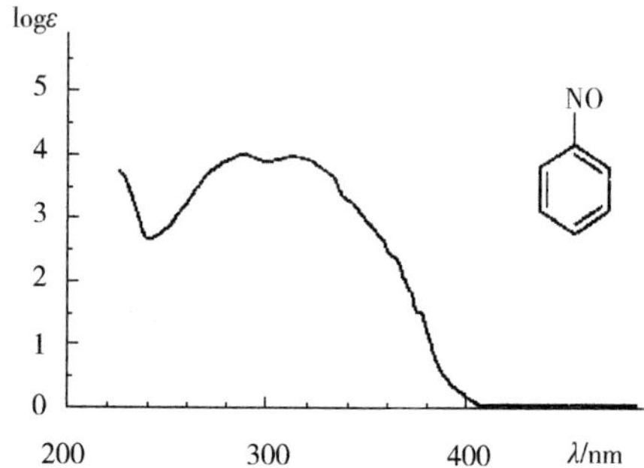
logε
5
4
3
2
1
0
200
300
400
λ/nm
NO

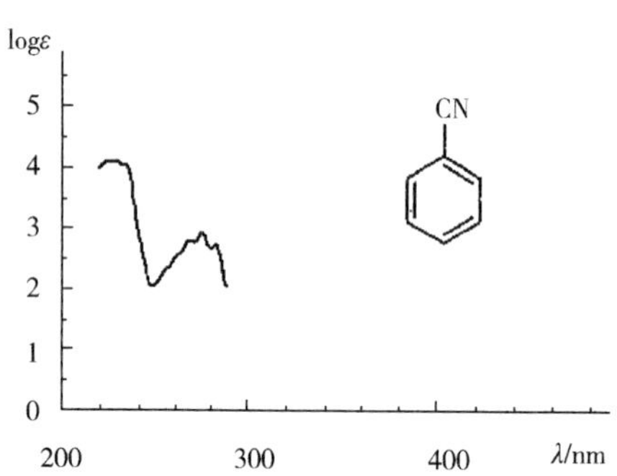
logε
5
4
3
2
1
0
200
300
400
λ/nm
CN

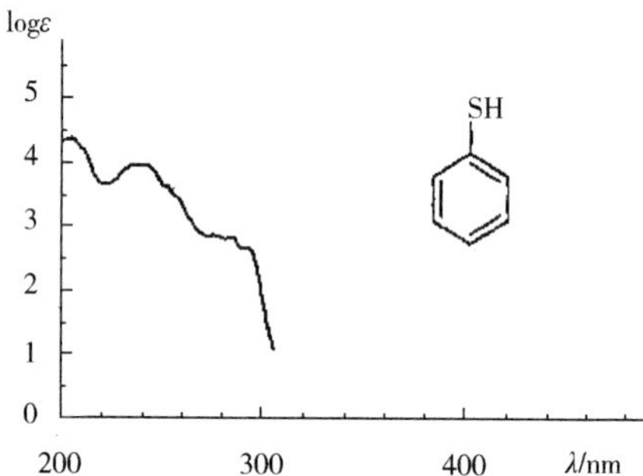
logε
5
4
3
2
1
0
200
300
400
λ/nm
SH

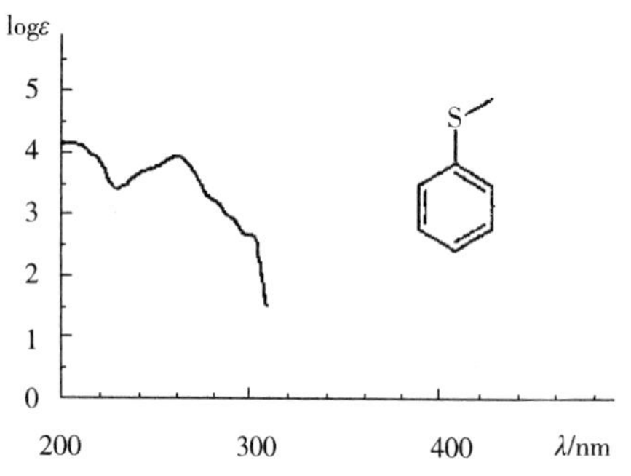
logε
5
4
3
2
1
0
200
300
400
λ/nm
S

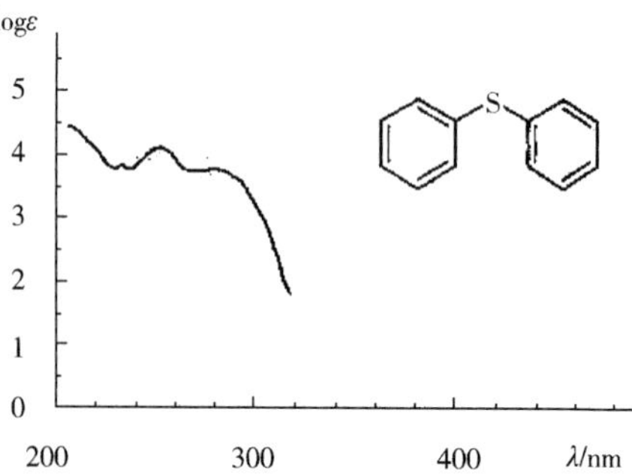
logε
5
4
3
2
1
0
200
300
400
λ/nm
S

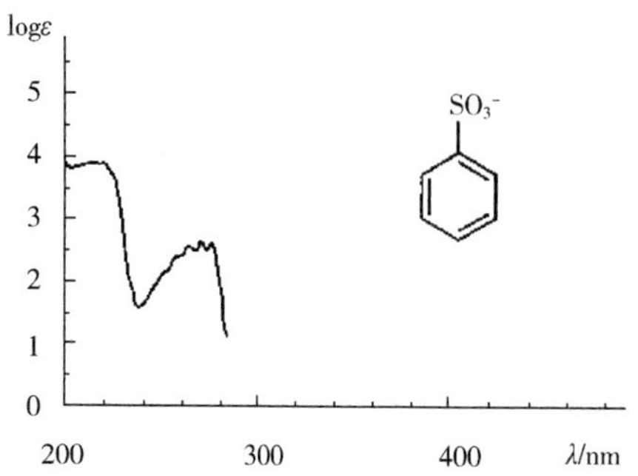
logε
5
4
3
2
1
0
200
300
400
λ/nm
SO3-

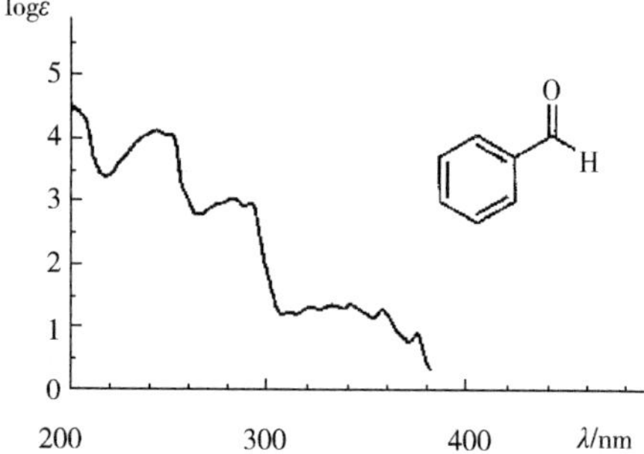
logε
5
4
3
2
1
0
200
300
400
λ/nm
O
H

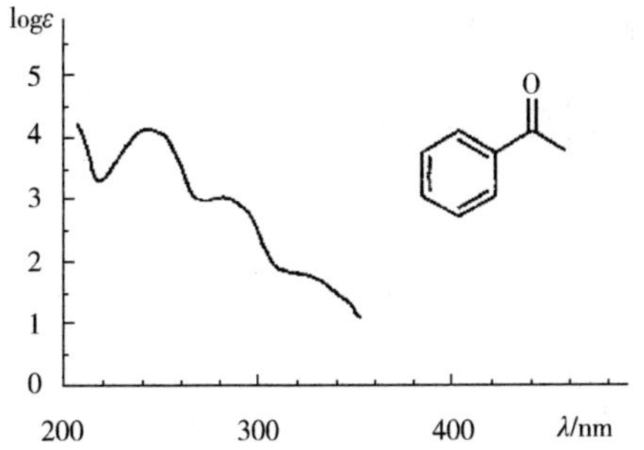
logε
5
4
3
2
1
0
200
300
400
λ/nm
O

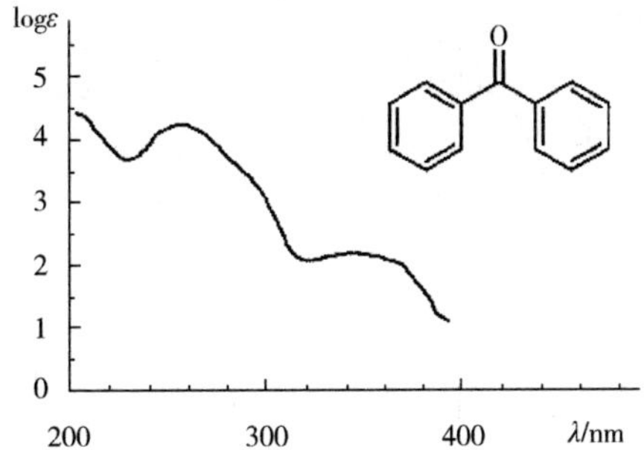
logε
5
4
3
2
1
0
200
300
400
λ/nm
O

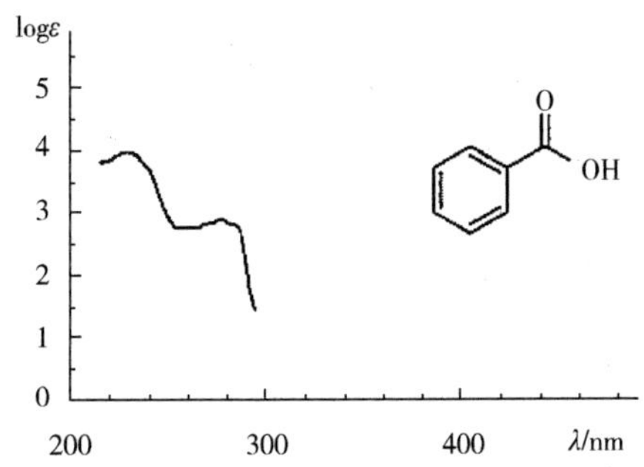
logε
5
4
3
2
1
0
200
300
400
λ/nm
O
OH

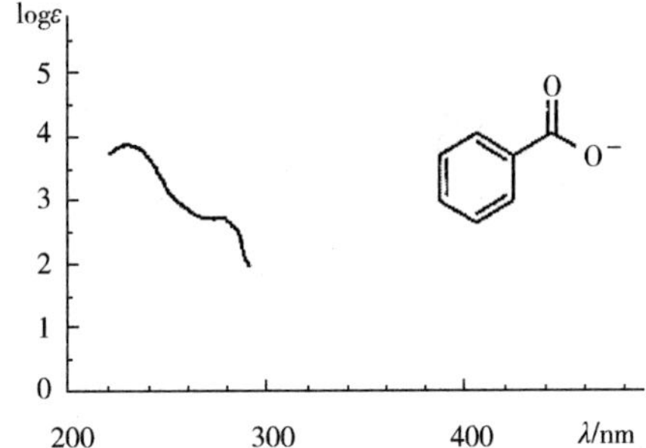
logε
5
4
3
2
1
0
200
300
400
λ/nm
O
O⁻

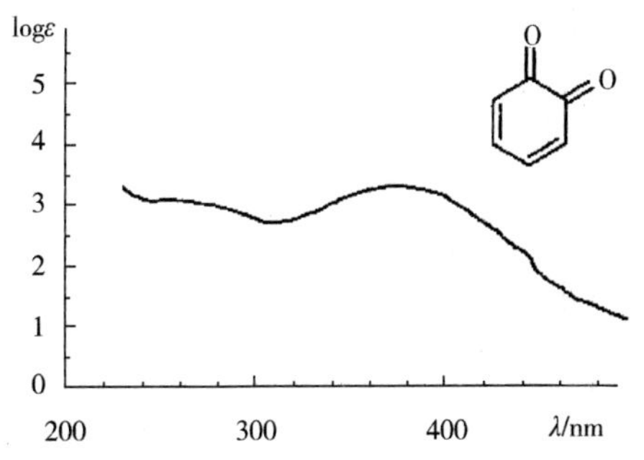
logε
5
4
3
2
1
0
200
300
400
λ/nm
O
O

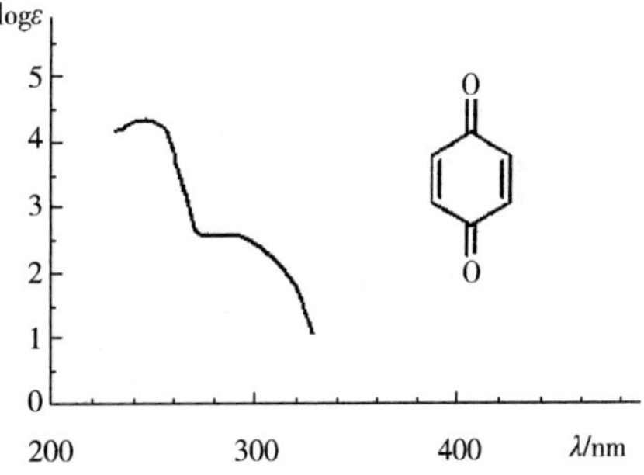
logε
5
4
3
2
1
0
200
300
400
λ/nm
O
O

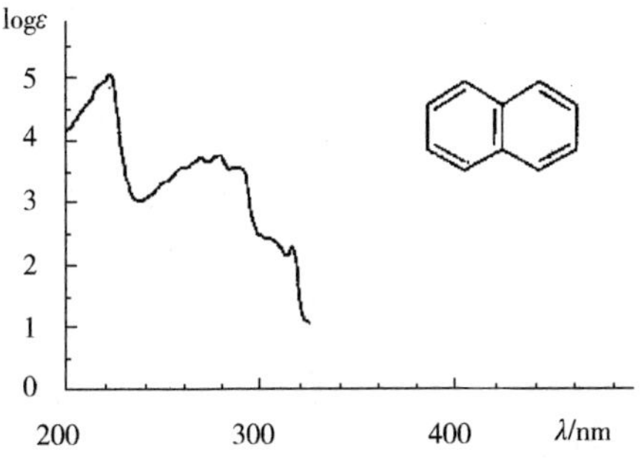
logε
5
4
3
2
1
0
200
300
400
λ/nm

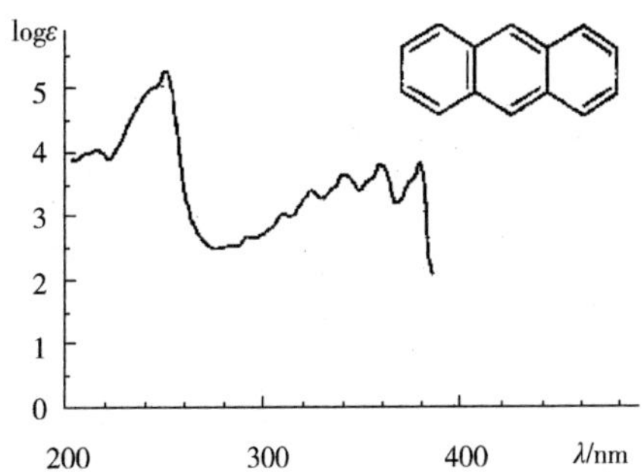
logε
5
4
3
2
1
0
200
300
400
λ/nm

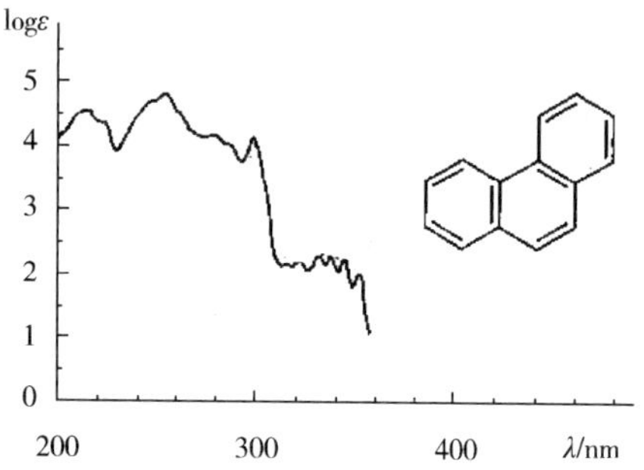
logε
5
4
3
2
1
0
200
300
400
λ/nm

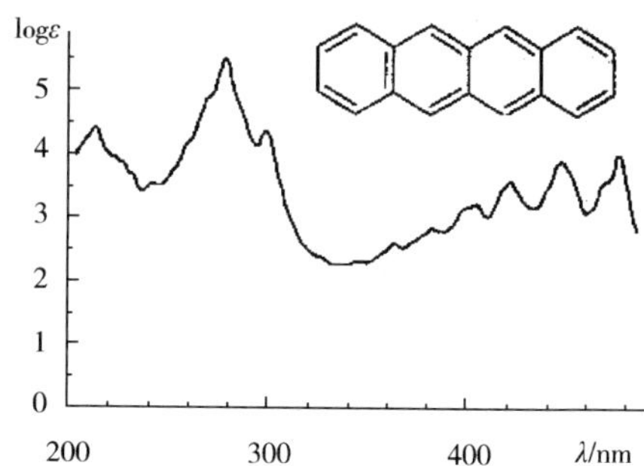
logε
5
4
3
2
1
0
200
300
400
λ/nm

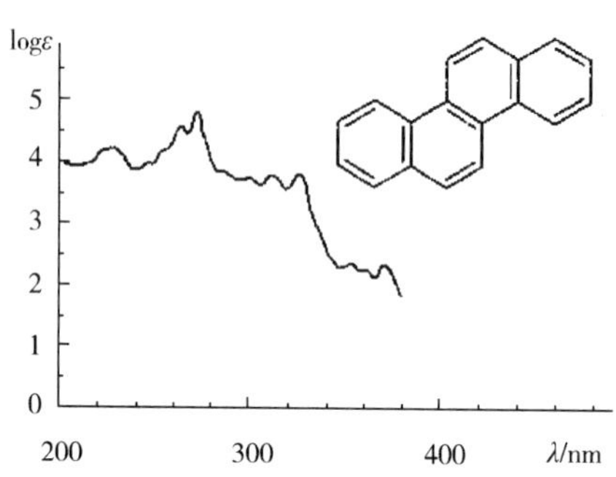
logε
5
4
3
2
1
0
200
300
400
λ/nm

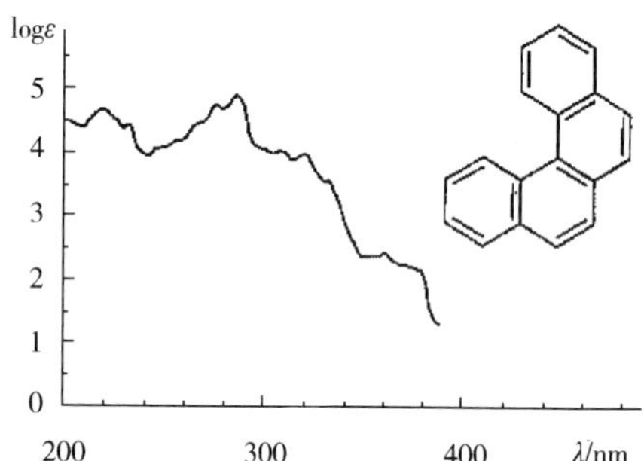
logε
5
4
3
2
1
0
200
300
400
λ/nm

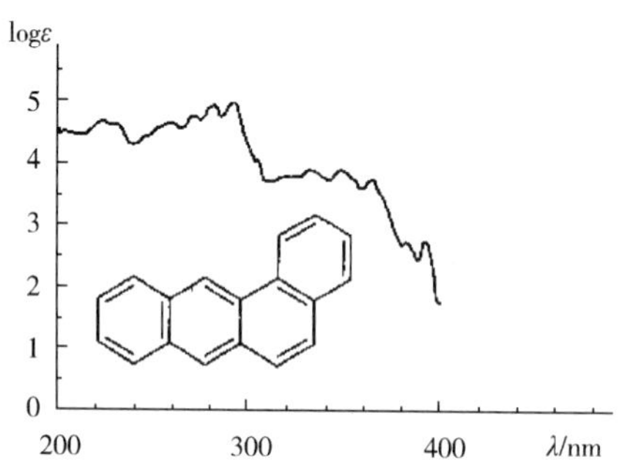
logε
5
4
3
2
1
0
200
300
400
λ/nm

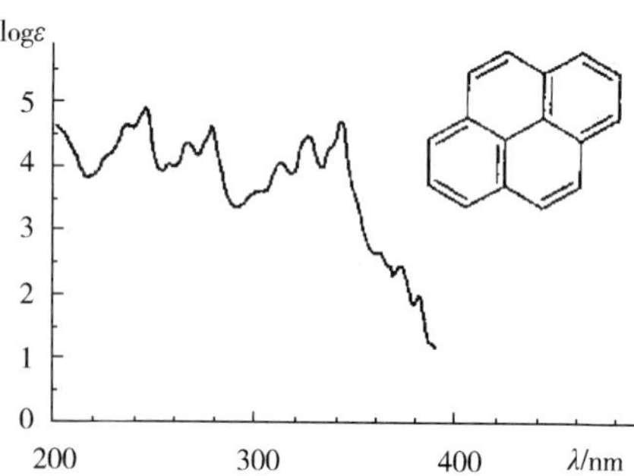
logε
5
4
3
2
1
0
200
300
400
λ/nm

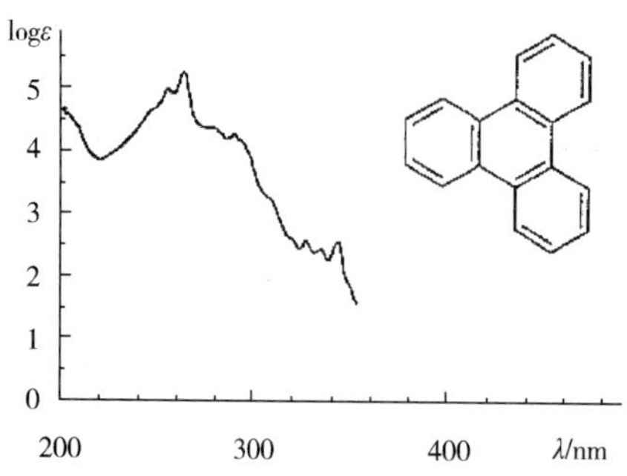
logε
5
4
3
2
1
0
200
300
400
λ/nm

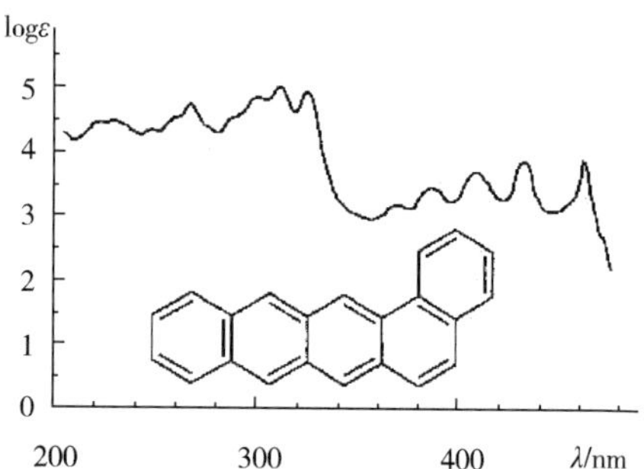
logε
5
4
3
2
1
0
200
300
400
λ/nm

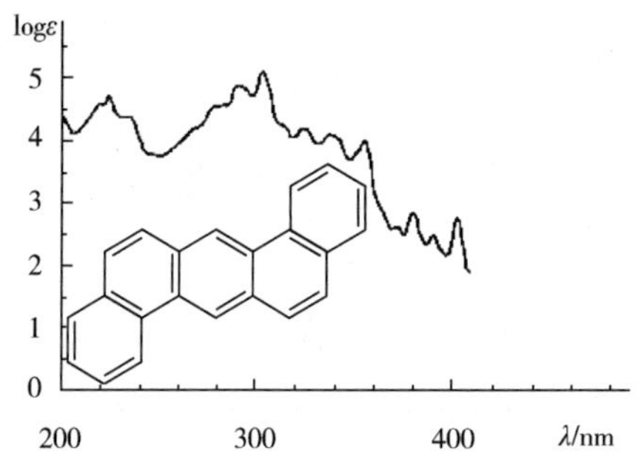

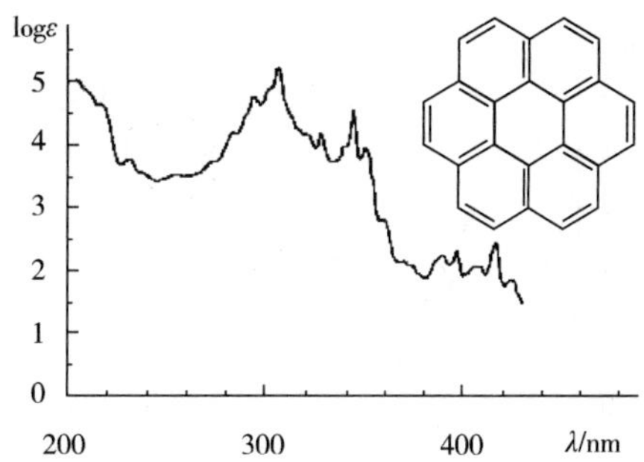

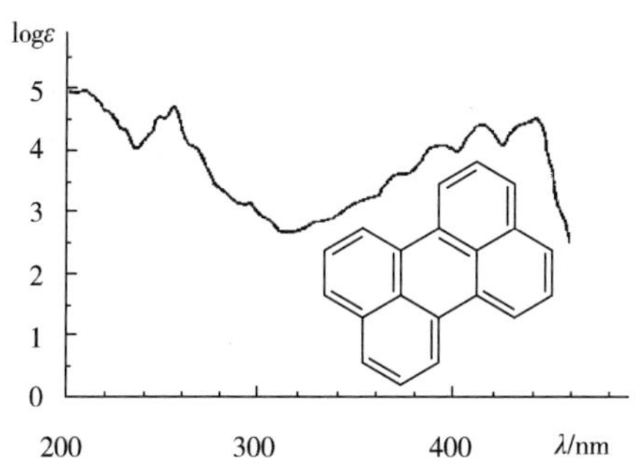

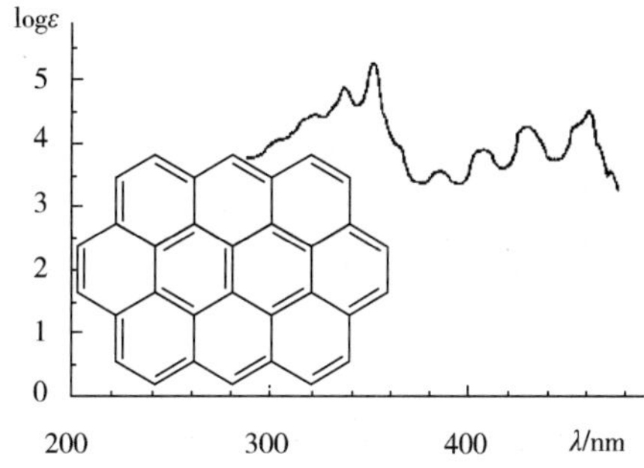

3. 芳杂环化合物的紫外—可见光谱

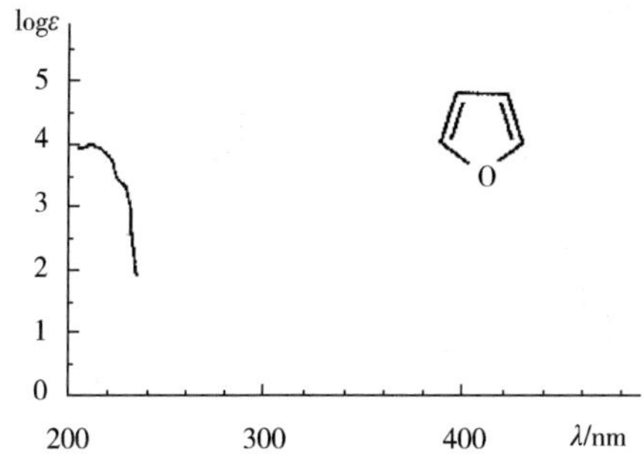

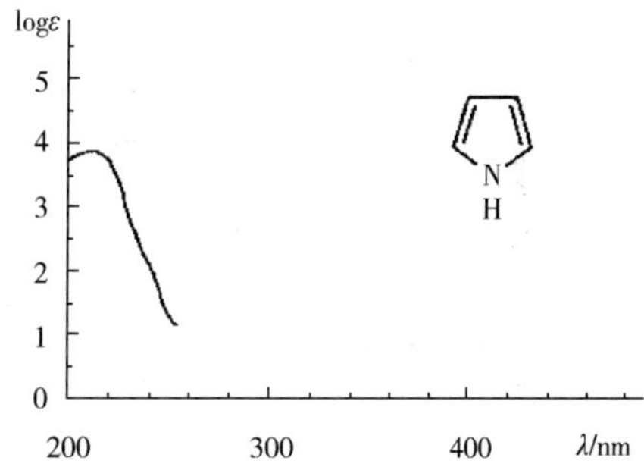

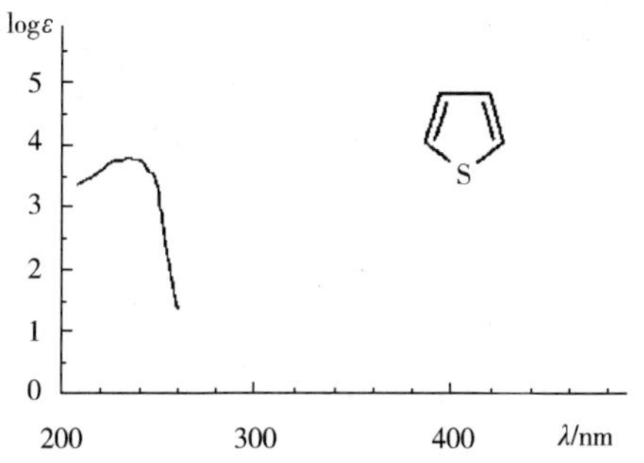

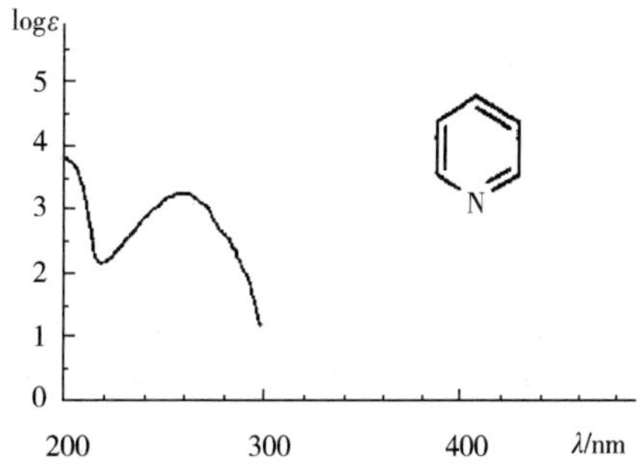

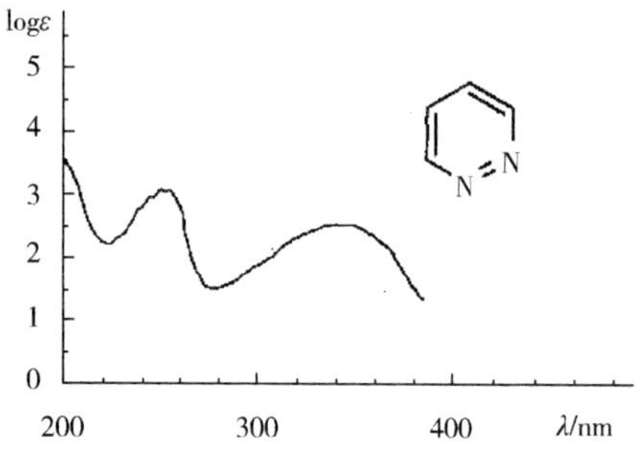
logε
5
4
3
2
1
0
200
300
400
λ/nm
N
N

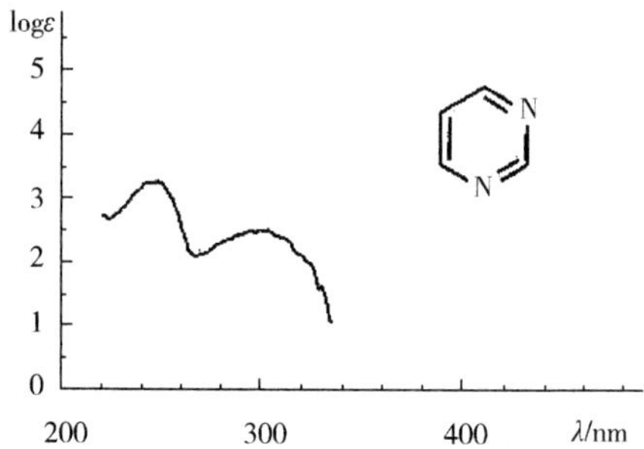
logε
5
4
3
2
1
0
200
300
400
λ/nm
N
N

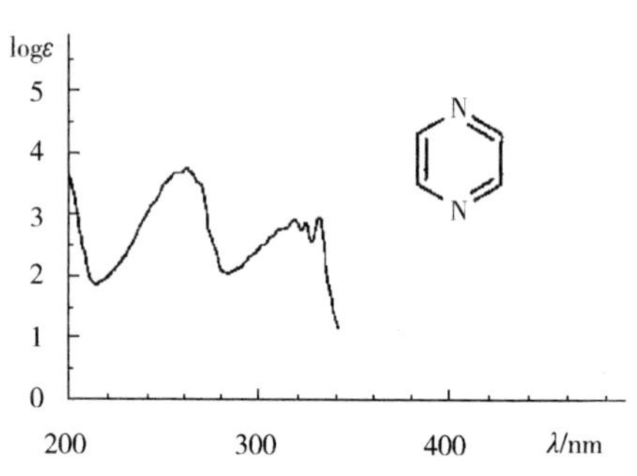
logε
5
4
3
2
1
0
200
300
400
λ/nm
N
N

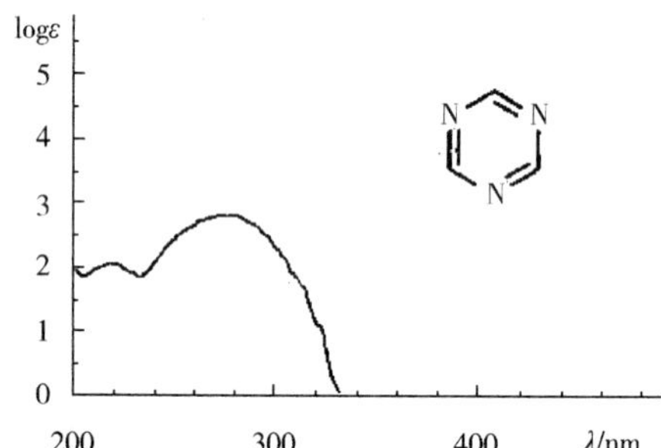
logε
5
4
3
2
1
0
200
300
400
λ/nm
N
N
N

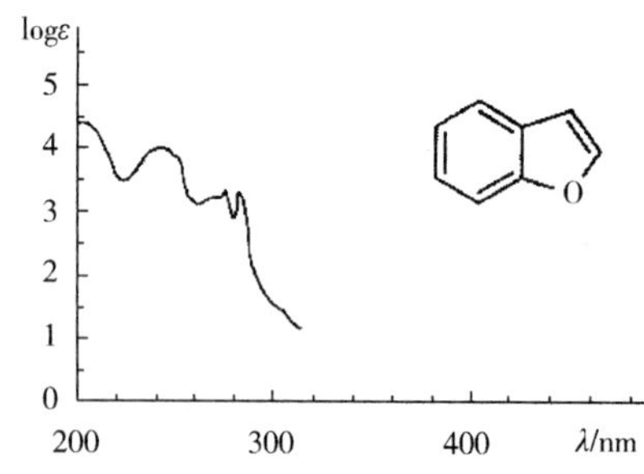
logε
5
4
3
2
1
0
200
300
400
λ/nm
O

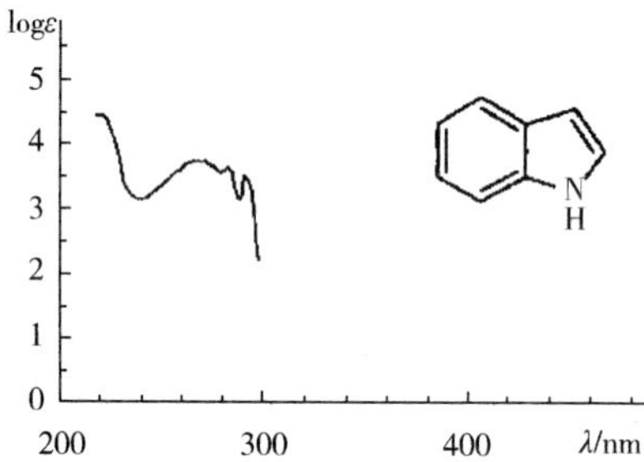
logε
5
4
3
2
1
0
200
300
400
λ/nm
N
H

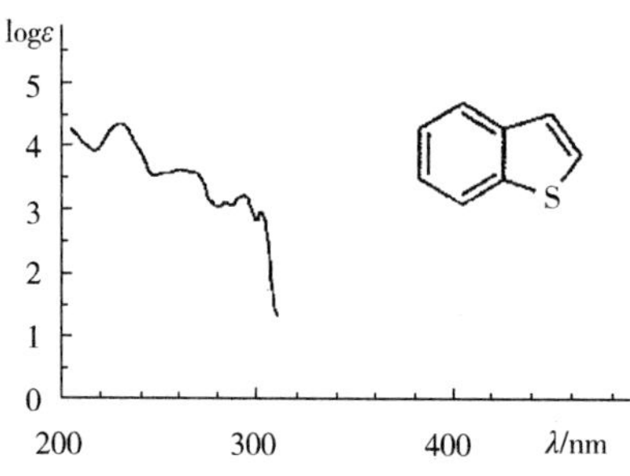
logε
5
4
3
2
1
0
200
300
400
λ/nm
S

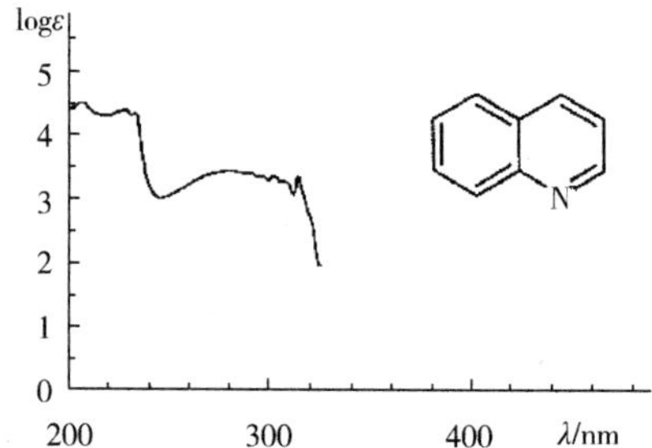
logε
5
4
3
2
1
0
200
300
400
λ/nm
N

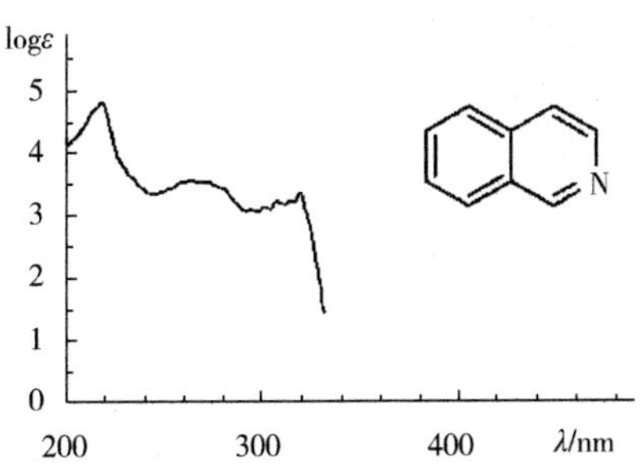

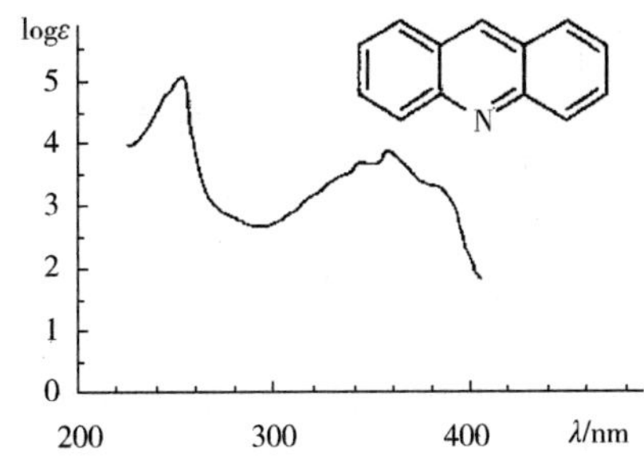

4. 核苷酸的紫外—可见光谱

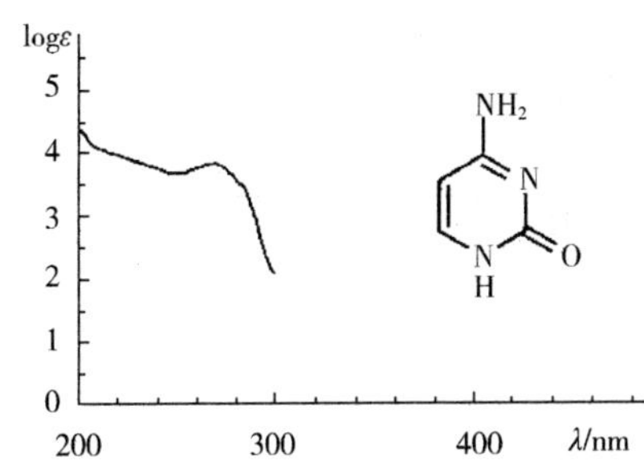

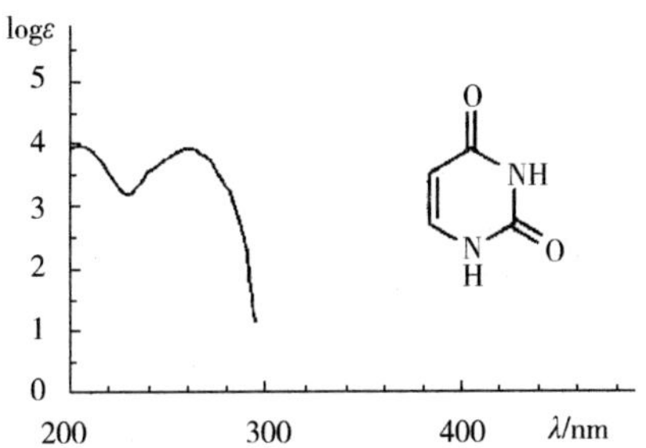

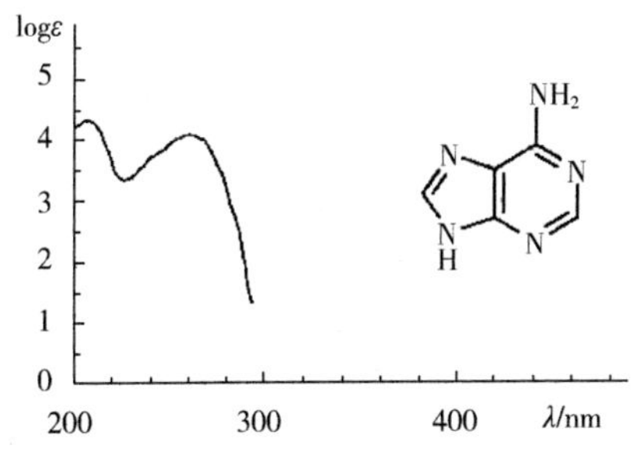

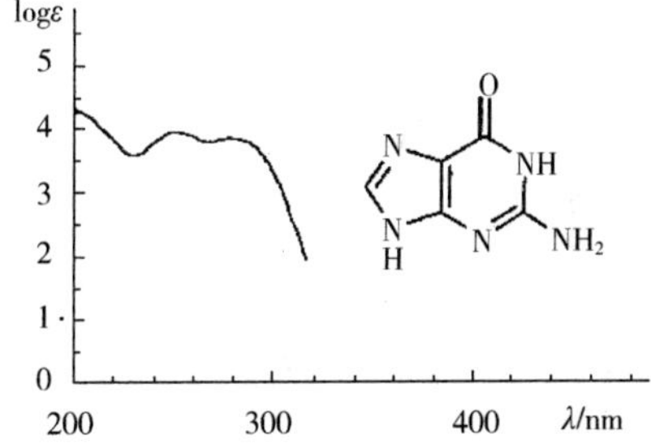

5. 其他化合物的紫外—可见光谱

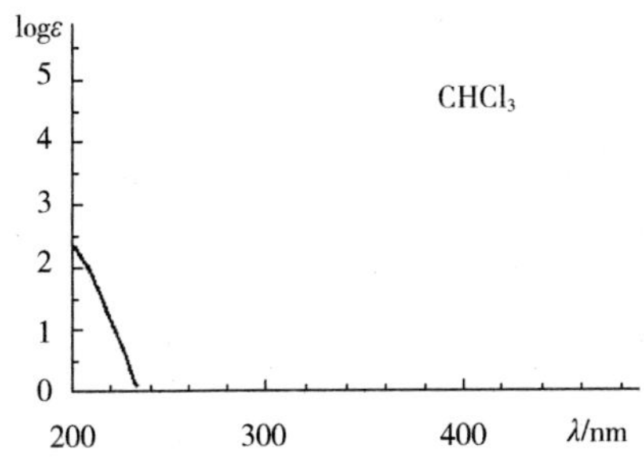

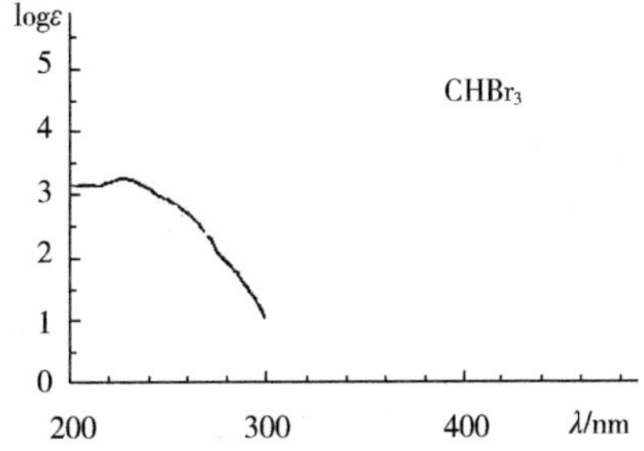

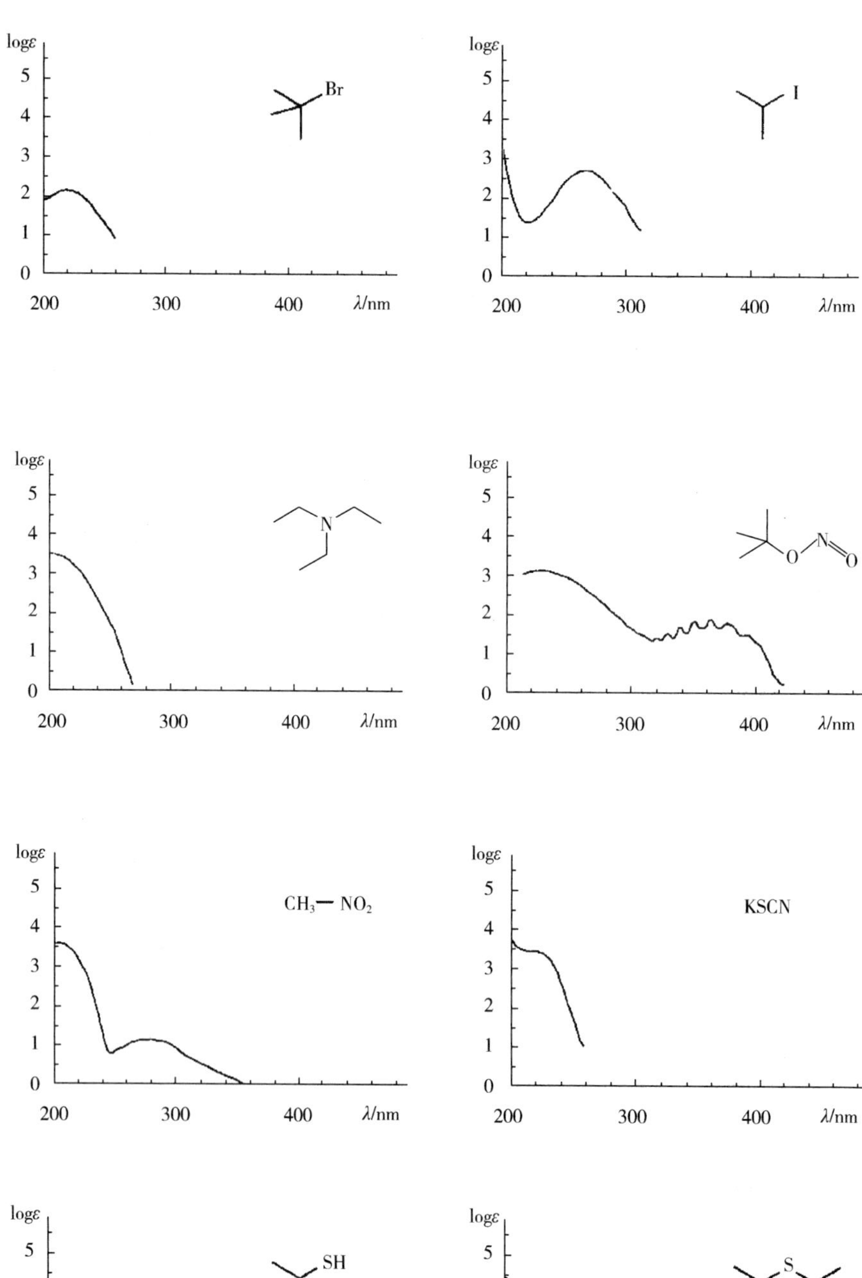
logε
5
4
3
2
1
0
200
300
400
λ/nm
Br
I
N
O
N
O
CH3— NO2
KSCN
SH
S

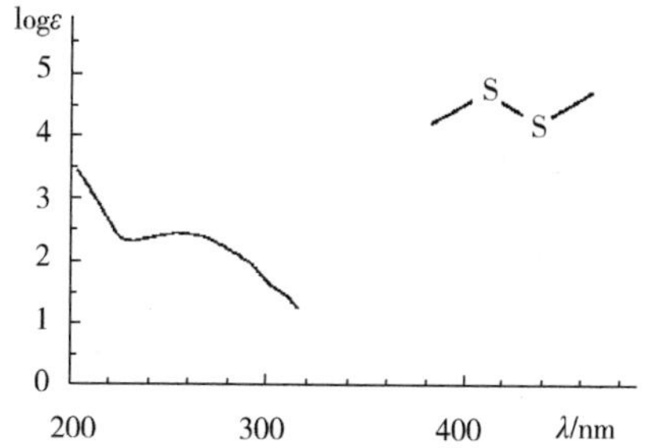
logε
5
4
3
2
1
0
200
300
400
λ/nm
S
S

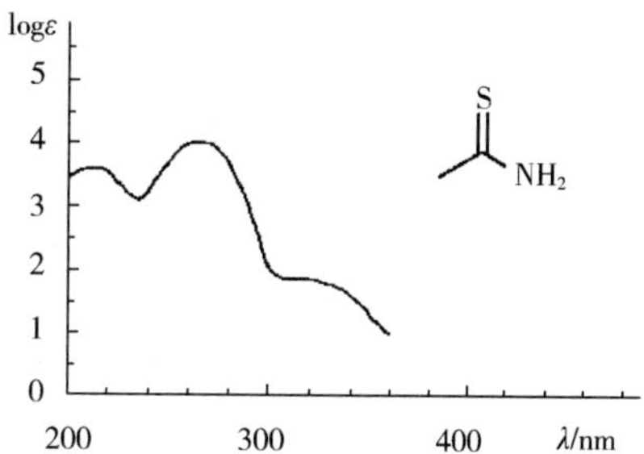
logε
5
4
3
2
1
0
200
300
400
λ/nm
S
NH₂

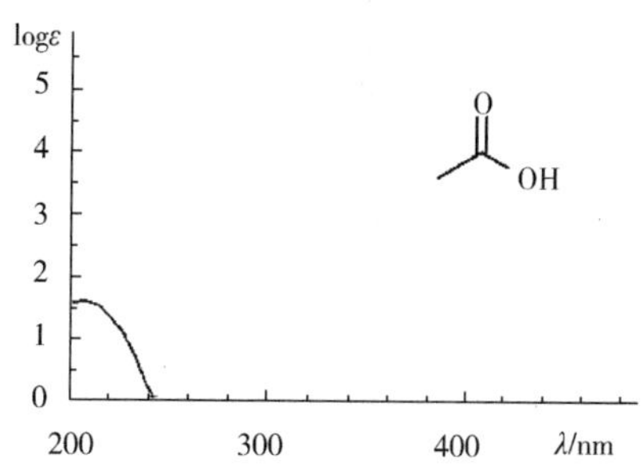
logε
5
4
3
2
1
0
200
300
400
λ/nm
O
OH

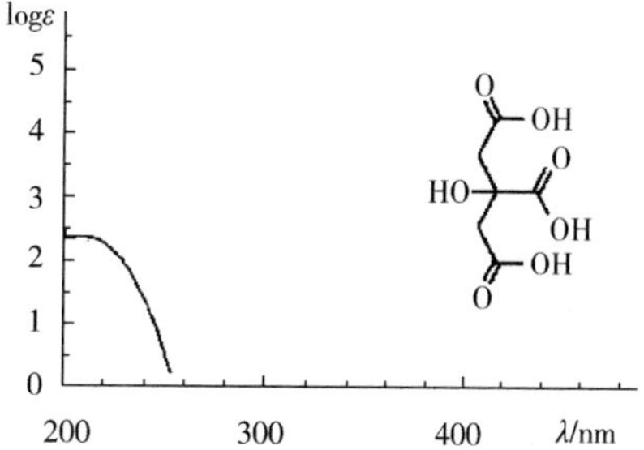
logε
5
4
3
2
1
0
200
300
400
λ/nm
O
OH
O
HO
OH
OH
O

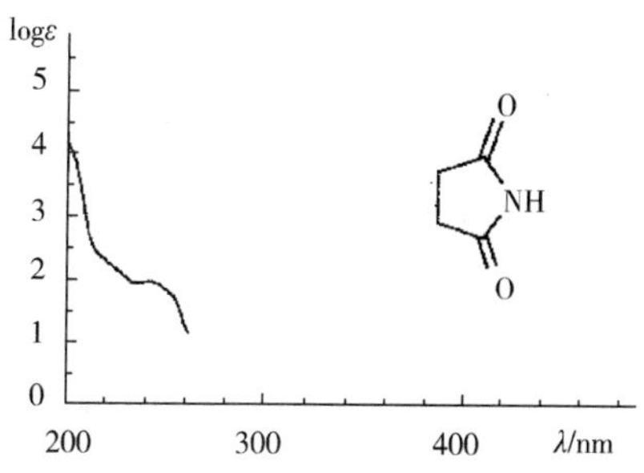
logε
5
4
3
2
1
0
200
300
400
λ/nm
O
NH
O

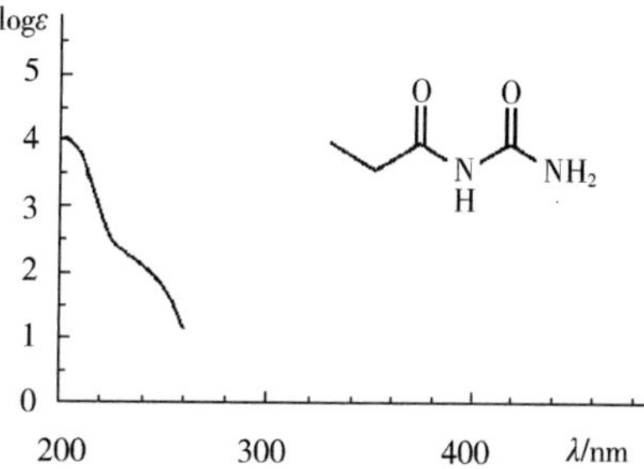
logε
5
4
3
2
1
0
200
300
400
λ/nm
O
O
N
H
NH₂

附录二　常见的碎片离子

m/e	离子
14	CH_2
15	CH_3
16	O
17	OH
18	H_2O, NH_4
19	F, H_3O
26	$C\equiv N$
27	C_2H_3
28	C_2H_4, CO, N_2（air）, $CH=NH$
29	C_2H_5, CHO
30	CH_2NH_2, NO
31	CH_2OH, OCH_3
32	O_2（air）
33	SH, CH_2F
34	H_2S
35	Cl
36	HCl
39	C_3H_3
40	$CH_2C\equiv N$, Ar（air）
41	C_3H_5, $CH_2C\equiv N+H$, C_2H_2NH
42	C_3H_6
43	C_3H_7, $CH_3C=O$, C_2H_5N
44	$CH_2CH=O + H$, CH_3CHNH_2, CO_2, $NH_2C=O$, $(CH_3)_2N$

m/e	离子
45	CH_3CHOH, CH_2CH_2OH, CH_2OCH_3, $O=C-OH$, CH_3CH-OH
46	NO_2
47	CH_2SH, CH_3S
48	$CH_3S + H$
49	CH_2Cl
51	CHF_2
53	C_4H_5
54	$CH_2CH_2C\equiv N$
55	C_4H_7, $CH_2=CHC=O$
56	C_4H_8
57	C_4H_9, $C_2H_5C=O$
58	CH_3CO-CH_2+H, $C_2H_5CHNH_2$, $(CH_3)_2NCH_2$, $C_2H_5NHCH_2$, C_2H_2S
59	$(CH_3)_2COH$, $CH_2OC_2H_5$, $O=COCH_3$, NH_2COCH_2+H, CH_3OCHCH_3, CH_3CHCH_2OH
60	$CH_2COOH+H$, CH_2ONO
61	$O=C-OCH_3+2H$, CH_2CH_2SH, CH_2SCH_3
65	
67	C_5H_7
68	$CH_2CH_2CH_2C\equiv N$

续表

m/e	离子
69	C_5H_9，CF_3，$CH_3CH{=}CHC{=}O$，$CH_2{=}C(CH_3)C{=}O$
70	C_5H_{10}
71	C_5H_{11}，$C_3H_7C{=}O$
72	$C_2H_5COCH_3$，$C_3H_7CHNH_2$，$(CH_3)_2N{=}C{=}O$，$C_2H_5NHCHCH_3$，及同分异构体
73	Homolog S 59
74	CH_3COOCH_3
75	$O{=}C—OC_2H_5+2H$，$CH_2SC_2H_5$，$(CH_3)_2CSH$，$(CH_3O)_2CH$
77	C_6H_5
78	C_6H_6
79	Br
80	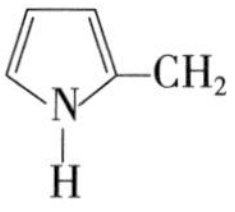 N(H) —CH_2，CH_3SS+H
81	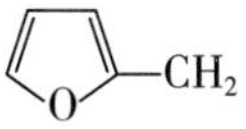 O —CH_2，C_6H_9， 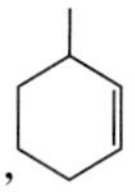
82	$CH_2CH_2CH_2CH_2C{\equiv}N$，$CCl_2$，$C_6H_{10}$
83	C_6H_{11}，$CHCl_2$，S 
85	C_6H_{13}，$C_4H_9C{=}O$，$CClF_2$
86	$C_3H_7COCH_3$，$C_4H_9CHNH_2$，及同分异构体
87	C_3H_7COO，及对应离子的同系物，$CH_3CH_2COOCH_3$
88	$CH_3COOC_2H_5$
89	$O{=}C—OC_3H_7+2H$，—C 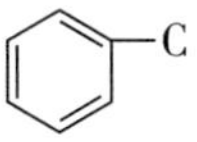
90	CH_3CHONO_2，—CH 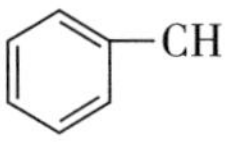
91	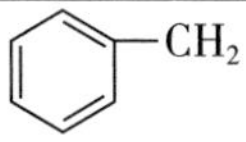 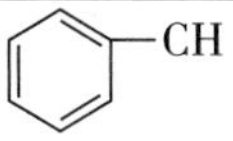 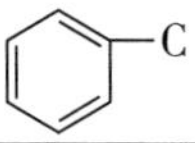 —CH_2，—CH +H，—C +2H，$(CH_2)_4Cl$，—N 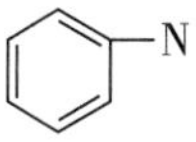
92	—CH_2 +H，N —CH_2，=O
93	CH_2Br，—OH，C_7H_9，N =C=O，—O，C_7H_9（萜烯类） 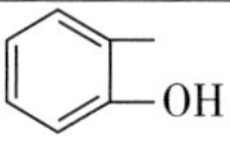 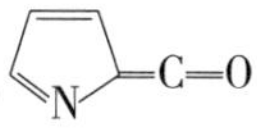 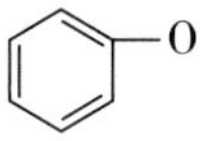
94	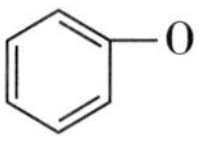 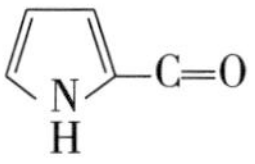 —O +H，N(H) —C=O
95	O —C=O
96	$(CH_2)_5C{\equiv}N$
97	C_7H_{13}，S —CH_2 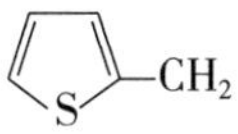
98	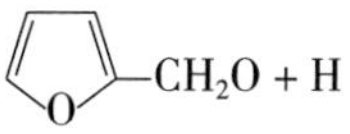 O —CH_2O+H
99	C_7H_{15}，$C_6H_{11}O$
100	$C_4H_9COCH_2+H$，$C_5H_{11}CHNH_2$
101	$O{=}C—OC_4H_9$
102	$CH_2COOC_3H_7+H$
103	$O{=}C—OC_4H_9+2H$，$C_5H_{11}S$，$CH(OCH_2CH_3)_2$

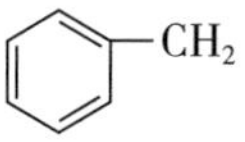

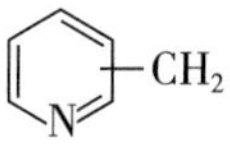

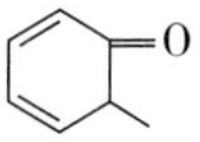

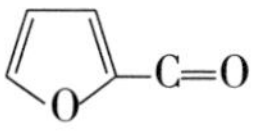

续表

m/e	离子
104	$C_2H_5CHONO_2$
105	—C═O，—CH_2CH_2，—$CHCH_3$
106	—$NHCH_2$
107	—CH_2O，CH_2 / OH，CH_2 / —OH
108	—CH_2O+H +H，—C═O / N / CH_3
109	—C═O
111	S —C═O
119	CF_3CF_2，CH_3 / —C—CH_3，$CHCH_3$ / —CH_3，C═O / —CH_3
120	C≡O / O
121	C═O / —OH，OCH_3 / —CH_2，═N═O / ═NH，C_3H_{13}（萜烯类）
123	C═O / —F
125	—S→O
127	I（碘）
131	C_3F_5，—CH═CH—C═O
135	$(CH_2)_4Br$
138	O / ‖ / —CO / —OH +H
139	C═O / —Cl
149	O / ‖ / C / O + H / C / ‖ / O
150	（联苯）

附录三　从分子离子脱去的常见碎片

失去质量	碎片
1	$H\cdot$
15	$CH_3\cdot$
17	$HO\cdot$
18	H_2O
19	$F\cdot$
20	HF
26	$CH{\equiv}CH$，$\cdot C{\equiv}N$
27	$CH_2{=}CH\cdot$，$HC{\equiv}N$
28	$CH_2{=}CH_2$，CO，$H_2C{=}N$
29	$CH_3CH_2\cdot$，$\cdot CHO$
30	$NH_2CH_2\cdot$，CH_2O，NO
31	$\cdot OCH_3$，$\cdot CH_2OH$，$CHNH_2$
32	CH_3OH
33	$HS\cdot$，($\cdot CH_3$ 和 H_2O)
34	H_2S
35	$Cl\cdot$
36	HCl
37	H_2Cl
40	$CH_3C{\equiv}CH$
41	$CH_2{=}CHCH_2\cdot$
42	$CH_2{=}CHCH_3$，$CH_2{=}C{=}O$，环丙烷（CH_2–CH_2–CH_2 三元环）
43	$C_3H_7\cdot$，$CH_3\overset{O}{\overset{\parallel}{C}}\cdot$，$CH_2{=}CH{-}O\cdot$，[$CH_3\cdot$ 和 $CH_2{=}CH_2$]
44	$CH_2{=}CHOH$，CO_2
45	CH_3CHOH，$CH_3CH_2O\cdot$
46	[H_2O 和 $CH_2{=}CH_2$]，CH_3CH_2OH，$\cdot NO_2$
47	$CH_2S\cdot$
48	CH_2SH
49	$\cdot CH_2Cl$
51	$\cdot CHF$
54	$CH_2{=}CH{-}CH{=}CH_2$
55	$CH_2{=}CH\dot{C}HCH_3$
56	$CH_2{=}CHCH_2CH_3$，$CH_3CH{=}CHCH_3$
57	$C_4H_9\cdot$
58	$\cdot NCS$
59	$CH_3O\overset{O}{\overset{\parallel}{C}}\cdot$，$CH_3\overset{O}{\overset{\parallel}{C}}NH_2$
60	C_3H_7OH
61	$CH_3CH_2S\cdot$
62	[H_2S 和 $CH_2{=}CH_2$]
63	$\cdot CH_2CH_2Cl$
68	$CH_2{=}\underset{}{C}(CH_3){-}CH{=}CH_2$
69	$CF_3\cdot$
71	$C_5H_{11}\cdot$
73	$CH_3CH_2O\overset{O}{\overset{\parallel}{C}}\cdot$

续表

失去质量	碎片	失去质量	碎片
74	C_4H_9OH	122	C_6H_5COOH
79	Br·	127	I·
80	HBr	128	HI
85	$\cdot CClF_2$		

附录四　贝农表

	M+1	M+2		M+1	M+2		M+1	M+2
12			**25**			NOH	0.44	0.20
C	1.08		C_2H	2.18	0.01	N_2H_3	0.81	
13			**26**			CH_3O	1.17	0.20
CH	1.10		CN	1.46		CH_5N	1.54	
14			C_2H_2	2.19	0.01	**32**		
N	0.38		**27**			O_2	0.08	0.40
CH_2	1.11		CHN	1.48		NOH_2	0.45	0.20
15			C_2H_3	2.21	0.01	N_2H_4	0.83	
NH	0.40		**28**			CH_4O	1.18	0.20
CH_3	1.13		N_2	0.76		**33**		
16			CO	1.12	0.02	NOH_3	0.47	0.20
O	0.04	0.20	CH_2N	1.49		N_2H_5	0.84	
NH_2	0.41		C_2H_4	2.23	0.01	CH_5O	1.12	
CH_4	1.15		**29**			**34**		
17			N_2H	0.78		N_2H_6	0.86	
OH	0.06	0.20	CHO	1.14	0.20	**36**		
NH_3	0.43		CH_3N	1.51		C_3	3.24	0.04
CH_5	1.16		C_2H_5	2.24	0.01	**37**		
18			**30**			C_3H	3.26	0.04
H_2O	0.07	0.20	NO	0.42	0.20	**38**		
NH_4	0.45		N_2H_2	0.79		C_2N	2.54	0.02
19			CH_2O	1.15	0.20	C_3H_2	3.27	0.04
H_3O	0.09	0.20	CH_4N	1.53	0.01	**39**		
24			C_2H_6	2.26	0.01	C_2HN	2.56	0.02
C_2	2.16	0.01	**31**			C_3H_3	3.29	0.04

续表

	M+1	M+2		M+1	M+2		M+1	M+2
40			C_3H_8	3.37	0.04	**51**		
CN_2	1.84	0.01	**45**			C_4H_3	4.37	0.07
C_2O	2.20	0.21	HN_2O	0.82	0.20	**52**		
C_2H_2N	2.58	0.02	CHO_2	1.18	0.40	C_2N_2	2.92	0.03
C_3H_4	3.31	0.04	CH_3NO	1.55	0.21	C_3H_2N	3.66	0.05
41			CH_5N_2	1.92	0.01	C_4H_4	4.39	0.07
CHN_2	1.86		C_2H_5O	2.28	0.21	**53**		
C_2HO	2.22	0.21	C_2H_7N	2.66	0.02	C_2HN_2	2.94	0.03
C_2H_3N	2.59	0.02	**46**			C_3HO	3.30	0.24
C_3H_5	3.32	0.04	NO_2	0.46	0.40	C_3H_3N	3.67	0.05
42			N_2H_2O	0.83	0.20	C_4H_5	4.40	0.07
CNO	1.50	0.21	CH_2O_2	1.19	0.40	**54**		
CH_2N_2	1.88	0.01	CH_4NO	1.57	0.21	C_2NO	2.58	0.22
C_2H_2O	2.23	0.21	CH_6N_2	1.94	0.01	$C_2H_2N_2$	2.96	0.03
C_2H_4N	2.61	0.02	C_2H_6O	2.30	0.22	C_3H_2O	3.31	0.24
C_3H_6	3.34	0.04	C_2H_8N	2.66	0.02	C_3H_4N	3.69	0.05
43			**47**			C_4H_6	4.42	0.07
CHNO	1.52	0.21	CH_3O_2	1.21	0.40	**55**		
CH_3N_2	1.89	0.01	CH_5NO	1.58	0.21	C_2HNO	2.60	0.22
C_2H_3O	2.25	0.21	CH_7N_2	1.96	0.01	$C_2H_3N_2$	2.97	0.03
C_2H_5N	2.62	0.02	C_2H_7O	2.31	0.22	C_3H_3O	3.33	0.24
C_3H_7	3.35	0.04	**48**			C_3H_5N	3.70	0.05
44			CH_4O_2	1.22	0.40	C_4H_7	4.43	0.08
N_2O	0.80	0.20	C_4	4.32	0.07	**56**		
CO_2	1.16	0.40	**49**			CH_2N_3	2.26	0.02
CH_2NO	1.53	0.21	CH_5O_2	1.24	0.40	C_2O_2	2.24	0.41
CH_4N_2	1.91	0.01	C_4H	4.34	0.07	C_2H_2NO	2.61	0.22
C_2H_4O	2.26	0.21	**50**			$C_2H_4N_2$	2.99	0.03
C_2H_6N	2.64	0.02	C_4H_2	4.34	0.07	C_3H_4O	3.35	0.24

续表

	M+1	M+2		M+1	M+2		M+1	M+2
C_3H_6N	3.72	0.05	C_3H_9N	3.77	0.05	C_5H_3	5.45	0.12
C_4H_8	4.45	0.08	**60**			**64**		
57			CH_2NO_2	1.57	0.41	CH_4O_3	1.26	0.60
CHN_2O	1.90	0.21	CH_4N_2O	1.95	0.21	C_4H_2N	4.74	0.09
CH_3N_3	2.27	0.02	CH_6N_3	2.32	0.02	C_5H_4	5.47	0.12
C_2HO_2	2.26	0.41	$C_2H_4O_2$	2.30	0.04	**65**		
C_2H_3NO	2.63	0.22	C_2H_6NO	2.68	0.22	C_3HN_2	4.02	0.06
$C_2H_5N_2$	3.00	0.03	$C_2H_8N_2$	3.05	0.03	C_4HO	4.38	0.27
C_3H_5O	3.36	0.24	C_3H_8O	3.41	0.24	C_4H_3N	4.75	0.09
C_3H_7N	3.74	0.05	**61**			C_5H_5	5.48	0.12
C_4H_9	4.47	0.08	CHO_3	1.21	0.60	**66**		
58			CH_3NO_2	1.59	0.41	$C_3H_2N_2$	4.04	0.06
CNO_2	1.54	0.41	CH_5N_2O	1.96	0.21	C_4H_2O	4.39	0.27
CH_2N_2O	1.92	0.21	CH_7N_3	2.34	0.02	C_4H_4N	4.77	0.09
CH_4N_3	2.29	0.02	$C_2H_5O_2$	2.32	0.42	C_5H_6	5.50	0.12
$C_2H_2O_2$	2.27	0.42	C_2H_7NO	2.69	0.22	**67**		
C_2H_4NO	2.65	0.22	C_3H_9O	3.43	0.24	C_2HN_3	3.32	0.04
$C_2H_6N_2$	3.02	0.03	C_5H	5.42	0.12	C_3HNO	3.68	0.25
C_3H_6O	3.38	0.24	**62**			$C_3H_3N_2$	4.05	0.06
C_3H_8N	3.75	0.05	CH_2O_3	1.23	0.60	C_4H_3O	4.41	0.27
C_4H_{10}	4.48	0.08	CH_4NO_2	1.60	0.41	C_4H_5N	4.78	0.09
59			CH_6N_2O	1.98	0.21	C_5H_7	5.52	0.12
$CHNO_2$	1.56	0.41	CH_8N_3	2.35	0.02	**68**		
CH_3N_2O	1.93	0.21	$C_2H_6O_2$	2.34	0.42	$C_2H_2N_3$	3.34	0.04
CH_5N_3	2.31	0.02	C_5H_2	5.44	0.12	C_3O_2	3.32	0.44
$C_2H_3O_2$	2.29	0.42	**63**			C_3H_2NO	3.69	0.25
C_2H_5NO	2.66	0.22	CH_3O_3	1.25	0.60	$C_3H_4N_2$	4.07	0.06
$C_2H_7N_2$	3.04	0.03	CH_5NO_2	1.62	0.41	C_4H_4O	4.43	0.28
C_3H_7O	3.39	0.24	C_4HN	4.72	0.09	C_4H_6N	4.80	0.09

续表

	M+1	M+2		M+1	M+2		M+1	M+2
C_5H_8	5.53	0.12	C_3H_5NO	3.74	0.25	C_4H_9O	4.51	0.28
69			$C_3H_7N_2$	4.12	0.07	$C_4H_{11}N$	4.88	0.09
CNH_4	2.62	0.03	C_4H_7O	4.47	0.28	C_6H	6.50	0.18
C_2HN_2O	2.98	0.23	C_4H_9N	4.85	0.09	**74**		
$C_2H_3N_3$	3.35	0.04	C_5H_{11}	5.58	0.13	N_3O_2	1.22	0.41
C_3HO_2	3.34	0.44	**72**			H_2N_4O	1.60	0.21
C_3H_3NO	3.71	0.25	CH_2N_3O	2.30	0.22	$CH_2N_2O_2$	1.95	0.41
$C_3H_5N_2$	4.09	0.06	CH_4N_4	2.67	0.03	CH_4N_3O	2.33	0.22
C_4H_5O	4.44	0.28	$C_2H_2NO_2$	2.65	0.42	CH_6N_4	2.70	0.03
C_4H_7N	4.82	0.09	$C_2H_4N_2O$	3.03	0.23	$C_2H_2O_3$	2.31	0.62
C_5H_9	5.55	0.12	$C_2H_6N_3$	3.40	0.44	$C_2H_4NO_2$	2.68	0.42
70			$C_3H_4O_2$	3.38	0.44	$C_2H_6N_2O$	3.06	0.23
CH_2N_4	2.64	0.03	C_3H_6NO	3.76	0.25	$C_2H_8N_3$	3.43	0.05
C_2NO_2	2.62	0.42	$C_3H_8N_2$	4.13	0.07	$C_3H_6O_2$	3.42	0.44
$C_2H_2N_2O$	3.00	0.23	C_4H_8O	4.49	0.28	C_3H_3NO	3.79	0.25
$C_2H_4N_3$	3.37	0.04	$C_4H_{10}N$	4.86	0.09	$C_3H_{10}N_2$	4.16	0.07
$C_3H_2O_2$	3.35	0.44	C_5H_{12}	5.60	0.13	$C_4H_{10}O$	4.52	0.28
C_3H_4NO	3.73	0.25	**73**			C_5N	5.78	0.14
$C_3H_6N_2$	4.10	0.07	HN_4O	1.58	0.21	C_6H_2	6.52	0.18
C_4H_6O	4.46	0.28	CHN_2O_2	1.94	0.41	**75**		
C_4H_8N	4.83	0.09	CH_3N_3O	2.31	0.22	HN_3O_2	1.24	0.41
C_5H_{10}	5.56	0.13	CH_5N_4	2.69	0.03	H_3N_4O	1.61	0.21
71			C_2HO_3	2.29	0.62	$CHNO_3$	1.60	0.61
CHN_3O	2.28	0.22	$C_2H_3NO_2$	2.67	0.42	$CH_3N_2O_2$	1.97	0.41
CH_3N_4	2.65	0.03	$C_2H_5N_2O$	3.04	0.23	CH_5N_3O	2.34	0.22
C_2HNO_2	2.64	0.42	$C_2H_7N_3$	3.42	0.04	CH_7N_4	2.72	0.03
$C_2H_3N_2O$	3.01	0.23	$C_3H_5O_2$	3.40	0.44	$C_2H_3O_3$	2.33	0.62
$C_2H_5N_3$	3.39	0.04	C_3H_7NO	3.77	0.25	$C_2H_5NO_2$	2.70	0.43
$C_3H_3O_2$	3.37	0.44	$C_3H_9N_2$	4.15	0.07	$C_2H_7N_2O$	3.08	0.23

续表

	M+1	M+2		M+1	M+2		M+1	M+2
$C_2H_9N_3$	3.45	0.05	$C_2H_5O_3$	2.36	0.62	$C_4H_3N_2$	5.13	0.11
$C_3H_7O_2$	3.43	0.44	$C_2H_7NO_2$	2.73	0.43	C_5H_3O	5.49	0.32
C_3H_9NO	3.81	0.25	C_4HN_2	5.10	0.11	C_5H_5N	5.86	0.14
C_5HN	5.80	0.14	C_5HO	5.46	0.32	C_6H_7	6.60	0.18
C_6H_3	6.53	0.18	C_5H_3N	5.83	0.14	**80**		
76			C_6H_5	6.56	0.18	H_2NO_4	0.57	0.80
N_2O_3	0.88	0.60	**78**			$H_4N_2O_3$	0.94	0.60
$H_2N_3O_2$	1.25	0.41	NO_4	0.54	0.80	CH_4O_4	1.30	0.80
H_4N_4O	1.63	0.21	$H_2N_2O_3$	0.91	0.60	C_2N_4	3.69	0.05
CO_4	1.24	0.80	$H_4N_3O_2$	1.29	0.41	C_3N_2O	4.04	0.26
CH_2NO_3	1.61	0.61	H_6N_4O	1.66	0.21	$C_3H_2N_3$	4.42	0.08
$CH_4N_2O_2$	1.99	0.41	CH_2O_4	1.27	0.80	C_4O_2	4.40	0.47
CH_8N_4	2.73	0.03	CH_4NO_3	1.64	0.61	C_4H_2NO	4.77	0.29
$C_2H_4O_3$	2.34	0.62	$CH_6N_2O_2$	2.02	0.41	$C_4H_4N_2$	5.15	0.11
$C_2H_6NO_2$	2.72	0.43	$C_2H_6O_3$	2.37	0.62	C_5H_4O	5.51	0.32
$C_2H_8N_2O$	3.09	0.24	C_3N_3	4.39	0.08	C_5H_6N	5.88	0.14
$C_3H_8O_2$	3.45	0.44	C_4NO	4.74	0.29	C_6H_8	6.61	0.18
C_4N_2	5.09	0.10	$C_4H_2N_2$	5.12	0.11	**81**		
C_5O	5.44	0.32	C_5H_2O	5.47	0.32	H_3NO_4	0.59	0.80
C_5H_2N	5.82	0.14	C_5H_4N	5.49	0.14	C_2HN_4	3.70	0.05
C_6H_4	6.55	0.18	C_6H_6	6.58	0.18	C_3HN_2O	4.06	0.26
77			**79**			$C_3H_3N_3$	4.43	0.08
HN_2O_3	0.90	0.60	HNO_4	0.55	0.80	C_4HO_2	4.42	0.48
$H_3N_3O_2$	1.27	0.41	$H_3N_2O_3$	0.93	0.60	C_4H_3NO	4.79	0.29
H_5N_4O	1.64	0.21	$H_5N_3O_2$	1.30	0.41	$C_4H_5N_2$	5.17	0.11
CHO_4	1.25	0.80	CH_3O_4	1.28	0.80	C_5H_5O	5.52	0.32
CH_3NO_3	1.63	0.61	CH_5NO_3	1.66	0.61	C_5H_7N	5.90	0.14
$CH_5N_2O_2$	2.00	0.41	C_3HN_3	4.40	0.08	C_6H_9	6.63	0.18
CH_7N_3O	2.38	0.22	C_4HNO	4.76	0.29	**82**		

续表

	M+1	M+2		M+1	M+2		M+1	M+2
C_2N_3O	3. 34	0. 24	$C_3H_2NO_2$	3. 73	0. 45	C_2NO_3	2. 66	0. 62
$C_2H_2N_4$	3. 72	0. 05	$C_3H_4N_2O$	4. 11	0. 27	$C_2H_2N_2O_2$	3. 03	0. 43
C_3NO_2	3. 70	0. 45	$C_3H_6N_3$	4. 48	0. 81	$C_2H_4N_3O$	3. 41	0. 24
$C_3H_2N_2O$	4. 08	0. 36	$C_4H_4O_2$	4. 46	0. 48	$C_2H_6N_4$	3. 78	0. 06
$C_3H_4N_3$	4. 45	0. 08	C_4H_6NO	4. 84	0. 29	$C_3H_2O_3$	3. 39	0. 64
$C_4H_2O_2$	4. 43	0. 48	$C_4H_8N_2$	5. 21	0. 11	$C_3H_4NO_2$	3. 77	0. 45
C_4H_4NO	4. 81	0. 29	C_5H_8O	5. 57	0. 33	$C_3H_6N_2O$	4. 14	0. 27
$C_4H_6N_2$	4. 18	0. 11	$C_5H_{10}N$	5. 94	0. 15	$C_3H_8N_3$	4. 51	0. 08
C_5H_6O	5. 54	0. 32	C_6H_{12}	6. 68	0. 19	$C_4H_6O_2$	4. 50	0. 48
C_5H_8N	5. 91	0. 14	C_7	7. 56	0. 25	C_4H_8NO	4. 87	0. 30
C_6H_{10}	6. 64	0. 19	**85**			$C_4H_{10}N_2$	5. 25	0. 11
83			CHN_4O	2. 66	0. 23	$C_5H_{10}O$	5. 60	0. 33
C_2HN_3O	3. 36	0. 24	$C_2HN_2O_2$	3. 02	0. 43	$C_5H_{12}N$	5. 98	0. 15
$C_2H_3N_4$	3. 74	0. 06	$C_2H_3N_3O$	3. 39	0. 24	C_6H_{14}	6. 71	0. 19
C_3HNO_2	3. 72	0. 45	$C_2H_5N_4$	3. 77	0. 06	C_6N	6. 87	0. 20
$C_3H_3N_2O$	4. 09	0. 27	C_3HO_3	3. 38	0. 64	C_7H_2	7. 60	0. 25
$C_3H_5N_3$	4. 47	0. 08	$C_3H_3NO_2$	3. 75	0. 45	**87**		
$C_4H_3O_2$	4. 45	0. 48	$C_3H_5N_2O$	4. 12	0. 27	CHN_3O_2	2. 32	0. 42
C_4H_5NO	4. 82	0. 29	$C_3H_7N_3$	4. 50	0. 08	CH_3N_4O	2. 69	0. 23
$C_4H_7N_2$	5. 20	0. 11	$C_4H_5O_2$	4. 48	0. 48	C_2HNO_3	2. 68	0. 62
C_5H_7O	5. 55	0. 33	C_4H_7NO	4. 85	0. 29	$C_2H_3N_2O_2$	3. 05	0. 43
C_5H_9N	5. 93	0. 15	$C_4H_9N_2$	5. 23	0. 11	$C_2H_5N_3O$	3. 42	0. 25
C_6H_{11}	6. 66	0. 19	C_5H_9O	5. 59	0. 33	$C_2H_7N_4$	3. 80	0. 06
84			$C_5H_{11}N$	5. 96	0. 15	$C_3H_3O_3$	3. 41	0. 64
CN_4O	2. 65	0. 23	C_6H_{13}	6. 69	0. 19	$C_3H_5NO_2$	3. 78	0. 45
$C_2N_2O_2$	3. 00	0. 43	C_7H	7. 58	0. 25	$C_3H_7N_2O$	4. 16	0. 27
$C_2H_2N_3O$	3. 38	0. 24	**86**			$C_3H_9N_3$	4. 53	0. 08
$C_2H_4N_4$	3. 75	0. 06	CN_3O_2	2. 30	0. 42	$C_4H_7O_2$	4. 51	0. 48
C_3O_3	3. 36	0. 64	CH_2N_4O	2. 68	0. 23	C_4H_9NO	4. 89	0. 30

续表

	M+1	M+2
$C_4H_{11}N_2$	5.26	0.11
$C_5H_{11}O$	5.62	0.33
$C_5H_{13}N$	5.99	0.15
C_6HN	6.88	0.20
C_7H_3	7.61	0.25
88		
N_4O_2	1.60	0.41
CN_2O_3	1.96	0.61
$CH_2N_3O_2$	2.34	0.42
CH_4N_4O	2.71	0.23
C_2O_4	2.32	0.82
$C_2H_2NO_3$	2.69	0.63
$C_2H_4N_2O_2$	3.07	0.43
$C_2H_6N_3O$	3.44	0.25
$C_2H_8N_4$	3.82	0.06
$C_3H_4O_3$	3.42	0.64
$C_3H_6NO_2$	3.80	0.45
$C_3H_8N_2O$	4.17	0.27
$C_3H_{10}N_3$	4.55	0.08
$C_4H_8O_2$	4.53	0.48
$C_4H_{10}NO$	4.90	0.30
$C_4H_{12}N_2$	5.28	0.11
$C_5H_{12}O$	5.63	0.33
C_5N_2	6.17	0.16
C_6O	6.52	0.38
C_6H_2N	6.90	0.20
C_7H_4	7.63	0.25
89		
HN_4O_2	1.62	0.41
CHN_2O_3	1.98	0.61
$CH_3N_3O_2$	2.35	0.42
CH_5N_4O	2.73	0.23
C_2HO_4	2.33	0.82
$C_2H_3NO_3$	2.71	0.63
$C_2H_5N_2O_2$	3.08	0.44
$C_2H_7N_3O$	3.46	0.25
$C_2H_9N_4$	3.83	0.06
$C_3H_5O_3$	3.44	0.64
$C_3H_7NO_2$	3.81	0.46
$C_3H_9N_2O$	4.19	0.27
$C_3H_{11}N_3$	4.56	0.84
$C_4H_9O_2$	4.54	0.48
$C_4H_{11}NO$	4.92	0.30
C_5HN_2	6.18	0.16
C_6HO	6.54	0.38
C_6H_3N	6.91	0.20
C_7H_5	7.64	0.25
90		
N_3O_3	1.26	0.61
$H_2N_4O_2$	1.64	0.41
CNO_4	1.62	0.81
$CH_2N_2O_3$	1.99	0.61
$CH_4N_3O_2$	2.37	0.42
CH_6N_4O	2.74	0.23
$C_2H_2O_4$	2.35	0.82
$C_2H_4NO_3$	2.72	0.63
$C_2H_6N_2O_2$	3.10	0.44
$C_2H_8N_3O$	3.47	0.25
$C_2H_{10}N_4$	3.85	0.06
$C_3H_6O_3$	3.46	0.64
$C_3H_8NO_2$	3.83	0.46
$C_3H_{10}N_2O$	4.20	0.27
$C_4H_{10}O_2$	4.56	0.48
C_4N_3	5.47	0.12
C_5NO	5.82	0.34
$C_5H_2N_2$	6.20	0.16
C_6H_2O	6.56	0.38
C_6H_4N	6.93	0.20
C_7H_6	7.66	0.25
91		
HN_3O_3	1.28	0.61
$H_3N_4O_2$	1.65	0.41
$CHNO_4$	1.63	0.81
$CH_3N_2O_3$	2.01	0.61
$CH_5N_3O_2$	2.38	0.42
CH_7N_4O	2.76	0.23
$C_2H_3O_4$	2.37	0.82
$C_2H_5NO_3$	2.74	0.63
$C_2H_7N_2O_2$	3.11	0.44
$C_2H_9N_3O$	3.49	0.25
$C_3H_7O_3$	3.47	0.64
$C_3H_9NO_2$	3.85	0.46
C_4HN_3	5.48	0.12
C_5HNO	5.84	0.34
$C_5H_3N_2$	6.21	0.16
C_6H_3O	6.57	0.38
C_6H_5N	6.95	0.21

续表

	M+1	M+2		M+1	M+2		M+1	M+2
C_7H_7	7.68	0.25	$C_2H_5O_4$	2.40	0.82	**95**		
92			$C_2H_7NO_3$	2.77	0.63	$H_3N_2O_4$	0.97	0.81
N_2O_4	9.19	0.80	C_3HN_4	4.78	0.09	$H_5N_3O_3$	1.34	0.61
$H_2N_3O_3$	1.29	0.61	C_4HN_2O	5.14	0.31	CH_5NO_4	1.70	0.81
$H_4N_4O_2$	1.67	0.41	$C_4H_3N_3$	5.51	0.13	C_3HN_3O	4.44	0.28
CH_2NO_4	1.67	0.81	C_5HO_2	5.50	0.52	$C_3H_3N_4$	4.82	0.10
$CH_4N_2O_3$	2.02	0.61	C_5H_3NO	5.87	0.34	C_4HNO_2	4.80	0.49
$CH_6N_3O_2$	2.40	0.42	$C_5H_5N_2$	6.25	0.16	$C_4H_3N_2O$	5.17	0.31
CH_8N_4O	2.77	0.23	C_6H_5O	6.60	0.38	$C_4H_5N_3$	5.55	0.13
$C_2H_4O_4$	2.38	0.82	C_6H_7N	6.98	0.21	$C_5H_3O_2$	5.53	0.52
$C_2H_6NO_3$	2.76	0.63	C_7H_9	7.71	0.26	C_5H_5NO	5.90	0.34
$C_2H_8N_2O_2$	3.13	0.44	**94**			$C_5H_7N_2$	6.28	0.17
$C_3H_8O_3$	3.49	0.64	$H_2N_2O_4$	0.95	0.80	C_6H_7O	6.63	0.39
C_3N_4	4.77	0.09	$H_4N_3O_3$	1.33	0.61	C_6H_9N	7.01	0.21
C_4N_2O	5.12	0.31	$H_6N_4O_2$	1.70	0.41	C_7H_{11}	7.74	0.26
$C_4H_2N_3$	5.50	0.13	CH_4NO_4	1.68	0.81	**96**		
C_5O_2	5.48	0.52	$CH_6N_2O_3$	2.06	0.62	$H_4N_2O_4$	0.98	0.81
C_5H_2NO	5.86	0.34	$C_2H_6O_4$	2.41	0.82	C_2N_4O	3.73	0.26
$C_5H_4N_2$	6.23	0.16	C_3N_3O	4.43	0.28	$C_3N_2O_2$	4.08	0.47
C_6H_4O	6.59	0.38	$C_3H_2N_4$	4.80	0.09	$C_3H_2N_3O$	4.46	0.28
C_6H_6N	6.96	0.21	C_4NO_2	4.78	0.49	$C_3H_4N_4$	4.83	0.10
C_7H_8	7.69	0.25	$C_4H_2N_2O$	5.16	0.31	$C_4H_2NO_2$	4.81	0.49
93			$C_4H_4N_3$	5.53	0.13	$C_4H_4N_2O$	5.19	0.31
HN_2O_4	0.94	0.80	$C_5H_2O_2$	5.51	0.52	$C_4H_6N_3$	5.56	0.13
$H_3N_3O_3$	1.31	0.61	C_5H_4NO	5.89	0.34	$C_5H_4O_2$	5.55	0.53
$H_5N_4O_2$	1.68	0.41	$C_5H_6N_2$	6.26	0.17	C_5H_6NO	5.92	0.35
CH_3NO_4	1.67	0.81	C_6H_6O	6.62	0.38	$C_5H_8N_2$	6.29	0.17
$CH_5N_2O_3$	2.04	0.61	C_6H_8N	6.99	0.21	C_6H_8O	6.65	0.39
$CH_7N_3O_2$	2.42	0.42	C_7H_{10}	7.72	0.26	$C_6H_{10}N$	7.03	0.21

续表

	M+1	M+2
C_7H_{12}	7.76	0.26
C_8	8.64	0.33
97		
C_2HN_4O	3.74	0.26
$C_3HN_2O_2$	4.10	0.47
$C_3H_3N_3O$	4.47	0.28
$C_3H_5N_4$	4.85	0.10
C_4HO_3	4.46	0.68
$C_4H_3NO_2$	4.83	0.49
$C_4H_5N_2O$	5.20	0.31
$C_4H_7N_3$	5.58	0.13
$C_5H_5O_2$	5.56	0.53
C_5H_7NO	5.94	0.35
$C_5H_9N_2$	6.31	0.17
C_6H_9O	6.67	0.39
$C_6H_{11}N$	7.04	0.21
C_7H_{13}	7.77	0.26
C_8H	8.66	0.33
98		
$C_2N_3O_2$	3.38	0.44
$C_2H_2N_4O$	3.76	0.26
C_3NO_3	3.74	0.65
$C_3H_2N_2O_2$	4.11	0.47
$C_3H_4N_3O$	4.49	0.28
$C_3H_6N_4$	4.86	0.10
$C_4H_2O_3$	4.47	0.68
$C_4H_4NO_2$	4.85	0.49
$C_4H_6N_2O$	5.22	0.31
$C_4H_8N_3$	5.59	0.13
$C_5H_6O_2$	5.58	0.53
C_5H_8NO	5.95	0.35
$C_5H_{10}N_2$	6.33	0.17
$C_6H_{10}O$	6.68	0.39
$C_6H_{12}N$	7.06	0.21
C_7H_{14}	7.79	0.26
C_7N	7.95	0.27
C_8H_2	8.68	0.33
99		
$C_2HN_3O_2$	3.40	0.44
$C_2H_3N_4O$	3.77	0.26
C_3HNO_3	3.76	0.65
$C_3H_3N_2O_2$	4.13	0.47
$C_3H_5N_3O$	4.51	0.28
$C_3H_7N_4$	4.88	0.10
$C_4H_3O_3$	4.49	0.68
$C_4H_5NO_2$	4.86	0.50
$C_4H_7N_2O$	5.24	0.31
$C_4H_9N_3$	5.61	0.13
$C_5H_7O_2$	5.59	0.53
C_5H_9NO	5.97	0.35
$C_5H_{11}N_2$	6.34	0.17
$C_6H_{11}O$	6.70	0.39
$C_6H_{13}N$	7.07	0.21
C_7HN	7.96	0.28
C_7H_{15}	7.80	0.26
C_8H_3	8.69	0.33
100		
CN_4O_2	2.68	0.43
$C_2N_2O_3$	3.04	0.63
$C_2H_2N_3O_2$	3.42	0.45
$C_2H_4N_4O$	3.79	0.26
C_3O_4	3.40	0.84
$C_3H_2NO_3$	3.77	0.65
$C_3H_4N_2O_2$	4.15	0.47
$C_3H_6N_3O$	4.52	0.28
$C_3H_8N_4$	4.90	0.10
$C_4H_4O_3$	4.50	0.68
$C_4H_6NO_2$	4.88	0.50
$C_4H_8N_2O$	5.25	0.31
$C_4H_{10}N_3$	5.63	0.13
$C_5H_8O_2$	5.61	0.53
$C_5H_{10}NO$	5.98	0.35
$C_5H_{12}N_2$	6.36	0.17
$C_6H_{12}O$	6.71	0.39
$C_6H_{14}N$	7.09	0.22
C_6N_2	7.25	0.23
C_7H_{16}	7.82	0.26
C_7O	7.60	0.45
C_7H_2N	7.98	0.28
C_8H_4	8.71	0.33
101		
CHN_4O_2	2.70	0.43
$C_2HN_2O_3$	3.06	0.64
$C_2H_3N_3O_2$	3.43	0.45
$C_2H_5N_4O$	3.81	0.26
C_3HO_4	3.41	0.84
$C_3H_3NO_3$	3.79	0.65

续表

	M+1	M+2		M+1	M+2		M+1	M+2
$C_3H_5N_2O_2$	4.16	0.47	$C_4H_8NO_2$	4.91	0.50	C_5HN_3	6.56	0.18
$C_3H_7N_3O$	4.51	0.28	$C_4H_{10}N_2O$	5.28	0.32	$C_5H_{11}O_2$	5.66	0.53
$C_3H_9N_4$	4.91	0.10	$C_4H_{12}N_3$	5.66	0.13	$C_5H_{13}NO$	6.03	0.35
$C_4H_5O_3$	4.52	0.68	$C_5H_{10}O_2$	5.64	0.53	C_6HNO	6.92	0.40
$C_4H_7NO_2$	4.89	0.50	$C_5H_{12}NO$	6.02	0.35	$C_6H_3N_2$	7.29	0.23
$C_4H_9N_2O$	5.27	0.31	$C_5H_{14}N_2$	6.39	0.17	C_7H_3O	7.65	0.45
$C_4H_{11}N_3$	5.64	0.13	C_5N_3	6.55	0.18	C_7H_5N	8.03	0.28
$C_5H_9O_2$	5.63	0.53	C_6NO	6.90	0.40	C_8H_7	8.76	0.34
$C_5H_{11}NO$	6.00	0.35	$C_6H_2N_2$	7.28	0.23	**104**		
$C_5H_{13}N_2$	6.37	0.17	$C_6H_{14}O$	6.75	0.39	CN_2O_4	2.00	0.81
C_6HN_2	7.26	0.23	C_7H_2O	7.64	0.45	$CH_2N_3O_3$	2.37	0.62
$C_6H_{13}O$	6.73	0.39	C_7H_4N	8.01	0.28	$CH_4N_4O_2$	2.75	0.43
$C_6H_{15}N$	7.11	0.22	C_8H_6	8.74	0.34	$C_2H_2NO_4$	2.73	0.83
C_7HO	7.62	0.45	**103**			$C_2H_4N_2O_3$	3.11	0.64
C_7H_3N	7.99	0.28	CHN_3O_3	2.36	0.62	$C_2H_6N_3O_2$	3.48	0.45
C_8H_5	8.73	0.33	$CH_3N_4O_2$	2.73	0.43	$C_2H_8N_4O$	3.85	0.26
102			C_2HNO_4	2.72	0.83	$C_3H_4O_4$	3.46	0.84
CN_3O_3	2.34	0.62	$C_2H_3N_2O_3$	3.09	0.64	$C_3H_6NO_3$	3.84	0.66
$CH_2N_4O_2$	2.72	0.43	$C_2H_5N_3O_2$	3.46	0.45	$C_3H_8N_2O_2$	4.21	0.47
C_2NO_4	2.70	0.83	$C_2H_7N_4O$	3.84	0.26	$C_3H_{10}N_3O$	4.59	0.29
$C2H_2N_2O_3$	3.07	0.64	$C_3H_3O_4$	3.45	0.84	$C_3H_{12}N_4$	4.96	0.10
$C_2H_4N_3O_2$	3.45	0.45	$C_3H_5NO_3$	3.82	0.66	$C_4H_8O_3$	4.57	0.68
$C_2H_6N_4O$	3.82	0.26	$C_3H_7N_2O_2$	4.19	0.47	$C_4H_{10}NO_2$	4.94	0.50
$C_3H_2O_4$	3.43	0.84	$C_3H_5N_3O$	4.57	0.29	$C_4H_{12}N_2O$	5.32	0.32
$C_3H_4NO_3$	3.80	0.66	$C_3H_{11}N_4$	4.94	0.10	C_4N_4	5.85	0.14
$C_3H_6N_2O_2$	4.18	0.47	$C_4H_7O_3$	4.55	0.68	C_5N_2O	6.20	0.36
$C_3H_8N_3O$	4.55	0.28	$C_4H_9NO_2$	4.93	0.50	$C_5H_2N_3$	6.58	0.19
$C_3H_{10}N_4$	4.93	0.10	$C_4H_{11}N_2O$	5.30	0.32	$C_5H_{12}O_2$	5.67	0.53
$C_4H_6O_3$	4.54	0.68	$C_4H_{13}N_3$	5.67	0.14	C_6O_2	6.56	0.58

续表

	M+1	M+2		M+1	M+2		M+1	M+2
C_6H_2NO	6.94	0.41	$CH_2N_2O_4$	2.03	0.82	$C_2H_7O_4$	3.51	0.85
$C_6H_4N_2$	7.31	0.23	$CH_4N_3O_3$	2.41	0.62	$C_3H_9NO_3$	3.88	0.66
C_7H_4O	7.67	0.45	$CH_6N_4O_2$	2.78	0.43	C_4HN_3O	5.52	0.33
C_7H_6N	8.04	0.28	$C_2H_4NO_4$	2.76	0.83	$C_4H_3N_4$	5.90	0.15
C_8H_8	8.77	0.34	$C_2H_6N_2O_3$	3.14	0.64	$C_5H_NO_2$	5.88	0.54
105			$C_2H_8N_3O_2$	3.51	0.45	$C_5H_3N_2O$	6.25	0.37
CHN_2O_4	2.02	0.81	$C_2H_{10}N_4O$	3.89	0.26	$C_5H_5N_3$	6.63	0.19
$CH_3N_3O_3$	2.39	0.62	$C_3H_6O_4$	3.49	0.85	$C_6H_3O_2$	6.61	0.58
$CH_5N_4O_2$	2.76	0.43	$C_3H_8NO_3$	3.87	0.66	C_6H_5NO	6.98	0.41
$C_2H_3NO_4$	2.75	0.83	$C_3H_{10}N_2O_2$	4.24	0.47	$C_6H_7N_2$	7.36	0.23
$C_2H_5N_2O_3$	3.12	0.64	$C_4H_2N_4$	5.88	0.15	C_7H_7O	7.72	0.46
$C_2H_7N_3O_2$	3.50	0.45	$C_4H_{10}O_3$	4.60	0.68	C_7H_9N	8.09	0.29
$C_2H_9N_4O$	3.87	0.26	C_4N_3O	5.51	0.33	C_8H_{11}	8.82	0.34
$C_3H_5O_4$	3.48	0.84	C_5NO_2	5.86	0.54	**108**		
$C_3H_7NO_3$	3.85	0.66	$C_5H_2N_2O$	6.24	0.36	$CH_4N_2O_4$	2.06	0.82
$C_3H_9N_2O_2$	4.23	0.47	$C_5H_4N_3$	6.61	0.19	$CH_6N_3O_3$	2.44	0.62
$C_3H_{11}N_3O$	4.60	0.29	$C_6H_2O_2$	6.59	0.58	$CH_8N_4O_2$	2.81	0.43
C_4HN_4	5.86	0.15	C_6H_4NO	6.97	0.41	$C_2H_6NO_4$	2.80	0.83
$C_4H_9O_3$	4.58	0.68	$C_6H_6N_2$	7.34	0.23	$C_2H_8N_2O_3$	3.17	0.64
$C_4H_{11}NO_2$	4.96	0.50	C_7H_6O	7.70	0.46	$C_3H_8O_4$	3.53	0.85
C_5HN_2O	6.22	0.36	C_7H_8N	8.07	0.28	$C_4N_2O_2$	5.16	0.51
$C_5H_3N_3$	6.60	0.19	C_8H_{10}	8.80	0.34	$C_4H_2N_3O$	5.54	0.33
C_6HO_2	6.58	0.58	**107**			$C_4H_4N_4$	5.91	0.15
C_6H_3NO	6.95	0.41	$CH_3N_2O_4$	2.05	0.82	C_5O_3	5.52	0.72
$C_6H_5N_2$	7.33	0.23	$CH_5N_3O_3$	2.42	0.62	$C_5H_2NO_2$	5.89	0.54
C_7H_5O	7.68	0.45	$CH_7N_4O_2$	2.80	0.43	$C_5H_4N_2O$	6.27	0.37
C_7H_7N	8.06	0.28	$C_2H_5NO_4$	2.78	0.83	$C_5H_6N_3$	6.64	0.19
C_8H_9	8.79	0.34	$C_2H_7N_2O_3$	3.15	0.64	$C_6H_4O_2$	6.63	0.59
106			$C_2H_9N_3O_2$	3.53	0.45	C_6H_6NO	7.00	0.41

续表

	M+1	M+2		M+1	M+2		M+1	M+2
$C_6H_8N_2$	7.37	0.24	$C_4H_2N_2O_2$	5.20	0.51	$C_7H_{11}O$	7.78	0.46
C_7H_8O	7.73	0.46	$C_4H_4N_3O$	5.57	0.33	$C_7H_{13}N$	8.15	0.29
$C_7H_{10}N$	8.11	0.29	$C_4H_6N_4$	5.94	0.15	C_8H_{15}	8.88	0.35
C_8H_{12}	8.84	0.34	$C_5H_2O_3$	5.55	0.73	C_8HN	9.04	0.36
C_9	9.37	0.42	$C_5H_4NO_2$	5.93	0.55	C_9H_3	9.77	0.43
109			$C_5H_6N_2O$	6.30	0.37	**112**		
$CH_5N_2O_4$	2.08	0.82	$C_5H_8N_3$	6.68	0.19	$C_2N_4O_2$	3.77	0.46
$CH_7N_3O_3$	2.45	0.62	$C_6H_6O_2$	6.66	0.59	$C_3N_2O_3$	4.12	0.67
$C_2H_7NO_4$	2.81	0.83	C_6H_8NO	7.03	0.41	$C_3H_2N_3O_2$	4.50	0.48
C_3HN_4O	4.82	0.30	$C_6H_{10}N_2$	7.41	0.24	$C_3H_4N_4O$	4.87	0.30
$C_4HN_2O_2$	5.18	0.51	$C_7H_{10}O$	7.76	0.46	C_4O_4	4.48	0.88
$C_4H_3N_3O$	5.55	0.33	$C_7H_{12}N$	8.14	0.29	$C_4H_2NO_3$	4.85	0.70
$C_4H_5N_4$	5.93	0.15	C_8H_{14}	8.87	0.35	$C_4H_4N_2O_2$	5.23	0.51
C_5HO_3	5.54	0.73	C_8N	9.03	0.36	$C_4H_6N_3O$	5.60	0.33
$C_5H_3NO_2$	5.91	0.55	C_9H_2	9.76	0.42	$C_4H_8N_4$	5.98	0.15
$C_5H_5N_2O$	6.29	0.37	**111**			$C_5H_4O_3$	5.58	0.73
$C_5H_7N_3$	6.66	0.19	$C_3HN_3O_2$	4.48	0.48	$C_5H_6NO_2$	5.96	0.55
$C_6H_5O_2$	6.64	0.59	$C_3H_3N_4O$	4.86	0.30	$C_5H_8N_2O$	6.33	0.37
C_6H_7NO	7.02	0.41	C_4HNO_3	4.84	0.69	$C_5H_{10}N_3$	6.71	0.19
$C_6H_9N_2$	7.39	0.24	$C_4H_3N_2O_2$	5.21	0.51	$C_6H_8O_2$	6.69	0.59
C_7H_9O	7.75	0.46	$C_4H_5N_3O$	5.59	0.33	$C_6H_{10}NO$	7.06	0.41
$C_7H_{11}N$	8.12	0.29	$C_4H_7N_4$	5.96	0.15	$C_6H_{12}N_2$	7.44	0.24
C_8H_{13}	8.85	0.35	$C_5H_3O_3$	5.57	0.73	$C_7H_{12}O$	7.80	0.46
C_9H	9.74	0.42	$C_5H_5NO_2$	5.94	0.55	$C_7H_{14}N$	8.17	0.29
110			$C_5H_7N_2O$	6.32	0.37	C_7N_2	8.33	0.30
$CH_6N_2O_4$	2.10	0.82	$C_5H_9N_3$	6.69	0.19	C_8O	8.68	0.53
$C_3N_3O_2$	4.46	0.48	$C_6H_7O_2$	6.67	0.59	C_8H_{16}	8.90	0.35
$C_3H_2N_4O$	4.84	0.30	C_6H_9NO	7.05	0.41	C_8H_2N	9.06	0.36
C_4NO_3	4.82	0.69	$C_6H_{11}N_2$	7.42	0.24	C_9H_4	9.79	0.43

续表

	M+1	M+2		M+1	M+2		M+1	M+2
113			$C_3H_4N_3O_2$	4.53	0.48	$C_3H_7N_4O$	4.92	0.30
$C_2HN_4O_2$	3.78	0.46	$C_3H_6N_4O$	4.90	0.30	$C_4H_3O_4$	4.53	0.88
$C_3HN_2O_3$	4.14	0.67	$C_4H_2O_4$	4.51	0.88	$C_4H_5NO_3$	4.90	0.70
$C_3H_3N_3O_2$	4.51	0.48	$C_4H_4NO_3$	4.89	0.70	$C_4H_7N_2O_2$	5.28	0.52
$C_3H_5N_4O$	4.89	0.30	$C_4H_6N_2O_2$	5.26	0.51	$C_4H_9N_3O$	5.65	0.33
C_4HO_4	4.49	0.88	$C_4H_8N_3O$	5.63	0.33	$C_4H_{11}N_4$	6.02	0.16
$C_4H_3NO_3$	4.87	0.70	$C_4H_{10}N_4$	6.01	0.15	$C_5H_7O_3$	5.63	0.73
$C_4H_5N_2O_2$	5.24	0.51	$C_5H_6O_3$	5.62	0.73	$C_5H_9NO_2$	6.01	0.55
$C_4H_7N_3O$	5.62	0.33	$C_5H_8NO_2$	5.99	0.55	$C_5H_{11}N_2O$	6.38	0.37
$C_4H_9N_4$	5.99	0.16	$C_5H_{10}N_2O$	6.37	0.37	$C_5H_{13}N_3$	6.76	0.20
$C_5H_5O_3$	5.60	0.73	$C_5H_{12}N_3$	6.74	0.20	$C_6H_{11}O_2$	6.74	0.59
$C_5H_7NO_2$	5.97	0.55	$C_6H_{10}O_2$	6.72	0.59	$C_6H_{13}NO$	7.11	0.42
$C_5H_9N_2O$	6.35	0.37	$C_6H_{12}NO$	7.10	0.42	$C_6H_{15}N_2$	7.49	0.24
$C_5H_{11}N_3$	6.72	0.19	$C_6H_{14}N_2$	7.47	0.24	C_6HN_3	7.64	0.25
$C_6H_9O_2$	6.71	0.59	C_6N_3	7.63	0.25	$C_7H_{15}O$	7.84	0.47
$C_6H_{11}NO$	7.09	0.42	$C_7H_{14}O$	7.83	0.47	C_7HNO	8.00	0.48
$C_6H_{13}N_2$	7.45	0.24	$C_7H_{16}N$	8.20	0.29	$C_7H_{17}N$	8.22	0.30
$C_7H_{13}O$	7.81	0.46	$C_7H_2N_2$	8.36	0.31	$C_7H_3N_2$	8.38	0.31
$C_7H_{15}N$	8.19	0.29	C_7NO	7.98	0.48	C_8H_3O	8.73	0.53
C_7HN_2	8.34	0.31	C_8H_{18}	8.93	0.35	C_8H_5N	9.11	0.37
C_8H_{17}	8.92	0.35	C_8H_2O	8.72	0.53	C_9H_7	9.84	0.43
C_8HO	8.70	0.53	C_8H_4N	9.09	0.37	**116**		
C_8H_3N	9.07	0.36	C_9H_6	9.82	0.43	$C_2N_2O_4$	3.08	0.84
C_9H_5	9.81	0.43	**115**			$C_2H_2N_3O_3$	3.45	0.65
114			$C_2HN_3O_3$	3.44	0.65	$C_2H_4N_4O_2$	3.83	0.46
$C_2N_3O_3$	3.42	0.65	$C_2H_3N_4O_2$	3.81	0.46	$C_3H_2NO_4$	3.81	0.86
$C_2H_2N_4O_2$	3.80	0.46	C_3HNO_4	3.80	0.86	$C_3H_4N_2O_3$	4.19	0.67
C_3NO_4	3.78	0.80	$C_3H_3N_2O_3$	4.17	0.67	$C_3H_6N_3O_2$	4.56	0.49
$C_3H_2N_2O_3$	4.15	0.67	$C_3H_5N_3O_2$	4.54	0.48	$C_3H_8N_4O$	4.93	0.30

续表

	M+1	M+2		M+1	M+2		M+1	M+2
$C_4H_4O_4$	4.54	0.88	$C_4H_5O_4$	4.56	0.88	$C_4H_8NO_3$	4.95	0.70
$C_4H_6NO_3$	4.92	0.70	$C_4H_7NO_3$	4.93	0.70	$C_4H_{10}N_2O_2$	5.32	0.52
$C_4H_8N_2O_2$	5.29	0.52	$C_4H_9N_2O_2$	5.31	0.52	$C_4H_{12}N_3O$	5.70	0.34
$C_4H_{10}N_3O$	5.67	0.34	$C_4H_{11}N_3O$	5.68	0.34	$C_4H_{14}N_4$	6.07	0.16
$C_4H_{12}N_4$	6.04	0.16	$C_4H_{13}N_4$	6.06	0.16	$C_5H_{10}O_3$	5.68	0.73
$C_5H_8O_3$	5.65	0.73	$C_5H_9O_3$	5.66	0.73	$C_5H_{12}NO_2$	6.05	0.55
$C_5H_{10}NO_2$	6.02	0.55	$C_5H_{11}NO_2$	6.04	0.55	$C_5H_{14}N_2O$	6.43	0.38
$C_5H_{12}N_2O$	6.40	0.37	$C_5H_{13}N_2O$	6.41	0.38	C_5N_3O	6.59	0.39
$C_5H_{14}N_3$	6.77	0.20	$C_5H_{15}N_3$	6.79	0.20	$C_5H_2N_4$	6.96	0.21
C_5N_4	6.93	0.21	C_5HN_4	6.98	0.21	$C_6H_{14}O_2$	6.79	0.60
$C_6H_{12}O_2$	6.75	0.59	$C_6H_{13}O_2$	6.77	0.60	C_6NO_2	6.94	0.61
$C_6H_{14}NO$	7.13	0.42	$C_6H_{15}NO$	7.14	0.42	$C_6H_2N_2O$	7.32	0.43
$C_6H_{16}N_2$	7.50	0.24	C_6HN_2O	7.30	0.43	$C_6H_4N_3$	7.69	0.26
$C_6H_2N_3$	7.66	0.26	$C_6H_3N_3$	7.68	0.26	$C_7H_2O_2$	7.67	0.65
$C_7H_{16}O$	7.86	0.47	C_7HO_2	7.66	0.65	C_7H_4NO	8.05	0.48
C_7O_2	7.64	0.65	C_7H_3NO	8.03	0.48	$C_7H_6N_2$	8.42	0.31
C_7H_2NO	8.02	0.48	$C_7H_5N_2$	8.41	0.31	C_8H_6O	8.78	0.54
$C_7H_4N_2$	8.39	0.31	C_8H_5O	8.76	0.54	C_8H_8N	9.15	0.37
C_8H_4O	8.75	0.54	C_8H_7N	9.14	0.37	C_9H_{10}	9.89	0.44
C_8H_6N	9.12	0.37	C_9H_9	9.87	0.43	**119**		
C_9H8	9.85	0.43	**118**			$C_2H_3N_2O_4$	3.13	0.84
117			$C_2H_2N_2O_4$	3.11	0.84	$C_2H_5N_3O_3$	3.50	0.65
C_2HN_2O4	3.10	0.84	$C_2H_4N_3O_3$	3.49	0.65	$C_2H_7N_4O_2$	3.88	0.46
$C_2H_3N_3O_3$	3.47	0.65	$C_2H_6N_4O_2$	3.86	0.46	$C_3H_5NO_4$	3.86	0.86
$C_2H_5N_4O_2$	3.85	0.46	$C_3H_4NO_4$	3.84	0.86	$C_3H_7N_2O_3$	4.23	0.67
$C_3H_3NO_4$	3.83	0.86	$C_3H_6N_2O_3$	4.22	0.67	$C_3H_9N_3O_2$	4.61	0.49
$C_3H_5N_2O_3$	4.20	0.67	$C_3H_8N_3O_2$	4.59	0.49	$C_3H_{11}N_4O$	4.98	0.30
$C_3H_7N_3O_2$	4.58	0.49	$C_3H_{10}N_4O$	4.97	0.30	$C_4H_7O_4$	4.59	0.88
$C_3H_9N_4O$	4.95	0.30	$C_4H_6O_4$	4.58	0.88	$C_4H_9NO_3$	4.97	0.70

续表

	M+1	M+2		M+1	M+2		M+1	M+2
$C_4H_{11}N_2O_2$	5.34	0.52	$C_5H_2N_3O$	6.62	0.39	$C_6H_7N_3$	7.74	0.26
$C_4H_{13}N_3O$	5.71	0.34	$C_5H_4N_4$	6.99	0.21	$C_7H_5O_2$	7.72	0.66
$C_5H_{11}O_3$	5.70	0.73	C_6O_3	6.60	0.78	C_7H_7NO	8.10	0.49
$C_5H_{13}NO_2$	6.07	0.56	$C_6H_2NO_2$	6.98	0.61	$C_7H_9N_2$	8.47	0.32
C_5HN_3O	6.60	0.39	$C_6H_4N_2O$	7.35	0.43	C_8H_9O	8.83	0.54
$C_5H_3N_4$	6.98	0.21	$C_6H_6N_3$	7.72	0.26	$C_8H_{11}N$	9.20	0.28
C_6HNO_2	6.96	0.61	$C_7H_4O_2$	7.71	0.66	C_9H_{13}	9.93	0.44
$C_6H_3N_2O$	7.33	0.43	C_7H_6NO	8.08	0.49	$C_{10}H$	10.82	0.53
$C_6H_5N_3$	7.71	0.26	$C_7H_8N_2$	8.46	0.32	**122**		
$C_7H_3O_2$	7.69	0.66	C_8H_8O	8.81	0.54	$C_2H_6N_2O_4$	3.18	0.84
C_7H_5NO	8.06	0.48	$C_8H_{10}N$	9.19	0.37	$C_2H_8N_3O_3$	3.55	0.65
$C_7H_7N_2$	8.44	0.31	C_9H_{12}	9.92	0.44	$C_2H_{10}N_4O_2$	3.93	0.46
C_8H_7O	8.80	0.54	C_{10}	10.81	0.53	$C_3H_8NO_4$	3.91	0.86
C_8H_9N	9.17	0.37	**121**			$C_3H_{10}N_2O_3$	4.28	0.67
C_9H_{11}	9.90	0.44	$C_2H_5N_2O_4$	3.16	0.84	$C_4H_{10}O_4$	4.64	0.89
120			$C_2H_7N_3O_3$	3.53	0.65	$C_4N_3O_2$	5.54	0.53
$C_2H_4N_2O_4$	3.15	0.84	$C_2H_9N_4O_2$	3.91	0.46	$C_4H_2N_4O$	5.92	0.35
$C_2H_6N_3O_3$	3.52	0.65	$C_3H_7NO_4$	3.89	0.86	C_5NO_3	5.90	0.75
$C_2H_8N_4O_2$	3.89	0.46	$C_3H_9N_2O_3$	4.27	0.67	$C_5H_2N_2O_2$	6.28	0.57
$C_3H_6NO_4$	3.88	0.86	$C_3H_{11}N_3O_2$	4.64	0.49	$C_5H_4N_3O$	6.65	0.39
$C_3H_8N_2O_3$	4.25	0.67	$C_4H_9O_4$	4.62	0.89	$C_5H_6N_4$	7.02	0.21
$C_3H_{10}N_3O_2$	4.62	0.49	$C_4H_{11}NO_3$	5.00	0.70	$C_6H_2O_3$	6.63	0.79
$C_3H_{12}N_4O$	5.00	0.30	C_4HN_4O	5.90	0.35	$C_6H_4NO_2$	7.01	0.61
$C_4H_8O_4$	4.61	0.88	$C_5HN_2O_2$	6.26	0.57	$C_6H_6N_2O$	7.38	0.44
$C_4H_{10}NO_3$	4.98	0.70	$C_5H_3N_3O$	6.63	0.39	$C_6H_8N_3$	7.76	0.26
$C_4H_{12}N_2O_2$	5.36	0.52	$C_5H_5N_4$	7.01	0.21	$C_7H_6O_2$	7.74	0.66
C_4N_4O	5.89	0.35	C_6HO_3	6.62	0.79	C_7H_8NO	8.11	0.49
$C_5H_{12}O_3$	5.71	0.74	$C_6H_3NO_2$	6.99	0.61	$C_7H_{10}N_2$	8.49	0.32
$C_5N_2O_2$	6.24	0.57	$C_6H_5N_2O$	7.37	0.44	$C_8H_{10}O$	8.84	0.54

续表

	M+1	M+2		M+1	M+2		M+1	M+2
$C_8H_{12}N$	9.22	0.38	$C_4N_2O_3$	5.20	0.71	$C_5H_5N_2O_2$	6.32	0.57
C_9H_{14}	9.95	0.44	$C_4H_2N_3O_2$	5.58	0.53	$C_5H_7N_3O$	6.70	0.39
C_9N	10.11	0.46	$C_4H_4N_4O$	5.95	0.35	$C_5H_9N_4$	7.07	0.22
$C_{10}H_2$	10.84	0.53	C_5O_4	5.56	0.93	$C_6H_5O_3$	6.68	0.79
123			$C_5H_2NO_3$	5.93	0.75	$C_6H_7NO_2$	7.06	0.61
$C_2H_7N_2O_4$	3.19	0.84	$C_5H_4N_2O_2$	6.31	0.57	$C_6H_9N_2O$	7.43	0.44
$C_2H_9N_3O_3$	3.57	0.65	$C_5H_6N_3O$	6.68	0.39	$C_6H_{11}N_3$	7.80	0.27
$C_3H_9NO_4$	3.92	0.86	$C_5H_8N_4$	7.06	0.22	$C_7H_9O_2$	7.79	0.66
$C_4HN_3O_2$	5.56	0.53	$C_6H_4O_3$	6.66	0.79	$C_7H_{11}NO$	8.16	0.49
$C_4H_3N_4O$	5.94	0.35	$C_6H_6NO_2$	7.04	0.61	$C_7H_{13}N_2$	8.54	0.32
C_5HNO_3	5.92	0.75	$C_6H_8N_2O$	7.41	0.44	$C_8H_{13}O$	8.89	0.55
$C_5H_3N_2O_2$	6.29	0.57	$C_6H_{10}N_3$	7.79	0.27	$C_8H_{15}N$	9.27	0.38
$C_5H_5N_3O$	6.67	0.39	$C_7H_8O_2$	7.77	0.66	C_8HN_2	9.42	0.40
$C_5H_7N_4$	7.04	0.22	$C_7H_{10}NO$	8.14	0.49	C_9H_{17}	10.00	0.45
$C_6H_3O_3$	6.65	0.79	$C_7H_{12}N_2$	8.52	0.32	C_9HO	9.78	0.63
$C_6H_5NO_2$	7.02	0.61	$C_8H_{12}O$	8.88	0.55	C_9H_3N	10.15	0.46
$C_6H_7N_2O$	7.40	0.44	$C_8H_{14}N$	9.25	0.38	$C_{10}H_5$	10.89	0.53
$C_6H_9N_3$	7.77	0.26	C_8N_2	9.41	0.39	**126**		
$C_7H_7O_2$	7.75	0.66	C_9H_{16}	9.98	0.45	$C_3H_3O_3$	4.50	0.68
C_7H_9NO	8.13	0.49	C_9O	9.76	0.62	$C_3H_2N_4O_2$	4.88	0.50
$C_7H_{11}N_2$	8.50	0.32	C_9H_2N	10.14	0.46	C_4NO_4	4.86	0.90
$C_8H_{11}O$	8.86	0.55	$C_{10}H_4$	10.87	0.53	$C_4H_2N_2O_3$	5.23	0.71
$C_8H_{13}N$	9.23	0.38	**125**			$C_4H_4N_3O_2$	5.61	0.53
C_9H_{15}	9.97	0.44	$C_3HN_4O_2$	4.86	0.50	$C_4H_6N_4O$	5.98	0.35
C_9HN	10.12	0.46	$C_4HN_2O_3$	5.22	0.71	$C_5H_2O_4$	5.59	0.93
$C_{10}H_3$	10.85	0.53	$C_4H_3N_3O_2$	5.59	0.53	$C_5H_4NO_3$	5.97	0.75
124			$C_4H_5N_4O$	5.97	0.35	$C_5H_6N_2O_2$	6.34	0.57
$C_2H_8N_2O_4$	3.21	0.84	C_5HO_4	5.58	0.93	$C_5H_8N_3O$	6.71	0.35
$C_3H_4O_2$	4.85	0.50	$C_5H_3NO_3$	5.95	0.75	$C_5H_{10}N_4$	7.09	0.22

续表

	M+1	M+2		M+1	M+2		M+1	M+2
$C_6H_6O_3$	6.70	0.79	$C_6H_9NO_2$	7.09	0.62	$C_6H_{10}NO_2$	7.10	0.62
$C_6H_8NO_2$	7.07	0.62	$C_6H_{11}N_2O$	7.46	0.44	$C_6H_{12}N_2O$	7.48	0.44
$C_6H_{10}N_2O$	7.45	0.44	$C_6H_{13}N_3$	7.84	0.27	$C_6H_{14}N_3$	7.85	0.27
$C_6H_{12}N_3$	7.82	0.27	$C_7H_{11}O_2$	7.82	0.67	C_6N_4	8.01	0.28
$C_7H_{10}O_2$	7.80	0.66	$C_7H_{13}NO$	8.19	0.49	$C_7H_{12}O_2$	7.83	0.67
$C_7H_{12}NO$	8.18	0.49	$C_7H_{15}N_2$	8.57	0.32	$C_7H_{14}NO$	8.21	0.50
$C_7H_{14}N_2$	8.55	0.32	C_7HN_3	8.72	0.34	$C_7H_{16}N_2$	8.58	0.33
C_7N_3	8.71	0.34	$C_8H_{15}O$	8.92	0.55	C_7N_2O	8.37	0.51
$C_8H_{14}O$	8.91	0.55	C_8HNO	9.08	0.57	$C_7H_2N_3$	8.74	0.34
C_8NO	9.07	0.56	$C_8H_{17}N$	9.30	0.38	$C_8H_{16}O$	8.94	0.65
$C_8H_{16}N$	9.28	0.38	$C_8H_3N_2$	9.46	0.40	C_8O_2	8.72	0.37
$C_8H_2N_2$	9.44	0.40	C_9H_3O	9.81	0.63	$C_8H_{18}N$	9.31	0.39
C_9H_{18}	10.01	0.45	C_9H_5N	10.19	0.47	C_8H_2NO	9.10	0.57
C_9H_2O	9.80	0.63	C_9H_{19}	10.03	0.45	$C_8H_4N_2$	9.47	0.40
C_9H_4N	10.17	0.46	$C_{10}H_7$	10.92	0.54	C_9H_{20}	10.05	0.45
$C_{10}H_6$	10.90	0.54	**128**			C_9H_4O	9.83	0.63
127			$C_3N_2O_4$	4.16	0.87	C_9H_6N	10.20	0.47
$C_3HN_3O_3$	4.52	0.68	$C_3H_2N_3O_3$	4.54	0.68	$C_{10}H_8$	10.93	0.54
$C_3H_3N_4O_2$	4.89	0.50	$C_3H_4N_4O_2$	4.91	0.50	**129**		
C_4HNO_4	4.88	0.90	$C_4H_2NO_4$	4.89	0.90	$C_3HN_2O_4$	4.18	0.87
$C_4H_3N_2O_3$	5.25	0.71	$C_4H_4N_2O_3$	5.27	0.72	$C_3H_3N_3O_3$	4.55	0.69
$C_4H_5N_3O_2$	5.62	0.53	$C_4H_6N3O_2$	5.64	0.53	$C_3H_5N_4O_2$	4.93	0.50
$C_4H_7N_4O$	6.00	0.35	$C_4H_8N_4O$	6.02	0.36	$C_4H_3NO_4$	4.91	0.90
$C_5H_3O_4$	5.61	0.93	$C_5H_4O_4$	5.62	0.93	$C_4H_5N_2O_3$	5.28	0.72
$C_5H_5NO_3$	5.98	0.75	$C_5H_6NO_3$	6.00	0.75	$C_4H_7N_3O_2$	5.66	0.54
$C_5H_7N_2O_2$	6.36	0.57	$C_5H_8N_2O_2$	6.37	0.57	$C_4H_9N_4O$	6.03	0.36
$C_5H_9N_3O$	6.73	0.40	$C_5H_{10}N_3O$	6.75	0.40	$C_5H_5O_4$	5.64	0.93
$C_5H_{11}N_4$	7.10	0.22	$C_5H_{12}N_4$	7.12	0.22	$C_5H_7NO_3$	6.01	0.75
$C_6H_7O_3$	6.71	0.79	$C_6H_8O_3$	6.73	0.79	$C_5H_9N_2O_2$	6.39	0.57

续表

	M+1	M+2		M+1	M+2		M+1	M+2
$C_5H_{11}N_3O$	6.76	0.40	$C_5H_8NO_3$	6.03	0.75	$C_4H_9N_3O_2$	5.69	0.54
$C_5H_{13}N_4$	7.14	0.22	$C_5H_{10}N_2O_2$	6.40	0.58	$C_4H_{11}N_4O$	6.06	0.36
$C_6H_9O_3$	6.74	0.79	$C_5H_{12}N_3O$	6.78	0.40	$C_5H_7O_4$	5.67	0.93
$C_6H_{11}NO_2$	7.12	0.62	$C_5H_{14}N_4$	7.15	0.22	$C_5H_9NO_3$	6.05	0.75
$C_6H_{13}N_2O$	7.49	0.44	$C_6H_{10}O_3$	6.76	0.79	$C_5H_{11}N_2O_2$	6.42	0.58
$C_6H_{15}N_3$	7.87	0.27	$C_6H_{12}NO_2$	7.14	0.62	$C_5H_{13}N_3O$	6.79	0.40
C_6HN_4	8.03	0.28	$C_6H_{14}N_2O$	7.51	0.45	$C_5H_{15}N_4$	7.17	0.22
$C_7H_{13}O_2$	7.85	0.67	C_6N_3O	7.67	0.46	$C_6H_{11}O_3$	6.78	0.80
$C_7H_{15}NO$	8.22	0.50	$C_6H_{16}N_3$	7.88	0.27	$C_6H_{13}NO_2$	7.15	0.62
C_7HN_2O	8.38	0.51	$C_6H_2N_4$	8.04	0.29	$C_6H_{15}N_2O$	7.53	0.45
$C_7H_{17}N_2$	8.60	0.33	$C_7H_{14}O_2$	7.87	0.67	C_6HN_3O	7.68	0.46
$C_7H_3N_3$	8.76	0.34	C_7NO_2	8.02	0.68	$C_6H_{17}N_3$	7.90	0.27
C_8HO_2	8.74	0.74	$C_7H_{16}NO$	8.24	0.50	$C_6H_3N_4$	8.06	0.29
$C_8H_{17}O$	8.96	0.55	$C_7H_2N_2O$	8.40	0.51	$C_7H_{15}O_2$	7.88	0.67
C_8H_3NO	9.11	0.57	$C_7H_{18}N_2$	8.62	0.33	C_7HNO_2	8.04	0.68
$C_8H_{19}N$	9.33	0.39	$C_7H_4N_3$	8.77	0.34	$C_7H_3N_2O$	8.14	0.51
$C_8H_5N_2$	9.49	0.40	$C_8H_2O_2$	8.75	0.74	$C_7H_{17}NO$	8.26	0.50
C_9H_5O	9.84	0.63	$C_8H_{18}O$	8.97	0.56	$C_7H_5N_3$	8.79	0.34
C_9H_7N	10.22	0.47	C_8H_4NO	9.13	0.57	$C_8H_3O_2$	8.77	0.74
$C_{10}H_9$	10.95	0.54	$C_8H_6N_2$	9.50	0.40	C_8H_5NO	9.15	0.57
130			C_9H_6O	9.86	0.63	$C_8H_7N_2$	9.52	0.41
$C_3H_2N_2O_4$	4.19	0.87	C_9H_8N	10.23	0.47	C_9H_7O	9.88	0.64
$C_3H_4N_3O_3$	4.57	0.69	$C_{10}H_{10}$	10.97	0.54	C_9H_9N	10.25	0.47
$C_3H_6N_4O_2$	4.94	0.50	**131**			$C_{10}H_{11}$	10.98	0.54
$C_4H_4NO_4$	4.92	0.90	$C_3H_3N_2O_4$	4.21	0.87	**132**		
$C_4H_6N_2O_3$	5.30	0.72	$C_3H_5N_3O_3$	4.58	0.69	$C_3H_4N_2O_4$	4.23	0.87
$C_4H_8N_3O_2$	5.67	0.54	$C_3H_7N_4O_2$	4.96	0.50	$C_3H_6N_3O_3$	4.60	0.69
$C_4H_{10}N_4O$	6.05	0.36	$C_4H_5NO_4$	4.94	0.90	$C_3H_8N_4O_2$	4.97	0.50
$C_5H_6O_4$	5.66	0.93	$C_4H_7N_2O_3$	5.31	0.72	$C_4H_6NO_4$	4.96	0.90

续表

	M+1	M+2		M+1	M+2		M+1	M+2
$C_4H_8N_2O_3$	5.33	0.72	$C_3H_7N_3O_3$	4.62	0.69	$C_3H_8N_3O_3$	4.63	0.69
$C_4H_{10}N_3O_2$	5.70	0.54	$C_3H_9N_4O_2$	4.99	0.51	$C_3H_{10}N_4O_2$	5.01	0.51
$C_4H_{12}N_4O$	6.08	0.36	$C_4H_7NO_4$	4.97	0.90	$C_4H_8NO_4$	4.99	0.90
$C_5H_8O_4$	5.69	0.93	$C_4H_9N_2O_3$	5.35	0.72	$C_4H_{10}N_2O_3$	5.36	0.72
$C_5H_{10}NO_3$	6.06	0.76	$C_4H_{11}N_3O_2$	5.72	0.54	$C_4H_{12}N_3O_2$	5.74	0.54
$C_5H_{12}N_2O_2$	6.44	0.58	$C_4H_{13}N_4O$	6.10	0.36	$C_4H_{14}N_4O$	6.11	0.36
$C_5H_{14}N_3O$	6.81	0.40	$C_5H_9O_4$	5.70	0.94	$C_5H_{10}O_4$	5.72	0.94
$C_5H_{16}N_4$	7.18	0.23	$C_5H_{11}NO_3$	6.08	0.76	$C_5H_{12}NO_3$	6.09	0.76
C_5N_4O	6.97	0.41	$C_5H_{13}N_2O_2$	6.45	0.58	$C_5H_{14}N_2O_2$	6.47	0.58
$C_6H_{12}O_3$	6.97	0.80	$C_5H_{15}N_3O$	6.83	0.40	$C_5N_3O_2$	6.63	0.59
$C_6H_{14}NO_2$	7.17	0.62	C_5HN_4O	6.98	0.41	$C_5H_2N_4O$	7.00	0.41
$C_6N_2O_2$	7.32	0.63	$C_6H_{13}O_3$	6.81	0.80	$C_6H_{14}O_3$	6.83	0.80
$C_6H_{16}N_2O$	7.54	0.45	$C_6H_{15}NO_2$	7.18	0.62	C_6NO_3	6.98	0.81
$C_6H_2N_3O$	7.70	0.46	$C_6HN_2O_2$	7.34	0.63	$C_6H_2N_2O_2$	7.36	0.64
$C_6H_4N_4$	8.07	0.29	$C_6H_3N_3O$	7.72	0.46	$C_6H_4N_3O$	7.73	0.46
C_7O_3	7.68	0.86	$C_6H_5N_4$	8.09	0.29	$C_6H_6N_4$	8.11	0.29
$C_7H_{16}O_2$	7.90	0.67	C_7HO_3	7.70	0.86	$C_7H_2O_3$	7.71	0.86
$C_7H_2NO_2$	8.06	0.68	$C_7H_3NO_2$	8.07	0.69	$C_7H_4NO_2$	8.09	0.69
$C_7H_4N_2O$	8.43	0.51	$C_7H_5N_2O$	8.45	0.51	$C_7H_6N_2O$	8.46	0.52
$C_7H_6N_3$	8.80	0.34	$C_7H_7N_3$	8.82	0.35	$C_7H_8N_3$	8.84	0.35
$C_8H_4O_2$	8.79	0.74	$C_8H_5O_2$	8.80	0.74	$C_8H_6O_2$	8.82	0.74
C_8H_6NO	9.16	0.57	C_8H_7NO	9.18	0.57	C_8H_8NO	9.19	0.58
$C_8H_8N_2$	9.54	0.41	$C_8H_9N_2$	9.55	0.41	$C_8H_{10}N_2$	9.57	0.41
C_9H_8O	9.89	0.64	C_9H_9O	9.91	0.64	$C_9H_{10}O$	9.92	0.64
$C_9H_{10}N$	10.27	0.47	$C_9H_{11}N$	10.28	0.48	$C_9H_{12}N$	10.30	0.48
$C_{10}H_{12}$	11.00	0.55	$C_{10}H_{13}$	11.01	0.55	$C_{10}H_{14}$	11.03	0.55
C_{11}	11.89	0.64	$C_{11}H$	11.90	0.64	$C_{10}N$	11.19	0.57
133			**134**			$C_{11}H_2$	11.92	0.65
$C_3H_5N_2O_4$	4.24	0.87	$C_3H_6N_2O_4$	4.26	0.87	**135**		

续表

	M+1	M+2		M+1	M+2		M+1	M+2
$C_3H_7N_2O_4$	4.27	0.87	$C_3H_{12}N_4O_2$	5.04	0.51	$C_3H_{11}N_3O_3$	4.68	0.69
$C_3H_9N_3O_3$	4.65	0.69	$C_4H_{10}NO_4$	5.02	0.90	$C_4HN_4O_2$	5.94	0.55
$C_3H_{11}N_4O_2$	5.02	0.51	$C_4H_{12}N_2O_3$	5.39	0.72	$C_4H_{11}NO_4$	5.04	0.90
$C_4H_9NO_4$	5.00	0.90	$C_4N_4O_2$	5.93	0.55	$C_5HN_2O_3$	6.30	0.77
$C_4H_{11}N_2O_3$	5.38	0.72	$C_5H_{12}O_4$	5.75	0.94	$C_5H_3N_3O_2$	6.67	0.59
$C_4H_{13}N_3O_2$	5.75	0.54	$C_5N_2O_3$	6.28	0.77	$C_5H_5N_4O$	7.05	0.42
$C_5H_{11}O_4$	5.74	0.94	$C_5H_2N_3O_2$	6.66	0.59	C_6HO_4	6.66	0.99
$C_5H_{13}NO_3$	6.11	0.76	$C_5H_4N_4O$	7.03	0.42	$C_6H_3NO_3$	7.03	0.81
$C_5HN_3O_2$	6.64	0.59	C_6O_4	6.64	0.99	$C_6H_5N_2O_2$	7.40	0.64
$C_5H_3N_4O$	7.02	0.41	$C_6H_2NO_3$	7.01	0.81	$C_6H_7N_3O$	7.78	0.47
C_6HNO_3	7.00	0.81	$C_6H_4N_2O_2$	7.39	0.64	$C_6H_9N_4$	8.15	0.29
$C_6H_3N_2O_2$	7.37	0.64	$C_6H_6N_3O$	7.76	0.46	$C_7H_5O_3$	7.76	0.86
$C_6H_5N_3O$	7.75	0.46	$C_6H_8N_4$	8.14	0.29	$C_7H_7NO_2$	8.14	0.69
$C_6H_7N_4$	8.12	0.29	$C_7H_4O_3$	7.75	0.86	$C_7H_{19}N_2O$	8.51	0.52
$C_7H_3O_3$	7.73	0.86	$C_7H_6NO_2$	8.12	0.69	$C_7H_{11}N_3$	8.88	0.35
$C_7H_5NO_2$	8.10	0.69	$C_7H_8N_2O$	8.49	0.52	$C_8H_9O_2$	8.87	0.75
$C_7H_7N_2O$	8.48	0.52	$C_7H_{10}N_3$	8.87	0.35	$C_8H_{11}NO$	9.24	0.58
$C_7H_9N_3$	8.85	0.35	$C_8H_8O_2$	8.85	0.75	$C_8H_{13}N_2$	9.62	0.41
$C_8H_7O_2$	8.84	0.74	$C_8H_{10}NO$	9.23	0.58	$C_9H_{13}O$	9.97	0.65
C_8H_9NO	9.21	0.58	$C_8H_{12}N_2$	9.60	0.41	$C_9H_{15}N$	10.35	0.48
$C_8H_{11}N_2$	9.58	0.41	$C_9H_{12}O$	9.96	0.64	C_9HN_2	10.50	0.50
$C_9H_{11}O$	9.94	0.64	$C_9H_{14}N$	10.33	0.48	$C_{10}HO$	10.86	0.73
$C_9H_{13}N$	10.31	0.48	C_9N_2	10.49	0.50	$C_{10}H_{17}$	11.08	0.56
$C_{10}H_{15}$	11.05	0.55	$C_{10}O$	10.85	0.73	$C_{10}H_3N$	11.24	0.57
$C_{10}HN$	11.20	0.57	$C_{10}H_{16}$	11.06	0.55	$C_{11}H_5$	11.97	0.65
$C_{11}H_3$	11.93	0.65	$C_{10}H_2N$	11.22	0.57	**138**		
136			$C_{11}H_4$	11.95	0.65	$C_3H_{10}N_2O_4$	4.32	0.88
$C_3H_8N_2O_4$	4.29	0.87	**137**			$C_4N_3O_3$	5.58	0.73
$C_3H_{10}N_3O_3$	4.66	0.69	$C_3H_9N_2O_4$	4.31	0.88	$C_4H_2N_4O_2$	5.96	0.55

续表

	M+1	M+2		M+1	M+2		M+1	M+2
C_5NO_4	5.94	0.95	$C_5H_3N_2O_3$	6.33	0.77	$C_5H_4N_2O_3$	6.35	0.77
$C_5H_2N_2O_3$	6.32	0.77	$C_5H_5N_3O_2$	6.71	0.59	$C_5H_6N_3O_2$	6.72	0.60
$C_5H_4N_3O_2$	6.69	0.59	$C_5H_7N_4O$	7.08	0.42	$C_5H_8N_4O$	7.10	0.42
$C_5H_6N_4O$	7.06	0.42	$C_6H_3O_4$	6.69	0.99	$C_6H_4O_4$	6.70	0.99
$C_6H_2O_4$	6.67	0.99	$C_6H_5NO_3$	7.06	0.82	$C_6H_6NO_3$	7.08	0.82
$C_6H_4NO_3$	7.05	0.81	$C_6H_7N_2O_2$	7.44	0.64	$C_6H_8N_2O_2$	7.45	0.64
$C_6H_6N_2O_2$	7.42	0.64	$C_6H_9N_3O$	7.81	0.47	$C_6H_{10}N_3O$	7.83	0.47
$C_6H_8N_3O$	7.80	0.47	$C_6H_{11}N_4$	8.19	0.30	$C_6H_{12}N_4$	8.20	0.30
$C_6H_{10}N_4$	8.17	0.30	$C_7H_7O_3$	7.79	0.86	$C_7H_8O_3$	7.81	0.87
$C_7H_6O_3$	7.78	0.86	$C_7H_9NO_2$	8.17	0.69	$C_7H_{10}NO_2$	8.18	0.69
$C_7H_8NO_2$	8.15	0.69	$C_7H_{11}N_2O$	8.54	0.52	$C_7H_{12}N_2O$	8.56	0.52
$C_7H_{10}N_2O$	8.53	0.52	$C_7H_{13}N_3$	8.92	0.35	$C_7H_{14}N_3$	8.93	0.36
$C_7H_{12}N_3$	8.90	0.35	$C_8H_{11}O_2$	8.90	0.75	C_7N_4	9.09	0.37
$C_8H_{10}O_2$	8.88	0.75	$C_8H_{13}NO$	9.27	0.58	$C_8H_{12}O_2$	8.92	0.75
$C_8H_{12}NO$	9.26	0.58	$C_8H_{15}N_2$	9.65	0.42	$C_8H_{14}NO$	9.29	0.58
$C_8H_{14}N_2$	9.63	0.42	C_8HN_3	9.81	0.43	C_8N_2O	9.45	0.60
C_8N_3	9.79	0.43	$C_9H_{15}O$	10.00	0.65	$C_8H_{16}N_2$	9.66	0.42
$C_9H_{14}O$	9.99	0.65	$C_9H_{17}N$	10.38	0.49	$C_8H_2N_3$	9.82	0.43
$C_9H_{16}N$	10.36	0.48	C_9HNO	10.16	0.66	C_9O_2	9.80	0.83
C_9NO	10.15	0.66	$C_9H_3N_2$	10.54	0.50	$C_9H_{16}O$	10.02	0.65
$C_9H_2N_2$	10.52	0.50	$C_{10}H_{19}$	11.11	0.56	C_9H_2NO	10.18	0.67
$C_{10}H_2O$	10.88	0.73	$C_{10}H_2O$	10.89	0.74	$C_9H_{18}N$	10.39	0.49
$C_{10}H_{18}$	11.09	0.56	$C_{10}H_5N$	11.27	0.58	$C_9H_4N_2$	10.55	0.50
$C_{10}H_4N$	11.25	0.57	$C_{11}H_7$	12.00	0.66	$C_{10}H_{20}$	11.13	0.56
$C_{11}H_6$	11.98	0.65	**140**			$C_{10}H_4O$	10.91	0.74
139			$C_4N_2O_4$	5.24	0.91	$C_{10}H_6N$	11.28	0.58
$C_4H_3N_3O_3$	5.60	0.73	$C_4H_2N_3O_3$	5.62	0.73	$C_{11}H_8$	12.02	0.66
$C_4H_3N_4O_2$	5.97	0.55	$C_4H_4N_4O_2$	5.99	0.55	**141**		
C_5HNO_4	5.96	0.95	$C_5H_2NO_4$	5.97	0.95	$C_4HN_2O_4$	5.26	0.92

续表

	M+1	M+2		M+1	M+2		M+1	M+2
$C_4H_3N_3O_3$	5.63	0.73	$C_{11}H_9$	12.03	0.66	$C_9H_{20}N$	10.43	0.49
$C_4H_5N_4O_2$	6.01	0.56	**142**			$C_9H_6N_2$	10.58	0.51
$C_5H_3NO_4$	5.99	0.95	$C_4H_2N_2O_4$	5.27	0.92	$C_{10}H_6O$	10.94	0.74
$C_5H_5N_2O_3$	6.36	0.77	$C_4H_4N_3O_3$	5.65	0.74	$C_{10}H_8N$	11.32	0.58
$C_5H_7N_3O_2$	6.74	0.60	$C_4H_6N_4O_2$	6.02	0.56	$C_{10}H_{22}$	11.16	0.56
$C_5H_9N_4O$	7.11	0.42	$C_5H_4NO_4$	6.00	0.95	$C_{11}H_{10}$	12.05	0.66
$C_6H_5O_4$	6.72	0.99	$C_5H_6N_2O_3$	6.38	0.77	**143**		
$C_6H_7NO_3$	7.09	0.82	$C_5H_8N_3O_2$	6.75	0.60	$C_4H_3N_2O_4$	5.29	0.92
$C_6H_9N_2O_2$	7.47	0.64	$C_5H_{10}N_4O$	7.13	0.42	$C_4H_5N_3O_3$	5.66	0.74
$C_6H_{11}N_3O$	7.84	0.47	$C_6H_6O_4$	6.74	0.99	$C_4H_7N_4O_2$	6.04	0.56
$C_6H_{13}N_4$	8.22	0.30	$C_6H_8NO_3$	7.11	0.82	$C_5H_5NO_4$	6.02	0.95
$C_7H_9O_3$	7.83	0.87	$C_6H_{10}N_2O_2$	7.48	0.64	$C_5H_7N_2O_3$	6.40	0.78
$C_7H_{11}NO_2$	8.20	0.70	$C_6H_{12}N_3O$	7.86	0.47	$C_5H_9N_3O_2$	6.77	0.60
$C_7H_{13}N_2O$	8.57	0.53	$C_6H_{14}N_4$	8.23	0.30	$C_5H_{11}N_4O$	7.14	0.42
$C_7H_{15}N_3$	8.95	0.36	$C_7H_{10}O_3$	7.84	0.87	$C_6H_7O_4$	6.75	0.99
C_7HN_4	9.11	0.37	$C_7H_{12}NO_2$	8.22	0.70	$C_6H_9NO_3$	7.13	0.82
$C_8H_{13}O_2$	8.93	0.75	$C_7H_{14}N_2O$	8.59	0.53	$C_6H_{11}N_2O_2$	7.50	0.65
$C_8H_{15}NO$	9.31	0.59	$C_7H_{16}N_3$	8.96	0.36	$C_6H_{13}N_3O$	7.88	0.47
C_8HN_2O	9.46	0.60	C_7N_3O	8.75	0.54	$C_6H_{15}N_4$	8.25	0.30
$C_8H_{17}N_2$	9.68	0.42	$C_7H_2N_4$	9.12	0.37	$C_7H_{11}O_3$	7.86	0.87
$C_8H_3N_3$	9.84	0.43	$C_8H_{14}O_2$	8.95	0.75	$C_7H_{13}NO_2$	8.23	0.70
C_9HO_2	9.82	0.83	C_8NO_2	9.10	0.77	$C_7H_{15}N_2O$	8.61	0.53
$C_9H_{17}O$	10.04	0.65	$C_8H_{16}NO$	9.32	0.59	C_7HN_3O	8.76	0.54
C_9H_3NO	10.19	0.67	$C_8H_2N_2O$	9.48	0.60	$C_7H_{17}N_3$	8.98	0.36
$C_9H_{19}N$	10.41	0.49	$C_8H_{18}N_2$	9.70	0.42	$C_7H_3N_4$	9.14	0.37
$C_9H_5N_2$	10.57	0.50	$C_8H_4N_3$	9.85	0.44	$C_8H_{15}O_2$	8.96	0.76
$C_{10}H_5O$	10.93	0.74	$C_9H_2O_2$	9.84	0.83	C_8HNO_2	9.12	0.77
$C_{10}H_7N$	11.30	0.58	$C_9H_{18}O$	10.05	0.65	$C_8H_{17}NO$	9.34	0.59
$C_{10}H_{21}$	11.14	0.56	C_9H_4NO	10.21	0.67	$C_8H_3N_2O$	9.49	0.60

续表

	M+1	M+2		M+1	M+2		M+1	M+2
$C_8H_{19}N_2$	9.71	0.42	$C_7H_4N_4$	9.15	0.38	$C_6H_{17}N_4$	8.28	0.30
$C_8H_5N_3$	9.87	0.44	C_8O_3	8.76	0.94	$C_7H_{13}O_3$	7.89	0.87
$C_9H_3O_2$	9.85	0.83	$C_8H_{16}O_2$	8.98	0.76	$C_7H_{15}NO_2$	8.26	0.70
$C_9H_{19}O$	10.07	0.65	$C_8H_2NO_2$	9.14	0.77	$C_7HN_2O_2$	8.42	0.71
C_9H_5NO	10.23	0.67	$C_8H_{18}NO$	9.35	0.59	$C_7H_{17}N_2O$	8.64	0.53
$C_9H_{21}N$	10.44	0.49	$C_8H_4N_2O$	9.51	0.60	$C_7H_3N_3O$	8.80	0.54
$C_9H_7N_2$	10.60	0.51	$C_8H_{20}N_2$	9.73	0.42	$C_7H_{19}N_3$	9.01	0.36
$C_{10}H_7O$	10.96	0.74	$C_8H_6N_3$	9.89	0.44	$C_7H_5N_4$	9.17	0.38
$C_{10}H_9N$	11.33	0.58	$C_9H_{20}O$	10.08	0.66	C_8HO_3	8.78	0.94
$C_{11}H_{11}$	12.06	0.66	$C_9H_4O_2$	9.87	0.84	$C_8H_{17}O_2$	9.00	0.76
144			C_9H_6NO	10.24	0.67	$C_8H_3NO_2$	9.15	0.77
$C_4H_4N_2O_4$	5.31	0.92	$C_9H_8N_2$	10.62	0.51	$C_8H_{19}NO$	9.37	0.59
$C_4H_6N_3O_3$	5.68	0.74	$C_{10}H_8O$	10.97	0.74	$C_8H_5N_2O$	9.53	0.61
$C_4H_8N_4O_2$	6.05	0.56	$C_{10}H_{10}N$	11.35	0.58	$C_8H_7N_3$	9.90	0.44
$C_5H_6NO_4$	6.04	0.95	$C_{11}H_{12}$	12.08	0.67	$C_9H_5O_2$	9.88	0.84
$C_5H_8N_2O_3$	6.41	0.78	C_{12}	12.97	0.77	C_9H_7NO	10.26	0.67
$C_5H_{10}N_3O_2$	6.79	0.60	**145**			$C_9H_9N_2$	10.63	0.51
$C_5H_{12}N_4O$	7.16	0.42	$C_4H_5N_2O_4$	5.32	0.92	$C_{10}H_9O$	10.99	0.75
$C_6H_8O_4$	6.77	1.00	$C_4H_7N_3O_3$	5.70	0.74	$C_{10}H_{11}N$	11.36	0.59
$C_6H_{10}NO_3$	7.14	0.82	$C_4H_8N_4O_2$	6.07	0.56	$C_{11}H_{13}$	12.09	0.67
$C_6H_{12}N_2O_2$	7.52	0.65	$C_5H_7NO_4$	6.05	0.96	$C_{12}H$	12.98	0.77
$C_6H_{14}N_3O$	7.89	0.47	$C_5H_9N_2O_3$	6.43	0.78	**146**		
$C_6H_{16}N_4$	8.27	0.30	$C_5H_{11}N_3O_2$	6.80	0.60	$C_4H_6N_2O_4$	5.34	0.92
$C_7H_{12}O_3$	7.87	0.87	$C_5H_{13}N_4O$	7.18	0.43	$C_4H_8N_3O_3$	5.71	0.74
$C_7H_{14}NO_2$	8.25	0.70	$C_6H_9O_4$	6.78	1.00	$C_4H_{10}N_4O_2$	6.09	0.56
$C_7N_2O_2$	8.41	0.71	$C_6H_{11}NO_3$	7.16	0.82	$C_5H_8NO_4$	6.07	0.96
$C_7H_{16}N_2O$	8.62	0.53	$C_6H_{13}N_2O_2$	7.53	0.65	$C_5H_{10}N_2O_3$	6.44	0.78
$C_7H_2N_3O$	8.78	0.54	$C_6H_{15}N_3O$	7.91	0.48	$C_5H_{12}N_3O_2$	6.82	0.60
$C_7H_{18}N_3$	9.00	0.36	C_6HN_4O	8.06	0.49	$C_5H_{14}N_4O$	7.19	0.43

续表

	M+1	M+2		M+1	M+2		M+1	M+2
$C_6H_{10}O_4$	6.80	1.00	$C_4H_{11}N_4O_2$	6.10	0.56	**148**		
$C_6H_{12}NO_3$	7.17	0.82	$C_5H_9NO_4$	6.08	0.96	$C_4H_8N_2O_4$	5.37	0.92
$C_6H_{14}N_2O_2$	7.55	0.65	$C_5H_{11}N_2O_3$	6.46	0.78	$C_4H_{10}N_3O_3$	5.74	0.74
$C_6H_{16}N_3O$	7.92	0.48	$C_5H_{13}N_3O_2$	6.83	0.60	$C_4H_{12}N_4O_2$	6.12	0.56
$C_6H_2N_4O$	8.08	0.49	$C_5H_{15}N_4O$	7.21	0.43	$C_5H_{10}NO_4$	6.10	0.96
$C_6H_{18}N_4$	8.30	0.31	$C_6H_{11}O_4$	6.82	1.00	$C_5H_{12}N_2O_3$	6.48	0.78
$C_7H_{14}O_3$	7.91	0.87	$C_6H_{13}NO_3$	7.19	0.82	$C_5H_{14}N_3O_2$	6.85	0.60
C_7NO_3	8.06	0.88	$C_6H_{15}N_2O_2$	7.56	0.65	$C_5H_{16}N_4O$	7.22	0.43
$C_7H_{16}NO_2$	8.28	0.70	$C_6HN_3O_2$	7.72	0.66	$C_5N_4O_2$	7.01	0.61
$C_7H_2N_2O_2$	8.44	0.71	$C_6H_{17}N_3O$	7.94	0.48	$C_6H_{12}O_4$	6.83	1.00
$C_7H_{18}N_2O$	8.65	0.53	$C_6H_3N_4O$	8.10	0.49	$C_6H_{14}NO_3$	7.21	0.83
$C_7H_4N_3O$	8.81	0.55	$C_7H_{15}O_3$	7.92	0.87	$C_6N_2O_3$	7.36	0.84
$C_7H_6N_4$	9.19	0.38	C_7HNO_3	8.08	0.89	$C_6H_{16}N_2O_2$	7.58	0.65
$C_8H_2O_3$	8.79	0.94	$C_7H_{17}NO_2$	8.30	0.70	$C_6H_2N_3O_2$	7.74	0.66
$C_8H_{18}O_2$	9.01	0.76	$C_7H_3N_2O_2$	8.45	0.72	$C_6H_4N_4O$	8.11	0.49
$C_8H_4NO_2$	9.17	0.77	$C_7H_5N_3O$	8.83	0.55	C_7O_4	7.72	1.06
$C_8H_6N_2O$	9.54	0.61	$C_7H_7N_4$	9.20	0.38	$C_7H_{16}O_3$	7.94	0.88
$C_8H_8N_3$	9.92	0.44	$C_8H_3O_3$	8.81	0.94	$C_7H_2NO_3$	8.09	0.89
$C_9H_6O_2$	9.90	0.84	$C_8H_5NO_2$	9.18	0.78	$C_7H_4N_2O_2$	8.47	0.72
C_9H_8NO	10.27	0.67	$C_8H_7N_2O$	9.56	0.61	$C_7H_6N_3O$	8.84	0.55
$C_9H_{10}N_2$	10.65	0.51	$C_8H_9N_3$	9.93	0.44	$C_7H_8N_4$	9.22	0.38
$C_{10}H_{10}O$	11.01	0.75	$C_9H_7O_2$	9.92	0.84	$C_8H_4O_3$	8.83	0.94
$C_{10}H_{12}N$	11.38	0.59	C_9H_9NO	10.29	0.68	$C_8H_6NO_2$	9.20	0.78
$C_{11}H_{14}$	12.11	0.67	$C_9H_{11}N_2$	10.66	0.51	$C_8H_8N_2O$	9.57	0.51
$C_{11}N$	12.27	0.69	$C_{10}H_{11}O$	11.02	0.75	$C_8H_{10}N_3$	9.95	0.45
$C_{12}H_2$	13.00	0.77	$C_{10}H_{13}N$	11.40	0.59	$C_9H_8O_2$	9.93	0.84
147			$C_{11}H_{15}$	12.13	0.67	$C_9H_{10}NO$	10.31	0.68
$C_4H_7N_2O_4$	5.35	0.92	$C_{11}HN$	12.28	0.69	$C_9H_{12}N_2$	10.68	0.52
$C_4H_9N_3O_3$	5.73	0.74	$C_{12}H_3$	13.02	0.78	$C_{10}H_{12}O$	11.04	0.75

续表

	M+1	M+2		M+1	M+2		M+1	M+2
$C_{10}H_{14}N$	11.41	0.59	$C_9H_{11}NO$	10.32	0.68	$C_8H_{10}N_2O$	9.61	0.61
$C_{10}N_2$	11.57	0.61	$C_9H_{13}N_2$	10.70	0.52	$C_8H_{12}N_3$	9.98	0.45
$C_{11}H_{16}$	12.14	0.67	$C_{10}H_{13}O$	11.05	0.75	$C_9H_{10}O_2$	9.96	0.84
$C_{11}O$	11.93	0.85	$C_{10}H_{15}N$	11.43	0.59	$C_9H_{12}NO$	10.34	0.68
$C_{11}H_2N$	12.30	0.69	$C_{10}HN_2$	11.58	0.61	$C_9H_{14}N_2$	10.71	0.52
$C_{12}H_4$	13.03	0.78	$C_{11}H_{17}$	12.16	0.67	C_9N_3	10.87	0.54
149			$C_{11}HO$	11.94	0.85	$C_{10}H_{14}O$	11.07	0.75
$C_4H_9N_2O_4$	5.39	0.92	$C_{11}H_3N$	12.32	0.69	$C_{10}NO$	11.23	0.77
$C_4H_{11}N_3O_3$	5.76	0.74	$C_{12}H_5$	13.05	0.78	$C_{10}H_{16}N$	11.44	0.60
$C_4H_{13}N_4O_2$	6.13	0.56	**150**			$C_{10}H_2N_2$	11.60	0.61
$C_5H_{11}NO_4$	6.12	0.96	$C_4H_{10}N_2O_4$	5.40	0.92	$C_{11}H_{18}$	12.17	0.68
$C_5H_{13}N_2O_3$	6.49	0.78	$C_4H_{12}N_3O_3$	5.78	0.74	$C_{11}H_2O$	11.96	0.85
$C_5H_{15}N_3O_2$	6.87	0.61	$C_4H_{14}N_4O_2$	6.15	0.56	$C_{11}H_4N$	12.33	0.70
$C_5HN_4O_2$	7.02	0.62	$C_5H_{12}NO_4$	6.13	0.96	$C_{12}H_6$	13.06	0.78
$C_6H_{13}O_4$	6.85	1.00	$C_5H_{14}N_2O_3$	6.51	0.78	**151**		
$C_6H_{15}NO_3$	7.22	0.83	$C_5H_3O_3$	6.66	0.79	$C_4H_{11}N_2O_4$	5.42	0.92
$C_6HN_2O_3$	7.38	0.84	$C_5H_2N_4O_2$	7.04	0.62	$C_4H_{13}N_3O_3$	5.79	0.74
$C_6H_3N_3O_2$	7.75	0.66	$C_6H_{14}O_4$	6.86	1.00	$C_5HN_3O_3$	6.68	0.79
$C_6H_5N_4O$	8.13	0.49	C_6NO_4	7.02	1.01	$C_5H_3N_4O_2$	7.06	0.62
C_7HO_4	7.74	1.06	$C_6H_2N_2O_3$	7.40	0.84	$C_5H_{13}NO_4$	6.15	0.96
$C_7H_3NO_3$	8.11	0.89	$C_6H_4N_3O_2$	7.77	0.67	C_6HNO_4	7.04	1.01
$C_7H_5N_2O_2$	8.49	0.72	$C_6H_6N_4O$	8.14	0.49	$C_6H_3N_2O_3$	7.41	0.84
$C_7H_7N_3O$	8.86	0.55	$C_7H_2O_4$	7.75	1.06	$C_6H_5N_3O_2$	7.79	0.67
$C_7H_9N_4$	9.23	0.38	$C_7H_4NO_3$	8.13	0.89	$C_6H_7N_4O$	8.16	0.50
$C_8H_5O_3$	8.84	0.95	$C_7H_6N_2O_2$	8.50	0.72	$C_7H_3O_4$	7.77	1.06
$C_8H_7NO_2$	9.22	0.78	$C_7H_8N_3O$	8.88	0.55	$C_7H_5NO_3$	8.14	0.89
$C_8H_9N_2O$	9.59	0.61	$C_7H_{10}N_4$	9.25	0.38	$C_7H_7N_2O_2$	8.52	0.72
$C_8H_{11}N_3$	9.97	0.45	$C_8H_6O_3$	8.86	0.95	$C_7H_9N_3O$	8.89	0.55
$C_9H_9O_2$	9.95	0.84	$C_8H_5NO_2$	9.23	0.78	$C_7H_{11}N_4$	9.27	0.39

续表

	M+1	M+2		M+1	M+2		M+1	M+2
$C_8H_7O_3$	8.87	0.95	$C_8H_8O_3$	8.89	0.95	C_8HN_4	10.10	0.47
$C_8H_9NO_2$	9.25	0.78	$C_8H_{10}NO_2$	9.27	0.78	$C_8H_9O_3$	8.91	0.95
$C_8H_{11}N_2O$	9.62	0.62	$C_8H_{12}N_2O$	9.64	0.62	$C_8H_{11}NO_2$	9.28	0.78
$C_8H_{13}N_3$	10.00	0.45	$C_8H_{14}N_3$	10.01	0.45	$C_8H_{13}N_2O$	9.66	0.62
C_9HN_3	10.89	0.54	$C_9H_2N_3$	10.90	0.54	$C_8H_{15}N_3$	10.03	0.45
$C_9H_{11}O_2$	9.98	0.85	$C_9H_{12}O_2$	10.00	0.85	C_9HN_2O	10.54	0.70
$C_9H_{13}NO$	10.36	0.68	$C_9H_{14}NO$	10.37	0.68	$C_9H_3N_3$	10.92	0.54
$C_9H_{15}N_2$	10.73	0.52	$C_9H_{16}N_2$	10.74	0.52	$C_9H_{13}O_2$	10.01	0.85
$C_{10}HNO$	11.24	0.77	$C_{10}H_2NO$	11.26	0.78	$C_9H_{15}NO$	10.39	0.69
$C_{10}H_3N_2$	11.62	0.61	$C_{10}H_4N_2$	11.63	0.62	$C_9H_{17}N_2$	10.76	0.52
$C_{10}H_{15}O$	11.09	0.76	$C_{10}H_{16}O$	11.10	0.76	$C_{10}HO_2$	10.90	0.94
$C_{10}H_{17}N$	11.46	0.60	$C_{10}H_{18}N$	11.48	0.60	$C_{10}H_3NO$	11.28	0.78
$C_{11}H_3O$	11.97	0.85	$C_{11}H_4O$	11.99	0.86	$C_{10}H_5N_2$	11.65	0.62
$C_{11}H_5N$	12.35	0.70	$C_{11}H_6$	12.36	0.70	$C_{10}H_{17}O$	11.12	0.76
$C_{11}H_{19}$	12.19	0.68	$C_{11}H_{20}$	12.21	0.68	$C_{10}H_{19}N$	11.49	0.60
$C_{12}H_7$	13.08	0.79	$C_{12}H_8$	13.10	0.79	$C_{11}H_5O$	12.01	0.86
152			**153**			$C_{11}H_7N$	12.38	0.70
$C_4H_{12}N_2O_4$	5.43	0.92	$C_5HN_2O_4$	6.34	0.97	$C_{11}H_{21}$	12.22	0.68
$C_5H_2N_3O_3$	6.70	0.79	$C_5H_3N_3O_3$	6.71	0.80	$C_{12}H_9$	13.11	0.79
$C_5H_4N_4O_2$	7.07	0.62	$C_5H_5N_4O_2$	7.00	0.62	**154**		
$C_6H_2NO_4$	7.05	1.01	$C_6H_3NO_4$	7.07	1.02	$C_5H_2N_2O_4$	6.35	0.91
$C_6H_4N_2O_3$	7.43	0.84	$C_6H_5N_2O_3$	7.44	0.84	$C_5H_4N_3O_3$	6.73	080
$C_6H_6N_3O_2$	7.80	0.67	$C_6H_7N_3O_2$	7.82	0.67	$C_5H_6N_4O_2$	7.10	0.62
$C_6H_8N_4O$	8.18	0.50	$C_6H_9N_4O$	8.19	0.50	$C_6H_4NO_4$	7.09	1.02
$C_7H_4O_4$	7.79	1.06	$C_7H_5O_4$	7.80	1.07	$C_6H_6N_2O_3$	7.46	0.84
$C_7H_6NO_3$	8.16	0.89	$C_7H_7NO_3$	8.18	0.89	$C_6H_8N_3O_2$	7.83	0.67
$C_7H_8N_2O_2$	8.53	0.72	$C_7H_9N_2O_2$	8.55	0.72	$C_6H_{10}N_4O$	8.21	0.50
$C_7H_{10}N_3O$	8.91	0.55	$C_7H_{11}N_3O$	8.92	0.56	$C_7H_6O_4$	7.82	1.07
$C_7H_{12}N_4$	9.28	0.39	$C_7H_{13}N_4$	9.30	0.30	$C_7H_8NO_3$	8.19	0.90

续表

	M+1	M+2		M+1	M+2		M+1	M+2
$C_7H_{10}N_2O_2$	8.57	0.73	$C_6H_{11}N_4O$	8.23	0.50	$C_5H_6N_3O_3$	6.76	0.80
$C_7H_{12}N_3O$	8.94	0.56	$C_7H_7O_4$	7.83	1.07	$C_5H_8N_4O_2$	7.14	0.62
$C_7H_{14}N_4$	9.31	0.39	$C_7H_9NO_3$	8.21	0.90	$C_6H_6NO_4$	7.12	1.02
$C_8H_2N_4$	10.20	0.47	$C_7H_{11}N_2O_2$	8.58	0.73	$C_6H_8N_2O_3$	7.49	0.85
$C_8H_{10}O_3$	8.92	0.95	$C_7H_{13}N_3O$	8.96	0.56	$C_6H_{10}N_3O_2$	7.87	0.67
$C_8H_{12}NO_2$	9.30	0.79	$C_7H_{15}N_4$	9.33	0.39	$C_6H_{12}N_4O$	8.24	0.50
$C_8H_{14}N_2O$	9.67	0.62	C_8HN_3O	9.84	0.64	$C_7H_8O_4$	7.85	1.07
$C_8H_{16}N_3$	10.05	0.46	$C_8H_3N_4$	10.22	0.47	$C_7H_{10}NO_3$	8.22	0.90
$C_9H_2N_2O$	10.56	0.70	$C_8H_{11}O_3$	8.94	0.95	$C_7H_{12}N_2O_2$	8.60	0.73
$C_9H_4N_3$	10.93	0.54	$C_8H_{13}NO_2$	9.31	0.79	$C_7H_{14}N_3O$	8.97	0.56
$C_9H_{14}O_2$	10.03	0.85	$C_8H_{15}N_2O$	9.69	0.62	$C_7H_{16}N_4$	9.35	0.39
$C_9H_{16}NO$	10.40	0.69	$C_8H_{17}N_3$	10.06	0.46	$C_8H_2N_3O$	9.86	0.64
$C_9H_{18}N_2$	10.78	0.53	C_9HNO_2	10.20	0.87	$C_8H_4N_4$	10.24	0.47
$C_{10}H_2O_2$	10.92	0.94	$C_9H_3N_2O$	10.58	0.71	$C_8H_{12}O_3$	8.95	0.96
$C_{10}H_4NO$	11.29	0.78	$C_9H_5N_3$	10.95	0.54	$C_8H_{14}NO_2$	9.33	0.79
$C_{10}H_6N_2$	11.67	0.62	$C_9H_{15}O_2$	10.04	0.85	$C_8H_{16}N_2O$	9.70	0.62
$C_{10}H_{18}O$	11.13	0.76	$C_9H_{17}NO$	10.42	0.69	$C_8H_{18}N_3$	10.08	0.46
$C_{10}H_{20}N$	11.51	0.60	$C_9H_{19}N_2$	10.79	0.53	$C_9H_2NO_2$	10.22	0.87
$C_{11}H_6O$	12.02	0.86	$C_{10}H_3O_2$	10.93	0.94	$C_9H_4N_2O$	10.59	0.71
$C_{11}H_8N$	12.40	0.70	$C_{10}H_5NO$	11.31	0.78	$C_9H_6N_3$	10.97	0.55
$C_{11}H_{22}$	12.24	0.68	$C_{10}H_7N_2$	11.68	0.62	$C_9H_{16}O_2$	10.06	0.85
$C_{12}H_{10}$	13.13	0.79	$C_{10}H_{19}O$	11.15	0.76	$C_9H_{18}NO$	10.43	0.69
155			$C_{10}H_{21}N$	11.52	0.60	$C_9H_{20}N_2$	10.81	0.53
$C_5H_3N_2O_4$	6.37	0.97	$C_{11}H_7O$	12.04	0.86	$C_{10}H_4O_2$	10.95	0.94
$C_5H_5N_3O_3$	6.75	0.80	$C_{11}H_9N$	12.41	0.71	$C_{10}H_6NO$	11.32	0.78
$C_5H_7N_4O_2$	7.12	0.62	$C_{11}H_{23}$	12.26	0.69	$C_{10}H_8N_2$	11.70	0.62
$C_6H_5NO_4$	7.10	1.02	$C_{12}H_{11}$	13.14	0.79	$C_{10}H_{20}O$	11.17	0.77
$C_6H_7N_2O_3$	7.48	0.84	**156**			$C_{10}H_{22}N$	11.54	0.61
$C_6H_9N_3O_2$	7.85	0.67	$C_5H_4N_2O_4$	6.39	0.98	$C_{11}H_8O$	12.05	0.86

续表

	M+1	M+2		M+1	M+2		M+1	M+2
$C_{11}H_{10}N$	12.43	0.71	$C_9H_{19}NO$	10.45	0.69	$C_8H_{16}NO_2$	9.36	0.79
$C_{11}H_{24}$	12.27	0.69	$C_9H_{21}N_2$	10.82	0.53	$C_8H_{18}N_2O$	9.74	0.63
$C_{12}H_{12}$	13.16	0.80	$C_{10}H_5O_2$	10.96	0.94	$C_8H_{20}N_3$	10.11	0.46
157			$C_{10}H_7NO$	11.34	0.73	$C_9H_2O_3$	9.88	1.04
$C_5H_5N_2O_4$	6.40	0.98	$C_{10}H_9N_2$	11.71	0.63	$C_9H_4NO_2$	10.25	0.87
$C_5H_7N_3O_3$	6.78	0.80	$C_{10}H_{21}O$	11.18	0.77	$C_9H_6N_2O$	10.62	0.71
$C_5H_9N_4O_2$	7.15	0.62	$C_{10}H_{23}N$	11.56	0.61	$C_9H_8N_3$	11.00	0.55
$C_6H_7NO_4$	7.13	1.02	$C_{11}H_9O$	12.07	0.86	$C_9H_{18}O_2$	10.09	0.86
$C_6H_9N_2O_3$	7.51	0.85	$C_{11}H_{11}N$	12.44	0.71	$C_9H_{20}NO$	10.47	0.69
$C_6H_{11}N_3O_2$	7.88	0.67	$C_{12}H_{13}$	13.18	0.80	$C_9H_{22}N_2$	10.84	0.53
$C_6H_{13}N_4O$	8.26	0.50	$C_{13}H$	14.06	0.91	$C_{10}H_6O_2$	10.98	0.95
C_7HN_4O	9.15	0.57	**158**			$C_{10}H_8NO$	11.36	0.79
$C_7H_9O_4$	7.87	1.07	$C_5H_6N_2O_4$	6.42	0.98	$C_{10}H_{10}N_2$	11.73	0.63
$C_7H_{11}NO_3$	8.24	0.90	$C_5H_8N_3O_3$	6.79	0.80	$C_{10}H_{22}O$	11.20	0.77
$C_7H_{13}N_2O_2$	8.61	0.73	$C_5H_{10}N_4O_2$	7.17	0.63	$C_{11}H_{10}O$	12.09	0.87
$C_7H_{15}N_3O$	8.99	0.56	$C_6H_8NO_4$	7.15	1.02	$C_{11}H_{12}N$	12.46	0.71
$C_7H_{17}N_4$	9.36	0.39	$C_6H_{10}N_2O_3$	7.52	0.85	$C_{12}H_{14}$	13.19	0.80
$C_8HN_2O_2$	9.50	0.80	$C_6H_{12}N_3O_2$	7.90	0.68	$C_{13}H_2$	14.08	0.92
$C_8H_3N_3O$	9.88	0.64	$C_6H_{14}N_4O$	8.27	0.50	**159**		
$C_8H_5N_4$	10.25	0.48	$C_7H_2N_4O$	9.16	0.58	$C_5H_7N_2O_4$	6.43	0.98
$C_8H_{13}O_3$	8.97	0.96	$C_7H_{10}O_4$	7.88	1.07	$C_5H_9N_3O_3$	6.81	0.80
$C_8H_{15}NO_2$	9.35	0.79	$C_7H_{12}NO_3$	8.26	0.90	$C_5H_{11}N_4O_2$	7.38	0.63
$C_8H_{17}N_2O$	9.72	0.62	$C_7H_{14}N_2O_2$	8.63	0.73	$C_6H_9NO_4$	7.17	1.02
$C_8H_{19}N_3$	10.09	0.46	$C_7H_{16}N_3O$	9.00	0.56	$C_6H_{11}N_2O_3$	7.54	0.85
C_9HO_3	9.86	1.03	$C_7H_{18}N_4$	9.38	0.40	$C_6H_{13}N_3O_2$	7.91	0.68
$C_9H_3NO_2$	10.23	0.87	$C_8H_2N_2O_2$	9.52	0.81	$C_6H_{15}N_4O$	8.29	0.51
$C_9H_5N_2O$	10.61	0.71	$C_8H_4N_3O$	9.89	0.64	$C_7HN_3O_2$	8.80	0.75
$C_9H_7N_3$	10.98	0.55	$C_8H_6N_4$	10.27	0.48	$C_7H_3N_4O$	9.18	0.58
$C_9H_{17}O_2$	10.08	0.86	$C_8H_{14}O_3$	8.99	0.96	$C_7H_{11}O_4$	7.90	1.07

续表

	M+1	M+2		M+1	M+2		M+1	M+2
$C_7H_{13}NO_3$	8.27	0.90	$C_5H_{12}N_4O_2$	7.20	0.63	$C_{12}H_2N$	13.38	0.82
$C_7H_{15}N_2O_2$	8.65	0.73	$C_6H_{10}NO_4$	7.18	1.02	$C_{12}H_{16}$	13.22	0.80
$C_7H_{17}N_3O$	9.02	0.56	$C_6H_{12}N_2O_3$	7.56	0.85	$C_{13}H_4$	14.11	0.92
$C_7H_{19}N_4$	9.39	0.40	$C_6H_{14}N_3O_2$	7.93	0.68	**161**		
C_8HNO_3	9.16	0.97	$C_6H_{16}N_4O$	8.31	0.51	$C_5H_9N_2O_4$	6.47	0.98
$C_8H_3N_2O_2$	9.53	0.81	$C_7H_2N_3O_2$	8.82	0.75	$C_5H_{11}N_3O_3$	6.84	0.80
$C_8H_5N_3O$	9.91	0.64	$C_7H_4N_4O$	9.19	0.58	$C_5H_{13}N_4O_2$	7.22	0.63
$C_8H_7N_4$	10.28	0.48	$C_7H_{12}O_4$	7.91	1.07	$C_6HN_4O_2$	8.10	0.69
$C_8H_{15}O_3$	9.00	0.96	$C_7H_{14}NO_3$	8.29	0.90	$C_6H_{11}NO_4$	7.20	1.03
$C_8H_{17}NO_2$	9.38	0.79	$C_7H_{16}N_2O_2$	8.66	0.73	$C_6H_{13}N_2O_3$	7.57	0.85
$C_8H_{19}N_2O$	9.75	0.63	$C_7H_{18}N_3O$	9.04	0.57	$C_6H_{15}N_3O_2$	7.95	0.68
$C_8H_{21}N_3$	10.13	0.46	$C_7H_{20}N_4$	9.41	0.40	$C_6H_{17}N_4O$	8.32	0.51
$C_9H_3O_3$	9.89	1.04	$C_8H_2NO_3$	9.18	0.97	$C_7HN_2O_3$	8.46	0.92
$C_9H_5NO_2$	10.27	0.87	$C_8H_4N_2O_2$	9.55	0.81	$C_7H_3N_3O_2$	8.84	0.75
$C_9H_7N_2O$	10.64	0.71	$C_8H_6N_3O$	9.92	0.64	$C_7H_5N_4O$	9.21	0.58
$C_9H_9N_3$	11.01	0.55	$C_8H_8N_4$	10.30	0.48	$C_7H_{13}O_4$	7.93	1.08
$C_9H_{19}O_2$	10.11	0.86	$C_8H_{16}O_3$	9.02	0.96	$C_7H_{15}NO_3$	8.30	0.90
$C_9H_{21}NO$	10.48	0.70	$C_8H_{18}NO_2$	9.39	0.79	$C_7H_{17}N_2O_2$	8.68	0.74
$C_{10}H_7O_2$	11.00	0.95	$C_8H_{20}N_2O$	9.77	0.63	$C_7H_{19}N_3O$	9.05	0.57
$C_{10}H_9NO$	11.37	0.79	$C_9H_4O_3$	9.91	1.04	C_8HO_4	8.82	1.14
$C_{10}H_{11}N_2$	11.75	0.63	$C_9H_6NO_2$	10.28	0.88	$C_8H_3NO_3$	9.19	0.98
$C_{11}H_{11}O$	12.10	0.87	$C_9H_8N_2O$	10.66	0.71	$C_8H_5N_2O_2$	9.57	0.81
$C_{11}H_{13}N$	12.48	0.71	$C_9H_{10}N_3$	11.03	0.55	$C_8H_7N_3O$	9.94	0.65
$C_{12}HN$	13.37	0.82	$C_9H_{20}O_2$	10.12	0.86	$C_8H_9N_4$	10.32	0.48
$C_{12}H_{15}$	13.21	0.80	$C_{10}H_8O_2$	11.01	0.95	$C_8H_{17}O_3$	9.03	0.96
$C_{13}H_3$	14.10	0.92	$C_{10}H_{10}NO$	11.39	0.79	$C_8H_{19}NO_2$	9.41	0.80
160			$C_{10}H_{12}N_2$	11.76	0.63	$C_9H_5O_3$	9.92	1.04
$C_5H_8N_2O_4$	6.45	0.98	$C_{11}H_{12}O$	12.12	0.87	$C_9H_7NO_2$	10.30	0.88
$C_5H_{10}N_3O_3$	6.83	0.80	$C_{11}H_{14}N$	12.49	0.72	$C_9H_9N_2O$	10.67	0.72

续表

	M+1	M+2		M+1	M+2		M+1	M+2
$C_9H_{11}N_3$	11.05	0.56	$C_8H_8N_3O$	9.96	0.65	$C_7H_7N_4O$	9.24	0.58
$C_{10}H_9O_2$	11.03	0.95	$C_8H_{10}N_4$	10.33	0.48	$C_7H_{15}O_4$	7.96	1.08
$C_{10}H_{11}NO$	11.40	0.79	$C_8H_{18}O_3$	9.05	0.96	$C_7H_{17}NO_3$	8.34	0.91
$C_{10}H_{13}N_2$	11.78	0.63	$C_9H_6O_3$	9.94	1.04	$C_8H_3O_4$	8.85	1.15
$C_{11}HN_2$	12.67	0.74	$C_9H_8NO_2$	10.31	0.88	$C_8H_5NO_3$	9.22	0.98
$C_{11}H_{13}O$	12.13	0.87	$C_9H_{10}N_2O$	10.69	0.72	$C_8H_7N_2O_2$	9.60	0.81
$C_{11}H_{15}N$	12.51	0.72	$C_9H_{12}N_3$	11.06	0.56	$C_8H_9N_3O$	9.97	0.65
$C_{12}HO$	13.02	0.98	$C_{10}H_{10}O_2$	11.04	0.95	$C_8H_{11}N_4$	10.35	0.49
$C_{12}H_3N$	13.40	0.83	$C_{10}H_{12}NO$	11.42	0.79	$C_9H_7O_3$	9.96	1.04
$C_{12}H_{17}$	13.24	0.81	$C_{10}H_{14}N_2$	11.79	0.64	$C_9H_9NO_2$	10.33	0.88
$C_{13}H_5$	14.13	0.92	$C_{11}H_2N_2$	12.68	0.74	$C_9H_{11}N_2O$	10.70	0.72
162			$C_{11}H_{14}O$	12.15	0.87	$C_9H_{13}N_3$	11.08	0.56
$C_5H_{10}N_2O_4$	6.48	0.98	$C_{11}H_{16}N$	12.52	0.72	$C_{10}HN_3$	11.97	0.66
$C_5H_{12}N_3O_3$	6.86	0.81	$C_{12}H_2O$	13.04	0.98	$C_{10}H_{11}O_2$	11.06	0.95
$C_5H_{14}N_4O_2$	7.23	0.63	$C_{12}H_4N$	13.41	0.83	$C_{10}H_{13}NO$	11.44	0.80
$C_6H_2N_4O_2$	8.12	0.69	$C_{12}H_{18}$	13.26	0.81	$C_{10}H_{15}N_2$	11.81	0.64
$C_6H_{12}NO_4$	7.21	1.03	$C_{13}H_6$	14.14	0.92	$C_{11}HNO$	12.32	0.89
$C_6H_{14}N_2O_3$	7.59	0.85	**163**			$C_{11}H_3N_2$	12.70	0.74
$C_6H_{16}N_3O_2$	7.96	0.68	$C_5H_{11}N_2O_4$	6.50	0.98	$C_{11}H_{15}O$	12.17	0.88
$C_6H_{18}N_4O$	8.34	0.51	$C_5H_{13}N_3O_3$	6.87	0.81	$C_{11}H_{17}N$	12.54	0.72
$C_7H_2N_2O_3$	8.48	0.92	$C_5H_{15}N_4O_2$	7.25	0.63	$C_{12}H_3O$	13.05	0.98
$C_7H_4N_3O_2$	8.85	0.75	$C_6HN_3O_3$	7.76	0.87	$C_{12}H_5N$	13.43	0.83
$C_7H_6N_4O$	9.23	0.58	$C_6H_3N_4O_2$	8.14	0.69	$C_{12}H_{19}$	13.27	0.81
$C_7H_{14}O_4$	7.95	1.08	$C_6H_{13}NO_4$	7.23	1.03	$C_{13}H_7$	14.16	0.93
$C_7H_{16}NO_3$	8.32	0.91	$C_6H_{15}N_2O_3$	7.60	0.85	**164**		
$C_7H_{18}N_2O_2$	8.69	0.74	$C_6H_{17}N_3O_2$	7.98	0.68	$C_5H_{12}N_2O_4$	6.51	0.98
$C_8H_2O_4$	8.83	1.15	C_7HNO_4	8.12	1.09	$C_5H_{14}N_3O_3$	6.89	0.81
$C_8H_4NO_3$	9.21	0.98	$C_7H_3N_2O_3$	8.49	0.92	$C_5H_{16}N_4O_2$	7.26	0.63
$C_8H_6N_2O_2$	9.58	0.81	$C_7H_5N_3O_2$	8.87	0.75	$C_6H_2N_3O_3$	7.78	0.87

续表

	M+1	M+2		M+1	M+2		M+1	M+2
$C_6H_4N_4O_2$	8.15	0.70	**165**			$C_{11}H_{17}O$	12.20	0.88
$C_6H_{14}NO_4$	7.25	1.03	$C_5H_{13}N_2O_4$	6.53	0.98	$C_{11}H_{19}N$	12.57	0.73
$C_6H_{16}N_2O_3$	7.62	0.86	$C_5H_{15}N_3O_3$	6.91	0.81	$C_{12}H_5O$	13.09	0.99
$C_7H_2NO_4$	8.13	1.09	$C_6HN_2O_4$	7.42	1.04	$C_{12}H_7N$	13.46	0.84
$C_7H_4N_2O_3$	8.51	0.92	$C_6H_3N_3O_3$	7.79	0.87	$C_{12}H_{21}$	13.30	0.81
$C_7H_6N_3O_2$	8.88	0.75	$C_6H_5N_4O_2$	8.17	0.70	$C_{13}H_9$	14.19	0.93
$C_7H_6N_4O$	9.26	0.59	$C_6H_{15}NO_4$	7.26	1.03	**166**		
$C_7H_{16}O_4$	7.98	1.08	$C_7H_3NO_4$	8.15	1.09	$C_5H_{14}N_2O_4$	6.65	0.99
$C_8H_4O_4$	8.87	1.15	$C_7H_5N_2O_3$	8.52	0.92	$C_6H_2N_2O_4$	7.44	1.04
$C_8H_6NO_3$	9.24	0.98	$C_7H_7N_3O_2$	8.90	0.75	$C_6H_4N_3O_3$	7.81	0.87
$C_8H_8N_2O_2$	9.61	0.81	$C_7H_9N_4O$	9.27	0.59	$C_6H_6N_4O_2$	8.18	0.70
$C_8H_{10}N_3O$	9.99	0.65	$C_8H_5O_4$	8.88	1.15	$C_7H_4NO_4$	8.17	1.09
$C_8H_{12}N_4$	10.36	0.49	$C_8H_7NO_3$	9.26	0.98	$C_7H_6N_2O_3$	8.54	0.92
$C_9H_8O_3$	9.97	1.05	$C_8H_9N_2O_2$	9.63	0.82	$C_7H_8N_3O_2$	8.92	0.76
$C_9H_{10}NO_2$	10.35	0.88	$C_8H_{11}N_3O$	10.00	0.65	$C_7H_{10}N_4O$	9.29	0.59
$C_9H_{12}N_2O$	10.72	0.72	$C_8H_{13}N_4$	10.38	0.49	$C_8H_6O_4$	8.90	1.15
$C_9H_{14}N_3$	11.09	0.56	C_9HN_4	11.27	0.58	$C_8H_8NO_3$	9.27	0.98
$C_{10}H_2N_3$	11.98	0.66	$C_9H_9O_3$	9.99	1.05	$C_8H_{10}N_2O_2$	9.65	0.82
$C_{10}H_{12}O_2$	11.08	0.96	$C_9H_{11}NO_2$	10.36	0.88	$C_8H_{12}N_3O$	10.02	0.65
$C_{10}H_{14}NO$	11.45	0.80	$C_9H_{13}N_2O$	10.74	0.72	$C_8H_{14}N_4$	10.40	0.49
$C_{10}H_{16}N_2$	11.83	0.64	$C_9H_{15}N_3$	11.11	0.56	$C_9H_2N_4$	11.28	0.58
$C_{11}H_2NO$	12.34	0.90	$C_{10}HN_2O$	11.62	0.82	$C_9H_{10}O_3$	10.00	1.05
$C_{11}H_4N_2$	12.71	0.74	$C_{10}H_3N_3$	12.00	0.66	$C_9H_{12}NO_2$	10.38	0.89
$C_{11}H_{16}O$	12.18	0.88	$C_{10}H_{13}O_2$	11.09	0.96	$C_9H_{14}N_2O$	10.75	0.72
$C_{11}H_{18}N$	12.56	0.72	$C_{10}H_{15}NO$	11.47	0.80	$C_9H_{16}N_3$	11.13	0.56
$C_{12}H_4O$	13.07	0.98	$C_{10}H_{17}N_2$	11.84	0.64	$C_{10}H_2N_2O$	11.64	0.82
$C_{12}H_6N$	13.45	0.83	$C_{11}HO_2$	11.98	1.05	$C_{10}H_4N_3$	12.01	0.66
$C_{12}H_{20}$	13.29	0.81	$C_{11}H_3NO$	12.36	0.90	$C_{10}H_{14}O_2$	11.11	0.96
$C_{13}H_8$	14.18	0.93	$C_{11}H_5N_2$	12.73	0.74	$C_{10}H_{16}NO$	11.48	0.80

续表

	M+1	M+2		M+1	M+2		M+1	M+2
$C_{10}H_{18}N_2$	11.86	0.64	$C_{10}HNO_2$	11.28	0.98	$C_9H_4N_4$	11.32	0.58
$C_{11}H_2O_2$	12.00	1.06	$C_{10}H_3N_2O$	11.66	0.82	$C_9H_{12}O_3$	10.04	1.05
$C_{11}H_4NO$	12.37	0.90	$C_{10}H_5N_3$	12.03	0.66	$C_9H_{14}NO_2$	10.41	0.89
$C_{11}H_6N_2$	12.75	0.75	$C_{10}H_{15}O_2$	11.12	0.96	$C_9H_{16}N_2O$	10.78	0.73
$C_{11}H_{18}O$	12.21	0.88	$C_{10}H_{17}NO$	11.50	0.80	$C_9H_{18}N_3$	11.16	0.57
$C_{11}H_{20}N$	12.59	0.73	$C_{10}H_{19}N_2$	11.87	0.65	$C_{10}H_2NO_2$	11.30	0.98
$C_{12}H_6O$	13.10	0.99	$C_{11}H_3O_2$	12.01	1.06	$C_{10}H_4N_2O$	11.67	0.82
$C_{12}H_8N$	13.48	0.84	$C_{11}H_5NO$	12.39	0.90	$C_{10}H_6N_3$	12.05	0.67
$C_{12}H_{22}$	13.32	0.82	$C_{11}H_7N_2$	12.76	0.75	$C_{10}H_{16}O_2$	11.14	0.96
$C_{13}H_{10}$	14.21	0.93	$C_{11}H_{19}O$	12.23	0.88	$C_{10}H_{18}NO$	11.52	0.80
167			$C_{11}H_{21}N$	12.60	0.73	$C_{10}H_{20}N_2$	11.89	0.65
$C_6H_3N_2O_4$	7.45	1.04	$C_{12}H_7O$	13.12	0.99	$C_{11}H_4O_2$	12.03	1.06
$C_6H_5N_3O_3$	7.83	0.87	$C_{12}H_9N$	13.49	0.84	$C_{11}H_6NO$	12.40	0.90
$C_6H_7N_4O_2$	8.20	0.70	$C_{12}H_{23}$	13.34	0.82	$C_{11}H_8N_2$	12.78	0.75
$C_7H_5NO_4$	8.18	1.10	$C_{13}H_{11}$	14.22	0.94	$C_{11}H_{20}O$	12.25	0.89
$C_7H_7N_2O_3$	8.56	0.93	**168**			$C_{11}H_{22}N$	12.62	0.73
$C_7H_9N_3O_2$	8.93	0.76	$C_6H_4N_2O_4$	7.47	1.04	$C_{12}H_8O$	13.13	0.99
$C_7H_{11}N_4O$	9.31	0.59	$C_6H_6N_3O_3$	7.84	0.87	$C_{12}H_{10}N$	13.51	0.84
$C_8H_7O_4$	8.91	1.15	$C_6H_8N_4O_2$	8.22	0.70	$C_{12}H_{24}$	13.35	0.82
$C_8H_9NO_3$	9.29	0.99	$C_7H_6NO_4$	8.20	1.10	$C_{13}H_{12}$	14.24	0.94
$C_8H_{11}N_2O_2$	9.66	0.82	$C_7H_8N_2O_3$	8.57	0.93	**169**		
$C_8H_{13}N_3O$	10.04	0.66	$C_7H_{10}N_3O$	8.95	0.76	$C_6H_5N_2O_4$	7.48	1.05
$C_8H_{15}N_4$	10.41	0.49	$C_7H_{12}N_4O$	9.32	0.59	$C_6H_7N_3O_3$	7.86	0.87
C_9HN_3O	10.93	0.74	$C_8H_8O_4$	8.93	1.15	$C_6H_9N_4O_2$	8.23	0.70
$C_9H_3N_4$	11.30	0.58	$C_8H_{10}NO_3$	9.30	0.99	$C_7H_7NO_4$	8.21	1.10
$C_9H_{11}O_3$	10.02	1.05	$C_8H_{12}N_2O_2$	9.68	0.82	$C_7H_9N_2O_3$	8.59	0.93
$C_9H_{13}NO_2$	10.39	0.89	$C_8H_{14}N_3O$	10.05	0.66	$C_7H_{11}N_3O_2$	8.96	0.76
$C_9H_{15}N_2O$	10.77	0.73	$C_8H_{16}N_4$	10.43	0.49	$C_7H_{13}N_4O$	9.34	0.59
$C_9H_{17}N_3$	11.14	0.57	$C_9H_2N_3O$	10.94	0.74	C_8HN_4O	10.23	0.67

续表

	M+1	M+2		M+1	M+2		M+1	M+2
$C_8H_9O_4$	8.95	1.16	**170**			$C_{11}H_8NO$	12.44	0.91
$C_8H_{11}NO_3$	9.32	0.99	$C_6H_6N_2O_4$	7.50	1.05	$C_{11}H_{10}N_2$	12.81	0.75
$C_8H_{13}N_2O_2$	9.69	0.82	$C_6H_8N_3O_3$	7.87	0.87	$C_{11}H_{22}O$	12.28	0.89
$C_8H_{15}N_3O$	10.07	0.66	$C_6H_{10}N_4O_2$	8.25	0.70	$C_{11}H_{24}N$	12.65	0.74
$C_8H_{17}N_4$	10.44	0.50	$C_7H_8NO_4$	8.23	1.10	$C_{12}H_{10}O$	13.17	1.00
$C_9HN_2O_2$	10.58	0.91	$C_7H_{10}N_{23}$	8.60	0.93	$C_{12}H_{12}N$	13.54	0.85
$C_9H_3N_3O$	10.96	0.75	$C_7H_{12}N_3O_2$	8.98	0.76	$C_{12}H_{26}$	13.38	0.83
$C_9H_5N_4$	11.33	0.59	$C_7H_{14}N_4O$	9.35	0.59	$C_{13}H_{14}$	14.27	0.94
$C_9H_{13}O_3$	10.05	1.05	$C_8H_2N_4O$	10.24	0.68	$C_{14}H_2$	15.16	1.07
$C_9H_{15}NO_2$	10.43	0.89	$C_8H_{10}O_4$	8.96	1.16	**171**		
$C_9H_{17}N_2O$	10.80	0.73	$C_8H_{12}NO_3$	9.34	0.99	$C_6H_7N_2O_4$	7.52	1.05
$C_9H_{19}N_3$	11.17	0.57	$C_8H_{14}N_2O_2$	9.71	0.82	$C_6H_9N_3O_3$	7.89	0.88
$C_{10}HO_3$	10.94	1.14	$C_8H_{16}N_3O$	10.08	0.66	$C_6H_{11}N_4O_2$	8.26	0.70
$C_{10}H_3NO_2$	11.31	0.98	$C_8H_{18}N_4$	10.46	0.50	$C_7H_9NO_4$	8.25	1.10
$C_{10}H_5N_2O$	11.69	0.82	$C_9H_2N_2O_2$	10.60	0.91	$C_7H_{11}N_2O_3$	8.62	0.93
$C_{10}H_7N_3$	12.06	0.67	$C_9H_4N_3O$	10.97	0.75	$C_7H_{13}N_3O_2$	9.00	0.76
$C_{10}H_{17}O_2$	11.16	0.96	$C_9H_6N_4$	11.35	0.59	$C_7H_{15}N_4O$	9.37	0.60
$C_{10}H_{19}NO$	11.53	0.81	$C_9H_{14}O_3$	10.07	1.06	$C_8HN_3O_2$	9.88	0.84
$C_{10}H_{21}N_2$	11.91	0.65	$C_9H_{16}NO_2$	10.44	0.89	$C_8H_3N_4O$	0.26	0.68
$C_{11}H_5O_2$	12.05	1.06	$C_9H_{18}N_2O$	10.82	0.73	$C_8H_{11}O_4$	8.98	1.16
$C_{11}H_7NO$	12.42	0.91	$C_9H_{20}N_3$	11.19	0.57	$C_8H_{13}NO_3$	9.35	0.99
$C_{11}H_9N_2$	12.79	0.75	$C_{10}H_2O_3$	10.96	1.14	$C_8H_{15}N_2O_2$	9.73	0.83
$C_{11}H_{21}O$	12.26	0.89	$C_{10}H_4NO_2$	11.33	0.98	$C_8H_{17}N_3O$	10.10	0.66
$C_{11}H_{23}N$	12.64	0.73	$C_{10}H_6N_2O$	11.70	0.83	$C_8H_{19}N_4$	10.48	0.50
$C_{12}H_9O$	13.15	1.00	$C_{10}H_8N_3$	12.08	0.67	C_9HNO_3	10.24	1.07
$C_{12}H_{11}N$	13.53	0.84	$C_{10}H_{18}O_2$	11.17	0.97	$C_9H_3N_2O_2$	10.61	0.91
$C_{12}H_{25}$	13.37	0.82	$C_{10}H_{20}NO$	11.55	0.81	$C_9H_5N_3O$	10.99	0.75
$C_{13}H_{13}$	14.26	0.94	$C_{10}H_{22}N_2$	11.92	0.65	$C_9H_7N_4$	11.36	0.59
$C_{14}H$	15.14	1.07	$C_{11}H_6O_2$	12.06	1.06	$C_9H_{15}O_3$	10.08	1.06

续表

	M+1	M+2		M+1	M+2		M+1	M+2
$C_9H_{17}NO_2$	10.46	0.89	$C_8H_4N_4O$	10.27	0.68	$C_{14}H_4$	15.19	1.07
$C_9H_{19}N_2O$	10.83	0.73	$C_8H_{12}O_4$	8.99	1.16	**173**		
$C_9H_{21}N_3$	11.21	0.57	$C_8H_{14}NO_3$	9.37	0.99	$C_6H_9N_2O_4$	7.55	1.05
$C_{10}H_3O_3$	10.97	1.14	$C_8H_{16}N_2O_2$	9.74	0.83	$C_6H_{11}N_3O_3$	7.92	0.88
$C_{10}H_5NO_2$	11.35	0.99	$C_8H_{18}N_3O$	10.12	0.66	$C_6H_{13}N_4O_2$	8.30	0.71
$C_{10}H_7N_2O$	11.72	0.83	$C_8H_{20}N_4$	10.49	0.50	$C_7HN_4O_2$	9.18	0.78
$C_{10}H_9N_3$	12.09	0.67	$C_9H_2NO_3$	10.26	1.07	$C_7H_{11}NO_4$	8.28	1.10
$C_{10}H_{19}O_2$	11.19	0.97	$C_9H_4N_2O_2$	10.63	0.91	$C_7H_{13}N_2O_3$	8.65	0.93
$C_{10}H_{21}NO$	11.56	0.81	$C_9H_6N_3O$	11.01	0.75	$C_7H_{15}N_3O_2$	9.03	0.77
$C_{10}H_{23}N_2$	11.94	0.65	$C_9H_8N_4$	11.38	0.59	$C_7H_{17}N_4O$	9.40	0.60
$C_{11}H_7O_2$	12.08	1.07	$C_9H_{16}O_3$	11.10	1.06	$C_8H\ N_2O_3$	9.54	1.01
$C_{11}H_9NO$	12.45	0.91	$C_9H_{18}NO_2$	10.47	0.90	$C_8H_3N_3O_2$	9.92	0.84
$C_{11}H_{11}N_2$	12.83	0.76	$C_9H_{20}N_2O$	10.85	0.73	$C_8H_5N_4O$	10.29	0.68
$C_{11}H_{23}O$	12.29	0.89	$C_9H_{22}N_3$	11.22	0.57	$C_8H_{13}O_4$	9.01	1.16
$C_{11}H_{25}N$	12.67	0.74	$C_{10}H_4O_3$	10.99	1.15	$C_8H_{15}NO_3$	9.38	0.99
$C_{12}H_{11}O$	13.18	1.00	$C_{10}H_6NO_2$	11.36	0.99	$C_8H_{17}N_2O_2$	9.76	0.83
$C_{12}H_{13}N$	13.56	0.85	$C_{10}H_8N_2O$	11.74	0.83	$C_8H_{19}N_3O$	10.13	0.66
$C_{13}HN$	14.45	0.97	$C_{10}H_{10}N_3$	12.11	0.67	$C_8H_{21}N_4$	10.51	0.50
$C_{13}H_{15}$	14.29	0.94	$C_{10}H_{20}O_2$	11.20	0.97	C_9HO_4	9.90	1.24
$C_{14}H_3$	15.18	1.07	$C_{10}H_{22}NO$	11.58	0.81	$C_9H_3NO_3$	10.27	1.08
172			$C_{10}H_{24}N_2$	11.95	0.65	$C_9H_5N_2O_2$	10.65	0.91
$C_6H_8N_2O_4$	7.53	1.05	$C_{11}H_8O_2$	12.09	1.07	$C_9H_7N_3O$	11.02	0.75
$C_6H_{10}N_3O_3$	7.91	0.88	$C_{11}H_{10}NO$	12.47	0.91	$C_9H_9N_4$	11.40	0.59
$C_6H_{12}N_4O_2$	8.28	0.71	$C_{11}H_{12}N_2$	12.84	0.76	$C_9H_{17}O_3$	10.12	1.06
$C_7H_{10}NO_4$	8.26	1.10	$C_{11}H_{24}O$	12.31	0.89	$C_9H_{19}NO_2$	10.49	0.90
$C_7H_{12}N_2O_3$	8.64	0.93	$C_{12}H_{12}O$	13.20	1.00	$C_9H_{21}N_2O$	10.86	0.74
$C_7H_{14}N_3O_2$	9.01	0.76	$C_{12}H_{14}N$	13.57	0.85	$C_9H_{23}N_3$	11.24	0.58
$C_7H_{16}N_4O$	9.39	0.60	$C_{13}H_2N$	14.46	0.97	$C_{10}H_5O_3$	11.00	1.15
$C_8H_2N_2O_2$	9.90	0.84	$C_{13}H_{16}$	14.30	0.95	$C_{10}H_7NO_2$	11.38	0.99

续表

	M+1	M+2		M+1	M+2		M+1	M+2
$C_{10}H_9N_2O$	11.75	0.83	$C_8H_{20}N_3O$	10.15	0.67	$C_6H_{15}N_4O_2$	8.33	0.71
$C_{10}H_{11}N_3$	12.13	0.67	$C_8H_{22}N_4$	10.52	0.50	$C_7HN_3O_3$	8.84	0.95
$C_{10}H_{21}O_2$	11.22	0.97	$C_9H_2O_4$	9.91	1.24	$C_7H_3N_4O_2$	9.22	0.78
$C_{10}H_{23}NO$	11.60	0.81	$C_9H_4NO_3$	10.29	1.08	$C_7H_{13}NO_4$	8.31	1.11
$C_{11}H_9O_2$	12.11	1.07	$C_9H_6N_2O_2$	10.66	0.92	$C_7H_{15}N_2O_3$	8.68	0.94
$C_{11}H_{11}NO$	12.48	0.91	$C_9H_6N_2O_2$	10.66	0.92	$C_7H_{17}N_3O_2$	9.06	0.77
$C_{11}H_{13}N_2$	12.86	0.76	$C_9H_8N_3O$	11.04	0.75	$C_7H_{19}N_4O$	9.43	0.60
$C_{12}HN_2$	13.75	0.87	$C_9H_{10}N_4$	11.41	0.60	C_8HNO_4	9.20	1.18
$C_{12}H_{13}O$	13.21	1.00	$C_9H_{18}O_3$	10.13	1.06	$C_8H_3N_2O_3$	9.57	1.01
$C_{12}H_{15}N$	13.59	0.85	$C_9H_{20}NO_2$	10.51	0.90	$C_8H_5N_3O_2$	9.95	0.85
$C_{13}HO$	14.10	1.12	$C_9H_{22}N_2O$	10.88	0.74	$C_8H_7N_4O$	10.32	0.68
$C_{13}H_3N$	14.48	0.97	$C_{10}H_6O_3$	11.02	1.15	$C_8H_{17}NO_3$	9.42	1.00
$C_{13}H_{17}$	14.32	0.95	$C_{10}H_8NO_2$	11.39	0.99	$C_8H_{19}N_2O_2$	9.79	0.83
$C_{14}H_5$	15.21	1.07	$C_{10}H_{10}N_2O$	11.77	0.83	$C_8H_{21}N_3O$	10.16	0.67
174			$C_{10}H_{12}N_3$	12.14	0.68	$C_8H_{15}O_4$	9.04	1.16
$C_6H_{10}N_2O_4$	7.56	1.05	$C_{10}H_{22}O_2$	11.24	0.97	$C_9H_3O_4$	9.93	1.24
$C_6H_{12}N_2O_3$	7.94	0.88	$C_{11}H_{10}O_2$	12.13	1.07	$C_9H_5NO_3$	10.30	1.08
$C_6H_{14}N_4O_2$	8.31	0.71	$C_{11}H_{12}NO$	12.50	0.92	$C_9H_7N_2O_2$	10.68	0.92
$C_7H_2N_4O_2$	9.20	0.78	$C_{11}H_{14}N_2$	12.87	0.76	$C_9H_9N_3O$	11.05	0.76
$C_7H_{12}NO_4$	8.29	1.10	$C_{12}H_2N_2$	13.76	0.88	$C_9H_{11}N_4$	11.43	0.60
$C_7H_{14}N_2O_3$	8.67	0.93	$C_{12}H_{14}O$	13.23	1.01	$C_9H_{19}O_3$	10.15	1.06
$C_7H_{16}N_3O_2$	9.04	0.77	$C_{12}H_{16}N$	13.61	0.85	$C_9H_{21}NO_2$	10.52	0.90
$C_7H_{18}N_4O$	9.42	0.60	$C_{13}H_2O$	14.12	1.12	$C_{10}H_7O_3$	11.04	1.15
$C_8H_2N_2O_3$	9.56	1.01	$C_{13}H_4N$	14.49	0.97	$C_{10}H_9NO_2$	11.41	0.99
$C_8H_4N_3O_2$	9.93	0.85	$C_{13}H_{18}$	14.34	0.95	$C_{10}H_{11}N_2O$	11.78	0.83
$C_8H_6N_4O$	10.31	0.68	$C_{14}H_6$	15.22	1.08	$C_{10}H_{13}N_3$	12.16	0.68
$C_8H_{14}O_4$	9.03	1.16	**175**			$C_{11}HN_3$	13.05	0.78
$C_8H_{16}NO_3$	9.40	1.00	$C_6H_{11}N_2O_4$	7.58	1.05	$C_{11}H_{11}O_2$	12.14	1.07
$C_8H_{18}N_2O_2$	9.77	0.83	$C_6H_{13}N_3O_3$	7.95	0.88	$C_{11}H_{13}NO$	12.52	0.92

续表

	M+1	M+2		M+1	M+2		M+1	M+2
$C_{11}H_{15}N_2$	12.89	0.77	$C_9H_{10}N_3O$	11.07	0.76	$C_8H_3NO_4$	9.23	1.18
$C_{12}HNO$	13.40	1.03	$C_9H_{12}N_4$	11.44	0.60	$C_8H_5N_2O_3$	9.61	1.01
$C_{12}H_3N_2$	13.78	0.88	$C_9H_{20}O_3$	10.16	1.07	$C_8H_7N_3O_2$	9.98	0.85
$C_{12}H_{15}O$	13.25	1.01	$C_{10}H_8O_3$	11.05	1.15	$C_8H_9N_4O$	10.35	0.69
$C_{12}H_{17}N$	13.62	0.86	$C_{10}H_{10}NO_2$	11.43	0.99	$C_8H_{17}O_4$	9.07	1.17
$C_{13}H_3O$	14.14	1.12	$C_{10}H_{12}N_2O$	11.80	0.84	$C_8H_{19}NO_3$	9.45	1.00
$C_{13}H_5N$	14.51	0.98	$C_{10}H_{14}N_3$	12.17	0.68	$C_9H_5O_4$	9.96	1.25
$C_{13}H_{19}$	14.35	0.95	$C_{11}H_2N_3$	13.06	0.79	$C_9H_7NO_3$	10.34	1.08
$C_{14}H_7$	15.24	1.08	$C_{11}H_{12}O_2$	12.16	1.08	$C_9H_9N_2O_2$	10.71	0.92
176			$C_{11}H_{14}NO$	12.53	0.92	$C_9H_{11}N_3O$	11.09	0.76
$C_6H_{12}N_2O_4$	7.60	1.05	$C_{11}H_{16}N_2$	12.91	0.77	$C_9H_{13}N_4$	11.46	0.60
$C_6H_{14}N_3O_3$	7.97	0.88	$C_{12}H_2NO$	13.42	1.03	$C_{10}HN_4$	12.35	0.70
$C_6H_{16}N_4O_2$	8.34	0.71	$C_{12}H_4N_2$	13.79	0.88	$C_{10}H_9O_3$	11.07	1.16
$C_7H_2N_3O_3$	8.86	0.95	$C_{12}H_{16}O$	13.26	1.01	$C_{10}H_{11}NO_2$	11.44	1.00
$C_7H_4N_4O_2$	9.23	0.78	$C_{12}H_{18}N$	13.64	0.86	$C_{10}H_{13}N_2O$	11.82	0.84
$C_7H_{14}NO_4$	8.33	1.11	$C_{13}H_4O$	14.15	1.13	$C_{10}H_{15}N_3$	12.19	0.68
$C_7H_{16}N_2O_3$	8.70	0.94	$C_{13}H_6N$	14.53	0.98	$C_{11}HN_2O$	12.71	0.94
$C_7H_{18}N_3O_2$	9.08	0.77	$C_{13}H_{20}$	14.37	0.96	$C_{11}H_3N_3$	13.08	0.79
$C_7H_{20}N_4O$	9.45	0.60	$C_{14}H_8$	15.26	1.08	$C_{11}H_{13}O_2$	12.17	1.08
$C_8H_2NO_4$	9.22	1.18	**177**			$C_{11}H_{15}NO$	12.55	0.92
$C_8H_4N_2O_3$	9.59	1.01	$C_6H_{13}N_2O_4$	7.61	1.06	$C_{11}H_{17}N_2$	12.92	0.77
$C_8H_6N_3O_2$	9.96	0.85	$C_6H_{15}N_3O_3$	7.99	0.88	$C_{12}HO_2$	13.06	1.18
$C_8H_8N_4O$	10.34	0.69	$C_6H_{17}N_4O_2$	8.36	0.71	$C_{12}H_3NO$	13.44	1.03
$C_8H_{16}O_4$	9.06	1.17	$C_7HN_2O_4$	8.50	1.12	$C_{12}H_5N_2$	13.81	0.88
$C_8H_{18}NO_3$	9.43	1.00	$C_7H_3N_3O_3$	8.87	0.95	$C_{12}H_{17}O$	13.28	1.01
$C_8H_{20}N_2O_2$	9.81	0.83	$C_7H_5N_4O_2$	9.25	0.78	$C_{12}H_{19}N$	13.65	0.86
$C_9H_4O_4$	9.95	1.24	$C_7H_{15}NO_4$	8.34	1.11	$C_{13}H_5O$	14.17	1.13
$C_9H_6NO_3$	10.32	1.08	$C_7H_{17}N_2O_3$	8.72	0.94	$C_{13}H_7N$	14.54	0.98
$C_9H_8N_2O_2$	10.70	0.92	$C_7H_{19}N_3O_2$	9.09	0.77	$C_{13}H_{21}$	14.38	0.96

续表

	M+1	M+2		M+1	M+2		M+1	M+2
$C_{14}H_9$	15. 27	1. 08	$C_{11}H_{18}N_2$	12. 94	0. 77	$C_{10}H_{13}NO_2$	11. 47	1. 00
178			$C_{12}H_2O_2$	13. 08	1. 19	$C_{10}H_{15}N_2O$	11. 85	0. 84
$C_6H_{14}N_2O_4$	7. 63	1. 06	$C_{12}H_4NO$	13. 45	1. 03	$C_{10}H_{17}N_3$	12. 22	0. 69
$C_6H_{16}N_3O_3$	8. 00	0. 86	$C_{12}H_6N_2$	13. 83	0. 88	$C_{11}HNO_2$	12. 36	1. 10
$C_6H_{18}N_4O_2$	8. 38	0. 71	$C_{12}H_{18}O$	13. 29	1. 01	$C_{11}H_3N_2O$	12. 74	0. 95
$C_7H_2N_2O_4$	8. 52	1. 12	$C_{12}H_{20}N$	13. 67	0. 86	$C_{11}H_5N_3$	13. 11	0. 79
$C_7H_4N_3O_3$	8. 89	0. 95	$C_{13}H_6O$	14. 18	1. 13	$C_{11}H_{15}O_2$	12. 21	1. 08
$C_7H_6N_4O_2$	9. 26	0. 79	$C_{13}H_8N$	14. 56	0. 98	$C_{11}H_{17}NO$	12. 58	0. 93
$C_7H_{16}NO_4$	8. 36	1. 11	$C_{13}H_{22}$	14. 40	0. 96	$C_{11}H_{19}N_2$	12. 95	0. 77
$C_7H_{18}N_2O_3$	8. 73	0. 94	$C_{14}H_{10}$	15. 29	1. 09	$C_{12}H_3O_2$	13. 09	1. 19
$C_8H_4NO_4$	9. 25	1. 18	**179**			$C_{12}H_5NO$	13. 47	1. 04
$C_8H_6N_2O_3$	9. 62	1. 02	$C_6H_{15}N_2O_4$	7. 64	1. 06	$C_{12}H_7N_2$	13. 84	0. 89
$C_8H_8N_3O_2$	10. 00	0. 85	$C_6H_{17}N_3O_3$	8. 02	0. 89	$C_{12}H_{19}O$	13. 31	1. 02
$C_8H_{10}N_4O$	10. 37	0. 69	$C_7H_3N_2O_4$	8. 53	1. 12	$C_{12}H_{21}N$	13. 69	0. 87
$C_8H_{18}O_4$	9. 09	1. 17	$C_7H_5N_3O_3$	8. 91	0. 95	$C_{13}H_7O$	14. 20	1. 13
$C_9H_6O_4$	9. 98	1. 25	$C_7H_7N_4O_2$	9. 28	0. 79	$C_{13}H_9N$	14. 57	0. 99
$C_9H_8NO_3$	10. 35	1. 08	$C_7H_{17}NO_4$	8. 37	1. 11	$C_{13}H_{23}$	14. 42	0. 96
$C_9H_{10}N_2O_2$	10. 73	0. 92	$C_8H_5NO_4$	9. 26	1. 18	$C_{14}H_{11}$	15. 30	1. 09
$C_9H_{12}N_3O$	11. 10	0. 76	$C_8H_7N_2O_3$	9. 64	1. 02	**180**		
$C_9H_{14}N_4$	11. 48	0. 60	$C_8H_9N_3O_2$	10. 01	0. 85	$C_6H_{16}N_2O_4$	7. 66	1. 06
$C_{10}H_2N_4$	12. 36	0. 70	$C_8H_{11}N_4O$	10. 39	0. 69	$C_7H_4N_2O_4$	8. 55	1. 12
$C_{10}H_{10}O_3$	11. 08	1. 16	$C_9H_7O_4$	9. 99	1. 25	$C_7H_6N_3O_3$	8. 92	0. 96
$C_{10}H_{12}NO_2$	11. 46	1. 00	$C_9H_9NO_3$	10. 37	1. 09	$C_7H_8N_4O_2$	9. 30	0. 79
$C_{10}H_{14}N_2O$	11. 83	0. 84	$C_9H_{11}N_2O_2$	10. 74	0. 92	$C_8H_6NO_4$	9. 28	1. 18
$C_{10}H_{16}N_3$	12. 21	0. 68	$C_9H_{13}N_3O$	11. 12	0. 76	$C_8H_8N_2O_3$	9. 65	1. 02
$C_{11}H_2N_2O$	12. 72	0. 94	$C_9H_{15}N_4$	11. 49	0. 60	$C_8H_{10}N_3O_2$	10. 03	0. 85
$C_{11}H_4N_3$	13. 10	0. 79	$C_{10}HN_3O$	12. 01	0. 86	$C_8H_{12}N_4O$	10. 40	0. 69
$C_{11}H_{14}O_2$	12. 19	1. 08	$C_{10}H_3N_4$	12. 38	0. 71	$C_9H_8O_4$	10. 01	1. 25
$C_{11}H_{16}NO$	12. 56	0. 92	$C_{10}H_{11}O_3$	11. 10	1. 16	$C_9H_{10}NO_3$	10. 38	1. 09

续表

	M+1	M+2		M+1	M+2		M+1	M+2
$C_9H_{12}N_2O_2$	10.76	0.93	$C_8H_9N_2O_3$	9.67	1.02	$C_{13}H_{11}N$	14.61	0.99
$C_9H_{14}N_3O$	11.13	0.77	$C_8H_{11}N_3O_2$	10.04	0.86	$C_{13}H_{25}$	14.45	0.97
$C_9H_{16}N_4$	11.51	0.61	$C_8H_{13}N_4O$	10.42	0.69	$C_{14}H_{13}$	15.34	1.09
$C_{10}H_2N_3O$	12.02	0.86	C_9HN_4O	11.31	0.78	$C_{15}H$	16.23	1.23
$C_{10}H_4N_4$	12.40	0.71	$C_9H_9O_4$	10.03	1.25	**182**		
$C_{10}H_{12}O_3$	11.12	1.16	$C_9H_{11}NO_3$	10.40	1.09	$C_7H_6N_2O_4$	8.58	1.13
$C_{10}H_{14}NO_2$	11.49	1.00	$C_9H_{13}N_2O_2$	10.78	0.93	$C_7H_8N_3O_3$	8.95	0.96
$C_{10}H_{16}N_2O$	11.86	0.84	$C_9H_{15}N_3O$	11.15	0.77	$C_7H_{10}N_4O_2$	9.33	0.79
$C_{10}H_{18}N_3$	12.24	0.69	$C_9H_{17}N_4$	11.52	0.61	$C_8H_8NO_4$	9.31	1.19
$C_{11}H_2NO_2$	12.38	1.10	$C_{10}HN_2O_2$	11.66	1.02	$C_8H_{10}N_2O_3$	9.69	1.02
$C_{11}H_4N_2O$	12.75	0.95	$C_{10}H_3N_3O$	12.04	0.86	$C_8H_{12}N_3O_2$	10.06	0.86
$C_{11}H_6N_3$	13.13	0.80	$C_{10}H_5N_4$	12.41	0.71	$C_8H_{14}N_4O$	10.43	0.70
$C_{11}H_{16}O_2$	12.22	1.08	$C_{10}H_{13}O_3$	11.13	1.16	$C_9H_2N_4O$	11.32	0.79
$C_{11}H_{18}NO$	12.60	0.93	$C_{10}H_{15}NO_2$	11.51	1.00	$C_9H_{10}O_4$	10.04	1.25
$C_{11}H_{20}N_2$	12.97	0.78	$C_{10}H_{17}N_2O$	11.88	0.85	$C_9H_{12}NO_3$	10.42	1.09
$C_{12}H_4O_2$	13.11	1.19	$C_{10}H_{19}N_3$	12.25	0.69	$C_9H_{14}N_2O_2$	10.79	0.93
$C_{12}H_6NO$	13.48	1.04	$C_{11}HO_3$	12.02	1.26	$C_9H_{16}N_3O$	11.17	0.77
$C_{12}H_8N_2$	13.86	0.89	$C_{11}H_3NO_2$	12.39	1.10	$C_9H_{18}N_4$	11.54	0.61
$C_{12}H_{20}O$	13.33	1.02	$C_{11}H_5N_2O$	12.77	0.95	$C_{10}H_2N_2O_2$	11.68	1.02
$C_{12}H_{22}N$	13.70	0.87	$C_{11}H_7N_3$	13.14	0.80	$C_{10}H_4N_3O$	12.05	0.87
$C_{13}H_8O$	14.22	1.13	$C_{11}H_{17}O_2$	12.24	1.09	$C_{10}H_6N_4$	12.43	0.71
$C_{13}H_{10}N$	14.59	0.99	$C_{11}H_{19}NO$	12.61	0.93	$C_{10}H_{14}O_3$	11.15	1.16
$C_{13}H_{24}$	14.43	0.97	$C_{11}H_{21}N_2$	12.99	0.78	$C_{10}H_{16}NO_2$	11.52	1.01
$C_{14}H_{12}$	15.32	1.09	$C_{12}H_5O_2$	13.13	1.19	$C_{10}H_{18}N_2O$	11.90	0.85
181			$C_{12}H_7NO$	13.50	1.04	$C_{10}H_{20}N_3$	12.27	0.69
$C_7H_5N_2O_4$	8.56	1.13	$C_{12}H_9N_2$	13.87	0.89	$C_{11}H_2O_3$	12.04	1.26
$C_7H_7N_3O_3$	8.94	0.96	$C_{12}H_{21}O$	13.34	1.02	$C_{11}H_4NO_2$	12.41	1.11
$C_7H_9N_4O_2$	9.31	0.79	$C_{12}H_{23}N$	13.72	0.87	$C_{11}H_6N_2O$	12.79	0.95
$C_8H_7NO_4$	9.30	1.19	$C_{13}H_9O$	14.23	1.14	$C_{11}H_8N_3$	13.16	0.80

续表

	M+1	M+2		M+1	M+2		M+1	M+2
$C_{11}H_{18}O_2$	12.25	1.09	$C_{10}H_3N_2O_2$	11.70	1.03	$C_8H_{10}NO_4$	9.34	1.19
$C_{11}H_{20}NO$	12.63	0.93	$C_{10}H_5N_3O$	12.07	0.87	$C_8H_{12}N_2O_3$	9.72	1.03
$C_{11}H_{22}N_2$	13.00	0.78	$C_{10}H_7N_4$	12.44	0.71	$C_8H_{14}N_3O_2$	10.09	0.86
$C_{12}H_6O_2$	13.14	1.19	$C_{10}H_{15}O_3$	11.16	1.17	$C_8H_{16}N_4O$	10.47	0.70
$C_{12}H_8NO$	13.52	1.04	$C_{10}H_{17}NO_2$	11.54	1.01	$C_9H_2N_3O_2$	10.98	0.95
$C_{12}H_{10}N_2$	13.89	0.89	$C_{10}H_{19}N_2O$	11.91	0.85	$C_9H_4N_4O$	11.35	0.79
$C_{12}H_{22}O$	13.36	1.02	$C_{10}H_{21}N_3$	12.29	0.69	$C_9H_{12}O_4$	10.07	1.26
$C_{12}H_{24}N$	13.73	0.87	$C_{11}H_3O_3$	12.05	1.26	$C_9H_{14}NO_3$	10.45	1.09
$C_{13}H_{10}O$	14.25	1.14	$C_{11}H_5NO_2$	12.43	1.11	$C_9H_{16}N_2O_2$	10.82	0.93
$C_{13}H_{12}N$	14.62	0.99	$C_{11}H_7N_2O$	12.80	0.95	$C_9H_{18}N_3O$	11.20	0.77
$C_{13}H_{26}$	14.46	0.97	$C_{11}H_9N_3$	13.18	0.80	$C_9H_{20}N_4$	11.57	0.61
$C_{14}H_{14}$	15.35	1.10	$C_{11}H_{19}O_2$	12.27	1.09	$C_{10}H_2NO_3$	11.34	1.18
$C_{15}H_2$	16.24	1.21	$C_{11}H_{21}NO$	12.64	0.93	$C_{10}H_4N_2O_2$	11.71	1.03
183			$C_{11}H_{23}N_2$	13.02	0.78	$C_{10}H_6N_3O$	12.09	0.87
$C_7H_7N_2O_4$	8.60	1.13	$C_{12}H_7O_2$	13.16	1.20	$C_{10}H_8N_4$	12.46	0.71
$C_7H_9N_3O_3$	8.97	0.96	$C_{12}H_9NO$	13.53	1.05	$C_{10}H_{16}O_3$	11.18	1.17
$C_7H_{11}N_4O_2$	9.34	0.79	$C_{12}H_{11}N_2$	13.91	0.90	$C_{10}H_{18}NO_2$	11.55	1.01
$C_8H_9NO_4$	9.33	1.19	$C_{12}H_{23}O$	13.37	1.02	$C_{10}H_{20}N_2O$	11.93	0.85
$C_8H_{11}N_2O_3$	9.70	1.02	$C_{12}H_{25}N$	13.75	0.87	$C_{10}H_{22}N_3$	12.30	0.70
$C_8H_{13}N_3O_2$	10.08	0.86	$C_{13}H_{11}O$	14.26	1.14	$C_{11}H_4O_3$	12.07	1.27
$C_8H_{15}N_4O$	10.45	0.70	$C_{13}H_{13}N$	14.64	0.99	$C_{11}H_6NO_2$	12.44	1.11
$C_9HN_3O_2$	10.96	0.95	$C_{13}H_{27}$	14.48	0.97	$C_{11}H_8N_2O$	12.82	0.96
$C_9H_3N_4O$	11.34	0.79	$C_{14}HN$	15.53	1.12	$C_{11}H_{10}N_3$	13.19	0.80
$C_9H_{11}O_4$	10.06	1.26	$C_{14}H_{15}$	15.37	1.10	$C_{11}H_{20}O_2$	12.29	1.09
$C_9H_{13}NO_3$	10.43	1.09	$C_{15}H_3$	16.26	1.23	$C_{11}H_{22}NO$	12.66	0.94
$C_9H_{15}N_2O_2$	10.81	0.93	**184**			$C_{11}H_{24}N_2$	13.03	0.78
$C_9H_{17}N_3O$	11.18	0.77	$C_7H_8N_2O_4$	8.61	1.13	$C_{12}H_8O_2$	13.17	1.20
$C_9H_{19}N_4$	11.56	0.61	$C_7H_{10}N_3O_3$	8.99	0.96	$C_{12}H_{10}NO$	13.55	1.05
$C_{10}HNO_3$	11.32	1.18	$C_7H_{12}N_4O_2$	9.36	0.80	$C_{12}H_{12}N_2$	13.92	0.90

续表

	M+1	M+2		M+1	M+2		M+1	M+2
$C_{12}H_{24}O$	13.39	1.03	$C_{10}H_9N_4$	12.48	0.72	$C_8H_{12}NO_4$	9.38	1.19
$C_{12}H_{26}N$	13.77	0.88	$C_{10}H_{17}O_3$	11.20	1.17	$C_8H_{14}N_2O_3$	9.75	1.03
$C_{13}H_{12}O$	14.28	1.14	$C_{10}H_{19}NO_2$	11.57	1.01	$C_8H_{16}N_3O_2$	10.12	0.86
$C_{13}H_{14}N$	14.65	1.00	$C_{10}H_{21}N_2O$	11.94	0.85	$C_8H_{18}N_4O$	10.50	0.70
$C_{13}H_{28}$	14.50	0.97	$C_{10}H_{23}N_3$	12.32	0.70	$C_9H_2N_2O_3$	10.64	1.11
$C_{14}H_2N$	15.54	1.13	$C_{11}H_5O_3$	12.08	1.27	$C_9H_4N_3O_2$	11.01	0.95
$C_{14}H_{16}$	15.38	1.10	$C_{11}H_7NO_2$	12.46	1.11	$C_9H_6N_4O$	11.39	0.79
$C_{15}H_4$	16.27	1.24	$C_{11}H_9N_2O$	12.83	0.96	$C_9H_{14}O_4$	10.11	1.26
185			$C_{11}H_{11}N_3$	13.21	0.81	$C_9H_{16}NO_3$	10.46	1.10
$C_7H_9N_2O_4$	8.63	1.13	$C_{11}H_{21}O_2$	12.30	1.09	$C_9H_{18}N_2O_2$	10.86	0.94
$C_7H_{11}N_3O_3$	9.00	0.96	$C_{11}H_{23}NO$	12.68	0.94	$C_9H_{20}N_3O$	11.23	0.78
$C_7H_{13}N_4O_2$	9.38	0.80	$C_{11}H_{25}N_2$	13.05	0.79	$C_9H_{22}N_4$	11.60	0.62
$C_8HN_4O_2$	10.27	0.88	$C_{12}H_9O_2$	13.19	1.20	$C_{10}H_2O_4$	10.99	1.35
$C_8H_{11}NO_4$	9.36	1.19	$C_{12}H_{11}NO$	13.56	1.05	$C_{10}H_4NO_3$	11.37	1.19
$C_8H_{13}N_2O_3$	9.73	1.03	$C_{12}H_{13}N_2$	13.94	0.90	$C_{10}H_6N_2O_2$	11.74	1.03
$C_8H_{15}N_3O_2$	10.11	0.86	$C_{12}H_{25}O$	13.41	1.03	$C_{10}H_8N_3O$	12.12	0.87
$C_8H_{17}N_4O$	10.48	0.70	$C_{12}H_{27}N$	13.73	0.88	$C_{10}H_{10}N_4$	12.49	0.72
$C_9HN_2O_3$	10.62	1.11	$C_{13}HN_2$	14.83	1.02	$C_{10}H_{18}O_3$	11.21	1.17
$C_9H_2N_3O_2$	11.00	0.95	$C_{13}H_{13}O$	14.30	1.15	$C_{10}H_{20}NO_2$	11.59	1.01
$C_9H_5N_4O$	11.37	0.79	$C_{13}H_{15}N$	14.67	1.00	$C_{10}H_{22}N_2O$	11.96	0.86
$C_9H_{13}O_4$	10.09	1.26	$C_{14}HO$	15.18	1.27	$C_{10}H_{24}N_3$	12.33	0.70
$C_9H_{15}NO_3$	10.46	1.10	$C_{14}H_3N$	15.56	1.13	$C_{11}H_6O_3$	12.10	1.27
$C_9H_{17}N_2O_2$	10.84	0.93	$C_{14}H_{17}$	15.40	1.10	$C_{11}H_8NO_2$	12.47	1.11
$C_9H_{19}N_3O$	11.21	0.77	$C_{15}H_5$	16.29	1.24	$C_{11}H_{10}N_2O$	12.85	0.96
$C_9H_{21}N_4$	11.59	0.62	**186**			$C_{11}H_{12}N_3$	13.22	0.81
$C_{10}HO_4$	10.98	1.35	$C_7H_{10}N_2O_4$	8.64	1.13	$C_{11}H_{22}O_2$	12.32	1.10
$C_{10}H_3NO_3$	11.35	1.19	$C_7H_{12}N_3O_3$	9.02	0.97	$C_{11}H_{24}NO$	12.69	0.94
$C_{10}H_5N_2O_2$	11.73	1.03	$C_7H_{14}N_4O_2$	9.39	0.80	$C_{11}H_{26}N_2$	13.07	0.79
$C_{10}H_7N_3O$	12.10	0.87	$C_8H_2N_4O_2$	10.28	0.88	$C_{12}H_{10}O_2$	13.21	1.20

续表

	M+1	M+2		M+1	M+2		M+1	M+2
$C_{12}H_{12}NO$	13.58	1.05	$C_{10}H_3O_4$	11.01	1.35	$C_7H_{14}N_3O_3$	9.05	0.97
$C_{12}H_{14}N_2$	13.95	0.90	$C_{10}H_5NO_3$	11.39	1.19	$C_7H_{16}N_4O_2$	9.42	0.80
$C_{12}H_{26}O$	13.42	1.03	$C_{10}H_7N_2O_2$	11.76	1.03	$C_8H_2N_3O_3$	9.94	1.05
$C_{13}H_2N_2$	14.84	1.02	$C_{10}H_9N_3O$	12.13	0.88	$C_8H_4N_4O_2$	10.31	0.88
$C_{13}H_{14}O$	14.31	1.15	$C_{10}H_{11}N_4$	12.51	0.72	$C_8H_{14}NO_4$	9.41	1.20
$C_{13}H_{16}N$	14.69	1.00	$C_{10}H_{19}O_3$	11.23	1.17	$C_8H_{16}N_2O_3$	9.78	1.03
$C_{14}H_2O$	15.20	1.27	$C_{10}H_{21}NO_2$	11.60	1.01	$C_8H_{18}N_3O_2$	10.16	0.87
$C_{14}H_4N$	15.57	1.13	$C_{10}H_{23}N_2O$	11.98	0.86	$C_8H_{20}N_4O$	10.53	0.71
$C_{14}H_{18}$	15.42	1.11	$C_{10}H_{25}N_3$	12.35	0.70	$C_9H_2NO_4$	10.30	1.28
$C_{15}H_6$	16.31	1.24	$C_{11}H_7O_3$	12.12	1.27	$C_9H_4N_2O_3$	10.67	1.12
187			$C_{11}H_9NO_2$	12.49	1.12	$C_9H_6N_3O_2$	11.04	0.96
$C_7H_{11}N_2O_4$	8.66	1.13	$C_{11}H_{11}N_2O$	12.87	0.96	$C_9H_8N_4O$	11.42	0.80
$C_7H_{13}N_3O_3$	9.03	0.97	$C_{11}H_{13}N_3$	13.24	0.81	$C_9H_{16}O_4$	10.14	1.26
$C_7H_{15}N_4O_2$	9.41	0.80	$C_{11}H_{23}O_2$	12.33	1.10	$C_9H_{18}NO_3$	10.51	1.10
$C_8HN_3O_3$	9.92	1.04	$C_{11}H_{25}NO$	12.71	0.94	$C_9H_{20}N_2O_2$	10.89	0.94
$C_8H_3N_4O_2$	10.30	0.88	$C_{12}HN_3$	14.13	0.93	$C_9H_{22}N_3O$	11.26	0.78
$C_8H_{13}NO_4$	9.39	1.20	$C_{12}H_{11}O_2$	13.22	1.20	$C_9H_{24}N_4$	11.64	0.62
$C_8H_{15}N_2O_3$	9.77	1.03	$C_{12}H_{13}NO$	13.60	1.05	$C_{10}H_4O_4$	11.03	1.35
$C_8H_{17}N_3O_2$	10.14	0.87	$C_{12}H_{15}N_2$	13.97	0.90	$C_{10}H_6NO_3$	11.40	1.19
$C_8H_{19}N_4O$	10.51	0.70	$C_{13}HNO$	14.48	1.17	$C_{10}H_8N_2O_2$	11.78	1.03
C_9HNO_4	10.28	1.28	$C_{13}H_3N_2$	14.86	1.03	$C_{10}H_{10}N_3O$	12.15	0.88
$C_9H_3N_2O_3$	10.65	1.11	$C_{13}H_{15}O$	14.33	1.15	$C_{10}H_{12}N_4$	12.52	0.72
$C_9H_5N_3O_2$	11.03	0.95	$C_{13}H_{17}N$	14.70	1.00	$C_{10}H_{20}O_3$	11.24	1.18
$C_9H_7N_4O$	11.40	0.80	$C_{14}H_3O$	15.22	1.28	$C_{10}H_{22}NO_2$	11.62	1.02
$C_9H_{15}O_4$	10.12	1.26	$C_{14}H_5N$	15.59	1.13	$C_{10}H_{24}N_2O$	11.99	0.86
$C_9H_{17}NO_3$	10.50	1.10	$C_{14}H_{19}$	15.43	1.11	$C_{11}H_8O_3$	12.13	1.27
$C_9H_{19}N_2O_2$	10.87	0.94	$C_{15}H_7$	16.32	1.24	$C_{11}H_{10}NO_2$	12.51	1.12
$C_9H_{21}N_3O$	11.25	0.78	**188**			$C_{11}H_{12}N_2O$	12.88	0.96
$C_9H_{23}N_4$	11.62	0.62	$C_7H_{12}N_2O_4$	8.68	1.14	$C_{11}H_{14}N_3$	13.26	0.81

续表

	M+1	M+2		M+1	M+2		M+1	M+2
$C_{11}H_{24}O_2$	12.35	1.10	$C_9H_{19}NO_3$	10.53	1.10	**190**		
$C_{12}H_2N_3$	14.14	0.93	$C_9H_{21}N_2O_2$	10.90	0.94	$C_7H_{14}N_2O_4$	8.71	1.14
$C_{12}H_{12}O_2$	13.24	1.21	$C_9H_{23}N_3O$	11.28	0.78	$C_7H_{16}N_3O_3$	9.08	0.97
$C_{12}H_{14}NO$	13.61	1.06	$C_{10}H_5O_4$	11.04	1.35	$C_7H_{18}N_4O_2$	9.46	0.80
$C_{12}H_{16}N_2$	13.99	0.91	$C_{10}H_7NO_3$	11.42	1.19	$C_8H_2N_2O_4$	9.60	1.21
$C_{13}H_2NO$	14.50	1.18	$C_{10}H_9N_2O_2$	11.79	1.04	$C_8H_4N_3O_3$	9.97	1.05
$C_{13}H_4N_2$	14.88	1.03	$C_{10}H_{11}N_3O$	12.17	0.88	$C_8H_6N_4O_2$	10.35	0.89
$C_{13}H_{16}O$	14.34	1.15	$C_{10}H_{13}N_4$	12.54	0.72	$C_8H_{16}NO_4$	9.44	1.20
$C_{13}H_{18}N$	14.72	1.01	$C_{10}H_{21}O_3$	11.26	1.18	$C_8H_{18}N_2O_3$	9.81	1.03
$C_{14}H_4O$	15.23	1.28	$C_{10}H_{23}NO_2$	11.63	1.02	$C_8H_{20}N_3O_2$	10.19	0.87
$C_{14}H_6N$	15.61	1.14	$C_{11}HN_4$	13.43	0.83	$C_8H_{22}N_4O$	10.56	0.71
$C_{14}H_{20}$	15.45	1.11	$C_{11}H_9O_3$	12.15	1.28	$C_9H_4NO_4$	10.33	1.28
$C_{15}H_8$	16.34	1.25	$C_{11}H_{11}NO_2$	12.52	1.12	$C_9H_6N_2O_3$	10.70	1.12
189			$C_{11}H_{13}N_2O$	12.90	0.97	$C_9H_8N_3O_2$	11.08	0.96
$C_7H_{13}N_2O_4$	8.69	1.14	$C_{11}H_{15}N_3$	13.27	0.81	$C_9H_{10}N_4O$	11.45	0.80
$C_7H_{15}N_3O_3$	9.07	0.97	$C_{12}HN_2O$	13.79	1.08	$C_9H_{18}O_4$	10.17	1.27
$C_7H_{17}N_4O_2$	9.44	0.80	$C_{12}H_3N_3$	14.16	0.93	$C_9H_{20}NO_3$	10.54	1.10
$C_8HN_2O_4$	9.58	1.21	$C_{12}H_{13}O_2$	13.25	1.21	$C_9H_{22}N_2O_2$	10.92	0.94
$C_8H_3N_3O_3$	9.95	1.05	$C_{12}H_{15}NO$	13.63	1.06	$C_{10}H_6O_4$	11.06	1.35
$C_8H_5N_4O_2$	10.33	0.88	$C_{12}H_{17}N_2$	14.00	0.91	$C_{10}H_8NO_3$	11.43	1.20
$C_8H_{15}NO_4$	9.42	1.20	$C_{13}HO_2$	14.14	1.33	$C_{10}H_{10}N_2O_2$	11.81	1.03
$C_8H_{17}N_2O_3$	9.80	1.03	$C_{13}H_3NO$	14.52	1.18	$C_{10}H_{12}N_3O$	12.18	0.88
$C_8H_{19}N_3O_2$	10.17	0.87	$C_{13}H_5N_2$	14.89	1.03	$C_{10}H_{14}N_4$	12.56	0.73
$C_8H_{21}N_4O$	10.55	0.71	$C_{13}H_{17}O$	14.36	1.16	$C_{10}H_{22}O_3$	11.28	1.18
$C_9H_3NO_4$	10.31	1.28	$C_{13}H_{19}N$	14.73	1.01	$C_{11}H_2N_4$	13.44	0.84
$C_9H_5N_2O_3$	10.69	1.12	$C_{14}H_5O$	15.25	1.28	$C_{11}H_{10}O_3$	12.16	1.28
$C_9H_7N_3O_2$	11.06	0.96	$C_{14}H_7N$	15.62	1.14	$C_{11}H_{12}NO_2$	12.54	1.12
$C_9H_9N_4O$	11.43	0.80	$C_{14}H_{21}$	15.46	1.11	$C_{11}H_{14}N_2O$	12.91	0.97
$C_9H_{17}O_4$	10.15	1.26	$C_{15}H_9$	16.35	1.25	$C_{11}H_{16}N_3$	13.29	0.82

续表

	M+1	M+2		M+1	M+2		M+1	M+2
$C_{12}H_2N_2O$	13.80	1.08	$C_9H_{21}NO_3$	10.56	1.11	$C_7H_{18}N_3O_3$	9.11	0.97
$C_{12}H_4N_3$	14.18	0.93	$C_{10}H_7O_4$	11.07	1.36	$C_7H_{20}N_4O_2$	9.49	0.81
$C_{12}H_{14}O_2$	13.27	1.21	$C_{10}H_9NO_3$	11.45	1.20	$C_8H_4N_2O_4$	9.63	1.22
$C_{12}H_{16}NO$	13.64	1.06	$C_{10}H_{11}N_2O_2$	11.82	1.04	$C_8H_6N_3O_3$	10.00	1.05
$C_{12}H_{18}N_2$	14.02	0.91	$C_{10}H_{13}N_3O$	12.20	0.88	$C_8H_8N_4O_2$	10.38	0.89
$C_{13}H_2O_2$	14.16	1.33	$C_{10}H_{15}N_4$	12.57	0.73	$C_8H_{18}NO_4$	9.47	1.20
$C_{13}H_4NO$	14.53	1.18	$C_{11}HN_3O$	13.09	0.99	$C_8H_{20}N_2O_3$	9.85	1.04
$C_{13}H_6N_2$	14.91	1.03	$C_{11}H_3N_4$	13.46	0.84	$C_9H_6NO_4$	10.36	1.29
$C_{13}H_{18}O$	14.38	1.16	$C_{11}H_{11}O_3$	12.18	1.28	$C_9H_8N_2O_3$	10.73	1.12
$C_{13}H_{20}N$	14.75	1.01	$C_{11}H_{13}NO_2$	12.55	1.12	$C_9H_{10}N_3O_2$	11.11	0.96
$C_{14}H_6O$	15.26	1.28	$C_{11}H_{15}N_2O$	12.98	0.97	$C_9H_{12}N_4O$	11.48	0.80
$C_{14}H_8N$	15.64	1.14	$C_{11}H_{17}N_3$	13.30	0.82	$C_9H_{20}O_4$	10.20	1.27
$C_{14}H_{22}$	15.48	1.12	$C_{12}HNO_2$	13.44	1.23	$C_{10}H_8O_4$	11.09	1.36
$C_{15}H_{10}$	16.37	1.25	$C_{12}H_3N_2O$	13.82	1.08	$C_{10}H_{10}NO_3$	11.47	1.20
191			$C_{12}H_5N_3$	14.19	0.93	$C_{10}H_{12}N_2O_2$	11.84	1.04
$C_7H_{15}N_2O_4$	8.72	1.14	$C_{12}H_{15}O_2$	13.29	1.21	$C_{10}H_{14}N_3O$	12.21	0.89
$C_7H_{17}N_3O_3$	9.10	0.97	$C_{12}H_{17}NO$	13.66	1.06	$C_{10}H_{16}N_4$	12.59	0.73
$C_7H_{19}N_4O_2$	9.47	0.81	$C_{12}H_{19}N_2$	14.03	0.91	$C_{11}H_2N_3O$	13.10	0.99
$C_8H_3N_2O_4$	9.61	1.22	$C_{13}H_3O_2$	14.17	1.33	$C_{11}H_4N_4$	13.48	0.84
$C_8H_5N_3O_3$	9.99	1.05	$C_{13}H_5NO$	14.55	1.18	$C_{11}H_{12}O_3$	12.20	1.28
$C_8H_7N_4O_2$	10.36	0.89	$C_{13}H_7N_2$	14.92	1.04	$C_{11}H_{14}NO_2$	12.57	1.13
$C_8H_{17}NO_4$	9.46	1.20	$C_{13}H_{19}O$	14.39	1.16	$C_{11}H_{16}N_2O$	12.95	0.97
$C_8H_{19}N_2O_3$	9.83	1.04	$C_{13}H_{21}N$	14.77	1.01	$C_{11}H_{18}N_3$	13.32	0.82
$C_8H_{21}N_3O_2$	10.20	0.87	$C_{14}H_7O$	15.28	1.29	$C_{12}H_2NO_2$	13.46	1.24
$C_9H_5NO_4$	10.34	1.28	$C_{14}H_9N$	15.65	1.14	$C_{12}H_4N_2O$	13.83	1.09
$C_9H_7N_2O_3$	10.72	1.12	$C_{14}H_{23}$	15.50	1.12	$C_{12}H_6N_3$	14.21	0.94
$C_9H_9N_3O_2$	11.09	0.96	$C_{15}H_{11}$	16.39	1.25	$C_{12}H_{16}O_2$	13.30	1.22
$C_9H_{11}N_4O$	11.47	0.80	**192**			$C_{12}H_{18}NO$	13.68	1.06
$C_9H_{19}O_4$	10.19	1.27	$C_7H_{16}N_2O_4$	8.74	1.14	$C_{12}H_{20}N_2$	14.05	0.92

续表

	M+1	M+2		M+1	M+2		M+1	M+2
$C_{13}H_4O_2$	14.19	1.33	$C_{11}H_{13}O_3$	12.21	1.28	$C_9H_{14}N_4O$	11.51	0.81
$C_{13}H_6NO$	14.56	1.18	$C_{11}H_{15}NO_2$	12.59	1.13	$C_{10}H_2N_4O$	12.40	0.91
$C_{13}H_8N_2$	14.94	1.04	$C_{11}H_{17}N_2O$	12.96	0.97	$C_{10}H_{10}O_4$	11.12	1.36
$C_{13}H_{20}O$	14.41	1.16	$C_{11}H_{19}N_3$	13.34	0.82	$C_{10}H_{12}NO_3$	11.50	1.20
$C_{13}H_{22}N$	14.78	1.02	$C_{12}HO_3$	13.10	1.39	$C_{10}H_{14}N_2O_2$	11.87	1.05
$C_{14}H_8O$	15.30	1.29	$C_{12}H_3NO_2$	13.48	1.24	$C_{10}H_{16}N_3O$	12.25	0.89
$C_{14}H_{10}N$	15.67	1.15	$C_{12}H_5N_2O$	13.85	1.09	$C_{10}H_{18}N_4$	12.62	0.74
$C_{14}H_{24}$	15.51	1.12	$C_{12}H_7N_3$	14.22	0.94	$C_{11}H_2N_2O_2$	12.76	1.15
$C_{15}H_{12}$	16.40	1.26	$C_{12}H_{17}O_2$	13.32	1.22	$C_{11}H_4N_3O$	13.13	1.00
193			$C_{12}H_{19}NO$	13.69	1.07	$C_{11}H_6N_4$	13.51	0.85
$C_7H_{17}N_2O$	8.76	1.14	$C_{12}H_{21}N_2$	14.07	0.92	$C_{11}H_{14}O_3$	12.23	1.28
$C_7H_{19}N_3O_3$	9.13	0.98	$C_{13}H_5O_2$	14.21	1.33	$C_{11}H_{16}NO_2$	12.60	1.13
$C_8H_5N_2O_4$	9.64	1.22	$C_{13}H_7NO$	14.58	1.19	$C_{11}H_{18}N_2O$	12.98	0.98
$C_8H_7N_3O_3$	10.02	1.05	$C_{13}H_9N_2$	14.96	1.04	$C_{11}H_{20}N_3$	13.35	0.82
$C_8H_9N_4O_2$	10.39	0.88	$C_{13}H_{21}O$	14.42	1.16	$C_{12}H_2O_3$	13.12	1.39
$C_8H_{19}NO_4$	9.49	1.20	$C_{13}H_{23}N$	14.80	1.02	$C_{12}H_4NO_2$	13.49	1.24
$C_9H_7NO_4$	10.38	1.29	$C_{14}H_9O$	15.31	1.29	$C_{12}H_6N_2O$	13.87	1.09
$C_9H_9N_2O_3$	10.75	1.13	$C_{14}H_{11}N$	15.69	1.15	$C_{12}H_8N_3$	14.24	0.94
$C_9H_{11}N_3O_2$	11.12	0.96	$C_{14}H_{25}$	15.53	1.12	$C_{12}H_{18}O_2$	13.33	1.22
$C_9H_{13}N_4O$	11.50	0.81	$C_{15}H_{13}$	16.42	1.26	$C_{12}H_{20}NO$	13.71	1.07
$C_{10}HN_4O$	12.39	0.91	$C_{16}H$	17.31	1.40	$C_{12}H_{22}N_2$	14.08	0.92
$C_{10}H_9O_4$	11.11	1.36	**194**			$C_{13}H_6O_2$	14.22	1.34
$C_{10}H_{11}NO_3$	11.48	1.20	$C_7H_{18}N_2O_4$	8.77	1.14	$C_{13}H_8NO$	14.60	1.19
$C_{10}H_{13}N_2O_2$	11.86	1.04	$C_8H_6N_2O_4$	9.66	1.22	$C_{13}H_{10}N_2$	14.97	1.04
$C_{10}H_{15}N_3O$	12.23	0.89	$C_8H_8N_3O_3$	10.03	1.06	$C_{13}H_{22}O$	14.44	1.17
$C_{10}H_{17}N_4$	12.60	0.73	$C_8H_{10}N_4O_2$	10.41	0.89	$C_{13}H_{24}N$	14.81	1.02
$C_{11}HN_2O_2$	12.74	1.15	$C_9H_8NO_4$	10.39	1.29	$C_{14}H_{10}O$	15.33	1.29
$C_{11}H_3N_3O$	13.12	0.99	$C_9H_{10}N_2O_3$	10.77	1.13	$C_{14}H_{12}N$	15.70	1.15
$C_{11}H_5N_4$	13.49	0.84	$C_9H_{12}N_3O_2$	11.14	0.97	$C_{14}H_{26}$	15.54	1.13

续表

	M+1	M+2		M+1	M+2		M+1	M+2
$C_{15}H_{14}$	16.43	1.26	$C_{12}H_{19}O_2$	13.35	1.22	$C_{11}H_2NO_3$	12.42	1.31
$C_{16}H_2$	17.32	1.41	$C_{12}H_{21}NO$	13.72	1.07	$C_{11}H_4N_2O_2$	12.79	1.15
195			$C_{12}H_{23}N_2$	14.10	0.92	$C_{11}H_6N_3O$	13.17	1.00
$C_8H_7N_2O_4$	9.68	1.22	$C_{13}H_7O_2$	14.24	1.34	$C_{11}H_8N_4$	13.54	0.85
$C_8H_9N_3O_3$	10.05	1.06	$C_{13}H_9NO$	14.61	1.19	$C_{11}H_{16}O_3$	12.26	1.29
$C_8H_{11}N_4O_2$	10.43	0.89	$C_{13}H_{11}N_2$	14.99	1.05	$C_{11}H_{18}NO_2$	12.63	1.13
$C_9H_9NO_4$	10.41	1.29	$C_{13}H_{23}O$	14.46	1.17	$C_{11}H_{20}N_2O$	13.01	0.98
$C_9H_{11}N_2O_3$	10.78	1.13	$C_{13}H_{25}N$	14.83	1.02	$C_{11}H_{22}N_3$	13.38	0.83
$C_9H_{13}N_3O_2$	11.16	0.97	$C_{14}H_{11}O$	15.34	1.30	$C_{12}H_4O_3$	13.15	1.40
$C_9H_{15}N_4O$	11.53	0.81	$C_{14}H_{13}N$	15.72	1.15	$C_{12}H_6NO_2$	13.52	1.24
$C_{10}HN_3O_2$	12.05	1.07	$C_{14}H_{27}$	15.56	1.13	$C_{12}H_8N_2O$	13.90	1.09
$C_{10}H_3N_4O$	12.42	0.91	$C_{15}HN$	16.61	1.29	$C_{12}H_{10}N_3$	14.27	0.95
$C_{10}H_{11}O_4$	11.14	1.36	$C_{15}H_{15}$	16.45	1.27	$C_{12}H_{20}O_2$	13.37	1.22
$C_{10}H_{13}NO_3$	11.51	1.21	$C_{16}H_3$	17.34	1.41	$C_{12}H_{22}NO$	13.74	1.07
$C_{10}H_{15}N_2O_2$	11.89	1.05	**196**			$C_{12}H_{24}N_2$	14.11	0.92
$C_{10}H_{17}N_3O$	12.26	0.89	$C_8H_8N_2O_4$	9.69	1.22	$C_{13}H_8O_2$	14.25	1.34
$C_{10}H_{19}N_4$	12.64	0.74	$C_8H_{10}N_3O_3$	10.07	1.06	$C_{13}H_{10}NO$	14.63	1.19
$C_{11}HNO_3$	12.40	1.31	$C_8H_{12}N_4O_2$	10.44	0.90	$C_{13}H_{12}N_2$	15.00	1.05
$C_{11}H_3N_2O_2$	12.78	1.15	$C_9H_{10}NO_4$	10.42	1.29	$C_{13}H_{24}O$	14.47	1.17
$C_{11}H_5N_3O$	13.15	1.00	$C_9H_{12}N_2O_3$	10.80	1.13	$C_{13}H_{26}N$	14.85	1.03
$C_{11}H_7N_4$	13.52	0.85	$C_9H_{14}N_3O_2$	11.17	0.97	$C_{14}H_{12}O$	15.36	1.30
$C_{11}H_{15}O_3$	12.24	1.29	$C_9H_{16}N_4O$	11.55	0.81	$C_{14}H_{14}N$	15.73	1.16
$C_{11}H_{17}NO_2$	12.62	1.13	$C_{10}H_2N_3O_2$	12.06	1.07	$C_{14}H_{28}$	15.58	1.13
$C_{11}H_{19}N_2O$	12.99	0.98	$C_{10}H_4N_4O$	12.44	0.91	$C_{15}H_2N$	16.62	1.29
$C_{11}H_{21}N_3$	13.37	0.83	$C_{10}H_{12}O_4$	11.15	1.37	$C_{15}H_{16}$	16.47	1.27
$C_{12}H_3O_3$	13.13	1.39	$C_{10}H_{14}NO_3$	11.53	1.21	$C_{16}H_4$	17.35	1.41
$C_{12}H_5NO_2$	13.51	1.24	$C_{10}H_{16}N_2O_2$	11.90	1.05	**197**		
$C_{12}H_7N_2O$	13.88	1.09	$C_{10}H_{18}N_3O$	12.28	0.89	$C_8H_9N_2O_4$	9.71	1.23
$C_{12}H_9N_3$	14.26	0.94	$C_{10}H_{20}N_4$	12.65	0.74	$C_8H_{11}N_3O_3$	10.08	1.06

续表

	M+1	M+2		M+1	M+2		M+1	M+2
$C_8H_{13}N_4O_2$	10. 46	0. 90	$C_{12}H_{25}N_2$	14. 13	0. 93	$C_{10}H_{20}N_3O$	12. 31	0. 90
$C_9HN_4O_2$	11. 35	0. 99	$C_{13}H_9O_2$	14. 27	1. 34	$C_{10}H_{22}N_4$	12. 68	0. 74
$C_9H_{11}NO_4$	10. 44	1. 29	$C_{13}H_{11}NO$	14. 64	1. 20	$C_{11}H_2O_4$	12. 08	1. 47
$C_9H_{13}N_2O_3$	10. 81	1. 13	$C_{13}H_{13}N_2$	15. 02	1. 05	$C_{11}H_4NO_3$	12. 45	1. 31
$C_9H_{15}N_3O_2$	11. 19	0. 97	$C_{13}H_{25}O$	14. 49	1. 17	$C_{11}H_6N_2O_2$	12. 82	1. 16
$C_9H_{17}N_4O$	11. 56	0. 81	$C_{13}H_{27}N$	14. 86	1. 03	$C_{11}H_8N_3O$	13. 20	1. 01
$C_{10}HN_2O_3$	11. 70	1. 23	$C_{14}HN_2$	15. 91	1. 18	$C_{11}H_{10}N_4$	13. 57	0. 85
$C_{10}H_3N_3O_2$	12. 08	1. 07	$C_{14}H_{13}O$	15. 38	1. 30	$C_{11}H_{18}O_3$	12. 29	1. 29
$C_{10}H_5N_4O$	12. 45	0. 91	$C_{14}H_{15}N$	15. 75	1. 16	$C_{11}H_{20}NO_2$	12. 67	1. 14
$C_{10}H_{13}O_4$	11. 17	1. 37	$C_{14}H_{29}$	15. 59	1. 13	$C_{11}H_{22}N_2O$	13. 04	0. 99
$C_{10}H_{15}NO_3$	11. 55	1. 21	$C_{15}HO$	16. 26	1. 44	$C_{11}H_{24}N_3$	13. 42	0. 83
$C_{10}H_{17}N_2O_2$	11. 92	1. 05	$C_{15}H_3N$	16. 64	1. 30	$C_{12}H_6O_3$	13. 18	1. 40
$C_{10}H_{19}N_3O$	12. 29	0. 90	$C_{15}H_{17}$	16. 48	1. 27	$C_{12}H_8NO_2$	13. 56	1. 25
$C_{10}H_{21}N_4$	12. 67	0. 74	$C_{16}H_5$	17. 37	1. 42	$C_{12}H_{10}N_2O$	13. 93	1. 10
$C_{11}HO_4$	12. 06	1. 46	**198**			$C_{12}H_{12}N_3$	14. 30	0. 95
$C_{11}H_3NO_3$	12. 43	1. 31	$C_8H_{10}N_2O_4$	9. 72	1. 23	$C_{12}H_{22}O_2$	13. 40	1. 23
$C_{11}H_5N_2O_2$	12. 81	1. 16	$C_8H_{12}N_3O_3$	10. 10	1. 06	$C_{12}H_{24}NO$	13. 77	1. 08
$C_{11}H_7N_3O$	13. 18	1. 00	$C_8H_{14}N_4O$	10. 47	0. 90	$C_{12}H_{26}N_2$	14. 15	0. 93
$C_{11}H_9N_4$	13. 56	0. 85	$C_9H_2N_4O_2$	11. 36	0. 99	$C_{13}H_{10}O_2$	14. 29	1. 35
$C_{11}H_{17}O_3$	12. 28	1. 29	$C_9H_{12}NO_4$	10. 46	1. 30	$C_{13}H_{12}NO$	14. 66	1. 20
$C_{11}H_{19}NO_2$	12. 65	1. 14	$C_9H_{14}N_2O_3$	10. 83	1. 13	$C_{13}H_{14}N_2$	15. 04	1. 05
$C_{11}H_{21}N_2O$	13. 03	0. 98	$C_9H_{16}N_3O_2$	11. 20	0. 97	$C_{13}H_{26}O$	14. 50	1. 18
$C_{11}H_{23}N_3$	13. 40	0. 83	$C_9H_{18}N_4O$	11. 58	0. 82	$C_{13}H_{28}N$	14. 88	1. 03
$C_{12}H_5O_3$	13. 16	1. 40	$C_{10}H_2N_2O_3$	11. 72	1. 23	$C_{14}H_2N_2$	15. 92	1. 18
$C_{12}H_7NO_2$	13. 54	1. 25	$C_{10}H_4N_3O_2$	12. 09	1. 07	$C_{14}H_{14}O$	15. 39	1. 30
$C_{12}H_9N_2O$	13. 91	1. 10	$C_{10}H_6N_4O$	12. 47	0. 92	$C_{14}H_{16}N$	15. 77	1. 16
$C_{12}H_{11}N_3$	14. 29	0. 95	$C_{10}H_{14}O_4$	11. 19	1. 37	$C_{14}H_{30}$	15. 61	1. 14
$C_{12}H_{21}O_2$	13. 38	1. 23	$C_{10}H_{16}NO_3$	11. 56	1. 21	$C_{15}H_2O$	16. 28	1. 44
$C_{12}H_{23}NO$	13. 76	1. 08	$C_{10}H_{18}N_2O_2$	11. 94	1. 05	$C_{15}H_4N$	16. 65	1. 30

续表

	M+1	M+2		M+1	M+2		M+1	M+2
$C_{15}H_{18}$	16.50	1.27	$C_{11}H_{25}N_3$	13.43	0.84	$C_9H_{16}N_2O_3$	10.86	1.14
$C_{16}H_6$	17.39	1.42	$C_{12}H_7O_3$	13.20	1.40	$C_9H_{18}N_3O_2$	11.24	0.98
199			$C_{12}H_9NO_2$	13.57	1.25	$C_9H_{20}N_4O$	11.61	0.82
$C_8H_{11}N_2O_4$	9.74	1.23	$C_{12}H_{11}N_2O$	13.95	1.10	$C_{10}H_2NO_4$	11.38	1.39
$C_8H_{13}N_3O_3$	10.11	1.06	$C_{12}H_{13}N_3$	14.32	0.95	$C_{10}H_4N_2O_3$	11.75	1.23
$C_8H_{15}N_4O_2$	10.49	0.90	$C_{12}H_{23}O_2$	13.41	1.23	$C_{10}H_6N_3O_2$	12.13	1.08
$C_9HN_3O_3$	11.00	1.15	$C_{12}H_{25}NO$	13.79	1.08	$C_{10}H_8N_4O$	12.50	0.92
$C_9H_3N_4O_2$	11.38	0.99	$C_{12}H_{27}N_2$	14.16	0.93	$C_{10}H_{16}O_4$	11.22	1.37
$C_9H_{13}NO_4$	10.47	1.30	$C_{13}HN_3$	15.21	1.08	$C_{10}H_{18}NO_3$	11.59	1.21
$C_9H_{15}N_2O_3$	10.85	1.14	$C_{13}H_{11}O_2$	14.30	1.35	$C_{10}H_{20}N_2O_2$	11.97	1.06
$C_9H_{17}N_3O_2$	11.22	0.98	$C_{13}H_{13}NO$	14.68	1.20	$C_{10}H_{22}N_3O$	12.34	0.90
$C_9H_{19}N_4O$	11.59	0.82	$C_{13}H_{15}N_2$	15.05	1.06	$C_{10}H_{24}N_4$	12.72	0.75
$C_{10}HNO_4$	11.36	1.39	$C_{13}H_{27}O$	14.52	1.18	$C_{11}H_4O_4$	12.11	1.47
$C_{10}H_3N_2O_3$	11.73	1.23	$C_{13}H_{29}N$	14.89	1.03	$C_{11}H_6NO_3$	12.48	1.32
$C_{10}H_5N_3O_2$	12.11	1.07	$C_{14}HNO$	15.57	1.33	$C_{11}H_8N_2O_2$	12.86	1.16
$C_{10}H_7N_4O$	12.48	0.92	$C_{14}H_3N_2$	15.94	1.19	$C_{11}H_{10}N_3O$	13.23	1.01
$C_{10}H_{15}O_4$	11.20	1.37	$C_{14}H_{15}O$	15.41	1.31	$C_{11}H_{12}N_4$	13.60	0.86
$C_{10}H_{17}NO_3$	11.58	1.21	$C_{14}H_{17}N$	15.78	1.16	$C_{11}H_{20}O_3$	12.32	1.30
$C_{10}H_{19}N_2O_2$	11.95	1.01	$C_{15}H_3O$	16.30	1.44	$C_{11}H_{22}NO_2$	12.70	1.14
$C_{10}H_{21}N_3O$	12.33	0.90	$C_{15}H_5N$	16.67	1.30	$C_{11}H_{24}N_2O$	13.07	0.99
$C_{10}H_{23}N_4$	12.70	0.75	$C_{15}H_{19}$	16.51	1.28	$C_{11}H_{26}N_3$	13.45	0.84
$C_{11}H_3O_4$	12.09	1.47	$C_{16}H_7$	17.40	1.42	$C_{12}H_8O_3$	13.21	1.40
$C_{11}H_5NO_3$	12.47	1.31	**200**			$C_{12}H_{10}NO_2$	13.59	1.25
$C_{11}H_7N_2O_2$	12.84	1.16	$C_8H_{12}N_2O_4$	9.76	1.23	$C_{12}H_{12}N_2O$	13.96	1.10
$C_{11}H_9N_3O$	13.21	1.01	$C_8H_{14}N_3O_3$	10.13	1.07	$C_{12}H_{14}N_3$	13.34	0.96
$C_{11}H_{11}N_4$	13.59	0.86	$C_8H_{16}N_4O_2$	10.51	0.90	$C_{12}H_{24}O_2$	13.43	1.23
$C_{11}H_{19}O_3$	12.31	1.29	$C_9H_2N_3O_3$	11.02	1.15	$C_{12}H_{26}NO$	13.80	1.08
$C_{11}H_{21}NO_2$	12.68	1.14	$C_9H_4N_4O_2$	11.39	0.99	$C_{12}H_{28}N_2$	14.18	0.93
$C_{11}H_{23}N_2O$	13.06	0.99	$C_9H_{14}NO_4$	10.49	1.30	$C_{13}H_2N_3$	15.22	1.08

续表

	M+1	M+2
$C_{13}H_{12}O_2$	14. 32	1. 35
$C_{13}H_{14}NO$	14. 69	1. 20
$C_{13}H_{16}N_2$	15. 07	1. 06
$C_{13}H_{28}O$	14. 54	1. 18
$C_{14}H_2NO$	15. 58	1. 33
$C_{14}H_4N_2$	15. 96	1. 19
$C_{14}H_{16}O$	15. 42	1. 31
$C_{14}H_{18}N$	15. 80	1. 17
$C_{15}H_4O$	16. 31	1. 44
$C_{15}H_6N$	16. 69	1. 30
$C_{15}H_{20}$	16. 53	1. 28
$C_{16}H_8$	17. 42	1. 42
201		
$C_8H_{13}N_2O_4$	9. 77	1. 23
$C_8H_{15}N_3O_3$	10. 15	1. 07
$C_8H_{17}N_4O_2$	10. 52	0. 90
$C_9HN_2O_4$	10. 66	1. 32
$C_9H_3N_3O_3$	11. 04	1. 16
$C_9H_5N_4O_2$	11. 41	1. 00
$C_9H_{15}NO_4$	10. 50	1. 30
$C_9H_{17}N_2O_3$	10. 88	1. 14
$C_9H_{19}N_3O_2$	11. 25	0. 98
$C_9H_{21}N_4O$	11. 63	0. 82
$C_{10}H_3NO_4$	11. 39	1. 39
$C_{10}H_5N_2O_3$	11. 77	1. 23
$C_{10}H_7N_3O_2$	12. 14	1. 08
$C_{10}H_9N_4O$	12. 52	0. 92
$C_{10}H_{17}O_4$	11. 23	1. 37
$C_{10}H_{19}NO_3$	11. 61	1. 22
$C_{10}H_{21}N_2O_2$	11. 98	1. 06
$C_{10}H_{23}N_3O$	12. 36	0. 90
$C_{10}H_{25}N_4$	12. 73	0. 75
$C_{11}H_5O_4$	12. 12	1. 47
$C_{11}H_7NO_3$	12. 50	1. 32
$C_{11}H_9N_2O_2$	12. 87	1. 16
$C_{11}H_{11}N_3O$	13. 25	1. 01
$C_{11}H_{13}N_4$	13. 62	0. 86
$C_{11}H_{21}O$	12. 34	1. 30
$C_{11}H_{23}NO_2$	12. 71	1. 14
$C_{11}H_{25}N_2O$	13. 09	0. 99
$C_{11}H_{27}N_3$	13. 46	0. 84
$C_{12}HN_4$	14. 51	0. 98
$C_{12}H_9O_3$	13. 23	1. 41
$C_{12}H_{11}NO_2$	13. 60	1. 26
$C_{12}H_{13}N_2O$	13. 98	1. 11
$C_{12}H_{15}N_3$	14. 35	0. 96
$C_{12}H_{25}O_2$	13. 45	1. 23
$C_{12}H_{27}NO$	13. 82	1. 08
$C_{13}HN_2O$	14. 87	1. 23
$C_{13}H_3N_3$	15. 24	1. 08
$C_{13}H_{13}O_2$	14. 33	1. 35
$C_{13}H_{15}NO$	14. 71	1. 21
$C_{13}H_{17}N_2$	15. 08	1. 06
$C_{14}HO_2$	15. 22	1. 48
$C_{14}H_3NO$	15. 60	1. 33
$C_{14}H_5N_2$	15. 97	1. 19
$C_{14}H_{17}O$	15. 44	1. 31
$C_{14}H_{18}N$	15. 81	1. 17
$C_{15}H_5O$	16. 33	1. 45
$C_{15}H_7N$	16. 70	1. 31
$C_{15}H_{21}$	16. 55	1. 28
$C_{16}H_9$	17. 43	1. 43
202		
$C_8H_{14}N_2O_4$	9. 79	1. 23
$C_8H_{16}N_3O_3$	10. 16	1. 07
$C_8H_{18}N_4O_2$	10. 54	0. 91
$C_9H_2N_2O_4$	10. 68	1. 32
$C_9H_4N_3O_3$	11. 05	1. 16
$C_9H_6N_4O_2$	11. 43	1. 00
$C_9H_{16}NO_4$	10. 52	1. 30
$C_9H_{18}N_2O_3$	10. 89	1. 14
$C_9H_{20}N_3O_2$	11. 27	0. 98
$C_9H_{22}N_4O$	11. 64	0. 82
$C_{10}H_4NO_4$	11. 41	1. 39
$C_{10}H_6N_2O_3$	11. 78	1. 24
$C_{10}H_8N_3O_2$	12. 16	1. 08
$C_{10}H_{10}N_4O$	12. 53	0. 92
$C_{10}H_{18}O_4$	11. 25	1. 38
$C_{10}H_{20}NO_3$	11. 63	1. 22
$C_{10}H_{22}N_2O_2$	12. 00	1. 06
$C_{10}H_{24}N_3O$	12. 37	0. 91
$C_{10}H_{26}N_4$	12. 75	0. 75
$C_{11}H_6O_4$	12. 14	1. 47
$C_{11}H_8NO_3$	12. 51	1. 32
$C_{11}H_{10}N_2O_2$	12. 89	1. 17
$C_{11}H_{12}N_3O$	13. 26	1. 01
$C_{11}H_{14}N_4$	13. 64	0. 86

续表

	M+1	M+2		M+1	M+2		M+1	M+2
$C_{11}H_{22}O_3$	12.36	1.30	$C_9H_7N_4O_2$	11.44	1.00	$C_{13}H_{15}O_2$	14.37	1.36
$C_{11}H_{24}NO_2$	12.73	1.15	$C_9H_{17}NO_4$	10.54	1.30	$C_{13}H_{17}NO$	14.74	1.21
$C_{11}H_{26}N_2O$	13.11	0.99	$C_9H_{19}N_2O_3$	10.91	1.14	$C_{13}H_{19}N_2$	15.12	1.06
$C_{12}H_2N_4$	14.53	0.98	$C_9H_{21}N_3O_2$	11.28	0.98	$C_{14}H_3O_2$	15.26	1.48
$C_{12}H_{10}O_3$	13.25	1.41	$C_9H_{23}N_4O$	11.66	0.82	$C_{14}H_5NO$	15.63	1.34
$C_{12}H_{12}NO_2$	13.62	1.26	$C_{10}H_5NO_4$	11.42	1.40	$C_{14}H_7N_2$	16.00	1.20
$C_{12}H_{14}N_2O$	13.99	1.11	$C_{10}H_7N_2O_3$	11.80	1.24	$C_{14}H_{19}O$	15.47	1.32
$C_{12}H_{16}N_3$	14.37	0.96	$C_{10}H_9N_3O_2$	12.17	1.08	$C_{14}H_{21}N$	15.85	1.17
$C_{12}H_{26}O_2$	13.46	1.24	$C_{10}H_{11}N_4O$	12.55	0.93	$C_{15}H_7O$	16.36	1.45
$C_{13}H_2N_2O$	14.88	1.23	$C_{10}H_{19}O_4$	11.27	1.38	$C_{15}H_9N$	16.73	1.31
$C_{13}H_4N_3$	15.26	1.09	$C_{10}H_{21}NO_3$	11.64	1.22	$C_{15}H_{23}$	16.58	1.29
$C_{13}H_{14}O_2$	14.35	1.35	$C_{10}H_{23}N_2O_2$	12.02	1.06	$C_{16}H_{11}$	17.47	1.43
$C_{13}H_{16}NO$	14.72	1.21	$C_{10}H_{25}N_3O$	12.39	0.91	**204**		
$C_{13}H_{18}N_2$	15.10	1.06	$C_{11}H_7O_4$	12.16	1.48	$C_8H_{16}N_2O_4$	9.82	1.24
$C_{14}H_2O_2$	15.24	1.48	$C_{11}H_9NO_3$	12.53	1.32	$C_8H_{18}N_3O_3$	10.19	1.07
$C_{14}H_4NO$	15.61	1.34	$C_{11}H_{11}N_2O_2$	12.90	1.17	$C_8H_{20}N_4O_2$	10.57	0.91
$C_{14}H_6N_2$	15.99	1.19	$C_{11}H_{13}N_3O$	13.28	1.02	$C_9H_4N_2O_4$	10.71	1.32
$C_{14}H_{18}O$	15.46	1.31	$C_{11}H_{15}N_4$	13.65	0.86	$C_9H_6N_3O_3$	11.08	1.16
$C_{14}H_{20}N$	15.83	1.17	$C_{11}H_{23}O_3$	12.37	1.30	$C_9H_8N_4O_2$	11.46	1.00
$C_{15}H_6O$	16.34	1.45	$C_{11}H_{25}NO_2$	12.75	1.15	$C_9H_{18}NO_4$	10.55	1.31
$C_{15}H_8N$	16.72	1.31	$C_{12}HN_3O$	14.17	1.13	$C_9H_{20}N_2O_3$	10.93	1.14
$C_{15}H_{22}$	16.56	1.28	$C_{12}H_3N_4$	14.54	0.98	$C_9H_{22}N_3O_2$	11.30	0.98
$C_{16}H_{10}$	17.45	1.43	$C_{12}H_{11}O_3$	13.26	1.41	$C_9H_{24}N_4O$	11.67	0.83
203			$C_{12}H_{13}NO_2$	13.64	1.26	$C_{10}H_6NO_4$	11.44	1.40
$C_8H_{15}N_2O_4$	9.80	1.23	$C_{12}H_{15}N_2O$	14.01	1.11	$C_{10}H_8N_2O_3$	11.81	1.24
$C_8H_{17}N_3O_3$	10.18	1.07	$C_{12}H_{17}N_3$	14.38	0.96	$C_{10}H_{10}N_3O_2$	12.19	1.08
$C_8H_{19}N_4O_2$	10.55	0.91	$C_{13}HNO_2$	14.52	1.38	$C_{10}H_{12}N_4O$	12.56	0.93
$C_9H_3N_2O_4$	10.69	1.32	$C_{13}H_3N_2O$	14.90	1.23	$C_{10}H_{20}O_4$	11.28	1.38
$C_9H_5N_3O_3$	11.07	1.16	$C_{13}H_5N_3$	15.27	1.09	$C_{10}H_{22}NO_3$	11.66	1.22

续表

	M+1	M+2		M+1	M+2		M+1	M+2
$C_{10}H_{24}N_2O_2$	12.03	1.06	$C_8H_{17}N_2O_4$	9.84	1.24	$C_{13}H_3NO_2$	14.56	1.38
$C_{11}H_8O_4$	12.17	1.48	$C_8H_{19}N_3O_3$	10.21	1.07	$C_{13}H_5N_2O$	14.93	1.24
$C_{11}H_{10}NO_3$	12.55	1.32	$C_8H_{21}N_4O_2$	10.59	0.91	$C_{13}H_7N_3$	15.30	1.09
$C_{11}H_{12}N_2O_2$	12.92	1.17	$C_9H_5N_2O_4$	10.73	1.32	$C_{13}H_{17}O_2$	14.40	1.36
$C_{11}H_{14}N_3O$	13.29	1.02	$C_9H_7N_3O_3$	11.10	1.16	$C_{13}H_{19}NO$	14.47	1.21
$C_{11}H_{16}N_4$	13.67	0.87	$C_9H_9N_4O_2$	11.47	1.00	$C_{13}H_{21}N_2$	15.15	1.07
$C_{11}H_{24}O_3$	12.39	1.30	$C_9H_{19}NO_4$	10.57	1.31	$C_{14}H_5O_2$	15.29	1.49
$C_{12}H_2N_3O$	14.18	1.13	$C_9H_{21}N_2O_3$	10.94	1.15	$C_{14}H_7NO$	15.66	1.34
$C_{12}H_4N_4$	14.56	0.99	$C_9H_{23}N_3O_2$	11.32	0.99	$C_{14}H_9N_2$	16.04	1.20
$C_{12}H_{12}O_3$	13.28	1.41	$C_{10}H_7NO_4$	11.46	1.40	$C_{14}H_{21}O$	15.50	1.32
$C_{12}H_{14}NO_2$	13.65	1.26	$C_{10}H_9N_2O_3$	11.83	1.24	$C_{14}H_{23}N$	15.88	1.18
$C_{12}H_{16}N_2O$	14.03	1.11	$C_{10}H_{11}N_3O_2$	12.21	1.09	$C_{15}H_9O$	16.39	1.46
$C_{12}H_{18}N_3$	14.40	0.96	$C_{10}H_{13}N_4O$	12.58	0.93	$C_{15}H_{11}N$	16.77	1.32
$C_{13}H_2NO_2$	14.54	1.38	$C_{10}H_{21}O_4$	11.30	1.38	$C_{15}H_{25}$	16.61	1.29
$C_{13}H_4N_2O$	14.91	1.24	$C_{10}H_{23}NO_3$	11.67	1.22	$C_{16}H_{13}$	17.50	1.44
$C_{13}H_6N_3$	15.29	1.09	$C_{11}HN_4O$	13.47	1.04	$C_{17}H$	18.39	1.59
$C_{13}H_{16}O_2$	14.38	1.36	$C_{11}H_9O_4$	12.19	1.48	**206**		
$C_{13}H_{18}NO$	14.76	1.21	$C_{11}H_{11}NO_3$	12.56	1.33	$C_8H_{18}N_2O_4$	9.85	1.24
$C_{13}H_{20}N_2$	15.13	1.07	$C_{11}H_{13}N_2O_2$	12.94	1.17	$C_8H_{20}N_3O_3$	10.23	1.08
$C_{14}H_4O_2$	15.27	1.49	$C_{11}H_{15}N_3O$	13.31	1.02	$C_8H_{22}N_4O_2$	10.60	0.91
$C_{14}H_6NO$	16.65	1.34	$C_{11}H_{17}N_4$	13.68	0.87	$C_9H_6N_2O_4$	10.74	1.32
$C_{14}H_8N_2$	16.02	1.20	$C_{12}HN_2O_2$	13.82	1.29	$C_9H_8N_3O_3$	11.12	1.16
$C_{14}H_{20}O$	15.49	1.32	$C_{12}H_3N_3O$	14.20	1.14	$C_9H_{10}N_4O_2$	11.49	1.01
$C_{14}H_{22}N$	15.86	1.18	$C_{12}H_5N_4$	14.57	0.99	$C_9H_{20}NO_4$	10.58	1.31
$C_{15}H_8O$	16.38	1.45	$C_{12}H_{13}O_3$	13.29	1.41	$C_9H_{22}N_2O_3$	10.96	1.15
$C_{15}H_{10}N$	16.75	1.31	$C_{12}H_{15}NO_2$	13.67	1.26	$C_{10}H_8NO_4$	11.47	1.40
$C_{15}H_{24}$	16.59	1.29	$C_{12}H_{17}N_2O$	14.04	1.11	$C_{10}H_{10}N_2O_3$	11.85	1.24
$C_{16}H_{12}$	17.48	1.43	$C_{12}H_{19}N_3$	14.42	0.97	$C_{10}H_{12}N_3O_2$	12.22	1.09
205			$C_{13}HO_3$	14.18	1.53	$C_{10}H_{14}N_4O$	12.6	0.93

续表

	M+1	M+2		M+1	M+2		M+1	M+2
$C_{10}H_{22}O_4$	11.31	1.38	$C_{16}H_{14}$	17.51	1.44	$C_{13}H_5NO_2$	14.59	1.39
$C_{11}H_2N_4O$	13.48	1.04	$C_{17}H_2$	18.40	1.59	$C_{13}H_7N_2O$	14.96	1.24
$C_{11}H_{10}O_4$	12.20	1.48	**207**			$C_{13}H_9N_3$	15.34	1.10
$C_{11}H_{12}NO_3$	12.58	1.33	$C_8H_{19}N_2O_4$	9.87	1.24	$C_{13}H_{19}O_2$	14.43	1.37
$C_{11}H_{14}N_2O_2$	12.59	1.17	$C_8H_{21}N_3O_3$	10.24	1.08	$C_{13}H_{21}NO$	14.80	1.22
$C_{11}H_{16}N_3O$	13.33	1.02	$C_9H_7N_2O_4$	10.76	1.33	$C_{13}H_{23}N_2$	15.18	1.07
$C_{11}H_{18}N_4$	13.70	0.87	$C_9H_9N_3O_3$	11.13	1.17	$C_{14}H_7O_2$	15.32	1.49
$C_{12}H_2N_2O_2$	13.84	1.29	$C_9H_{11}N_4O_2$	11.51	1.01	$C_{14}H_9NO$	15.69	1.35
$C_{12}H_4N_3O$	14.22	1.14	$C_9H_{21}NO_4$	10.60	1.31	$C_{14}H_{11}N_2$	16.07	1.21
$C_{12}H_6N_4$	14.59	0.99	$C_{10}H_9NO_4$	11.49	1.40	$C_{14}H_{23}O$	15.54	1.33
$C_{12}H_{14}O_3$	13.31	1.42	$C_{10}H_{11}N_2O_3$	11.86	1.25	$C_{14}H_{25}N$	15.91	1.18
$C_{12}H_{16}NO_2$	13.68	1.27	$C_{10}H_{13}N_3O_2$	12.24	1.09	$C_{15}H_{11}O$	16.42	1.46
$C_{12}H_{18}N_2O$	14.06	1.12	$C_{11}H_{15}N_4O$	12.61	0.83	$C_{15}H_{13}N$	16.8	1.32
$C_{12}H_{20}N_3$	14.43	0.97	$C_{11}HN_3O_2$	13.13	1.20	$C_{15}H_{27}$	16.64	1.30
$C_{13}H_2O_3$	14.20	1.53	$C_{11}H_3N_4O$	13.50	1.04	$C_{16}HN$	17.69	1.47
$C_{13}H_4NO_2$	14.57	1.39	$C_{11}H_{11}O_4$	12.22	1.48	$C_{16}H_{15}$	17.53	1.44
$C_{13}H_6N_2O$	14.95	1.24	$C_{11}H_{13}NO_3$	12.59	1.33	$C_{17}H_3$	18.42	1.60
$C_{13}H_8N_3$	15.32	1.10	$C_{11}H_{15}N_2O_2$	12.97	1.18	**208**		
$C_{13}H_{18}O_2$	14.41	1.38	$C_{11}H_{17}N_3O$	13.34	1.02	$C_8H_{20}N_2O_4$	9.88	1.24
$C_{13}H_{20}NO$	14.79	1.22	$C_{11}H_{19}N_4$	13.72	0.87	$C_9H_8N_2O_4$	10.77	1.33
$C_{13}H_{22}N_2$	15.16	1.07	$C_{12}HNO_3$	13.48	1.44	$C_9H_{10}N_3O_3$	11.15	1.17
$C_{14}H_6O_2$	15.30	1.49	$C_{12}H_3N_2O_2$	13.86	1.29	$C_9H_{12}N_4O_2$	11.52	1.01
$C_{14}H_8NO$	15.68	1.35	$C_{12}H_5N_3O$	14.23	1.14	$C_{10}H_{10}NO_4$	11.50	1.40
$C_{14}H_{10}N_2$	16.05	1.21	$C_{12}H_7N_4$	14.61	0.99	$C_{10}H_{12}N_2O_3$	11.88	1.25
$C_{14}H_{22}O$	15.52	1.32	$C_{12}H_{15}O_3$	13.33	1.42	$C_{10}H_{14}N_3O_2$	12.25	1.09
$C_{14}H_{24}N$	15.89	1.18	$C_{12}H_{17}NO_2$	13.70	1.27	$C_{10}H_{16}N_4O$	12.63	0.94
$C_{15}H_{10}O$	16.41	1.46	$C_{12}H_{19}N_2O$	14.07	1.12	$C_{11}H_2N_3O_2$	13.14	1.20
$C_{15}H_{12}N$	16.78	1.32	$C_{12}H_{21}N_3$	14.45	0.97	$C_{11}H_4N_4O$	13.52	1.05
$C_{15}H_{25}$	16.63	1.29	$C_{13}H_3O_3$	14.21	1.54	$C_{11}H_{12}O_4$	12.24	1.49

续表

	M+1	M+2		M+1	M+2		M+1	M+2
$C_{11}H_{14}NO_3$	12.61	1.33	$C_{17}H_4$	18.43	1.60	$C_{13}H_9N_2O$	14.99	1.25
$C_{11}H_{16}N_2O_2$	12.98	1.18	**209**			$C_{13}H_{11}N_3$	15.37	1.10
$C_{11}H_{18}N_3O$	13.38	1.03	$C_9H_9N_2O_4$	10.79	1.33	$C_{13}H_{21}O_2$	14.46	1.37
$C_{11}H_{20}N_4$	13.73	0.88	$C_9H_{11}N_3O_3$	11.16	1.17	$C_{13}H_{23}NO$	14.84	1.22
$C_{12}H_2NO_3$	13.50	1.44	$C_9H_{13}N_4O_2$	11.54	1.01	$C_{13}H_{25}N_2$	15.21	1.08
$C_{12}H_4N_2O_2$	13.87	1.29	$C_{10}HN_4O_2$	12.43	1.11	$C_{14}H_9O_2$	15.35	1.50
$C_{12}H_6N_3O$	14.25	1.14	$C_{10}H_{11}NO_4$	11.52	1.41	$C_{14}H_{11}NO$	15.73	1.35
$C_{12}H_8N_4$	14.62	1.00	$C_{10}H_{13}N_2O_3$	11.89	1.25	$C_{14}H_{13}N_2$	16.10	1.21
$C_{12}H_{16}O_3$	13.34	1.42	$C_{10}H_{15}N_2O_2$	12.27	1.09	$C_1H_{25}O$	15.57	1.33
$C_{12}H_{18}NO_2$	13.72	1.27	$C_{10}H_{17}N_4O$	12.64	0.94	$C_{14}H_{27}N$	15.94	1.19
$C_{12}H_{20}N_2O$	14.09	1.12	$C_{11}HN_2O_3$	12.78	1.35	$C_{15}HN_2$	16.99	1.35
$C_{12}H_{22}N_3$	14.46	0.97	$C_{11}H_3N_3O_2$	13.16	1.20	$C_{15}H_{13}O$	16.46	1.47
$C_{13}H_4O_3$	14.23	1.54	$C_{11}H_5N_4O$	13.53	1.05	$C_{15}H_{15}N$	16.83	1.33
$C_{13}H_6NO_2$	14.60	1.39	$C_{11}H_{13}O_4$	12.25	1.49	$C_{15}H_{29}$	16.67	1.30
$C_{13}H_8N_2O$	14.98	1.24	$C_{11}H_{15}NO_3$	12.63	1.33	$C_{16}HO$	17.35	1.61
$C_{13}H_{10}N_3$	15.35	1.10	$C_{11}H_{17}N_2O_2$	13.00	1.18	$C_{16}H_3N$	17.72	1.48
$C_{13}H_{20}O_2$	14.45	1.37	$C_{11}H_{19}N_3O$	13.37	1.03	$C_{16}H_{17}$	17.56	1.45
$C_{13}H_{22}NO$	14.82	1.22	$C_{11}H_{21}N_4$	13.75	0.88	$C_{17}H_5$	18.45	1.60
$C_{13}H_{24}N_2$	15.20	1.08	$C_{12}HO_4$	13.14	1.60	**210**		
$C_{14}H_8O_2$	15.34	1.50	$C_{12}H_3NO_3$	13.51	1.44	$C_9H_{10}N_2O_4$	10.81	1.33
$C_{14}H_{10}NO$	15.71	1.35	$C_{12}H_5N_2O_2$	13.89	1.29	$C_9H_{12}N_3O_3$	11.18	1.17
$C_{14}H_{12}N_2$	16.08	1.21	$C_{12}H_7N_3O$	14.26	1.15	$C_9H_{14}N_4O_2$	11.55	1.01
$C_{14}H_{24}O$	15.55	1.33	$C_{12}H_9N_4$	14.64	1.00	$C_{10}H_2N_4O_2$	12.44	1.11
$C_{14}H_{26}N$	15.93	1.19	$C_{12}H_{17}O_3$	13.36	1.42	$C_{10}H_{12}NO_4$	11.54	1.41
$C_{15}H_{12}O$	16.44	1.46	$C_{12}H_{19}NO_2$	13.73	1.27	$C_{10}H_{14}N_2O_3$	11.91	1.25
$C_{15}H_{14}N$	16.81	1.33	$C_{12}H_{21}N_2O$	14.11	1.12	$C_{10}H_{16}N_3O_2$	12.29	1.09
$C_{15}H_{28}$	16.66	1.30	$C_{12}H_{23}N_3$	14.48	0.98	$C_{10}H_{18}N_4O$	12.66	0.94
$C_{16}H_2N$	17.70	1.47	$C_{12}H_5O_3$	14.25	1.54	$C_{11}H_2N_2O_3$	12.80	1.35
$C_{16}H_{16}$	17.55	1.45	$C_{13}H_7NO_2$	14.62	1.39	$C_{11}H_4N_3O_2$	13.17	1.20

续表

	M+1	M+2		M+1	M+2		M+1	M+2
$C_{11}H_6N_4O$	13. 55	1. 05	$C_{15}H_{16}N$	16. 85	1. 33	$C_{12}H_{11}N_4$	14. 67	1. 60
$C_{11}H_{14}O_4$	12. 27	1. 49	$C_{15}H_{30}$	16. 69	1. 31	$C_{12}H_{19}O_3$	13. 39	1. 43
$C_{11}H_{16}NO_3$	12. 64	1. 34	$C_{16}H_2O$	17. 36	1. 61	$C_{12}H_{21}NO_2$	13. 76	1. 28
$C_{11}H_{18}N_2O_2$	13. 02	1. 18	$C_{16}H_4N$	17. 74	1. 48	$C_{12}H_{23}N_2O$	14. 14	1. 13
$C_{11}H_{20}N_3O_1$	13. 39	1. 03	$C_{16}H_{18}$	17. 58	1. 45	$C_{12}H_{25}N_3$	14. 51	0. 98
$C_{11}H_{22}N_4$	13. 76	0. 88	$C_{17}H_6$	18. 47	1. 61	$C_{13}H_7O_3$	14. 28	1. 54
$C_{12}H_2O_4$	13. 16	1. 60	**211**			$C_{13}H_9NO_2$	14. 65	1. 40
$C_{12}H_4NO_3$	13. 53	1. 45	$C_9H_{11}N_2O_4$	10. 82	1. 33	$C_{13}H_{11}N_2O$	15. 03	1. 25
$C_{12}H_5N_2O_2$	13. 90	1. 30	$C_9H_{13}N_3O_3$	11. 20	1. 17	$C_{13}H_{13}N_3$	15. 40	1. 11
$C_{12}H_8N_3O$	14. 28	1. 15	$C_9H_{15}N_4O_2$	11. 57	1. 01	$C_{13}H_{23}O_2$	14. 49	1. 38
$C_{12}H_{10}N_4$	14. 65	1. 00	$C_{10}HN_3O_3$	12. 08	1. 27	$C_{13}H_{25}NO$	14. 87	1. 23
$C_{12}H_{18}O_3$	13. 37	1. 43	$C_{10}H_3N_4O_2$	12. 46	1. 12	$C_{13}H_{27}N_2$	15. 24	1. 08
$C_{12}H_{20}NO_2$	13. 75	1. 28	$C_{10}H_{13}NO_4$	11. 55	1. 41	$C_{14}HN_3$	16. 29	1. 24
$C_{12}H_{22}N_2O$	14. 12	1. 13	$C_{10}H_{15}N_2O_3$	11. 93	1. 25	$C_{14}H_{11}O_2$	15. 38	1. 50
$C_{12}H_{24}N_3$	14. 50	0. 98	$C_{10}H_{17}N_3O_2$	12. 30	1. 10	$C_{14}H_{13}NO$	15. 76	1. 36
$C_{13}H_6O_3$	14. 26	1. 54	$C_{10}H_{19}N_4O$	12. 68	0. 94	$C_{14}H_{15}N_2$	16. 13	1. 22
$C_{13}H_8NO_2$	14. 64	1. 40	$C_{11}HNO_4$	12. 44	1. 51	$C_{14}H_{27}O$	15. 60	1. 34
$C_{13}H_{10}N_2O$	15. 01	1. 25	$C_{11}H_3N_2O_3$	12. 82	1. 36	$C_{14}H_{29}N$	15. 97	1. 19
$C_{13}H_{12}N_3$	15. 38	1. 11	$C_{11}H_5N_3O_2$	13. 19	1. 20	$C_{15}HNO$	16. 65	1. 50
$C_{13}H_{22}O_2$	14. 48	1. 37	$C_{11}H_7N_4O$	13. 56	1. 05	$C_{15}H_3N_2$	17. 02	1. 36
$C_{13}H_{24}NO$	14. 85	1. 23	$C_{11}H_{15}O_4$	12. 28	1. 49	$C_{15}H_{15}O$	16. 49	1. 47
$C_{13}H_{26}N_2$	15. 23	1. 08	$C_{11}H_{17}NO_3$	12. 66	1. 34	$C_{15}H_{17}N$	16. 86	1. 33
$C_{14}H_{10}O_2$	15. 37	1. 50	$C_{11}H_{19}N_2O_2$	13. 03	1. 18	$C_{15}H_{31}$	16. 71	1. 31
$C_{14}H_{12}NO$	15. 74	1. 36	$C_{11}H_{21}N_3O$	13. 41	1. 03	$C_{16}H_3O$	17. 38	1. 62
$C_{14}H_{14}N_2$	16. 12	1. 22	$C_{11}H_{23}N_4$	13. 78	0. 88	$C_{16}H_5N$	17. 75	1. 48
$C_{14}H_{26}O$	15. 58	1. 33	$C_{12}H_3O_4$	13. 17	1. 60	$C_{16}H_{19}$	17. 59	1. 45
$C_{14}H_{28}N$	15. 96	1. 19	$C_{12}H_5NO_3$	13. 55	1. 45	$C_{17}H_7$	18. 48	1. 61
$C_{15}H_2N_2$	17. 00	1. 36	$C_{12}H_7N_2O_2$	13. 92	1. 30	**212**		
$C_{15}H_{14}O$	16. 47	1. 47	$C_{12}H_9N_3O$	14. 30	1. 15	$C_9H_{12}N_2O_4$	10. 84	1. 34

续表

	M+1	M+2		M+1	M+2		M+1	M+2
$C_9H_{14}N_3O_3$	11.21	1.18	$C_{13}H_{14}N_3$	15.42	1.11	$C_{10}H_{21}N_4O$	12.71	0.95
$C_9H_{16}N_4O_2$	11.59	1.02	$C_{13}H_{24}O_2$	14.51	1.38	$C_{11}H_3NO_4$	12.47	1.51
$C_{10}H_2N_3O_3$	12.10	1.27	$C_{13}H_{26}NO$	14.88	1.23	$C_{11}H_5N_2O_3$	12.85	1.36
$C_{10}H_4N_4O_2$	12.47	1.12	$C_{13}H_{28}N_2$	15.26	1.09	$C_{11}H_7N_3O_2$	13.22	1.21
$C_{10}H_{14}NO_4$	11.57	1.41	$C_{14}H_2N_3$	16.31	1.25	$C_{11}H_9N_4O$	13.60	1.06
$C_{10}H_{16}N_2O_3$	11.94	1.25	$C_{14}H_{12}O_2$	15.40	1.50	$C_{11}H_{17}O_4$	12.32	1.50
$C_{10}H_{18}N_3O_2$	12.32	1.10	$C_{14}H_{14}NO$	15.77	1.36	$C_{11}H_{19}NO_3$	12.69	1.34
$C_{10}H_{20}N_4O$	12.69	0.94	$C_{14}H_{16}N_2$	16.15	1.22	$C_{11}H_{21}N_2O_2$	13.06	1.29
$C_{11}H_2NO_4$	12.46	1.51	$C_{14}H_{28}O$	15.62	1.34	$C_{11}H_{23}N_3O$	13.44	1.04
$C_{11}H_4N_2O_3$	12.83	1.36	$C_{14}H_{30}N$	15.99	1.20	$C_{11}H_{25}N_4$	13.81	0.89
$C_{11}H_6N_3O_2$	13.21	1.21	$C_{15}H_2NO$	16.66	1.50	$C_{12}H_5O_4$	13.20	1.60
$C_{11}H_8N_4O$	13.58	1.06	$C_{15}H_4N_2$	17.04	1.36	$C_{12}H_7NO_3$	13.58	1.45
$C_{11}H_{16}O_4$	12.30	1.49	$C_{15}H_{16}O$	16.50	1.47	$C_{12}H_9N_2O_2$	13.95	1.30
$C_{11}H_{18}NO_3$	12.67	1.34	$C_{15}H_{18}N$	16.88	1.34	$C_{12}H_{11}N_3O$	14.33	1.15
$C_{11}H_{20}N_2O_2$	13.05	1.19	$C_{15}H_{32}$	16.72	1.31	$C_{12}H_{13}N_4$	14.70	1.01
$C_{11}H_{22}N_3O$	13.42	1.03	$C_{16}H_4O$	17.39	1.62	$C_{12}H_{21}O_3$	13.42	1.43
$C_{11}H_{24}N_4$	13.80	0.88	$C_{16}H_6N$	17.77	1.48	$C_{12}H_{23}NO_2$	13.80	1.28
$C_{12}H_4O_4$	13.19	1.60	$C_{16}H_{20}$	17.61	1.46	$C_{12}H_{25}N_2O$	14.17	1.13
$C_{12}H_6NO_3$	13.56	1.45	$C_{17}H_8$	18.50	1.61	$C_{12}H_{27}N_3$	14.54	0.99
$C_{12}H_8N_2O_2$	13.94	1.30	**213**			$C_{13}HN_4$	15.59	1.14
$C_{12}H_{10}N_3O$	14.31	1.15	$C_9H_3N_2O_4$	10.86	1.34	$C_{13}H_9O_3$	14.31	1.55
$C_{12}H_{12}N_4$	14.69	1.01	$C_9H_{15}N_3O_3$	11.23	1.18	$C_{13}H_{11}NO_2$	14.68	1.40
$C_{12}H_{20}O_3$	13.41	1.43	$C_9H_{17}N_4O_2$	11.60	1.02	$C_{13}H_{13}N_2O$	15.06	1.26
$C_{12}H_{22}NO_2$	13.78	1.28	$C_{10}HN_2O_4$	11.74	1.43	$C_{13}H_{15}N_3$	15.43	1.11
$C_{12}H_{24}N_2O$	14.15	1.13	$C_{10}H_3N_3O_2$	12.12	1.27	$C_{13}H_{25}O_2$	14.53	1.38
$C_{12}H_{26}N_3$	14.53	0.98	$C_{10}H_5N_4O_2$	12.40	1.12	$C_{13}H_{27}NO$	14.90	1.23
$C_{13}H_8O_3$	14.29	1.55	$C_{10}H_{15}NO_4$	11.58	1.41	$C_{13}H_{29}N_2$	15.28	1.09
$C_{13}H_{10}NO_2$	14.67	1.40	$C_{10}H_{17}N_2O_3$	11.96	1.26	$C_{14}HN_2O$	15.95	1.39
$C_{13}H_{12}N_2O$	15.04	1.25	$C_{10}H_{19}N_3O_2$	12.33	1.10	$C_{14}H_3N_3$	16.32	1.25

续表

	M+1	M+2		M+1	M+2		M+1	M+2
$C_{14}H_{13}O_2$	15.42	1.51	$C_{11}H_{18}O_4$	12.33	1.50	$C_{15}H_4NO$	16.69	1.51
$C_{14}H_{15}NO$	15.79	1.36	$C_{11}H_{20}NO_3$	12.71	1.34	$C_{15}H_6N_2$	17.07	1.37
$C_{14}H_{17}N_2$	16.16	1.22	$C_{11}H_{22}N_2O_2$	13.08	1.19	$C_{15}H_{18}O$	16.54	1.48
$C_{14}H_{29}O$	15.63	1.34	$C_{11}H_{24}N_3O$	13.45	1.04	$C_{15}H_{20}N$	16.91	1.34
$C_{14}H_{31}N$	16.01	1.20	$C_{11}H_{26}N_4$	13.83	0.89	$C_{16}H_6O$	17.43	1.63
$C_{15}HO_2$	16.30	1.64	$C_{12}H_6O_4$	13.22	1.61	$C_{16}H_8N$	17.80	1.49
$C_{15}H_3NO$	16.68	1.50	$C_{12}H_8NO_3$	13.59	1.45	$C_{16}H_{22}$	17.64	1.46
$C_{15}H_5N_2$	17.05	1.36	$C_{12}H_{10}N_2O_2$	13.97	1.31	$C_{17}H_{10}$	18.53	1.62
$C_{15}H_{17}O$	16.52	1.48	$C_{12}H_{12}N_3O$	14.34	1.16	**215**		
$C_{15}H_{19}N$	16.90	1.34	$C_{12}H_{14}N_4$	14.72	1.01	$C_9H_{15}N_2O_4$	10.89	1.34
$C_{16}H_5O$	17.41	1.62	$C_{12}H_{22}O_3$	13.44	1.43	$C_9H_{17}N_3O_3$	11.26	1.18
$C_{16}H_7N$	17.78	1.49	$C_{12}H_{24}NO_2$	13.81	1.26	$C_9H_{19}N_4O_2$	11.63	1.02
$C_{16}H_{21}$	17.63	1.46	$C_{12}H_{26}N_2O$	14.19	1.14	$C_{10}H_3N_2O_4$	11.77	1.44
$C_{17}H_9$	18.51	1.61	$C_{12}H_{28}N_3$	14.56	1.98	$C_{10}H_5N_3O_3$	12.15	1.28
214			$C_{13}H_2N_4$	15.61	?	$C_{10}H_7N_4O_2$	12.52	1.12
$C_9H_{14}N_2O_4$	10.87	1.34	$C_{13}H_{10}O_3$	14.33	1.55	$C_{10}H_{17}NO_4$	11.62	1.42
$C_9H_{16}N_3O_3$	11.24	1.18	$C_{13}H_{12}NO_2$	14.70	1.40	$C_{10}H_{19}N_2O_3$	11.99	1.26
$C_9H_{18}N_4O_2$	11.62	1.02	$C_{13}H_{14}N_2O$	15.07	1.26	$C_{10}H_{21}N_3O_2$	12.37	1.10
$C_{10}H_2N_2O_4$	11.76	1.43	$C_{13}H_{15}N_3$	15.45	1.12	$C_{10}H_{23}N_4O$	12.74	0.95
$C_{10}H_4N_3O_3$	12.13	1.28	$C_{13}H_{26}O_2$	14.54	1.38	$C_{11}H_5NO_4$	12.50	1.52
$C_{10}H_6N_4O_2$	12.51	1.12	$C_{13}H_{28}NO$	14.92	1.24	$C_{11}H_7N_2O_3$	12.88	1.37
$C_{10}H_{16}NO_4$	11.60	1.42	$C_{13}H_{30}N_2$	15.29	1.09	$C_{11}H_9N_3O_2$	13.25	1.21
$C_{10}H_{18}N_2O_3$	11.97	1.26	$C_{14}H_2N_2O$	15.96	1.39	$C_{11}H_{11}N_4O$	13.63	1.06
$C_{10}H_{20}N_3O_2$	12.35	1.10	$C_{14}H_4N_3$	16.34	1.25	$C_{11}H_{19}O_4$	12.35	1.50
$C_{10}H_{22}N_4O$	12.72	0.95	$C_{14}H_{14}O_2$	15.43	1.51	$C_{11}H_{21}NO_3$	12.72	1.35
$C_{11}H_4NO_4$	12.49	1.52	$C_{14}H_{16}NO$	15.81	1.37	$C_{11}H_{23}N_2O_2$	13.10	1.19
$C_{11}H_6N_2O_3$	12.86	1.36	$C_{14}H_{18}N_2$	16.18	1.23	$C_{11}H_{25}N_3O$	13.47	1.04
$C_{11}H_8N_3O_2$	13.24	1.21	$C_{14}H_{30}O$	15.65	1.34	$C_{11}H_{27}N_4$	13.84	0.89
$C_{11}H_{10}N_4O$	13.61	1.06	$C_{15}H_2O_2$	16.32	1.64	$C_{12}H_7O_4$	13.24	1.61

续表

	M+1	M+2		M+1	M+2		M+1	M+2
$C_{12}H_9NO_3$	13.61	1.46	$C_{16}H_{23}$	17.66	1.47	$C_{12}H_{28}N_2O$	14.22	1.14
$C_{12}H_{11}N_2O_2$	13.98	1.31	$C_{17}H_{11}$	18.55	1.62	$C_{13}H_2N_3O$	15.26	1.29
$C_{12}H_{13}N_3O$	14.36	1.16	**216**			$C_{13}H_4N_4$	15.64	1.14
$C_{12}H_{15}N_4$	14.73	1.01	$C_9H_{16}N_2O_4$	10.90	1.34	$C_{13}H_{12}O_3$	14.36	1.56
$C_{12}H_{23}O_3$	13.45	1.44	$C_9H_{18}N_3O_3$	11.28	1.18	$C_{13}H_{14}NO_2$	14.73	1.41
$C_{12}H_{25}NO_2$	13.83	1.29	$C_9H_{20}N_4O_2$	11.65	1.02	$C_{13}H_{16}N_2O$	15.11	1.26
$C_{12}H_{27}N_2O$	14.20	1.14	$C_{10}H_4N_2O_4$	11.79	1.44	$C_{13}H_{18}N_3$	15.48	1.12
$C_{12}H_{29}N_3$	14.58	0.99	$C_{10}H_6N_3O_3$	12.16	1.28	$C_{13}H_{28}O_2$	14.57	1.39
$C_{13}HN_3O$	15.25	1.28	$C_{10}H_8N_4O_2$	12.54	1.13	$C_{14}H_2NO_2$	15.62	1.54
$C_{13}H_3N_4$	15.62	1.14	$C_{10}H_{18}NO_4$	11.63	1.42	$C_{14}H_4N_2O$	15.99	1.40
$C_{13}H_{11}O_3$	14.34	1.55	$C_{10}H_{20}N_2O_3$	12.01	1.26	$C_{14}H_6N_3$	16.37	1.26
$C_{13}H_{13}NO_2$	14.72	1.41	$C_{10}H_{22}N_3O_2$	12.38	1.11	$C_{14}H_{16}O_2$	15.46	1.51
$C_{13}H_{15}N_2O$	15.09	1.26	$C_{10}H_{24}N_4O$	12.76	0.95	$C_{14}H_{18}NO$	15.84	1.37
$C_{13}H_{17}N_3$	15.46	1.12	$C_{11}H_6NO_4$	12.52	1.52	$C_{14}H_{20}N_2$	16.21	1.23
$C_{13}H_{27}O_2$	14.56	1.38	$C_{11}H_8N_2O_3$	12.90	1.37	$C_{15}H_4O_2$	16.35	1.65
$C_{13}H_{29}NO$	14.93	1.24	$C_{11}H_{10}N_3O_2$	13.27	1.21	$C_{15}H_6NO$	16.73	1.51
$C_{14}HNO_2$	15.60	1.54	$C_{11}H_{12}N_4O$	13.64	1.06	$C_{15}H_8N_2$	17.10	1.37
$C_{14}H_3N_2O$	15.98	1.39	$C_{11}H_{20}O_4$	12.36	1.50	$C_{15}H_{20}O$	16.57	1.49
$C_{14}H_5N_3$	16.35	1.25	$C_{11}H_{22}NO_3$	12.74	1.35	$C_{15}H_{22}N$	16.94	1.35
$C_{14}H_{15}O_2$	15.45	1.51	$C_{11}H_{24}N_2O_2$	13.11	1.19	$C_{16}H_8O$	17.46	1.63
$C_{14}H_{17}NO$	15.82	1.37	$C_{11}H_{26}N_3O$	13.49	1.04	$C_{16}H_{10}N$	17.83	1.50
$C_{14}H_{19}N_2$	16.20	1.23	$C_{11}H_{28}N_4$	13.86	0.89	$C_{16}H_{24}$	17.67	1.47
$C_{15}H_3O_2$	16.34	1.65	$C_{12}H_8O_4$	13.25	1.61	$C_{17}H_{12}$	18.56	1.62
$C_{15}H_5NO$	16.71	1.51	$C_{12}H_{10}NO_3$	13.63	1.46	**217**		
$C_{15}H_7N_2$	17.08	1.37	$C_{12}H_{12}N_2O_2$	14.00	1.31	$C_9H_{17}N_2O_4$	10.92	1.34
$C_{15}H_{19}O$	16.55	1.48	$C_{12}H_{14}N_3O$	14.38	1.16	$C_9H_{19}N_3O_3$	11.29	1.18
$C_{15}H_{21}N$	16.93	1.34	$C_{12}H_{16}N_4$	14.75	1.01	$C_9H_{21}N_4O_2$	11.67	1.03
$C_{16}H_7O$	17.44	1.63	$C_{12}H_{24}O_3$	13.47	1.44	$C_{10}H_5N_2O_4$	11.31	1.44
$C_{16}H_9N$	17.82	1.49	$C_{12}H_{26}NO_2$	13.84	1.29	$C_{10}H_7N_3O_3$	12.18	1.28

续表

	M+1	M+2		M+1	M+2		M+1	M+2
$C_{10}H_9N_4O_2$	12.55	1.13	$C_{14}H_3NO_2$	15.64	1.54	$C_{11}H_{12}N_3O_2$	13.30	1.22
$C_{10}H_{13}NO_4$	11.65	1.42	$C_{14}H_5N_2O$	16.01	1.40	$C_{11}H_{14}N_4O$	13.68	1.07
$C_{10}H_{21}N_2O_3$	12.02	1.26	$C_{14}H_7N_3$	16.39	1.26	$C_{11}H_{22}O_4$	12.40	1.51
$C_{10}H_{23}N_3O_2$	12.40	1.11	$C_{14}H_{17}O_2$	15.48	1.52	$C_{11}H_{24}NO_3$	12.77	1.35
$C_{10}H_{25}N_4O$	12.77	0.95	$C_{14}H_{19}NO$	15.58	1.37	$C_{11}H_{28}N_2O_2$	13.14	1.20
$C_{11}H_7NO_4$	12.54	1.52	$C_{14}H_{21}N_2$	16.23	1.23	$C_{12}H_2N_4O$	14.56	1.19
$C_{11}H_9N_2O_3$	12.91	1.37	$C_{15}H_5O_2$	16.37	1.65	$C_{12}H_{10}O_4$	13.28	1.61
$C_{11}H_{11}N_3O_2$	13.29	1.22	$C_{15}H_7NO$	16.74	1.51	$C_{12}H_{12}NO_3$	13.66	1.46
$C_{11}H_{13}N_4O$	13.66	1.07	$C_{15}H_9N_2$	17.12	1.38	$C_{12}H_{14}N_2O_2$	14.03	1.31
$C_{11}H_{21}O_4$	12.38	1.50	$C_{15}H_{21}O$	16.58	1.49	$C_{12}H_{16}N_3O$	14.41	1.17
$C_{11}H_{23}NO_3$	12.75	1.35	$C_{15}H_{23}N$	16.96	1.35	$C_{12}H_{18}N_4$	14.78	1.02
$C_{11}H_{25}N_2O_2$	13.13	1.20	$C_{16}H_9O$	17.47	1.63	$C_{12}H_{26}O_3$	13.50	1.44
$C_{11}H_{27}N_3O$	13.50	1.05	$C_{16}H_{11}N$	17.85	1.50	$C_{13}H_2N_2O_2$	14.92	1.44
$C_{12}HN_4O$	14.55	1.19	$C_{16}H_{25}$	17.69	1.47	$C_{13}H_4N_3O$	15.30	1.29
$C_{12}H_9O_4$	13.27	1.61	$C_{17}H_{13}$	18.58	1.63	$C_{13}H_6N_4$	15.67	1.15
$C_{12}H_{11}NO_3$	13.64	1.46	$C_{18}H$	19.47	1.79	$C_{13}H_{14}O_3$	14.39	1.56
$C_{12}H_{13}N_2O_2$	14.02	1.31	**218**			$C_{13}H_{16}NO_2$	14.76	1.41
$C_{12}H_{15}N_3O$	14.39	1.16	$C_9H_{18}N_2O_4$	10.93	1.35	$C_{13}H_{18}N_2O$	15.14	1.27
$C_{12}H_{17}N_4$	14.77	1.02	$C_9H_{20}N_3O_3$	11.31	1.19	$C_{13}H_{20}N_3$	15.51	1.13
$C_{12}H_{25}O_3$	13.49	1.44	$C_9H_{22}N_4O_2$	11.68	1.03	$C_{14}H_2O_3$	15.28	1.69
$C_{12}H_{27}NO_2$	13.86	1.29	$C_{10}H_6N_2O_4$	11.32	1.44	$C_{14}H_4NO_2$	15.65	1.54
$C_{13}HN_2O_2$	14.91	1.43	$C_{10}H_8N_3O_3$	12.20	1.28	$C_{14}H_6N_2O$	16.03	1.40
$C_{13}H_3N_3O$	15.28	1.29	$C_{10}H_{10}N_4O_2$	12.57	1.13	$C_{14}H_6N_3$	16.40	1.26
$C_{13}H_5N_4$	15.65	1.15	$C_{10}H_{20}NO_4$	11.66	1.42	$C_{14}H_{18}O_2$	15.50	1.52
$C_{13}H_{13}O_3$	14.37	1.56	$C_{10}H_{22}N_2O_3$	12.04	1.27	$C_{14}H_{20}NO$	15.87	1.38
$C_{13}H_{15}NO_2$	14.75	1.41	$C_{10}H_{24}N_3O_2$	12.41	1.11	$C_{14}H_{22}N_2$	16.24	1.24
$C_{13}H_{17}N_2O$	15.12	1.27	$C_{10}H_{26}N_4O$	12.79	0.96	$C_{15}H_6O_2$	16.38	1.66
$C_{13}H_{19}N_3$	15.50	1.12	$C_{11}H_8NO_4$	12.55	1.52	$C_{15}H_8NO$	16.76	1.52
$C_{14}HO_3$	15.26	1.68	$C_{11}H_{10}N_2O_3$	12.93	1.37	$C_{15}H_{10}N_2$	17.13	1.38

续表

	M+1	M+2		M+1	M+2		M+1	M+2
$C_{15}H_{22}O$	16.60	1.49	$C_{12}H_{19}N_4$	14.80	1.02	$C_9H_{22}N_3O_3$	11.34	1.19
$C_{15}H_{24}N$	16.98	1.35	$C_{13}HNO_3$	14.56	1.59	$C_9H_{24}N_4O_2$	11.71	1.03
$C_{16}H_{10}O$	17.49	1.64	$C_{13}H_3N_2O_2$	14.94	1.44	$C_{10}H_8N_2O_4$	11.85	1.44
$C_{16}H_{12}N$	17.86	1.50	$C_{13}H_5N_3O$	15.31	1.29	$C_{10}H_{10}N_3O_3$	12.23	1.29
$C_{16}H_{26}$	17.71	1.47	$C_{13}H_7N_4$	15.69	1.15	$C_{10}H_{12}N_4O_2$	12.60	1.13
$C_{17}H_{14}$	18.59	1.63	$C_{13}H_{15}O_3$	14.41	1.56	$C_{10}H_{22}NO_4$	11.70	1.43
$C_{18}H_2$	19.48	1.79	$C_{13}H_{17}NO_2$	14.78	1.42	$C_{10}H_{24}N_2O_3$	12.07	1.27
219			$C_{13}H_{19}N_2O$	15.15	1.27	$C_{11}H_{10}NO_4$	12.58	1.53
$C_9H_{19}N_2O_4$	10.95	1.35	$C_{13}H_{21}N_3$	15.53	1.13	$C_{11}H_{12}N_2O_3$	12.96	1.38
$C_9H_{21}N_3O_3$	11.32	1.19	$C_{14}H_3O_3$	15.29	1.69	$C_{11}H_{14}N_3O_2$	13.33	1.22
$C_9H_{23}N_4O_2$	11.70	1.03	$C_{14}H_5NO_2$	15.67	1.55	$C_{11}H_{16}N_4O$	13.71	1.07
$C_{10}H_7N_2O_4$	11.84	1.44	$C_{14}H_7N_2O$	16.04	1.40	$C_{11}H_{24}O_4$	12.43	1.51
$C_{10}H_9N_3O_3$	12.21	1.29	$C_{14}H_9N_3$	16.42	1.26	$C_{12}H_2N_3O_2$	14.22	1.34
$C_{10}H_{11}N_4O_2$	12.59	1.13	$C_{14}H_{19}O_2$	15.51	1.52	$C_{12}H_4N_4O$	14.60	1.19
$C_{10}H_{21}NO_4$	11.68	1.42	$C_{14}H_{21}NO$	15.89	1.38	$C_{12}H_{12}O_4$	13.32	1.62
$C_{10}H_{23}N_2O_3$	12.05	1.27	$C_{14}H_{23}N_2$	16.26	1.24	$C_{12}H_{14}NO_3$	13.69	1.47
$C_{10}H_{25}N_3O_2$	12.43	1.11	$C_{15}H_7O_2$	16.40	1.66	$C_{12}H_{16}N_2O_2$	14.06	1.32
$C_{11}H_9NO_4$	12.57	1.53	$C_{15}H_9NO$	16.77	1.52	$C_{12}H_{18}N_3O$	14.44	1.17
$C_{11}H_{11}N_2O_3$	12.94	1.37	$C_{15}H_{11}N_2$	17.15	1.38	$C_{12}H_{20}N_4$	14.81	1.02
$C_{11}H_{13}N_3O_2$	13.32	1.22	$C_{15}H_{23}O$	16.62	1.49	$C_{13}H_2NO_3$	14.58	1.59
$C_{11}H_{15}N_4O$	13.69	1.07	$C_{15}H_{25}N$	16.99	1.36	$C_{13}H_4N_2O_2$	14.95	1.44
$C_{11}H_{23}O_4$	12.41	1.51	$C_{16}H_{11}O$	17.51	1.64	$C_{13}H_6N_3O$	15.33	1.30
$C_{11}H_{25}NO_3$	12.79	1.35	$C_{16}H_{13}N$	17.88	1.50	$C_{13}H_8N_4$	15.70	1.15
$C_{12}HN_3O_2$	14.21	1.34	$C_{16}H_{27}$	17.72	1.48	$C_{13}H_{16}O_3$	14.42	1.57
$C_{12}H_3N_4O$	14.58	1.19	$C_{17}HN$	18.77	1.66	$C_{13}H_{18}NO_2$	14.80	1.42
$C_{12}H_{11}O_4$	13.30	1.62	$C_{17}H_{15}$	18.61	1.63	$C_{13}H_{20}N_2O$	15.17	1.27
$C_{12}H_{12}NO_3$	13.67	1.47	$C_{18}H_3$	19.50	1.80	$C_{13}H_{22}N_3$	15.54	1.13
$C_{12}H_{15}N_2O_2$	14.05	1.32	**220**			$C_{14}H_4O_3$	15.31	1.69
$C_{12}H_{17}N_3O$	14.42	1.17	$C_9H_{20}N_2O_4$	10.97	1.35	$C_{14}H_6NO_2$	15.68	1.55

续表

	M+1	M+2		M+1	M+2		M+1	M+2
$C_{14}H_8N_2O$	16.06	1.41	$C_{12}H_3N_3O_2$	14.24	1.34	$C_{16}H_{13}O$	17.54	1.64
$C_{14}H_{10}N_3$	16.43	1.27	$C_{12}H_5N_4O$	14.61	1.20	$C_{16}H_{15}N$	17.91	1.51
$C_{14}H_{20}O_2$	15.53	1.52	$C_{12}H_{13}O_4$	13.33	1.62	$C_{16}H_{29}$	17.75	1.48
$C_{14}H_{22}NO$	15.90	1.38	$C_{12}H_{15}NO_3$	13.71	1.47	$C_{17}HO$	18.43	1.80
$C_{14}H_{24}N_2$	16.28	1.20	$C_{12}H_{17}N_2O_2$	14.08	1.32	$C_{17}H_3N$	18.80	1.67
$C_{15}H_8O_2$	16.42	1.66	$C_{12}H_{19}N_3O$	14.46	1.17	$C_{17}H_{17}$	18.64	1.64
$C_{15}H_{10}NO$	16.79	1.52	$C_{12}H_{21}N_4$	14.83	1.03	$C_{18}H_5$	19.53	1.80
$C_{15}H_{12}N_2$	17.16	1.38	$C_{13}HO_4$	14.22	1.74	**222**		
$C_{15}H_{24}O$	16.63	1.50	$C_{13}H_3NO_3$	14.60	1.59	$C_9H_{22}N_2O_4$	11.00	1.35
$C_{15}H_{26}N$	17.01	1.36	$C_{13}H_5N_2O_2$	14.97	1.44	$C_{10}H_{10}N_2O_4$	11.89	1.45
$C_{16}H_{12}O$	17.52	1.64	$C_{13}H_7N_3O$	15.34	1.30	$C_{10}H_{12}N_3O_3$	12.26	1.29
$C_{16}H_{14}N$	17.90	1.51	$C_{13}H_9N_4$	15.72	1.16	$C_{10}H_{14}N_4O_2$	12.63	1.14
$C_{16}H_{28}$	17.74	1.48	$C_{13}H_{17}O_3$	14.44	1.57	$C_{11}H_2N_4O_2$	13.52	1.25
$C_{17}H_2N$	18.78	1.66	$C_{13}H_{19}NO_2$	14.81	1.42	$C_{11}H_{14}N_2O_3$	12.99	1.38
$C_{17}H_{16}$	18.63	1.64	$C_{13}H_{21}N_2O$	15.19	1.28	$C_{11}H_{16}N_3O_2$	13.37	1.23
$C_{18}H_4$	19.52	1.80	$C_{13}H_{23}N_3$	15.56	1.13	$C_{11}H_{18}N_4O$	13.74	1.08
221			$C_{14}H_5O_3$	15.33	1.69	$C_{12}H_2N_2O_3$	13.88	1.49
$C_9H_{21}N_2O_4$	10.98	1.35	$C_{14}H_7NO_2$	15.70	1.55	$C_{12}H_4N_3O_2$	14.25	1.34
$C_9H_{23}N_3O_3$	11.36	1.19	$C_{14}H_9N_2O$	16.07	1.41	$C_{12}H_6N_4O$	14.63	1.20
$C_{10}H_9N_2O_4$	11.87	1.45	$C_{13}H_{11}N_3$	16.45	1.27	$C_{12}H_{14}O_4$	13.35	1.62
$C_{10}H_{11}N_3O_3$	12.24	1.29	$C_{14}H_{21}O_2$	15.54	1.53	$C_{12}H_{16}NO_3$	13.72	1.47
$C_{10}H_{13}N_4O_2$	12.62	1.14	$C_{14}H_{23}NO$	15.92	1.38	$C_{12}H_{18}N_2O_2$	14.10	1.32
$C_{10}H_{23}NO_4$	11.71	1.43	$C_{14}H_{25}N_2$	16.29	1.24	$C_{12}H_{20}N_3O$	14.47	1.18
$C_{11}HN_4O_2$	13.51	1.25	$C_{15}H_9O_2$	16.43	1.66	$C_{12}H_{22}N_4$	14.85	1.03
$C_{11}H_{11}NO_4$	12.60	1.53	$C_{15}H_{11}NO$	16.81	1.52	$C_{13}H_2O_4$	14.24	1.74
$C_{11}H_{13}N_2O_3$	12.98	1.38	$C_{15}H_{13}N_2$	17.18	1.39	$C_{13}H_4NO_3$	14.61	1.59
$C_{11}H_{15}N_3O_2$	13.35	1.23	$C_{15}H_{25}O$	16.65	1.50	$C_{13}H_6N_2O_2$	14.99	1.45
$C_{11}H_{17}N_4O$	13.72	1.08	$C_{15}H_{27}N$	17.02	1.36	$C_{13}H_8N_3O$	15.36	1.30
$C_{12}HN_2O_3$	13.86	1.49	$C_{16}HN_2$	18.07	1.54	$C_{13}H_{10}N_4$	15.73	1.16

续表

	M+1	M+2		M+1	M+2		M+1	M+2
$C_{13}H_{18}O_3$	14.45	1.57	$C_{11}H_3N_4O_2$	13.54	1.25	$C_{15}HN_3$	17.37	1.42
$C_{13}H_{20}NO_2$	14.83	1.42	$C_{11}H_{13}NO_4$	12.63	1.53	$C_{15}H_{11}O_2$	16.46	1.67
$C_{13}H_{22}N_2O$	15.20	1.28	$C_{11}H_{15}N_2O_3$	13.01	1.38	$C_{15}H_{13}NO$	16.84	1.53
$C_{13}H_{24}N_3$	15.58	1.14	$C_{11}H_{17}N_3O_2$	13.38	1.23	$C_{15}H_{15}N_2$	17.21	1.39
$C_{14}H_6O_3$	15.34	1.70	$C_{11}H_{19}N_4O$	13.76	1.08	$C_{15}H_{27}O$	16.68	1.50
$C_{14}H_8NO_2$	15.72	1.55	$C_{12}HNO_4$	13.52	1.65	$C_{15}H_{29}N$	17.06	1.37
$C_{14}H_{10}N_2O$	16.09	1.41	$C_{12}H_3N_2O_3$	13.90	1.50	$C_{16}HNO$	17.73	1.68
$C_{14}H_{12}N_3$	16.47	1.27	$C_{12}H_5N_3O_2$	14.27	1.35	$C_{16}H_3N_2$	18.10	1.54
$C_{14}H_{22}O_2$	15.56	1.53	$C_{12}H_7N_4O$	14.64	1.20	$C_{16}H_{15}O$	17.57	1.65
$C_{14}H_{24}NO$	15.93	1.39	$C_{12}H_{15}O_4$	13.36	1.62	$C_{16}H_{17}N$	17.94	1.52
$C_{14}H_{26}N_2$	16.31	1.25	$C_{12}H_{17}NO_3$	13.74	1.47	$C_{16}H_{31}$	17.79	1.49
$C_{15}H_{10}O_2$	16.45	1.67	$C_{12}H_{19}N_2O_2$	14.11	1.33	$C_{17}H_3O$	18.46	1.80
$C_{15}H_{12}NO$	16.82	1.53	$C_{12}H_{21}N_3O$	14.49	1.18	$C_{17}H_5N$	18.83	1.67
$C_{15}H_{14}N_2$	17.20	1.39	$C_{12}H_{23}N_4$	14.86	1.03	$C_{17}H_{19}$	18.67	1.64
$C_{15}H_{26}O$	16.66	1.50	$C_{13}H_3O_4$	14.25	1.74	$C_{18}H_7$	19.56	1.81
$C_{15}H_{28}N$	17.04	1.36	$C_{13}H_5NO_3$	14.63	1.59	**224**		
$C_{16}H_2N_2$	18.09	1.54	$C_{13}H_7N_2O_2$	15.00	1.45	$C_{10}H_{12}N_2O_4$	11.92	1.45
$C_{16}H_{14}O$	17.55	1.65	$C_{13}H_{11}N_4$	15.75	1.16	$C_{10}H_{14}N_3O_3$	12.29	1.30
$C_{16}H_{16}N$	17.93	1.51	$C_{13}H_{19}O_3$	14.47	1.57	$C_{10}H_{16}N_4O_2$	12.67	1.14
$C_{16}H_{30}$	17.77	1.49	$C_{13}H_{21}NO_2$	14.84	1.43	$C_{11}H_2N_3O_3$	13.18	1.40
$C_{17}H_2O$	18.44	1.80	$C_{13}H_{23}N_2O$	15.22	1.28	$C_{11}H_4N_4O_2$	13.56	1.25
$C_{17}H_4N$	18.82	1.67	$C_{13}H_{25}N_3$	15.59	1.14	$C_{11}H_{14}NO_4$	12.65	1.54
$C_{17}H_{18}$	18.66	1.64	$C_{14}H_7O_3$	15.36	1.70	$C_{11}H_{16}N_2O_3$	13.02	1.38
$C_{18}H_6$	19.55	1.81	$C_{14}H_9NO_2$	15.73	1.56	$C_{11}H_{18}N_3O_2$	13.4	1.23
223			$C_{14}H_{11}N_2O$	16.11	1.41	$C_{11}H_{20}N_4O$	13.77	1.08
$C_{10}H_{11}N_2O_4$	11.90	1.45	$C_{14}H_{13}N_3$	16.48	1.27	$C_{12}H_2NO_4$	13.54	1.65
$C_{10}H_{13}N_3O_3$	12.28	1.29	$C_{14}H_{23}O_2$	15.58	1.53	$C_{12}H_4N_2O_3$	13.91	1.50
$C_{10}H_{15}N_4O_2$	12.65	1.14	$C_{14}H_{25}NO$	15.95	1.39	$C_{12}H_6N_3O_2$	14.29	1.35
$C_{11}HN_3O_3$	13.16	1.40	$C_{14}H_{27}N_2$	16.32	1.25	$C_{12}H_8N_4O$	14.66	1.20

续表

	M+1	M+2		M+1	M+2		M+1	M+2
$C_{12}H_{16}O_4$	13.38	1.63	$C_{16}H_{16}O$	17.59	1.65	$C_{13}H_9N_2O_2$	15.03	1.45
$C_{12}H_{18}NO_3$	13.75	1.48	$C_{16}H_{18}N$	17.96	1.52	$C_{13}H_{11}N_3O$	15.41	1.31
$C_{12}H_{20}N_2O_2$	14.13	1.33	$C_{16}H_{32}$	17.80	1.49	$C_{13}H_{13}N_4$	15.78	1.17
$C_{12}H_{22}N_3O$	14.50	1.13	$C_{17}H_4O$	18.47	1.81	$C_{13}H_{21}O_3$	14.50	1.58
$C_{12}H_{24}N_4$	14.88	1.03	$C_{17}H_6N$	18.85	1.68	$C_{13}H_{23}NO_2$	14.88	1.43
$C_{13}H_4O_4$	14.27	1.74	$C_{17}H_{20}$	18.69	1.65	$C_{13}H_{25}N_2O$	15.25	1.29
$C_{13}H_6NO_3$	14.64	1.60	$C_{18}H_8$	19.58	1.81	$C_{13}H_{27}N_3$	15.62	1.14
$C_{13}H_8N_2O_2$	15.02	1.45	**225**			$C_{14}HN_4$	16.67	1.30
$C_{13}H_{10}N_3O$	15.39	1.31	$C_{10}H_{13}N_2O_4$	11.93	1.45	$C_{14}H_9O_3$	15.39	1.70
$C_{13}H_{12}N_4$	15.77	1.16	$C_{10}H_{15}N_3O_3$	12.31	1.30	$C_{14}H_{11}NO_2$	15.76	1.56
$C_{13}H_{20}O_3$	14.49	1.57	$C_{10}H_{17}N_4O_2$	12.68	1.14	$C_{14}H_{13}N_2O$	16.14	1.42
$C_{13}H_{22}NO_2$	14.86	1.43	$C_{11}HN_2O_4$	12.82	1.56	$C_{14}H_{15}N_3$	16.51	1.28
$C_{13}H_{24}N_2O$	15.23	1.28	$C_{11}H_3N_3O_3$	13.20	1.41	$C_{14}H_{25}O_2$	15.61	1.54
$C_{13}H_{26}N_3$	15.61	1.14	$C_{11}H_5N_4O_2$	13.57	1.25	$C_{14}H_{27}NO$	15.98	1.39
$C_{14}H_8O_3$	15.37	1.70	$C_{11}H_{15}NO_4$	12.66	1.54	$C_{14}H_{29}N_2$	16.36	1.25
$C_{14}H_{10}NO_2$	15.75	1.56	$C_{11}H_{17}N_2O_3$	13.04	1.39	$C_{15}HN_2O$	17.03	1.56
$C_{14}H_{12}N_2O$	16.12	1.42	$C_{11}H_{19}N_3O_2$	13.41	1.23	$C_{15}H_3N_3$	17.40	1.42
$C_{14}H_{14}N_3$	16.50	1.28	$C_{11}H_{21}N_4O$	13.79	1.08	$C_{15}H_{13}O_2$	16.50	1.67
$C_{14}H_{24}O_2$	15.59	1.53	$C_{12}H_3NO_4$	13.55	1.65	$C_{15}H_{15}NO$	16.87	1.54
$C_{14}H_{26}NO$	15.97	1.39	$C_{12}H_5N_2O_3$	13.93	1.50	$C_{15}H_{17}N_2$	17.24	1.40
$C_{14}H_{28}N_2$	16.34	1.25	$C_{12}H_7N_3O_2$	14.30	1.35	$C_{15}H_{29}O$	16.71	1.51
$C_{15}H_2N_3$	17.39	1.42	$C_{12}H_9N_4O$	14.68	1.20	$C_{15}H_{31}N$	17.09	1.37
$C_{15}H_{12}O_2$	16.48	1.67	$C_{12}H_{17}O_4$	13.40	1.63	$C_{16}HO_2$	17.38	1.82
$C_{15}H_{14}NO$	16.85	1.53	$C_{12}H_{19}NO_3$	13.77	1.48	$C_{16}H_3NO$	17.76	1.68
$C_{15}H_{16}N_2$	17.23	1.40	$C_{12}H_{21}N_2O_2$	14.14	1.33	$C_{16}H_5N_2$	18.13	1.55
$C_{15}H_{28}O$	16.70	1.51	$C_{12}H_{23}N_3O$	14.52	1.18	$C_{16}H_{17}O$	17.60	1.66
$C_{15}H_{30}N$	17.07	1.37	$C_{12}H_{25}N_4$	14.89	1.04	$C_{16}H_{19}N$	17.93	1.52
$C_{16}H_2NO$	17.74	1.68	$C_{13}H_5O_4$	14.28	1.75	$C_{16}H_{33}$	17.82	1.49
$C_{16}H_4N_2$	18.12	1.55	$C_{13}H_7NO_3$	14.66	1.60	$C_{17}H_5O$	18.49	1.81

续表

	M+1	M+2		M+1	M+2		M+1	M+2
$C_{17}H_7N$	18.86	1.68	$C_{13}H_{24}NO_2$	14.89	1.43	$C_{10}H_{15}N_2O_4$	11.97	1.46
$C_{17}H_{21}$	18.71	1.65	$C_{13}H_{26}N_2O$	15.27	1.29	$C_{10}H_{17}N_3O_3$	12.34	1.30
$C_{18}H_9$	19.60	1.81	$C_{13}H_{28}N_3$	15.64	1.15	$C_{10}H_{19}N_4O_2$	12.71	1.15
226			$C_{14}H_2N_4$	16.69	1.31	$C_{11}H_3N_2O_4$	12.85	1.56
$C_{10}H_{14}N_2O_4$	11.95	1.46	$C_{14}H_{10}O_3$	15.41	1.71	$C_{11}H_5N_3O_3$	13.23	1.41
$C_{10}H_{16}N_3O_3$	12.32	1.30	$C_{14}H_{12}NO_2$	15.78	1.56	$C_{11}H_7N_4O_2$	13.60	1.26
$C_{10}H_{18}N_4O_2$	12.70	1.15	$C_{14}H_{14}N_2O$	16.15	1.42	$C_{11}H_{17}NO_4$	12.70	1.54
$C_{11}H_2N_2O_4$	12.84	1.56	$C_{14}H_{16}N_3$	16.53	1.28	$C_{11}H_{19}N_2O_3$	13.07	1.39
$C_{11}H_4N_3O_3$	13.21	1.41	$C_{14}H_{26}O_2$	15.62	1.54	$C_{11}H_{21}N_3O_2$	13.45	1.24
$C_{11}H_6N_4O_2$	13.59	1.26	$C_{14}H_{28}NO$	16.00	1.40	$C_{11}H_{23}N_4O$	13.82	1.09
$C_{11}H_{16}NO_4$	12.68	1.54	$C_{14}H_{30}N_2$	16.37	1.26	$C_{12}H_5NO_4$	13.59	1.65
$C_{11}H_{18}N_2O_3$	13.06	1.39	$C_{15}H_2N_2O$	17.04	1.56	$C_{12}H_7N_2O_3$	13.96	1.50
$C_{11}H_{20}N_3O_2$	13.43	1.24	$C_{15}H_4N_3$	17.42	1.43	$C_{12}H_9N_3O_2$	14.33	1.36
$C_{11}H_{22}N_4O$	13.80	1.09	$C_{15}H_{14}O_2$	16.51	1.68	$C_{12}H_{11}N_4O$	14.71	1.21
$C_{12}H_4NO_4$	13.57	1.65	$C_{15}H_{16}NO$	16.89	1.54	$C_{12}H_{19}O_4$	13.43	1.63
$C_{12}H_6N_2O_3$	13.94	1.50	$C_{15}H_{18}N_2$	17.26	1.40	$C_{12}H_{21}NO_3$	13.80	1.48
$C_{12}H_8N_3O_2$	14.32	1.35	$C_{15}H_{30}O$	16.73	1.51	$C_{12}H_{23}N_2O_2$	14.18	1.33
$C_{12}H_{10}N_4O$	14.69	1.21	$C_{15}H_{32}N$	17.14	1.37	$C_{12}H_{25}N_3O$	14.55	1.19
$C_{12}H_{18}O_4$	13.41	1.63	$C_{16}H_2O_2$	17.40	1.82	$C_{12}H_{27}N_4$	14.93	1.04
$C_{12}H_{20}NO_3$	13.79	1.48	$C_{16}H_4NO$	17.77	1.69	$C_{13}H_7O_4$	14.32	1.75
$C_{12}H_{22}N_2O_2$	14.16	1.33	$C_{16}H_6N_2$	18.15	1.55	$C_{13}H_9NO_3$	14.69	1.60
$C_{12}H_{24}N_3O$	14.54	1.18	$C_{16}H_{18}O$	17.62	1.66	$C_{13}H_{11}N_2O_2$	15.07	1.46
$C_{12}H_{26}N_4$	14.91	1.04	$C_{16}H_{20}N$	17.99	1.52	$C_{13}H_{13}N_3O$	15.44	1.31
$C_{13}H_6O_4$	14.30	1.75	$C_{16}H_{34}$	17.83	1.50	$C_{13}H_{15}N_4$	15.81	1.17
$C_{13}H_8NO_3$	14.68	1.60	$C_{17}H_6O$	18.51	1.81	$C_{13}H_{23}O_3$	14.53	1.58
$C_{13}H_{10}N_2O_2$	15.05	1.46	$C_{17}H_8N$	18.88	1.68	$C_{13}H_{25}NO_2$	14.91	1.44
$C_{13}H_{12}N_3O$	15.42	1.31	$C_{17}H_{22}$	18.72	1.65	$C_{13}H_{27}N_2O$	15.28	1.29
$C_{13}H_{14}N_4$	15.80	1.17	$C_{18}H_{10}$	19.61	1.82	$C_{13}H_{29}N_3$	15.66	1.15
$C_{13}H_{22}O_3$	14.52	1.58	**227**			$C_{14}HN_3O$	16.33	1.45

续表

	M+1	M+2		M+1	M+2		M+1	M+2
$C_{14}H_3N_4$	16.70	1.31	$C_{11}H_4N_2O_4$	12.87	1.56	$C_{14}H_{16}N_2O$	16.19	1.43
$C_{14}H_{11}O_3$	15.42	1.71	$C_{11}H_6N_3O_3$	13.24	1.41	$C_{14}H_{18}N_3$	16.56	1.29
$C_{14}H_{13}NO_2$	15.80	1.57	$C_{11}H_8N_4O_2$	13.62	1.26	$C_{14}H_{28}O_2$	15.66	1.54
$C_{14}H_{15}N_2O$	16.17	1.42	$C_{11}H_{18}NO_4$	12.71	1.55	$C_{14}H_{30}NO$	16.03	1.40
$C_{14}H_{17}N_3$	16.55	1.28	$C_{11}H_{20}N_2O_3$	13.09	1.39	$C_{14}H_{32}N_2$	16.40	1.26
$C_{14}H_{27}O_2$	15.64	1.54	$C_{11}H_{22}N_3O_2$	13.46	1.24	$C_{15}H_2NO_2$	16.70	1.71
$C_{14}H_{29}NO$	16.01	1.40	$C_{11}H_{24}N_4O$	13.84	1.09	$C_{15}H_4N_2O$	17.08	1.57
$C_{14}H_{31}N_2$	16.39	1.26	$C_{12}H_6NO_4$	13.60	1.66	$C_{15}H_6N_3$	17.45	1.43
$C_{15}HNO_2$	16.69	1.70	$C_{12}H_8N_2O_3$	13.98	1.51	$C_{15}H_{16}O_2$	16.54	1.68
$C_{15}H_3N_2O$	17.06	1.57	$C_{12}H_{10}N_3O_2$	14.35	1.36	$C_{15}H_{18}NO$	16.92	1.54
$C_{15}H_5N_3$	17.43	1.43	$C_{12}H_{12}N_4O$	14.72	1.21	$C_{15}H_{20}N_2$	17.29	1.41
$C_{15}H_{15}O_2$	16.53	1.68	$C_{12}H_{20}O_4$	13.44	1.64	$C_{15}H_{32}O$	16.76	1.52
$C_{15}H_{17}NO$	16.90	1.54	$C_{12}H_{22}NO_3$	13.82	1.49	$C_{16}H_4O_2$	17.43	1.83
$C_{15}H_{19}N_2$	17.28	1.40	$C_{12}H_{24}N_2O_2$	14.19	1.34	$C_{16}H_6NO$	17.81	1.69
$C_{15}H_{31}O$	16.74	1.51	$C_{12}H_{26}N_3O$	14.57	1.19	$C_{16}H_8N_2$	18.18	1.56
$C_{15}H_{33}N$	17.12	1.38	$C_{12}H_{28}N_4$	14.94	1.04	$C_{16}H_{20}O$	17.65	1.66
$C_{16}H_3O_2$	17.42	1.82	$C_{13}H_8O_4$	14.33	1.75	$C_{16}H_{22}N$	18.02	1.53
$C_{16}H_5NO$	17.79	1.69	$C_{13}H_{10}NO_3$	14.71	1.61	$C_{17}H_8O$	18.54	1.82
$C_{16}H_7N_2$	18.17	1.55	$C_{13}H_{12}N_2O_2$	15.08	1.46	$C_{17}H_{10}N$	18.91	1.69
$C_{16}H_{19}O$	17.63	1.66	$C_{13}H_{14}N_3O$	15.46	1.32	$C_{17}H_{24}$	18.75	1.66
$C_{16}H_{21}N$	18.01	1.53	$C_{13}H_{16}N_4$	15.83	1.17	$C_{18}H_{12}$	19.64	1.82
$C_{17}H_7O$	18.52	1.82	$C_{13}H_{24}O_3$	14.55	1.58	**229**		
$C_{17}H_9N$	18.90	1.69	$C_{13}H_{26}NO_2$	14.92	1.44	$C_{10}H_{17}N_2O_4$	12.00	1.46
$C_{17}H_{23}$	18.74	1.66	$C_{13}H_{28}N_2O$	15.30	1.29	$C_{10}H_{19}N_3O_3$	12.37	1.31
$C_{18}H_{11}$	19.63	1.82	$C_{13}H_{30}N_3$	15.67	1.15	$C_{10}H_{21}N_4O_2$	12.75	1.15
228			$C_{14}H_2N_3O$	16.34	1.45	$C_{11}H_5N_2O_4$	12.89	1.57
$C_{10}H_{16}N_2O_4$	11.98	1.46	$C_{14}H_4N_4$	16.72	1.31	$C_{11}H_7N_3O_3$	13.26	1.41
$C_{10}H_{18}N_3O_3$	12.36	1.30	$C_{14}H_{12}O_3$	15.44	1.71	$C_{11}H_9N_4O_2$	13.64	1.26
$C_{10}H_{20}N_4O_2$	12.73	1.15	$C_{14}H_{14}NO_2$	15.81	1.57	$C_{11}H_{19}NO_4$	12.73	1.55

续表

	M+1	M+2		M+1	M+2		M+1	M+2
$C_{11}H_{21}N_2O_3$	13.10	1.39	$C_{14}H_{29}O_2$	15.67	1.55	$C_{11}H_{26}N_4O$	13.87	1.00
$C_{11}H_{23}N_3O_2$	13.48	1.24	$C_{14}H_{31}NO$	16.05	1.41	$C_{12}H_8NO_4$	13.63	1.66
$C_{11}H_{25}N_4O$	13.85	1.09	$C_{15}HO_3$	16.34	1.85	$C_{12}H_{10}N_2O_3$	14.01	1.51
$C_{12}H_7NO_4$	13.62	1.66	$C_{15}H_3N_1O_2$	16.72	1.71	$C_{12}H_{12}N_3O_2$	14.38	1.36
$C_{12}H_9N_2O_3$	13.99	1.51	$C_{15}H_5N_2O$	17.09	1.57	$C_{12}H_{14}N_4O$	14.76	1.22
$C_{12}H_{11}N_3O_2$	14.37	1.36	$C_{15}H_7N_3$	17.47	1.44	$C_{12}H_{22}O_4$	13.48	1.64
$C_{12}H_{13}N_4O$	14.74	1.21	$C_{15}H_{17}O_2$	16.56	1.68	$C_{12}H_{24}NO_3$	13.85	1.49
$C_{12}H_{21}O_4$	13.46	1.64	$C_{15}H_{19}NO$	16.93	1.55	$C_{12}H_{26}N_2O_2$	14.22	1.34
$C_{12}H_{23}NO_3$	13.83	1.49	$C_{15}H_{21}N_2$	17.31	1.41	$C_{12}H_{28}N_3O$	14.60	1.19
$C_{12}H_{25}N_2O_2$	14.21	1.34	$C_{16}H_5O_2$	17.45	1.83	$C_{12}H_{30}N_4$	14.97	1.05
$C_{12}H_{27}N_3O$	14.58	1.19	$C_{16}H_7NO$	17.82	1.69	$C_{13}H_2N_4O$	15.65	1.35
$C_{12}H_{29}N_4$	14.96	1.05	$C_{16}H_9N_2$	18.20	1.56	$C_{13}H_{10}O_4$	14.36	1.76
$C_{13}HN_4O$	15.63	1.34	$C_{16}H_{21}O$	17.67	1.67	$C_{13}H_{12}NO_3$	14.74	1.61
$C_{13}H_9O_4$	14.35	1.76	$C_{16}H_{23}N$	18.04	1.53	$C_{13}H_{14}N_2O_2$	15.11	1.47
$C_{13}H_{11}NO_3$	14.72	1.61	$C_{17}H_9O$	18.55	1.82	$C_{13}H_{16}N_3O$	15.49	1.32
$C_{13}H_{12}N_2O_2$	15.10	1.46	$C_{17}H_{11}N$	18.93	1.69	$C_{13}H_{18}N_4$	15.86	1.18
$C_{13}H_{15}N_3O$	15.47	1.32	$C_{17}H_{25}$	18.77	1.66	$C_{13}H_{26}O_3$	14.58	1.59
$C_{13}H_{17}N_4$	15.85	1.18	$C_{18}H_{13}$	19.66	1.33	$C_{13}H_{28}NO_2$	14.96	1.44
$C_{13}H_{25}O_3$	14.57	1.59	$C_{19}H$	20.55	2.00	$C_{13}H_{30}N_2O$	15.33	1.30
$C_{13}H_{27}NO_2$	14.94	1.44	**230**			$C_{14}H_2N_2O_2$	16.00	1.60
$C_{13}H_{29}N_2O$	15.31	1.30	$C_{10}H_{18}N_2O_4$	12.01	1.46	$C_{14}H_4N_3O$	16.38	1.46
$C_{13}H_{31}N_3$	15.69	1.15	$C_{10}H_{20}N_3O_3$	12.39	1.31	$C_{14}H_6N_4$	16.75	1.32
$C_{14}HN_2O_2$	15.99	1.60	$C_{10}H_{22}N_4O_2$	12.76	1.15	$C_{14}H_{14}O_3$	15.47	1.72
$C_{14}H_3N_3O$	16.36	1.45	$C_{11}H_6N_2O_4$	12.90	1.57	$C_{14}H_{16}NO_2$	15.84	1.57
$C_{14}H_5N_4$	16.73	1.32	$C_{11}H_8N_3O_3$	13.28	1.42	$C_{14}H_{18}N_2O$	16.22	1.43
$C_{14}H_{13}O_3$	15.45	1.71	$C_{11}H_{10}N_4O_2$	13.65	1.27	$C_{14}H_{20}N_3$	16.59	1.29
$C_{14}H_{15}NO$	15.83	1.57	$C_{11}H_{20}NO_4$	12.74	1.55	$C_{14}H_{30}O_2$	15.69	1.55
$C_{14}H_{17}N_2O$	16.20	1.43	$C_{11}H_{22}N_2O_3$	13.12	1.40	$C_{15}H_2O_3$	16.36	1.85
$C_{14}H_{19}N_3$	16.58	1.29	$C_{11}H_{24}N_3O_2$	13.49	1.24	$C_{15}H_4NO_2$	16.73	1.71

续表

	M+1	M+2		M+1	M+2		M+1	M+2
$C_{15}H_6N_2O$	17.11	1.57	$C_{12}H_{15}N_4O$	14.77	1.22	$C_{16}H_7O_2$	17.48	1.84
$C_{15}H_8N_3$	17.48	1.44	$C_{12}H_{23}O_4$	13.49	1.64	$C_{16}H_9NO$	17.85	1.70
$C_{15}H_{18}O_2$	16.58	1.69	$C_{12}H_{25}NO_3$	13.87	1.49	$C_{16}H_{11}N_2$	18.23	1.57
$C_{15}H_{20}NO$	16.95	1.55	$C_{12}H_{27}N_2O_2$	14.24	1.34	$C_{16}H_{23}O$	17.70	1.68
$C_{15}H_{22}N_2$	17.32	1.41	$C_{12}H_{29}N_3O$	14.62	1.20	$C_{16}H_{25}N$	18.07	1.54
$C_{16}H_6O_2$	17.46	1.83	$C_{13}HN_3O_2$	15.29	1.49	$C_{17}H_{11}O$	18.59	1.83
$C_{16}H_8ON$	17.84	1.70	$C_{13}H_3N_4O$	15.66	1.35	$C_{17}H_{13}N$	18.96	1.70
$C_{16}H_{10}N_2$	18.21	1.56	$C_{13}H_{11}O_4$	14.38	1.76	$C_{17}H_{27}$	18.80	1.67
$C_{16}H_{22}O$	17.68	1.67	$C_{13}H_{13}NO_3$	14.76	1.61	$C_{18}HN$	19.85	1.86
$C_{16}H_{24}N$	18.06	1.54	$C_{13}H_{15}N_2O_2$	15.13	1.47	$C_{18}H_{15}$	19.69	1.83
$C_{17}H_{10}O$	18.57	1.83	$C_{13}H_{17}N_3O$	15.50	1.32	$C_{19}H_3$	20.58	2.01
$C_{17}H_{12}N$	18.94	1.69	$C_{13}H_{19}N_4$	15.88	1.18	**232**		
$C_{17}H_{26}$	18.79	1.67	$C_{13}H_{27}O_3$	14.60	1.59	$C_{10}H_{20}N_2O_4$	12.05	1.47
$C_{18}H_{14}$	19.68	1.83	$C_{13}H_{29}NO_2$	14.97	1.45	$C_{10}H_{22}N_3O_3$	12.42	1.31
$C_{19}H_2$	20.56	2.00	$C_{14}HNO_3$	15.64	1.74	$C_{10}H_{24}N_4O_2$	12.79	1.16
231			$C_{14}H_3N_2O_2$	16.02	1.60	$C_{11}H_8N_2O_4$	12.93	1.57
$C_{10}H_{19}N_2O_4$	12.03	1.47	$C_{14}H_5N_3O$	16.39	1.46	$C_{11}H_{10}N_3O_3$	13.31	1.42
$C_{10}H_{21}N_3O_3$	12.40	1.31	$C_{14}H_7N_4$	16.77	1.32	$C_{11}H_{12}N_4O_2$	13.68	1.27
$C_{10}H_{23}N_4O_2$	12.78	1.16	$C_{14}H_{15}O_3$	15.49	1.72	$C_{11}H_{22}NO_4$	12.78	1.55
$C_{11}H_7N_2O_4$	12.92	1.57	$C_{14}H_{17}NO_2$	15.86	1.58	$C_{11}H_{24}N_2O_3$	13.15	1.40
$C_{11}H_9N_3O_3$	13.29	1.42	$C_{14}H_{19}N_2O$	16.23	1.44	$C_{11}H_{26}N_3O_2$	13.53	1.25
$C_{11}H_{11}N_4O_2$	13.67	1.27	$C_{14}H_{21}N_3$	16.61	1.30	$C_{11}H_{28}N_4O$	13.90	1.10
$C_{11}H_{21}NO_4$	12.76	1.55	$C_{15}H_3O_3$	16.37	1.86	$C_{12}H_{10}NO_4$	13.67	1.66
$C_{11}H_{23}N_2O_3$	13.14	1.40	$C_{15}H_5NO_2$	16.75	1.72	$C_{12}H_{12}N_2O$	14.04	1.52
$C_{11}H_{25}N_3O_2$	13.51	1.25	$C_{15}H_7N_2O$	17.12	1.58	$C_{12}H_{14}N_3O_2$	14.41	1.37
$C_{11}H_{27}N_4O$	13.88	1.10	$C_{15}H_9N_3$	17.50	1.44	$C_{12}H_{16}N_4O$	14.79	1.22
$C_{12}H_9NO_4$	13.65	1.66	$C_{15}H_{19}O_2$	16.59	1.69	$C_{12}H_{24}O_4$	13.51	1.64
$C_{12}H_{11}N_2O_3$	14.02	1.51	$C_{15}H_{21}NO$	16.97	1.55	$C_{12}H_{26}NO_3$	13.88	1.49
$C_{12}H_{13}N_3O_2$	14.40	1.37	$C_{15}H_{23}N_2$	17.34	1.42	$C_{12}H_{28}N_2O_2$	14.26	1.35

续表

	M+1	M+2		M+1	M+2		M+1	M+2
$C_{13}H_2N_3O_2$	15.30	1.49	$C_{17}H_{14}N$	18.98	1.70	$C_{13}H_{21}N_4$	15.91	1.19
$C_{13}H_4N_4O$	15.68	1.35	$C_{17}H_{28}$	18.82	1.67	$C_{14}HO_4$	15.30	1.89
$C_{13}H_{12}O_4$	14.40	1.76	$C_{18}H_2N$	19.86	1.87	$C_{14}H_3NO_3$	15.68	1.75
$C_{13}H_{14}NO_3$	14.77	1.62	$C_{18}H_{16}$	19.71	1.84	$C_{14}H_5N_2O_2$	16.05	1.61
$C_{13}H_{16}N_2O_2$	15.15	1.47	$C_{19}H_4$	20.60	2.01	$C_{14}H_7N_3O$	16.42	1.47
$C_{13}H_{18}N_3O$	15.52	1.33	**233**			$C_{14}H_9N_4$	16.80	1.33
$C_{13}H_{20}N_4$	15.89	1.18	$C_{10}H_{21}N_2O_4$	12.06	1.47	$C_{14}H_{17}O_3$	15.52	1.72
$C_{13}H_{28}O_3$	14.61	1.59	$C_{10}H_{23}N_3O_3$	12.44	1.31	$C_{14}H_{19}NO_2$	15.89	1.58
$C_{14}H_2NO_3$	15.66	1.75	$C_{10}H_{25}N_4O_2$	12.81	1.16	$C_{14}H_{21}N_2O$	16.27	1.44
$C_{14}H_4N_2O_2$	16.03	1.60	$C_{11}H_9N_2O_4$	12.95	1.57	$C_{14}H_{23}N_3$	16.64	1.30
$C_{14}H_8N_3O$	16.41	1.46	$C_{11}H_{11}N_3O_3$	13.32	1.42	$C_{15}H_5O_3$	16.41	1.66
$C_{14}H_8N_4$	16.78	1.32	$C_{11}H_{13}N_4O_2$	13.70	1.27	$C_{15}H_7NO_2$	16.78	1.72
$C_{14}H_{16}O_3$	15.50	1.72	$C_{11}H_{23}NO_4$	12.79	1.56	$C_{15}H_9N_2O$	17.16	1.58
$C_{14}H_{18}NO_2$	15.88	1.58	$C_{11}H_{25}N_2O_3$	13.17	1.40	$C_{15}H_{11}N_3$	17.53	1.45
$C_{14}H_{20}N_2O$	16.25	1.44	$C_{11}H_{27}N_3O_2$	13.54	1.25	$C_{15}H_{21}O_2$	16.62	1.70
$C_{14}H_{22}N_3$	16.63	1.30	$C_{12}HN_4O_2$	14.59	1.39	$C_{15}H_{23}NO$	17.00	1.56
$C_{15}H_4O_3$	16.39	1.86	$C_{12}H_{11}NO_4$	13.68	1.67	$C_{15}H_{25}N_2$	17.37	1.42
$C_{15}H_6NO_2$	16.77	1.72	$C_{12}H_{13}N_2O_3$	14.06	1.52	$C_{16}H_9O_2$	17.51	1.84
$C_{15}H_8N_2O$	17.14	1.58	$C_{12}H_{15}N_3O_2$	14.43	1.57	$C_{16}H_{11}NO$	17.89	1.71
$C_{15}H_{10}N_3$	17.51	1.44	$C_{12}H_{17}N_4O$	14.80	1.22	$C_{16}H_{13}N_2$	18.26	1.57
$C_{15}H_{20}O_2$	16.61	1.69	$C_{12}H_{25}O_4$	13.52	1.65	$C_{16}H_{25}O$	17.73	1.68
$C_{15}H_{22}NO$	16.98	1.55	$C_{12}H_{27}NO_3$	13.90	1.50	$C_{16}H_{27}N$	18.10	1.54
$C_{15}H_{24}N_2$	17.36	1.42	$C_{13}HN_2O_3$	14.94	1.64	$C_{17}HN_2$	19.15	1.73
$C_{16}H_8O_2$	17.50	1.84	$C_{13}H_3N_3O_2$	15.32	1.50	$C_{17}H_{13}O$	19.62	1.83
$C_{16}H_{10}NO$	17.87	1.70	$C_{13}H_5N_4O$	15.69	1.55	$C_{17}H_{15}N$	18.99	1.70
$C_{16}H_{12}N_2$	18.25	1.57	$C_{13}H_{13}O_4$	14.41	1.76	$C_{17}H_{29}$	18.83	1.67
$C_{16}H_{24}O$	17.71	1.68	$C_{13}H_{15}NO_3$	14.79	1.62	$C_{18}HO$	19.51	2.00
$C_{16}H_{26}N$	18.09	1.54	$C_{13}H_{17}N_2O_2$	15.16	1.47	$C_{18}H_3N$	19.88	1.87
$C_{17}H_{12}O$	18.60	1.83	$C_{13}H_{19}N_3O$	15.54	1.33	$C_{18}H_{17}$	19.72	1.84

续表

	M+1	M+2		M+1	M+2		M+1	M+2
$C_{19}H_5$	20.61	2.01	$C_{14}H_{18}O_3$	15.53	1.73	$C_{11}H_{15}N_4O_2$	13.73	1.28
234			$C_{14}H_{20}NO_2$	15.91	1.58	$C_{11}H_{25}NO_4$	12.82	1.56
$C_{10}H_{22}N_2O_4$	12.08	1.47	$C_{14}H_{22}N_2O$	16.28	1.44	$C_{12}HN_3O_3$	14.25	1.54
$C_{10}H_{24}N_3O_3$	12.45	1.32	$C_{14}H_{24}N_3$	16.66	1.30	$C_{12}H_3N_4O_2$	14.62	1.40
$C_{10}H_{26}N_4O_2$	12.83	1.16	$C_{15}H_6O_3$	16.42	1.86	$C_{12}H_{13}NO_4$	13.71	1.67
$C_{11}H_{10}N_2O_4$	12.97	1.58	$C_{15}H_3NO_2$	16.80	1.72	$C_{12}H_{15}N_2O_3$	14.09	1.52
$C_{11}H_{12}N_3O_3$	13.34	1.42	$C_{15}H_{10}N_2O$	17.17	1.59	$C_{12}H_{17}N_3O_2$	14.46	1.37
$C_{11}H_{14}N_4O_2$	13.72	1.27	$C_{15}H_{12}N_3$	17.55	1.45	$C_{12}H_{13}N_4O$	14.84	1.23
$C_{11}H_{24}NO_4$	12.81	1.56	$C_{15}H_{22}O_2$	16.64	1.70	$C_{13}HNO_4$	14.60	1.79
$C_{11}H_{26}N_2O_3$	13.18	1.40	$C_{15}H_{24}NO$	17.01	1.56	$C_{13}H_3N_2O_3$	14.98	1.65
$C_{12}H_2N_4O_2$	14.60	1.39	$C_{15}H_{26}N_2$	17.39	1.42	$C_{13}H_5N_3O_2$	15.35	1.50
$C_{12}H_{12}NO_4$	13.70	1.67	$C_{16}H_{10}O_2$	17.53	1.84	$C_{13}H_7N_4O$	15.73	1.36
$C_{12}H_{14}N_2O_3$	14.07	1.52	$C_{16}H_{12}NO$	17.90	1.71	$C_{13}H_{15}O_4$	14.44	1.77
$C_{12}H_{16}N_3O_2$	14.45	1.37	$C_{16}H_{14}N_2$	18.28	1.58	$C_{13}H_{17}NO_3$	14.82	1.62
$C_{12}H_{18}N_4O$	14.82	1.23	$C_{16}H_{26}O$	17.75	1.68	$C_{13}H_{19}N_2O_2$	15.19	1.48
$C_{12}H_{26}O_4$	13.54	1.65	$C_{16}H_{28}N$	18.12	1.55	$C_{13}H_{21}N_3O$	15.57	1.33
$C_{13}H_2N_2O_3$	14.96	1.64	$C_{17}H_2N_2$	19.17	1.74	$C_{13}H_{23}N_4$	15.94	1.19
$C_{13}H_4N_3O_2$	15.33	1.50	$C_{17}H_{14}O$	18.63	1.84	$C_{14}H_3O_4$	15.33	1.90
$C_{13}H_6N_4O$	15.71	1.36	$C_{17}H_{16}N$	19.01	1.71	$C_{14}H_5NO_3$	15.71	1.75
$C_{13}H_{14}O_4$	14.43	1.77	$C_{17}H_{30}$	18.85	1.68	$C_{14}H_7N_2O_2$	16.08	1.61
$C_{13}H_{16}NO_3$	14.80	1.62	$C_{18}H_2O$	19.52	2.00	$C_{14}H_9N_3O$	16.46	1.47
$C_{13}H_{18}N_2O_2$	15.18	1.48	$C_{18}H_4N$	19.90	1.87	$C_{14}H_{11}N_4$	16.83	1.33
$C_{13}H_{20}N_3O$	15.55	1.33	$C_{18}H_{18}$	19.74	1.84	$C_{14}H_{19}O_3$	15.55	1.73
$C_{13}H_{22}N_4$	15.93	1.19	$C_{19}H_6$	20.63	2.02	$C_{14}H_{21}NO_2$	15.92	1.59
$C_{14}H_2O_4$	15.32	1.89	**235**			$C_{14}H_{23}N_2O$	16.30	1.45
$C_{14}H_4NO_3$	15.69	1.75	$C_{10}H_{23}N_2O_4$	12.09	1.47	$C_{14}H_{25}N_3$	16.67	1.31
$C_{14}H_6N_2O_2$	16.07	1.61	$C_{10}H_{25}N_3O_3$	12.47	1.32	$C_{15}H_7O_3$	16.44	1.86
$C_{14}H_8N_3O$	16.44	1.47	$C_{11}H_{11}N_2O_4$	12.98	1.58	$C_{15}H_9NO_2$	16.81	1.73
$C_{14}H_{10}N_4$	16.81	1.33	$C_{11}H_{13}N_3O_3$	13.36	1.43	$C_{15}H_{11}N_2O$	17.19	1.59

续表

	M+1	M+2		M+1	M+2		M+1	M+2
$C_{15}H_{13}N_3$	17.56	1.44	$C_{12}H_{20}N_4O$	14.85	1.23	$C_{16}H_{16}N_2$	18.31	1.58
$C_{15}H_{23}O_2$	16.66	1.70	$C_{13}H_2NO_4$	14.62	1.79	$C_{16}H_{28}O$	17.78	1.69
$C_{15}H_{25}NO$	17.03	1.56	$C_{13}H_4N_2O_3$	14.99	1.65	$C_{16}H_{30}N$	18.15	1.55
$C_{15}H_{27}N_2$	17.40	1.43	$C_{13}H_6N_3O_2$	15.37	1.50	$C_{17}H_2NO$	18.82	1.87
$C_{16}HN_3$	18.45	1.61	$C_{13}H_8N_4O$	15.74	1.36	$C_{17}H_4N_2$	19.20	1.74
$C_{16}H_{11}O_2$	17.54	1.85	$C_{13}H_{16}O_4$	14.46	1.77	$C_{17}H_{16}O$	18.67	1.84
$C_{16}H_{13}NO$	17.92	1.71	$C_{13}H_{18}NO_3$	14.84	1.63	$C_{17}H_{18}N$	19.04	1.71
$C_{16}H_{15}N_2$	18.29	1.58	$C_{13}H_{20}N_2O_2$	15.21	1.48	$C_{17}H_{32}$	18.88	1.68
$C_{16}H_{27}O$	17.76	1.68	$C_{13}H_{22}N_3O$	15.58	1.34	$C_{18}H_4O$	19.55	2.01
$C_{16}H_{29}N$	18.14	1.55	$C_{13}H_{24}N_4$	15.96	1.19	$C_{18}H_6N$	19.93	1.88
$C_{17}HNO$	18.81	1.87	$C_{14}H_4O_4$	15.35	1.90	$C_{18}H_{20}$	19.77	1.85
$C_{17}H_3N_2$	19.18	1.74	$C_{14}H_6NO_3$	15.72	1.76	$C_{19}H_8$	20.66	2.02
$C_{17}H_{15}O$	18.65	1.84	$C_{14}H_8N_2O_2$	16.10	1.61	**237**		
$C_{17}H_{17}N$	19.02	1.71	$C_{14}H_{10}N_3O$	16.47	1.47	$C_{11}H_{13}N_2O_4$	13.01	1.58
$C_{17}H_{31}$	18.87	1.68	$C_{14}H_{12}N_4$	16.85	1.33	$C_{11}H_{15}N_3O_3$	13.39	1.43
$C_{18}H_3O$	19.54	2.00	$C_{14}H_{20}O_3$	15.57	1.73	$C_{11}H_{17}N_4O_2$	13.76	1.28
$C_{18}H_5N$	19.91	1.88	$C_{14}H_{22}NO_2$	15.94	1.59	$C_{12}HN_2O_4$	13.90	1.70
$C_{18}H_{19}$	19.76	1.85	$C_{14}H_{24}N_2O$	16.31	1.45	$C_{12}H_3N_3O_3$	19.28	1.55
$C_{19}H_7$	20.64	2.02	$C_{14}H_{26}N_3$	16.69	1.31	$C_{12}H_5N_4O_2$	14.65	1.40
236			$C_{15}H_8O_3$	16.45	1.87	$C_{12}H_{15}NO_4$	13.75	1.68
$C_{10}H_{24}N_2O_4$	12.11	1.48	$C_{15}H_{10}NO_2$	16.83	1.73	$C_{12}H_{17}N_2O_3$	14.12	1.53
$C_{11}H_{12}N_2O_4$	13.00	1.58	$C_{15}H_{12}N_2O$	17.20	1.59	$C_{12}H_{19}N_3O_2$	14.49	1.38
$C_{11}H_{14}N_3O_3$	13.37	1.43	$C_{15}H_{14}N_3$	17.58	1.46	$C_{12}H_{21}N_4O$	14.87	0.23
$C_{11}H_{16}N_4O_2$	13.75	1.28	$C_{15}H_{24}O_2$	16.67	1.70	$C_{13}H_3NO_4$	14.63	1.80
$C_{12}H_2N_3O_3$	14.26	1.55	$C_{15}H_{26}NO$	17.05	1.56	$C_{13}H_5N_2O_3$	15.01	1.65
$C_{12}H_4N_4O_2$	14.64	1.40	$C_{15}H_{28}N_2$	17.42	1.43	$C_{13}H_7N_3O_2$	15.38	1.51
$C_{12}H_{14}NO_4$	13.73	1.67	$C_{16}H_2N_3$	18.47	1.61	$C_{13}H_9N_4O$	15.76	1.36
$C_{12}H_{16}N_2O_3$	14.10	1.52	$C_{16}H_{12}O_2$	17.56	1.85	$C_{13}H_{17}O_4$	14.48	1.77
$C_{12}H_{18}N_3O_2$	14.48	1.38	$C_{16}H_{14}NO$	17.93	1.71	$C_{13}H_{19}NO_3$	14.35	1.63

续表

	M+1	M+2		M+1	M+2		M+1	M+2
$C_{13}H_{21}N_2O_2$	15. 23	1. 48	$C_{17}H_5N_2$	19. 21	1. 75	$C_{14}H_8NO_3$	15. 76	1. 76
$C_{13}H_{23}N_3O$	15. 60	1. 34	$C_{17}H_{17}O$	18. 68	1. 85	$C_{14}H_{10}N_2O_2$	16. 13	1. 62
$C_{13}H_{25}N_4$	15. 97	1. 20	$C_{17}H_{19}N$	19. 06	1. 72	$C_{14}H_{12}N_3O$	16. 50	1. 48
$C_{14}H_5O_4$	15. 37	1. 90	$C_{17}H_{33}$	18. 90	1. 69	$C_{14}H_{14}N_4$	16. 88	1. 34
$C_{14}H_7NO_3$	15. 74	1. 76	$C_{18}H_5O$	19. 57	2. 01	$C_{14}H_{22}O_3$	15. 60	1. 74
$C_{14}H_9N_2O_2$	16. 11	1. 62	$C_{18}H_7N$	19. 94	1. 88	$C_{14}H_{24}NO_2$	15. 97	1. 59
$C_{14}H_{11}N_3O$	16. 49	1. 48	$C_{18}H_{21}$	19. 79	1. 85	$C_{14}H_{26}N_2O$	16. 35	1. 45
$C_{14}H_3N_4$	16. 86	1. 34	$C_{19}H_9$	20. 68	2. 03	$C_{14}H_{28}N_3$	16. 72	1. 31
$C_{14}H_{21}O_3$	15. 58	1. 73	**238**			$C_{15}H_2N_4$	17. 77	1. 49
$C_{14}H_{23}NO_2$	15. 96	1. 59	$C_{11}H_{14}N_2O_4$	13. 03	1. 59	$C_{15}H_{10}O_3$	16. 49	1. 87
$C_{14}H_{25}N_2O$	16. 33	1. 45	$C_{11}H_{16}N_3O_3$	13. 40	1. 43	$C_{15}H_{12}NO_2$	16. 86	1. 73
$C_{14}H_{27}N_3$	16. 71	1. 31	$C_{11}H_{18}N_4O_2$	13. 78	1. 28	$C_{15}H_{14}N_2O$	17. 24	1. 60
$C_{15}HN_4$	17. 75	1. 49	$C_{12}H_2N_2O_4$	13. 92	1. 70	$C_{15}H_{18}N_3$	17. 61	1. 46
$C_{15}H_9O_3$	16. 47	1. 87	$C_{12}H_4N_3O_3$	14. 29	1. 55	$C_{15}H_{25}O_2$	16. 70	1. 71
$C_{15}H_{11}NO_2$	16. 85	1. 73	$C_{12}H_5N_4O_2$	14. 67	1. 40	$C_{15}H_{28}NO$	17. 08	1. 57
$C_{15}H_{13}N_2O$	17. 22	1. 59	$C_{12}H_{16}NO_4$	13. 76	1. 68	$C_{15}H_{30}N_2$	17. 45	1. 43
$C_{15}H_{15}N_3$	17. 59	1. 46	$C_{12}H_{18}N_2O_3$	14. 14	1. 53	$C_{16}H_2N_2O$	18. 12	1. 75
$C_{15}H_{25}O_2$	16. 69	1. 71	$C_{12}H_{20}N_3O_2$	14. 51	1. 38	$C_{16}H_4N_3$	18. 50	1. 62
$C_{15}H_{27}NO$	17. 06	1. 57	$C_{12}H_{22}N_4O$	14. 88	1. 24	$C_{16}H_{14}O_2$	17. 59	1. 85
$C_{15}H_{29}N_2$	17. 44	1. 43	$C_{13}H_4NO_4$	14. 65	1. 80	$C_{16}H_{18}NO$	17. 97	1. 72
$C_{16}HN_2O$	18. 11	1. 75	$C_{13}H_6N_2O_3$	15. 02	1. 65	$C_{16}H_{18}N_2$	18. 34	1. 59
$C_{16}H_3N_3$	18. 48	1. 61	$C_{13}H_8N_3O_2$	15. 40	1. 51	$C_{16}H_{30}O$	17. 81	1. 69
$C_{16}H_{13}O_2$	17. 58	1. 85	$C_{13}H_{10}N_4O$	15. 77	1. 37	$C_{16}H_{32}N$	18. 18	1. 56
$C_{16}H_{15}NO$	17. 95	1. 72	$C_{13}H_{18}O_4$	14. 49	1. 78	$C_{17}H_2O_2$	18. 48	2. 01
$C_{16}H_{17}N_2$	18. 33	1. 58	$C_{13}H_{20}NO_3$	14. 87	1. 63	$C_{17}H_4NO$	18. 86	1. 88
$C_{16}H_{29}O$	17. 79	1. 69	$C_{13}H_{22}N_2O_2$	15. 24	1. 49	$C_{17}H_8N_2$	19. 23	1. 75
$C_{16}H_{31}N$	18. 17	1. 56	$C_{13}H_{24}N_3O$	15. 62	1. 34	$C_{17}H_{18}O$	18. 70	1. 85
$C_{17}HO_2$	18. 46	2. 01	$C_{13}H_{26}N_4$	15. 99	1. 20	$C_{17}H_{20}N$	19. 07	1. 72
$C_{17}H_3NO$	18. 84	1. 88	$C_{14}H_6O_4$	15. 38	1. 90	$C_{17}H_{34}$	18. 91	1. 69

续表

	M+1	M+2		M+1	M+2		M+1	M+2
$C_{18}H_6O$	19.59	2.01	$C_{14}H_{23}O_3$	15.61	1.74	$C_{18}H_{23}$	19.82	1.86
$C_{18}H_8N$	19.96	1.89	$C_{14}H_{25}NO_2$	15.99	1.60	$C_{19}H_{11}$	20.71	2.03
$C_{18}H_{22}$	19.80	1.86	$C_{14}H_{27}N_2O$	16.36	1.46	**240**		
$C_{19}H_{10}$	20.69	2.03	$C_{14}H_{29}N_3$	16.74	1.32	$C_{11}H_{16}N_2O_4$	13.06	1.59
239			$C_{15}HN_3O$	17.41	1.63	$C_{11}H_{18}N_3O_3$	13.44	1.44
$C_{11}H_{15}N_2O_4$	13.05	1.59	$C_{15}H_3N_4$	17.78	1.49	$C_{11}H_{20}N_4O_2$	13.81	1.29
$C_{11}H_{17}N_3O_3$	13.42	1.44	$C_{15}H_{11}O_3$	16.50	1.88	$C_{12}H_4N_2O_4$	13.95	1.70
$C_{11}H_{19}N_4O_2$	13.80	1.29	$C_{15}H_{13}NO_2$	16.88	1.74	$C_{12}H_6N_3O_3$	14.33	1.56
$C_{12}H_3N_2O_4$	13.93	1.70	$C_{15}H_{15}N_2O$	17.25	1.60	$C_{12}H_8N_4O_2$	14.70	1.41
$C_{12}H_5N_3O_3$	14.31	1.55	$C_{15}H_{17}N_3$	17.63	1.46	$C_{12}H_{18}NO_4$	13.79	1.63
$C_{12}H_7N_4O_2$	14.68	1.41	$C_{15}H_{27}O_2$	16.72	1.71	$C_{12}H_{20}N_2O_3$	14.17	1.53
$C_{12}H_{17}NO_4$	13.78	1.68	$C_{15}H_{29}NO$	17.09	1.57	$C_{12}H_{22}N_3O_2$	14.54	1.39
$C_{12}H_{19}N_2O_3$	14.15	1.53	$C_{15}H_{31}N_2$	17.47	1.44	$C_{12}H_{24}N_4O$	14.92	1.24
$C_{12}H_{21}N_3O_2$	14.53	1.38	$C_{16}HNO_2$	17.77	1.88	$C_{13}H_8NO_4$	14.68	1.80
$C_{12}H_{22}N_4O$	14.90	1.24	$C_{16}H_3N_2O$	18.14	1.75	$C_{13}H_8N_2O_3$	15.06	1.66
$C_{13}H_5NO_4$	14.67	1.80	$C_{16}H_5N_3$	18.51	1.62	$C_{13}H_{10}N_3O_2$	15.43	1.51
$C_{13}H_7N_2O_3$	15.04	1.66	$C_{16}H_{15}O_2$	17.61	1.86	$C_{13}H_{12}N_4O$	15.81	1.37
$C_{13}H_9N_3O_2$	15.41	1.51	$C_{16}H_{17}NO$	17.98	1.72	$C_{13}H_{20}O_4$	14.52	1.78
$C_{13}H_{11}N_4O$	15.79	1.37	$C_{16}H_{19}N_2$	18.36	1.59	$C_{13}H_{22}NO_3$	14.90	1.63
$C_{13}H_{19}O_4$	14.51	1.78	$C_{16}H_{31}O$	17.83	1.70	$C_{13}H_{24}N_2O_2$	15.27	1.49
$C_{13}H_{21}NO_3$	14.88	1.63	$C_{16}H_{33}N$	18.20	1.56	$C_{13}H_{26}N_3O$	15.65	1.35
$C_{12}H_{23}N_2O_2$	15.26	1.49	$C_{17}H_3O_2$	18.50	2.01	$C_{13}H_{28}N_4$	16.02	1.20
$C_{13}H_{25}N_3O$	15.63	1.34	$C_{17}H_5NO$	18.87	1.88	$C_{14}H_8O_4$	15.41	1.91
$C_{13}H_{27}N_4$	16.01	1.20	$C_{17}H_7N_2$	19.25	1.75	$C_{14}H_{10}NO_3$	15.79	1.77
$C_{14}H_7O_4$	15.40	1.91	$C_{17}H_{19}O$	18.71	1.85	$C_{14}H_{12}N_2O_2$	16.16	1.62
$C_{14}H_9NO_3$	15.77	1.76	$C_{17}H_{21}N$	19.09	1.72	$C_{14}H_{14}N_3O$	16.54	1.48
$C_{14}H_{11}N_2O_2$	16.15	1.62	$C_{17}H_{35}$	18.93	1.69	$C_{14}H_{16}N_4$	16.91	1.35
$C_{14}H_{13}N_3O$	16.52	1.48	$C_{18}H_7O$	19.60	2.02	$C_{14}H_{24}O_3$	15.63	1.74
$C_{14}H_{15}N_4$	16.89	1.34	$C_{18}H_9N$	19.98	1.89	$C_{14}H_{26}NO_2$	16.00	1.60

续表

	M+1	M+2		M+1	M+2		M+1	M+2
$C_{14}H_{28}N_2O$	16.38	1.46	**241**			$C_{14}H_{31}N_3$	16.77	1.32
$C_{14}H_{30}N_3$	16.75	1.32	$C_{11}H_{17}N_2O_4$	13.08	1.59	$C_{15}HN_2O_2$	17.07	1.77
$C_{15}H_2N_3O$	17.42	1.63	$C_{11}H_{18}N_3O_3$	13.45	1.44	$C_{15}H_3N_3O$	17.44	1.63
$C_{15}H_4N_4$	17.80	1.49	$C_{11}H_{21}N_4O_2$	13.83	1.29	$C_{15}H_5N_4$	17.82	1.50
$C_{15}H_{12}O_3$	16.52	1.88	$C_{12}H_5N_2O_4$	13.97	1.71	$C_{15}H_{13}O_3$	16.53	1.88
$C_{15}H_{14}NO_2$	16.89	1.74	$C_{12}H_7N_3O_3$	14.34	1.56	$C_{15}H_{15}NO_2$	16.91	1.74
$C_{15}H_{16}N_2O$	17.27	1.60	$C_{12}H_9N_4O_2$	14.72	1.41	$C_{15}H_{17}N_2O$	17.26	1.60
$C_{15}H_{18}N_3$	17.64	1.47	$C_{12}H_{19}NO_4$	13.81	1.68	$C_{15}H_{19}N_3$	17.66	1.47
$C_{15}H_{28}O_2$	16.74	1.71	$C_{12}H_{21}N_2O_3$	14.18	1.54	$C_{15}H_{29}O_2$	16.75	1.72
$C_{15}H_{30}NO$	17.11	1.58	$C_{12}H_{23}N_3O_2$	14.56	1.39	$C_{15}H_{31}NO$	17.13	1.58
$C_{15}H_{32}N_2$	17.48	1.44	$C_{12}H_{25}N_4O$	14.93	1.24	$C_{15}H_{33}N_2$	17.50	1.44
$C_{16}H_2NO_2$	17.78	1.89	$C_{13}H_7NO_4$	14.70	1.81	$C_{16}HO_3$	17.42	2.03
$C_{16}H_4N_2O$	18.16	1.75	$C_{13}H_9N_2O_3$	15.07	1.66	$C_{16}H_3NO_2$	17.8	1.89
$C_{16}H_5N_3$	18.53	1.62	$C_{13}H_{11}N_3O_2$	15.45	1.52	$C_{16}H_5N_2O$	18.17	1.76
$C_{16}H_{16}O_2$	17.62	1.86	$C_{13}H_{13}N_4O$	15.82	1.37	$C_{16}H_7N_3$	18.55	1.62
$C_{16}H_{18}NO$	18.00	1.73	$C_{13}H_{21}O_4$	14.54	1.78	$C_{16}H_{17}O_2$	17.64	1.86
$C_{16}H_{20}N_2$	18.37	1.59	$C_{13}H_{23}NO_3$	14.92	1.64	$C_{16}H_{21}N_2$	18.39	1.60
$C_{16}H_{22}O$	17.84	1.70	$C_{13}H_{25}N_2O_2$	15.29	1.49	$C_{15}H_{33}O$	17.86	1.70
$C_{16}H_{34}N$	18.22	1.86	$C_{13}H_{27}N_3O$	15.66	1.35	$C_{16}H_{35}N$	18.23	1.57
$C_{17}H_4O_2$	18.51	2.02	$C_{13}H_{29}N_4$	16.04	1.21	$C_{17}H_5O_2$	18.53	2.02
$C_{17}H_6NO$	18.89	1.88	$C_{14}HN_4O$	16.71	1.51	$C_{17}H_7NO$	18.90	1.89
$C_{17}H_8N_2$	19.26	1.75	$C_{14}H_9O_4$	15.43	1.91	$C_{17}H_9N_2$	19.28	1.76
$C_{17}H_{20}O$	18.73	1.86	$C_{14}H_{11}NO_3$	15.80	1.77	$C_{17}H_{21}O$	18.75	1.86
$C_{17}H_{22}N$	19.10	1.72	$C_{14}H_{13}N_2O_2$	16.18	1.63	$C_{17}H_{23}N$	19.12	1.73
$C_{17}H_{36}$	18.95	1.70	$C_{14}H_{15}N_3O$	16.55	1.49	$C_{18}H_9O$	19.63	2.02
$C_{18}H_8O$	19.62	2.02	$C_{14}H_{17}N_4$	16.93	1.35	$C_{18}H_{11}N$	20.01	1.90
$C_{18}H_{10}N$	19.99	1.89	$C_{14}H_{25}O_3$	15.65	1.74	$C_{18}H_{25}$	19.85	1.87
$C_{18}H_{24}$	19.84	1.86	$C_{14}H_{27}NO_2$	16.02	1.60	$C_{19}H_{13}$	20.74	2.04
$C_{19}H_{12}$	20.72	2.04	$C_{14}H_{29}N_2O$	16.39	1.46	$C_{20}H$	21.63	2.22

续表

	M+1	M+2		M+1	M+2		M+1	M+2
242			$C_{14}H_{32}N_3$	16.79	1.32	**243**		
$C_{11}H_{18}N_2O_4$	13.09	1.59	$C_{15}H_2N_2O_2$	17.08	1.77	$C_{11}H_{19}N_2O_4$	13.11	1.60
$C_{11}H_{20}N_3O_3$	13.47	1.44	$C_{15}H_4N_3O$	17.46	1.63	$C_{11}H_{21}N_3O_3$	13.48	1.44
$C_{11}H_{22}N_4O_2$	13.84	1.29	$C_{15}H_6N_4$	17.83	1.5	$C_{11}H_{23}N_4O_2$	13.86	1.29
$C_{12}H_6N_2O_4$	13.98	1.71	$C_{15}H_{14}O_3$	16.55	1.88	$C_{12}H_7N_2O_4$	14.00	1.71
$C_{12}H_8N_3O_3$	14.36	1.56	$C_{15}H_{16}NO_2$	16.93	1.74	$C_{12}H_9N_3O_3$	14.37	1.56
$C_{12}H_{10}N_4O_2$	14.73	1.41	$C_{15}H_{18}N_2O$	17.30	1.61	$C_{12}H_{11}N_4O_2$	14.75	1.42
$C_{12}H_{20}NO_4$	13.83	1.69	$C_{15}H_{20}N_3$	17.67	1.47	$C_{12}H_{21}NO_4$	13.84	1.69
$C_{12}H_{22}N_2O_3$	14.20	1.54	$C_{15}H_{30}O_2$	16.77	1.72	$C_{12}H_{23}N_2O_3$	14.22	1.54
$C_{12}H_{24}N_3O_2$	14.57	1.39	$C_{15}H_{32}NO$	17.14	1.58	$C_{12}H_{25}N_3O_2$	14.59	1.39
$C_{12}H_{26}N_4O$	14.95	1.24	$C_{15}H_{34}N_2$	17.52	1.45	$C_{12}H_{27}N_4O$	14.96	1.25
$C_{13}H_8NO_4$	14.71	1.81	$C_{16}H_2O_3$	17.44	2.03	$C_{13}H_9NO_4$	14.73	1.81
$C_{13}H_{10}N_2O_3$	15.09	1.66	$C_{16}H_4NO_2$	17.81	1.89	$C_{13}H_{11}N_2O_3$	15.10	1.66
$C_{13}H_{12}N_3O_2$	15.46	1.52	$C_{16}H_6N_2O$	18.19	1.76	$C_{13}H_{13}N_3O_2$	15.48	1.52
$C_{13}H_{14}N_4O$	15.84	1.38	$C_{16}H_9N_3$	18.56	1.63	$C_{13}H_{13}N_4O$	15.85	1.38
$C_{13}H_{22}O_4$	14.56	1.79	$C_{16}H_{18}O_2$	17.66	1.87	$C_{13}H_{23}O_4$	14.57	1.79
$C_{13}H_{24}NO_3$	14.93	1.64	$C_{16}H_{20}NO$	18.03	1.73	$C_{13}H_{25}NO_3$	14.95	1.64
$C_{13}H_{26}N_2O_2$	15.31	1.49	$C_{16}H_{22}N_2$	18.41	1.60	$C_{13}H_{27}N_2O_2$	15.32	1.50
$C_{13}H_{28}N_3O$	15.68	1.35	$C_{16}H_{34}O$	17.87	1.70	$C_{13}H_{29}N_3O$	15.70	1.35
$C_{13}H_{30}N_4$	16.05	1.21	$C_{17}H_6O_2$	18.54	2.02	$C_{13}H_{31}N_4$	16.07	1.21
$C_{14}H_2N_4O$	16.73	1.51	$C_{17}H_9NO$	18.92	1.89	$C_{14}HN_3O_2$	16.37	1.66
$C_{14}H_{10}O_4$	15.45	1.91	$C_{17}H_{10}N_2$	19.29	1.76	$C_{14}H_3N_4O$	16.74	1.52
$C_{14}H_{12}NO_3$	15.82	1.77	$C_{17}H_{22}O$	18.76	1.86	$C_{14}H_{11}O_4$	15.46	1.92
$C_{14}H_{14}N_2O_2$	16.19	1.63	$C_{17}H_{24}N$	19.14	1.73	$C_{14}H_{13}NO_3$	15.84	1.77
$C_{14}H_{16}N_3O$	16.57	1.49	$C_{18}H_{10}O$	19.65	2.03	$C_{14}H_{15}N_2O_2$	16.21	1.63
$C_{14}H_{18}N_4$	16.94	1.35	$C_{18}H_{12}N$	20.02	1.90	$C_{14}H_{17}N_3O$	16.53	1.49
$C_{14}H_{26}O_3$	15.66	1.75	$C_{18}H_{28}$	19.87	1.87	$C_{14}H_{19}N_4$	16.96	1.35
$C_{14}H_{29}NO_2$	16.04	1.60	$C_{19}H_{14}$	20.76	2.04	$C_{14}H_{27}O_3$	15.68	1.75
$C_{14}H_{30}N_2O$	16.41	1.46	$C_{20}H_2$	21.64	2.23	$C_{14}H_{29}NO_2$	16.05	1.81

续表

	M+1	M+2		M+1	M+2		M+1	M+2
$C_{14}H_{31}N_2O$	16.43	1.47	$C_{20}H_8$	21.66	2.23	$C_{14}H_{30}NO_2$	16.07	1.61
$C_{14}H_{33}N_3$	16.8	1.33	**244**			$C_{14}H_{32}N_2O$	16.44	1.47
$C_{15}HNO_3$	16.72	1.91	$C_{11}H_{20}N_2O_4$	13.13	1.60	$C_{15}H_2NO_3$	16.74	1.91
$C_{15}H_3N_2O_2$	17.10	1.77	$C_{11}H_{22}N_3O_3$	13.50	1.45	$C_{15}H_4N_2O_2$	17.11	1.78
$C_{15}H_5N_3O$	17.47	1.64	$C_{11}H_{24}N_4O_2$	13.88	1.30	$C_{15}H_6N_3O$	17.49	1.64
$C_{15}H_7N_4$	17.85	1.50	$C_{12}H_8N_2O_4$	14.01	1.71	$C_{15}H_8N_4$	17.86	1.50
$C_{15}H_{15}O_{13}$	16.57	1.89	$C_{12}H_{10}N_3O_3$	14.39	1.56	$C_{15}H_{16}O_3$	16.58	1.89
$C_{15}H_{17}NO_2$	16.94	1.75	$C_{12}H_{12}N_4O_2$	14.76	1.42	$C_{15}H_{18}NO_2$	16.96	1.75
$C_{15}H_{19}N_2O$	17.32	1.61	$C_{12}H_{22}NO_4$	13.86	1.69	$C_{15}H_{20}N_2O$	17.33	1.61
$C_{15}H_{21}N_3$	17.69	1.47	$C_{12}H_{24}N_2O_3$	14.23	1.54	$C_{15}H_{22}N_3$	17.71	1.48
$C_{15}H_{31}O_2$	16.78	1.72	$C_{12}H_{26}N_3O_2$	14.61	1.40	$C_{15}H_{32}O_2$	16.80	1.72
$C_{15}H_{33}NO$	17.16	1.58	$C_{12}H_{28}N_4O$	14.98	1.25	$C_{16}H_4O_3$	17.47	2.03
$C_{16}H_3O_3$	17.46	2.03	$C_{13}H_{10}NO_4$	14.75	1.81	$C_{16}H_6NO_2$	17.85	1.90
$C_{16}H_5NO_2$	17.83	1.90	$C_{13}H_{12}N_2O_3$	15.12	1.67	$C_{16}H_8N_2O$	18.22	1.77
$C_{16}H_7N_2O$	18.20	1.76	$C_{13}H_{14}N_3O_2$	15.49	1.52	$C_{16}H_{10}N_3$	18.59	1.63
$C_{16}H_9N_3$	18.58	1.63	$C_{13}H_{16}N_4O$	15.87	1.08	$C_{16}H_{20}O_2$	17.69	1.87
$C_{16}H_{13}O_2$	17.67	1.87	$C_{13}H_{24}O_4$	14.59	1.79	$C_{16}H_{22}NO$	18.06	1.74
$C_{16}H_{21}NO$	18.05	1.73	$C_{13}H_{26}NO_3$	14.96	1.64	$C_{16}H_{24}N_2$	18.44	1.60
$C_{16}H_{23}N_2$	18.42	1.60	$C_{13}H_{28}N_2O_2$	15.34	1.50	$C_{17}H_8O_2$	18.58	2.03
$C_{17}H_7O_2$	18.56	2.02	$C_{13}H_{30}N_3O$	15.71	1.36	$C_{17}H_{10}NO$	18.95	1.90
$C_{17}H_9NO$	18.94	1.89	$C_{13}H_{32}N_4$	16.09	1.21	$C_{17}H_{12}N_2$	19.33	1.77
$C_{17}H_{11}N_2$	19.31	1.76	$C_{14}H_2N_3O_2$	16.38	1.66	$C_{17}H_{24}O$	18.79	1.87
$C_{17}H_{23}O$	18.78	1.86	$C_{14}H_4N_4O$	16.76	1.52	$C_{17}H_{26}N$	19.17	1.74
$C_{17}H_{25}N$	19.15	1.73	$C_{14}H_{12}N_4$	15.48	1.92	$C_{18}H_{12}O$	19.68	2.03
$C_{18}H_{11}O$	19.67	2.03	$C_{14}H_{14}NO_3$	15.85	1.78	$C_{18}H_{14}N$	20.06	1.91
$C_{18}H_{13}N$	20.04	1.90	$C_{14}H_{16}N_2O_2$	16.23	1.63	$C_{18}H_{28}$	19.90	1.87
$C_{18}H_{27}$	19.88	1.87	$C_{14}H_{18}N_3O$	16.60	1.49	$C_{19}H_2N$	20.95	2.08
$C_{18}HN$	20.93	2.08	$C_{14}H_{20}N_4$	16.97	1.36	$C_{19}H_{16}$	20.79	2.05
$C_{19}H_{15}$	20.77	2.05	$C_{14}H_{28}O_3$	15.69	1.75	$C_{20}H_4$	21.68	2.23

续表

	M+1	M+2		M+1	M+2		M+1	M+2
245			$C_{14}H_{31}NO_2$	16. 00	1. 61	$C_{20}H_5$	21. 69	2. 24
$C_{11}H_{21}N_2O_4$	13. 14	1. 60	$C_{15}HO_4$	16. 38	2. 06	**246**		
$C_{11}H_{23}N_3O_3$	13. 52	1. 45	$C_{15}H_3NO_3$	16. 76	1. 92	$C_{11}H_{22}N_2O_4$	13. 16	1. 60
$C_{11}H_{25}N_4O_2$	13. 89	1. 30	$C_{15}H_5N_2O_2$	17. 13	1. 78	$C_{11}H_{24}N_3O_3$	13. 53	1. 45
$C_{12}H_9N_2O_4$	14. 03	1. 71	$C_{15}H_7N_3O$	17. 50	1. 64	$C_{11}H_{26}N_4O_2$	13. 91	1. 30
$C_{12}H_{11}N_3O_3$	14. 41	1. 57	$C_{15}H_9N_4$	17. 88	1. 51	$C_{12}H_{10}N_2O_4$	14. 05	1. 72
$C_{12}H_{12}N_4O_2$	14. 78	1. 42	$C_{15}H_{17}O_3$	16. 60	1. 89	$C_{12}H_{12}N_3O_3$	14. 42	1. 57
$C_{12}H_{23}NO_4$	13. 87	1. 69	$C_{15}H_{19}NO_2$	16. 97	1. 75	$C_{12}H_{14}N_4O_2$	14. 80	1. 42
$C_{12}H_{25}N_2O_3$	14. 25	1. 54	$C_{15}H_{21}N_2O$	17. 35	1. 62	$C_{12}H_{24}NO_4$	13. 89	1. 70
$C_{12}H_{27}N_3O_2$	14. 62	1. 40	$C_{15}H_{23}N_3$	17. 72	1. 48	$C_{12}H_{26}N_2O_3$	14. 26	1. 55
$C_{12}H_{29}N_4O$	15. 00	1. 25	$C_{16}H_5O_3$	17. 49	2. 04	$C_{12}H_{28}N_3O_2$	14. 64	1. 40
$C_{13}HN_4O_2$	15. 67	1. 55	$C_{16}H_7NO_2$	17. 86	1. 90	$C_{12}H_{30}N_4O$	15. 01	1. 25
$C_{13}H_{11}NO_4$	14. 76	1. 81	$C_{16}H_9N_2O$	18. 24	1. 77	$C_{13}H_2N_4O_2$	15. 68	1. 55
$C_{13}H_{13}N_2O_3$	15. 14	1. 67	$C_{16}H_{11}N_3$	18. 61	1. 64	$C_{13}H_{12}NO_4$	14. 78	1. 82
$C_{13}H_{15}N_3O_2$	15. 51	1. 53	$C_{16}H_{21}O_2$	17. 70	1. 87	$C_{13}H_{14}N_2O_3$	15. 15	1. 67
$C_{13}H_{17}N_4O$	15. 89	1. 38	$C_{16}H_{23}NO$	18. 08	1. 74	$C_{13}H_{18}N_3O_2$	15. 53	1. 53
$C_{13}H_{25}O_4$	14. 60	1. 79	$C_{16}H_{25}N_2$	18. 45	1. 61	$C_{13}H_{18}N_4O$	15. 90	1. 39
$C_{13}H_{27}NO_3$	14. 98	1. 65	$C_{17}H_9O_2$	18. 59	2. 03	$C_{13}H_{28}O_4$	14. 62	1. 79
$C_{13}H_{29}N_2O_2$	15. 35	1. 50	$C_{17}H_{11}NO$	18. 97	1. 90	$C_{13}H_{28}NO_3$	15. 00	1. 65
$C_{13}H_{31}N_3O$	15. 73	1. 36	$C_{17}H_{13}N_2$	19. 34	1. 77	$C_{13}H_{20}N_2O_2$	15. 37	1. 50
$C_{14}HN_2O_3$	16. 03	1. 80	$C_{17}H_{25}O$	18. 81	1. 87	$C_{14}H_2N_2O_3$	16. 04	1. 80
$C_{14}H_5N_3O_2$	16. 40	1. 66	$C_{17}H_{27}N$	19. 18	1. 74	$C_{14}H_4N_3O_2$	16. 42	1. 66
$C_{14}H_5N_4O$	16. 77	1. 52	$C_{18}HN_2$	20. 23	1. 94	$C_{14}H_6N_4O$	16. 79	1. 53
$C_{14}H_{13}O_4$	15. 49	1. 92	$C_{18}H_{13}O$	19. 70	2. 04	$C_{14}H_{14}O_4$	15. 51	1. 92
$C_{14}H_{15}NO_3$	15. 87	1. 78	$C_{18}H_{15}N$	20. 07	1. 91	$C_{14}H_{18}NO_3$	15. 88	1. 73
$C_{14}H_{17}N_2O_2$	16. 24	1. 64	$C_{18}H_{29}$	19. 92	1. 88	$C_{14}H_{18}N_2O_2$	16. 26	1. 64
$C_{14}H_{19}N_3O$	16. 62	1. 50	$C_{18}H_{17}$	20. 80	2. 05	$C_{14}H_{20}N_3O$	16. 63	1. 50
$C_{14}H_{21}N_4$	16. 99	1. 36	$C_{19}HO$	20. 59	2. 21	$C_{14}H_{22}N_4$	17. 01	1. 36
$C_{14}H_{29}O_3$	15. 71	1. 75	$C_{19}H_3N$	20. 96	2. 09	$C_{14}H_{20}O_3$	15. 73	1. 76

续表

	M+1	M+2		M+1	M+2		M+1	M+2
$C_{15}H_2O_4$	16.40	2.06	**247**			$C_{15}H_7N_2O_2$	17.16	1.78
$C_{15}H_4NO_3$	16.77	1.92	$C_{11}H_{23}N_2O_4$	13.17	1.60	$C_{15}H_9N_3O$	17.54	1.65
$C_{15}H_6N_2O_2$	17.15	1.78	$C_{11}H_{25}N_3O_3$	13.55	1.45	$C_{15}H_{11}N_4$	17.91	1.51
$C_{15}H_8N_3O$	17.52	1.65	$C_{11}H_{27}N_4O_2$	13.92	1.30	$C_{15}H_{19}O_3$	16.63	1.90
$C_{15}H_{10}N_4$	17.90	1.51	$C_{12}H_{11}N_2O_4$	14.06	1.72	$C_{15}H_{21}NO_2$	17.01	1.76
$C_{15}H_{18}O_3$	16.61	1.89	$C_{12}H_{13}N_3O_3$	14.44	1.57	$C_{15}H_{23}N_2O$	17.38	1.62
$C_{15}H_{20}NO_2$	16.99	1.76	$C_{12}H_{15}N_4O_2$	14.81	1.42	$C_{15}H_{25}N_3$	17.75	1.49
$C_{15}H_{22}N_2O$	17.36	1.62	$C_{12}H_{25}NO_4$	13.91	1.70	$C_{16}H_7O_3$	17.52	2.04
$C_{15}H_{24}N_3$	17.74	1.48	$C_{12}H_{27}N_2O_3$	14.28	1.55	$C_{16}H_9NO_2$	17.89	1.91
$C_{16}H_6O_3$	17.50	2.04	$C_{12}H_{29}N_3O_2$	14.65	1.40	$C_{16}H_{11}N_2O$	18.29	1.77
$C_{16}H_8NO_2$	17.88	1.90	$C_{13}HN_3O_3$	15.33	1.70	$C_{16}H_{13}N_3$	18.64	1.64
$C_{16}H_{10}N_2O$	18.25	1.77	$C_{13}H_3N_4O_2$	15.70	1.55	$C_{16}H_{23}O_2$	17.74	1.88
$C_{18}H_{12}N_3$	18.63	1.64	$C_{13}H_{13}NO_4$	14.79	1.82	$C_{16}H_{25}NO$	18.11	1.78
$C_{16}H_{22}O_2$	17.72	1.88	$C_{13}H_{15}N_2O_3$	15.17	1.67	$C_{16}H_{27}N_2$	18.49	1.61
$C_{16}H_{24}NO$	18.09	1.74	$C_{13}H_{17}N_3O_2$	15.54	1.53	$C_{17}HN_3$	19.53	1.81
$C_{16}H_{28}N_2$	18.47	1.61	$C_{13}H_{19}N_4O$	15.92	1.39	$C_{17}H_{11}O_2$	18.62	2.04
$C_{17}H_{10}O_2$	18.61	2.03	$C_{13}H_{27}O_4$	14.64	1.80	$C_{17}H_{13}NO$	19.00	1.91
$C_{17}H_{12}NO$	18.98	1.90	$C_{13}H_{29}NO_3$	15.01	1.65	$C_{17}H_{15}N_2$	19.37	1.78
$C_{17}H_{14}N_2$	19.36	1.77	$C_{14}HNO_4$	15.68	1.95	$C_{17}H_{27}O$	18.84	1.88
$C_{17}H_{26}O$	18.83	1.87	$C_{14}H_3N_2O_3$	16.06	1.81	$C_{17}H_{29}N$	19.22	1.75
$C_{17}H_{28}N$	19.20	1.74	$C_{14}H_5N_3O_2$	16.43	1.67	$C_{18}HNO$	19.89	2.07
$C_{18}H_2N_2$	20.25	1.94	$C_{14}H_7N_4O$	16.81	1.53	$C_{18}H_3N_2$	20.26	1.95
$C_{18}H_{14}O$	19.71	2.04	$C_{14}H_{15}O_4$	15.53	1.93	$C_{18}H_{15}O$	19.73	2.04
$C_{18}H_{16}N$	20.09	1.91	$C_{14}H_{17}NO_3$	15.90	1.73	$C_{18}H_{17}N$	20.10	1.92
$C_{18}H_{20}$	19.93	1.88	$C_{14}H_{19}N_2O_2$	16.27	1.64	$C_{18}H_{31}$	19.95	1.88
$C_{19}H_2O$	20.60	2.21	$C_{14}H_{21}N_3O$	16.65	1.50	$C_{19}H_3O$	20.62	2.22
$C_{19}H_4N$	20.98	2.09	$C_{14}H_{23}N_4$	17.02	1.36	$C_{19}H_5N$	20.99	2.09
$C_{19}H_{18}$	20.82	2.06	$C_{15}H_3O_4$	16.41	2.06	$C_{19}H_{19}$	20.84	2.06
$C_{20}H_6$	21.71	2.24	$C_{15}H_5NO_3$	16.79	1.92	$C_{20}H_7$	21.72	2.24

续表

	M+1	M+2		M+1	M+2		M+1	M+2
248			$C_{15}H_{12}N_4$	17.93	1.52	$C_{11}H_{27}N_3O_3$	13.58	1.46
$C_{11}H_{24}N_2O_4$	13.19	1.61	$C_{15}H_{20}O_3$	16.65	1.90	$C_{12}H_{13}N_2O_4$	14.10	1.72
$C_{11}H_{26}N_3O_3$	13.56	1.45	$C_{15}H_{22}NO_2$	17.02	1.76	$C_{12}H_{15}N_3O_3$	14.47	1.58
$C_{11}H_{28}N_4O_2$	13.94	1.31	$C_{15}H_{24}N_2O$	17.40	1.62	$C_{12}H_{17}N_4O_2$	14.84	1.43
$C_{12}H_{12}N_2O_4$	14.08	1.72	$C_{15}H_{26}N_3$	17.77	1.49	$C_{12}H_{27}NO_4$	13.94	1.70
$C_{12}H_{14}N_3O_3$	14.45	1.57	$C_{16}H_8O_3$	17.54	2.05	$C_{13}HN_2O_4$	14.98	1.85
$C_{12}H_{16}N_4O_2$	14.83	1.43	$C_{16}H_{10}NO_2$	17.91	1.91	$C_{13}H_3N_3O_3$	15.36	1.70
$C_{12}H_{26}NO_4$	13.92	1.70	$C_{16}H_{12}N_2O$	18.28	1.78	$C_{13}H_5N_4O_2$	15.73	1.56
$C_{12}H_{26}N_2O_3$	14.30	1.55	$C_{16}H_{14}N_3$	18.66	1.65	$C_{13}H_{15}NO_4$	14.83	1.82
$C_{13}H_2N_3O_3$	15.34	1.70	$C_{16}H_{24}O_2$	17.75	1.88	$C_{13}H_{17}N_2O_3$	15.20	1.68
$C_{13}H_4N_4O_2$	15.72	1.56	$C_{16}H_{26}NO$	18.13	1.75	$C_{13}H_{19}N_3O_2$	15.57	1.54
$C_{13}H_{14}NO_4$	14.81	1.82	$C_{16}H_{28}N_2$	18.50	1.62	$C_{13}H_{21}N_4O$	15.95	1.39
$C_{13}H_{16}N_2O_3$	15.18	1.68	$C_{17}H_2N_3$	19.55	1.81	$C_{14}H_3NO_4$	15.71	1.95
$C_{13}H_{18}N_3O_2$	15.56	1.53	$C_{17}H_{12}O_2$	18.64	2.04	$C_{14}H_5N_2O_3$	16.09	1.81
$C_{13}H_{20}N_4O$	15.93	1.39	$C_{17}H_{14}NO$	19.02	1.91	$C_{14}H_7N_3O_2$	16.46	1.67
$C_{13}H_{28}O_4$	14.65	1.80	$C_{17}H_{16}N_2$	19.39	1.78	$C_{14}H_9N_4O$	16.84	1.53
$C_{14}H_2NO_4$	15.70	1.95	$C_{17}H_{28}O$	18.86	1.88	$C_{14}H_{17}O_4$	15.56	1.93
$C_{14}H_4N_2O_3$	16.07	1.81	$C_{17}H_{30}N$	19.23	1.75	$C_{14}H_{19}NO_3$	15.93	1.79
$C_{14}H_6N_3O_2$	16.45	1.67	$C_{18}H_2NO$	19.90	2.08	$C_{14}H_{21}N_2O_2$	16.31	1.65
$C_{14}H_8N_4O$	16.82	1.53	$C_{18}H_4N_2$	20.28	1.95	$C_{14}H_{23}N_3O$	16.68	1.51
$C_{14}H_{16}O_4$	15.54	1.93	$C_{18}H_{16}O$	19.75	2.04	$C_{14}H_{25}N_4$	17.05	1.37
$C_{14}H_{18}NO_3$	15.92	1.79	$C_{18}H_{18}N$	20.12	1.92	$C_{15}H_5O_4$	16.45	2.07
$C_{14}H_{20}N_2O_2$	16.29	1.64	$C_{18}H_{32}$	19.96	1.89	$C_{15}H_7NO_3$	16.82	1.93
$C_{14}H_{22}N_3O$	16.66	1.51	$C_{19}H_4O$	20.64	2.22	$C_{15}H_9N_2O_2$	17.19	1.79
$C_{14}H_{24}N_4$	17.04	1.37	$C_{19}H_6N$	21.01	2.10	$C_{15}H_{11}N_3O$	17.57	1.65
$C_{15}H_4O_4$	16.43	2.06	$C_{19}H_{20}$	20.85	2.06	$C_{15}H_{13}N_4$	17.94	1.52
$C_{15}H_6NO_3$	16.80	1.92	$C_{20}H_8$	21.74	2.25	$C_{15}H_{21}O_3$	16.66	1.90
$C_{15}H_8N_2O_2$	17.18	1.79	**249**			$C_{15}H_{23}NO_2$	17.04	1.76
$C_{15}H_{10}N_3O$	17.55	1.65	$C_{11}H_{25}N_2O_4$	13.21	1.61	$C_{15}H_{25}N_2O$	17.41	1.63

续表

	M+1	M+2		M+1	M+2		M+1	M+2
$C_{15}H_{27}N_3$	17. 79	1. 49	$C_{12}H_{16}N_3O_3$	14. 49	1. 58	$C_{16}H_{12}NO_2$	17. 94	1. 92
$C_{16}HN_4$	18. 83	1. 63	$C_{12}H_{18}N_4O_2$	14. 86	1. 43	$C_{16}H_{14}N_2O$	18. 32	1. 78
$C_{16}H_9O_3$	17. 55	2. 05	$C_{13}H_2N_2O_4$	15. 00	1. 85	$C_{16}H_{16}N_3$	18. 69	1. 65
$C_{16}H_{11}NO_2$	17. 93	1. 91	$C_{13}H_4N_3O_3$	15. 37	1. 71	$C_{16}H_{26}O_2$	17. 78	1. 89
$C_{16}H_{13}N_2O$	18. 30	1. 78	$C_{13}H_6N_4O_2$	15. 75	1. 56	$C_{16}H_{28}NO$	18. 16	1. 75
$C_{16}H_{15}N_3$	18. 67	1. 65	$C_{13}H_{16}NO_4$	14. 84	1. 83	$C_{16}H_{30}N_2$	18. 53	1. 62
$C_{16}H_{25}O_2$	17. 77	1. 89	$C_{13}H_{18}N_2O_3$	15. 22	1. 63	$C_{17}H_2N_2O$	19. 20	1. 94
$C_{16}H_{27}NO$	18. 14	1. 75	$C_{13}H_{20}N_3O_2$	15. 59	1. 54	$C_{17}H_4N_3$	19. 53	1. 82
$C_{16}H_{29}N_2$	18. 52	1. 62	$C_{13}H_{22}N_4O$	15. 97	1. 40	$C_{17}H_{14}O_2$	18. 67	2. 05
$C_{17}HN_2O$	19. 19	1. 94	$C_{14}H_4NO_4$	15. 73	1. 96	$C_{17}H_{16}NO$	19. 05	1. 91
$C_{17}H_3N_3$	19. 56	1. 81	$C_{14}H_6N_2O_3$	16. 11	1. 82	$C_{17}H_{18}N_2$	19. 42	1. 79
$C_{17}H_{13}O_2$	18. 66	2. 04	$C_{14}H_8N_3O_2$	16. 48	1. 67	$C_{17}H_{30}O$	18. 89	1. 89
$C_{17}H_{15}NO$	19. 03	1. 91	$C_{14}H_{10}N_4O$	16. 85	1. 54	$C_{17}H_{32}N$	19. 26	1. 76
$C_{17}H_{17}N_2$	19. 41	1. 78	$C_{14}H_{18}O_4$	15. 57	1. 93	$C_{18}H_2O_2$	19. 56	2. 21
$C_{17}H_{29}O$	18. 87	1. 88	$C_{14}H_{20}NO_3$	15. 95	1. 79	$C_{18}H_4NO$	19. 94	2. 08
$C_{17}H_{31}N$	19. 25	1. 75	$C_{14}H_{22}N_2O_2$	16. 32	1. 65	$C_{18}H_6N_2$	20. 31	1. 96
$C_{18}HO_2$	19. 55	2. 21	$C_{14}H_{24}N_3O$	16. 70	1. 51	$C_{18}H_{18}O$	19. 78	2. 05
$C_{18}H_3NO$	19. 92	2. 08	$C_{14}H_{26}N_4$	17. 07	1. 37	$C_{18}H_{20}N$	20. 15	1. 92
$C_{18}H_5N_2$	20. 29	1. 95	$C_{15}H_6O_4$	16. 46	2. 07	$C_{18}H_{34}$	20. 00	1. 89
$C_{18}H_{17}O$	19. 76	2. 05	$C_{15}H_8NO_3$	16. 84	1. 93	$C_{19}H_6O$	20. 67	2. 23
$C_{18}H_{19}N$	20. 14	1. 92	$C_{15}H_{10}N_2O_2$	17. 21	1. 79	$C_{19}H_8N$	21. 04	2. 10
$C_{18}H_{33}$	19. 98	1. 89	$C_{15}H_{12}N_3O$	17. 58	1. 66	$C_{19}H_{22}$	20. 88	2. 07
$C_{19}H_5O$	20. 65	2. 22	$C_{15}H_{14}N_4$	17. 96	1. 52	$C_{20}H_{10}$	21. 77	2. 25
$C_{19}H_7N$	21. 03	2. 10	$C_{15}H_{22}O_3$	16. 68	1. 90			
$C_{19}H_{21}$	20. 87	2. 07	$C_{15}H_{24}NO_2$	17. 05	1. 77			
$C_{20}H_9$	21. 76	2. 25	$C_{15}H_{26}N_2O$	17. 43	1. 63			
250			$C_{15}H_{28}N_3$	17. 80	1. 49			
$C_{11}H_{26}N_2O_4$	13. 22	1. 61	$C_{16}H_2N_4$	18. 85	1. 68			
$C_{12}H_{14}N_2O_4$	14. 11	1. 73	$C_{16}H_{10}O_3$	17. 57	2. 05			

附录五 习题答案

第二章 紫外—可见吸收光谱

一、思考题

略

二、填空题

1. 最大吸收峰的位置（或 λ_{max}），吸光度
2. 改变溶液浓度，改变比色皿厚度
3. 0.680，20.9%
4. 定性分析，定量分析
5. 增大，不变
6. $\sigma\rightarrow\sigma^*$，$n\rightarrow\sigma^*$，$n\rightarrow\pi^*$
7. 长波，$n\rightarrow\pi$
8. λ_{max}，最大吸收波长处摩尔吸光系数最大，测定时灵敏度最高
9. 空白溶液，试样空白
10. 二胺替比啉甲烷法

三、判断题

1. T； 2. F； 3. T； 4. F； 5. F； 6. F； 7. T； 8. T； 9. F； 10. T； 11. T； 12. T； 13. F； 14. F； 15. F

四、单选题

1. A； 2. A； 3. B； 4. B； 5. A； 6. B； 7. D； 8. D； 9. D； 10. A； 11. A； 12. D； 13. B； 14. C； 15. C； 16. C； 17. D； 18. D

五、多选题

1. AD； 2. BCE； 3. ABCDE； 4. ADE； 5. ABCDE； 6. ABCDE； 7. CD； 8. CE

六、推测下列化合物含有哪些跃迁类型和吸收带。

1. K 带，B 带，芳香族 $\pi\rightarrow\pi^*$
2. $\pi\rightarrow\pi^*$，无吸收带
3. K 带，共轭 $\pi\rightarrow\pi^*$
4. K 带，共轭 $\pi\rightarrow\pi^*$；R 带，$n\rightarrow\pi^*$

七、计算题

1. 1.0cm 吸收池时，$A=0.150$，$T=70.8\%$；5.0cm 吸收池时，$A=0.752$，$T=17.7\%$
2. （a）299，（b）227

3. （a）308，（b）234，（c）280

第三章　红外吸收光谱

1. 略

2. 略

3. （1）不正确；（2）正确；（3）正确

4. （1）不正确；（2）正确；（3）不正确；（4）不正确；（5）正确

5~14 略

15. （1）$3597cm^{-1}$；（2）$933cm^{-1}$；（3）$633cm^{-1}$；（4）$408cm^{-1}$

16. $2581cm^{-1}$（或 $2656cm^{-1}$）

17. 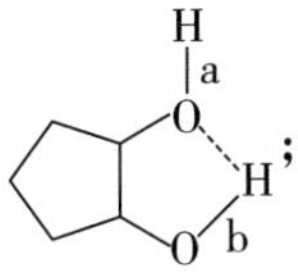 H a O H O b ；$3620cm^{-1}$，a 键；$3455cm^{-1}$，b 键

18. 略

19. 邻位

20. （1）C；（2）A；（3）B；（4）A

21. （1）A 图 3-93；B 图 3-90；C 图 3-91；D 图 3-92

（2）A 图 3-97；B 图 3-94；C 图 3-95；D 图 3-96

（3）图 3-98 C；图 3-99 D；图 3-100A；图 3-101 F；图 3-102 H

（4）图 3-103 C

（5）图 3-104 A

22. （1）$CH_2=CHCH_2CH(CH_3)_2$

（2）—CH_2—O—C(=O)—CH_3

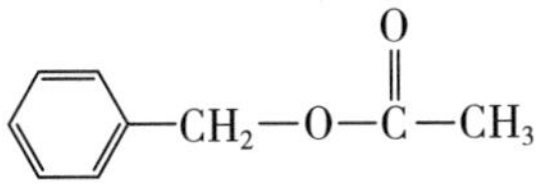

（3）CH_2

（4）—CH_3 —NH_2

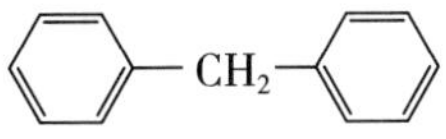

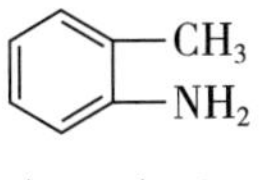

（5）$(CH_3)_2CHC(O)H$

（6）—CH_3 N=C=O

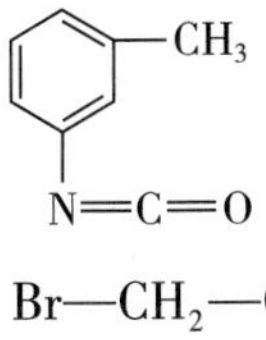

（7）Br—CH_2—C≡CH

23. $2500\sim2000cm^{-1}$ 是 C≡N 键伸缩振动，$1500\sim1300cm^{-1}$ 是—OH 的弯曲振动，$1500\ cm^{-1}$ 是苯上 C=C 的骨架振动。因此应该是结构 I。

24. （1）与（2）区别是：$1900\sim1700cm^{-1}$ C=O 的伸缩振动，（2）与（3）区别是：

$3600 \sim 3200cm^{-1}$　O—H 的伸缩振动。

25.（1）脂肪族

（2）不是

（3）醛或酮

（4）双键

第四章　核磁共振波谱

1~7. 略

8. $CH_3CH_2-O-C(=O)-CH_2CH_2-C(=O)-O-CH_2CH_3$

9. C_9H_{12}：$C_6H_5-CH(CH_3)-CH_3$　　C_8H_9OCl：$Cl-C_6H_4-OCH_2CH_3$（对位）

$C_9H_{12}S$：$C_6H_5-CH_2-S-CH_2-CH_3$

10.（a）：$C_6H_5-CH_2-O-C(=O)-CH_2-CH_3$　（b）：$C_6H_5-CH_2-CH_2-O-C(=O)-CH_3$

（c）：$CH_3-C(=O)-C_6H_4-O-CH_2-CH_3$（对位）

11. $HOCH_2CH_2CN$

12. $CH_3CH_2-O-C(=O)-CH_2-C(=O)-O-CH_2CH_3$

第五章　质谱

1. 可以和相差 0.02，0.05，0.08，0.1 个质量单位的离子分开。

2. C_2H_4。

3. 2-甲基-2-丁醇-2。

4. 不能，由氮数规律可知：化合物含氮个数为偶数，分子离子 m/e 应为偶数，故不可能是此结构。

5. 图 A 为 4-甲基 2-戊酮，图 B 为 3-甲基 2-戊酮。

6. A 对应图 c，B 对应图 a，C 对应图 b。

7. 叔丁基离子峰丰度最高。

8. 该化合物结构为甲基环戊烷，因为环戊烷中的甲基取代基容易去掉，环丁烷中的乙基容易去掉，而强峰出现在 M=15 处，故为甲基环戊烷。

9. 由质谱图中分子离子峰为 198 可知，该烷烃为 $C_{14}H_{30}$。又因为各离子峰之间均相差 14，各离子峰顶点可以连成一条光滑的曲线。所以判断该化合物为正十四烷烃。

10. 由质谱图可知该溴代烷烃分子离子峰为 108，又溴的分子量为 79，可得该化合物结构为 CH_3CH_2Br。

11. 该化合物为 B。

12. 其结构为 A。

13. 氯丁烷发生反应：$C_4H_9Cl \longrightarrow HCl+C_4H_8$，产生 $m/e=56$ 的峰。

14. 因为 $32.5=43^2/57$，所以是 $m/e=57$ 的母离子脱掉一个中性分子生成的 $m/e=43$ 的子离子。

第六章　波谱综合解析

1. 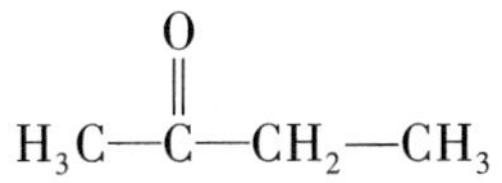 $H_3C-\overset{\overset{\displaystyle O}{\|}}{C}-CH_2-CH_3$

2. S
CH—CH_3
H_3C

3. $H_3C-O-\overset{\overset{\displaystyle O}{\|}}{C}-CH_2-CH_2-CH_3$

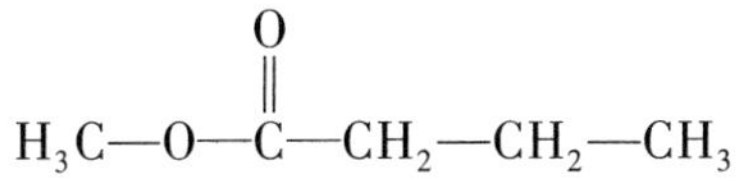

4. 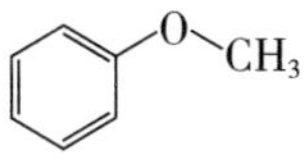 O
CH_3

5. 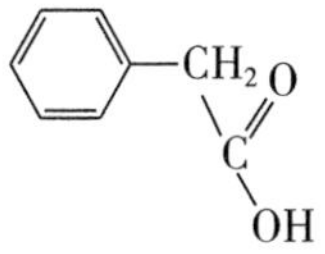 CH_2 O
C
OH

6. 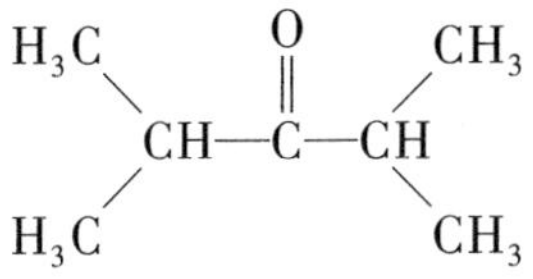 H_3C　O　CH_3
CH—C—CH
H_3C　　CH_3

7. 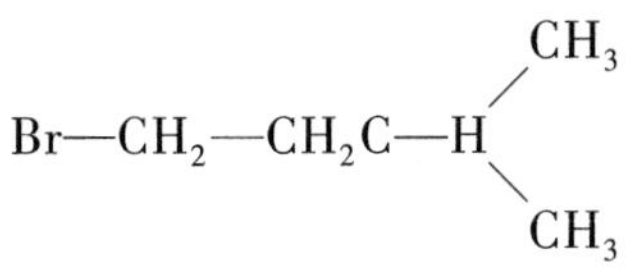 CH_3
Br—CH_2—CH_2C—H
CH_3

8. $I-CH_2-CH_3$

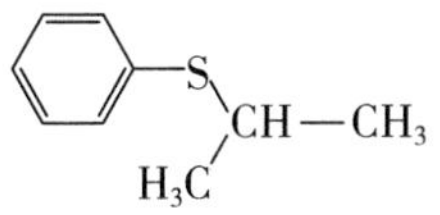

9. 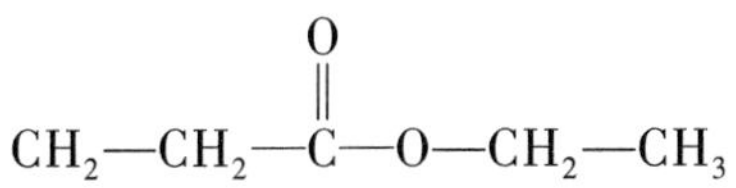 $CH_2-CH_2-\overset{\overset{\displaystyle O}{\|}}{C}-O-CH_2-CH_3$